AF666739

Wilhelm Schmeisser
Peter P. Eckstein
Ralf Hafner
Gerfried Hannemann
Jörg K. Stengel

Handbuch Wertorientiertes Finanzmanagement

Dieses Buch widmen wir

Univ.-Prof. Dr. Günter Müller-Stewens, St. Gallen

Wilhelm Schmeisser, Peter P. Eckstein, Ralf Hafner,
Gerfried Hannemann, Jörg K. Stengel

Handbuch Wertorientiertes Finanzmanagement

UVK Verlagsgesellschaft · Konstanz · München

Bibliografische Information der Deutschen Bibliothek
Die Deutsche Bibliothek verzeichnet diese Publikation in der Deutschen Nationalbibliografie; detaillierte bibliografische Daten sind im Internet über <http://dnb.ddb.de> abrufbar.

ISBN 978-3-86764-585-0 (Print)
ISBN 978-3-86496-998-0 (EPUB)
ISBN 978-3-86496-999-7 (EPDF)

Einbandgestaltung: Susanne Fuellhaas, Konstanz
Coverbild: Olga Yakovenko – iStockphoto.com
Printed in Germany

UVK Verlagsgesellschaft mbH
Schützenstr. 24 · 78462 Konstanz
Tel. 07531-9053-0 · Fax 07531-9053-98
www.uvk.de

Vorwort

Gemäß dem ökonomischen Rationalprinzip der Betriebswirtschaftslehre gilt es, mit einem gegebenen Aufwand den maximalen Ertrag bzw. mit minimalem Aufwand einen gegebenen Ertrag zu erreichen. Dies ist sowohl an der Börse bzw. im Kapitalmarktsektor als auch im Industriebetrieb (Realwirtschaft) gängige Praxis und Maßstab für ein wirtschaftliches Handeln. Während in der kapitalmarktorientierten Finanzierungstheorie, sprich an der Börse, vor allem anhand von Rendite und Risiko der Erfolg im Aktienportefeuille gemessen wird, ist es für einen Industriebetrieb essentiell, eine langfristige Rendite mit seinen Geschäftsfeldern bzw. in seinem (Technologie-)Portefeuille zu erzielen. Innovationen sind der Garant und das Risiko, die für den Fortbestand des Unternehmens stehen bzw. den Fortbestand des Industriebetriebes gewährleisten.

Das Portfoliomanagement ist für beide Erfolgsmodelle, Börse und Industriebetrieb, eine grundlegende Methode und Instrument auf dem Weg sowohl die Rendite als auch die internationale Innovationswettbewerbsfähigkeit zu erreichen. Obwohl sich die Rahmenbedingungen im Finanzsektor „Börse" in vielerlei Hinsicht von denen der Realwirtschaft eines Industriebetriebes unterscheiden, wird der Begriff Portfoliomanagement, aus Unwissenheit oder Gedankenlosigkeit in verschiedenen Funktionen der Betriebswirtschaft, z.B. Marketing, Strategisches Management, Finanzwirtschaft, Bankbetriebswirtschaftslehre, Rechnungswesen, Controlling usw., synonym verwendet und nicht klar voneinander abgegrenzt.

Ähnliche Probleme wie bei den Portfolioansätzen gelten auch für die Unternehmensbewertungsmodelle. Oft ist nicht geklärt, welche Finanzierungstheorien welche Unternehmensbewertungsmodelle bevorzugen und warum. Hier eine gewisse argumentative Klärung zu erzielen ist u.a. Aufgabe dieses Lehrbuches.

Auch dieses Mal wollen wir es nicht versäumen, uns für die gute Betreuung unseres Buches durch Herrn Dr. Jürgen Schechler beim UVK-Verlag zu bedanken.

Berlin/Nürnberg

Die Verfasser

Die Autoren

Prof. Dr. Dr. s.c. Peter Eckstein lehrt Statistik und Mathematik an der Hochschule für Technik und Wirtschaft, Berlin.

Prof. Dr. Ralf Hafner lehrt International Business mit Schwerpunkt Finance and Accounting an der Hochschule für Technik und Wirtschaft, Berlin.

Prof. Dr. Dr. sc. Gerfried Hannemann ist emeritierter Professor für Betriebswirtschaftslehre der Hochschule Anhalt und Lehrbeauftragter an der Hochschule für Technik und Wirtschaft, Berlin.

Dora Höhne, Master of Science im Studiengang Finanzdienstleistungen-Risikomanagement, freie wissenschaftliche Mitarbeiterin am Kompetenzzentrum Berlin.

Simon Ohlmeier, Bachelor of Arts (HTW) sowie Master of Science (FU-Berlin), freier wissenschaftlicher Mitarbeiter am Kompetenzzentrum Berlin.

Vincent Petsch, Bachelor of Arts (HTW) und London (Westminister Business School) sowie Master of Finance, Accounting, Corporate Law & Taxation (HTW), wissenschaftlicher Mitarbeiter am Kompetenzzentrum Berlin, arbeitet bei KPMG als Unternehmensberater im Bereich Management Consulting.

Prof. Dr. habil. Wilhelm Schmeisser, Professor an der HTW Berlin für Betriebswirtschaft und Direktor des Kompetenzzentrums „Internationale Innovations- und Mittelstandsforschung", Berlin.

Natalia Stefanenko, Bachelor of Arts, Master of Science im Studiengang Finanzdienstleistungen-Risikomanagement, freie wissenschaftliche Mitarbeiterin am Kompetenzzentrum Berlin.

Dipl.-Kfm. M.Sc. (Math.) Jörg K. Stengel, Unternehmensberater, freier wissenschaftlicher Mitarbeiter am Kompetenzzentrum Berlin. Jörg K. Stengel ist anerkannter Aktuar AVÖ, Aktuar DAV, Schwerpunkt ist zurzeit die betriebliche Altersversorgung.

Inhaltsübersicht

Inhalt

Abkürzungsverzeichnis

AktG	Aktiengesetz
BCG	Boston Consulting Group
BGB	Bürgerliches Gesetzbuch
BRIC	Brasilien, Russland, Indien, China
c.p.	ceterius paribus
DCF	Discounted Cashflow
DRS	Deutsche Rechnungslegungs-Standards
e.V.	eingetragener Verein
EDV	Elektronische Datenverarbeitung
EG	Europäische Gemeinschaft
EstG	Einkommensteuergesetz
F&E	Forschung und Entwicklung
GE	Geldeinheiten
GF	Geschäftsfeld
GmbHG	GmbH-Gesetz
HGB	Handelsgesetzbuch
i.d.F.	in der Fassung
IC	Invested Capital
IDW	Institut der Wirtschaftsprüfer
IFRS	International Financial Reporting Standards
KStG	Körperschaftsteuergesetz
LBO	Leveraged-Buy-out
M&A	Mergers and Acquisitions
MBI	Management-Buy-in
MBO	Managment-Buy-out
MVA	Market Value Added
MVP	Minimum-Varianz-Portfolio
NOPAT	Net Operating Profit After Tax

PIMS	Profit Impact of Market Strategy
SGE	strategische Geschäftseinheit
SGF	strategisches Geschäftsfeld
UmgrStG	Umgründungssteuergesetz
UmwG	Umwandlungsgesetz
WACC	Weighted Average Cost of Capital

1 Von der „Traditionellen Finanzierungslehre" zum „Wertorientierten Finanzmanagement"

von Wilhelm Schmeisser und Dora Höhne

Wissensziele

- Sie sollen die fünf Finanzierungstheorien benennen und sie kurz beschreiben und kritisch gegeneinander abgrenzen können.
- Sie sollen kritisch erklären können, warum die Betriebswirtschaftslehre sich mit volkswirtschaftlich geprägten Finanzierungstheorien für Industriebetriebe sehr schwer tut.
- Sie sollen die Anwendung der Portfoliotheorie nach Markowitz im Privatkundengeschäft einer Bank von der Portfoliomatrix unterscheiden lernen, die von der Segmentanalyse aus der Jahresabschlussanalyse eines Konzerns abgeleitet und erstellt wird.
- Sie sollen wissen, dass jede Finanzierungstheorie ihre eigenen Unternehmensbewertungsmodelle präferiert und argumentativ begründet.
- Sie sollen das wertorientierte Finanzmanagement aus der traditionellen Finanzierungslehre argumentativ ableiten und entwickeln lernen.
- Sie sollen die Grundzüge, Annahmen und Denkmodelle und Methoden des wertorientierten Finanzmanagements skizzieren, vorstellen und beschreiben können.

1.1 Finanzierungstheorien, deren terminologische Grundlagen, Logik und Ziele

Im Buch Schmeisser, W./Hannemann, G./Krimphove, D. u.a. (2012): Finanzierung und Investition, UTB basics, München, wird im ersten Kapitel von drei Finanzierungstheorien ausgegangen, und zwar von der traditionellen Finanzierungslehre, der kapitalmarktorientierten Finanzierungstheorie und der neo-institutionalistischen Finanzierungstheorie. Hier wird Schmidt, R./Terberger, E. (1997) und Schäfer, H. (2002) gefolgt. In diesem Handbuch werden jetzt fünf Finanzierungstheorien diskutiert (vgl. Abb. 1.1 und 1.2). Es kommen in diesem Buch zum Einen die Behavioral Finance-Theorie und das Wertorientierte Finanzmanagement als weitere Finanzierungstheorien hinzu. Hintergrund der Erweiterung der Finanzierungstheorien sind mehrere Hypothesen, die dieses Buch leiten:

(These 1): Die unterschiedlichen Sichtweisen der Finanzierungstheorien geben nicht nur die Spannweite der Beschreibung, Analyse, Erklärung und Gestaltungsmöglichkeiten von Finanzierungsphänomenen wider, sondern bestimmen besonders, welche Instrumente und Methoden eines industriell geprägten, wertorientierten Finanzmanagements angewendet werden müssen, beispielsweise bei der Unternehmensbewertung das Ertragswertverfahren und der Economic Value Added (EVA)-Ansatz sowie die Segmentberichterstattung, um die Portfoliomethode zur Analyse der Segmente im Rahmen der Erfolgsanalyse, als Teil der Finanzanalyse, durchzuführen (nicht nach der Portfolioselektion-Theorie nach Markowitz, die nur für Aktien gilt, aber für Industriebetriebe mit ihren Geschäftsfeldern bzw. mit ihren Segmenten nicht anwendbar ist, da bei Geschäftsfeldern auf Synergieeffekte maßgeblich Wert gelegt wird).

(These 2): Es wird davon ausgegangen, dass sich das wertorientierte Finanzmanagement aus der traditionelle Finanzlehre entwickelt hat, und zwar erstens durch den güter- und leistungswirtschaftlichen Bezug des Erfolgsmodells Industriebetrieb, zweitens durch den Shareholder Value-Ansatz, und drittens durch den International Financial Reporting Standard (IFRS), der zumindest die rechnungswesensorientierte Basis des wertorientierten Finanzmanagements bildet (vgl. Abb. 1.3).

(These 3): Die kapitalmarkttheoretischen Finanzierungstheorien, die auf volkswirtschaftlichen Grundüberlegungen beruhen, brillieren zwar durch ihre mathematischen Modelle wie die Portfolio Selection Theory oder die Discounted Cashflow-Verfahren bei der Unternehmensbewertung, blenden aber die „Realwirtschaft" mehr oder weniger aus und können deshalb nur begrenzt auf betriebswirtschaftliche Fragestellungen angewandt werden. Hinzu kommt, dass über das Erfolgsmodell Börse bei den kapitalorientierten Finanzierungstheorien z.B. bei Hedgefonds, die eine 1000%-Rendite gegenüber Ländern, Währungen und sanierungsbedürftigen Unternehmen anstreben (ansonsten ist bereits bei 18% Rendite der rechtliche Tatbestand des Wuchers gegeben), eine gewisse „Piraterie" auf globalen, nicht regulierten Finanzmärkten betreiben.

(These 4): Sowohl bei den Banken im Firmenkundengeschäft, beim Rating, im Rahmen von Mergers and Acquisitions-Aktivitäten von internationalen Unternehmen, aber auch in der Wirtschaftsprüfungspraxis werden Unternehmen nach dem wertorientierten Finanzmanagement beurteilt.

(These 5): Zum besseren Verständnis des wertorientierten Finanzmanagements und als modellmäßige Grundlage zur Reflexion des Buches wird die kapitalmarktorientierte Finanzierungstheorie ausführlich zugrunde gelegt, aber auch der Behavioral Finance-Ansatz behandelt, um das Spannungsfeld des betriebswirtschaftlichen Finanzmanagements deutlicher hervorzuheben und die Probleme der nicht-regulierten Finanzmärkte durch Schattenbanken wie Bad Banks, Hedge-Fonds, Private-Equity-Modelle mit internationalen, legalen Steuerhinterziehungsmodellen durch Banken deutlicher herauszuarbeiten.

1.1.1 Traditionelle Finanzierungstheorie

In der Literatur wird der Begriff Finanzierung, aber auch der der Investition und deren Zusammenhang unterschiedlich beschrieben und definiert. Die traditionelle Finanzierungslehre wählt den Industriebetrieb als Erfolgsmodell und Ausgangspunkt ihrer wissenschaftlichen Betrachtungen. Ziel des Industriebetriebes ist es, im Sinne der klassischen volkswirtschaftlichen Auffassung, eine größtmögliche Bedürfnisbefriedigung oder maximale Nutzenerzielung der Konsumenten zu erreichen. Der historische Hintergrund der traditionellen Finanzierungstheorie ist, dass vor über 150 Jahren auch in Deutschland Industriebetriebe wie *Siemens, AEG, Bosch, Bayer, BASF, Krupp* und *Thyssen*, später *Mercedes-Benz, VW* oder *BMW* die junge Wissenschaft Betriebswirtschaftslehre stark geprägt haben. Der Industriebetrieb dient mit seinem Geschäftsmodell dabei der Güter- bzw. Sachzielerzeugung der Volkswirtschaft und damit der Bevölkerung.

Massenproduktion und Massenvertrieb (Marketing) erfordern umfangreiche Investitionen und ziehen entsprechende Finanzierungsprobleme nach sich. Die leistungswirtschaftliche Sphäre mit Beschaffung/Logistik, Materialwirtschaft, Produktion, Forschung und Entwicklung sowie Absatz erfordern laufend Investitionen, die zu finanzieren sind. Die Finanzierung wird dabei als Hilfsfunktion des Betriebes angesehen, die für die Investitionen zur Sachzielerstellung notwendig ist. Die Finanzierung nimmt dabei folgende Aufgaben wahr:

- Deckung des Kapitalbedarfs für die Investitionen,
- Suche nach Finanzierungsformen für das Unternehmen zur Deckung ihres Kapitalbedarfs,
- Zins- und Tilgungszahlungen an den Kapitalgeber,
- Finanzierung der unterschiedlichen Finanzierungsanlässe (Gründung, Wachstum, Sanierung),
- Bei der Bilanzanalyse, als Teil der Finanzanalyse, versucht man mit ausgewählten Kennzahlen die „Goldene Bilanz- und Finanzregel" zu erfüllen, um so rechtzeitig Insolvenzanzeichen des Unternehmens zu erkennen.
- Wahrung des finanziellen Gleichgewichts (d.h. der Liquidität), um beim laufenden Kapitalumschlag zwischen leistungswirtschaftlicher und finanzwirtschaftlicher Sphäre eine Aufrechterhaltung des Güterstroms zu gewährleisten.
- Zu analysieren, wann und wo Liquiditätsengpässe beim Kapitalumschlag auftreten, und wie durch eine Finanzplanung und Finanzkontrolle eine Insolvenz vermieden werden kann.
- Wie beim Kauf und Verkauf von Unternehmen eine „objektive" Unternehmensbewertung vorgenommen werden kann. Dabei bedient man sich des Substanzwertverfahrens und später des Ertragswertverfahrens.

1.1.2 Kapitalmarktorientierte Finanzierungstheorie auf der Basis volkswirtschaftlicher Überlegungen

Die Maximierung des Nutzens der oder des Konsumenten im Sinne der utilitaristischen Philosophie ist die Grundlage der Kapitalmarkttheorie. Die Güterversorgung der Volkswirtschaft durch das Unternehmen wird per Prämisse wegdefiniert, und es geht nur noch um den „Nutzen" der Gelderhaltung bzw. Geldvermehrung mittels des Erfolgsmodells Börse, die symbolisch für den idealen, volkswirtschaftlichen Markt mit allen seinen Gütern steht. Die Börse, die durch ein ideales Portfolio im Sinne der Portfolio-Selection-Theory abgebildet werden kann, bestimmt wiederum, so die Annahme, die „Realwirtschaft" der Volkswirtschaft bzw. die leistungswirtschaftliche Sphäre des Industrieunternehmens. Wenn in der traditionellen Finanzierungslehre noch die Prüfung der Wirtschaftlichkeit von Investitionen und die Kapitalaufbringung mittels der Hilfsfunktion Finanzierung im Vordergrund des Industrieunternehmens standen, so werden diese Aufgaben des Finanzmanagements durch die Theoreme von Modigliani/Miller wegdefiniert. Nach Modigliani/Miller sind auf einem idealen Markt „Börse“ Investitions- und Finanzierungsentscheidungen gleich, und deshalb nur noch Geldanlageentscheidungen des Investors (z.B. des Hedge-Fonds). Der ideale Markt, die Börse, die mehr oder weniger dem Portfolio des (Konzern-)Unternehmens entsprechen soll, muss nach mathematisch-wahrscheinlichkeitstheoretischen Überlegungen gesteuert und gestaltet werden. D.h. ohne Synergieeffekte eines „normalen“ Industrieunternehmens, wobei auch die Argumentationen eines wertorientierten Strategischen Managements eines Industrieunternehmens keine Rolle spielen.

Die Logik der Portfolio Selection Theory und der Kapitalmarkttheorie sind derartig verknüpft, dass behauptet wird, dass Menschen meist sparen wollen und können. Mit einer Transformation von Teilen des Einkommens in Aktien sichern sie sich ihren zukünftigen materiellen Wohlstand bzw. höheren Nutzen

Im Zentrum der Portfolio Selection Theory steht die Frage des privaten, individuellen Anlegers oder Investors, welche Geldbeträge er in die einzelnen Aktienanlage-möglichkeiten binden will oder soll. Bei diesem Entscheidungsproblem spielen Rendite und Risiko unter verschiedenen Daten- und Erwartungskonstellationen eine entscheidende Rolle, insbesondere:

- Wie könnte ein optimales Portfeuille berechnet werden?
- Welche Einflussgrößen bestimmen den Kurs einer Aktie oder den Preis einer Option oder eines Futures?
- Welche statistischen Methoden und Tests (Varianz, Korrelation, Signifikanzniveau etc.) sind geeignet, die Modelle der Portfolioselektion-Theorie und die analytisch gewonnenen Aussagen der Kapitalmarkttheorie empirisch zu validieren?

Kritisch muss dazu angemerkt werden, dass man versucht hat, die Überlegungen zu den Aktienportefeuilles auf die Problematik von Industrieunternehmen zu übertragen, was unweigerlich schief gehen musste und schief gegangen ist, wie die Banken- und Finanzkrise dies 2007 bis heute belegt. Beispiele hierfür sind Fragen wie diese:

- Haben die aus der Portfolio Selection Theory übernommenen Annahmen das Anlageverhalten eines Industriebetriebes beeinflusst?
- Haben die gewonnenen Erkenntnisse der Portfolio Selection Theory Einfluss auf die Entscheidungen über Geschäftsmodelle, Strategische Geschäftsfelder, Strategische Geschäftseinheiten des wertorientierten, strategischen (Finanz-)Managements eines Industiebetriebes genommen?
- Kann und darf ein Konzernunternehmen, das auf den Kauf und Verkauf von Unternehmen im Rahmen von Mergers and Acquisitions-Aktivitäten setzt, die Unternehmensbewertung durch kapitalmarktorientierte Formeln lösen, wie sie aus dem Capital Asset Pricing Model (CAPM) abgeleitet sind?
- Nimmt man die Kapitalmarkttheorie ernst, mit ihrer vollkommenen Information, Rationalität und unüberschaubaren vielen Anbietern und Nachfragern, braucht man auch keine Banken, Versicherungen, Kreditverträge, weitere rechtliche Verträge usw., da keiner den anderen Marktteilnehmer am Erfolgsmodell „Börse“ belügen und betrügen kann, keine nicht werthaltigen Papiere weiterverkaufen kann etc.

- Zugute kommt die kapitalmarkttheoretische Finanzierungstheorie sicherlich den Hedge-Fonds, die auf unregulierte Kapitalmärkte setzen. Dass diese Finanzmärkte theoretisch keine großen Finanz-Player im vollkommenen Markt per se vorsehen, wird ignoriert. Lieber bedient man sich der unregulierten Finanzmärkte, um z.B. sanierungsbedürftige Unternehmen über die Börse billigst zu erwerben. Diese sanierungsbedürftigen Unternehmen werden dann von den Hedge-Fonds in die Insolvenz begleitet, um ihre Unternehmensteile dann teuer zu verkaufen („zu filetieren"). Nur so können Hedge-Fonds auf dreistellige Renditen kommen, was wiederum einer modernen Piraterie gleichkommt.

1.1.3 Neo-institutionelle Finanzierungstheorie auf der Basis volkswirtschaftlicher Überlegungen

Im Gegensatz zur neoklassischen oder kapitalmarktorientierten Finanzierungstheorie, die Investition und Kapitalnehmer sowie Finanzierung und Kapitalgeber separiert betrachtet, führt die neo-institutionalistische beide Seiten, d. h. die Investitions- und Finanzierungsseite wieder bewusst zusammen. Die volkswirtschaftliche Vorstellung in dieser Theorie beruht auf der Einsicht, dass Finanz- und Gütertransaktionen zwischen Wirtschaftssubjekten nicht vollkommen marktmäßig durchgeführt werden können. Wobei der unvollkommene Markt zentrale, kostengünstige und effiziente Organisations- und Kontrollfunktionen in der Ausprägung des Unternehmens übernimmt und erzeugt, und dies alles zum höchsten Gesamtnutzen einer Volkswirtschaft. Demnach gehören unternehmerische Bereitstellungen der Güterversorgung durch Industriebetriebe, aber auch staatliche oder sonstige Formen von Unternehmenszusammenschlüssen zu den besondere Formen des Marktversagens aus kapitalmarktorientierter Sicht, aber sind „empirisch" unvermeidbar. Nach North (1988, S. 207) wird unter Institutionen im Finanzsystem ein System von rechtlichen Regelungen, Kontrakten, Verträgen, Zustimmungsverfahren und ethischen Verhaltensregeln zwischen Banken, Versicherungen und Finanzintermediäre verstanden, das den Gläubigerschutz garantiert. Gerade in Situationen, wenn man glaubt, dass man anderen kein Vertrauen schenken darf, sind die Institutionen und rechtlichen Verträge wegen der Unvollständigkeit der Information und der Nicht-Rationalität der Akteure kaum zu vermeiden.

In der neo-institutionellen Finanzierungstheorie wird aus volkswirtschaftlicher Sicht die Existenz von Unternehmen begründet bzw. warum es aus der Sicht der Property-Right-Theory nicht-marktmäßige Koordinationsmechanismen, wie Unternehmen existieren.

Kritisch ist anzumerken, warum nicht diskutiert wird, dass nur Industriebetriebe ein langfristiges Innovationsmanagement mit langfristigen Investitionen betreiben können, aber keine Börse; und dass der Wettbewerb durch wertorientierte Geschäftsmodelle/ Strategische Geschäftsfelder, die technologisch orientiert sind, von Industriebetrieben strategisch-langfristig und global geführt werden müssen. Also Tatsachen, die das Erfolgsmodell „Börse" nie leisten kann und wird. Ein Innovationswettbewerb kann über die Börse marktmäßig nicht abgewickelt noch langfristig finanziert werden. Deshalb sind Markt- bzw. Börsenmodelle für langfristige, technologische Innovationswettbewerbe von Industriebetrieben nicht geeignet.

1.1.4 Behavioral Finance auf der Basis volkswirtschaftlicher und verhaltenswissenschaftlicher Überlegungen

Phänomene wie den Bank-Run in Griechenland, dass z.B. sehr viele Griechen ihre Euros von ihren Banken holen und zu Hause verstecken bzw. ins Ausland überweisen, ist vielleicht nicht immer volkswirtschaftlich rational zu verstehen, aber aus der Sicht der Menschen, die einen Grexit fürchten, erklärbar.

Als Facebook an die Börse ging, kauften sehr viele Internet-Freaks Facebook-Aktien, ohne beurteilen zu können, ob der Preis der Aktie zu hoch oder zu niedrig war. Es genügte für sie, dass Facebook ein Programm für sie entwickelt hatte, das sie benutzten. Also Grund genug, Facebook-Aktien zu kaufen.

1996 kauften sehr viele Bürger T-Aktien, da sie davon ausgingen, dass der Wert dieser Aktie nie fallen könnte, sie die Aktie immer zu einem hohen Preis verkaufen könnten und sie sicher immer hohe Dividenden ausgeschüttet bekommen würden. Als die T-Aktie um 90% sank, beschwerten die Aktionäre bzw. Bürger sich bei Politikern und bei der Regierung, klagten gegen das Unternehmen und wollten ihre Verluste ersetzt bekommen; gleichzeitig stiegen sie aus dem Aktiengeschäft aus und legten ihr Geld wieder in Sparbüchern an.

Die verhaltenswissenschaftliche Finanzierungstheorie beschreibt, analysiert und erklärt das Verhalten der Menschen als volkswirtschaftlich nicht rational und fragt danach, welche Konsequenzen man aus einem derartigen Verhalten ziehen könnte. Beispielsweise spielen Mitläufer- und Machtaspekte beim Kauf von Aktien und/oder Unternehmen eine bedeutende Rolle und nicht utilitaristische Überlegungen.

Fazit: Die Behavioral Finance-Theory untersucht irrationales Anlageverhalten und systematisiert Anomalien am Kapitalmarkt als Resultat von volkswirtschaftlich irrationalem Verhalten.

Aspekte/Kriterien	Der Industriebetrieb als Objekt der betriebswirtschaftlichen Finanzierungstheorie	
	Traditionelle Finanzierungslehre	**Corporate Finance / Wertorientiertes Finanzmanagement**
Wissenschaften/ wissenschaftlicher Hintergrund	Betriebswirtschaft / Rechtswissenschaften	Betriebswirtschaft / Rechtswissenschaften / Mathematik
Erfolgsmodell	Industriebetrieb	Industriebetrieb
Grundannahmen	Massenproduktion und Massenvermarktung zur Versorgung der Volkswirtschaft→ Investitionen in der „leistungswirtschaftlichen Sphäre" bestimmen die Finanzierung unter Beachtung des finanziellen Gleichgewichts, um Konkurs / Insolvenz zu vermeiden	Neben Massenproduktion bestimmen Internationalisierung, Mergers and Acquisitions und Innovationsmanagement die Investitionen und die Finanzierung unter Beachtung des internationalen Cash Managements und des Währungsmanagements zur Erzielung des Shareholder Value
Ausgewählte Modelle und Aspekte	• Bilanz, Gewinn- und Verlustrechnung, Finanzbudgetierung • Unternehmensbewertungsmodelle: a. Substanzwertverfahren b. Ertragswertverfahren • Finanzierungsoptionen in den unterschiedlichen Unternehmenslebenszyklen	• IFRS-Bilanzanalyse als Finanzanalyse • Internationales Cash Management und Währungsmanagement • Unternehmensbewertung aus Shareholder-Value-Perspektive • Portfoliomanagement auf der Grundlage des Segmentberichts der Konzernjahresabschlussanalyse und des Synergiemanagements

Abb. 1.1: Wertorientiertes Finanzmanagement im Vergleich zu anderen Finanzierungstheorien

Aspekte/Kriterien	Volkswirtschaftliche „Finanzmärkte" als Objekt der betriebswirtschaftlichen Finanzierungstheorien: Kapitalmarktorientierte Finanzierungstheorie	Volkswirtschaftliche „Finanzmärkte" als Objekt der betriebswirtschaftlichen Finanzierungstheorien: Neo – institutionalistischer Finanzierungsansatz	„Menschliches Verhalten" als Objekt der Behavioral Finance
Wissenschaften/wissenschaftlicher Hintergrund	Volkswirtschaft / Neoklassik / Mathematik / Statistik	Volkswirtschaft / Institutionsökonomische Ansätze	Verhaltenswissenschaften / Psychologie / Soziologie
Erfolgsmodell	Finanzmärkte ohne Realwirtschaft	Finanzmärkte mit Institutionen	Verhalten des Menschen bei finanziellen Problemstellungen
Grundannahmen	• Vollkommene Informationen aller Marktteilnehmer • Homo oeconomicus als „rationaler Mensch" • Investitions- gleich Finanzierungslösungen am Markt • Keine Institutionen um Investoren zu schützen	• Unvollkommene Informationen über die Finanzmärkte • Institutionen wie Banken, Versicherungen, Verträge sollen Marktteilnehmer schützen (Kreditsicherungs-instrumente)	• Der Mensch entscheidet bei Finanzierungsproblemen nicht rational • Mitläufer-, Steuer-und Machtaspekte etc. spielen eine bedeutende Rolle bei der Finanzierung
Ausgewählte Modelle und Aspekte	• Marktinvestitionen in Aktien auf der Grundlage des Portfolio-managementansatzes von Markowitz • Absicherung mittels Optionen und Future von „Privat-Kapital" in Aktien • Unternehmensbewertung als DCF-Verfahren	• Theorie der Verfügungsrechte • Transaktionskostenansatz • Principal - Agent - Ansatz • Unternehmensbewertung als DCF-Verfahren und EVA-Verfahren	• Irrationales Anlageverhalten als Grundlage der Behavioral Finance • Systematische Anomalien am Kapitalmarkt als Resultat von irrationalem Verhalten • Kennzahlenanomalien • Drei - Faktoren - Modell von Fama und French

Abb. 1.2: Wertorientiertes Finanzmanagement im Vergleich zu anderen Finanzierungstheorien

1.2 Wertorientiertes Finanzierungsmanagement

Das „Wertorientierte Finanzierungsmanagement" geht vom Unternehmensziel (The Goal of the Firm) bzw. vom wertorientierten Geschäftsmodell aus (vgl. Apple-Beispiel unten), um hohe Umsätze, Cashflows oder EBITs und einen hohen Unternehmenswert, z.B. in Form von EVAs, zu erzielen. Ansonsten muss das Portfoliomanagement seine Geschäftsmodelle/strategischen Geschäftsfelder bzw. Segmente überprüfen, ob diese noch im Konzernportfolio gehalten werden können oder eliminiert werden müssen. Mittels der Konzernunternehmensbewertung und der Bewertung jedes einzelnen Geschäftsfeldes kann das Konzernportfolio überprüft werden. Gleichzeitig wird zu jedem einzelnen Geschäftsfeld eine Analyse des Strategisches Managements durchgeführt, inwiefern Überlegungen zum PIMS, der Erfahrungskurve, Synergieeffekte und ein kritischer Strategiediskurs hierbei mitberücksichtigt wurden. Es ergeben sich daraus Fragen gemäß IFRS, ob sich im internationalen Jahresabschluss bzw. Finanzcontrolling Strategieüberlegungen widerspiegeln (vgl. Abb. 1.3 und das Apple-Beispiel).

„Apple Computer (AAPL) ignited the personal computer revolution in the 1970s with the Apple II and reinvented the personal computer in the 1980s with the Macintosh. But by 1997, it looked like it might be nearing the end for Apple. Mac users were on the decline, and the company didn´t seem to be headed in any real direction. It was at that point that Steve Jobs reappeared, taking back his old job as CEO of Apple, the company he cofounded in 1976. To say the least, things began to change. In fact, between then and September 2009, the price of Apple´s common stock has climbed by over forty-one-fold!

How did Apple accomplish this? The company did it by going back to what it does best, which is to produce products that make the optimal trade-off between ease of use, complexity, and features. Apple took its special skills and applied them to more than just computers, introducing new

products such as the iPod, iTunes, the sleek iMac, the MacBook Air, iPod Touch, and iPhone along with its unlimited "apps". Although all these products have done well, the success of the iPod has been truly amazing. Between the introduction of the iPod in October 2001 and the beginning of 2005, Apple sold more than 6 million of the devices. Then, in 2004, it came out with the iPod Mini, about the length and width of a business card, which has also been a huge success, particularly among women. How successful has this new product been? By 2004, Apple was selling more iPods than its signature Macintosh desktop and notebook computers.

How do you follow up on the success of the iPod? You keep improving your products and you keep developing and introducing new products that computers want. With this in mind, in March 2009, Apple unveiled its latest version of the iPod Shuffle. At the half the size of the previous generation iPod Shuffle, it has 4 GB of the storage, it is able to hold up to 1.000 songs, and is less than the size of a house key. It even has a new feature called Voiceover that, with the press of a button, tells you the song title or artist.

How did Apple make a decision to introduce the original iPod and now the tiny iPodShuttle? The answer is by identifying a costumer need, combined with sound financial management. Financial management deals with the maintenance and creation of economic value or wealth by focusing on decision making with an eye toward creating wealth. As such, this text deals with financial decisions such as when to introduce a new product, when to invest in new assets, when to replace existing assets, when to borrow from banks, when to sell stocks or bonds, when to extend credit to a customer, and how much cash and inventory to maintain. All of these aspects of financial management were factors in Apple´s decision to introduce and continuously improve the iPod, iPod Shuffle, and iPhone, and the end result is having a major financial impact on Apple." (Keown, A. J./Martin, J. D./Petty, J. W.: Foundations of Finance, The Logic and Practice of Financial Management. 7th Edition, Pearson, Boston, New York, San Francisco 2011).

Das wertorientierte Finanzmanagement wird hier als Weiterentwicklung der traditionellen Finanzierungstheorie verstanden. Das Erfolgsmodell „Industriebetrieb“ ist sowohl Grundlage einer allgemeinen, internationalen Betriebswirtschaftslehre, eines wertorientierten Strategischen Managements einschließlich eines technologieorientierten Innovationsmanagements mit einem axiomatischen Geschäftsmodell als auch einer Shareholder Value-orientierten Finanzierungstheorie, die auf Rappaport (1986) zurückgeführt wird.

Zum wissenschaftlichen Hintergrund: Das wertorientierte Finanzmanagement basiert auf einen internationalen, betriebswirtschaftlichen operativen und strategischen Hintergrund mit ausgewählten Aspekten der Rechtswissenschaften, der Finanzmathematik, Mathematik und Statistik.

Grundannahmen: Wie in der traditionellen Finanzierungstheorie wird von der Investitionsseite bzw. der leistungswirtschaftlichen Sphäre des Industriebetriebes ausgegangen, die aber nicht nur ein operatives Working Capital Management in der Beschaffung/Logistik, Produktion, Marketing permanent optimieren muss (vgl. wertorientiertes Geschäftsmodell durch ein Lean-Management bei Toyota), sondern auch strategisch den Industriebetrieb ausrichten muss, z.B. durch den „Integrierten Berliner Innovationsansatz“ (vgl. oben das Apple-Beispiel bzw. Schmeisser 2013, S. 48 ff.). Neue intuitive Geschäftsmodell-Innovationen sind permanente Herausforderungen im Forschungs- und Entwicklungsbereich und in der automatisierten Produktion („Digitale Industrie"), die enorme Investitionen nach sich ziehen und dabei in ein wertorientiertes Geschäftsprozessmodell im Sinne der Lean-Management-Philosophie zu implementieren sind (*Schmeisser/Höhne u.a.*, 2015). Strategien zur Verwirklichung der internationalen Massenproduktion mit internationalen Wertschöpfungsketten und der Umsetzung der Erfahrungskurve bei der internationalen Massenvermarktung stehen dabei im Fokus.

Weiter stehen ausgewählte finanzwirtschaftliche Modelle und Aspekte des Rechnungswesens nach IFRS beim (Finanz-)Controllings im Fokus:

[1] IFRS (International Financial Reporting Standards): Internationale Unternehmen versuchen die Ergebnisse ihrer wirtschaftlichen Handlungen sich selbst, aber auch den Investoren durch zahlenmäßige Abbildungen (Bilanz, Ergebnisrechnung, Kapitalflussrechnung, Segmentanalyse etc.) nach standardisierten Regeln transparent zu machen. Mit diesen Aufgaben dient das Rechnungswesen (vgl. Abb. 1.3 unten) aber auch dem wertorientierten Finanzmanagement.

[2] Unternehmensbewertungsverfahren, wie das Ertragswertverfahren, aber auch das Economic Value Added-Verfahren, erlauben es, Strategische Geschäftsfelder (Segmente) und die Konzernunternehmensbewertung permanent auf ihre Stimmigkeit mit der Konzernstrategie zu überprüfen. Letztendlich geschieht dies ebenfalls mit dem Konzern-Portfoliomanagement auf der Basis des Segmentberichtes. Damit wird das wertorientierte Portfoliomanagement ein Steuerungs- und Gestaltungsinstrument der Finanzholding der Konzerngeschäftsführung. Die Finanzholding lässt sich dann noch durch ein Internationales Cash- und Währungsmanagement flankierend unterstützen.

Bei den unterschiedlichen Unternehmenslebenszyklusphasen des Konzerns helfen neben den Zahlen des Rechnungswesens auch ausgewählte Argumentationsaspekte des Strategischen und des Innovations-Managements (z.B. Synergieeffekte, Realisierung der Erfahrungskurve, Suche nach neuen Geschäftsmodellen, Strategische Bilanzanalyse usw.).

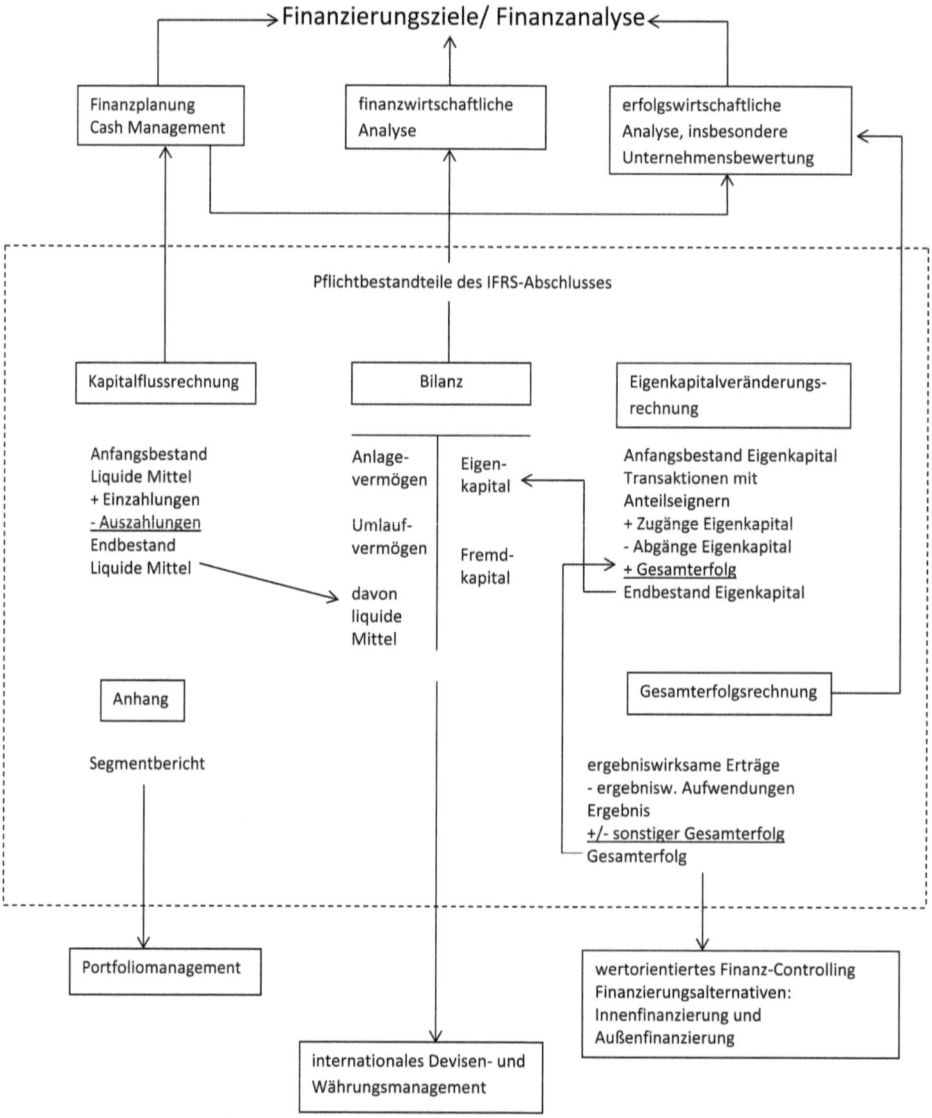

Abb. 1.3: Aspekte eines „Wertorientierten Finanzmanagements"

Aufgaben/Fragen

Zu diesem Kapitel gibt es Aufgaben mit Lösungen. Diese finden Sie unter www.uvk-lucius.de/finanzmanagement

Ausgewählte Literatur zu diesem Kapitel

Brem, A. Heyd, R. / Schmeisser, W. (2015): Internationale Betriebswirtschaftslehre, UVK, München

Hungenberg, H. (2011): Strategisches Management in Unternehmen: Ziele – Prozesse – Verfahren. 6. Aufl., Wiesbaden

Müller-Stewens, G. / Lechner, S. (2011): Strategisches Management, 4. Aufl. Schäffer Poeschel, Stuttgart

Rappaport, A. (1986): Creating Shareholder. The New Standard for Business Performance. New York. London

Schmeisser, W. (2013): Terminologische Grundlagen zum Innovationsmanagement sowie zu den Innovationstheorien. In: *Schmeisser, W. / Krimphove, D. / Hentschel, C. / Hartmann, M.* (2013): Handbuch Innovationsmanagement, UVK-Verlag, München, S.17–52

Schmeisser, W. / Andresen, M. / Kaiser, S. (2012) Personalmanagement, UTB basics, Kapitel 1 und 3, Finanzorientiertes Personalmanagement

Schmeisser, W. / Clausen, L. (2009): Controlling und Berliner Balanced Scorecard, Oldenburg Verlag, München

Schmeisser, W. /Hannemann, G. / Krimphove, D. u.a. (2012): Finanzierung und Investition, UTB basics, München, Kapitel 1,

Schmeisser, W. / Höhne, D. u.a. (2015): Wertorientierte Geschäftsmodelle (2015), UVK, München

2 Eine Banknote als Ausgangspunkt historischer und datenanalytischer Betrachtungen

von Peter P. Eckstein

Wissensziele

Aus dem Studium des Essays sollen Sie die Erkenntnis gewinnen, dass

- ein wertorientiertes Finanzmanagement nicht nur schlechthin mit dem Erscheinungsbild des Geldes verbunden ist, sondern vor allem auch mit mathematischen Begriffen, Verfahren und Modellen.
- die essayistischen Abhandlungen aus didaktisch-methodischer Sicht bewusst in zwei eigenständigen Abschnitten angeboten werden.
- im ersten Abschnitt neben elementaren mathematischen Betrachtungen vor allem historische Notizen und etymologische Erläuterungen im Vordergrund stehen.
- im Kontext des ersten Abschnittes allein die neutrale Zahl Null und die kleinste natürliche Zahl Eins sowie die beiden irrationalen und transzendenten Zahlen e und π mehr darstellen, als ein „bloßes Zahlenbündel".
- im zweiten Abschnitt der Fokus auf einer paradigmatischen Erläuterung und realdatenbasierten Anwendung ausgewählter mathematisch-statistischer Verfahren und Methoden liegt.
- die im zweiten Abschnitt skizzierten Analyseverfahren in der Betriebs- und Volkswirtschaftslehre im Allgemeinen und im Finanzmanagement im Speziellen zu einer breiten und vielschichtigen praktischen Anwendung gelangen.
- die vier Zahlen 0, 1, e und π in ihrem vielfältigen individuellen und kollektiven Erscheinungsbild sowohl als integrale Bestandteile als auch als „tragende Säulen" der paradigmatisch skizzierten datenanalytischen Verfahren fungieren.

2.1 Historische Notizen und mathematische Einblicke

Sie werden sich vermutlich in einem ersten Augenblick etwas verwundert und fragend die Augen reiben, wieso und warum gerade die in der Abbildung 2.1 dargestellte und von 1991 bis zur Einführung des „Euro" im Jahre 2002 sich im Umlauf befindende Banknote „Zehn Deutsche Mark" einen Zugang zum wertorientierten Finanzmanagement ermöglichen soll. Nun, die Antwort auf diese verwunderliche Frage liegt so offenkundig auf der Hand, wie es die allein auf der Vorderseite der Banknote indizierten Botschaften vermutlich nicht sein werden.

Abb. 2.1: 10-Mark-Banknote

Die augenscheinliche Kernbotschaft der abgebildeten Banknote wird einerseits durch das verbale Geldwert-Etikett „Zehn Deutsche Mark" in seiner numerischen Kennzeichnung „10" mittels der beiden arabischen Ziffern 1 und 0 und andererseits durch ein Bildnis des genialen deutschen Mathematikers, Astronomen und Geodäten Carl Friedrich GAUß (*1777, †1855) vermittelt. Das Bildnis von GAUß, das in einer seitenverkehrten Darstellung auf einem Gemälde des dänischen Malers Christian Albrecht JENSEN (*1792, †1870) aus dem Jahr 1840 beruht, wird zudem noch durch weitere interessante Botschaften ergänzt. Im Kontext der nachfolgenden Abhandlungen sollen dabei einmal nur die Zahl 10 und die vermutlich leicht zu übersehende mathematische Funktion in Gestalt eines glockenförmigen Graphen einer näheren Betrachtung unterzogen werden. Letztere kann aus historischer Sicht als eine Würdigung der mathematischen Leistungen von GAUß interpretiert werden.

Der etymologische Ursprung des Substantivs **Zahl** liegt im althochdeutschen Wort „zala" und kann semantisch mit „eingekerbtes Merkzeichen" übersetzt werden. Die umgangssprachliche Redewendung „von dem, der einiges auf dem Kerbholz hat" kann als ein bildhaftes Gleichnis dafür angeführt werden, das seit je her vor allem Schulden, erbrachte Leistungen oder Lieferungen in einer einfachen und fassbaren Form in Gestalt von „Kerben" oder „Strichen" vermerkt wurden. Eine Betrachtung der Abbildung 2.2 weckt auch heute noch Erinnerungen an die eigene Gymnasialzeit, als beim gemeinsamen Besuch mit Freunden in einem Schalkauer Wirtshaus eine Menge von bestellten Bieren mit Hilfe von „gebündelten Strichen" auf einem Bierdeckel vermerkt wurde.

Abb. 2.2: Bierdeckel

Im Blickwinkel zahlenbezogener Wortursprungserklärungen soll zudem noch vermerkt werden, dass das deutsche Wort „Zahl" dem griechischen Wort „arithmos" und dem lateinischen Wort „numerus" entspricht. Letzteres gewährt wiederum einen Zugang zu den beiden lateinischen Begriffen „numen" und „nummus", die bei den „alten Römern" einerseits eine Gottheit und andererseits eine Münze bezeichneten. Nicht nur im „alten Rom", sondern auch heute noch ist der Zahlenbegriff auf das Engste mit dem **Geld-** und **Finanzwesen** verwoben. Allein die verbale Formulierung vom „**Zahlen** eines Beitrages" bzw. vom „**Bezahlen** einer Rechnung" deutet auf diesen semantischen und sachlogischen Verbund hin.

Die Art und Weise, wie die acht Striche auf dem Bierdeckel in der Abbildung 2.2 vermerkt wurden, gewährt analog zur Abbildung 2.3 einen anschaulichen Zugang zu den fünf Fingern einer menschlichen Hand bzw. zu den zehn Fingern beider Hände eines Menschen, die seit je her als ein **natürliches Zählmaß** vor allem für kleine Mengen fungierten.

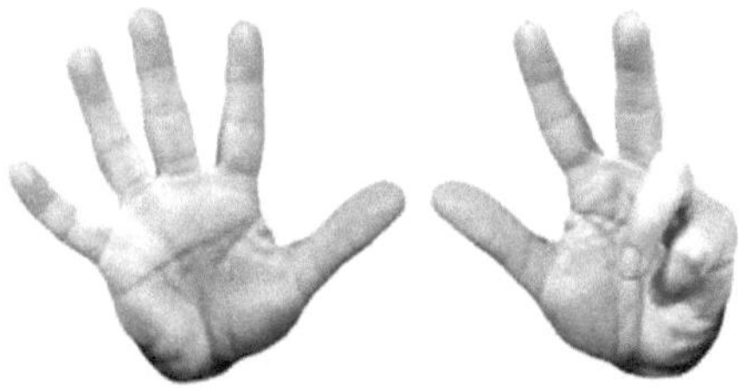

Abb. 2.3: Natürliches Zählmaß

Augenscheinlich symbolisiert im Kontext der hand- und fingerbezogenen Anzeige das „Strichbündel" ~~IIII~~ die fünf gespreizten Finger der rechten Hand und in logischer Konsequenz das „Strichbündel" III die drei gespreizten Finger der linken Hand. Es leuchtet zumindest intuitiv ein, dass diese Art und Weise der Beschreibung einer sehr großen Menge von Elementen hinsichtlich der Anzahl der zugehörigen Elemente bzw. ihres „Umfanges" umständlich, unübersichtlich und mitunter problematisch ist.

Diese ernüchternde Charakteristik trifft auch für die **römischen Zahlen** zu, die gleichsam wie „zahlreiche Kerben auf einem langen Kerbholz" oder „zahlreiche Striche auf einem Bierdeckel" aus historischer und zahlentheoretischer Sicht als klassische Beispiele für ein sogenanntes **Additionssystem** anzusehen sind.

Zur Erläuterung **römischer Zahlen** sind in der Abbildung 2.4 einmal nur die meistbenutzten römischen Ziffern in ihrer Gliederung nach Grund- und Hilfszeichen einschließlich ihrer sogenannten dezimalen Wertigkeit zusammengestellt.

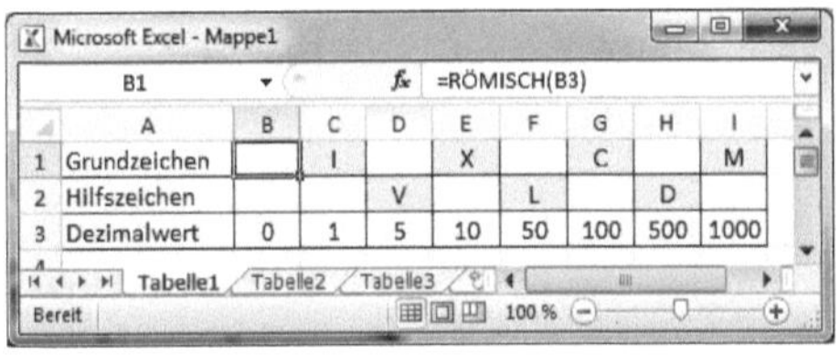

	A	B	C	D	E	F	G	H	I
1	Grundzeichen		I		X		C		M
2	Hilfszeichen			V		L		D	
3	Dezimalwert	0	1	5	10	50	100	500	1000

Abb. 2.4: Römische Ziffern

Gemäß Abbildung 2.4 liefert wegen V + III = VIII ein römischer **Abakus**, der in seiner wörtlichen Übersetzung aus dem Griechischen und Lateinischen die Bezeichnung für ein „Rechenbrett" ist, ein Ergebnis, das formal mit dem viergliedrigen Ziffernsymbol „VIII" und verbal mit dem Zahlwort „acht" etikettiert wird und in seiner Transkription mittels arabischer Ziffern wie folgt notiert werden kann: 5 + 3 = 8.

Man schrieb in der damals üblichen Art und Weise in römischen Zahlen MDIII das Jahr „eintausendfünfhundertdrei" als der Mönch Gregor REISCH (*um 1470, †1525) als ein Vertreter der philosophischen Schule der scholastischen Realisten eine Enzyklopädie mit dem Titel „Margarita philosophica" verfasste, die in ihrer lateinischen Übersetzung eine „Perle der Philosophie" ist und als das älteste gedruckte Handbuch der mittelalterlichen Wissenschaften gilt.

Abb. 2.5: Typus arithmeticae

In der Abbildung 2.5 ist unter dem Titel „Typus arithmeticae“ die **Arithmetik**, die ihrem griechischen Wortursprung gemäß die „Kunst im Umgang mit Zahlen“ ist, durch eine weibliche Person bildhaft dargestellt. In dieser bildhaften Darstellung wacht „Arithmetica“ in ihrem mit den beiden Zahlenfolgen 1, 3, 9, 27 und 1, 2, 4, 8 geschmückten Gewand als eine Schiedsrichterin über einem Rechenwettstreit, der an getrennten Tischen von zwei „arithmetischen Wettstreitern“ ausgetragen wird.

Interessant ist dabei, dass die beiden Zahlenfolgen auf dem Gewand der „Arithmetica“ ihrem Wesen nach **geometrische Zahlenfolgen** sind und allgemein für alle natürlichen Zahlen n = 1, 2, 3, … mit Hilfe der Gleichung

$$a_n = a_1 \cdot q^{n-1}$$

dargestellt werden können, wobei sich für $a_1 = 1$ und $q = 3$ die erstgenannte Zahlenfolge 1, 3, 9, 27 und für $a_1 = 1$ und $q = 2$ die letztgenannte Zahlenfolge 1, 2, 4, 8 ergibt. Die konstante Größe

$$q = \frac{a_n}{a_{n-1}}$$

kennzeichnet für $n \geq 2$ den **Quotienten** q zweier benachbarter Zahlen einer geometrischen Zahlenfolge. Geometrische Folgen bilden wiederum das mathematische Fundament der sogenannten **Zins**- und **Zinseszinsrechnung**.

Während der griesgrämig schauende „Pythagoras“ am rechten Tisch noch beim „Rechnen auf der Linie“ mit Hilfe eines Abakus ist, hat der entspannt schauende „Boethius“ am linken Tisch bereits sein Rechnen erfolgreich beendet. Beachtenswert ist in diesem Zusammenhang der Hinweis, dass in den mittelalterlichen Wissenschaften „Pythagoras“ als der Erfinder des Abakusrechnens und „Boethius“ als ein Urvater des „Rechnens auf der Feder“ mittels indisch-arabischer Ziffern und Zahlen galt. Die allegorische Botschaft dieses Kupferstichs ist augenscheinlich und klar: Das Rechnen „mit Ziffern und Zeichen mittels Tinte und Feder“ ist vorteilhafter und umfassender als das Rechnen „mit Pfennigen auf einer Linie“. Der Begriff „Pfennig“, der dem althochdeutschen Begriff „pfening“ entlehnt ist und ursprünglich ein „kleines Stück Metall“ kennzeichnete, war Jahrhunderte später zudem die Bezeichnung für die niedrigstwertige deutsche Scheidemünze.

Eine aus mathematischer Sicht leicht zu übersehende und dennoch bedeutsame Botschaft in diesem Kupferstich war die Erwähnung und bildhafte Erscheinung einer bis dahin unbekannten und zugleich verkannten Ziffer in Gestalt des ovalförmigen Symbols „0“ zur Kennzeichnung der Zahl des „Nichts“, die gemäß Abbildung 2.5 zum Beispiel auch im Gefüge der römischen Zahlen nicht vorkommt.

Aus historischer Sicht ist es an dieser Stelle geboten, drei Persönlichkeiten würdigend zu erwähnen: den choresmischen Universalgelehrten Muhammed Ibn Musa AL-CHWARIZMI (*um 780, †um 850), den italienischen Kaufmann und Mathematiker Leonardo FIBONACCI (*um 1175, †1241) sowie den berühmten deutschen Rechenmeister Adam RIES (*1492, †1559).

Muhammed AL-CHWARIZMI zu Ehren gab zum Beispiel die sowjetische Post im Jahr 1983 anlässlich seines 1200 jährigen Geburtsjubiläums die in der Abbildung 2.6 dargestellte Briefmarke im Wert von „nur“ vier Kopeken heraus. AL-CHWARIZMI, der seine wissenschaftlichen Erkenntnisse in arabischer Sprache schriftlich fixierte, gab mit dem arabischen Begriff „as-sifre“ in seiner wörtlichen Übertragung als „das Leere“ nicht nur der Zahl **Null**, sondern auch mit dem Begriff „al-dschebr“ in seiner Übersetzung „getrennte Teile verbinden“ der **Algebra**, also der sogenannten Buchstabenrechnung ihren Namen. Zudem ist der Ursprung des Wortes **Algorithmus** im Sinne einer buchstaben- und symbolhaften Rechenvorschrift im Namen des Universalgelehrten zu finden.

Abb. 2.6: Briefmarke „1200 Jahre Muhammed AL-CHWARIZMI“

Aus dem Arabischen „as-sifre“ ist wiederum der lateinische Begriff „zephirus“ entlehnt, der eine Ziffer als ein Leerzeichen kennzeichnet, woraus sich sowohl das französische Wort „zeró“ als auch das englische Wort „zero“ für die Zahl Null erklären lassen. Das deutsche Zahlwort „null“ ist dem Lateinischen „nullus“ bzw. dem Italienischen „nulla“ entlehnt, die wörtlich mit „keinerlei“ bzw. „nichts“ übersetzt werden können. Als eine interessante Randglosse gilt es noch zu vermerken, dass das ovale Symbol „0“ für die Zahl Null in seiner Form mit dem ersten Buchstaben des griechischen Wortes „oudén“ in seiner Übersetzung des „Nichts“ übereinstimmt.

Leonardo FIBONACCI wird im Unterschied zu den mittelalterlichen Wissenschaften heutzutage als ein Überbringer der **indisch-arabischen Zahlen** und der Zahl **Null** in die abendländische Kultur gewürdigt. Er entwickelte im Bestreben, die Vermehrung von Hasen unter idealisierten Bedingungen mit Hilfe arabischer Zahlen „arithmetisch“ zu beschreiben, die nach ihn benannte und in der Abbildung 2.7 plakatierte Zahlenfolge, welche im gegebenen Fall die Zahl Null zum Ausgangspunkt hat und wegen

$0 + 1 = 1, 1 + 1 = 2, 1 + 2 = 3, 2 + 3 = 5, 3 + 5 = 8$ etc.

die Summe zweier benachbarter natürlicher Zahlen stets die nächstfolgende natürliche Zahl in der sogenannten **Fibonacci-Zahlenfolge** ergibt.

Abb. 2.7: Fibonacci-Zahlen

In der Zahlentheorie ordnet man die Fibonacci-Zahlen der **Menge der natürlichen Zahlen**

$\mathbb{N} = \{1, 2, 3, 4, 5, \ldots\}$

zu, die synonym auch als Menge der Grundzahlen oder Kardinal- oder Hauptzahlenmenge bezeichnet wird. Die natürlichen Zahlen, die gemäß Abbildung 2.3 bereits durch die zehn Finger und/oder durch die zehn Fußzehen eines Menschen ein „von Natur aus gegebenes" Erscheinungsbild erfahren, ermöglichen weitere elementare zahlentheoretische Betrachtungen, worunter vor allem ihre Zuordnung zu den **ungeraden** und **geraden Zahlen** sowie zu den **Primzahlen** zu „zählen" ist.

Natürliche Zahlen heißen **gerade**, wenn sie (ohne Rest) durch zwei teilbar sind. Ansonsten heißen sie **ungerade**. In der **Numerologie**, die gemäß ihrem lateinischen und griechischen Wortursprung eine „mystische Zahlendeutung" ist, werden die ungeraden Zahlen 1, 3, 5, 7 … auch als männliche oder maskuline Zahlen und die geraden Zahlen 2, 4, 6, 8 … als weibliche oder feminine Zahlen gedeutet. Bei einer näheren Betrachtung sowohl der ungeraden als auch der geraden natürlichen Zahlen wird augenscheinlich, dass die Differenz bzw. der „natürliche Abstand" zwischen zwei benachbarten ungeraden bzw. geraden Zahlen stets zwei ist und in ihrer „äquidistanten Nachbarschaft" immer als sogenannte „Zahlenzwillinge" erscheinen.

Natürliche Zahlen, die größer als eins sind und nur zwei natürliche Zahlen als Teiler besitzen, also nur durch eins und durch sich selbst (ohne Rest) teilbar sind, heißen **Primzahlen**. Legt man das Augenmerk einmal nur auf die Betrachtung alltäglicher Kalenderblätter, so erscheinen die natürlichen Zahlen

2, 3, 5, 7, 11, 13, 17, 19, 23, 29, 31

als eine elfelementige Primzahlfolge. Beachtenswert sind dabei drei scheinbar belanglose Randglossen: Erstens wird die natürliche Zahl 1 wegen ihrer charakteristischen Eigenschaft der sogenannten **multiplikativen Identität**, wonach für jede natürliche Zahl n stets

$n \times 1 = n$

gilt, aus der elitären Phalanx der Primzahlen ausgeschlossen. Zweitens ist die natürliche Zahl 2 nicht nur die kleinste, sondern auch die einzige gerade Primzahl. Drittens etikettiert man zwei benachbarte Primzahlen, deren Differenz gleich zwei ist, auch als „Primzahlzwillinge". Offensichtlich sind in der Betrachtung von alltäglichen Kalenderblättern wegen

$5 - 3 = 2$, $7 - 5 = 2$, $13 - 11 = 2$ und $19 - 17 = 2$ sowie $31 - 29 = 2$

insgesamt fünf Primzahlzwillinge zu beobachten. Für die restlichen und auf einem Kalenderblatt vermerkten natürlichen Zahlen gilt die folgende allgemeingültige Regel, die in der elementaren Zahlentheorie auch unter der Bezeichnung **Primfaktorzerle-**

gung firmiert und verbal wie folgt zusammengefasst werden kann: Eine natürliche Zahl ist entweder eine Primzahl oder sie lässt sich als ein Produkt aus Primzahlen darstellen.

Offensichtlich ist zum Beispiel gemäß Abbildung 2.7 die ungerade natürliche Zahl 21, die zugleich eine Fibonacci-Zahl ist, keine Primzahl, da sie wegen

$$3 \times 7 = 21$$

als das Produkt aus den beiden Primzahlen 3 und 7 dargestellt werden kann.

Im Blickwinkel der Zahlenbereichserweiterungen, worin die natürlichen Zahlen als eine Teilmenge der **ganzen Zahlen**

$$\mathbb{Z} = \{\ldots, -3, -2, -1, 0, 1, 2, 3, \ldots\}$$

erscheinen, ist es auch möglich, üblich und sinnvoll, in die Menge der natürlichen Zahlen $\mathbb{N} \cup \{0\}$ die „neutrale" Zahl Null einzuschließen und als Menge

$$\mathbb{Z}^+ = \mathbb{N}_0 = \{0, 1, 2, 3, \ldots\}$$

der **positiven ganzen Zahlen** darzustellen. Mit dieser Erweiterung ist es nunmehr möglich, Betrachtungen zur sogenannten Mächtigkeit von Mengen bewerkstelligen zu können. Aufgrund dessen, dass die **Mächtigkeit** einer endlichen Menge durch eine natürliche Zahl beschrieben wird, welche Auskunft über die Anzahl der Elemente der Menge gibt bzw. die Elemente der Menge „zählt", kann die Zahl Null als die Mächtigkeit einer leeren Menge

$$\varnothing = \{\}$$

gedeutet werden, die „null, also keine Elemente" beinhaltet. Diese Zahlenmengenbetrachtung ermöglicht wiederum eine plausible Begründung ihrer „natürlichen Anordnung", worin (außer für die Zahl Null) auch immer genau ein „Vorgänger" und ein „Nachfolger" definiert und gegeben ist. Demnach ist jede natürliche Zahl gleich der Mächtigkeit ihrer „Vorgängermenge", wobei

$$0 = \{\}, 1 = \{0\}, 2 = \{0, 1\}, 3 = \{0, 1, 2\}, 4 = \{0, 1, 2, 3\} \ldots$$

gilt. Da zum Beispiel die natürliche Zahl 2 die Vorgängerzahl und die natürliche Zahl 4 die Nachfolgerzahl der natürlichen Zahl 3 ist, hat man auch eine plausible Erklärung für die folgenden drei Größenrelationen in ihrer verbalen und formalen Darstellung gefunden: „zwei ist kleiner als drei" bzw. $2 < 3$, „drei ist gleich drei" bzw. $3 = 3$ und „vier ist größer als drei" bzw. $4 > 3$.

Diese elementaren Größer- bzw. Kleiner-Relationen untermauern nicht nur eine „von Natur aus gegebene" Anordnung der natürlichen Zahlen, sondern begründen zugleich auch ihre „lineare" Anordnung, die analog zur Abbildung 2.8 in Gestalt eines **Bandmaßes**, eines **Metermaßes** oder eines **Lineals** eine bildhafte Darstellung erfährt.

Abb. 2.8: Bandmaß

So banal die folgende Randglosse auch erscheinen mag, so substantiell ist sie in praktischer Hinsicht: Die natürliche Zahl Eins und die neutrale Zahl Null gewähren in ihrer bildhaften Deutung als numerische Ausgangspunkte nicht nur einen anschaulichen Zugang zum Vorgang des Zählens und des Messens, sondern „nach Adam Ries“ zugleich auch zu den elementaren Rechenoperationen des **Addierens**, **Subtrahierens**, **Multiplizierens** und **Dividierens**.

Adam Ries wurde vor allem durch seine vielbeachteten und weitverbreiteten Rechenbücher bekannt, in denen er nicht in lateinischer Sprache, sondern „auf Teutsch“ das Rechnen mit arabischen Ziffern und Zahlen inklusive der Zahl Null an zahlreichen praktischen Beispielen erläuterte. Dies ist auch ein Grund dafür, warum Ries zugleich als ein „Lehrer des modernen Rechnens“ und als ein „Rechenlehrer der Deutschen“ gewürdigt wird. Das geflügelte Wort „... das macht nach Adam Ries ...“ wird auch heute noch in unserer Alltagssprache im Hinblick auf eine exakte Anwendung elementarer Rechenvorgänge gern und häufig benutzt. In der Abbildung 2.9 ist das Deckblatt des legendären dritten Rechenbuches von Adam Ries mit dem Titel

> „Rechenung nach der lenge/ auff den Linihen vnd Feder./Darzu forteil und behendigkeit durch die Proportiones/Practica genant/Mit grüntlichem unterricht des visierens“

aus dem Jahr 1550 abgebildet, das zudem das vermutlich einzige Porträt von Adam Ries(en) im Alter von LVIII bzw. 58 Jahren zeigt.

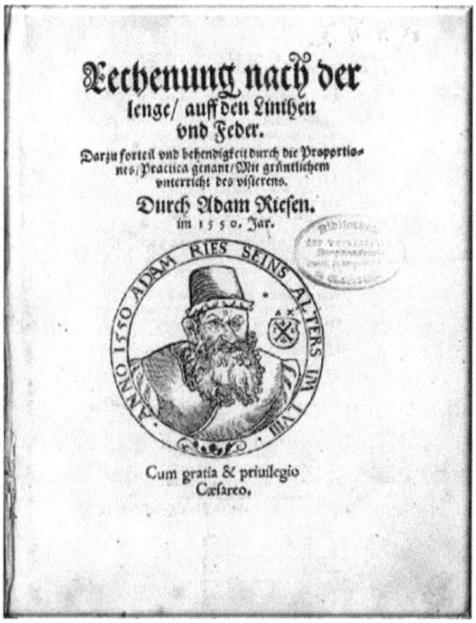

Abb. 2.9: Deckblatt

Erwähnenswert und interessant ist in diesem Zusammenhang, dass Ries im Kontext seiner paradigmatischen bzw. beispielgebenden Betrachtungen neben dem merkantilistisch bzw. kaufmännisch bedeutungsvollen Berechnen bzw. „Visieren“ von Fassinhalten unter anderem die folgenden Begriffe und elementaren Vorgänge des Rechnens gemäß ihrem lateinischen Wortursprung anschaulich und fassbar „auf Teutsch“ erklärte: „Numerirn heisset zelen“, „Addirn oder sumirn heist zusamen thun“, „Subtrahirn heist abziehen“, „Duplirn heist zweifeltigen“, „Medirn heist halb machen“, „Multiplicirn heist viel machen“ und „Dividirn heist theilen“.

Vor allem im Kontext einer würdigenden Betrachtung der neutralen Zahl Null und der natürlichen Zahl Eins sollen einzig und allein aus didaktisch-methodischen Gründen die von RIES aus dem Lateinischen übersetzten und semantisch erläuterten Rechenvorgänge paradigmatisch beleuchtet werden.

„Nomen est omen" würde ein „Lateiner" sagen, um der Zahl Eins als der ersten und zugleich wertmäßig kleinsten ungeraden natürlichen Zahl auch den ersten Platz einer numerischen Würdigung einzuräumen. Die oft verkannte Bedeutung und Rolle der natürlichen Zahl 1 kann man sich zum Beispiel am bildhaften Gleichnis einer Treppe verdeutlichen, auf der man „Stufe für Stufe" oder „Schritt für Schritt" zumindest theoretisch in „ungeahnte Höhen bzw. Tiefen auf- oder hinabsteigen" kann. Das numerische oder arithmetische Protokoll des Begehens einer Treppe mit $n = 5$ Stufen ist dabei nichts anderes als die fünffache Addition der Zahl 1, wobei

$$1 + 1 + 1 + 1 + 1 = 5$$

gilt. In einer kumulierenden bzw. schrittweise zusammenfassenden Betrachtung gelangt man in logischer Konsequenz wegen

$$1 + 1 = 2, 1 + 2 = 3, 1 + 3 = 4 \text{ und } 1 + 4 = 5$$

zu einem gleichen Resultat. Im Blickwinkel dieser elementaren Betrachtungen kann die Zahl 1 als das natürliche Maß der Erhöhung (z.B. $1 + 2 = 3$) bzw. der Verringerung (z.B. $3 - 1 = 2$) bzw. der Verschiedenartigkeit zweier benachbarter natürlicher Zahlen (z.B. $3 - 2 = 1$) gedeutet werden. Mehr noch! Im Zuge der exemplarischen Betrachtungen zu den sogenannten Primzahlen wurde der Zahl 1 auch die Eigenschaft der sogenannten multiplikativen Identität

$$1 \times n = n$$

zugeschrieben, wonach einzig und allein nur die natürliche Zahl 1 als Faktor eines Produkts mit einer beliebigen natürlichen Zahl $n \in \mathbb{N}$ wiederum genau die natürliche Zahl n ergibt. Aus der multiplikativen Identität leitet sich wegen

$$n \div n = 1 \text{ und } n \div 1 = n$$

die charakteristische Eigenschaft eines sogenannten „echten Teilers" ab. Was der natürlichen Zahl Eins trotz ihrer Eigenschaft eines echten Teilers verwehrt bleibt, ist die Zugehörigkeit zur elitären Phalanx der Primzahlen, welche alle natürlichen Zahlen umfasst, die größer als eins sind und nur zwei natürliche Zahlen als „ganze oder echte" Teiler besitzen, also nur durch eins und sich selbst „ohne Rest" teilbar sind.

Im Vergleich zur natürlichen Zahl 1 offenbart die neutrale Zahl 0 im Gefüge elementarer Rechenvorgänge im wahren Sinne des Wortes (von einer Ausnahme abgesehen) „neutrale bzw. neutralisierende" Eigenschaften. Im Kontext des Addierens kann der Zahl Null zum Beispiel wegen

$$3 + 0 = 0 + 3 = 3$$

die Eigenschaft eines neutralen **Summanden** oder „Hinzuzählenden" zugeschrieben werden. In logischer Konsequenz ist zum Beispiel wegen

$$3 - 3 = 0$$

die Zahl Null stets das Resultat einer Subtraktion (in Gestalt einer Differenz bzw. eines „Unterschieds"), wenn der **Minuend** bzw. das „zu Verringernde" und der **Subtrahend** bzw. das „unten Weggezogene" gleich sind. Wegen

$3 \times 0 = 0 \times 3 = 0$

kennzeichnet man die Zahl Null als einen absorbierenden bzw. „alles verschluckenden" **Faktor** einer Multiplikation. Nicht ganz so geschmeidig lässt sich die Rolle der Zahl Null im Kontext der arithmetischen Operation einer **Division** im Sinne einer „Aufteilung" darstellen. Als hilfreich und anschaulich zugleich erweist sich auf der Basis der Menge ℕ der natürlichen Zahlen die von RIES praktizierte und anschauliche Darstellung einer Multiplikation als eine wiederholte Addition und analog die Darstellung einer Division im Sinne einer wiederholten Subtraktion.

Abb. 2.10: Drei Süßmäuler und sechs Pralinen

Beide Rechenvorgänge kann man sich analog zur Abbildung 2.10 anhand des skurril anmutenden Beispiels, wonach sich „drei Süßmäuler sechs Pralinen gleich und gerecht teilen sollen", verdeutlichen. Fasst man die sechs Pralinen als den sogenannten **Dividenden**, also als „das zu Teilende" und die drei Süßmäuler als den sogenannten **Divisor**, also als „das Teilende" auf, dann ergibt sich im Sinne einer Division das Resultat

$6 \div 3 = 2.$

Ein Statistiker würde das Resultat mit dem Etikett eines arithmetischen Mittels versehen und zum Beispiel wie folgt interpretieren: Im Sinne einer gerechten Verteilung der sechs Pralinen auf die drei Süßmäuler bekommt jedes Süßmaul „gerecht und im Durchschnitt" zwei Pralinen zugeteilt. Wenn in einem gerechten Sinne jedem Süßmaul zwei Pralinen zustehen, leuchtet es wiederum „nach Adam RIES" ein, dass bei drei Süßmäulern in einer Pralinenschachtel insgesamt

$2 + 2 + 2 = 3 \times 2 = 6$ Pralinen

verfügbar sein müssen, womit man zugleich auch die Darstellung einer Multiplikation als eine wiederholte Addition veranschaulicht hat.

„Nach Adam RIES" würde man das Verteilungs- bzw. Verzehrprotokoll des Pralinenschmauses im Sinne einer wiederholten Subtraktion wie folgt notieren:

erster Schmaus: $6 - 3 = 3$
zweiter Schmaus: $3 - 3 = 0.$

Die Differenz „von null" als das finale Resultat der zweifachen Subtraktion würden die drei Süßmäuler vermutlich lakonisch wie folgt kommentieren: „Nach dem zweiten Schmaus ist alles aus".

Im Kontext dieser Betrachtungen leuchtet es zumindest intuitiv ein, dass es im Falle einer „leeren Pralinenschachtel" nichts zu verteilen gibt und wegen

$0 \div 3 = 0$

jeder der drei Süßmäuler nur „leer ausgehen“ kann und muss. Analog zur Multiplikation kann man im Zuge einer Division wegen

$0 \div a = 0$ und $a \neq 0$

die Rolle der Zahl Null verallgemeinernd mit Hilfe des folgenden geflügelten Wortes kennzeichnen: „Die Null als Dividend ist auch ein absorbierendes Element.“ Beachtens- und bemerkenswert ist in diesem Blickwinkel, dass ein Quotient „von null“ nicht unbedingt mit einem „absorbierenden“ Dividenden „von null“ zu erklären ist, sondern analog zur Abbildung 2.11 für einen konstanten und von null verschiedenen Dividenden und einem immer größer werdenden Divisor schlussendlich als ein Resultat eines „unendlichen Teilens“ erscheinen kann.

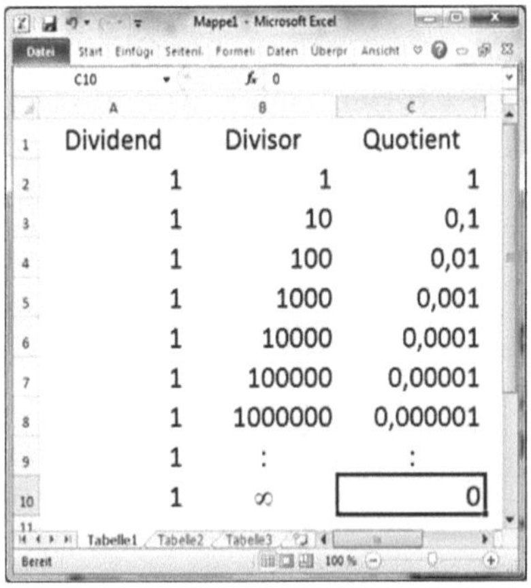

Dividend	Divisor	Quotient
1	1	1
1	10	0,1
1	100	0,01
1	1000	0,001
1	10000	0,0001
1	100000	0,00001
1	1000000	0,000001
1	:	:
1	∞	0

Abb. 2.11: Null als Resultat eines unendlichen Teilens

Doch dort, wo es ein erhellendes Licht gibt, wird auch immer eine Schattenseite sichtbar. Dass im Falle einer Division ein Divisor von null verschieden sein muss, da eine Division „durch null“ nicht definiert ist, kann man sich zum Beispiel anhand der Abbildung 2.12 mit Hilfe des folgenden (gleichfalls skurril anmutenden) Szenarios bildhaft verdeutlichen: Pilzkenner pflegen bei der Betrachtung einer bestimmten Anzahl von wunderschönen roten Fliegenpilzen zu sagen: „Schöne Pilze, doch niemand will'se.“

Abb. 2.12: Roter Fliegenpilz

Dieses umgangssprachliche und lakonische Pilzkennerurteil kommt im konkreten Fall einer Verteilung von n wunderschönen, aber giftigen Pilzen auf „null“ Pilzkennern gleich. Nach Adam RIES, wonach eine Division als eine wiederholte Subtraktion darstellbar ist, ergibt sich das folgende fiktive Verteilungs- bzw. Versuchsprotokoll:

erster Versuch: $n - 0 = n$
zweiter Versuch: $n - 0 = n$
:
x-ter Versuch: $n - 0 = n$.

Offensichtlich bleibt auch „der x-te Versuch ein Fluch“ mit der ernüchternden Erkenntnis, dass die Null als Divisor nicht zulässig bzw. „hochgradig giftig und ungenießbar“ ist.

Dass die skizzierten elementaren Rechenvorgänge nicht nur auf die Menge $\mathbb{N}$ der natürlichen Zahlen begrenzt sind, leuchtet zumindest intuitiv ein. Allein eine Betrachtung des Bandmaßes in der Abbildung 2.8 lässt die Zahl Null als den Ausgangspunkt allen Messens augenscheinlich werden, die im konkreten Fall auf eine metrische Längenmessung mittels der Menge der **positiven reellen Zahlen** $\mathbb{R}^+$ hinausläuft, auch wenn mit dem plakatierten Bandmaß im konkreten Fall eine Längenmessung nur „auf einen Millimeter genau" bewerkstelligt werden kann.

Einen vergleichbaren bildhaften Zugang zur Menge der positiven reellen Zahlen $\mathbb{R}^+$ gewährt analog zur Abbildung 2.13 ein sogenannter СЧЁТЫ bzw. „Stschoty", der in seiner Übersetzung aus dem Russischen ein „Rechenbrett" bzw. einen „Abakus" bezeichnet, mit dessen Hilfe man auf der Basis des dezimalen Zahlensystems „Werte" bzw. „zu zahlende Beträge" (auf immerhin drei Dezimalstellen genau) anhand von jeweils „zehn Pflaumenkernen auf einer Schnur" berechnen kann.

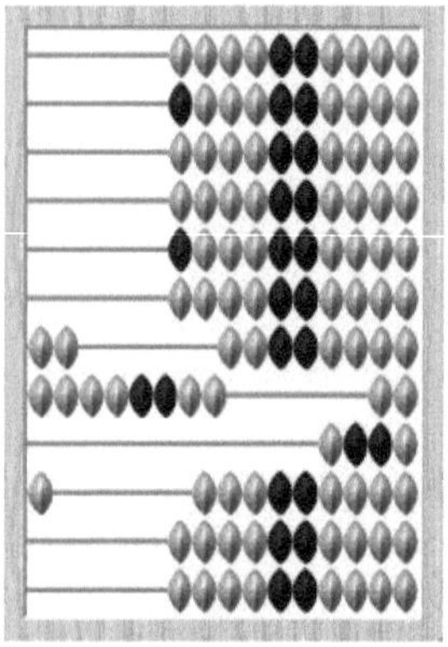

Abb. 2.13: Russischer Abakus

Gemäß Abbildung 2.13 wurde additiv ein Wert in Höhe von „zwanzig plus acht plus ein Zehntel" errechnet, der in seiner virtuellen Deutung und Bemessung mittels der russischen Geldeinheit „Rubel" einen zu zahlenden Betrag von „achtundzwanzig Rubel und zehn Kopeken" indiziert. Analog zur historischen Geldeinheit „Deutsche Mark", die gemäß ihrem Wortursprung ein „markiertes Metallstück" in Gestalt einer Münze kennzeichnete, kann ein „russischer Rubel" seinem Wortursprung nach als ein „zerteiltes Metallstück" in Gestalt einer Münze gedeutet werden, wobei analog zum deutschen Pfennig eine russische Kopeke die niedrigstwertige und kleinste Scheidemünze bezeichnet. Eine Darstellung des berechneten Wertes mit Hilfe von Dezimalzahlen ergibt im konkreten Fall das folgende Bild:

$20 + 8 + 0{,}1 = 28{,}10.$

Allein dieses scheinbar banale Zahlenbild eröffnet aus zahlentheoretischer Sicht eine Vielzahl weiterer interessanter und beachtenswerter Einblicke.

Das **Dezimalsystem**, das seinem Wesen nach ein **Stellenwertsystem** ist, basiert auf dem Ensemble der zehn indisch-arabischen Ziffern, die in der Abbildung 2.14 in Gestalt einer Wählerscheibe eines traditionellen Telefons anschaulich dargestellt sind.

Abb. 2.14: Arabische Ziffern

Die Mächtigkeit des einziffrigen Zahlenbündels

$\{1, 2, 3, 4, 5, 6, 7, 8, 9, 0\}$

wird verbal mit dem natürlichen Zahlwort „zehn" und als erste zweiziffrige natürliche Zahl mit dem Symbol „10" in Gestalt der Ziffern 1 und 0 beschrieben. In dieser prägenden „zweiziffrigen" Eigenschaft fungiert die natürliche Zahl 10 gleichsam als die „Mutter und Namensgeberin" des dezimalen Zahlensystems, das gemäß seiner Übersetzung aus dem Lateinischen das Zahlensystem ist, das auf der „Zehn“ beruht und die Basis der uns alltäglich massenhaft umspülenden zahlenmäßigen Wertigkeitsaussagen bildet. Spätestens an dieser Stelle leuchtet es auch ein, warum und weshalb vom Anbeginn an das zahlenmäßige Etikett einer „10“ auf der Banknote innerhalb der Abbildung 2.1 in das Zentrum der essayistischen Abhandlungen gerückt wurde.

Bekanntlich werden im Dezimalsystem die Stellenwerte einer Ziffer mathematisch als **Potenzen** zur Basis 10 aufgefasst und in Anlehnung an die Abbildung 2.13 als aufsteigend geordnete dekadische Wertigkeiten wie folgt interpretiert:

$10^{-3} = 0{,}001$ als „Tausendstel“,

$10^{-2} = 0{,}01$ als „Hundertstel“,

$10^{-1} = 0{,}1$ als „Zehntel“,

$10^{0} = 1$ als „Einer“,

$10^{1} = 10$ als „Zehner“,

$10^{2} = 100$ als „Hunderter“,

$10^{3} = 1000$ als „Tausender“ etc.

Betrachtet man einmal nur die Dezimalzahl 2810,50 in ihrer expliziten und stellenwertbasierten Darstellung

$$2 \times 10^{3} + 8 \times 10^{2} + 1 \times 10^{1} + 0 \times 10^{0} + 5 \times 10^{-1} + 0 \times 10^{-2} =$$

$$2000 + 800 + 10 + 0 + 0{,}5 + 0 = 2810{,}50,$$

so fungiert die natürliche Zahl 10 als die Basis und die Menge der ganzen Zahlen $\mathbb{Z}$ als der numerische Träger des jeweiligen **Exponenten** in Gestalt einer **Zehnerpotenz**, die wiederum mit einer natürlichen Zahl faktoriell verknüpft oder „gewogen“ wird.

Während man zum Beispiel aus kaufmännischer Sicht die Dezimalzahl in ihrer positiven bzw. negativen wertmäßigen Betrachtung in Höhe von 2810,50 € bzw. -2810,50 € als eine Einnahme bzw. Ausgabe interpretiert, ordnet man sie im zahlentheoretischen Sinne der Menge der **reellen Zahlen** $\mathbb{R}$ zu, in der definitionsgemäß neben der Menge der natürlichen Zahlen $\mathbb{N}$ und der Menge der ganzen Zahlen $\mathbb{Z}$ auch die Menge der **rationalen Zahlen** in Gestalt von Quotienten bzw. Brüchen

$$\mathbb{Q} = \{\ldots, -7{,}25, \ldots, ½, 3{,}333 \ldots\}$$

sowie die Menge der **irrationalen Zahlen** in Gestalt von „nicht fass- und berechenbaren Zahlen“

$$\mathbb{I} = \{\ldots, \sqrt{2}, e, \pi, \ldots\}$$

eingeschlossen ist, worunter neben der Wurzel aus der einzigen geraden Primzahl 2 auch die später noch zu würdigenden **irrationalen** und **transzendenten Zahlen** e und π gehören. Interessant ist dabei, dass das einem Haken gleichende Symbol √ für eine „Wurzel“ auf den deutschen Rechenmeister Adam RIES zurückgeht.

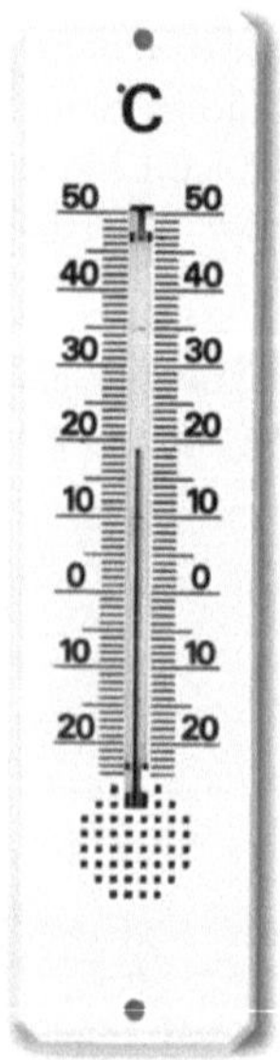

Abb. 2.15: Thermometer als Zahlenstrahl

Abgesehen von den beiden irrationalen und transzendenten Zahlen e und π kommt der umgangssprachlich oft missachteten und verkannten Zahl Null im zahlentheoretischen Sinne die bedeutungsvolle und augenscheinliche Rolle eines „Pontifex" oder „Brückenbauers" zu, die in Gestalt eines „neutralen und verbindenden Elements" einen beidseitigen und äquidistanten, also einen in gleichgroßen Abständen bemessenen Zugang zur Menge der negativen reellen Zahlen und zur Menge der positiven reellen Zahlen gewährt. Ein virtueller Blick auf ein Außenthermometer, das analog zur Abbildung 2.15 auf der Temperaturskala basiert, die nach dem schwedischen Chemiker Anders CELSIUS (*1701, †1744) benannt ist, vermittelt eine anschauliche Assoziation von einem Zahlenstrahl, in dessen Mittelpunkt die Zahl Null steht, die im gegebenen Fall mit dem Maß von „null Grad Celsius" den Gefrierpunkt des Wasser unter Normalbedingungen kennzeichnet.

Dass die Zahl Null in ihrer Funktion als ein „Brückenbauer" nicht nur aus historischer Sicht, sondern auch heute noch eine Quelle von Irritationen sein kann, soll anhand der folgenden historischen und kalendarischen Betrachtungen verdeutlicht werden. In der Abbildung 2.16 ist eine 60-Pfennig-Briefmarke der Deutschen Bundespost aus dem Jahr 1982 abgebildet, welche aus Anlass des 400-jährigen Jubiläums der Einführung des sogenannten **Gregorianischen Kalenders** herausgegeben wurde.

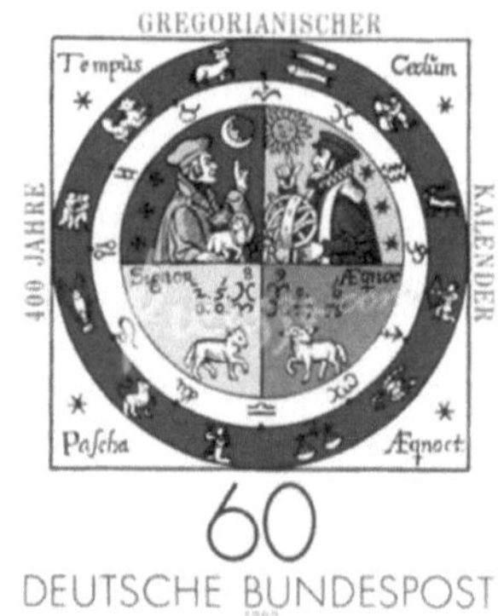

Abb. 2.16: Briefmarke 400 Jahre Gregorianischer Kalender

Man schrieb nach der heute noch gültigen und verbindlichen Zeitrechnung das Jahr 1582 in der damals üblichen Art und Weise MDLXXXII mit Hilfe römischer Zahlen, als Papst Gregor XIII. (der Dreizehnte) nach langen Mühen mit einer Bulle den nach ihm benannten Gregorianischen Kalender als die „neue Zeitrechnung" dekretieren, also „päpstlich verordnen" ließ. Beachtenswert ist dabei, dass im Gregorianischen Kalender gemäß der päpstlichen Festlegung „anni ab incarnatione domini" die „Kalenderjahre ab der Geburt Jesu Christi" gezählt werden und mit dem Jahr „eins nach Christus" beginnen. Die Kalenderjahre vor dem Kalenderjahr 1 werden mit der natürlichen Zahl 1 beginnend „rückwärts" in die Vergangenheit projiziert und durch den Zusatz „vor Christus" gekennzeichnet.

Ein Kalenderjahr „null" gibt es demnach nicht nur nicht im Gregorianischen Kalender, sondern analog zur Excel-Tabelle innerhalb der Abbildung 2.4 gleichsam auch nicht im Gefüge der römischen Zahlen. Ein kalendarischer Irrtum, der im Gregorianischen Kalender begründet liegt, war zum Beispiel der Eintritt in das dritte Jahrtausend, der fälschlicherweise und dennoch weltweit am 1. Januar 2000 feierlich begangen wurde, obwohl „nach Adam RIES“ dies erst in der Silvesternacht vom 31. Dezember 2000 zum 1. Januar 2001 hätte geschehen dürfen.

Inwieweit die Geburt Christi in ihrer kalendarischen Betrachtung mit einer blasphemischen bzw. gotteslästernden Sichtweise auf die Zahl Null als der Zahl des „Nichtseins“ assoziiert werden kann, ist hier irrelevant. Relevant ist diesem Kontext einzig und allein die Tatsache, dass gemäß Abbildung 2.15 der Zahl Null in ihrer bildhaften Darstellung auf einem Zahlenstrahl die bedeutungsvolle Rolle einer „neutralen und brückenschlagenden Zahl“ zukommt, die sowohl einen sachlogisch plausiblen Zugang zur Menge der **ganzen**, der **rationalen**, der **reellen** und der **komplexen** Zahlen gewährt.

Vor allem im Blickwinkel des Dezimalsystems und der Menge $\mathbb{R}^+$ der positiven reellen Zahlen sowie der im nachfolgenden Abschnitt paradigmatisch skizzierten wertpapieranalytischen Betrachtungen ist es geboten, das mathematische Konstrukt von sogenannten **Logarithmen** sowohl historisch als auch inhaltlich kurz zu beleuchten.

Der Begriff „Logarithmus” wurde vom schottischen Mathematiker und Naturgelehrten John NAPIER, Laird of Merchiston, (*1550, †1617) in der 1614 in lateinischer Sprache veröffentlichten „Mirifici logarithmorum canonis descriptio“ geprägt. Demnach kann ein Logarithmus seinem griechischen Wortursprung gemäß auch als ein „Zahlenverhältnis“ charakterisiert werden, das ein „wunderbares“, erleichtertes und weniger zeitraubendes „Rechnen mit großen Zahlen“ ermöglicht.

Es war der englische Mathematiker Henry BRIGGS (*1556, †1630), der in seiner 1624 erschienenen „Arithmetica logarithmica“ unter anderem die 14-stelligen dekadischen Logarithmen der Zahlen von 1 bis 20000 auf der Basis der Exponentialfunktion

$$y = f(x) = 10^x$$

veröffentlichte. BRIGGS legte damit einen Grundstein für das sogenannte **logarithmische Rechnen**, indem die Grundrechenarten des Multiplizierens, Dividierens, Potenzierens und Radizieren auf die jeweils niedrigere Stufe des Addierens, Subtrahierens, Multiplizierens und Dividierens zurückgeführt werden. Betrachtet man der Anschaulichkeit halber einmal den Wert der Exponentialfunktion an der Stelle $x = 3$, so gilt

$$1000 = 10^3,$$

wobei der Funktionswert $y = 1000$ den **Numerus** bzw. die **Grundzahl**, $b = 10$ die **Basis** und $x = 3$ den **Exponenten** bzw. die **Hochzahl** kennzeichnet. Der Exponent $x = 3$ wird wegen

$$\log_{10}(1000) = \lg(1000) = 3$$

auch als der dekadische oder Briggs´sche oder Zehner-Logarithmus der Zahl 1000 bezeichnet. Bemerkenswert ist dabei, dass die vierstellige Grundzahl 1000 in ihrer logarithmischen Transformation auf die einstellige Zahl 3 „reduziert“ wird. In logischer Konsequenz ist wegen

$$\log_{10}(100) = \lg(100) = 2$$

der dekadische Logarithmus von 100 gleich 2, da „im Umkehrschluss“ wiederum

$$10^2 = 100$$

gilt. Allein anhand dieser beiden exemplarischen Betrachtungen leuchtet es ein, dass sich im konkreten Fall alle reellen Zahlen zwischen 100 und 1000 durch dekadische Logarithmen in Gestalt von reellen Zahlen zwischen 2 und 3 darstellen lassen und zum Beispiel die reelle Zahl 222,22 wegen

$$\lg(222{,}22) \cong 2{,}346783$$

einen sechsstelligen dekadischen Logarithmus bzw. einen „auf sechs Mantissen genau" berechneten Briggs'schen Logarithmus liefert, der mit Hilfe der zur Logarithmusfunktion

$$y = \log_{10}(x) = \lg(x)$$

gehörenden **Umkehrfunktion**

$$y = 10^x$$

wegen

$$y = 10^{2{,}346783} \cong 222{,}22$$

wiederum den „ursprünglichen Numerus" von 222,22 ergibt.

Einen interessanten und zugleich anschaulichen Einblick in das Rechnen mit Logarithmen gewährt die Betrachtung von vier positiven und von null verschiedenen reellen Zahlen a, b, c und d. Stehen $a > 0$ und $b > 0$ in einem selben Verhältnis zueinander wie $c > 0$ und $d > 0$, gilt also für die beiden Quotienten

$$\frac{a}{b} = \frac{c}{d},$$

dann stimmen wegen

$$\log(a) - \log(b) = \log(c) - \log(d)$$

die Differenzen bzw. die Unterschiede ihrer Logarithmen überein. Diese auf NAPIER zurückgehende Betrachtung ist auch eine plausible Erklärung dafür, warum Logarithmen etymologisch auch als Zahlenverhältnisse bzw. als Verhältniszahlen betrachtet werden.

Man überzeugt sich leicht von der Tatsache, dass zum Beispiel für

$$a = 1, b = 10, c = 100 \text{ und } d = 1000$$

sowohl a und b wegen 1 / 10 als auch c und d wegen 100 / 1000 = 1 / 10 jeweils in einem Verhältnis von „eins zu zehn" stehen und wegen

$$\lg(1) = 0, \lg(10) = 1, \lg(100) = 2 \text{ und } \lg(1000) = 3$$

die Unterschiede ihrer dekadischen Logarithmen wegen

$$0 - 1 = 2 - 3$$

jeweils mit der Kennzahl von -1 übereinstimmen. Aus der elementaren Rechenregel für Logarithmen

$$\log\left(\frac{a}{b}\right) = \log(a) - \log(b),$$

wonach der Logarithmus eines **Quotienten** gleich ist der **Differenz** aus dem Logarithmus des **Dividenden** bzw. Zählers und dem des **Divisors** bzw. Nenners, können die elementaren Rechenregeln

$$\log(a \cdot b) = \log(a) + \log(b)$$

und

$$\log(a^b) = b \cdot \log(a)$$

für ein **Produkt** und für eine **Potenz**, worin mit b = 1 / r als ein Spezialfall das **Radizieren** in Form einer r-ten **Wurzel** aus a eingeschlossen ist, entlehnt werden.

Beachtenswert ist dabei, dass die skizzierten Rechenregeln für alle **Logarithmensysteme** gelten, worunter vor allem der sogenannte **natürliche Logarithmus**

$$\log_e(x) = \ln(x)$$

zu erwähnen ist, der auch mit dem lateinischen Etikett „logarithmus naturalis“ versehen wird und die sogenannte **Euler´sche Konstante**

$$e = 2{,}7182818285\ldots$$

als Basis hat. Die Euler'sche Konstante e ist ihrem Wesen nach nicht nur eine irrationale und transzendente Zahl, sondern zugleich auch eine der wichtigsten Konstanten der höheren Mathematik. Die Konstante e geht auf den berühmten Schweizer Mathematiker Leonhard EULER (*1707, †1783) zurück, der zugleich auch ihr Namensvater ist. Neben ihrer tragenden Rolle im später noch zu erläuternden Normalverteilungsmodell bildet die Euler´sche Konstante nicht nur die Basis der natürlichen Logarithmen, sondern zugleich auch die Basis der sogenannten **e-Funktion**

$$y = e^x = \exp(x),$$

die in der Mathematik schlechthin als die „Mutter aller Exponential- oder Wachstumsfunktionen“ gilt. Anhand der Abbildung 2.17 wird augenscheinlich, dass die e-Funktion wiederum als die Umkehrfunktion der natürlichen Logarithmusfunktion

$$y = \log_e(x) = \ln(x)$$

und analog die natürliche Logarithmusfunktion als die Umkehrfunktion der e-Funktion gedeutet werden kann.

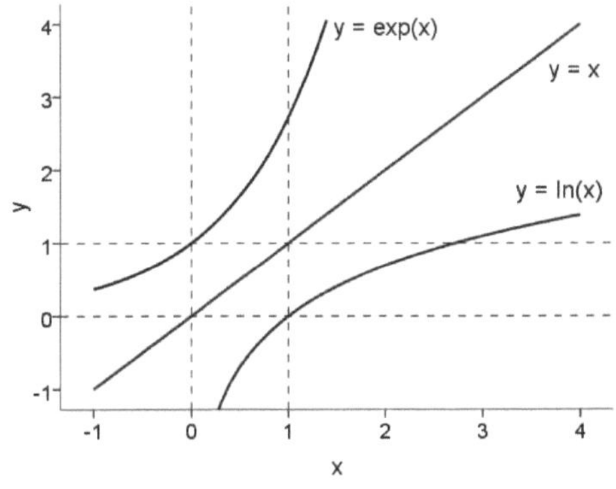

Abb. 2.17: Umkehrfunktion

Das Konstrukt einer **Umkehrfunktion** kann man sich anhand der Abbildung 2.17 wie folgt verdeutlichen: Spiegelt man den Graphen der monoton wachsenden e-Funktion $y = \exp(x)$ an der winkelhalbierenden Geraden $y = x$, dann erhält man den Graphen der monoton wachsenden natürlichen Logarithmusfunktion $y = \ln(x)$ und umgekehrt.

Im Blickwinkel dieser spiegelbildlichen Betrachtungen erweisen sich die folgenden Randglossen als interessant und beachtenswert: Der **Wertebereich**

$$0 < y < +\infty$$

der e-Funktion $y = \exp(x)$ ist deckungsgleich mit dem **Definitionsbereich**

$$0 < x < +\infty$$

der Logarithmusfunktion $y = \ln(x)$. Umgekehrt ist mit dem **Wertebereich**

$$-\infty < y < +\infty$$

der Logarithmusfunktion $y = \ln(x)$ zugleich auch der **Definitionsbereich**

$$-\infty < x < +\infty$$

der e-Funktion $y = \exp(x)$ in Gestalt der Menge $\mathbb{R}$ der **reellen Zahlen** gegeben. Für alle **positiven reellen Zahlen** $x > 0$ gelten für das Zusammenspiel von Funktion und Umkehrfunktion die Beziehungen

$$e^{\ln(x)} = x$$

und

$$\ln(e^x) = x.$$

Gemäß Abbildung 2.17 ergibt sich zum Beispiel für die natürliche Logarithmusfunktion $y = \ln(x)$ an der Stelle $x = 1$ ein Funktionswert von $y = \ln(1) = 0$. Der Funktionswert von null ist zugleich eine plausible Begründung dafür, warum man in der **Funktionalanalysis** die Stelle $x = 1$ als die **Nullstelle** der Logarithmusfunktion kennzeichnet. Offensichtlich wird wegen

$$\exp(\ln(1)) = e^{\ln(1)} = e^0 = 1$$

die logarithmische Transformation der natürlichen Zahl 1, welche die neutrale Zahl 0 ergibt, durch das Exponieren „rückgängig" gemacht. Analog wird zum Beispiel wegen

$$\ln\big(\exp(0)\big) = \ln(e^0) = \ln(1) = 0$$

das Exponieren der Zahl 0, welches die natürliche Zahl 1 zum Ergebnis hat, durch das Logarithmieren „aufgehoben" und die neutrale Zahl 0 auf ihr „ursprüngliches" Niveau zurückgeführt.

Allein im Kontext dieser exemplarischen Betrachtungen zur e-Funktion und zur natürlichen Logarithmusfunktion offenbart sich ein weiterer interessanter mathematischer Sachverhalt, der sowohl aus historischer als auch aus inhaltlicher Sicht einer kurzen Erwähnung bedarf.

So fest wie in der griechischen Mythologie „Prometheus an den Felsen geschmiedet“ war, so fest ist in der Mathematik die Betrachtung von Abständen bzw. Distanzen an die sogenannten **Euklidischen Distanzmaße** gebunden. Die Euklidischen Distanzmaße, die nach dem griechischen Mathematiker EUKLID VON ALEXANDRIA (*ca. 365 v.Chr., †300 v.Chr.) benannt sind, beruhen auf dem sogenannten **Euklidischen Kathetensatz**, aus dem unmittelbar der sogenannte **Satz des Pythagoras** abgeleitet werden kann. Der Satz des Pythagoras, dessen Formulierung wiederum dem griechischen Philosophen PYTHAGORAS VON SAMOS (*ca. 580 v.Chr., †496 v.Chr.) zugeschrieben wird, kann verbal wie folgt zusammengefasst werden: In einem rechtwinkligen Dreieck ist die Fläche des Quadrats über der Hypotenuse c gleich der Summe der Flächen der Quadrate über den Katheten a und b, so dass

$$a^2 + b^2 = c^2$$

gilt. Während ihrem griechischen Wortursprung gemäß die Hypotenuse c die Dreieckseite ist, die sich „unter dem rechten Winkel erstreckt“ bzw. ihm gegenüber liegt, kennzeichnen die Katheten a und b die beiden Schenkel eines rechten Winkels, die gemäß ihrer Übersetzung aus dem Griechischen einem „Senkblei“ gleich „senkrecht“ aufeinander stehen.

Innerhalb der Abbildung 2.17 besitzt zum Beispiel die Diagonale im sogenannten 0-1-Quadrat, die für alle x-y-Wertepaare im Intervall von $0 \leq x, y \leq 1$ durch die winkelhalbierende Gerade $y = x$ getragen wird, gemäß dem Satz des Pythagoras wegen

$$a := x_1 - x_0 = 1 - 0 = 1$$

und

$$b := y_1 - y_0 = 1 - 0 = 1$$

sowie

$$a^2 + b^2 = 1^2 + 1^2 = 1 + 1 = 2 = c^2$$

letztlich eine Länge von

$$c = \sqrt{c^2} = \sqrt{2} = 1{,}41421356\ldots,$$

die als eine reelle Zahl gemeinsam mit der Euler´schen Zahl e und der Kreiszahl π der Menge der **irrationalen Zahlen**

$$I = \{\ldots, \sqrt{2}, e, \pi, \ldots\}$$

in Gestalt von „nicht fass- und berechenbaren Zahlen“ zugeordnet wird. Diese mystisch anmutenden zahlenmäßigen Betrachtungen würden im wahren Sinn des Wortes „abgerundet“, wenn man schlussendlich das sogenannte 0-1-Quadrat in seinem Inneren noch mit einem Kreis „schmücken“ würde, dessen Durchmesser dem Werte nach eins ist und dessen Umfang der sogenannten Kreiszahl π entspricht.

Doch wieder zurück zur e-Funktion! Das würdigende Etikett der e-Funktion lässt sich durch eine Vielzahl von Argumenten unterlegen, worunter neben der **Zinseszinsrechnung** vor allem ihre außerordentliche Bedeutung im Rahmen der sogenannten

Differentialrechnung zu erwähnen ist. Ihre außerordentliche Bedeutung wird vor allem dadurch sichtbar und getragen, dass die e-Funktion die einzige mathematische Funktion ist, die mit ihrer ersten Ableitung

$$\frac{dy}{dx} = e^x$$

identisch ist.

Nicht nur die Euler´sche Konstante e, sondern vor allem auch die Zahl Null als der Inbegriff des „Nichts" erfährt im Blickwinkel der sogenannten **Infinitesimalrechnung**, die ihrem lateinischen Wortursprung nach das „Rechnen mit dem unendlich Kleinen" bezeichnet, eine weitere Aufwertung.

Als die geistigen Urväter der Infinitesimalrechnung sind in diesem Zusammenhang der deutsche Universalgelehrte Gottfried Wilhelm LEIBNIZ (*1646, †1716) und der englische Wissenschaftler Isaac NEWTON (*1643, †1727) würdigend zu erwähnen. Spezielle Anwendungen der Infinitesimalrechnung in ihrer zweiseitigen und untrennbar miteinander verwobenen Betrachtung von Differential- und Integralrechnung sind ein spezieller Gegenstand des nachfolgenden Abschnitts. Während die **Differentialrechnung** ihrem lateinischen Wortursprung gemäß das Rechnen mit infinitesimalen Differenzen, also mit unendlich kleinen Unterschieden kennzeichnet, subsumiert man unter dem Begriff der **Integralrechnung** das Summieren infinitesimaler bzw. unendlich kleiner Werte. Erwähnens- und bemerkenswert ist in diesem Zusammenhang, dass einerseits das „kleine d(ifferentia)" d … als das sogenannte Leibniz´sche **Differentialsymbol** und andererseits das „lange S(umma)" $\int$ als das sogenannte Leibniz´sche **Integralsymbol** fungiert.

Die kurze Erwähnung des faszinierenden Instruments der Integralrechnung in ihrer ursprünglichen Deutung als eine Summation unendlich kleiner Flächen ermöglicht es, den Kreis der „historischen Notizen und elementaren mathematischen Einblicke" zu schließen und zur weiteren Betrachtung des „10-Mark-Scheins" in der Abbildung 2.1 zurückzukehren.

Im Vergleich zur Abbildung 2.1 gewährt die Abbildung 2.18 einen „tieferen" Einblick in die analytisch und grafisch dargestellte mathematische Funktion f(x), die in der einschlägigen Fachliteratur mit dem Etikett einer „Normalverteilung" versehen und zu Ehren von Carl Friedrich GAUß auch als eine GAUßsche Verteilung oder eine GAUßsche Glockenkurve bezeichnet wird.

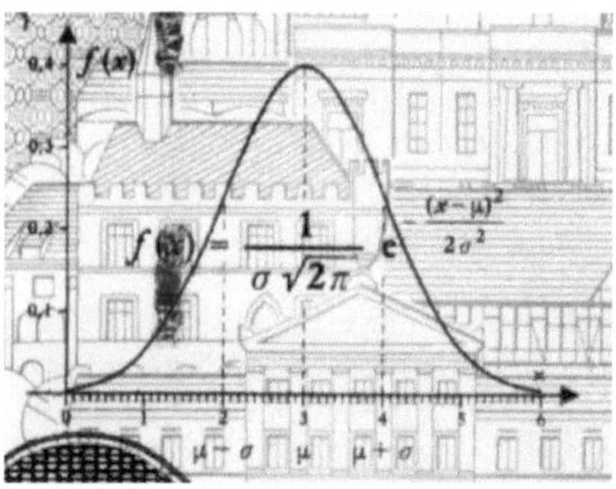

Abb. 2.18: Normalverteilungsmodell

Das mathematische Modell einer **Normalverteilung** selbst wurde erstmals vom französischen Mathematiker Abraham DE MOIVRE (*1667, †1754) formuliert und später von GAUß als Verteilungsgesetz für Beobachtungsfehler im Rahmen der Vermessung des Königreichs Hannover in den Jahren von

1820 bis 1844 identifiziert und angewandt. Dieser historische Hinweis liefert auch eine Erklärung dafür, warum auf der Rückseite der betrachteten 10-Mark-Banknote neben einem geodätischen Vermessungsgerät ein geografisches Netz abgebildet wurde.

Allein aus einer elementaren analytischen Betrachtung des Normalverteilungsmodells in der Abbildung 2.18 in Gestalt der Funktion

$$f(x) = \frac{1}{\sigma \cdot \sqrt{2 \cdot \pi}} \cdot e^{-\frac{(x-\mu)^2}{2 \cdot \sigma^2}},$$

die ihrem Wesen nach eine eindeutige Abbildung der Werte einer erklärenden Größe x auf eine zu erklärende Größe y = f(x) ist, können unter Zuhilfenahme des glockenförmigen Graphen die folgenden leicht nachvollziehbaren mathematischen Kernaussagen entlehnt werden:

In der Abbildung 2.18 wird die stetige Funktion f(x) für beliebige x im Bereich der positiven reellen Zahlen von 0 bis 6 sowohl durch die zwei Parameter μ und σ als auch durch die zwei Konstanten π und e gekennzeichnet. Während der Parameter $\mu \in \mathbb{R}$ (lies: Klein-My) in seiner statistischen Deutung als ein „Lage- bzw. Mittelwertparameter" definitionsgemäß im Bereich der reellen Zahlen $\mathbb{R}$ variiert, interpretiert man den Parameter $\sigma > 0$ (lies: Klein-Sigma) im statistischen Sinne als einen „Streuungsparameter", der definitionsgemäß größer als null ist und lediglich im Bereich der positiven reellen Zahlen $\mathbb{R}^+$ variiert.

Die sogenannte **Kreiszahl**

$\pi = 3{,}1415926536\ldots$

(lies: Klein-Pi) ist eine mathematische Konstante, die als Verhältnis des Umfangs eines Kreises zu seinem Durchmesser definiert ist und für praktische Zwecke näherungsweise und oft ausreichend mit dem Quotienten

$22 / 7 \approx 3{,}1428$

bestimmt wird. Die Konstante π, die bereits in der griechischen Antike bekannt war und zu Ehren des griechischen Mathematikers ARCHIMEDES (*um 287 v.Chr., †212 v.Chr.) auch als Archimedes-Konstante bzw. zu Ehren des niederländischen Mathematikers Ludolph VAN CEULEN (*1540, †1610) mitunter auch als Ludolph´sche Zahl bezeichnet wird, ist ihrem Wesen nach eine irrationale und transzendente Zahl. Ihre Kennzeichnung mit dem griechischen Kleinbuchstaben π, der zugleich der erste Buchstabe des griechischen Wortes περίμετρος bzw. „perimetros" in seiner Übersetzung als „Umfang (eines Kreises)" ist, geht auf den berühmten Schweizer Mathematiker Leonhard EULER zurück.

Die Etikettierung der beiden Konstanten π und e als **irrationale** und **transzendente** Zahlen erklärt sich daraus, dass beide Zahlen „im wahren Sinne des Wortes" mit „menschlichem Verstand nicht erfassbar" sind und somit „alles sinnlich Wahrnehmbare übersteigen". Allein die beiden in Form einer Grenzwertbetrachtung skizzierten analytischen Ausrücke

$$\pi = 4 \cdot \sum_{k=1}^{\infty} \frac{(-1)^{k+1}}{2 \cdot k - 1}$$

und

$$e = \lim_{n \to \infty} \left(1 + \frac{1}{n}\right)^n$$

untermauern diese „Übersinnlichkeit“.

Gemäß Abbildung 2.18 ist das Normalverteilungsmodell durch die Parameterwerte

$\mu = 3$ und $\sigma = 1$

„vollständig spezifiziert“. Während die GAUßsche Glockenkurve an der Stelle $\mu = 3$ ihren Gipfel besitzt, kennzeichnen neben dem Gipfel die Stellen

$\mu - \sigma = 3 - 1 = 2$ bzw. $\mu + \sigma = 3 + 1 = 4$

zwei Wendepunkte des glockenförmigen Graphen. Beachtenswert ist dabei, dass eine Veränderung des sogenannten **Lageparameters** μ eine Verschiebung der Glockenkurve entlang der Abszisse x bewirkt und dass der Wert der stetigen Funktion f(x) an der Stelle $x = \mu$ in Gestalt des Gipfels sich umgekehrt proportional zum sogenannten **Streuungsparameter** σ verhält. Je größer bzw. kleiner der Streuungsparameter $\sigma > 0$ ist, umso flacher bzw. steiler ist die jeweilige Glockenkurve gewölbt.

Doch mehr noch! Gleichwohl die folgende Aussage für die stetige und glockenförmige Funktion f(x) nicht ohne weiteres mathematisch begründet und bewerkstelligt werden kann, ist sie dennoch von substantieller und fundamentaler Bedeutung: Die Fläche unterhalb der Glockenkurve f(x) und oberhalb der Abszisse x ist wegen

$$\int_{-\infty}^{+\infty} f(x)\, dx = 1$$

dem Werte nach eins. Dies ist auch ein Grund dafür, warum man nicht nur die stetige und glockenförmige Funktion f(x) in der Abbildung 2.18, sondern jede stetige Funktion mit dieser Flächeneigenschaft von „eins“ als eine **Dichtefunktion** kennzeichnet und sie in der **Stochastik** als ein Wahrscheinlichkeitsmodell verwendet.

Mit dem Begriff „Stochastik“, der seinem griechischen Wortursprung nach als „die Kunst des geschickten Vermutens“ übersetzt werden kann, kennzeichnet man die wissenschaftliche Disziplin, die sowohl Verfahren und Modelle zur mathematischen Beschreibung von zufälligen Ereignissen mit Hilfe von **Wahrscheinlichkeiten** bereitstellt als auch Aussagen über deren Gesetzmäßigkeiten liefert.

Es war im Jahr 1933, als der junge russische Mathematiker Andrej Nikolajewitsch KOLMOGOROV (*1903, †1987) ein Traktat über den axiomatischen Wahrscheinlichkeitsbegriff publizierte und damit das Fundament für die Stochastik und die moderne Wahrscheinlichkeitstheorie legte. Die Kernaussagen der sogenannten drei KOLMOGOROVschen Axiome, die gemäß ihrem griechischen Wortursprung Lehrsätze sind, die man nicht zu beweisen braucht, lassen sich wie folgt zusammenfassen: Eine **Wahrscheinlichkeit** ist ein reellwertiges Maß für den Grad der Gewissheit bzw. der Ungewissheit des Eintretens eines zufälligen Ereignisses, das per Definition nur Werte zwischen null und eins annehmen kann.

Auf dem Gebiet der modernen Wahrscheinlichkeitstheorie kommt dem Modell einer Normalverteilung nicht nur eine fundamentale, sondern zugleich auch noch eine zentrale Bedeutung zu, die schlussendlich im sogenannten **zentralen Grenzwertsatz** kulminiert und begründet liegt.

Der zentrale Grenzwertsatz, der auf den finnischen Mathematiker Jarl Waldemar LINDEBERG (*1876, †1932) und den französischen Mathematiker Paul LÉVY (*1886, †1971) zurückgeht, ist einer der fundamentalen Aussagen der Wahrscheinlichkeitstheorie. Er hebt die zentrale Bedeutung des Normalverteilungsmodells im Vergleich zu allen anderen theoretischen Verteilungsmodellen hervor und liefert zugleich eine theoretische Begründung dafür, dass Zufallsprozesse, die sich aus der Überlagerung einer Vielzahl von zufälligen Einzeleffekten ergeben, hinreichend genau durch das theoretische Modell einer Normalverteilung beschrieben werden können.

Gemeinsam mit dem sogenannten **schwachen Gesetz großer Zahlen**, worin als ein Spezialfall die Verknüpfung einer relativen Häufigkeit mit einer Wahrscheinlichkeit eingeschlossen ist, schlägt der zentrale Grenzwertsatz eine Brücke von der Stochastik zur sogenannten **Induktiven Statistik**, die gemäß ihrem lateinischen Wortursprung das Teilgebiet der Statistik ist, das den „Schluss vom Teil aufs Ganze" zum Gegenstand hat und aus methodischer Sicht in die drei Teilgebiete der **Stichproben**-, der **Schätz**- und der **Testtheorie** gegliedert wird.

Stellvertretend für die Vielzahl praktischer Anwendungen der erwähnten mathematischen und statistischen Verfahren im wertorientierten Finanzmanagement werden im nachfolgenden Abschnitt lediglich ausgewählte analytische Bausteine der technischen Wertpapieranalyse paradigmatisch skizziert und anschaulich erläutert.

2.2 Datenanalytische Betrachtungen

2.2.1 Zeitreihenanalytische Betrachtungen

Die im vorhergehenden Abschnitt aus historischer und inhaltlicher Sicht beleuchteten mathematisch-statistischen Begriffe und Verfahren sollen paradigmatisch und auf der Basis realer Daten im Kontext einer sogenannten **technischen Wertpapieranalyse** demonstriert und erläutert werden.

Einen anschaulichen Zugang zum begrifflich weiten und methodisch anspruchsvollen Feld einer technischen Wertpapieranalyse gewährt das sogenannte **Chart** in der Abbildung 2.19. In seiner wortgetreuen Übertragung aus dem Englischen ist ein Chart ein Schaubild, das im konkreten Fall eine analytische Bewertung des zeitlichen Verlaufs des sogenannten Tec-Dax im Zeitraum von 2008 bis 2013 zum Gegenstand hat und in der Frankfurter Allgemeinen Zeitung vom 8. Dezember 2014 publiziert wurde.

Im Zentrum des Schaubildes steht die sogenannte **Trajektorie** des Tec-Dax, die augenscheinlich einen trendbehafteten, volatilen und zufallsbedingten Verlauf des **Wertpapierportfolios** „Tec-Dax“ im **Beobachtungszeitraum** indiziert. Im Wertpapiermanagement wird ein Bestand an Wertpapieren mit dem Etikett eines **Portefeuilles** bzw. **Portfolios** versehen, das in Anlehnung an das Französische bzw. Italienische eine „Aktentasche“ bezeichnet, die im Hinblick auf den Tec-Dax einen Wertpapierbestand von dreißig führenden deutschen Technikunternehmen umfasst.

Abb. 2.19: Chart

Das Ensemble der zugehörigen, statistisch erfassten und zeitlich geordneten Tec-Dax-Werte, die mittels einer Trajektorie grafisch dargestellt wurden, subsumiert man unter dem Begriff einer **Zeitreihe** und ihre Analyse mittels mathematisch-statistischer Verfahren und Methoden unter dem Begriff einer **Zeitreihenanalyse**. Letztere kann wiederum als ein integraler Bestandteil einer technischen Wertpapieranalyse angesehen werden.

Ein fundamentales und im Chart innerhalb der Abbildung 2.19 indiziertes Arbeitsprinzip einer technischen Wertpapieranalyse ist die Nutzung einer sogenannten **logarithmischen Skala**. Eine logarithmische Skala findet ihre mathematische Begründung darin, dass eine zu bestimmten Zeitpunkten, also eine **zeitdiskret** beobachtete Wertpapierentwicklung als ein **zeitstetiger** Prozess aufgefasst, analysiert und modelliert wird. In Anlehnung an die Abbildung 2.20 gewährt eine Sanduhr auf eine anschauliche Art und Weise die Betrachtung der Zeit als ein „stetiges Analogon“ im Sinne eines „ununterbrochenen Dahinfließens“.

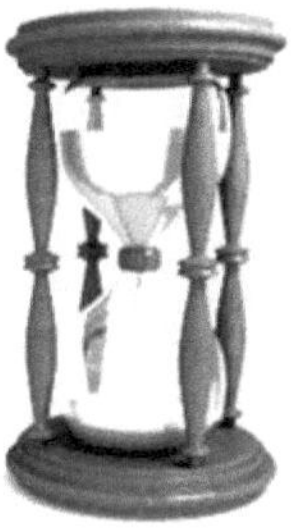

Abb. 2.20: Sanduhr

Die Vielzahl der Fachtermini, die im „spektakulär anmutenden“ Chart innerhalb der Abbildung 2.19 plakativ und anschaulich vermerkt sind, sollen einzig und allein aus didaktisch-methodischen Gründen einmal nur anhand der an der Frankfurter Wertpapierbörse im Wirtschaftsjahr 2014 börsentäglich erfassten Werte (Angaben in Punkten) der **Daimler-Aktie** paradigmatisch erläutert werden. Zur statistischen Analyse der börsentäglich erfassten Werte der Daimler-Aktie wurde das Statistik-Programm-Paket SPSS verwendet, das unter der Kennung „IBM SPSS Statistics“ firmiert.

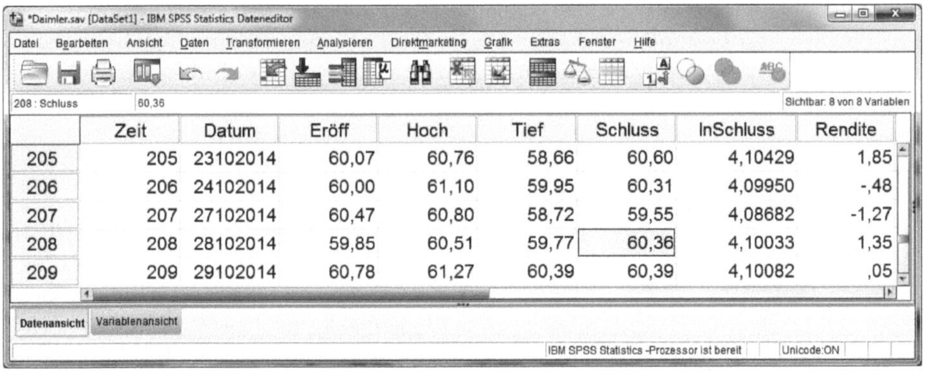

	Zeit	Datum	Eröff	Hoch	Tief	Schluss	lnSchluss	Rendite
205	205	23102014	60,07	60,76	58,66	60,60	4,10429	1,85
206	206	24102014	60,00	61,10	59,95	60,31	4,09950	-,48
207	207	27102014	60,47	60,80	58,72	59,55	4,08682	-1,27
208	208	28102014	59,85	60,51	59,77	60,36	4,10033	1,35
209	209	29102014	60,78	61,27	60,39	60,39	4,10082	,05

Abb. 2.21: SPSS Dateneditor, Basis: Daimler Stammaktie

Die Daimler AG als ein global operierender Automobilkonzern ist hinsichtlich ihrer Stammaktie gemeinsam mit 29 weiteren großen und umsatzstarken deutschen Unternehmen im sogenannten **D**eutschen **A**ktieninde**X DAX** gelistet. Gemäß Abbildung 2.21 wurden in der zugrundeliegenden SPSS Datendatei „Daimler.sav“ für die Daimler-Aktie ursprünglich neben dem ErfassungsDATUM, der ERÖFFnungskurs, das TagesHOCH, das TagesTIEF sowie der SCHLUSSkurs börsentäglich erfasst.

In der statistischen Methodenlehre kennzeichnet man eine zeitlich geordnete Folge

$\{y_t, t = 1,2,\ldots,n\}$

von n erfassten Werten y_t eines Zustandes, Sachverhaltes oder Prozesses Y als eine **Zeitreihe** und in Anlehnung an das Lateinische „tempus“ bzw. an das Englische „time“ die (in der Regel) auf der Menge der natürlichen Zahlen $\mathbb{N}$ variierende Größe $t \in \mathbb{N}$ als eine **Zeitvariable**, welche die Chronologie, also die zeitlich logische Abfolge eines Zustandes oder Prozesses widerspiegelt. In ihrer Betrachtung als ein **Index** bzw. Zeiger ermöglicht die Zeitvariable t im Kontext einer Zeitreihenanalyse zugleich auch noch eine formale Beschreibung des betrachteten **Zeithorizonts** mit Hilfe sogenannter **Indexmengen**. Während die Indexmenge

$T_B = \{t \mid t = 1,2,\ldots,n\}$

den sogenannten **Beobachtungszeitraum** von der Länge n Zeitpunkte bzw. Zeitintervalle kennzeichnet, beschreibt die Indexmenge

$T_P = \{t \mid t = n + 1, n + 2, \ldots, n + h\}$

den sogenannten **Prognosezeitraum** von der Länge h Zeitpunkte bzw. Zeitintervalle. Die Vereinigungsmenge

$T_R = T_B \cup T_P$

aus den beiden sich gegenseitig ausschließenden bzw. **disjunkten** Teilzeiträumen von der Länge n + h Zeitpunkte bzw. Zeitintervalle firmiert unter der Bezeichnung des sogenannten **Relevanzzeitraumes** einer zeitreihenanalytischen Betrachtung.

Je nachdem, ob eine Zeitreihe den zahlenmäßigen Zustand einer Erscheinung oder eines Prozesses für bestimmte Zeitintervalle oder für bestimmte Zeitpunkte beschreibt, unterscheidet man in der Zeitreihenanalyse zwischen einer **Zeitintervallreihe** oder einer **Zeitpunktreihe**.

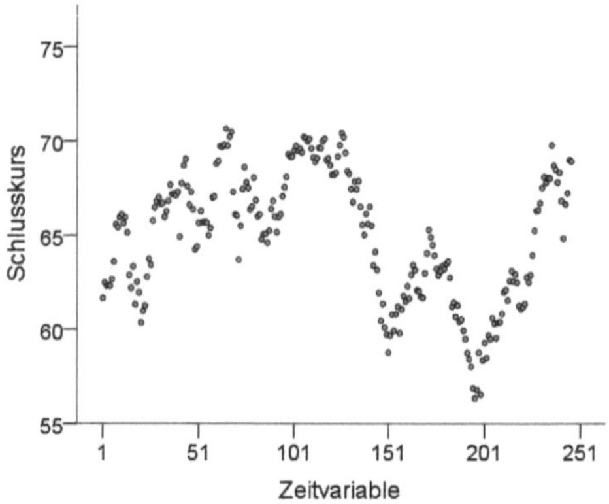

Abb. 2.22: Punktediagramm

In der technischen Wertpapieranalyse stehen (in der Regel) die jeweils am Ende eines Börsentages erfassten „Schlusskurse“ im Zentrum analytischer Betrachtungen. Im konkreten Fall kennzeichnet man die Menge $\{y_t, t = 1,2,\ldots,n\}$ der n = 246 im Wirtschaftsjahr 2014 börsentäglich erfassten und in der SPSS Datendatei „Daimler.sav“ gespeicherten Schlusskurswerte y_t der Daimler-Aktie als eine **Zeitpunktreihe** von der „Länge“ n = 246 Schlusskurswerte. Die Zeitpunktreihe erscheint im sogenannten **Punktediagramm** innerhalb der Abbildung 2.22 in einer zweidimensionalen Darstellung „grafisch exakt“ als eine zeitlich geordnete Punktemenge

$\{(t, y_t), t = 1,2,\ldots,246\}$.

In der Zeitreihenanalyse ist es üblich, einen zahlenmäßig beschriebenen und zeitlich geordneten Zustands- bzw. Prozessbeobachtungen y_t auf der **Ordinate** in Gestalt der senkrechten Koordinatenachse und die Zeit t auf der **Abszisse** in Gestalt der waagerechten Koordinatenachse bildhaft darzustellen.

Gleichwohl das Punktediagramm in der Abbildung 2.22 aus erfassungsstatistischer Sicht die börsentäglichen Schlusskurse y_t für alle $t \in T_B$ „grafisch exakt“ widerspiegelt, erfüllt es aus analytischer Sicht nicht seine eigentliche Zweckbestimmung, die darin besteht, die zeitliche Entwicklung der erfassten Schlusskurse anschaulich und klar erkennbar werden zu lassen.

Diese Aufgabe erfüllt augenscheinlich das sogenannte **Sequenzdiagramm** in der Abbildung 2.23, in welchem die Zeitreihe

$\{y_t, t \in T_B\}$

der erfassten Schlusskurse y_t mit Hilfe einer sogenannten **Trajektorie** grafisch dargestellt wurde. Gemäß ihrem lateinischen Wortursprung ist eine Trajektorie eine auf einer Zeitachse „hinübergezogene Linie". Mitunter wird eine Trajektorie auch als **Polygonzug** bezeichnet. Gemäß seinem griechischen Wortursprung kennzeichnet ein Polygonzug einen „Vielwinkel-Linienzug", der grafisch nichts anderes darstellt, als eine lineare Verbindung der zeitlich geordneten Prozessbeobachtungen

$\{(t, y_t), t = 1,2,\ldots,246\}$

in der Abbildung 2.22. Beachtenswert ist dabei, dass die Zwischenwerte im Sinne einer **linearen Interpolation** zwischen zwei beobachteten Punkten nicht definiert bzw. nicht existent sind oder empirisch nicht erfasst wurden.

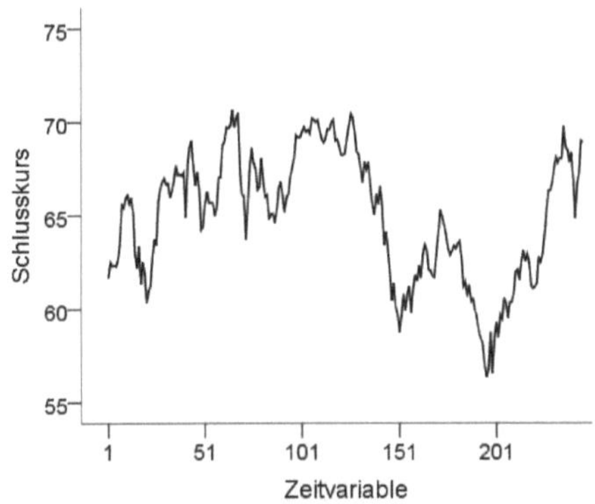

Abb. 2.23: Sequenzdiagramm, originäre Schlusskurse

Die Trajektorie der Schlusskurse der Daimler-Aktie indiziert im **Beobachtungszeitraum**

$T_B = \{t \mid t = 1,2,\ldots,246\}$

augenscheinlich einen **volatilen** Verlauf, der gemäß seinem lateinischen Wortursprung ein zeitlicher Verlauf ist, der durch ein zufallsbedingtes Auf und Ab gekennzeichnet wird. Im konkreten Fall markiert in der Abbildung 2.23 der Zeitvariablenwert t = 1 den 6. Januar 2014 als den ersten erfassten Börsentag, t = 208 den 28. Oktober 2014 als den 208-ten chronologisch erfassten Börsentag und schlussendlich t = 246 den 19. Dezember 2014 als den letzten erfassten bzw. „beobachteten" Börsentag.

Im Zuge einer einführenden Betrachtung des TecDax-Charts innerhalb der Abbildung 2.19 wurde bereits vermerkt, dass man in der technischen Wertpapieranalyse in der Regel nicht die originären, sondern die logarithmisch transformierten Schlusskurse eines Wertpapiers verwendet. In der Abbildung 2.24 ist das Sequenzdiagramm der transformierten Zeitreihe

$\{\ln(y_t), t \in T_B\}$

dargestellt, deren Werte die natürlichen Logarithmen $\ln(y_t)$ der originär erfassten Schlusskurswerte y_t sind.

Vergleicht man die beiden Sequenzdiagramme innerhalb der Abbildungen 2.23 und 2.24, so wird augenscheinlich, dass die beiden Trajektorien einen gleichartigen zeitlichen Verlauf indizieren, der lediglich im Hinblick auf das Ausmaß seiner Schwankungen auf der jeweiligen Ordinate unterschiedlich bemessen ist.

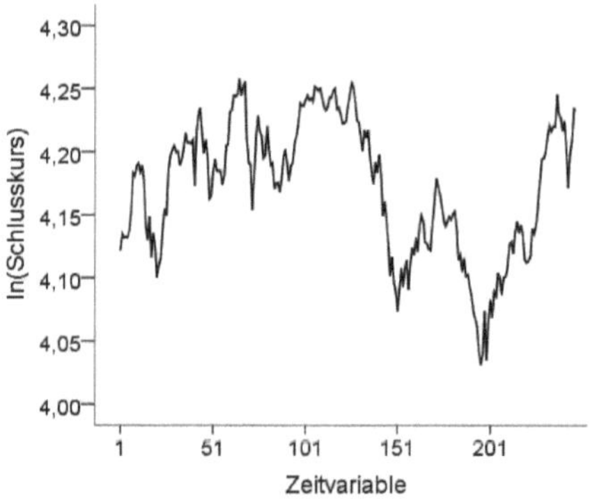

Abb. 2.24: Sequenzdiagramm, logarithmierte Schlusskurse

Zur Verdeutlichung des methodischen Unterschiedes zwischen dem sogenannten **zeitdiskreten** und dem sogenannten **zeitstetigen** Analysekonzept sollen die in der Abbildung 2.21 aufgelisteten Schlusskurse der Daimler-Aktie dienen. Demnach ist der Schlusskurs in seiner **zeitdiskreten** Betrachtung am 28. Oktober 2014 (t = 208) im Vergleich zum Vortag (t – 1 = 207) **absolut** um

$$\Delta y_t = y_t - y_{t-1} = 60{,}36 - 59{,}55 = 0{,}81 \text{ Punkte}$$

und **relativ** um

$$r_t = \frac{y_t - y_{t-1}}{y_{t-1}} = \frac{\Delta y_t}{y_{t-1}} = \frac{0{,}81}{59{,}55} \cong 0{,}0136$$

bzw. **prozentual** um

$$r_t \cdot 100\,\% = 0{,}0136 \cdot 100\,\% \cong 1{,}36\,\%$$

gestiegen.

In ihrer **zeitstetigen** Betrachtung und in Anlehnung an die **stetige Zinsformel**

$$y_t = y_{t-1} \cdot e^{r_t^*}$$

berechnet sich eine **stetige Wachstumsrate** r_t^*, die in der technischen Wertpapieranalyse auch als eine **stetige Rendite** bezeichnet und gedeutet wird, wie folgt: Wegen

$$\frac{y_t}{y_{t-1}} = e^{r_t^*}$$

gilt für eine stetige Wachstumsrate bzw. stetige Rendite

$$r_t^* = \ln\left(\frac{y_t}{y_{t-1}}\right) = \ln(y_t) - \ln(y_{t-1}).$$

Anhand der Abbildung 2.21 überzeugt man sich im konkreten Fall leicht von der Tatsache, dass für die Zeitvariablenwerte t = 208 und t – 1 = 207 die zeitstetige Betrachtung der benachbarten Schlusskurswerte y_t = 60,36 Punkte und y_{t-1} = 59,55 Punkte aus den natürlichen Logarithmen wegen

$$r_t^* = \ln\left(\frac{60{,}36}{59{,}55}\right) = \ln(60{,}36) - \ln(59{,}55) \cong 0{,}01351$$

zu einem Ergebnis führt, das in der mit „Rendite“ gekennzeichneten Spalte des SPSS Dateneditors als prozentuale börsentägliche Rendite in Höhe von 1,35 % nur geringfügig und praktisch vernachlässigbar von der zeitdiskreten prozentualen börsentäglichen Wachstumsrate in Höhe von 1,36 % abweicht.

Allgemein kann für chronologisch erfasste börsentägliche Schlusskurse y_t eine zeitdiskrete Wachstumsrate bzw. Rendite r_t mittels der Berechnungsvorschrift

$$r_t^* = \ln(1 + r_t)$$

in eine zeitstetige Rendite r_t^* und umgekehrt eine zeitstetige Rendite r_t^* mittels der Berechnungsvorschrift

$$r_t = e^{r_t^*} - 1$$

in eine zeitdiskrete Wachstumsrate bzw. Rendite r_t transformiert werden. Im konkreten Fall gilt für t = 208

$$r_t^* = \ln(1 + r_t) = \ln(1 + 0{,}0136) = \ln(1{,}0136) \cong 0{,}0135$$

und

$$r_t = e^{r_t^*} - 1 = e^{0{,}0135} - 1 \cong 1{,}0136 - 1 = 0{,}0136.$$

Beachtenswert ist es in diesem Zusammenhang, dass man im Rahmen des zeitstetigen Analysekonzepts aus den logarithmierten Schlusskursen mittels des sogenannten **Differenzenfilters** erster Ordnung

$$r_t^* = \Delta(\ln(y_t)) = \ln(y_t) - \ln(y_{t-1})$$

aus den logarithmierten Schlusskurswerten nichts anderes „erzeugt" hat, als die Zeitreihe der börsentäglichen **Renditen**

$$\{r_t^*, t \in T_B \setminus t = 1\}$$

von der Länge n – 1 = 245, wobei definitionsgemäß die Rendite r_t^* der Ordnung t = 1 nicht verfügbar ist. Die Abbildung 2.25 beinhaltet das Sequenzdiagramm der börsentäglichen Renditen der Daimler-Aktie im Beobachtungszeitraum T_B.

Aus dem Sequenzdiagramm der börsentäglichen Renditen können die folgenden interessanten und bemerkenswerten Analysebefunde entlehnt werden:

i) Die Differenzenfolge erster Ordnung in Gestalt der Zeitreihe der börsentäglichen Renditen hat die Elimination eines **linearen Trends** aus den logarithmierten Schlusskursen bzw. eines **exponentiellen Trends** aus den börsentäglich in Punkten erfassten originären Schlusskurswerten zur Folge.

ii) Die volatilen und um null schwankenden börsentäglichen Renditen der Daimler-Aktie ähneln einem **Oszillogramm**, das gemäß seinem griechischen Wortursprung eine „Aufzeichnung von Schwingungen" mit Hilfe eines **Oszillographen** ist, der wiederum die Bezeichnung für ein schwingungsaufzeichnendes Gerät ist.

iii) Aufgrund dessen, dass die Trajektorie im Beobachtungszeitraum T_B augenscheinlich um null schwankt, bedient man sich in der Zeitreihenanalyse der Metapher vom „weißen Rauschen auf einem Oszillographen" und deutet die börsentäglichen Renditen der Daimler-Aktie als Realisationen eines **schwach stationären stochastischen Prozesses**, der in seiner zeitlichen Betrachtung im Mittel um einen gleichen Wert zufallsbedingt schwankt. Hinzu kommt im konkreten Fall noch, dass das zufallsbedingte Ausmaß der Schwankungen der börsentäglichen Renditen um den mittleren Wert Null im Beobachtungszeitraum T_B in seiner chronologischen Betrachtung weder zu explodieren noch zu implodieren scheint. Einen schwach stationären stochastischen Prozess mit zeitlich unveränderlichen durchschnittlichen Schwankungen subsumiert man in der Zeitreihenanalyse unter dem Begriff eines **homoskedastischen** Prozesses. Im Gegensatz dazu kennzeichnet man einen stochastischen Prozess mit einem zeitlich explodierenden bzw. implodierenden durchschnittlichen Schwankungsniveau als einen **heteroskedastischen** Prozess.

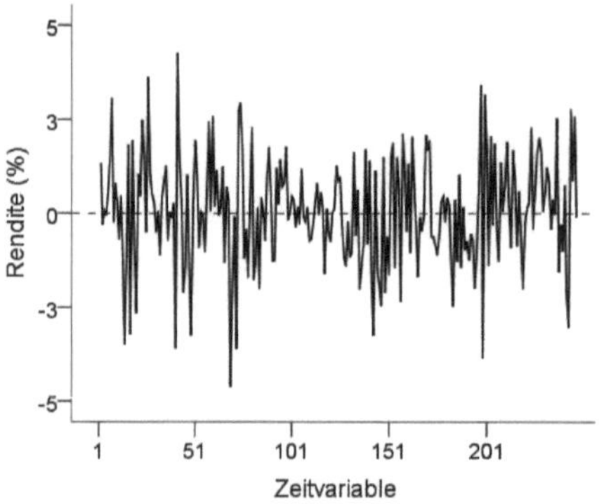

Abb. 2.25: Sequenzdiagramm, Renditen (%)

iv) Das Phänomen des „weißen Rauschens“ ist untrennbar mit dem Begriff eines **reinen Zufallsprozesses** verbunden. Bei einem reinen Zufallsprozess besteht (vereinfacht ausgedrückt) zwischen den Werten einer Zeitreihe sowohl in „unmittelbarer als auch in ferner Nachbarschaft“ keinerlei Beziehung bzw. Wechselwirkung. Man sagt daher auch: Die Zeitreihenwerte sind **stochastisch voneinander unabhängig**. Die empirische Unabhängigkeitsanalyse von Zeitreihenwerten, die ein spezieller Gegenstand des Abschnittes 2.2.3 ist, firmiert unter dem Begriff der statistischen **Autokorrelationsanalyse**, die wiederum auf der sogenannten **Maßkorrelationsanalyse** basiert.

v) Schlussendlich gilt es noch zu vermerken, dass ein reiner Zufallsprozess aus verteilungsanalytischer Sicht mit Hilfe des Modells einer **Normalverteilung** beschrieben werden kann, das im vorhergehenden Abschnitt des Essays skizziert und kurz erläutert wurde und nicht nur die Kernbotschaft der Abbildung 2.18, sondern auch des folgenden Abschnittes 2.2.2 ist.

2.2.2 Verteilungsanalytische Betrachtungen

In der Abbildung 2.26 ist die **Häufigkeit**, mit der bestimmte börsentägliche Renditen der Daimler-Aktie beobachtet wurden, bildhaft dargestellt. Allein die Betrachtung der Abbildung 2.26 untermauert die datenanalytische Vermutung, dass sich hinter dem zufallsbedingten, unsystematischen und scheinbar chaotischen Auf und Ab der börsentäglichen prozentualen Renditen der Daimler-Aktie innerhalb der Abbildung 2.25 ein „ehrenwertes“ Verteilungsgesetz verbirgt: das Modell einer Normalverteilung, das im konkreten Fall durch die **Gaußsche Glockenkurve** über dem normierten und nahezu symmetrischen **Histogramm** plakatiert wird.

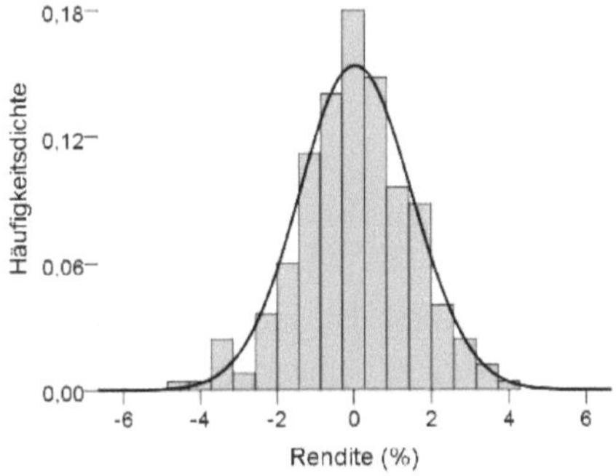

Abb. 2.26: Histogramm mit Normalverteilungsdichte

Im Blickwinkel der Induktiven Statistik formuliert man eine verteilungsanalytische Vermutung in Form einer Verteilungshypothese. Angesichts der Abbildung 2.26 kann die Verteilungshypothese als sogenannte **Nullhypothese** H_0 verbal und formal wie folgt formuliert werden: Die börsentäglichen prozentualen Renditen der Daimler-Aktie sind Realisationen einer normalverteilten Zufallsgröße X, wobei

$$H_0: X \sim N(\mu, \sigma)$$

gilt. Aufgrund dessen, dass man über die beiden Modellparameter $\mu \in \mathbb{R}$ und $\sigma > 0$ im Vorfeld verteilungsanalytischer Betrachtungen keinerlei Kenntnisse besitzt, kennzeichnet man die Verteilungshypothese hinsichtlich der beiden Modellparameter als „unvollständig spezifiziert“.

Ein Analyseverfahren, mit dessen Hilfe man auf der Basis eines realisierten **Zufallsstichprobenbefundes** auf einem vorab vereinbarten **Signifikanzniveau** eine **Hypothese** überprüft, bezeichnet man in der Induktiven Statistik als einen statistischen **Signifikanztest**.

Im konkreten Fall wurde für die realisierte Zufallsstichprobe der börsentäglichen Renditen die unvollständig spezifizierte Normalverteilungshypothese H_0 mit Hilfe des **Kolmogorov-Smirnov-Anpassungstests** in der sogenannten Lilliefors-Modifikation überprüft. Der Kolmogorov-Smirnov-Anpassungstest erfährt in der Induktiven Statistik in seiner Eigenschaft als ein trennscharfer Omnibus-Test eine breite Anwendung, da er für Realisationen einer stetigen Zufallsgröße bzw. für die Merkmalswerte eines stetigen metrischen Erhebungsmerkmals gleichermaßen Abweichungen in den sogenannten Lage-, Streuungs-, Schiefe- und Wölbungsparametern einer empirisch beobachteten Verteilung im Vergleich zu einer theoretisch erwarteten Verteilung aufzudecken vermag.

Die Testergebnisse des K(olmogorov)-S(mirnov)-Anpassungstests sind der Abbildung 2.27 zusammengefasst.

	Kolmogorow-Smirnow[a]		
	Statistik	df	Sig.
Rendite (%)	,035	245	,200*

*. Dies ist eine Untergrenze der tatsächlichen Signifikanz.
a. Signifikanzkorrektur nach Lilliefors

Abb. 2.27: K-S-Anpassungstest

Auf einem vorab vereinbarten Signifikanzniveau von α = 0,05 besteht gemäß dem sogenannten **p(robability)-value-Konzept** wegen

$$\alpha = 0{,}05 < \alpha^* \geq 0{,}2$$

kein Anlass, die Normalverteilungshypothese zu verwerfen. Demnach können die börsentäglichen Renditen der Daimler-Aktie als Realisationen einer normalverteilten Zufallsgröße aufgefasst werden.

Im Zuge des allgemeingültigen und auf den englischen Statistiker Ronald Aymer FISHER (*1890, †1962) zurückgehenden p-value-Konzepts wird für ein vorab vereinbartes Signifikanzniveau α mit einem aus einem Zufallsstichprobenbefund berechneten empirischen Signifikanzniveau α^* verglichen und eine Nullhypothese H_0 verworfen, sobald $\alpha > \alpha^*$ gilt. Ansonsten wird eine Null- oder Ausgangshypothese beibehalten.

Ein vorab vereinbartes Signifikanzniveau kann als eine **Irrtumswahrscheinlichkeit** gedeutet werden, da man bei einem statistischen Signifikanztest einem Irrtum unterliegen kann, der darin besteht, eine Nullhypothese zu verwerfen, obgleich sie richtig bzw. „wahr" ist. Intuitiv leuchtet es im Blickwinkel eines sogenannten **Signifikanztests** ein, dass die Wahrscheinlichkeit, sich zu irren, vorab vereinbart und möglichst klein sein soll. Wird im Zuge eines Signifikanztests eine Ausgangshypothese verworfen, so deutet man das Testergebnis in Anlehnung an seinen lateinischen Wortursprung als **signifikant** bzw. als wesentlich oder als bedeutungsvoll.

Wird im Gegensatz dazu im Kontext eines Signifikanztests eine Null- oder Ausgangshypothese nicht verworfen, so heißt dies nicht, dass sie „richtig bzw. wahr" ist, sondern nur, dass man anhand eines Zufallsstichprobenbefundes Gegenteiliges nicht hat nachweisen können. So wie in der Rechtsprechung gemäß dem Grundsatz „in dubio pro reo" ein Gericht im Zweifelsfalle „aus Mangel an Beweisen" zugunsten eines Angeklagten entscheidet, so hält man im Kontext eines statistischen Signifikanztests gegebenenfalls „aus Mangel an signifikanten Abweichungen" an einer Ausgangshypothese fest, ohne damit ihre „Richtigkeit" nachgewiesen zu haben.

In der **explorativen Datenanalyse**, die ihrem lateinischen Wortursprung nach eine „erforschende und ergründete" Datenanalyse ist, ergänzt man den in der Abbildung 2.26 grafisch dargestellten und den in der Abbildung 2.27 tabellarisch zusammengefassten Analysebefund noch durch ein sogenanntes **Quantil-Quantil-Diagramm** bzw. **Q-Q-Plot**, das für die börsentäglichen prozentualen Renditen der Daimler Aktie in der Abbildung 2.28 dargestellt ist.

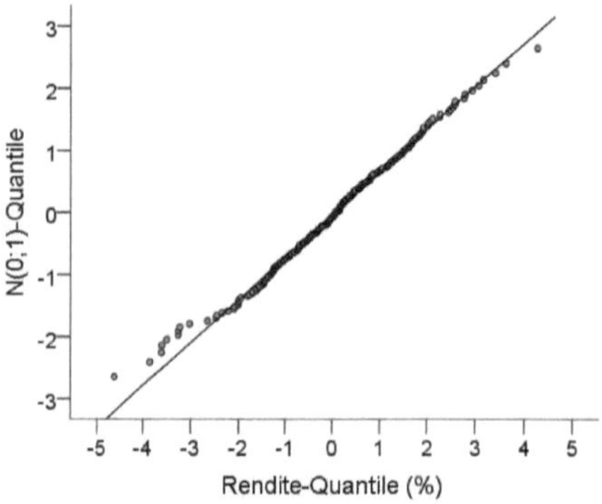

Abb. 2.28: Q-Q-Plot

Ein Q-Q-Plot wird als „ideal" klassifiziert und empirisch als ein „unmissverständlicher" Hinweis auf eine Normalverteilung gedeutet, wenn sich die „Punktekette" aus dem Zusammenspiel von empirischen **Quantilen** und den Quantilen der **Standardnormalverteilung** N(0; 1) an der sogenannten Normalitätsgeraden „eng anliegend entlang schlängelt".

In der statistischen Methodenlehre kennzeichnet man einen Merkmalswert, der ein der Größe nach geordnetes Ensemble von Merkmalswerten in zwei Teile gliedert, als ein **Quantil**. In der statistischen Verteilungsanalyse kommt dabei speziellen Quantilen eine besondere praktische Bedeutung zu, mit deren Hilfe man ein geordnetes Ensemble von Merkmalswerten in gleichgroße bzw. **äquifrequente** Teile gliedert. Während zum Beispiel der sogenannte **Median** in Gestalt des Quantils der Ordnung 0,5 geordnete Merkmalswerte in zwei gleichgroße oder äquifrequente Teile bzw. in Hälften teilt, wurde gemäß Abbildung 2.28 das der Größe nach geordnete Ensemble der n = 245 börsentäglichen Renditen der Daimler-Aktie mit Hilfe von 99 **Perzentilen** in insgesamt 100 gleichgroße Teile gegliedert und den jeweiligen Quantilen des theoretischen Modells der **Standardnormalverteilung** N(0; 1) gegenübergestellt.

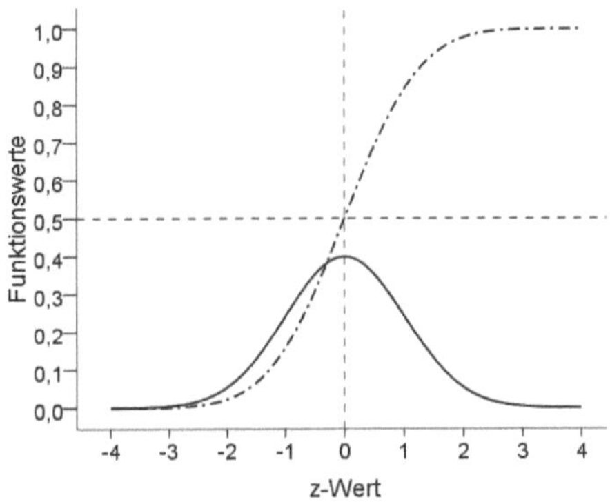

Abb. 2.29: Standardnormalverteilung N(0; 1)

Der Anschaulichkeit halber ist in der Abbildung 2.29 sowohl der Graph der um null symmetrischen und glockenförmigen **Dichtefunktion** φ(z) (lies: Klein-Phi von z) als auch der Graph der monoton wachsenden und s-förmigen **Verteilungsfunktion** Φ(z) (lies: Groß-Phi von z) der Standardnormalverteilung N(0; 1) bildhaft dargestellt.

Da es streng genommen nicht „die Normalverteilung“, sondern in Abhängigkeit von den reellwertigen Realisationen der beiden charakteristischen Modellparameter $\mu \in \mathbb{R}$ und $\sigma > 0$ eine „ganze Familie von Normalverteilungen“ gibt, ist es sinnvoll, eine stetige und normalverteilte **Zufallsgröße** X ~ N(μ, σ) mittels der sogenannten **Standardisierung** bzw. **z-Transformation**

$$Z = \frac{(X - \mu)}{\sigma} \sim N(0; 1)$$

in eine stetige und standardnormalverteilte Zufallsgröße Z ~ N(0; 1) zu transformieren bzw. „umzuwandeln“. Die Realisationen einer standardisierten Zufallsgröße sind stets dimensionslos, der Mittelwertparameter ist stets null und der Streuungsparameter ist stets eins.

Aufgrund dessen, dass für die Dichtefunktion einer Normalverteilung und somit auch für die Dichtefunktion φ(z) der Standardnormalverteilung N(0; 1)

$$\int_{-\infty}^{+\infty} \varphi(z)\, dz = 1$$

gilt, deutet man ein Flächensegment unterhalb der Dichtefunktion als eine **Wahrscheinlichkeit**, die als ein reellwertiges Maß für zufälliges Geschehen definitionsgemäß nur Werte zwischen null und eins annehmen kann.

Anhand der Abbildung 2.29 kann man sich sowohl für die um null symmetrische und glockenförmige Dichtefunktion $\varphi(z)$ als auch für die s-förmige Verteilungsfunktion $\Phi(z)$ der Standardnormalverteilung N(0; 1) die **Wahrscheinlichkeitsimplikation** wie folgt anschaulich verdeutlichen: Wegen

$$P(Z \geq 0) = \int_{0}^{+\infty} \varphi(z)\, dz = \Phi(0) = 0{,}5$$

beträgt die Wahrscheinlichkeit dafür, dass eine stetige und standardnormalverteilte Zufallsgröße Z Werte gleich oder größer als null annimmt, 0,5. Im statistischen Sinne deutet man den Wert $z = 0$ als das Quantil der Ordnung $p = 0{,}5$, dass die „Einser-Fläche“ unterhalb der Glockenfunktion halbiert. Grafisch markiert der Wert $z = 0$ die Lage des Gipfels der Glockenfunktion auf der Abszisse und zugleich den Wert der s-förmigen Verteilungsfunktion

$$y = \Phi(z) = 0{,}5$$

an der Stelle $z = 0$. Da man nicht zu jeder Zeit und an jedem Ort leistungsfähige Statistik-Software zur Verfügung hat, findet man in der einschlägigen Literatur für alle $z \geq 0$ die Werte der Verteilungsfunktion $y = \Phi(z)$ tabelliert vor, mit deren Hilfe man wahrscheinlichkeitstheoretisch begründete Modellrechnungen bewerkstelligen kann.

Im Wertpapiermanagement kommt zum Beispiel dem Ensemble der sogenannten **Risikomaße**, die im Kontext des Abschnittes 2.2.5 paradigmatisch erläutert und skizziert werden, eine besondere praktische Relevanz zu. Die Berechnung und Interpretation eines Risikomaßes ist dabei nur möglich, wenn auch die Parameter der zugrundeliegenden Normalverteilung bekannt sind, also ein „vollständig spezifiziertes Verteilungsmodell“ vorliegt.

	Anzahl	Mittelwert	Standardabweichung
Rendite (%)	245	,05	1,45

Abb. 2.30: Parameterwerte

Im Beobachtungszeitraum T_B errechnet man gemäß Abbildung 2.30 für die börsentäglichen Renditen der Daimler-Aktie ein arithmetisches Mittel in Höhe von 0,05 % und eine Standardabweichung in Höhe von 1,45 %. Aufgrund dessen, dass es gemäß Abbildung 2.26 im Kontext des Kolmogorov-Smirnov-Anpassungstests auf eine (hinsichtlich ihrer beiden Parameter μ und σ) unvollständig spezifizierte Normalverteilung keinen Anlass gab, die Nullhypothese

$$H_0: X \sim N(\mu, \sigma)$$

zu verwerfen, verwendet man die aus den börsentäglichen Renditen berechneten Parameterwerte aus der Abbildung 2.30 als Schätzwerte für die „wahren, jedoch unbekannten Verteilungsparameter“ in Gestalt des Erwartungswertes $E(X) = \mu \cong 0{,}05\ \%$ und der Standardabweichung $\sigma \cong 1{,}45\ \%$ der stetigen Zufallsgröße X „börsentägliche prozentuale Rendite der Daimler-Aktie“ und kennzeichnet wegen

$$X \sim N(0{,}05\ \%; 1{,}45\ \%)$$

das zugrundeliegende Normalverteilungsmodell hinsichtlich seiner Parameter als „vollständig spezifiziert“.

2.2.3 Korrelationsanalytische Betrachtungen

In der statistischen Methodenlehre subsumiert man allgemein die Analyse von sachlogisch begründeten Wechselwirkungen bzw. Zusammenhängen zwischen zwei oder mehreren metrischen Variablen unter dem Begriff einer **Korrelations**- bzw. **Maßkorrelationsanalyse**.

Im Zentrum einer sogenannten **bivariaten** Maßkorrelationsanalyse stehen zum einen das grafische Analyseinstrument eines sogenannten **Streudiagramms** und zum anderen der sogenannte bivariate **Maßkorrelationskoeffizient**. Letzterer ist seinem Wesen nach eine normierte, dimensionslose und symmetrische Maßzahl, die definitionsgemäß nur Werte zwischen -1 und +1 annehmen und mit deren Hilfe man stets nur die Stärke und die Richtung eines linearen statistischen Zusammenhangs zwischen zwei metrischen Variablen X und Y messen kann. Die Idee des Maßkorrelationskoeffizienten selbst geht auf den französischen Physiker Auguste BRAVAIS (*1811, †1863) zurück. Seinen triumphalen Siegeszug als „das statistische Korrelationsmaß schlechthin" verdankt es allerdings dem englischen Statistiker Karl PEARSON (*1857, †1936), weshalb die Maßzahl in der einschlägigen Literatur auch als bivariater linearer Korrelationskoeffizient nach BRAVAIS und PEARSON bezeichnet wird und in Statistik-Software-Paketen meist unter der Kurzbezeichnung „Pearson-Korrelation" firmiert.

Der **bivariate** Maßkorrelationskoeffizient ist wiederum mit dem sogenannten **partiellen** linearen Maßkorrelationskoeffizienten einerseits und mit dem sogenannten maßkorrelationsbasierten **Unabhängigkeitstest** andererseits verbunden.

Die Grundidee einer **partiellen Maßkorrelationsanalyse** kann man sich im Kontext einer **multivariaten** Datenanalyse etwa auf der Basis von drei metrischen Variablen X, Y und Z vereinfacht wie folgt verdeutlichen: Ist man im gemeinsamen Zusammenwirken der drei Variablen einmal nur an der Messung der Stärke und der Richtung des Teilzusammenhanges zwischen den beiden Variablen X und Y interessiert, dann betrachtet man diesen Teilzusammenhang, in dem man den Einfluss der dritten Variablen Z unter „Kontrolle hält" bzw. „ausschaltet" und symbolisch mit Variablenetikett XY.Z kennzeichnet. Ein Maß, das diesen „kontrollierten Teilzusammenhang XY.Z" zahlenmäßig beschreibt, bezeichnet man als einen partiellen Maßkorrelationskoeffizienten, der gleichsam wie ein bivariater Maßkorrelationskoeffizient seinem Wesen nach eine normierte, dimensionslose und symmetrische Maßzahl ist, die definitionsgemäß nur Werte zwischen -1 und +1 annehmen kann. Im Kontext dieser paradigmatischen Betrachtungen ist zu beachten, dass die partiellen Korrelationen XY.Z, XZ.Y und YZ.X wohl voneinander zu unterscheiden sind.

Ein maßkorrelationsbasierter **Unabhängigkeitstest** erweist sich vor allem dann von Vorteil, wenn es zu prüfen gilt, ob zwischen zwei oder mehreren metrischen und normalverteilten Variablen bzw. Zufallsgrößen ein signifikanter bivariater oder partieller linearer statistischer Zusammenhang besteht. In der angewandten Statistik testet man auf einem vorab vereinbarten Signifikanzniveau α zum Beispiel die jeweilige Null- bzw. Unabhängigkeitshypothese

H_0: $\rho_{XY} = 0$ oder H_0: $\rho_{XY.Z} = 0$

(in der Regel) gegen die jeweilige zweiseitige Alternativ- bzw. Abhängigkeitshypothese

$H_1: \rho_{XY} \neq 0$ oder $H_1: \rho_{XY.Z} \neq 0$

und verwirft gemäß dem p-value-Konzept die jeweilige Unabhängigkeitshypothese H_0, sobald $\alpha > \alpha^*$ gilt. Dabei bezeichnen α^* das aus einem Zufallsstichprobenbefund berechnete empirische Signifikanzniveau und ρ_{XY} bzw. $\rho_{XY.Z}$ (lies: Klein-Rho) den „wahren, jedoch unbekannten bivariaten bzw. partiellen Korrelationskoeffizienten" in der zugrundeliegenden statistischen Grundgesamtheit.

Der Anschaulichkeit halber soll das Verfahren einer bivariaten Maßkorrelationsanalyse anhand der börsentäglich erfassten **Eröffnungskurse** x_t und der jeweiligen **Schlusskurse** y_t der Daimler-Aktie paradigmatisch demonstriert und erläutert werden. In der Abbildung 2.31 ist das zugehörige „zweidimensionale" **Streudiagramm** dargestellt, das zudem noch um die orthogonal bzw. rechtwinklig zueinander stehenden und gestrichelten Mittelwertlinien jeweils in Höhe von ca. 65 Punkten ergänzt wurde.

Die Punktewolke, welche die n = 246 Wertepaare der Eröffnungs- und Schlusskurse

$\{(x_t, y_t), t = 1,2,\ldots,n\}$

bildhaft beschreibt, kann als ein Indiz dafür angesehen werden, dass im Beobachtungszeitraum

$T_B = \{t \mid t = 1,2,\ldots,n\}$

zwischen den Eröffnungskursen $x_t \in T_B$ und den Schlusskursen $y_t \in T_B$ der Daimler-Aktie ein positiver linearer statistischer Zusammenhang besteht, der sachlogisch wie folgt begründet werden kann:

Von wenigen Ausnahmen abgesehen zeigt die überwiegende Mehrheit der börsentäglichen Eröffnungs- und Schlusskurse ein **konkordantes** bzw. „gleichläufiges" Verhalten um ihren jeweiligen Mittelwert. Demnach kennzeichnen die Punkte im sogenannten ersten Quadranten des Streudiagramms diejenigen Börsentage, an denen sowohl für den Eröffnungs- als auch den Schlusskurs ein **unterdurchschnittliches** Punkteniveau notiert wurde. Analog symbolisieren die Punkte im dritten Quadranten diejenigen Börsentage, an denen für die beiden Kurswerte jeweils ein **überdurchschnittlich** ausgeprägtes Punkteniveau empirisch erfasst wurde. Lediglich für insgesamt 16 Börsentage wurde entweder für den Eröffnungs- oder für den Schlusskurs ein (wenn auch nur geringfügig ausgeprägtes) **diskordantes** bzw. „gegenläufiges" Verhalten um den jeweiligen Mittelwert beobachtet.

Allein aus der Betrachtung des Streudiagramms der Eröffnungs- und Schlusskurse der Daimler-Aktie innerhalb der Abbildung 2.31 kann die Grundidee einer Korrelation verbal wie folgt formuliert werden: Eine bivariate Korrelationsanalyse kulminiert im Studium des Verhaltens der einzelnen Wertepaare zweier metrischer Variablen um ihre Mittelwerte. Zeigt die Mehrheit der Wertepaare ein konkordantes bzw. ein diskordantes Verhalten um die beiden Mittelwerte, dann ist dies ein Hinweis auf eine positive bzw. eine negative Korrelation.

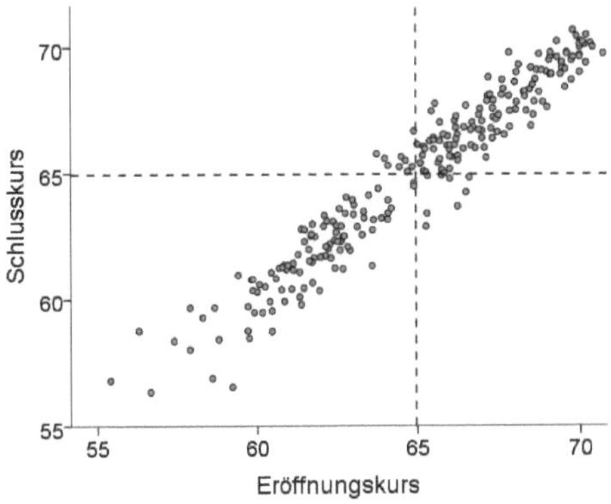

Abb. 2.31: Streudiagramm

Indiziert analog zur Abbildung 2.35 die Mehrheit der Wertepaare weder ein konkordantes noch ein diskordantes Verhalten oder bildhaft formuliert – „streuen" die Punkte der Punktewolke derart, dass in allen vier (durch die beiden Mittelwertlinien markierten) Quadranten mehr oder weniger gleich viele Punkte erscheinen, dann ist dies ein Hinweis darauf, dass zwischen den beiden Variablen eine sehr schwach ausgeprägte bzw. keine Korrelation empirisch nachweisbar ist, die auch als empirische Unabhängigkeit gedeutet wird.

Der im Streudiagramm innerhalb der Abbildung 2.31 erkennbare statistische Zusammenhang zwischen Eröffnungs- und Schlusskursen kann hinsichtlich seiner Stärke und Richtung mit Hilfe des Maßkorrelationskoeffizienten nach BRAVAIS und PEARSON gemessen werden. In der Abbildung 2.32 ist der Maßkorrelationskoeffizient in einer quadratischen und symmetrischen Korrelationsmatrix vom Typ (2 × 2) jeweils in der Rubrik „Pearson-Korrelation" in Höhe von 0,967 vermerkt und kann wie folgt interpretiert werden:

		Eröffnungskurs	Schlusskurs
Eröffnungskurs	Pearson-Korrelation	1	,967**
	Sig. (2-seitig)		,000
	Anzahl	246	246
Schlusskurs	Pearson-Korrelation	,967**	1
	Sig. (2-seitig)	,000	
	Anzahl	246	246

**. Korrelation ist bei Niveau 0,01 signifikant (zweiseitig).

Abb. 2.32: Korrelationsmatrix

Wegen

$r_{ES} = r_{SE} \cong 0,967$

kann zwischen den n = 246 erfassten E(röffnungs)- und S(chlusskursen) der Daimler-Aktie ein starker positiver linearer statistischer Zusammenhang gemessen werden. Demnach gehen in der Regel überdurchschnittlich hohe Eröffnungskurse mit überdurchschnittlich hohen Schlusskursen und umgekehrt unterdurchschnittlich hohe Eröffnungskurse mit unterdurchschnittlich hohen Schlusskursen einher. Die Notation $r_{ES} = r_{SE}$ ist ein symbolischer Hinweis darauf, dass der Maßkorrelationskoeffizient nach BRAVAIS und PEARSON ein symmetrisches Zusammenhangsmaß ist, mit dem man die Stärke und die Richtung eines linearen statistischen Zusammenhangs zwischen zwei Variablen messen kann. Im konkreten Fall ist es dabei ohne Belang, ob man den Zusammenhang zwischen den Eröffnungs- und den Schlusskursen oder den Zusammenhang zwischen den Schluss- und den Eröffnungskursen analysiert und gemessen hat.

Im induktiven Sinne verwirft man gemäß dem sogenannten p-value-Konzept auf einem vorab vereinbarten Signifikanzniveau von $\alpha = 0{,}05$ im konkreten Fall wegen

$$\alpha = 0{,}05 > \alpha^* = 0{,}000$$

die Null- bzw. Unabhängigkeitshypothese

$$H_0: \rho_{ES} = \rho_{SE} = 0$$

und deutet den empirisch ermittelten Maßkorrelationskoeffizienten

$$r_{ES} = r_{SE} \cong 0{,}967$$

als signifikant bzw. „wesentlich" verschieden von null.

Ausgangs des Abschnittes 2.2.1 zu den zeitreihenanalytischen Betrachtungen wurde bereits vermerkt, dass bei einem reinen Zufallsprozess zwischen den Werten einer Zeitreihe sowohl in „unmittelbarer als auch in ferner Nachbarschaft" keinerlei Beziehung besteht und man die Zeitreihenwerte daher als stochastisch voneinander unabhängig kennzeichnet.

Zur empirischen Überprüfung der **stochastischen Unabhängigkeit** von Zeitreihenwerten erweisen sich die diagnostischen Instrumente der sogenannten **Autokorrelationsfunktion** ACF und der sogenannten **partiellen Autokorrelationsfunktion** PACF als hilfreich.

Unter dem Begriff einer **Autokorrelation** subsumiert man die Korrelation eines Prozesses „mit sich selbst", indem man zum Beispiel die Korrelation der Werte y_t einer Zeitreihe $\{y_t,\ t \in T_B\}$ mit ihren zu einem sogenannten **Timelag** der Ordnung $k = 1,2,\ldots$ „zeitverschobenen" Werten y_{t-k} betrachtet. Dabei ist zu beachten, dass für einen festgelegten Timelag der Ordnung k das Ensemble der zu analysierenden Wertepaare $\{(y_t, y_{t-k}),\ t = k+1,\ldots,n\}$ nur noch aus $n - k$ Wertepaaren (y_t, y_{t-k}) besteht.

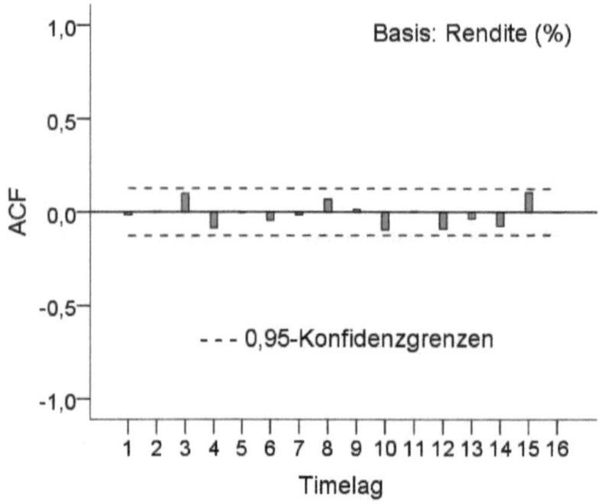

Abb. 2.33: Autokorrelationskoeffizienten

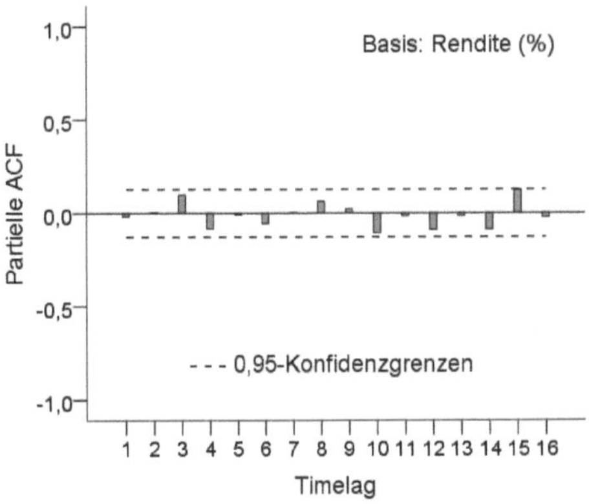

Abb. 2.34: Partielle Autokorrelationskoeffizienten

In den Abbildungen 2.33 und 2.34 sind die jeweiligen **Korrelogramme** mit den Koeffizienten der empirischen **Autokorrelationsfunktion** ACF und der empirischen **partiellen Autokorrelationsfunktion** PACF für die börsentäglichen Renditen der Daimler-Aktie für Timelags der Ordnung k = 1,2,…,16 dargestellt.

Die beiden grafischen Diagnosebefunde innerhalb der Abbildungen 2.33 und 2.34 können wie folgt interpretiert werden: Da sowohl die empirischen Autokorrelationskoeffizienten ACF(k) als auch die empirischen partiellen Autokorrelationskoeffizienten PACF(k) für alle Timelags der Ordnung k = 1,2,…,16 die sogenannten Vertrauens- bzw. **Konfidenzgrenzen** auf einem vorab vereinbarten Vertrauens- bzw. **Konfidenzniveau** von 0,95 nicht überschreiten, deutet man die aus den empirisch beobachteten prozentualen börsentäglichen Renditen geschätzten **Autokorrelationskoeffizienten** im wahrscheinlichkeitstheoretischen Sinne als nicht signifikant verschieden von null und den zugrundeliegenden schwach stationären stochastischen Prozess als einen **reinen Zufallsprozess**, dessen Trajektorie gemäß Abbildung 2.25 dem „weißen Rauschen auf einem Oszillographen" gleicht. Der jeweilige Timelag der Ordnung k markiert dabei das Ausmaß der Zeitverschiebung im Kontext der praktizierten Autokorrelationsanalyse, das im konkreten Fall von einem Börsentag bis zu sechzehn Börsentagen reicht.

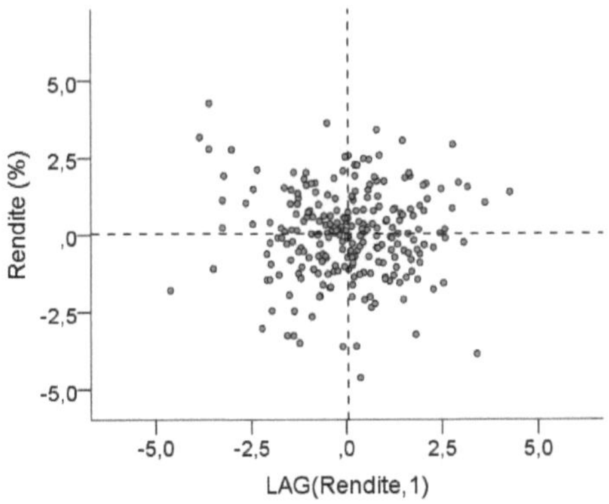

Abb. 2.35: Streudiagramm

Zur bildhaften Verdeutlichung der Grundidee einer statistischen **Autokorrelation** ist in der Abbildung 2.35 das (um die orthogonal zueinander stehenden und gestrichelten Mittelwertlinien ergänzte) **Streudiagramm** für die börsentäglichen Renditen r_t^* der Daimler-Aktie und für die zum sogenannten Timelag der Ordnung k = 1 zeitlich jeweils um einen Börsentag „nach hinten verschobenen" Renditen r_{t-1}^* dargestellt. Die in allen vier Quadranten „streuende" Punktewolke der n = 244 Wertepaare

$$\{(r_t^*, r_{t-1}^*), t = 3, 4, \ldots, 246\}$$

der börsentäglichen Renditen r^* der Daimler-Aktie zum jeweiligen „aktuellen" Börsentag t und zum jeweiligen Vortag t - 1 ist ein anschauliches und charakteristisches Bild für eine empirische Unabhängigkeit im Kontext einer autokorrelationsanalytischen Betrachtung.

Der grafische Analysebefund aus der Abbildung 2.35 wird gemäß Abbildung 2.36 durch einen empirischen Korrelationskoeffizienten in Höhe von -0,015 zahlenmäßig unterlegt und im Korrelogramm innerhalb der Abbildung 2.33 durch den empirischen Autokorrelationskoeffizienten ACF(k) zum Timelag k = 1 in Gestalt eines geringfügig negativ ausgeprägten „Stummels" bildhaft dargestellt.

Im induktiven Sinne deutet man gemäß Abbildung 2.36 auf einem Signifikanzniveau von $\alpha = 0{,}05$ den Autokorrelationskoeffizienten ACF(1) = -0,015 wegen

$$\alpha = 0{,}05 < \alpha^* = 0{,}816$$

als nicht signifikant verschieden von null und das Niveau der börsentäglichen Renditen zum Börsentag t stochastisch unabhängig vom vorherigen Börsentag t – 1. Dieser testtheoretische Analysebefund koinzidiert mit dem schätztheoretischen Analysebefund, wonach der im Autokorrelationsdiagramm innerhalb der Abbildung 2.33 grafisch indizierte empirische Autokorrelationskoeffizient ACF(1) = -0,015 noch im Vertrauens- bzw. Konfidenzintervall um die Zahl Null liegt und als ein Resultat des „freien Spiels des Zufalls" angesehen werden kann.

		Rendite (%)	LAGS(Rendite,1)
Rendite (%)	Pearson-Korrelation	1	-,015
	Sig. (2-seitig)		,816
	Anzahl	245	244
LAG(Rendite,1)	Pearson-Korrelation	-,015	1
	Sig. (2-seitig)	,816	
	Anzahl	244	244

Abb. 2.36: Korrelationsmatrix

Aufgrund dessen, dass man im Beobachtungszeitraum T_B die prozentualen börsentäglichen Renditen der Daimler-Aktie als Realisationen eines stationären und homoskedastischen stochastischen Prozesses identifizieren kann, kennzeichnet man die Trajektorie der zugehörigen Zeitreihe $\{y_t, t \in T_B\}$ der originären Schlusswerte y_t innerhalb der Abbildung 2.23 als einen **„Random Walk"**, der gemäß seinem englischen Wortursprung als ein „zufallsbedingter Irrweg" charakterisiert werden kann.

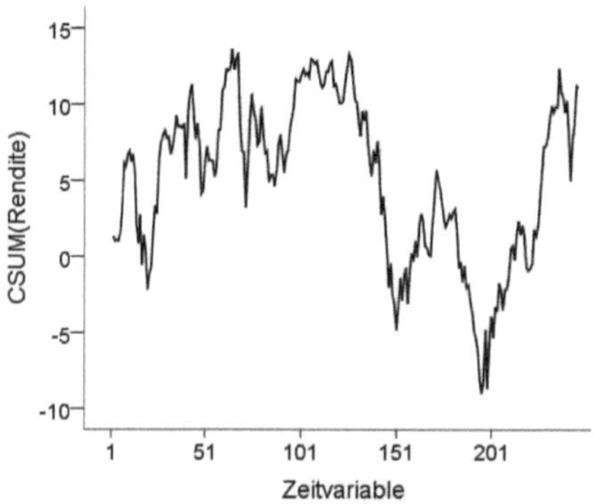

Abb. 2.37: Random Walk, Basis: Rendite (%)

Die Grundidee eines „Random Walk" kann man sich anhand der börsentäglichen Renditen der Daimler-Aktie bildhaft verdeutlichen, indem man zum Beispiel mit Hilfe des Statistik-Programm-Pakets SPSS für alle $t \in T_B$ die börsentäglichen Renditen r_t^*, die gemäß Abbildung 2.21 im SPSS Dateneditor in der SPSS Variablen „Rendite" gespeichert sind, mittels der SPSS Funktion „Cusum (Rendite)" schrittweise addiert und die jeweilige kumulierte Summe in einem Sequenzdiagramm grafisch darstellt.

In der Abbildung 2.37 ist die Trajektorie der kumulierten prozentualen börsentäglichen Renditen grafisch dargestellt, deren zeitlicher und volatiler Verlauf augenscheinlich mit dem zeitlichen Verlauf sowohl der originären als auch der logarithmierten Schlusskurse innerhalb der Abbildungen 2.23 und 2.24 kongruent bzw. deckungsgleich ist.

Aus den skizzierten zeitreihenanalytischen Betrachtungen lässt sich bereits an dieser Stelle intuitiv und logisch leicht nachvollziehbar die folgende Aussage entlehnen: Eine Prognose der Schlusskurse der Daimler-Aktie für eine bestimmte Anzahl von Börsentagen ist nichts anderes als eine „Fortsetzung eines Random Walk". In der Zeitreihenanalyse häufig applizierte Modelle zur Analyse und Prognose von stochastischen Prozessen sind die sogenannten ARIMA-Modelle, die wiederum auf dem sogenannten **regressionsanalytischen** Ansatz beruhen.

2.2.4 Regressionsanalytische Betrachtungen

In der statistischen Methodenlehre subsumiert man allgemein die Analyse von sachlogisch begründeten und einseitig gerichteten Abhängigkeiten zwischen zwei oder mehreren metrischen Variablen unter dem Begriff einer **Regressionsanalyse**. Der statistische Regressionsbegriff, der in Anlehnung an seinen lateinischen Wortursprung als das „Zurückführen auf ein mittleres Maß" übersetzt werden kann, geht auf den englischen Statistiker Sir Francis GALTON (*1822, †1911) zurück. GALTON, der ein Cousin des Begründers der Evolutionstheorie Charles DARWIN (*1809, †1882) war, widmete sich 1885 diesem Problemkreis in seinem berühmten Traktat mit dem Titel „Die Regression in Richtung auf das allgemeine Mittelmaß bei der Vererbung der Körpergröße".

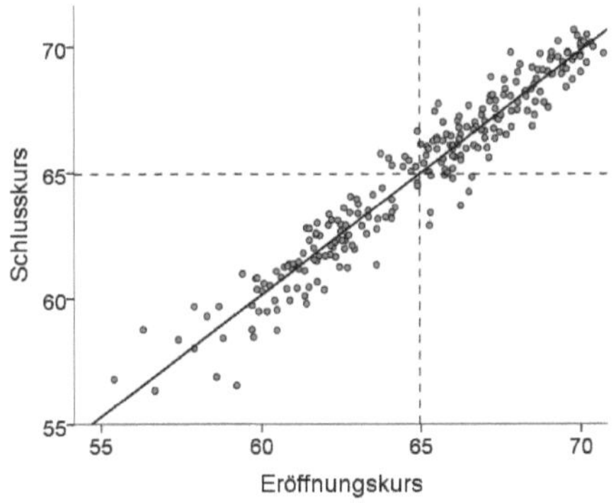

Abb. 2.38: Streudiagramm mit Regression

Im Kontext dieses Abschnittes soll der Einfachheit und Anschaulichkeit halber einmal nur anhand der börsentäglich erfassten **Eröffnungskurse** x_t und der zugehörigen **Schlusskurse** y_t der Daimler-Aktie das Modell einer sogenannten **bivariaten inhomogenen linearen Kleinste-Quadrate-Regression** paradigmatisch skizziert und erläutert werden.

In der Abbildung 2.38 ist für die erfassten Kurse $\{(x_t, y_t), t \in T_B\}$ das zweidimensionale **Streudiagramm** dargestellt, das zudem noch durch die gestrichelten Mittelwertlinien und durch den Graphen der bivariaten inhomogenen linearen Kleinste-Quadrate-Regressionsfunktion

$$y_t^* = f(x_t) = 1{,}938 + 0{,}970 \cdot x_t$$

der börsentäglichen Schlusskurse y_t über den Eröffnungskursen x_t ergänzt wurde. Die geschätzten Parameter der linearen Regression sind in der Abbildung 2.39 zusammengefasst.

Parameter[a]

Modell		Koeffizienten		t	Sig.
		Wert	Standardfehler		
linear	(Konstante)	1,938	1,071	1,809	,072
	Eröffnungskurs	,970	,016	58,929	,000

a. Abhängige Variable: Schlusskurs

Abb. 2.39: Regressionsparameter

Im induktiven Sinne kennzeichnet man auf einem vorab vereinbarten Signifikanzniveau von $\alpha = 0{,}05$ den Wert des Regressionskoeffizienten in Höhe von 0,970 wegen $\alpha = 0{,}05 > \alpha^* = 0{,}000$ als signifikant verschieden von null und damit den sogenannten **Regressor** in Gestalt des Eröffnungskurses x_t als einen wesentlichen Erklärungsfaktor für den sogenannten **Regressanden** in Gestalt des Schlusskurses y_t.

Im Blickwinkel der **Differentialrechnung** deutet man wegen

$$\frac{dy_t^*}{dx_t} = 0{,}97$$

den Regressionskoeffizienten 0,97 als einen Punktschätzwert für die sogenannte **marginale Schlusskursneigung** dy_t^* bei einer infinitesimal kleinen Neigung bzw. Veränderung dx_t des Eröffnungskurses und interpretiert ihn wie folgt: Steigt bzw. fällt unter sonst gleichen Bedingungen der börsentägliche Eröffnungskurs x_t um einen Punkt, dann steigt bzw. fällt der börsentägliche Schlusskurs y_t der Daimler-Aktie im Durchschnitt um 0,97 Punkte.

Modellübersicht

Modell	R	R-Quadrat	Standardfehler
linear	,967[a]	,934	,877

a. Prädiktoren: (Konstante), Eröffnungskurs

Abb. 2.40: Modellübersicht

Die in der Abbildung 2.40 angezeigten Kennzahlen ergeben in ihrer statistischen und sachlogischen Interpretation das folgende Bild: Das sogenannte **Bestimmtheitsmaß** in Höhe von

$$R^2 = (0{,}967)^2 \cong 0{,}934,$$

das als regressionsanalytisches Gütemaß nur Werte zwischen null und eins annehmen kann, indiziert eine gute Anpassung der mit Hilfe der Methode der kleinsten Quadratesumme geschätzten bivariaten inhomogenen linearen Regressionsfunktion

$$y_t^* = f(x_t) = 1{,}938 + 0{,}970 \cdot x_t$$

an die beobachteten Punkte (x_t, y_t) in der Punktewolke

$$\{(x_t, y_t), t \in T_B\}$$

im Streudiagramm innerhalb der Abbildung 2.38. Im varianzanalytischen und erklärungsstatistischen Sinne ist man mit der bivariaten inhomogenen linearen Regression bereits in der Lage, zu 93,4 % die Varianz bzw. die Veränderlichkeit der börsentäglichen Schlusskurse der Daimler-Aktie allein aus der Varianz bzw. Veränderlichkeit der börsentäglichen Eröffnungskurse statistisch zu erklären.

Im konkreten Fall ist es geboten darauf hinzuweisen, dass das Bestimmtheitsmaß R^2 für eine bivariate inhomogene lineare Kleinste-Quadrate-Regressionsfunktion (und nur für diese!) seinem Werte nach gleich ist mit dem Quadrat des bivariaten linearen Maßkorrelationskoeffizienten. Dieser numerische Befund ist ein Hinweis darauf, dass die beiden wohl voneinander zu unterscheidenden Analysekonzepte einer bivariaten linearen Korrelation und einer bivariaten linearen Regression „miteinander verwoben“ sind, da sie beide wiederum auf der sogenannten **Kovarianzanalyse** basieren.

Die in der Modellübersicht mit dem Etikett „Standardfehler“ versehene Kennzahl indiziert den sogenannten **Residualstandardfehler** der linearen Regression, der seinem Wesen nach ein radiziertes Maß für die durchschnittliche quadratische Abweichung der beobachteten Schlusskurse y_t von den mittels der Regressionsfunktion geschätzten Schlusskurse y_t^* ist. Die einzelne Abweichung $y_t - y_t^*$ firmiert unter der Bezeichnung „**Residuum**“, das seinem lateinischen Wortursprung gemäß einen „verbleibenden Rest“ kennzeichnet, der regressionsanalytisch nicht erklärt werden kann. Demnach weichen die beobachteten Schlusskurse y_t im Durchschnitt um 0,877 Punkte von den regressionsanalytisch geschätzten Schlusskursen y_t^* „nach oben und nach unten“ ab. Eine bildhafte Deutung des Residualstandardfehlers gewährt die folgende Betrachtung: Im geschlossenen Intervall

[Regresswert y_t^* ± Residualstandardfehler],

das auch als **Toleranzbereich** einer Regression interpretiert wird, liegt stets die Mehrheit der beobachteten Wertepaare (x_t, y_t) in der Punktewolke

$\{(x_t, y_t), t \in T_B\}$

im Streudiagramm innerhalb der Abbildung 2.38. Im Blickwinkel dieser bildhaften Deutung leuchtet es ein, dass sowohl der Residualstandardfehler als auch das Bestimmtheitsmaß miteinander „verwoben sind“ und als sogenannte **Gütemaße** einer Regression appliziert und interpretiert werden.

Angesichts des Streudiagramms mit der Regressionsgeraden in der Abbildung 2.38 kann man sich die folgende allgemeingültige Aussage bildhaft verdeutlichen: Je ausgeprägter (bzw. geringer) eine „linear gestreckte“ Punktewolke streut, umso schlechter (bzw. besser) passt bzw. „schmiegt“ sich eine lineare Regression an die Punktewolke an. Je schlechter (bzw. besser) die Anpassung einer Regression an eine Punktewolke ist, umso geringer (bzw. höher) ist ein Bestimmtheitsmaß und umso größer (bzw. kleiner) ist ein Residualstandardfehler.

Die **Zweckbestimmung** einer Regression liegt neben erklärungsstatistischen, residualanalytischen und sensitivitätsanalytischen Betrachtungen vor allem in ihrer Verwendung für prognostische Projektionen. Gleichwohl die elementaren regressionsanalytischen Betrachtungen anhand der Eröffnungs- und Schlusskurse der Daimler-Aktie einen anschaulichen und nachvollziehbaren Zugang zu diesem in der empirischen Wirtschaftsforschung häufig applizierten Analyseverfahren gewähren, erweist sich im konkreten Fall die lineare Regression

$$y_t^* = f(x_t) = 1{,}938 + 0{,}970 \cdot x_t$$

etwa im Hinblick auf eine kurzfristige statistische Vorausberechnung, Vorhersage bzw. Prognose der börsentäglichen Schlusskurse y_t als wenig zielführend und „gewinnbringend“. Diese prognostische Einschränkung erklärt sich vor allem daraus, dass auch die Regressorwerte in Gestalt der börsentäglichen Eröffnungskurse x_t ihrem Wesen nach Realisationen von Zufallsgrößen sind und selbst wieder einer vorhersagenden Erklärung bedürfen. Eine angestrebte Schlusskursprognose gleicht im konkreten Fall einem „circulus vitiosus“ oder einem nicht aufzulösenden Teufelskreis.

Ausgangs des vorhergehenden Abschnittes 2.2.3 wurde bereits vermerkt, dass auf dem Gebiet der Analyse und Prognose von stochastischen Prozessen den sogenannten ARIMA-Modellen eine besondere theoretische und praktische Relevanz zukommt. Das Akronym **ARIMA**, das gemäß seinem griechischen Wortursprung „ein kurzes und aussprechbares Kennwort aus den Anfangsbuchstaben mehrerer Wörter“ ist, steht für den englischen Fachbegriff „A(uto)R(egressive)I(ntegrated)M(oving)A(verage)“ und kennzeichnet eine ganze Familie von Modellen zur Nachbildung stochastischer Prozesse auf der Basis sogenannter autoregressiver, trend- und schockwirkungsbeschreibender Bausteine. Zur analytischen Diagnose und Identifikation der Bausteine eines ARIMA-Modells bedient man sich der **Autokorrelationsfunktion** ACF und der **partiellen Autokorrelationsfunktion** PACF, die bereits im Kontext des Abschnittes 2.2.3 paradigmatisch skizziert und erläutert wurden.

In den Abbildungen 2.41 und 2.42 sind für die originäre Zeitreihe $\{y_t, t \in T_B\}$ der börsentäglich erfassten Schlusskurse y_t, deren Sequenzdiagramm in der Abbildung 2.23 dargestellt ist, sowohl die empirischen Autokorrelationskoeffizienten ACF(k) als auch die empirischen partiellen Autokorrelationskoeffizienten jeweils für die Timelags der Ordnung $k = 1,2,\ldots,16$ dargestellt.

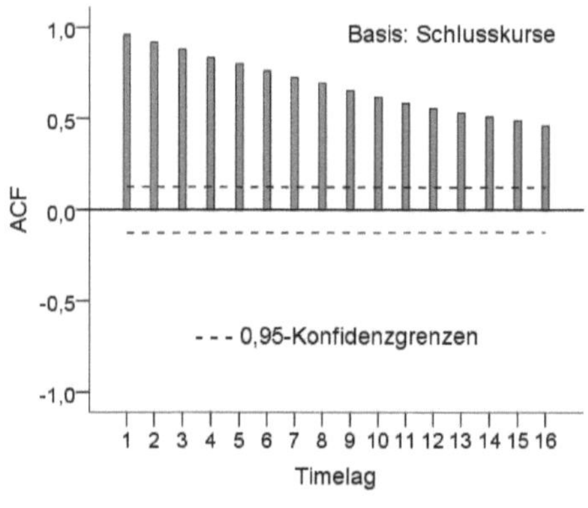

Abb. 2.41: Autokorrelationsfunktion

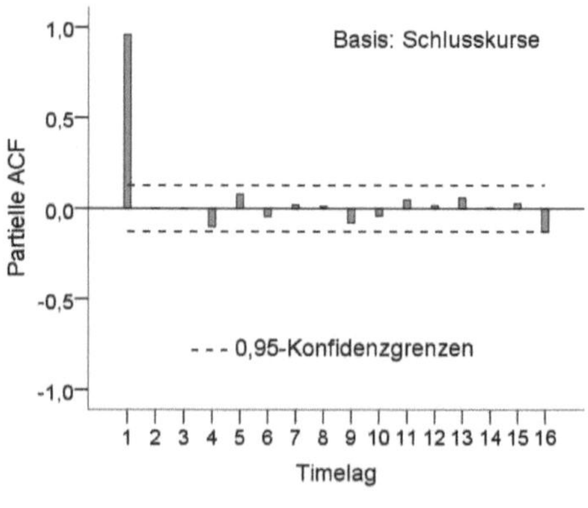

Abb. 2.42: Partielle Autokorrelationsfunktion

Die **Prozessdiagnose** anhand der beiden Korrelogramme ergibt gemäß der sogenannten **Box-Jenkins-Diagnostik**, die auf die beiden englischen Statistiker George E. P. BOX (*1919, †2013) und Gwilym M. JENKINS (*1932, †1982) zurückgeht und nach ihnen benannt ist, das folgende Bild:

Aufgrund dessen, dass die empirischen Autokorrelationskoeffizienten ACF(k) für die Timelags der Ordnung k = 1,2,…,16 nur „langsam aussterben" und der geschätzte Koeffizient PACF(k) der Ordnung k = 1 der partiellen Autokorrelationsfunktion PACF nahezu bei eins liegt, während die restlichen partiellen Autokorrelationskoeffizienten im Konfidenzbereich von null liegen und im induktiven Sinne als nicht signifikant verschieden von null gedeutet werden, kennzeichnet man die Zeitreihe

$\{y_t, t \in T_B\}$

der n = 246 börsentäglichen Schlusskurse y_t der Daimler-Aktie im Beobachtungszeitraum

$T_B = \{t \mid t = 1,2,\ldots,n\}$

als einen **integrierten** bzw. nicht stationären **stochastischen Prozess**. Dieses Analyseergebnis koinzidiert mit dem zugehörigen Sequenzdiagramm innerhalb der Abbildung 2.23, das eine volatile und trendbehaftete Trajektorie indiziert. Dieser Analysebefund gilt analog auch für die logarithmierten Schlusskurse, die im Sequenzdiagramm innerhalb der Abbildung 2.24 in Gestalt einer Trajektorie bildhaft dargestellt sind.

Im Kontext des Abschnittes 2.2.3 wurde gezeigt, dass man bereits mit Hilfe eines sogenannten **Differenzenfilters** der Ordnung d = 1 in der Lage ist, aus dem integrierten stochastischen Prozess innerhalb der Abbildung 2.24 in Gestalt der logarithmierten Schlusskurse einen zumindest schwach stationären stochastischen Prozess zu erzeugen, der gemäß Abbildung 2.25 durch die Trajektorie der um null schwankenden börsentäglichen Renditen getragen und augenscheinlich wird.

Gemäß der Box-Jenkins-Diagnostik kennzeichnet man in Anlehnung an die Metapher vom „weißen Rauschen auf einem Oszillographen" die börsentäglichen Renditen der Daimler-Aktie als einen reinen Zufallsprozess. Die börsentäglichen Renditen kann man wiederum in ihrer kumulativen Betrachtung als einen „Random Walk" deuten, den man schlussendlich mit Hilfe eines sogenannten

ARIMA(0, 1, 0)-Modells

nachbilden kann. Im konkreten Fall diagnostiziert und identifiziert man für die börsentäglichen Schlusskurse wegen p = 0 keinen signifikanten autoregressiven Modellparameter p, wegen des Differenzenfilters der Ordnung d = 1 einen Integrationsgrad d erster Ordnung und wegen q = 0 keinen signifikanten Schocktermparameter q.

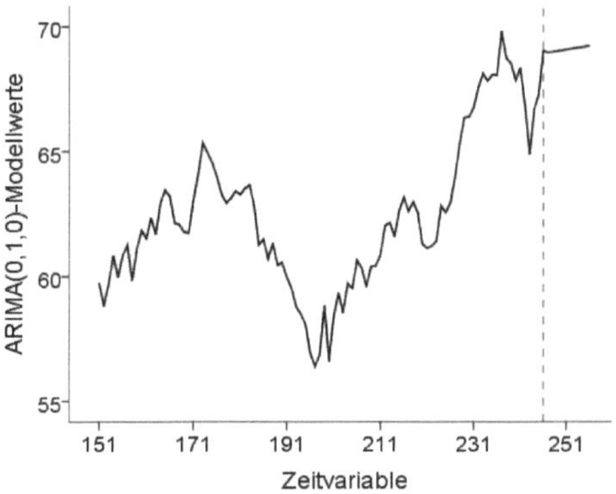

Abb. 2.43: Modellprognose, Basis: ARIMA(0, 1, 0)-Modell

In der Abbildung 2.43 ist der Anschaulichkeit halber einmal nur die Trajektorie der börsentäglich erfassten Schlusskurse für alle Börsentage der Ordnung t = 151,…,246 sowie die mit Hilfe des ARIMA(0, 1, 0)-Modells für insgesamt zehn Börsentage prognostizierten Schlusskurse bildhaft dargestellt. Die senkrecht und parallel zur Ordinate verlaufende gestrichelte Trennlinie markiert den Übergang vom Beobachtungszeitraum

$T_B = \{t \mid t = 1,2,\ldots,n\}$

von der Länge n = 246 Börsentage zum Prognosezeitraum

$T_P = \{t \mid t = n + 1,\ldots,n + h\}$

von der Länge h = 10 Börsentage.

Die Kernbotschaft des Sequenzdiagramms innerhalb der Abbildung 2.43 ist allerdings ernüchternd: Die kurzfristige Prognose der börsentäglichen Schlusskurse der Daimler-Aktie mittels eines ARIMA(0, 1, 0)-Modells ist in ihrer bildhaften Darstellung nicht anderes als die „bloße Fortschreibung" eines steigenden linearen Trends, den man sich analog zur Abbildung 2.44 sowohl grafisch als auch analytisch wesentlich einfacher wie folgt verdeutlichen kann:

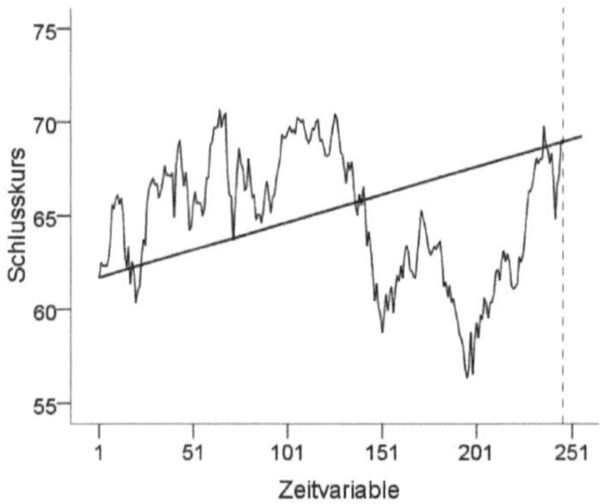

Abb. 2.44: Trajektorie mit linearem Trend

Gemäß dem geometrischen Lehrsatz, wonach „eine Gerade die kürzeste Verbindung zwischen zwei Punkten ist", braucht man nur mit Hilfe eines Lineals die Trajektorie der börsentäglichen Schlusskurse y_t durch eine Gerade zu ergänzen, die den Anfangs- und den Endpunkt mit den Zeitvariablen-Schlusskurs-Koordinaten

$(t = 1, y_t = 61{,}67)$ und $(t = 246, y_t = 68{,}93)$

schneidet. In Anlehnung an die sogenannte Zwei-Punkte-Geradengleichung bestimmt man die zugehörige lineare Trendfunktion

$$y_t^{**} = f(t) = 61{,}67 + \frac{(68{,}93 - 61{,}67)}{(246 - 1)} \cdot t\,,$$

deren Graph in der Abbildung 2.44 für den Relevanzzeitraum $T_R = T_B \cup T_P$ von der Länge n + h = 246 + 10 = 256 Börsentage skizziert ist und mit deren Hilfe man zum Beispiel für den Börsentag der Ordnung t = 256 wegen

$$y_{256}^{**} = f(256) = 61{,}67 + \frac{(68{,}93 - 61{,}67)}{(246 - 1)} \cdot 256 \cong 69{,}26$$

einen Schlusskurs in Höhe von 69,26 Punkten prognostiziert.

Die paradigmatisch skizzierten zeitreihen- und regressionsanalytischen Betrachtungen kulminieren in einer ernüchternden Quintessenz: Weder akribisch gestaltete Charts noch theoretisch anspruchsvolle statistische Analyse- und Modellierungsverfahren sind ein wirkungsvolles und vertrauenswürdiges Instrument für kurzfristige und schon gar nicht für mittel- oder langfristige Prognosen von Wertpapierentwicklungen. Was über eine sogenannte **Hausse** und/oder eine **Baisse** hinaus bleibt, die ihrem französischen Wortursprung gemäß eine Phase nachhaltig ansteigender bzw. fallender Wertpapierkurse etikettieren, ist letzten Endes und in der Regel nur das „weiße Rauschen" eines zufallsbedingten Oszillogramms.

Gleich, welches Fazit man in diesem Zusammenhang auch bevorzugt und verbal verlauten lässt, sei es das professorale und theoretisch begründete Fazit „Alles nur Zufall", die volkstümliche Redensart „Außer Spesen nichts gewesen" oder in Anlehnung an die Komödie des englischen Dramatikers William SHAKESPEARE (*1564, †1616) das Allbekannte „Viel Lärm um nichts", sie sind allesamt ein Ausdruck einer resignierenden Ernüchterung. Die sarkastische und spöttische Empfehlung, die der Karikaturist Berndt SKOTT in seiner kontextbezogenen und in der Berliner Zeitung vom 4. März 2009 erschienenen Karikatur innerhalb der Abbildung 2.45 anbietet, ist nicht nur belustigend, sie trägt auch das gewisse „Körnchen Wahrheit" in sich: Zur Erstellung einer Wertpapierprognose kann man auch eine närrische, Karten legende und Glaskugel lesende Wahrsagerin mit ihrem schwarzen Kater konsultieren und auf ihre Hokuspokus-Empfehlungen hin letztlich und sprichwörtlich „alles auf saure Gurken" setzen.

Abb. 2.45: Finanzmarkt-Hokuspokus

Bei wertpapiergestützten Geldanlagen sind neben einem gesunden Menschenverstand vor allem solide Finanzmarktkenntnisse hilfreich und erforderlich, die einerseits auf eine langfristige Gewinnstrategie und andererseits auf ein breit gestreutes Aktienpaket setzen. Bei der Bewertung von Aktien und Aktienpaketen erweisen sich die folgenden wertpapieranalytischen Betrachtungen als hilfreich.

2.2.5 Wertpapieranalytische Betrachtungen

Ausgangs des Abschnittes 2.2.2 wurde bereits auf die sogenannten **Risikomaße** verwiesen, denen gemeinsam mit den sogenannten **Performancemaßen** im Risikomanagement im Allgemeinen und in der Wertpapieranalyse im Speziellen eine besondere praktische Bedeutung zukommt. Während ein Risikomaß allgemein auf die „Bemessung des Nichterreichens eines Ziels" abstellt, stellt ein Performancemaß in einem weitgefassten Sinne auf die „Bemessung des Erreichens eines Ziels" ab. Aus dem Ensemble häufig applizierter Risiko- und Performancemaße sollen im Kontext dieses Abschnittes einmal nur die **Volatilität**, die **Ausfallswahrscheinlichkeit** und das

Value-at-Risk-Maß als spezielle Risikomaße sowie die sogenannte **Sharpe-Ratio** und das sogenannte **Treynor-Maß** als spezielle Performancemaße paradigmatisch skizziert und erläutert werden.

Die in der Abbildung 2.30 indizierte Standardabweichung der börsentäglichen Renditen der Daimler-Aktie in Höhe von

$\sigma \cong 1{,}45\ \%$,

die als ein Risikomaß unter der Bezeichnung „**Volatilität**" firmiert, kann wie folgt interpretiert werden: Im Durchschnitt weichen die börsentäglichen prozentualen Renditen der Daimler-Aktie um 1,45 % von ihrem durchschnittlichen Niveau in Höhe von 0,05 % „gewinnbringend nach oben" und „verlustbringend nach unten" ab. Je größer (bzw. geringer) die Volatilität ist, desto höher (bzw. geringer) ist der Renditeverlust bzw. Renditegewinn.

Unter der Prämisse, dass die börsentägliche Rendite X der Daimler-Aktie eine

$N(0{,}05\ \%, 1{,}45\ \%)$-verteilte Zufallsgröße

ist, kann zum Beispiel für das interessierende zufällige Ereignis

$A = \{X < a\}$,

das darin besteht, dass die Rendite X einen Mindestwert $a \in \mathbb{R}$ nicht erreicht, die zugehörige **Ausfallwahrscheinlichkeit**

$P(A) = P(X < a)$

wie folgt berechnet werden:

$$P(A) = P(X < a) = F_X(a) = \text{CDF.NORMAL}(a, \mu, \sigma) = \Phi\left(\frac{a - \mu}{\sigma}\right).$$

Dabei bezeichnet $y = F_X(a)$ den Wert der Verteilungsfunktion F_X der Zufallsgröße X an der Stelle $a \in \mathbb{R}$, der im Statistik-Programm SPSS mit Hilfe der SPSS Funktion

$y = \text{CDF.NORMAL}(a, \mu, \sigma)$

berechnet oder einer Tafel der Verteilungsfunktion $\Phi(z)$ der Standardnormalverteilung N(0; 1) an der Stelle

$$z = \frac{(a - \mu)}{\sigma}$$

entnommen werden kann. Die Abkürzung CDF ist der englischen Bezeichnung „Cumulative Distribution Function" für eine Verteilungsfunktion entlehnt.

Einmal unterstellt, dass die börsentägliche Mindestrendite auf a = 1 % fixiert ist, so berechnet man ceteris paribus, also unter sonst gleichen Bedingungen, für die Mindestrendite eine sogenannte **Ausfallwahrscheinlichkeit** von

$$P(A) = P(X < 1) = F_X(1) = \text{CDF.NORMAL}(1{,}0.05{,}1.45) =$$

$$\Phi\left(\frac{1-0{,}05}{1{,}45}\right) = \Phi(0{,}655) \cong 0{,}744.$$

Demnach ist es recht wahrscheinlich, dass für die Daimler-Aktie etwa zum Schluss des heutigen Börsentages die Mindestrendite von 1 % nicht erreicht wird.

Eine paradigmatische Erläuterung des sogenannten **Value-at-Risk-Ansatzes**

$$\text{VaR} = (\mu + z_{1-\alpha} \cdot \sigma) \cdot W \text{ mit } z_{1-\alpha} = \begin{cases} 1{,}28 \text{ für } 1-\alpha = 0{,}90 \\ 1{,}64 \text{ für } 1-\alpha = 0{,}95 \\ 2{,}33 \text{ für } 1-\alpha = 0{,}99 \end{cases}$$

ergibt das folgende Bild: Unter der Prämisse, dass die börsentägliche Rendite X der Daimler-Aktie eine normalverteilte Zufallsgröße ist, wobei

$X \sim N(0{,}05\ \%; 1{,}45\ \%)$

gilt, kann auf einem Konfidenz- bzw. Vertrauensniveau von

$1 - \alpha = 0{,}95$

für einen Anlagewert auf die Daimler-Aktie in Höhe von W = 10000 € wegen

$$\text{VaR} = \left(\frac{0{,}05\% + 1{,}64 \cdot 1{,}45\%}{100\%}\right) \cdot 10000\ € \approx 243\ €$$

davon ausgegangen werden, dass ceteris paribus in naher Zukunft mit einem Anlageverlust von höchstens 243 € zu rechnen ist.

Beachtenswert ist in diesem Zusammenhang, dass neben dem Anlagewert W vor allem auch die Höhe des vorab vereinbarten **Konfidenzniveaus** $1 - \alpha$ bedeutungsvoll ist, das gemäß seinem lateinischen Wortursprung als eine **Vertrauenswahrscheinlichkeit** gedeutet wird. Dabei gilt leicht nachvollziehbar die folgende Regel: Je höher (bzw. niedriger) das vereinbarte Konfidenzniveau ist, umso höher (bzw. niedriger) ist der geschätzte Anlageverlust.

Im betrachteten Szenario beliefe sich auf einem Konfidenzniveau von 0,90 der geschätzte Anlageverlust auf etwa

$$\text{VaR} = \left(\frac{0{,}05\% + 1{,}28 \cdot 1{,}45\%}{100\%}\right) \cdot 10000\ € \approx 191\ €$$

und analog auf einem Konfidenzniveau von 0,99 auf nahezu

$$\text{VaR} = \left(\frac{0{,}05\% + 2{,}33 \cdot 1{,}45\%}{100\%}\right) \cdot 10000\ € \approx 343\ €.$$

Die sogenannte **Sharpe-Ratio**

$$\text{SR} = \frac{(\mu - \lambda)}{\sigma},$$

die auch unter der englischen Bezeichnung einer „Reward-to-Variability-Ratio“ firmiert und als ein risikoadjustiertes Performancemaß auf den US-amerikanischen Wirtschaftswissenschaftler William F. SHARPE (*1934) zurückgeht, ergibt im Hinblick auf die Daimler-Aktie das folgende Bild:

Gemäß Abbildung 2.30 bemisst sich die durchschnittliche börsentägliche stetige Rendite auf μ = 0,05 % und die Standardabweichung der Renditen auf σ = 1,45 %. Während der Parameter λ (lies: Klein-Lambda) im Sinne einer **Benchmark** oder Vergleichsgröße den sogenannten risikolosen stetigen Zinssatz kennzeichnet, interpretiert man den Zählerterm (μ - λ) als einen „**Excess Return**" bzw. als eine **Überschussrendite**.

Ein diskreter Jahreszinssatz von 4 % „per annum" entspricht wegen

$$\lambda = \ln(1 + 0{,}04) \cdot 100\,\% \cong 3{,}92\,\%\ \text{p.a.}$$

einem stetigen Jahreszinssatz von 3,92 %. Gemäß der in praxi üblichen Regel, wonach ein Jahr insgesamt 250 Börsentage umfasst, entspricht ein stetiger Jahreszinssatz von 3,92 % einer risikolosen Tagesrendite von

$$\lambda = \frac{3{,}92\,\%}{250} \cong 0{,}016\,\%,$$

woraus sich schlussendlich für die Daimler-Aktie eine Sharpe-Ratio von

$$\text{SR} = \frac{(0{,}05\,\% - 0{,}016\,\%)}{1{,}45\,\%} \cong 0{,}023$$

ergibt. Die Berechnung einer Sharpe-Ratio erweist sich allerdings erst im Vergleich mit anderen Wertpapieren bzw. Portfolios als zielführend und hilfreich.

	Anzahl	Mittelwert	Standardabweichung
Daimler Rendite (%)	245	,05	1,45
Deutsche Bank Rendite (%)	245	-,11	1,56
DAX Rendite (%)	245	,02	1,06

Abb. 2.46: Statistische Kennzahlen

In der Abbildung 2.46 sind zum Zwecke eines exemplarischen Vergleichs von Sharpe-Maßen die statistischen Kennzahlen der börsentäglichen Renditen neben der Daimler-Aktie für die Deutsche-Bank-Aktie und für das DAX-Portfolio im Beobachtungszeitraum T_B von der Länge n = 245 Börsentage zusammengefasst.

Die Sharpe-Ratio für das DAX-Portfolio in Höhe von

$$\text{SR} = \frac{(0{,}02\,\% - 0{,}016\,\%)}{1{,}06\,\%} \cong 0{,}004$$

indiziert im Vergleich zur Daimler-Aktie wegen 0,004 < 0,023 eine geringe Performance im Sinne einer „Gewinnträchtigkeit". Im Falle der Deutsche-Bank-Aktie berechnet man wegen

$$\text{SR} = \frac{(-0{,}11\,\% - 0{,}016\,\%)}{1{,}56\,\%} \cong -0{,}081$$

eine negative Sharpe-Ratio, die sich streng genommen einer plausiblen Performancemessung verschließt und daher lakonisch nur mit dem Hinweis „außer Spesen nichts gewesen" kommentiert werden kann.

Allgemein gilt im Kontext einer vergleichenden Sharpe-Ratio-Betrachtung die folgende Regel: Je höher eine „positive Sharpe-Ratio" ist, desto „gewinnträchtiger" ist bzw. war im Beobachtungszeitraum eine Geldanlage in Bezug auf das eingegangene Gesamtrisiko in Gestalt der Standardabweichung der Renditen. Eine „negative Sharpe-Ratio" ist ein Hinweise darauf, dass die Wertentwicklung einer Geldanlage schlechter war als die sogenannte Benchmark in Gestalt des risikolosen stetigen Zinssatzes λ. In diesem Blickwinkel leuchtet es auch ein, warum man den Zählerterm

$(\mu - \lambda)$

einer Sharpe-Ratio als eine Überschussrendite kennzeichnet, die in logischer Konsequenz nur für positive Werte plausibel interpretierbar ist.

Das sogenannte **Treynor-Maß**

$$TM = \frac{(\mu - \lambda)}{ß},$$

das gleichfalls als ein risikoadjustiertes Performancemaß unter der englischen Bezeichnung einer „Reward-to-Volatility-Ratio" firmiert, ist nach dem US-amerikanischen Ökonomen und Manager Jack L. TREYNOR (*1930) benannt und ergibt im Kontext einer vergleichenden Wertpapierbetrachtung das folgende Bild:

Im Unterschied zur Sharpe-Ratio bezieht man beim Treynor-Maß eine Überschussrendite $(\mu - \lambda)$ nicht auf das „Gesamtrisiko" in Gestalt der Standardabweichung σ der Renditen, sondern auf den sogenannten **Beta-Koeffizienten**. Der ß-Koeffizient ist seinem Wesen nach der Anstieg $ß_1$ einer bivariaten inhomogenen linearen Kleinste-Quadrate-Regressionsfunktion

$$y_t^*(x_t) = \beta_0 + \beta_1 \cdot x_t$$

chronologisch erfasster Renditen y_t einer Aktie in Abhängigkeit von den zeitlich zugehörigen Renditen x_t einer Vergleichsaktie bzw. eines Wertpapierportfolios. In diesem Blickwinkel wird ein ß-Koeffizient als ein „systematisches Rendite-Risiko" interpretiert.

Der Anschaulichkeit halber ist gemäß Abbildung 2.47 für alle $t \in T_B$ die bivariate inhomogene lineare Kleinste-Quadrate-Regressionsfunktion

$$y_t^*(x_t) = 0{,}029 + 1{,}085 \cdot x_t$$

der börsentäglichen Renditen y_t der Daimler-Aktie über den börsentäglichen Renditen x_t des DAX-Portfolios zudem noch im Streudiagramm innerhalb der Abbildung 2.48 als „Regressionsgerade" bildhaft dargestellt.

Abb. 2.47: Regressionsparameter

Parameter[a]

Modell		Koeffizienten		t	Sig.
		Wert	Standardfehler		
linear	(Konstante)	,029	,057	,508	,612
	DAX Rendite (%)	1,085	,054	20,182	,000

a. Abhängige Variable: Daimler Rendite (%)

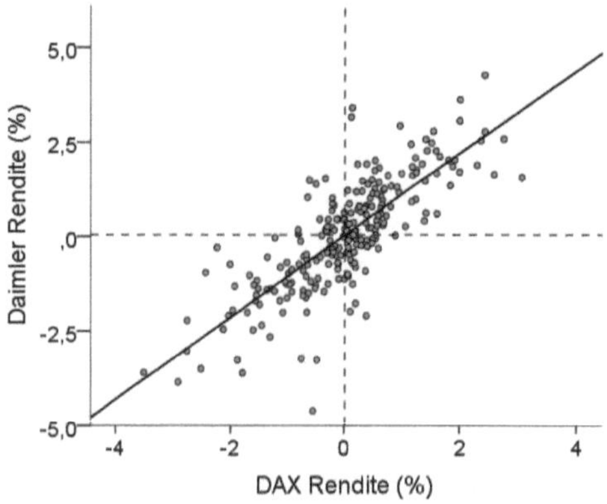

Abb. 2.48: Streudiagramm mit linearer Regression

Wegen

$$\frac{dy_t^*}{dx_t} = 1{,}085$$

interpretiert man den Regressionskoeffizienten in Höhe von 1,085 im Sinne eines Beta-Koeffizienten bzw. Beta-Faktors wie folgt: Steigt bzw. fällt die börsentägliche Rendite des DAX-Portfolios um einen Prozentpunkt, dann steigt bzw. fällt die börsentägliche Rendite der Daimler-Aktie „überproportional und im Durchschnitt" um 1,085 Prozentpunkte.

Im Blickwinkel der angebotenen statistischen Interpretation kann ein Beta-Faktor allgemein und vereinfacht als ein Maß dafür angesehen werden, wie stark ein Wertpapier im Vergleich zu einem aktienmarktkennzeichnenden Portfolio im Durchschnitt streut bzw. schwankt. Bei einem Beta-Faktor von eins schwankt bzw. streut in logischer Konsequenz eine Aktie im Durchschnitt so stark wie das als Benchmark fungierende Portfolio. Bei einem positiven Beta-Faktor „unter" bzw. kleiner als eins deutet dies auf eine geringere durchschnittliche Schwankung bzw. Streuung im Vergleich zu einem Portfolio hin. Ein Beta-Faktor „über" bzw. größer als eins ist ein Hinweis darauf, dass ein Wertpapier durchschnittlich stärker streut bzw. schwankt, als das zugrundeliegende Benchmark-Portfolio. Während ein Beta-Faktor von null als ein Indiz für eine stochastische Unabhängigkeit ist, deutet man einen negativen Beta-Faktor als einen Hinweis darauf, dass die Renditen eines Wertpapiers sich diskordant oder gegenläufig verhalten zur Entwicklung eines Portfolios.

Für die börsentäglichen Renditen der Daimler-Aktie berechnet man schlussendlich ein Treynor-Maß in Höhe von

$$TM = \frac{(0{,}05\,\% - 0{,}016\,\%)}{1{,}085\,\%} \cong 0{,}031,$$

das zum Beispiel im Vergleich zum Treynor-Maß

$$\text{TM} = \frac{(0{,}02\,\% - 0{,}016\,\%)}{1\,\%} \cong 0{,}004$$

für das DAX-Portfolio wegen 0,031 > 0,004 eine höhere Performance indiziert. Demnach konstatiert man für die Daimler-Aktie im Beobachtungszeitraum eine „höhere Gewinnträchtigkeit" als für das als Benchmark fungierende DAX-Portfolio.

2.3 Schlussbemerkungen und Literaturhinweise

Das Ziel der vorliegenden essayistischen Abhandlungen bestand darin, anhand einer (vermutlich bereits in Vergessenheit geratenen) Banknote sowohl historische Notizen als auch exemplarische Erläuterungen mathematischer und statistischer Begriffe, Verfahren und Methoden, die im Finanzmanagement zu einer breiten Anwendung gelangen, anzubieten.

Im Zentrum der angebotenen Abhandlungen stand dabei nicht die Herleitung und Begründung praxisrelevanter quantitativer Analyseverfahren, sondern einmal nur eine paradigmatische und anschauliche Erläuterung und Anwendung ausgewählter Verfahren auf der Basis realer Daten. Einzig und allein zum Zwecke eines besseren Verständnisses der dargebotenen Sachverhalte wurden in die historischen und sachbezogenen Erläuterungen bewusst zahlreiche Wortursprungserklärungen und bildhafte Darstellungen eingeflochten.

Die bloße Erkenntnis, dass man mit Hilfe des (in einem ersten Augenblick) unscheinbar wirkenden Zahlenbündels

$$\{0, 1, e, \pi\}$$

bereits in der Lage ist, einmal nur im „Schaufenster des Finanzmanagements" einen vielseitigen mathematischen Begriffs- und Verfahrenskatalog zu offerieren, ist zweifelsohne erstaunlich und beeindruckend.

Allein die neutrale Zahl Null und die kleinste natürliche Zahl Eins bilden die tragenden Säulen solcher fundamentalen Begriffe wie **Standardisierung** und **Wahrscheinlichkeit**. Ein Inbegriff des faszinierenden Zusammenspiels aller vier Elemente dieses Zahlenbündels ist zweifelsohne das Modell einer **Normalverteilung**, dem nicht nur eine zentrale Rolle „im Kreise einer großen Familie von Wahrscheinlichkeitsverteilungen", sondern auch und vor allem in der **Stochastik**, in der mathematischen und in der angewandten **Statistik** zukommt.

In der stillen Hoffnung, dass Sie als interessierte Leser die essayistischen Abhandlungen nicht mit dem ernüchternden Urteil von einem „schwerverdaulichen Sauerteig" abtun, sondern diese „trotz alledem" als erkenntnisgewinnend betrachten und bewerten, haben alle verbalen, begrifflichen, zahlenmäßigen und bildhaften Darstellungen sowohl ihren zeitraubenden Aufwand gerechtfertigt als auch ihre allgemeinbildende Zweckbestimmung erfüllt.

Für vertiefende Betrachtungen, inhaltliche Ergänzungen und theoretische Erweiterungen der vorliegenden essayistischen Abhandlungen erweisen sich die folgenden Literaturempfehlungen als hilfreich und zielführend:

MOAR, Eli: e – The Story of a Number, Princeton University Press, Princeton, New Jersey 1994

SEIFE, Charles: Zero – The Biography of a Dangerous Idea, Penguin Books Ltd. London 2000

POSAMENTIER, Alfred S. & LEHMANN, Ingmar: π – A Biography of the World's Most Mysterious Number, Prometheus Books, Amherst, New York 2004

ECKSTEIN, Peter P.: Kostproben aus der Hexenküche der Statistik – Skurriles, Leichtbekömmliches und Schwerverdauliches, Rainer Hampp Verlag München und Mehring 2009

ECKSTEIN, Peter P.: Das alltägliche Kalenderblatt – Ein allegorisches Zahlenkaleidoskop, Rainer Hampp Verlag München und Mehring 2011

ECKSTEIN, Peter P.: Angewandte Statistik mit SPSS – Praktische Einführung für Wirtschaftswissenschaftler, 8., überarbeitete und erweiterte Auflage, Springer Gabler Fachmedien Wiesbaden 2015

ECKSTEIN, Peter P.: Repetitorium Statistik – Deskriptive Statistik, Stochastik, Induktive Statistik, 8., aktualisierte und erweiterte Auflage, Springer Gabler Fachmedien Wiesbaden 2014

ECKSTEIN, Peter P.: Statistik für Wirtschaftswissenschaftler – Eine realdatenbasierte Einführung mit SPSS, 5., aktualisierte und erweiterte Auflage, Springer Gabler Fachmedien Wiesbaden 2015

Autor des Beitrags

Professor Dr. sc. Peter P. Eckstein lehrt Statistik, Ökonometrie und Empirische Wirtschaftsforschung am Fachbereich Wirtschafts- und Rechtswissenschaften der Hochschule für Technik und Wirtschaft Berlin.

3 Unternehmensbewertung

von Ralf Hafner

3.1 Überblick

Wissensziele

- Sie sollen Anlässe für die Bewertung von Unternehmen kennenlernen.
- Sie sollen die Unternehmensbewertung als komplexes, interdisziplinäres und umfangreiches Vorhaben begreifen, das den Einsatz des gesamten Spektrums der Betriebswirtschaftslehre erfordert.

Die Bewertung ganzer Unternehmen ist eines der praxisrelevantesten Themen in der betriebswirtschaftlichen Ausbildung. Es gibt zahlreiche Anlässe für die Bewertung von Unternehmen.

Kauf und Verkauf von Unternehmen (Mergers & Acquisitions, kurz M&A)

Die Unternehmensbewertung spielt bei jedem M&A-Prozess eine zentrale Rolle. Bevor sich ein Verkäufer von einem Unternehmen trennt, wird oder besser sollte er sich fragen, was er an Kaufpreisgeboten erwarten, wie er selber seine Kaufpreisforderung mit einer Bewertung unterlegen kann und was er mindestens erzielen muss, um sich nicht schlechter zu stellen als beim Unterlassen des Verkaufs. Umgekehrt werden die Bieter vor Abgabe eines Angebots eine Bewertung des Zielobjekts vornehmen, überlegen, wie sie ihre Kaufpreisgebote durch eine Bewertung untermauern können, wie sie mittels einer Unternehmensbewertung den Kauf gegenüber ihren Anteilseignern und/ oder Aufsichtsgremien rechtfertigen können und analysieren, was sie höchsten für das Unternehmen ausgeben könnten, ohne sich schlechter zu stellen als beim Unterlassen des Kaufs.

Gleiches gilt bei Fusionen, MBOs (Management-Buy-outs), MBIs (Management-Buy-ins), beim Anteilsverkauf unter Gesellschaftern, bei IPOs (Initial Public Offerings, Börseneinführung) und anderen Teilveräußerungen.

Wertorientierte Unternehmensführung

Akzeptiert man das Mantra der modernen Corporate-Finance-Theorie und -Praxis, dann ist das unternehmerische Handeln am Unternehmenswert auszurichten. Entscheidungen, die den Unternehmenswert erhöhen, sind gute Entscheidungen und sollten umgehend umgesetzt werden. Unternehmensstrategie, Investitions- und Finanzierungsentscheidungen und Unternehmenswert bedingen sich dann gegenseitig.

Portfoliomanagement

Private und professionelle Anleger und deren Berater, insbesondere Aktienanalysten, bewerten Unternehmen zur Unterlegung ihrer Anlageempfehlungen und/oder -entscheidungen bei der Zusammensetzung ihres Portfolios.

Gesetzliche Vorschriften

Bei bestimmten Anlässen sind in vielen Staaten gesetzlich Bewertungen von Unternehmen oder Unternehmensanteilen vorgeschrieben. Der Squeeze-out, der erzwungene Auskauf von Minderheitsaktionären durch den Mehrheitsaktionär, ist ein Beispiel hierfür. In Deutschland sind bei Abschluss von aktienrechtlichen Unternehmensverträgen, Verschmelzungen sowie Auf- und Abspaltungen Unternehmensbewertungen vorgesehen.

Vertragliche und sonstige Regelungen

Unternehmensbewertungen finden darüber hinaus statt bei Erbauseinandersetzungen, bei Ein- oder Austritt von Gesellschaftern in eine Personengesellschaft, bei Abfindungsfällen anlässlich von Ehescheidungen und anderen familienrechtlichen Auseinandersetzungen.

Externe Rechnungslegung und steuerliche Zwecke

Bei der sogenannten Purchase Price Allocation (Kaufpreisallokation der Anschaffungskosten einer Beteiligung in der Konzernbilanz) und den anschließenden jährlich erforderlichen Impairment-Tests (Werthaltigkeitstests) sind Unternehmensbewertungen vorzunehmen. Auch aus Steuergesetzen ergeben sich in vielen Staaten Anlässe zur Bewertung von Unternehmen.

Unternehmensbewertungen sind anspruchsvolle, umfangreiche und spannende Vorhaben gleichermaßen, kommt hier doch das gesamte Spektrum der Betriebswirtschaftslehre und des unternehmerischen Managements zum Einsatz. Zur Verdeutlichung stellen wir uns ein konkretes Unternehmen vor: *Boeing* zum Beispiel oder *Siemens*, vielleicht *Twitter* oder auch das Blumengeschäft an der Ecke. Was ist zu tun, um zu einem Wert für diese Unternehmen zu kommen?

Die Bestandsaufnahme setzt normalerweise auf Informationen aus den Jahresabschlüssen der Unternehmen auf. Es sind also fundierte Kenntnisse der externen und internen Rechnungslegung notwendig. Für eine Prognose der künftigen Entwicklung des zu bewertenden Unternehmens bedarf es einer umfassenden Analyse der gesamten Wertkette: Forschung & Entwicklung, Produktdesign, Beschaffung/Produktion, Marketing, Vertrieb, Kundendienst und Administration/IT sind zu untersuchen im Hinblick auf Wettbewerbsvorteile/-nachteile und deren Nachhaltigkeit. Darüber hinaus gilt es, Prognosen über die Beschaffungs- und Absatzmärkte zu erstellen und die Produkte und/oder Dienstleistungen des zu bewertenden Unternehmens im Wettbewerbsvergleich zu beurteilen. Strategie und strategisches Management sind hier gefragt, verbunden mit der Fähigkeit, die Erkenntnisse daraus in Zahlen zu transformieren, in eine Prognose künftiger Umsätze, Kosten, Investitionen in Sachanlagevermögen und Working Capital und in Bilanzrelationen. Wie sieht die Gewinn- und Verlustrechnung, wie sieht die Bilanz der genannten Unternehmen in den nächsten fünf Jahren aus, wie danach?

Schließlich ist zu untersuchen, wie die Prognosen immanente Thematik der Unsicherheit berücksichtigt werden soll. Wie beschreiben, wie messen wir Chancen und Risiken bei der Unternehmensbewertung und wie fließt dies in die Analyse ein – eines der anspruchsvollsten Unterfangen in Theorie und Praxis. Flugzeuge wird es in fünf Jahren sicher noch geben, aber wie wird *Boeing* im Vergleich zum Wettbewerb dastehen? Sind Mischkonzerne wie *Siemens* zukunftsfähig? Wie zukunftsträchtig ist die Dienstleistung von Twitter? Kaufen wir unsere Blumen in fünf Jahren alle im Internet und was hat dies für Auswirkungen auf den Blumenladen an der Ecke? Schwierig? Richtig, aber je anspruchsvoller die Bewertung, desto notwendiger ist sie. *Coca-Cola* wird mit hoher Wahrscheinlichkeit auch noch in 20 Jahren konsumiert werden, aber twittern wir dann noch? Ist Facebook dann schon Geschichte?

Wer sich bei all diesen Unwägbarkeiten unwohl fühlt, der ist besser beraten, sich mit anderen Fragestellungen auseinander zu setzen – Risiken, Unschärfen, subjektive Einschätzungen über die künftige Entwicklung und damit verbunden eine hohe Wahrscheinlichkeit, sich diesbezüglich irren zu können, gehören zur Unternehmensbewertung dazu. Sie ist keine präzise Wissenschaft. Auch wenn sie quantitative Modelle verwendet, so sind die ermittelten Werte weder objektiv noch präzise und erst recht nicht zeitlos. Es werden Bandbreiten ermittelt. Und die ändern sich. Täglich.

Die Tiefe des Themengebiets wird auch deutlich am Umfang der verfügbaren Fachliteratur zur Unternehmensbewertung. Die Anzahl der Seiten eines Buchs ist sicher kein Qualitätsmerkmal, aber es ist schon bemerkenswert, dass der Transport alleine der nationalen und internationalen Standardwerke mehrere Aktenkoffer erfordert und zu langen Armen führt, ganz zu schweigen von der zahlreichen Fachaufsätzen, Promotionen und Habilitationen zum Thema.

Rosenbaum/Pearl sind mit ihrem Buch „Investment Banking" und gut 400 Seiten noch handlich, aber *Damodarans* „Investment Valuation" und *Koller/Goedhart/Wessels* „Valuation", zwei internationale Standardwerke, kommen mit knapp 1.000 und gut 800 Seiten daher. *Peemöllers* „Praxishandbuch der Unternehmensbewertung" toppt dies locker mit gut 1.200 Seiten. Auch die deutschen Standardlehrbücher sind teilweise sehr umfangreich: *Matschke/Brösel* bringen es auf fast 900 Seiten, *Drukarczyk/Schüler* auf immerhin noch über 500. *Ballwieser/Hachmeister*, *Hering*, *Spremann/Ernst* und *Hommel/Dehmel* sind vom Umfang her löbliche Ausnahmen (wenn wir hier Werke nicht erwähnt haben, so ist diese bitte nicht als Wertung zu verstehen). Jedoch hat jedes dieser Werke einen anderen Schwerpunkt, eine andere Herangehensweise, so dass man die Seitenzahlen getrost addieren kann, will man sich einen kompletten Überblick über den Stand der deutschen Lehrbuchmeinung zur Unternehmensbewertung verschaffen.

Methodenvielfalt ist ein weiteres Kennzeichen der Unternehmensbewertung. Ebenso eine langjährige Auseinandersetzung zwischen Theorie und Praxis über wichtige Aspekte sowie die ausgesprochen kritische und teilweise sehr distanzierte Haltung großer Teile der deutschen Literatur zur internationalen Bewertungstheorie und -praxis.

Als Vertreter einer anwendungsorientierten Betriebswirtschaftslehre werden wir uns zunächst den Methoden zuwenden, die derzeit (Mitte 2014) in der internationalen Bewertungspraxis am meisten verbreitet sind. Sie haben in den letzten Jahren auch in der deutschen Bewertungspraxis Fuß gefasst und ihre Bedeutung nimmt hierzulande immer mehr zu. Abschnitt 3.2 behandelt die Discounted-Cashflow-Methode in der sogenannten „Enterprise-Variante", die sich – auch wenn diese Auffassung nicht überall hoffähig ist – inzwischen wie die Kapitalwertmethode bei Investitionsentscheidungen zur Mutter aller Unternehmensbewertungsmethoden entwickelt hat.

Abschnitt 3.3 und 3.4 beschreiben zwei weitere Verfahren, die Stand heute Bestandteil fast aller Unternehmensbewertungen sind, die Analyse vergleichbarer börsennotierter Unternehmen und die Analyse kürzlich erfolgter Akquisitionen. Wir verwenden hierfür die englischen Fachtermini, die sich auch in Deutschland einbürgern: Comparable Companies Analysis und Precedent Transactions Analysis. Abschnitt 3.5 gibt einen Überblick über weitere Methoden, Abschnitt 3.6 geht auf ausgewählte Spezialthemen der Unternehmensbewertung ein.

In Abschnitt 3.7 analysieren wir die Spielräume, die sich aus den notwendigerweise subjektiven Einschätzungen (die sich bestenfalls objektivieren lassen, aber kaum objektiv sein können) ergeben, die in die Bewertung einfließen. Damit wollen wir den Blick schärfen für das Zusammenspiel zwischen ermitteltem Unternehmenswert und dem Zweck, den der Auftraggeber der Bewertung damit verfolgt. Abschnitt 3.8 widmet sich der Thematik Wert und Preis und versucht, eine Brücke zu schlagen zur Theorie der Unternehmensbewertung.

3.2 Discounted-Cashflow-Methode (DCF-Methode)

Wissensziele

- Sie sollen die Discounted-Cashflow-Methode (DCF-Methode) als Anwendungsfall der Kapitalwertmethode auf die Unternehmensbewertung interpretieren.
- Sie sollen die Enterprise-DCF-Methode und die Equity-DCF-Methode unterscheiden können.
- Sie sollen die Termini Enterprise Value, Equity Value, zinstragende Verbindlichkeiten, liquide Mittel und Nettoverschuldung kennenlernen und die Beziehungen zwischen ihnen verstehen.

Die → DCF-Methode ist nichts anderes als die Anwendung des aus der Investitionsrechnung bekannten Kapitalwertkalküls auf die Unternehmensbewertung. Investitionsobjekt ist das Unternehmen, das durch seine künftigen Einzahlungsüberschüsse, die sogenannten → freien Cashflows charakterisiert wird. Wie bei der Investitionsrechnung arbeiten wir auch bei der DCF-Methode mit Zahlungsgrößen (Ein- und Auszahlungen, Cashflows) und nicht mit Erfolgsgrößen (Erträgen und Aufwendungen). Die in den künftigen Jahren t=1, 2, 3, ... , n anfallenden freien Cashflows werden auf t=0 (den Bewertungsstichtag) abdiskontiert mit einem risikoadäquaten Zinssatz, den Kapitalkosten des zu bewertenden Unternehmens. Die Summe der sich so ergebenden Barwerte, der Kapitalwert, ist der Unternehmenswert.

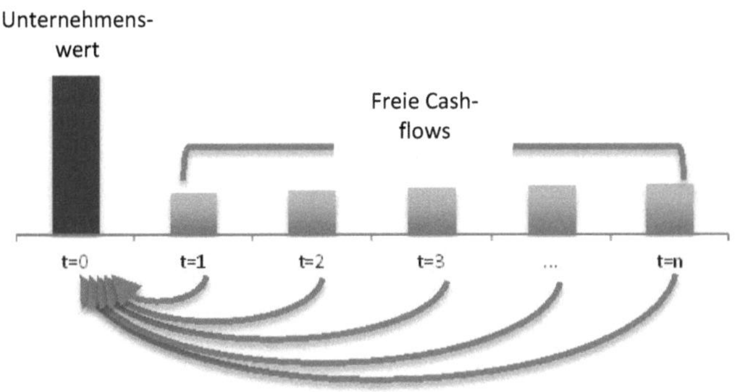

Anders als bei der Investitionsrechnung gibt es bei der DCF-Methode der Unternehmensbewertung keine Anfangsauszahlung in t=0. Dieser Betrag, die Summe der Barwerte der künftigen freien Cashflows, ist die gesuchte Größe, der Unternehmenswert. Ist er ermittelt und setzt man diesen Unternehmenswert als Anschaffungsauszahlung, also mit einem negativen Vorzeichen in t=0 ein, so ergibt sich ein Kapitalwert von 0 und ein interner Zinsfuß in Höhe des Diskontierungssatzes, also der Kapitalkosten des Unternehmens. Gelingt es einem Käufer, das Unternehmen für einen geringeren Kaufpreis zu erwerben als die Summe der abdiskontierten künftigen freien Cashflows, so macht er ein gutes Geschäft. Der Kapitalwert seiner Zahlungsreihe ist dann nämlich positiv. Zahlt er mehr als die Summe der Barwerte der künftigen Cashflows, so führt dies zu einer höheren Anschaffungsauszahlung in t=0 und zu einem negativen Kapitalwert. Entsprechend der Entscheidungsregel für Kapitalwertrechnungen sollte er eine solche Investition nicht tätigen.

Umgekehrtes gilt für den Verkäufer. Er verzichtet bei einem Verkauf auf die künftigen freien Cashflows. Sie gehen mit einem negativen Vorzeichen in seine Rechnung ein, der Kaufpreis in t=0 ist ein Zufluss bei ihm, eine Einzahlung. Entspricht diese dem Unternehmenswert, so ist auch der Kapitalwert seiner Zahlungsreihe 0. Erhält er mehr als die Summe der Barwerte der künftigen freien Cashflows, so macht er ein gutes Geschäft (Kapitalwert > 0), gibt er sich mit weniger zufrieden, so wird der Kapitalwert seines Zahlungsstroms negativ – gemäß der Entscheidungsregel sollte er dann lieber das Unternehmen behalten und weiter fortführen, da er sich bei dieser Alternative besser stellt als beim Verkauf.

3.2.1 Varianten der DCF-Methode

Bei der DCF-Methode gibt es zwei Varianten:

- Das Gesamtbewertung, Firm oder Entity Valuation oder → Enterprise-DCF-Methode genannte Verfahren ist das in der Praxis am häufigsten anzutreffende Vorgehen. Diskontiert werden freie Cashflows vor Zinsen mit den gewichteten Kapitalkosten (WACC).
- Das Eigenkapitalbewertung, Equity Valuation oder → Equity-DCF-Methode genannte Verfahren bewertet direkt den Wert des Eigenkapitals. Diskontiert werden freie Cashflows nach Finanzierungskosten und nach Netto-Veränderung der zinstragenden Verbindlichkeiten mit den Eigenkapitalkosten des Unternehmens.

Richtig angewendet, führen beide Verfahren zum selben Ergebnis.

Die Kenntnis der Unterscheidung zwischen Gesamtwert des Unternehmens und Wert des Eigenkapitals, Firm Valuation und Equity Valuation bzw. Enterprise-DCF und Equity-DCF ist wichtig für das Verständnis der Bewertung von Unternehmen. Die folgenden Ausführungen dienen der Verdeutlichung. Wir beginnen mit der buchhalterischen Sicht der Bilanz eines Unternehmens. Danach können wir Aktiv- und Passivseite der Bilanz zu Buchwerten vereinfacht wie folgt darstellen:

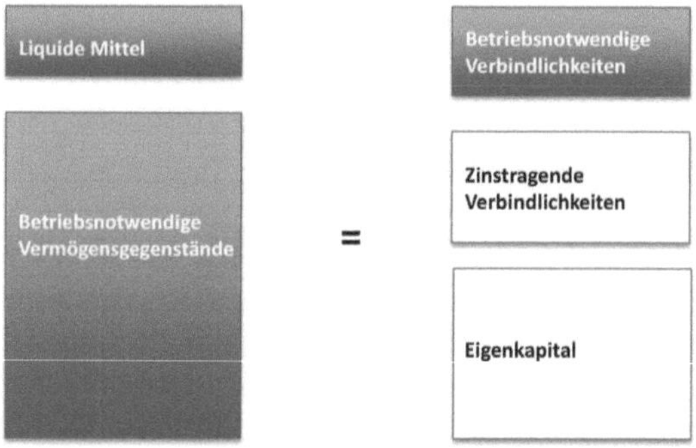

Unter liquiden Mitteln wird überschüssige Liquidität verstanden, die nicht zum Betrieb des Unternehmens erforderlich ist (excess cash). Zinstragende Verbindlichkeiten sind zum Beispiel Bankdarlehen und Anleihen, also Finanzierungstitel, für die an die Fremdkapitalgeber explizit Zinsen entrichtet werden. Nicht dazu gerechnet werden beispielsweise Lieferantenverbindlichkeiten und Rückstellungen für Gewährleistungen. Sie sind Teil des Working Capitals und der Verbindlichkeiten. Das Eigenkapital in der obigen Abbildung entspricht dem buchmäßigen Eigenkapital in der Bilanz.

Vereinfacht lässt sich das obige Schaubild auch wie folgt darstellen:

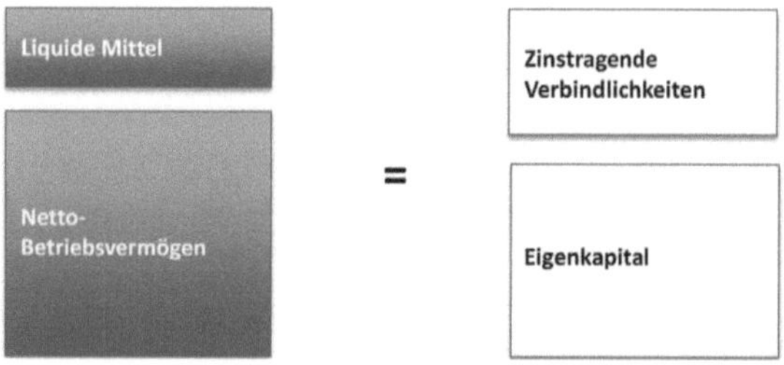

Betrachten wir nun das Unternehmen aus finanzwirtschaftlicher Sicht. Die Aktivseite können wir dann darstellen als die Ansammlung aller bereits getätigten und aller künftigen Investitionen des Unternehmen. Dies führt normalerweise (wenn es sich nicht um ein Unternehmen in einer Krisensituation handelt) zur einer Bilanzverlängerung in Gestalt der außerbilanziellen Vermögensgegenstände. Auf der Passivseite werden dann zinstragende Verbindlichkeiten und Eigenkapital zu Marktwerten und nicht zu Buchwerten gezeigt. Der Großteil der Abweichungen zwischen Marktwert und Buchwert entfällt dabei in aller Regel auf das Eigenkapital. Bei börsennotierten Unternehmen erhält man den Marktwert durch Multiplikation des Aktienkurses mit der Anzahl der sich im Umlauf befindlichen Aktien.

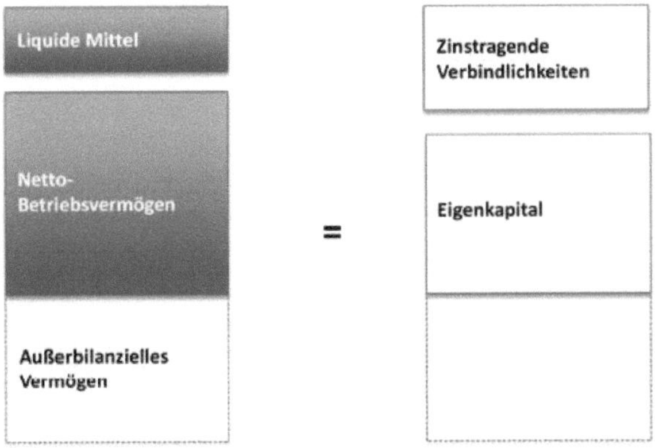

Anders dargestellt ergibt sich folgende finanzwirtschaftliche Sicht der Bilanz zu Marktwerten:

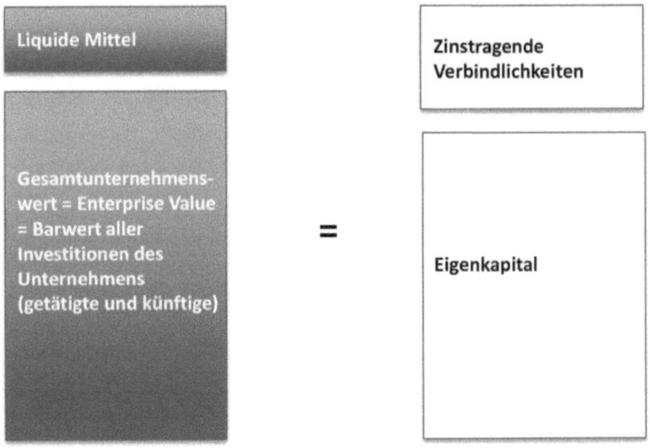

Bei Saldierung der zinstragenden Verbindlichkeiten mit den liquiden Mitteln ergibt sich das folgende Bild (Seite 88), das den Unterschied zwischen Enterprise-DCF- und Equity-DCF-Methode verdeutlicht:

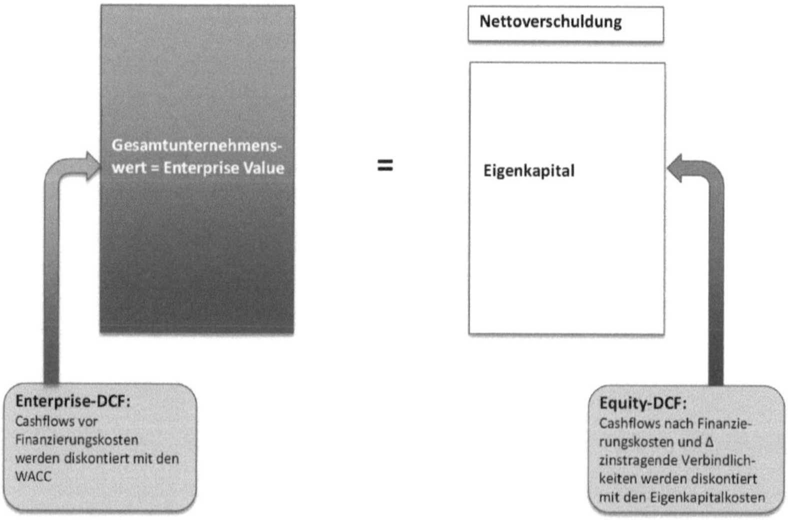

Wir konzentrieren uns im Folgenden auf das Enterprise-DCF-Verfahren. Die meisten DCF-Bewertungen in der Praxis haben es zur Grundlage. Equity-DCF-Verfahren findet man beispielsweise bei der Bewertung von Banken und Versicherungen, da hier die zinstragenden Verbindlichkeiten einen anderen Charakter haben.

3.2.2 Enterprise-DCF-Methode

Wissensziele

- Sie sollen den allen Kapitalgebern zufließenden freien Cashflow definieren und ableiten können.
- Sie sollen die Kapitalkosten (WACC) mit ihren einzelnen Bestandteilen (risikofreier Zins, Marktrisikoprämie, Beta, Fremdkapitalkosten, Steuersatz) kennen und herleiten können.
- Sie sollen den Begriff „Terminal Value“ verstehen und die Methoden seiner Ermittlung kennenlernen.

Bei der Enterprise-DCF-Methode werden die künftigen freien Cashflows, das sind Cashflows vor Finanzierungskosten, also die Cashflows, die allen Kapitalgebern (Eigen- und zinstragendes Fremdkapital, Equity and Debt) zur Verfügung stehen, abdiskontiert mit den gewichteten durchschnittlichen Kapitalkosten (WACC) des Unternehmens. Resultat ist der Enterprise Value. Ziehen wir hiervon die Nettoverschuldung ab, so erhalten wir den Wert des Eigenkapitals.

Folgende „Zutaten“ benötigen wir demzufolge:

- Die künftigen freien Cashflows sowie die
- Kapitalkosten (WACC) des Unternehmens.

Bei der Prognose der künftigen freien Cashflows gibt es einen Unterschied zu den aus der Investitionsrechnung bekannten Kapitalwertberechnungen. In aller Regel wird dort ein endlicher Planungszeitraum unterstellt. Bei Unternehmensbewertungen geht man hingegen, falls dem in Ausnahmefällen nicht tatsächliche Gegebenheiten entgegen stehen (auf Zeit angelegte Unternehmen), von einem unendlichem Planungszeitraum, einer unendlichen Lebensdauer des Unternehmens aus. Bei der Prognose der künftigen freien Cashflows behilft man sich dann mit so genannten Phasenmodellen. Dabei wird der Planungszeitraum in zwei, manchmal drei Phasen unterteilt. In der ersten (und gegebenenfalls zweiten) Phase erfolgt eine Detailplanung und -prognose. Für die letzte Phase wird ein so genannter „Terminal Value" ermittelt, der den Wert der freien Cashflows nach Abschluss der Detailplanungsphase repräsentiert.

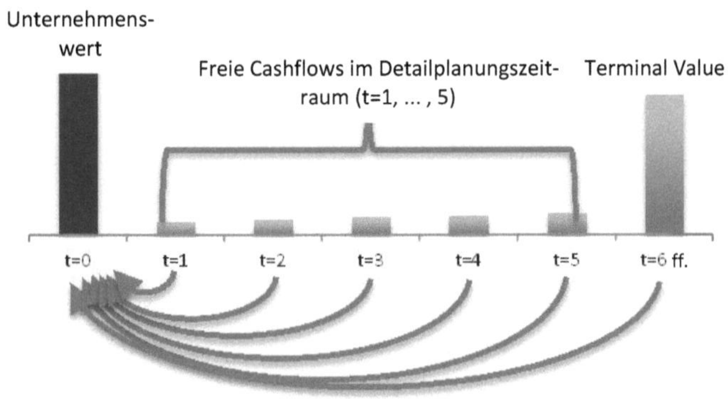

Die Länge des Detailplanungszeitraums beträgt in der Praxis in der Regel zwischen 3 und 10 Jahre. Welcher Zeitraum gewählt wird, hängt von verschiedenen Faktoren ab:

- Liegt für das Unternehmen nur eine 3-Jahresplanung vor und ist eine Fortschreibung der Daten unverhältnismäßig zeitaufwendig oder komplex, dann spricht vieles dafür, diese 3 Jahre auch als Detailplanungszeitraum zu nehmen.
- Für die Bewertung nicht-zyklischer Unternehmen sollte der Planungszeitraum so bemessen sein, dass er die gesamte Phase des überdurchschnittlichen Wachstums abbildet, an seinem Ende also die „steady state" Phase beginnt, in der das Unternehmen mit einer gleichbleibenden Rate, beispielsweise der Wachstumsrate der Volkswirtschaft, weiter wächst, die Effizienzkennzahlen des Unternehmens für die Zukunft als statisch angesehen werden können und der ROC für neue Investitionen dem Branchendurchschnitt entspricht. Die Frage ist, wie lange der aktuelle Wettbewerbsvorteil, der das überdurchschnittliche Wachstum ermöglicht, bestehen wird.
- Für junge, sehr stark wachsende Unternehmen kann es angezeigt sein, den Planungszeitraum in mehrere Phasen aufzuteilen. Phase 1 für stark überdurchschnittliches Wachstum, Phase 2 für überdurchschnittliches Wachstum und Phase 3 als „steady state" mit Wachstumsrate der Volkswirtschaft.
- Bei zyklischen Unternehmen sollte versucht werden, einen kompletten Geschäftszyklus in der Detailplanungsphase abzubilden. „Steady state" wird es hier nicht geben. Insofern wird man für die Ermittlung des Terminal Value eine Durchschnittsbetrachtung anstellen.

Folgende fünf Schritte der Enterprise-DCF-Methode beschreiben wir nachstehend:

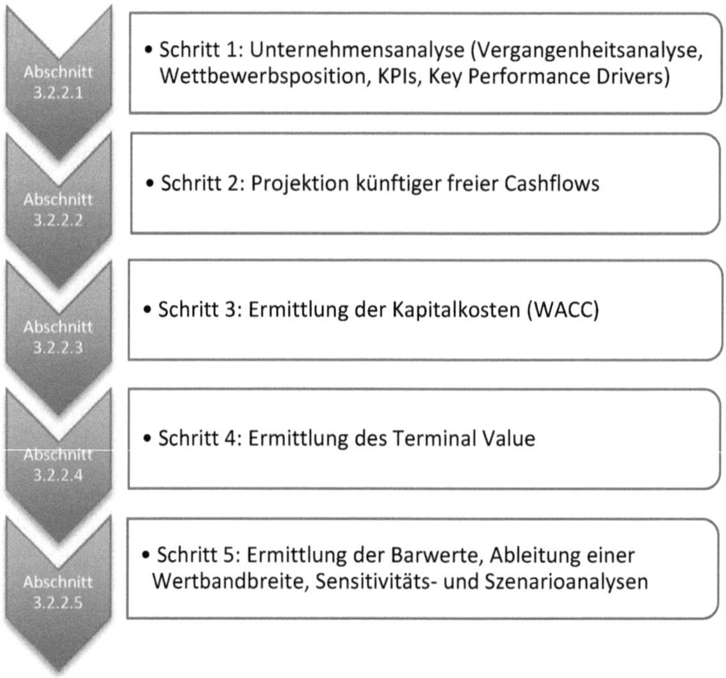

3.2.2.1 Unternehmensanalyse

Der erste Schritt einer jeden Unternehmensbewertung besteht darin, ein tiefes Verständnis für das Bewertungsobjekt und seine Produkte oder Dienstleistungen im Wettbewerbsvergleich zu entwickeln. Fünf Ws bieten eine mögliche Form der Strukturierung:

[1] Wer ist das Unternehmen?

[2] Was macht das Unternehmen?

[3] Wo werden die Produkte oder Dienstleistungen verkauft?

[4] Wie erstellt das Unternehmen die Produkte oder Dienstleistungen?

[5] Wie viel kommt dabei heraus?

[1] Wer ist das Unternehmen?

Wer sind die Eigentümer, wer die Fremdkapitalgeber, wer das Management? Wie ist die rechtliche und steuerliche Struktur? Gibt es vertragliche Grundlagen, die Einfluss auf den Unternehmenswert haben (langfristige Lieferverträge etc.)? Wie ist die Historie des Unternehmens?

[2] Was macht das Unternehmen?

Welche Produkte oder Dienstleistungen werden erstellt? Was ist der Wertbeitrag, den die Kunden den Produkten oder der Dienstleistung zumessen? Worin unterscheiden sich die Produkte von Konkurrenzprodukten? Welche Strategie wird hinsichtlich der Produkte oder Dienstleistungen verfolgt (Kostenführerschaft, Differenzierung, Fokussierung)? Wer sind die Wettbewerber? Was schätzen die Kunden an den Produkten der Wettbewerber? Mit welchen Strategien agieren die Wettbewerber? Wie waren Umsatz- und Ergebnisbetrag der Produkte oder Dienstleistungen in den letzten Jahren? Sind Trends erkennbar? Was ist die Ursache dafür? Welche Aussage kann hinsichtlich Produktlebenszyklus gemacht werden? Besteht die Gefahr der Substitution?

[3] Wo werden die Produkte oder Dienstleistungen verkauft?

Welche Märkte werden bedient? Handelt es sich um regional abgegrenzte, nationale, europäische oder internationale Märkte? Wie war die Marktentwicklung in den letzten Jahren, wie wird sie prognostiziert? Können Aussagen zum Marktlebenszyklus gemacht werden? Welche Faktoren treiben den Markt, welche beschränken ihn? Wie sind die Marktanteile verteilt? Welche Bewegungen bei den Marktanteilen gab es in den letzten Jahren? Worin sind diese begründet? Welche Marktform ist gegeben? Wie ist die Wettbewerbsintensität? Sind die Märkte reguliert? Wer genau sind die Kunden? Können Aussagen zum Kundenlebenszyklus gemacht werden? Handelt es sich um einen Käufer- oder einen Verkäufermarkt? Welche Bedeutung haben Importe und Exporte? Wie intensiv ist das Ausmaß des technologischen Fortschritts?

[4] Wie erstellt das Unternehmen die Produkte oder Dienstleistungen?

Hier geht es um ein Grundverständnis der gesamten Wertschöpfungskette des Unternehmens: Forschung und Entwicklung, Produktdesign, Sourcing/Einkauf, Fertigungsprozess und -infrastruktur, Marketing, Vertrieb, Kundendienst, Administration/IT. Wie ist das Unternehmen im jeweiligen Teilbereich aufgestellt? Beispiel Vertrieb: Wie erfolgt der Vertrieb? Mit eigenen Vertriebsmitarbeitern, Handelsvertretern, Franchise, über den Großhandel, den Einzelhandel? Wie ist im Vergleich dazu der Wettbewerb aufgestellt? Beispiel Fertigung: Wie hoch ist die Fertigungstiefe? Welche Produktionsmittel stehen zur Verfügung? Wie werden Fertigungsspitzen gemanagt? Gibt es hier Alleinstellungsmerkmale, Wettbewerbsvorteile oder -nachteile?

[5] Wie viel kommt dabei heraus?

„Show me the money!“ (frei nach *Jerry Maguire*).

Was hat das Unternehmen in den letzten Jahren verdient? Wie viel Kapital (Sachanlagevermögen und Working Capital) war dafür gebunden? Welchen ROA, welchen ROC hat es erzielt? Wie hat es sich im Vergleich zum Wettbewerb geschlagen?

Zur Beantwortung dieser Fragen empfiehlt es sich, Gewinn- und Verlustrechnungen und Bilanzen der letzten 3 bis 5 Jahre (bei zyklischen Unternehmen gegebenenfalls auch länger zurück) in einem Tabellenkalkulationsprogramm zu erfassen. In einem nächsten Schritt werden sie üblicherweise umgruppiert in eine der DCF-Methode „dienliche“ Form. Die Aktivseite der Bilanz in Liquide Mittel, Sachanlagevermögen und Net Working Capital sowie gegebenenfalls gesondert zu bewertendes, nicht betriebsnotwendiges Vermögen. Die Passivseite in Eigenkapital und zinstragende Verbindlichkeiten. Die Gewinn- und Verlustrechnung in Umsatzerlöse, operative Aufwendungen, Abschreibungen und Betriebsergebnis vor Steuern.

Bei forschungsintensiven Unternehmen ist dann zu überlegen, ob für Bewertungszwecke eine Umgruppierung der aufgrund von Rechnungslegungsnormen in den operativen Aufwendungen enthaltenen Forschungsaufwendungen in Investitionsausgaben erfolgen, also eine Aktivierung und Abschreibung dieser Aufwendungen vorgenommen werden sollte. Beim Wettbewerbsvergleich verschiedener Unternehmen aus unterschiedlichen Ländern ist zu beachten, dass hier einheitlich vorzugehen ist, sonst werden aus dem Vergleich falsche Schlüsse gezogen.

Bei Unternehmen mit hohen außerbilanziellen Leasingverbindlichkeiten sollten diese kapitalisiert und den zinstragenden Verbindlichkeiten zugeschlagen werden. Aus finanzwirtschaftlicher Sicht gehören sie genau dort hin. Ebenso sind die geleasten Gegenstände (oder das Nutzungsrecht daran) zu aktivieren. Das Betriebsergebnis ist entsprechend zu korrigieren (Betriebsergebnis plus im Ergebnis enthaltene Aufwendungen für operatives Leasing minus Abschreibungen auf die aktivierten Leasinggegenstände).

Anschließend ist das Betriebsergebnis zu analysieren im Hinblick auf außerordentliche und/oder einmalige Aufwendungen. Es erfolgt eine Ergebnisbereinigung. Ein Beispiel sind einmalige Restrukturierungsaufwendungen. Doch Vorsicht: Findet sich eine derartige Position alle drei Jahre, dann ist zu überlegen, ob man sie nicht „normalisieren“, also gleichmäßig auf die Jahre verteilen sollte anstatt sie zu eliminieren.

Bei kleinen, eigentümergeführten Unternehmen ist zum Beispiel zu fragen, ob die im Betriebsergebnis enthaltene Vergütung für die Geschäftsführung angemessen ist. Außerdem ist bei derartigen Unternehmen die Trennung zwischen Betriebsvermögen und Privatvermögen „fließend“. Das ist, sofern das steuerlich korrekt gehandhabt wird, auch gar nichts Anrüchiges, wenn dies der alleinige Eigentümer so handhabt (linke Tasche, rechte Tasche), führt jedoch zu einer Beeinträchtigung des wahren Betriebsergebnisses, die es zu bereinigen gilt. Plant der allein geschäftsführende und das Unternehmen dominierende Eigentümer sein Ausscheiden aus dem Unternehmen, so wird dies in aller Regel auch Umsatz und Betriebsergebnis beeinflussen. Das kann in beide Richtungen gehen. In den meisten Fällen ist aber von einer Ergebnisminderung auszugehen, die in eine Ergebnisbereinigung einfließen kann, für die Prognose künftiger Ergebnis einfließen muss.

Sind die bereinigten und umgruppierten Bilanzen und Gewinn- und Verlustrechnungen für das zu bewertende Unternehmen und Wettbewerbsunternehmen erstellt, so lässt sich mit Hilfe von Tabellenkalkulationsprogrammen leicht die gesamte Palette der Kennzahlenanalyse anwenden:

- Common-size-Bilanzen und Gewinn- und Verlustrechnungen
- ROE, ROA, ROC-Analysen (*DuPont*)
- Effizienzkennzahlen
- Profitabilitätskennzahlen
- Verschuldungskoeffizienten
- Liquiditätskennzahlen.

Dabei geht es nicht darum, Zahlenfriedhöfe zu produzieren. Wichtig ist, ein Verständnis für die Ergebnistreiber des Bewertungsobjekts im Vergleich zu seinen Wettbewerbern zu entwickeln. Im Fokus stehen dabei normalerweise Umsatzwachstum und ROA sowie ROC.

Informationsbasis für die notwendigen Daten der Unternehmensanalyse sind in erster Linie das Bewertungsobjekt selber, sein Management und gegebenenfalls seine Eigentümer. Bei börsennotierten Unternehmen geben die Webseiten in aller Regel gute Auskunft. *Google Finance* und *Yahoo Finance* werden täglich besser, haben aber noch lange nicht die Informationsdichte wie kostenpflichtige Dienste (*Bloomberg*, *Thomson Reuters*, *Morningstar*; die Aufzählung beinhaltet keine Wertung, es gibt zahlreiche weitere Anbieter). Schwieriger ist es, Informationen über nicht börsennotierte Unternehmen zu erhalten. In Deutschland sind Jahresabschlüsse online über den Bundesanzeiger oder die Handelsregister erhältlich (in der Regel leider nicht aktuell und oft kondensiert), kostenpflichtig über verschiedene Anbieter, auch international. Marktdaten und Kennzahlen in einzelnen Branchen finden sich für Deutschland zum Beispiel im *Statistischen Jahrbuch*. Auch die *Bundesbank* und das *Bundeskartellamt* haben zahlreiche Veröffentlichungen, die für eine Unternehmens- und Wettbewerbsanalyse herangezogen werden können. Verbände sind eine weitere Anlaufstelle und last, but not least, professionelle Anbieter wie *Frost & Sullivan* oder die *GfK*.

3.2.2.2 Projektion künftiger freier Cashflows

Der → freie Cashflow ist wie folgt definiert:

	EBIT	Earnings before interest and taxes (Betriebsergebnis)
minus	Steuern auf EBIT	(marginaler Steuersatz)
	EBIAT oder **NOPLAT**	Earnings before interest after taxes oder net operating profit less adjusted taxes (Betriebsergebnis nach Steuern)
plus	Abschreibungen	
minus	Investitionen	Investitionen in das Anlagevermögen
minus (plus)	Erhöhung (Verminderung) Working Capital	Umlaufvermögen ohne liquide Mittel abzüglich kurzfristige Verbindlichkeiten und Rückstellungen ohne zinstragende Verbindlichkeiten
	Freier Cashflow	

Ausgangspunkt ist das Betriebsergebnis, das zunächst um Steuern zu vermindern ist. Steuern sind Auszahlungen und mindern den Cashflow. Bei der Enterprise-DCF-Methode werden sie auf das Betriebsergebnis vor Zinsen berechnet, da der allen Kapitalgebern zur Verfügung stehende Cashflow ermittelt und abdiskontiert wird. Der Steuerspar-Effekt aus der Abzugsfähigkeit der Zinsen von der Steuerbemessungsgrundlage (Tax Shield) wird bei der Berechnung der Kapitalkosten (→ WACC) berücksichtigt.

Üblich ist die Verwendung des marginalen Steuersatzes, also des Prozentsatzes, der auf die letzten 100 Euro des Ergebnisses zu leisten ist. In Deutschland sind dies bei Kapitalgesellschaften rund 30 % (Gewerbesteuer, Körperschaftsteuer und Solidaritätszuschlag). Der effektive Steuersatz (Steueraufwand/Ergebnis vor Steuern) in der Vergangenheit wird in der Regel vom marginalen Steuersatz abweichen. Ursachen sind unterschiedliche Ansätze in Handels- und Steuerbilanz, steuerliche Verlustvorträge oder im Ausland zu anderen Steuersätzen versteuerte Einkünfte.

Der Ansatz des marginalen Steuersatzes bei der Ermittlung der künftigen freien Cashflows unterstellt also, dass die aufgeführten Effekte in den Planungsperioden nicht auftreten. Je weiter die Planungsperiode in der Zukunft liegt, desto realistischer sollte diese Annahme sein. Unterschiede zwischen handels- und steuerrechtlichen Ansätzen gleichen sich im Zeitablauf aus (mit Ausnahme nicht abzugsfähiger Aufwendungen), Verlustvorträge sind endlich und beim Transfer von im Ausland erzielten Ergebnisse in das Inland erfolgt in einigen Staaten ein „Hochschleusen" auf das heimische Steuerniveau. Trifft die Annahme nicht zu, so ist eine gegebenenfalls sehr detaillierte Steuerplanung vorzunehmen und es sind für die Planjahre die sich daraus ergebenden Steuersätze zu verwenden. Für eine derartige Steuerplanung ist indes der Input des Managements unerlässlich.

Nach Abzug der Steuern auf den EBIT ergibt sich der EBIAT oder auch NOPLAT. Diese Größe ist, um zum Cashflow zu gelangen, um nicht zahlungswirksame Erträge und Aufwendungen sowie nicht ertrags- und aufwandswirksame Zahlungen zu korrigieren. Zunächst sind die Abschreibungen, die den EBIT gemindert haben, zu addieren. Sie führen nicht zu Auszahlungen. Investitionen in das Anlagevermögen hingegen sind abzuziehen, sie sind nicht als Aufwand im EBIT berücksichtigt, mindern jedoch den Cashflow, da sie zu Auszahlungen führen. Dasselbe gilt für Investitionen in das Working Capital.

Die sich nach diesen Korrekturen ergebende Größe ist der freie Cashflow des Unternehmens, der Einzahlungsüberschuss, der Eigen- und Fremdkapitalgebern des Unternehmens zur Verfügung steht, vor Berücksichtigung von Zinsen.

Die Prognose der künftigen freien Cashflows baut in der Regel auf der Planung des Managements auf. Diese sollte jedoch nicht ungeprüft übernommen, sondern plausibilisiert werden. Grundlage sind die bei der Unternehmensanalyse gewonnenen Erkenntnisse über Markt, Wettbewerbsposition, Geschäftssystem und bereinigte Ergebnisse und Bilanzrelationen der Vergangenheit. Für eine derartige Plausibilisierung empfehlen sich die folgenden Schritte, die auch angewendet werden können, wenn eine Planung nicht vorliegt und demzufolge eine eigene Prognose zu erstellen ist.

[1] Prognose der künftigen Umsätze

[2] Prognose der Gewinn- und Verlustrechnungen bis zum EBITDA

[3] Prognose der Abschreibungen und Investitionen

[4] Prognose des Working Capital

[5] Ergebniswachstum und Reinvestitionen

[1] Prognose der künftigen Umsätze

Die künftigen Umsätze sind regelmäßig die wichtigste Inputgröße für den Unternehmenswert. Grundlage für ihre Schätzung können zunächst die Wachstumsraten in der Vergangenheit sein. Bei börsennotierten Unternehmen kann auch auf Analystenschätzungen zurückgegriffen werden. Für nicht börsenotierte Unternehmen auf die Schätzungen zum Umsatzwachstum vergleichbarer börsennotierter Unternehmen. Marktstudien sind eine weitere Quelle. Dabei geht es nicht darum, die Daten eins zu eins zu übertragen und fortzuschreiben. Wichtig ist, ein Gefühl dafür zu entwickeln, wie Wachstumstempo und -dynamik aktuell wirken und die Umsätze der nächsten Jahre beeinflussen. Gesunder Menschenverstand ist dabei das beste Hilfsmittel. Wenn möglich, sollten Umsatzprognosen sowohl „top down", also ausgehend vom Marktwachstum, als auch „bottom up", basierend auf bestehenden Aufträgen, Kundenbeziehungen und erwartetem Neugeschäft vorgenommen und gegeneinander verprobt werden.

[2] Prognose der Gewinn- und Verlustrechnung bis zum EBITDA

Konzeptionell gibt es hier zwei Möglichkeiten: Entweder werden die Umsatzkosten (ohne Abschreibungen) und die sonstigen betrieblichen Aufwendungen einzeln prognostiziert (beim Gesamtkostenverfahren statt Umsatzkosten die Materialkosten und Personalkosten) oder es erfolgt direkt eine Prognose des EBITDA. Bei der zweiten Möglichkeit reduziert sich jedoch der Spielraum im Schritt 4 zur Prognose des Working Capital, das dann in der Regel als Prozentsatz vom Umsatz geschätzt werden muss, da Angaben zu den Umsatzkosten nicht prognostiziert wurden.

Bei beiden Verfahren werden die Positionen üblicherweise als Prozentsatz vom Umsatz auf der Grundlage der unter den Ausführungen zur Umsatzprognose erwähnten Verfahren geschätzt: Aktuelle und historische Kostenstrukturen, Analystenschätzungen und Analystenschätzungen zu vergleichbaren börsennotierten Unternehmen, Marktdaten zu Kostenstrukturen von Wettbewerbern und erwartete Entwicklungen. Bei deutlichen Abweichungen (nach oben sowie nach unten) vom Marktdurchschnitt ist zu fragen, wie lange der Wettbewerbsvorteil oder -nachteil noch bestehen wird, wann eine Angleichung an den Marktdurchschnitt erfolgen wird.

[3] Prognose der Abschreibungen und Investitionen

Gelegentlich werden diese beiden Positionen getrennt voneinander als Prozentsatz vom Umsatz und dann mit unterschiedlichen Sätzen prognostiziert. Dabei sollte der grundlegende Zusammenhang nicht übersehen werden: Erhöhen sich die Investitionen, dann werden auch die Abschreibungen steigen. Ausnahme sind hier Investitionen in Wirtschaftsgüter, die nicht regelmäßig abgeschrieben werden (Firmenwerte, Immobilien). Im Idealfall kann auf die Anlagenbuchhaltung des Unternehmens zurückgegriffen und für die künftigen Investitionen eine Aussage zu Nutzungsdauer und Abschreibungsmethode gemacht werden. Auf der Grundlage dieser Informationen lässt sich ein Abschreibungsplan für den Detailplanungszeitraum entwickeln.

Investitionen werden üblicherweise als Prozentsatz vom Umsatz geschätzt. Da bei den meisten Unternehmen Investitionen nicht gleichmäßig, sondern eher in Schüben erfolgen, ist beim Rückgriff auf historische Daten ein ausreichend langer Zeitraum zugrunde zu legen und ein Durchschnitt über zum Beispiel 5 Jahre zu ermitteln.

Alternativ kann auch das Anlagevermögen als Prozentsatz vom Umsatz geschätzt werden, anschließend die Abschreibungen als Prozentsatz des Anlagevermögens. Die Investitionen ergeben sich dann als Summe aus Erhöhung des Anlagevermögens und der Abschreibungen.

[4] Prognose des Working Capital

Zwei Vorgehen sind hier anzutreffen, ein schnelles und ein ausführlicheres. Die Unterschiede zwischen beiden sind in der Praxis oft vernachlässigbar gering. Einerseits besteht die Möglichkeit, das Working Capital insgesamt als Prozentsatz vom Umsatz zu prognostizieren. Als Grundlage für die Ermittlung dieses Prozentsatzes dienen Vergangenheitsdaten des Unternehmens, ausgewählter Wettbewerber oder Erhebungen aus Marktstudien. Andererseits können die einzelnen Komponenten des Working Capital separat bestimmt werden.

Die Forderungen aus Lieferungen und Leistungen werden dabei auf der Grundlage der Umsatzerlöse ermittelt, entweder direkt als Prozentsatz oder über die Forderungslaufzeit (365 · Forderungen aus Lieferungen und Leistungen/Umsatz). Das Vorratsvermögen hingegen wird üblicherweise auf der Grundlage der Umsatzkosten oder des Materialaufwands prognostiziert als Lagerreichweite in Tagen, da beide Größen auf Einstandspreisen beruhen (365 · Vorratsvermögen/Umsatzkosten oder Materialaufwand). Dasselbe gilt für die Verbindlichkeiten aus Lieferungen und Leistungen als Kreditorenlaufzeit (365 · Verbindlichkeiten aus Lieferungen und Leistungen/Umsatzkosten oder Materialaufwand). Die übrigen Positionen des Working Capital prognostiziert man normalerweise als Prozentsatz vom Umsatz.

Zu beachten ist, dass nur die Veränderung des Working Capital in die Berechnung des freien Cashflows eingeht. Erhöht sich das Working Capital, so werden mehr liquide Mittel gebunden zu Lasten des freien Cashflows. Umgekehrt werden liquide Mittel freigesetzt, wenn das Working Capital sinkt.

[5] Ergebniswachstum und Reinvestitionen

Wachstum wird es ohne Investitionen nicht geben können. Das geht ein Jahr, vielleicht auch zwei, aber nicht dauerhaft. Die Reinvestitionen lassen sich wie folgt definieren:

$$\text{Reinvestitionen} = \text{Investitionen} + \text{Erhöhung Working Capital} - \text{Abschreibungen}$$

Die Reinvestitionsrate beschreibt den Teil des EBIAT oder NOPLAT, der für Zwecke des Wachstums in das Unternehmen reinvestiert wird:

$$\text{Reinvestitionsrate} = \frac{\text{Investitionen} + \text{Erhöhung Working Capital} - \text{Abschreibungen}}{\text{EBIAT}}$$

Der freie Cashflow lässt sich formelmäßig dann auch schreiben als:

$$\text{Freier Cashflow} = \text{EBIAT} \cdot (1 - \text{Reinvestitionsrate})$$

Bei gegebener Reinvestitionsrate und als konstant unterstelltem Return on Capital (ROC) sollte sich das erwartete Wachstum des Ergebnisses ergeben als:

$$\text{Erwartetes Ergebniswachstum} = \text{Reinvestitionsrate} \cdot \text{ROC}$$

mit

$$\text{ROC} = \frac{\text{EBIAT}}{\text{Eigenkapital} + \text{Nettoverschuldung}}$$

Weicht der ROC deutlich vom ROC der Branche ab, so deutet dies auf einen Wettbewerbsvorteil (ROC ist höher als der Branchenschnitt) oder Wettbewerbsnachteil (ROC ist niedriger als der Branchendurchschnitt) hin. Hier ist zu hinterfragen, wie lange diese Unterschiede Bestand haben werden.

Die beschriebenen Zusammenhänge lassen sich sowohl zur Plausibilisierung einer Cashflow-Prognose als auch direkt zur Herleitung künftiger freier Cashflows nutzen.

3.2.2.3 Ermittlung der Kapitalkosten (WACC)

Wie bei der Kapitalwertmethode der Investitionsrechnung benötigen wir auch bei der DCF-Methode einen Diskontierungssatz, mit dem die künftigen freien Cashflows abdiskontiert werden. Wie bei der Kapitalwertmethode soll auch hier im Diskontierungssatz das Risiko Berücksichtigung finden. Von einer risikoreicheren Investition erwarten wir eine höhere Rendite als von einer risikoarmen. Diese Grundsätze der Investitionsrechnung finden auch auf die Unternehmensbewertung Anwendung. Bei der Diskontierung der künftigen freien Cashflows von *Coca-Cola* werden wir einen anderen (niedrigeren) Zinssatz anwenden als bei der Diskontierung der künftigen freien Cashflows von *Twitter*, weil letztere als risikoreicher angesehen werden (Stand Mitte 2014; 2024 mag dies anders sein).

Das Risiko wird dabei gemessen durch die erwartete Standardabweichung der künftigen freien Cashflows um ihren Erwartungswert. Bildlich lässt sich dies wie folgt veranschaulichen. Zunächst ein risikoloser künftiger Cashflow:

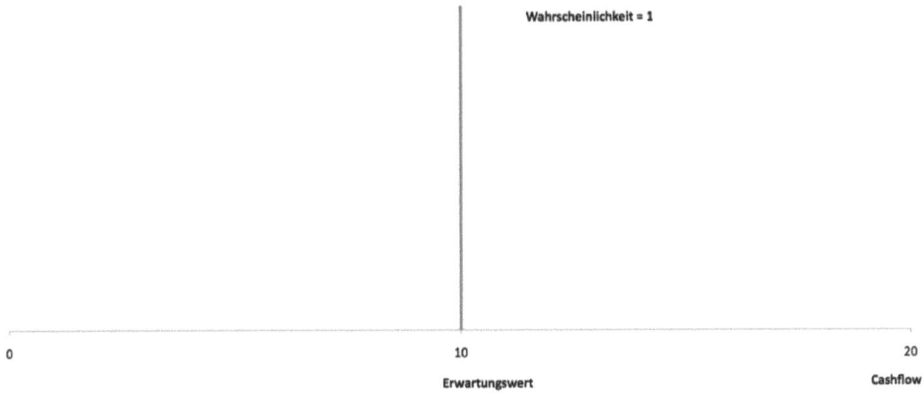

Ein risikobehafteter (unsicherer) künftiger Cashflows lässt sich wie folgt abbilden:

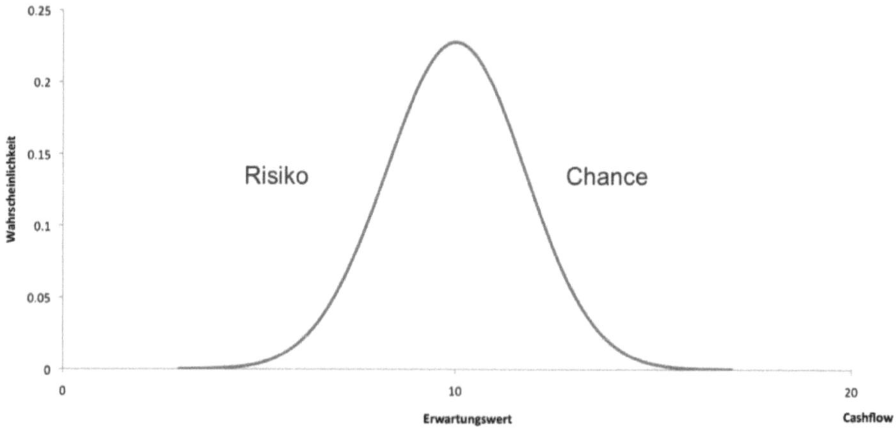

Die Enterprise-DCF-Methode in der Form, in der sie in der Praxis überwiegend Anwendung findet, unterstellt implizit eine Normalverteilung um den Erwartungswert. Je höher die Standardabweichung, desto höher das Risiko, desto höher der Diskontierungssatz, da die Renditeforderung ansteigt. Nachfolgend ein künftiger Cashflow mit demselben Erwartungswert und einer höheren Standardabweichung:

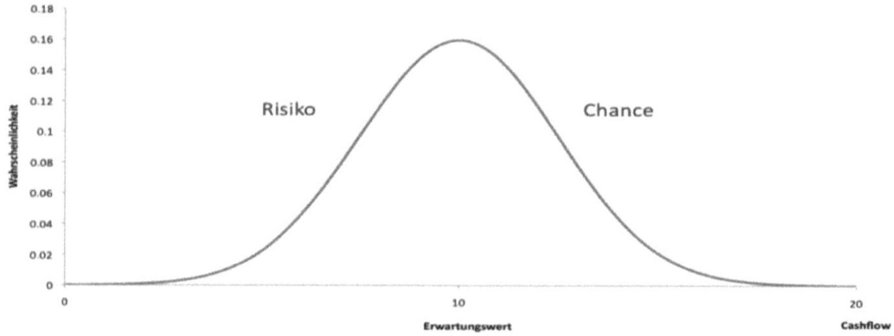

Die Renditeerwartung und damit der Diskontierungssatz wird höher sein als beim vorangegangenen Beispiel, da das Risiko größer ist.

Als Diskontierungssatz werden die mit Marktwerten gewichteten Kapitalkosten herangezogen. Damit wird der Renditeerwartung sowohl der Fremd- als auch der Eigenkapitalgeber Rechnung getragen.

$$\text{WACC} = \text{Eigenkapitalkosten} \cdot \frac{E}{E+D} + \text{Fremdkapitalkosten nach Steuern} \cdot \frac{D}{E+D} \quad \text{mit}$$

D = Marktwert des Fremdkapitals
E = Marktwert des Eigenkapitals

Die Gewichtung wird dabei festgemacht an der Zielkapitalstruktur des zu bewertenden Unternehmens. Gibt es hierzu keine expliziten Angaben, so behilft man sich in der Praxis in neun von zehn Fällen mit der aktuellen Kapitalstruktur (zu Marktwerten, nicht zu Buchwerten), sofern sie innerhalb der in der jeweiligen Branche üblichen Bandbreiten liegt und nicht signifikant von der Kapitalstruktur der letzten Jahre abweicht. Vergleichszahlen zu börsennotierten Unternehmen lassen sich aus den unter Abschnitt 3.2.1, letzter Absatz, genannten Quellen leicht beschaffen. Darüber hinaus stellt *Aswath Damodaran* auf seiner Homepage (www.damodaran.com, „Updated Data") kostenfrei entsprechende Daten zur Verfügung.

Steht die Gewichtung fest, so sind

[1] die Eigenkapitalkosten und

[2] die Fremdkapitalkosten nach Steuern

zu ermitteln.

[1] Ermittlung der Eigenkapitalkosten

Die Ermittlung der Eigenkapitalkosten beruht auf Erkenntnissen aus dem Capital Asset Pricing Model (CAPM). Trotz aller Kritik an den Modelprämissen und einer allenfalls geringen empirischen Bestätigung hat es in der Praxis eine weite Verbreitung gefunden und große Beliebtheit erlangt. Es ist in der praktischen Anwendung einfach, verdeutlicht klar den Zusammenhang zwischen Risiko und Renditeerwartung und erleichtert so in der Bewertungspraxis die Kommunikation. Alternative Modelle sind deutlich komplexer und haben sich bislang nicht durchsetzen können.

Das CAPM macht sich die Existenz von Marktpreisen für unsichere künftige Cashflows zunutze. Aktienkurse können als Preise für unsichere künftige Cashflows interpretiert werden. Die Differenz zwischen dem Preis für einen sicheren künftigen Cashflow (zum Beispiel dem Kurs einer Bundesanleihe) und dem Preis für einen unsicheren künftigen Cashflow mit demselben Erwartungswert kann als Marktpreis für das Risiko angesehen werden. Ist bekannt, wie sich Marktpreise von unsicheren künftigen Cashflows bilden, so lassen sich diese Erkenntnisse auf Investitionsentscheidungen und Unternehmensbewertungen anwenden.

Das Risiko wird dabei betrachtet aus dem Blickwinkel eines so genannten „marginalen Investors". Dieser marginale Investor ist breit diversifiziert und sieht daher, wenn er beispielsweise *Twitter* oder *Google* analysiert, nicht das Gesamtrisiko der beiden Unternehmen, sondern nur das Risiko, das die Aufnahme eines oder beider Unternehmen in sein Portfolio verursacht. Anders ausgedrückt heißt das, dass Risiken, die durch Diversifikation eliminiert werden können, nicht „vergütet" werden in Form einer höheren Rendite.

Die Eigenkapitalkosten ergeben sich nach dem CAPM als:

$$\text{Eigenkapitalkosten} = \text{Risikoloser Zins} + \text{Beta} \cdot \text{Marktrisikoprämie}$$

Risikoloser Zins

Der risikolose Zins ist die Rendite, die ein Investor für einen künftigen Cashflow erhält, dessen Eintrittswahrscheinlichkeit für den Erwartungswert 100 % beträgt. Tatsächlicher und erwarteter Cashflow entsprechen sich, die Investition ist ohne Risiko. Anleihen von Staaten mit erstklassiger Bonität sind Beispiele für derartige Investitionen. Die Rendite ist über das Internet und einschlägige Informationsdienste verfügbar. Die *Deutsche Bundesbank* veröffentlicht sie täglich für Bundesanleihen, (http://www.

bundesbank.de/Redaktion/DE/Downloads/Statistiken/Geld_Und_Kapitalmaerkte/Zinssaetze_Renditen/stat_urendite_wpart.pdf?_blob=publicationFile), die EZB für die Anleihen ihrer Mitgliedsländer (Achtung: nicht alle haben erstklassige Bonität) (http://www.ecb.europa.eu/stats/money/long/html/index.en.html). Grundlage sind Anleihen mit einer Restlaufzeit von 10 Jahren, da es sich bei Unternehmenstransaktionen um langfristige Engagements handelt. Im Zuge der lang anhaltenden Niedrigzinsphase sieht man in den letzten Jahren in der Praxis vermehrt auch Renditen länger laufender Anleihen (15 bis 30 Jahre) als Grundlage für den risikolosen Zinssatz. Die deutschen Wirtschaftsprüfer ermitteln den Basiszins auf der Grundlage von Zinsstrukturkurven (Ergebnisse kostenfrei bei: http://www.kleeberg.de/fileadmin/download/uBew/Kleeberg_Basiszinssaetze.pdf sowie http://www.basiszinskurve.de/historische-entwicklung.html).

Marktrisikoprämie

Die Marktrisikoprämie ist die Prämie, die zusätzliche Rendite, die Anleger für eine Investition in eine durchschnittlich risikoreiche Aktie oder in das Marktportfolio (alle Aktien gewichtet entsprechend ihrem Marktwert) anstelle einer Investition in eine risikolose Anlage erwarten. Hierzu gibt es historische Daten (siehe zum Beispiel: https://publications.credit-suisse.com/tasks/render/file/?fileID=0E0A3525-EA60-2750-71CE20B5D14A7818 und http://papers.ssrn.com/sol3/papers.cfm?abstract_id=2409198, Seite 32 f.).

In entwickelten Volkswirtschaften lag die Marktrisikoprämie in der Vergangenheit zwischen 3 % und 8 % mit Schwerpunkt zwischen 4 % und 6 %. In der Literatur finden sich Diskussionen darüber, welche Zeiträume (letzte 10 Jahre, 20 Jahre usw.) anzusetzen und ob hier das arithmetische oder das geometrische Mittel zu berechnen sind. Inzwischen gehen Theorie und Praxis dazu über, implizite, in die Zukunft gerichtete Marktrisikoprämien bei der Unternehmensbewertung anzusetzen. Aus aktuellem Kurs einer Aktie, der erwarteten Dividende sowie der erwarteten Wachstumsrate lässt sich die erwartete Rendite errechnen (Summe der Dividendenrendite und des erwarteten Dividendenwachstums). Angewendet auf alle Aktien des Marktportfolios und entsprechend der Marktwerte gewichtet ergibt sich die implizite Marktrisikoprämie.

Implizite Marktrisikoprämien finden sich bei *Ibbotson/Morningstar*, *Bloomberg* und weiteren professionellen Anbietern. Aber auch Beratungsgesellschaften veröffentlichen regelmäßig Daten hierzu. *Damodarans* Webseite enthält für die USA aktuelle und für fast alle anderen Länder der Welt einmal jährlich aktualisierte Daten. Die Webseite www.marktrisikoprämie.de ist ebenfalls zu empfehlen.

Investmentbanken und große Beratungsgesellschaften geben für von ihnen erstellte Bewertungen teilweise ihren Mitarbeitern den risikolosen Zins und die Marktrisikoprämie vor, um eine gewisse Konsistenz der Bewertungen sicherzustellen.

Beta

Das Beta einer Aktie misst das systematische, nicht diversifizierbare Risiko. Es gibt an, wie stark die Aktie im Verhältnis zum Marktportfolio schwankt. Ein Beta von 1 sagt aus, dass die Aktie genau so stark schwankt wie das Marktportfolio, also das gleiche

Risiko aufweist. Bei einen Beta von > 1 schwankt die Aktie stärker als das Marktportfolio, weist also ein höheres Risiko auf, bei einem Beta von < 1 ist es umgekehrt, die Aktie ist weniger risikoreich als eine durchschnittliche Aktie. Diese Schwankungen werden gemessen durch die Kovarianz der Renditen der Aktie und der Renditen des Marktportfolios über einen definierten Zeitraum. Teilt man diese Kovarianz durch die Varianz des Marktportfolios, so erhält man das Beta als standardisiertes Maß dieses Risikos. Je größer die Schwankungen, also die Abweichungen (positiv wie negativ) vom Erwartungswert, desto höher das Risiko, desto höher das Beta, desto höher die Renditeerwartung, die Eigenkapitalkosten, die Kapitalkosten und der Diskontierungssatz.

Bei börsennotierten Unternehmen kann die Berechnung des Betas durch Vergleich der erzielten Renditen der Aktie und des Marktportfolios selber vorgenommen werden. Die Standard-Tabellenkalkulationsprogramme bieten alle dazu erforderlichen statistischen Funktionen, bei Excel Daten/Datenanalyse/Regression oder Streudiagramm erstellen und eine Trendlinie mit Formel hinzufügen oder (mühsamer) die Funktion RGP. Jedoch bieten inzwischen auch zahlreiche kostenfreie Dienst wie *Google Finance* oder *Yahoo Finance* Betas zu fast allen börsennotierten Unternehmen, die normalerweise nicht signifikant von denen der kostenpflichtigen Dienste abweichen, so dass die aufwendige Datensammlung und eigene Berechnung normalerweise nicht erforderlich ist.

Diese so ermittelten historischen Top-down-Betas sind jedoch mit Vorsicht zu genießen, da sie in aller Regel einen hohen Standardfehler aufweisen, eine Fortschreibung der historischen Daten in die Zukunft problematisch wäre. Außerdem ist nicht jedes Unternehmen börsennotiert. In der Praxis wird daher immer mehr mit Bottom-up-Betas gerechnet. Dazu werden die Betas mehrerer vergleichbarer börsennotierter Unternehmen ermittelt und daraus ein Durchschnitt gebildet (dadurch wird der Standardfehler erheblich reduziert) oder Branchenbetas berechnet, die dann zur Ermittlung der Eigenkapitalkosten herangezogen werden.

Beim Vergleich der Betas mehrerer Unternehmen ist jedoch zu berücksichtigen, dass die Verschuldung Einfluss auf das Risiko und damit das Beta einer Aktie hat. Zur Herstellung der Vergleichbarkeit werden daher in einem ersten Schritt die Betas der vergleichbaren Unternehmen um die Verschuldung bereinigt, in schuldenfreie Betas umgerechnet:

$$b_u = \frac{b_l}{\left(1+((1-t)\cdot D/E)\right)} \quad \text{mit}$$

b_u = Beta ohne Verschuldung (unlevered)
b_l = Beta bei Verschuldung (levered)
t = Grenzsteuersatz
D = Marktwert des Fremdkapitals (Debt)
E = Marktwert des Eigenkapitals (Equity)

Aus den unverschuldeten Betas kann dann ein (gegebenenfalls gewichtetes) arithmetisches Mittel errechnet werden. Dieses, dann unverschuldete Beta, ist anschließend wieder in ein verschuldetes Beta umzurechnen, wobei hier die Zielkapitalstruktur des zu bewertenden Unternehmens maßgeblich ist:

$$b_l = b_u \cdot (1 + (1 - t) \cdot D/E) \text{ mit}$$

$$D/E = \text{Zielkapitalstruktur (Marktwerte) des zu bewertenden Unternehmens}$$

Beispiel: Der risikolose Zins betrage 2,3 %, die Marktrisikoprämie 6 %, das durchschnittliche unverschuldete Beta vergleichbarer Unternehmen 1,0, die Zielkapitalstruktur 0,25 (20 % Fremdkapital, 80 % Eigenkapital) und der Grenzsteuersatz 30 %. Zu berechnen sind die Eigenkapitalkosten.

Zunächst wird das Beta ermittelt:

$$b_l = 1{,}0 \cdot (1 + (1 - 0{,}3) \cdot 0{,}25) = 1{,}175$$

Die Eigenkapitalkosten ergeben sich als:

$$\begin{aligned} \text{Eigenkapitalkosten} &= \text{Risikoloser Zins} + \text{Beta} \cdot \text{Marktrisikoprämie} \\ &= 2{,}3\,\% + 1{,}175 \cdot 6\,\% \\ &= 9{,}35\,\% \end{aligned}$$

Bei der Bewertung kleinerer Unternehmen, deren Eigentümer oder potenzielle Erwerber nicht breit diversifiziert sind, werden die Eigenkapitalkosten tendenziell zu niedrig ausgewiesen, da das Beta nur das systematische Risiko berücksichtigt. Verkäufer und/oder potenzieller Erwerber sind aber häufig mangels Diversifikation nicht nur dem systematischen Risiko, sondern auch dem spezifischen Unternehmensrisiko, sofern das gesamte Vermögen im Unternehmen gebunden ist, dem gesamten Risiko ausgesetzt. Dividiert man das Beta durch den Korrelationskoeffizienten, so erhält man das so genannte Total Beta, das als Maß für das Gesamtrisiko (bei null Diversifikation) herangezogen werden kann.

Angenommen, im obigen Beispiel betrage der durchschnittliche Korrelationskoeffizient r der Vergleichsunternehmen 0,5. Das Bestimmtheitsmaß r^2 beliefe sich dann auf 0,25. Demzufolge wären 25 % der Schwankungen der Aktienkurse durch Schwankungen des Marktportfolios erklärt, also systematisches Risiko, während 75 % der Schwankungen durch das spezifische Unternehmensrisiko begründet sind, das im Grundsatz wegdiversifiziert werden könnte. Das Total Beta beträgt dann 1,175/0.5 = 2,35, die Eigenkapitalkosten würden sich dann auf 16,40 % belaufen (2,3 % + 2,35 · 6 %). Bei teilweiser Diversifikation kann zwischen den Werten interpoliert werden.

Die theoretische Fundierung dieser Vorgehensweise ist nicht gesichert – mangels Alternativen findet man sie gleichwohl häufig in der Bewertungspraxis, weil sie intuitiv einleuchtend ist. Je weniger diversifiziert, desto höher das Risiko, desto höher das Beta, desto höher die Eigenkapitalkosten.

Weiterhin wird bei Kleinstunternehmen eine Korrektur wegen mangelnder Fungibilität diskutiert. Aus empirischen Erhebungen, die indes alle nicht wirklich als repräsentativ angesehen werden können, werden Abschläge von 15 % bis 30 % auf den Unternehmenswert vorgeschlagen. Daneben sind Zuschläge zu den Eigenkapitalkosten wegen geringer Größe anzutreffen (4 % bis 5 %). Hier ist jedoch zu hinterfragen, ob Risiken nicht doppelt erfasst werden.

[2] Ermittlung der Fremdkapitalkosten nach Steuern

Die Fremdkapitalkosten entsprechen dem Zinssatz, den das Unternehmen bei einer Refinanzierung aller zinstragenden Verbindlichkeiten im Bewertungszeitpunkt zahlen müsste. In der Regel wird wie bei der Investitionsrechnung ein langfristiger Fremdkapitalzins zugrunde gelegt, um dem Langfristcharakter der Unternehmensbewertung Rechnung zu tragen.

Im Unternehmen ist dieser Zinssatz bekannt. Hat der Bewerter keinen Zugang zum Management, so ist er zu schätzen. Am einfachsten ist das dann, wenn das Unternehmen eine Anleihe mit einer langen (10 Jahre) Restlaufzeit begeben hat, die notiert ist. Aus Kurs und Zinskupon lässt sich dann die Rendite errechnen, in den meisten Fällen ist sie direkt bei den entsprechenden Informationsdiensten ablesbar.

Hat das Unternehmen ein Rating, so kann aus risikolosem Zins und dem für die Ratingklasse typischen „Spread“, dem Zuschlag, den die Kreditgeber auf den risikolosen Zins bei einer Kreditvergabe an ein Unternehmen mit vergleichbarer Bonität vornehmen, der Zinssatz geschätzt werden. www.bondsonline.com liefert (kostenpflichtig) Daten. Jährlich aktualisierte Werte finden sich auf der Homepage von *Damodaran*: http://people.stern.nyu.edu/adamodar/New_Home_Page/datafile/ratings.htm.

Hat das Unternehmen kein Rating, so kann man versuchen, auf der Grundlage der Interest Coverage Ratio (EBIT/Zinsaufwand) ein Rating zu schätzen (siehe dazu ebenfalls den gerade erwähnten Link auf *Damodarans* Webseite). Schließlich kann auch die Rendite notierter Anleihen vergleichbarer Unternehmen mit vergleichbarer Bonität herangezogen werden. Die *Deutsche Bundesbank* veröffentlich aktuelle Fremdkapitalzinssätze für Kredite an Unternehmen, allerdings nicht nach Bonitäten gestaffelt. In der Praxis wird man sich in der Regel auf mehreren der beschriebenen Wege an die aktuellen Langfristzinsen „herantasten“.

Zinsen auf Fremdkapital sind, anders als Dividenden an Eigenkapitalgeber, in den meisten Ländern steuerlich relevant, mindern also die Steuerlast. Insofern sind bei der Berechnung der Fremdkapitalkosten die Zinsen nach Steuern anzusetzen. Dabei sind, nach Möglichkeit, steuerlichen Besonderheiten Rechnung zu tragen. In Deutschland sind beispielsweise nur 75 % der Zinsen bei der Gewerbesteuer abzugsfähig, so dass die Steuerersparnis nicht dem in Deutschland für Kapitalgesellschaften gültigen Grenzsteuersatz von ca. 30 % entspricht, sondern nur ca. 26,5 % beträgt.

Beispiel: Die Fremdkapitalkosten (langfristiger Zins) betragen 6 % und es handelt sich um eine deutsche Kapitalgesellschaft. Die Fremdkapitalkosten nach Steuern belaufen sich dann auf 4,41 % (6 % · (1 – 0,265)).

Bei Eigenkapitalkosten von 9,35 % (wie oben berechnet) und einer Zielkapitalstruktur von 20 % Fremdkapital und 80 % Eigenkapital ergeben sich die Kapitalkosten (WACC) des Unternehmens wie folgt:

$$\begin{aligned} \text{WACC} &= \text{Eigenkapitalkosten} \cdot \frac{E}{E+D} + \text{Fremdkapitalkosten nach Steuern} \cdot \frac{D}{E+D} \\ &= 9{,}35\,\% \cdot 0{,}8 + 4{,}41\,\% \cdot 0{,}2 \\ &= 8{,}362\,\% \end{aligned}$$

3.2.2.4 Ermittlung des Terminal Value

Die DCF-Methoden der Unternehmensbewertung diskontieren künftige Cashflows auf den Bewertungszeitpunkt ab. Dabei wird eine unendliche Lebensdauer des Unternehmens unterstellt. Da es nicht möglich ist, die Cashflows bis in die Unendlichkeit zu prognostizieren, teilt man, wie oben dargestellt, den Planungszeitraum in zwei (oder mehr) Phasen auf, einen Detailplanungszeitraum und den Zeitraum danach (bis in die Unendlichkeit). Der → Terminal Value repräsentiert bei der DCF-Methode den Wert der freien Cashflows nach dem Detailplanungszeitraum. Er hat in der Regel den weitaus höheren Anteil am Gesamtunternehmenswert (75 % und mehr sind durchaus normal) als der Wert der abgezinsten freien Cashflows der Detailplanungsphase. Seine Ermittlung bedarf demzufolge großer Sorgfalt.

Zunächst ist darauf zu achten, dass der Detailplanungszeitraum so gewählt wurde, dass das letzte Planjahr als repräsentativ für die weitere Entwicklung, als „steady state" angesehen werden kann und nicht das obere oder untere Ende eines Zyklus darstellt. Bei zyklischen Unternehmen ist ein „Durchschnittsjahr" anzusetzen.

Zwei Methoden finden in der Praxis Anwendung:

[1] Ewige Rente mit Wachstumsrate (Perpetuity Growth Method)
[2] Multiplikatorenmethode

[1] Ewige Rente mit Wachstumsrate (Perpetuity Growth Method)

Die Grundformel zur Berechnung lautet:

$$\text{Terminal Value} = \frac{\text{Freier Cashflow}_{t+1}}{\text{WACC}_{t+1} - g} \quad \text{mit}$$

$$\begin{aligned} \text{Freier Cashflow}_{t+1} &= \text{Freier Cashflow im ersten Jahr nach der Detailplanungsphase} \\ &= \text{Freier Cashflow}_t \cdot (1+g) \\ g &= \text{Konstante (ewige) Wachstumsrate} \end{aligned}$$

Den größten Einfluss auf die Höhe des Terminal Value hat die konstante Wachstumsrate g. Er wird umso größer, je mehr sich die Wachstumsrate den Kapitalkosten (WACC) annähert. Die Wachstumsrate sollte bei der Berechnung des Terminal Value indes nach oben begrenzt sein durch die Wachstumsrate der Volkswirtschaft eines Landes, bei international tätigen Unternehmen durch die Wachstumsrate der Weltwirtschaft. Jeder Wert darüber würde sonst dazu führen, dass zu einem Zeitpunkt in der Zukunft das Unternehmen größer ist als die Volkswirtschaft. Bei Unternehmen in reifen Branchen ist zu überlegen, g unterhalb der Wachstumsrate der Volkswirtschaft anzusetzen. In besonderen Fällen kann g auch negativ sein.

Die Kapitalkosten werden in den meisten Fällen für die Berechnung des Terminal Value unverändert gelassen ($WACC_{t+1}$ entsprich $WACC_t$). Jedoch sollte zumindest überlegt werden, ob das Beta, das für den Detailplanungszeitraum angesetzt wurde, in dem gegebenenfalls hohes Wachstum angenommen werden kann, auch für die Phase danach, in der ein stabiles Wachstum unterstellt wird, repräsentativ ist. Auch die Kapitalstruktur kann sich ändern und damit auch die Fremdkapitalkosten – reife Unternehmen mit niedrigen stabilen Wachstumsraten habe oft eine höhere Verschuldung als junge, stark wachsende Unternehmen.

Schließlich ist auch der Reinvestitionsbedarf reifer Unternehmen mit niedrigen Wachstumsraten geringer als der stark wachsender Unternehmen. Insofern macht es Sinn, obige Formel für den Terminal Value umzuschreiben in:

$$\text{Terminal Value} = \frac{\text{EBIAT}_{t+1} \cdot (1 - \text{Reinvestitionsrate}_{t+1})}{\text{WACC}_{t+1} - g} \quad \text{mit}$$

$$\text{Reinvestitionsrate}_{t+1} = \frac{\text{Investitionen}_{t+1} + \text{Erhöhung Working Capital}_{t+1} - \text{Abschreibungen}_{t+1}}{\text{EBIAT}_{t+1}}$$

Da, wie weiter oben unter 3.2.2, Punkt 5 ausgeführt,

$$g = \text{Reinvestitionsrate}_{t+1} \cdot \text{ROC}_{t+1} \quad \text{und}$$

$$\text{Reinvestitionsrate}_{t+1} = \frac{g}{\text{ROC}_{t+1}}$$

lässt sich der Terminal Value auch schreiben als:

$$\text{Terminal Value} = \frac{\text{EBIAT}_{t+1} \cdot (1 - \frac{g}{\text{ROC}_{t+1}})}{\text{WACC}_{t+1} - g}$$

Auch der erwartete Return on Capital fließt in die Berechnung des Terminal Value (implizit oder wie in obiger Darstellung explizit) ein. Die Frage ist, ob auch in der Phase moderaten stabilen Wachstums Überrenditen erzielt werden können. Für Unternehmen mit starken Marken wird man dies unterstellen dürfen. Wird hingegen der ROC zu WACC – soll heißen: die neuen Investitionen verdienen ihre Kapitalkosten – so wird die obige Gleichung zu

$$\text{Terminal Value} = \frac{\text{EBIAT}_{t+1} \cdot (1 - \frac{g}{\text{WACC}_{t+1}})}{\text{WACC}_{t+1} - g} = \frac{\text{EBIAT}_{t+1} \cdot \left(\frac{\text{WACC}_{t+1} - g}{\text{WACC}_{t+1}}\right)}{\text{WACC}_{t+1} - g} = \frac{\text{EBIAT}_{t+1}}{\text{WACC}_{t+1}}$$

Was sagt uns das? In dem Fall, in dem neue Investitionen genau ihre Kapitalkosten verdienen, hat die Wachstumsrate g keinen Einfluss auf den Terminal Value. Intuitiv sollte das einleuchten – ein Wertzuwachs erfordert, dass mehr als die Kapitalkosten erwirtschaftet wird.

[2] Multiplikatorenmethode

Bei der Berechnung des Terminal Value mit der Multiplikatorenmethode wird eine Kenngröße des letzten Jahres des Detailplanungszeitraums, normalerweise EBIT oder EBITDA (möglich sind aber auch Umsatz oder Buchwert des Eigenkapitals) mit einem Marktmultiplikator malgenommen. Dieser Marktmultiplikator, zum Beispiel 7 mal EBITDA, wird aus Multiplikatoren vergleichbarer börsennotierter Unternehmen und/oder vergleichbarer Transaktionen der letzten Jahre gewonnen (siehe dazu die beiden folgenden Abschnitte). Man kann dies interpretieren als einen Verkauf des Unternehmens zum Ende des Detailplanungszeitraums. Dies erklärt auch die häufig anzutreffende Bezeichnung als Exit Multiple Method.

Wie bei der ewigen Rente ist auch hier wichtig, dass das letzte Planjahr als repräsentativ für die (lange) Zukunft angesehen werden kann. Außerdem ist darauf zu achten, dass in den aus Vergleichsunternehmen und vergleichbaren Transaktionen gewonnenen Multiplikatoren keine zyklischen Effekte enthalten sind.

Bei der Verwendung der Methode sollte Klarheit darüber bestehen, dass der Großteil des Unternehmenswerts (Terminal Value) auf der Grundlage von Multiplikatoren ermittelt wird und nicht auf der Grundlage der Diskontierung künftiger freier Cashflows.

Typischerweise werden bei der Analyse beide Methoden verwendet und jeweils die eine als Plausibilitätsprüfung für die andere verwendet. Wurde der Terminal Value als ewige Rente berechnet, so ergibt sich der implizite EBITDA-Multiplikator als:

$$\text{Impliziter EBITDA} - \text{Multiplikator} = \frac{\text{Terminal Value (Ewige Rente)}}{\text{EBITDA}_t}$$

Bei Verwendung der Multiplikatorenmethode lässt sich die implizite Wachstumsrate g berechnen als:

$$\frac{\text{Terminal Value (Multiplikatorenmethode)} \cdot \text{WACC}_{t+1} - \text{Freier Cashflow}_t}{\text{Terminal Value (Multiplikatorenmethode)} + \text{Freier Cashflow}_t}$$

3.2.2.5 Ermittlung der Barwerte, Ableitung einer Wertbandbreite, Sensitivitäts- und Szenarioanalysen

Der nächste Schritt ist technischer Natur: Die Barwerte der freien Cashflows der Detailplanungsphase sind zu ermitteln, ebenso der Barwert des Terminal Value. Die Summe der Barwerte ergibt den Enterprise Value, den Gesamtunternehmenswert. Beträgt der Detailplanungszeitraum 5 Jahre, so ergibt sich:

$$\begin{aligned}\text{Enterprise Value} = {} & \frac{\text{Freier Cashflow}_1}{(1+\text{WACC})^1} + \frac{\text{Freier Cashflow}_2}{(1+\text{WACC})^2} + \frac{\text{Freier Cashflow}_3}{(1+\text{WACC})^3} \\ & + \frac{\text{Freier Cashflow}_4}{(1+\text{WACC})^4} + \frac{\text{Freier Cashflow}_5}{(1+\text{WACC})^5} + \frac{\text{Terminal Value}}{(1+\text{WACC})^5} \quad \text{mit}\end{aligned}$$

$$\text{Terminal Value} = \text{Multiplikator} \cdot \text{Bezugsgröße (zum Beispiel EBITDA) oder}$$

$$\text{Terminal Value} = \frac{\text{Freier Cashflow}_5 \cdot (1+g)}{\text{WACC}_{ER} - g} \quad \text{und}$$

WACC_{ER} dem gegebenfalls vom WACC abweichenden Kapitalkostensatz für die ewige Rente.

Wird der Terminal Value mit der Multiplikatorenmethode ermittelt, so wird ein Zufluss am Ende des Detailplanungszeitraums, hier t=5, unterstellt (Verkauf in t=5). Bei der Perpetuity Growth Method ist der Terminal Value eine in t=6 beginnende ewige Rente und wird daher mit demselben Faktor wie der freie Cashflow in t=5 diskontiert (eine in t=1 beginnende ewige Rente ist durch die Formel für die ewige Rente bereits als Barwert für t=0 abgebildet, bei einer in t=2 beginnenden ewigen Rente ist eine

Abzinsung für 1 Jahr erforderlich, um den Barwert in t=0 zu erhalten, bei einer in t=3 beginnenden ewigen Rente eine Abzinsung für 2 Jahre und so weiter).

Gelegentlich wird bei der Unternehmensbewertung von der bei Investitionsrechnungen üblichen Konvention, dass alle Zahlungen am Ende einer Periode anfallen, abgewichen. Statt dessen wird angenommen, dass alle Zahlungen in der Mitte des Jahres erfolgen („mid year convention"). Aus „hoch 1" wird dann „hoch 0,5", aus „hoch 2" wird „hoch 1,5" und so weiter. Lediglich der Terminal Value bei der Multiplikatorenmethode wird als am Ende der Detailplanungsperiode zugeflossen unterstellt, in unserem Fall bliebe es dafür also bei „hoch 5". Insgesamt führt dies zu niedrigeren Diskontierungssätzen und damit zu einem höheren Unternehmenswert. Honi soit qui mal y pense.

Der Wert des Eigenkapitals ergibt sich dann als:

$$\text{Wert des Eigenkapitals} = \text{Enterprise Value} - \text{Nettoverschuldung}$$

Aufgrund der zahlreichen Annahmen, die bei der Unternehmensbewertung zu treffen sind, wird der Wert üblicherweise nicht als einwertige Größe, sondern als Bandbreite ermittelt. Dazu werden, wie bei Investitionsrechnungen, Sensitivitäts- und/oder Szenarioanalysen vorgenommen. Bei einer Sensitivitätsanalyse wird eine Inputgröße variiert, während die übrigen konstant gehalten werden. Übertragen auf die Unternehmensbewertung heißt dies, dass untersucht wird, wie sich der Unternehmenswert verhält, wenn die WACC variiert werden oder die Wachstumsrate oder der Multiplikator bei der Berechnung des Terminal Value oder die Wachstumsrate der Umsatzerlöse oder das EBITDA oder das EBITDA als Prozentsatz der Umsatzerlöse. Die Möglichkeiten sind zahlreich, mit Hilfe von Tabellenkalkulationsprogrammen relativ leicht durchzuführen und die Versuchung, Zahlenfriedhöfe zu produzieren, ist hoch. Hier gilt jedoch, dass weniger oft mehr ist. Der Fokus sollte gelegt werden auf die Werttreiber.

Bei der Szenarioanalyse werden mehrere Inputvariablen gleichzeitig variiert, indem „Szenarien" gebildet werden. Der Klassiker ist dabei der Dreiklang zwischen Base Case, Best Case und Worst Case, bei der Unternehmensbewertung oft ergänzt um ein viertes Szenario namens Management Case. Es können aber auch multiple Szenarien entwickelt werden, bei denen Annahmen über makroökonomische Faktoren oder Wettbewerbsverhalten (Konkurrenzprodukt wird entwickelt) verändert werden.

Last but not least können auch Simulationen durchgeführt werden. Bei Simulationen wird auf Wahrscheinlichkeitsverteilungen anstelle von Erwartungswerten für die Inputvariablen zurückgegriffen. Resultat ist dann eine Wahrscheinlichkeitsverteilung von Unternehmenswerten. Bekannt ist die Monte-Carlo-Simulation, die sich mit Software wie zum Beispiel Crystal Ball, @Risk, ModelRisk oder ab Excel 2013 mit der Risk Solver App relativ einfach umsetzen lässt.

Die Ergebnisse der Sensitivitäts- und Szenarioanalysen und gegebenenfalls der Monte-Carlo-Simulation werden dann analysiert und in eine Bandbreite für den Unternehmenswert umgesetzt. Dies ist, am Ende des Tages, mindestens genauso viel Kunst wie (Erfahrungs-)Wissenschaft.

Lernfragen

[1] Grenzen Sie Enterprise-DCF-Methode und Equity-DCF-Methode voneinander ab.

[2] Ein Unternehmen hat einen Eigenkapitalwert von 10, zinstragende Verbindlichkeiten von 20 und liquide Mittel von 2. Wie hoch ist der Enterprise Value?

[3] Beschreiben Sie die beiden gängigen Verfahren zur Berechnung des Terminal Value.

3.3 Comparable Companies Analysis

Wissensziele

- Sie sollen die Grundidee der Comparable Companies Analysis verstehen und sich ein eigenes Urteil über diesen „Bewertungs"ansatz bilden.
- Sie sollen die in der Praxis gebräuchlichen Multiplikatoren kennenlernen und beschreiben können.
- Sie sollten eine Grundvorstellung davon haben, wie man praktisch „vergleichbare" Unternehmen findet.

Bei der → Comparable Companies Analysis wird der Unternehmenswert aus Marktpreisen vergleichbarer börsennotierter Unternehmen abgeleitet. Die Grundidee ist, dass in effizienten Märkten Unternehmen mit vergleichbarem Potenzial zur Generierung freier Cashflows, vergleichbarer Wachstumsperspektive und vergleichbarer Risikostruktur der künftigen freien Cashflows auch vergleichbare Marktpreise haben sollten.

Da sich Aktienkurse verschiedener Unternehmen aufgrund der unterschiedlichen Anzahl im Umlauf befindlicher Aktien nicht einfach vergleichen lassen, ist eine Standardisierung erforderlich. Diese Standardisierung wird dadurch erreicht, dass der Wert ins Verhältnis gesetzt wird zu Größen wie Umsatz, EBITDA, EBIT, Buchwert oder anderen branchenspezifischen Kennzahlen wie Anzahl der Abonnenten, Hektoliterausstoß, Verkaufsfläche in m^2 oder Streckenkilometer. Ergebnis der Standardisierung ist dann ein Multiplikator, man spricht daher auch von der Multiplikatorenmethode.

Vertreter der entscheidungsorientierten Betriebwirtschaftslehre rümpfen über ein derartiges Vorgehen die Nase. Die Abneigung gegen diesen Ansatz lässt sich bei der Lektüre von so manchem guten Standardwerk schon fast mit den Händen zwischen den Zeilen greifen. Fakt ist indes, dass die Comparable Companies Analysis international und inzwischen auch in Deutschland weit verbreitet ist. Es gibt fast keine Unternehmensbewertung, in der nicht detailliert Multiplikatoren vergleichbarer Unternehmen zumindest als Plausibilisierung herangezogen werden. Jede Fairness Opinion enthält eine Comparable Companies Analysis, jeder Analystenreport. Selbst auf Entscheiderebene im Top Management sind sie gang und gäbe. Vermutlich werden mehr Entscheidungen auf der Grundlage von Multiplikatoren getroffen als auf der Basis von DCF-Bewertungen.

Das Vorgehen, unbekannte Dinge auf der Grundlage vergleichbarer Sachverhalte zu beurteilen, ist tief in uns verankert. Wer ein Grundstück oder ein Haus erwerben oder eine Wohnung anmieten möchte, der informiert sich in der Regel auf den gängigen Immobilienportalen oder Mietspiegeln über Quadratmeterpreise und -mieten in der bevorzugten Wohngegend. Sicher, jedes Grundstück ist einzigartig, erst recht jedes Haus oder jede Wohnung. Gleichwohl dienen uns die gängigen Markt-Multiplikatoren, hier Quadratmeterpreise und -mieten, als Anker bei unserer Bewertung. Besonderheiten tragen wir durch Zu- und Abschläge Rechnung. Dasselbe gilt, wenn wir einen Gebrauchtwagen kaufen oder verkaufen wollen. Auch hier gilt, dass jedes Auto anders ist, aber aus Typ, Baujahr, Laufleistung und Ausstattung lassen sich auch hier Preise oder Bandbreiten von Preisen für vergleichbare Fahrzeuge herleiten.

Genau dasselbe Prinzip liegt der Comparable Companies Analysis zugrunde. Sie ist, weil den menschlichen Vorlieben näher, verständlicher und leichter zu präsentieren als eine DCF-Bewertung. Im Vergleich zu den umfangreichen Annahmen, die zur Herleitung und Diskontierung künftiger freier Cashflows erforderlich sind, ist eine Aussage wie „marktüblich sind 6 mal EBITDA“ eine gewaltige Komplexitätsreduktion, die sich zudem auch viel leichter kommunizieren lässt. Adressaten der Unternehmensbewertung sind nämlich überwiegend Personen, die kein Vertiefungsstudium der Unternehmensbewertungstheorie absolviert haben und trotzdem (oder gerade deswegen?) sehr erfolgreich sind: Gestandene Unternehmer beispielsweise oder Top-Manager von Großkonzernen. Selbst wenn Letztere tief in der Thematik verwurzelt sein sollten, so werden auch sie wieder an Personen in ihren Aufsichtsgremien zu berichten haben, die dies nicht sind und dankbar sein für einfach zu transportierende Botschaften.

Viele Diskussionsrunden zwischen Berater oder Investment Banker und Mandant, aber auch innerhalb der Beraterteams, kreisen stundenlang um Annahmen zu Umsatzwachstum, künftigen Profitabilitätsstrukturen, dem richtigen Betafaktor, der richtigen Verdichtung der ermittelte Werte zu einer Bandbreite, bis dann am Ende doch irgend jemand die Frage stellt: „Wie viel mal EBIT/EBITDA oder Umsatz entspricht das denn jetzt?“ Wer dies als Bewerter erlebt hat, der hat zwei Möglichkeiten: 1. gebetsmühlenhaft zu wiederholen, dass es kein Unternehmen zweimal gibt und sich derartigen Analysen zu verschließen, oder 2. Multiplikatorenanalysen standardmäßig in sein Repertoire aufzunehmen, weil doch jeder danach fragt und die Analyse über die Bewertung ähnlicher Unternehmen in aller Regel auch mit einem Erkenntnisgewinn verbunden ist. Last but not least: So leicht die Comparable Companies Analysis in der Anwendung ist, so einfach ist auch ihr Missbrauch. Schon allein deshalb lohnt es, sich ein eigenes Bild davon zu machen, welche Unternehmen wirklich vergleichbar sind und wie deren Börsenbewertung zustande gekommen ist.

3.3.1 Übliche Multiplikatoren

PE oder KGV

Der Price/Earnings-Multiplikator oder das Kurs-Gewinn-Verhältnis ist die bekannteste Standardisierung der Ergebnismessung börsennotierter Gesellschaften. Er ist definiert als:

$$\text{PE} = \frac{\text{Marktwert des Eigenkapitals}}{\text{Jahresüberschuss}} = \frac{\text{Aktienkurs}}{\text{Ergebnis je Aktie}}$$

Bei der Comparable Companies Analysis findet er in aller Regel nur ergänzend Anwendung, da der Jahresüberschuss der in die Analyse einbezogenen Unternehmen aufgrund unterschiedlicher Bilanzpolitik, unterschiedlichen Steuersätzen sowie unterschiedlicher Verschuldungsgrade nur bedingt vergleichbar und damit für die Comparable Companies Analysis geeignet ist.

Neben Verschuldungsgrad und Bilanzpolitik spiegeln sich auch unterschiedliche erwartete Wachstumsraten im PE-Multiplikator wider. Unternehmen mit einem höheren erwarteten Wachstum haben, ceteris paribus, ein höheres PE. Die erwarteten Wachstumsraten börsennotierter Gesellschaften können bei Diensten wie Bloomberg oder Value Line abgerufen werden. Daraus lässt sich die Price/Earnings/Growth-Ratio (Kurs-Gewinn-Wachstums-Verhältnis) ableiten:

$$\text{PEG} = \frac{\text{PE}}{\text{Wachstum in Prozent}}$$

Die durchschnittliche PEG-Ratio der vergleichbaren Unternehmen wiederum kann zur Analyse des PE des zu bewertenden Unternehmens herangezogen werden, sofern es börsennotiert ist:

$$\text{Soll-PE} = \text{Durchschnittliches PEG Vergleichsunternehmen} \cdot \text{g} \quad \text{mit}$$
$$\text{g} = \text{erwartete Wachstumsrate des zu bewertenden Unternehmens in Prozent}$$

Durch Vergleich von PE und dem aus der Analyse vergleichbarer Unternehmen gewonnenem Soll-PE können erste Anhaltspunkte für eine Über- oder Unterbewertung gefunden werden.

Wen die unterstellte Linearität zwischen PE und Wachstumsrate stört, der mag aus den PEs der vergleichbaren Unternehmen, ihren erwarteten Wachstumsraten und gegebenenfalls der ebenfalls aus den erwähnten Diensten abrufbaren Standardabweichung der Consensus-Prognosen der künftigen Ergebnisse mittels nicht-linearer Regression eine funktionale Beziehung herleiten und auf das zu bewertende Unternehmen anwenden.

EBITDA- und EBIT-Multiplikatoren

Sie sind das Herzstück einer Comparable Companies Analysis. EBITDA und EBIT sind unbeeinflusst von Steuersätzen. Auch Unternehmen aus unterschiedlichen Steuerhoheiten lassen sich so vergleichen. Außerdem sind beide Größen vor Zinsergebnis und damit unbeeinflusst von der Finanzierungsstruktur. EBITDA-Multiplikatoren finden häufiger Anwendungen, da sie zudem keine Effekte unterschiedlicher Abschreibungspolitik oder -zyklen enthalten. Jedoch trifft man auch EBIT-Multiplikatoren an, insbesondere wenn keine ausreichenden Informationen zu Abschreibungen erhältlich sind.

$$\text{EBITDA-Multiplikator} = \frac{\text{Enterprise Value}}{\text{EBITDA}}$$

$$\text{EBIT-Multiplikator} = \frac{\text{Enterprise Value}}{\text{EBIT}}$$

Im Folgenden versuchen wir, den so scheinbar simpel daher kommenden EBITDA-Multiplikator etwas näher zu beleuchten. Aus unseren Analysen in Abschnitt 3.2.2.4 zur Ermittlung des Terminal Value kennen wir die Beziehung:

$$\text{Terminal Value} = \frac{\text{Freier Cashflow}_{t+1}}{\text{WACC}_{t+1} - g}$$

Unterstellen wir nun, dass das zu bewertende Unternehmen bereits ab dem ersten Planjahr einen mit einer konstanten ewigen Wachstumsrate steigenden freien Cashflow generiert, dann wird t+1 zu t=1 und der Terminal Value wird dann zum Enterprise Value:

$$\text{Enterprise Value} = \frac{\text{Freier Cashflow}_1}{\text{WACC} - g}$$

Den freien Cashflow wiederum können wir auch schreiben als:

$$\begin{aligned} \text{Freier Cashflow} \\ &= \text{EBIAT} - (\text{Investitionen} + \text{Erhöhung Working Capital} - \text{Abschreibungen}) \\ &= (\text{EBITDA} - \text{Abschreibungen}) \cdot (1 - t) - \text{Reinvestitionen} \\ &= \text{EBITDA} \cdot (1 - t) - \text{Abschreibungen} \cdot (1 - t) - \text{Reinvestitionen} \end{aligned}$$

mit

$$\text{Reinvestitionen} = \text{Investitionen} + \text{Erhöhung Working Capital} - \text{Abschreibungen}$$

In unsere Formel oben eingesetzt ergibt sich der Enterprise Value dann als:

$$\text{Enterprise Value} = \frac{\text{EBITDA}_1 \cdot (1 - t) - \text{Abschreibungen}_1 \cdot (1 - t) - \text{Reinvestitionen}_1}{\text{WACC} - g}$$

Teilen wir beide Seiten der Gleichung durch EBITDA, dann steht auf der linken Seite der Gleichung der EBITDA-Multiplikator und auf der rechten Seite der sich aus der Enterprise-DCF-Methode bei konstant wachsendem freien Cashflow ergebende Enterprise Value geteilt durch das EBITDA:

$$\frac{\text{Enterprise Value}}{\text{EBITDA}} = \frac{(1 - t) - \frac{\text{Abschreibungen}}{\text{EBITDA}} \cdot (1 - t) - \frac{\text{Reinvestitionen}}{\text{EBITDA}}}{\text{WACC} - g}$$

Somit lassen sich DCF-Bewertung und EBITDA-Multiplikatoren-Bewertung ineinander überführen. Dasselbe gilt für EBIT-Multiplikatoren. Der so tumb daherkommende EBITDA-Multiplikator entpuppt sich also bei näherem Hinsehen als ziemlich aussagekräftige Größe. *Bretzke* hat vor vielen Jahren in diesem Zusammenhang den Terminus von der versteckten Intelligenz einer Daumenregel geprägt. Aus dem Nenner sehen wir, dass der EBITDA-Multiplikator um so größer ist, je niedriger die Kapitalkosten und je höher die Wachstumsrate sind. Aus dem Zähler sehen wir, dass der Multiplikator um so größer ist, je geringer das Verhältnis von Abschreibungen zu EBITDA sowie Reinvestitionen zu EBITDA ist. Und last but not least, obwohl die Größe EBITDA vor Steuern ist, können wir eine Aussage zum Verhältnis von EBITDA-Multiplikator und Höhe des Steuersatzes machen. Je niedriger der Steuersatz, desto höher, ceteris paribus, der Multiplikator.

Umsatzmultiplikatoren

Umsatzmultiplikatoren finden vor allem dann Verwendung, wenn es sich bei dem zu bewertenden Unternehmen um ein Unternehmen in der Krise oder ein Start-up-Unternehmen handelt, also Unternehmen mit niedrigen oder negativen Ergebnissen. Damit ist auch gleich die Gefahr ihrer Verwendung umschrieben: Dass alle Unternehmen irgendwann positive freie Cashflows erwirtschaften müssen, um einen positiven Wert zu haben, wird leicht im Eifer des Gefechts vergessen.

Auch bei der Bewertung von reifen Unternehmen werden regelmäßig Umsatzmultiplikatoren ermittelt, da der Umsatz die Größe im Jahresabschluss ist, die am wenigsten von bilanzpolitischen Maßnahmen beeinflusst ist. Der Umsatzmultiplikator ist definiert als:

$$\text{Umsatz-Multiplikator} = \frac{\text{Enterprise Value}}{\text{Umsatz}}$$

Gelegentlich findet sich in der Praxis auch das Verhältnis von Equity Value zu Umsatz als Umsatz-Multiplikator, das nach herrschender Meinung jedoch als inkonsistent anzusehen ist, da es für Unternehmen mit einer hohen Verschuldung zu niedrigeren Umsatz-Multiplikatoren führt und die Aggregation von Umsatzmultiplikatoren von Unternehmen mit unterschiedlichen Verschuldungsgraden erschwert.

Auch im Umsatz-Multiplikator steckt mehr, als man auf den ersten Blick annimmt. Wie wir wissen, lässt sich der Enterprise Value bei einem Unternehmen, dessen freier Cashflow mit einen mit konstanten Rate wächst, schreiben als:

$$\text{Enterprise Value} = \frac{\text{Freier Cashflow}}{\text{WACC} - g} = \frac{\text{EBIAT} \cdot (1 - \text{Reinvestitionsrate})}{\text{WACC} - g}$$

Teilen wir beide Seiten der Gleichung durch den Umsatz, so gibt die linke Seite unseren Umsatzmultiplikator wieder. Umsatzmultiplikator und DCF-Bewertung lassen sich also auch ineinander überführen:

$$\frac{\text{Enterprise Value}}{\text{Umsatz}} = \frac{\text{EBIAT/Umsatz} \cdot (1 - \text{Reinvestitionsrate})}{\text{WACC} - g} = \frac{\text{Betriebsergebnismarge nach Steuern} \cdot (1 - \text{Reinvestitionsrate})}{\text{WACC} - g}$$

Der Umsatzmultiplikator steigt mit sinkenden Kapitalkosten, steigender Wachstumsrate, steigender Betriebsergebnismarge nach Steuern und sinkender Reinvestitionsrate.

Weitere Multiplikatoren

Weiterhin sind anzutreffen Buchwert-Multiplikatoren, bei denen der Equity Value ins Verhältnis gesetzt wird zum Buchwert des Eigenkapitals. Daneben finden sich branchenspezifische Multiplikatoren, bei denen normalerweise der Enterprise Value ins Verhältnis gesetzt wird zu den produzierten Hektolitern eines Getränks, den produzierten Tonnen an Stahl, der Anzahl von Hits auf einer Webseite, der Anzahl der Abonnenten, um nur einige Beispiele zu nennen.

Auch diese Multiplikatoren lassen sich normalerweise überführen in die drei Komponenten, die auch die Wertermittlung durch die DCF-Methode bestimmen: Risiko (WACC), Wachstum (g) und freie Cashflows.

3.3.2 Die Suche nach vergleichbaren Unternehmen

In vielen Fällen ist es naheliegend, welche Unternehmen vergleichbar sind. Beispiel *Volkswagen*: Auch wenn die großen Automobilhersteller hinsichtlich Modellpalette und Präsenz in einzelnen Märkten Unterschiede aufweisen, so läge es auf der Hand, sie alle für eine Comparable Companies Analysis von *Volkswagen* in die Analyse einzubeziehen. Was aber, wenn wir eine Comparable Companies Analysis für *Tesla*, den führenden Hersteller von Elektrofahrzeugen vornehmen wollen? Gibt es hier überhaupt Unternehmen, die zu *Tesla* vergleichbar sind (Stand Mitte 2014)? Sicher, es sind Autos, aber sind die klassischen Automobilhersteller vergleichbare Unternehmen? Es gibt weitere Hersteller von Elektrofahrzeugen, die aber teilweise nicht notiert sind und/ oder eine völlig andere Unternehmensgröße aufweisen. Können/sollen solche (notierten) Unternehmen in die Analyse einbezogen werden?

Die Auswahl der vergleichbaren Unternehmen spielt die zentrale Rolle bei der Comparable Companies Analysis. Welche Unternehmen einzubeziehen sind, ist an der Zielsetzung der Analyse festzumachen, der Ableitung von Marktmultiplikatoren für Unternehmen mit vergleichbarem Potenzial an freien Cashflows, vergleichbarem Wachstum und vergleichbarem Risiko. Zu unserem Beispiel: Unter folgendem Link ist für *Tesla* eine Comparable Companies Analysis abrufbar, http://uoinvestmentgroup.org/wp-content/uploads/2013/04/TSLA.pdf. Hier wurden Automobilhersteller und Unternehmen mit hohem Umsatzwachstum in die Analyse einbezogen und es wurde eine Gewichtung vorgenommen (siehe Seite 9 ff. der Studie).

Grundlage jeder Auswahl vergleichbarer Unternehmen ist zunächst einmal ein tiefes Verständnis des zu bewertenden Unternehmens. Dazu sind dieselben Schritte wie in Abschnitt 3.2.2.1 bei der DCF-Methode zu gehen. Ohne Kenntnis der Produkte, der Marktstellung und des Geschäftssystems des zu bewertenden Unternehmens und aller potenziell als vergleichbar in Betracht kommenden Unternehmen führt die Analyse in die Irre. Der scheinbare Vorteil des geringeren Aufwands im Vergleich zur DCF-Bewertung (keine Planung künftiger freier Cashflows für das zu bewertende Unternehmen erforderlich) schwindet hier und kann sich leicht in das Gegenteil verkehren. Eine gute Comparable Companies Analysis ist genauso aufwendig wie eine DCF-Bewertung! Nur wer das Unternehmen und die vergleichbaren Unternehmen kennt und verstanden hat, kann die Multiplikatoren und Unterschiede bei den Multiplikatoren zwischen einzelnen Unternehmen erklären.

Ausgangspunkt der Suche sind in der Regel die Wettbewerber. Viele Unternehmen geben diese im Geschäftsbericht an. Bei *Bloomberg* und auch bei Diensten wie *Google Finance* oder *Yahoo Finance* finden sich Comparable Companies (die aber selten 1 zu 1 übernommen werden können). Marktanalysen sind eine weitere dankbare Quelle. Die so gewonnene Long List wird dann Stück für Stück zu einer Short List verdichtet, in der dann Unternehmen mit vergleichbaren Produktionsmethoden, vergleichbaren Vertriebssystemen, vergleichbaren Forschungsaktivitäten und vergleichbaren Endkunden aufgenommen werden. Auch Unternehmensgröße, Profitabilität, Wachstumspotenzial und Risikostruktur sollten vergleichbar sein. Regressionsanalysen können bei der Beurteilung, ob ein Unternehmen wirklich „vergleichbar" ist, helfen.

Im Grundsatz kommen auch Unternehmen aus anderen Branchen in Betracht, sofern ihr Cashflow-Potenzial, ihre Wachstumsperspektiven und ihr Risikoprofil mit dem zu bewertenden Unternehmen vergleichbar sind. Darauf wird in aller Regel aber nur zurückgegriffen, wenn es aus der Branche nicht ausreichend vergleichbare Unternehmen gibt, siehe *Tesla*.

3.3.3 Aufbereitung des Zahlenmaterials

Da es sich bei den zu analysierenden Unternehmen um notierte Gesellschaften handelt, ist in aller Regel umfangreiches Zahlenmaterial zugänglich. Die Webseiten der Unternehmen sind erste Anlaufstelle, darüber hinaus die gängigen Anbieter kostenpflichtiger Informationsdienste wie zum Beispiel *Bloomberg*, aber auch über frei zugängliche Dienste lassen sich Daten sammeln. Benötigt werden Consensus Prognosen sowie detaillierte Jahresabschlüsse und Quartalsabschlüsse der letzten Jahre.

Wichtig ist, dass sich die in die Analyse einbezogenen Daten der vergleichbaren Unternehmen auf denselben Zeitraum beziehen, ansonsten wird die Ermittlung der Multiplikatoren aussagelos. Ermittelt werden in aller Regel die Daten

- der beiden letzten abgeschlossenen Geschäftsjahre,
- der letzten 4 Quartale (LTM oder TTM, last twelve month oder trailing twelve month),
- für das laufende Geschäftsjahr (Vorschau)
- für die kommenden beiden Geschäftsjahre (Consensus Prognosen).

Liegen abweichende Geschäftsjahre vor, so sind die Daten gegebenenfalls durch Kalendarisierung vergleichbar zu machen. Beispiel: Bei Geschäftsjahresende 31. März nimmt man für das Kalenderjahr 3/12 des zum 31. März abgeschlossenen Jahres und addiert 9/12 des zum 31. März des Folgejahres der zu kalendarisierenden Größe. Bei sehr stark wachsenden Unternehmen kann dies entscheidend sein.

Die LTM- oder TTM-Zahlen ergeben sich durch eine ähnliche Übung. Liegt beispielsweise der Abschluss zum 3. Quartal vor, so addiert man zu den bis Ende des 3. Quartals im aktuellen Geschäftsjahr aufgelaufenen Zahlen das letzte Quartal des Vorjahres hinzu.

Außerordentliche und einmalige Ergebniseinflüsse sind zu bereinigen. Börsennotierte Gesellschaften geben hierüber in aller Regel im Geschäftsbericht bei der Dokumentation des Ergebnisses je Aktie Auskunft. Wie bei allen Bereinigungen und Normalisierungen sollte sich der Bewerter stets ein eigenes Urteil bilden, ob die aufgeführten Tatbestände auch nach seiner Einschätzung außerordentlich oder einmalig sind. Aktuelles Beispiel bei der Entstehung dieses Textes (Mitte 2014): Die Aufwendungen für die aktienbasierte Vergütung des Managements von *Twitter* (rund 600 Mio. USD in 2013). Addiert man sie (so *Twitter*) zum Ergebnis hinzu, so wird aus einem hohen Verlust ein fast ausgeglichenes Jahresergebnis und ein EBITDA und im hohen zweistelligen Millionenbereich. Welche Auswirkungen dies auf die Ermittlung von Multiplikatoren hat (wenn *Twitter* im Rahmen einer Comparable Companies Analysis als ein dem zu bewertenden Unternehmen vergleichbares Unternehmen klassifiziert wurde), leuchtet unmittelbar ein. Welches Vorgehen richtig ist? Eine Diskussion finden Sie hier: http://aswathdamodaran.blogspot.de/2014/02/stock-based-employee-compensation-value.html. Ihre Entscheidung! Willkommen im richtigen Leben!

3.3.4 Ableitung einer Wertbandbreite

Sind die Zahlen aufbereitet und steht das Universum der vergleichbaren Unternehmen fest, so ist der nächste Schritt ein rein technischer, die Berechnung der Multiplikatoren. Der darauf folgende Schritt, die Ableitung einer Wertbandbreite aus den berechneten Multiplikatoren, ist wie bei der Enterprise-DCF-Methode mehr Kunst als Wissenschaft.

Für jeden Multiplikator ergibt sich zunächst einmal eine Bandbreite. Beispiel EBITDA-Multiplikatoren: Bei 10 Vergleichsunternehmen ergebe sich der niedrigste (unterer Bandwert) EBITDA-Multiplikator mit 4,2 und der höchste (oberer Bandwert) mit 18,7. Mit einer solchen Bandbreite können wir wenig anfangen. Zunächst ist zu prüfen, ob es sich beim unteren und/oder oberen Bandwert um Ausreißer handelt – sie sollten dann außen vor bleiben. Angenommen, die übrigen Multiplikatoren liegen zwischen 5,0 und 8,5. Dann würden wir den oberen Bandwert eliminieren, unsere neue Bandbreite beträgt dann 4,2 bis 8,5.

Als nächstes würden wir den Median und das arithmetische Mittel berechnen. Angenommen, sie betragen 6.5 und 6.4 (ohne den Ausreißer). Weiterhin sei unterstellt, die meisten der übrigen Unternehmen und die Unternehmen, die unserer Auffassung nach die größte Ähnlichkeit mit dem zu bewertenden Unternehmen aufweisen, haben alle Multiplikatoren zwischen 6,25 und 6,75, dann würden wir dies als Ergebnis unserer Analyse festhalten. Diese Bandbreite, 6,25 bis 6,75, würden wir dann auf das EBITDA des zu bewertenden Unternehmens anwenden und dort zu einer Bandbreite für den Enterprise Value auf Basis des EBITDA-Multiplikators vergleichbarer Unternehmen gelangen.

Dasselbe Prinzip würden wir für alle weiteren Multiplikatoren vornehmen, so dass wir am Ende für jeden Multiplikator eine Bandbreite für den Unternehmenswert erhalten. Diese verschiedenen Bandbreiten verdichten wir dann zu einer Gesamt-Bandbreite. Als Darstellungsform wird dazu normalerweise das sogenannte → Football-Field-Format verwendet.

Das Football-Field-Format eignet sich auch zur Darstellung der aus unterschiedlichen Bewertungsverfahren (DCF, Comparable Companies Analysis, Precedent Transactions Analysis etc.) gewonnenen Bandbreiten.

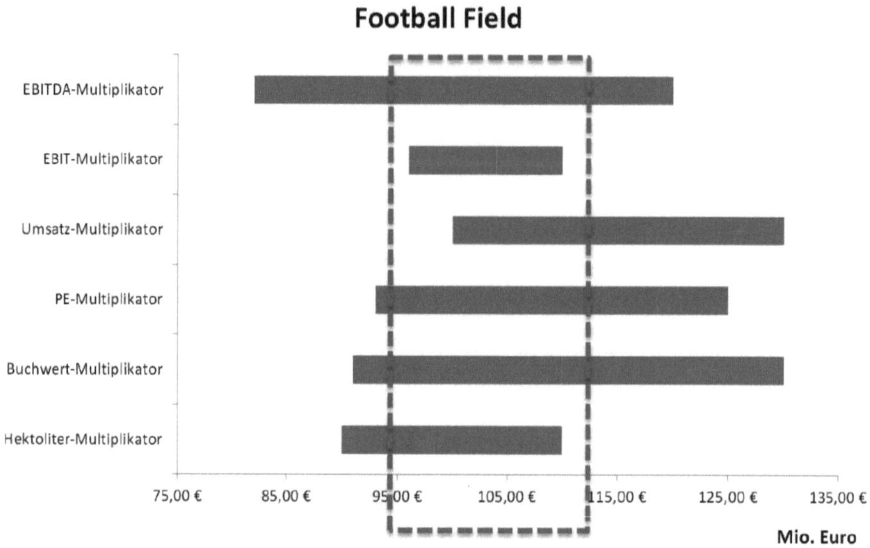

Lernfragen

[1] Worin besteht der Vorteil von EBITDA-Multiplikatoren gegenüber EBIT-Multiplikatoren?

[2] Inwiefern geht die Profitabilität eines Unternehmens in dessen Umsatz-Multiplikator ein?

3.4 Precedent Transactions Analysis

Wissensziele

- Sie sollten die Precedent Transactions Analysis als Variante des Multiplikatorenansatzes auf der Grundlage abgeschlossener Transaktionen verstehen.
- Sie sollen Vorteile, Nachteile und Besonderheiten des Ansatzes im Vergleich zur Comparable Companies Analysis beschreiben können.

Die → Precedent Transactions Analysis ist genauso wie die Comparable Companies Analysis ein multiplikatorengestützter Bewertungsansatz. Die Grundidee ist dieselbe: Unternehmen mit vergleichbarem Potenzial zur Generierung freier Cashflows, vergleichbarer Wachstumsperspektive und vergleichbarer Risikostruktur der künftigen freien Cashflows sollten in effizienten Märkten auch vergleichbare Marktpreise haben. Als Marktpreise dienen hier jedoch nicht die Börsenkurse vergleichbarer notierter Unternehmen, sondern gezahlte (oder gebotene) Preise bei Akquisitionen vergleichbarer Unternehmen.

Die Multiplikatoren, die auf der Grundlage vergleichbarer Transaktionen ermittelt wurden, reflektieren zwei Sachverhalte, die in den Multiplikatoren, die aus den Börsenkursen vergleichbarer Unternehmen hergeleitet wurden, nicht enthalten sind:

- Kontrollprämie
- Synergien.

Unter der Kontrollprämie versteht man den Betrag, den ein Erwerber über den Marktpreis der Aktien eines Unternehmens hinaus bereit ist zu bezahlen, um eine Mehrheit zu erhalten und damit Einfluss ausüben zu können auf Cashflow-Potenzial, Wachstum und Risiko. Der Marktpreis einer Aktie spiegelt letztlich den Marktpreis eines Minderheitsanteils wider – an der Börse werden Minderheiten gehandelt.

Auch Synergien, die ein strategischer Käufer mit dem zu bewertenden Unternehmen realisieren könnte, fließen in den Börsenkurs nicht ein (es sei denn, es liegt ein aktuelles Übernahmeangebot eines derartigen Käufers vor). Sie sind aber in den gezahlten (oder gebotenen) Kaufpreisen vergleichbarer Transaktionen und den daraus abgeleiteten Multiplikatoren enthalten.

Wie die Comparable Companies Analysis, so gehört heute auch die Precedent Transactions Analysis zu jeder Unternehmensbewertung dazu. Sie führt, ceteris paribus, weil sie eben Kontrollprämien und Synergien implizit berücksichtigt, normalerweise zu höheren Multiplikatoren.

Wie bei der Comparable Companies Analysis, so spielt auch bei der Precedent Transactions Analysis die Auswahl der vergleichbaren Transaktionen die zentrale Rolle. Auch hier gilt, dass Transaktionen von Unternehmen mit vergleichbarem Cashflow-Potenzial, vergleichbarer Wachstumsperspektive und vergleichbarer Risikostruktur zu suchen und in die Analyse einzubeziehen sind, denn nur sie führen zu belastbaren Multiplikatoren und damit Wertbandbreiten.

Ohne Zugang zu kostenpflichtigen Datenbanken ist man hier schnell am Ende. Die Zeitschrift Finance veröffentlicht regelmäßig so genannte Experten-Multiples für ausgewählte Branchen (http://www.finance-magazin.de/research/multiples/), enthält aber (explizit) keine Analysen über konkrete Transaktionen innerhalb der Branchen. Über professionelle Anbieter (in alphabetischer Reihenfolge seien hier *Bloomberg*, *Mergermarket*, *SDC* und *Zephyr* genannt) hingegen lässt sich umfangreiches Datenmaterial zu Transaktionen weltweit beschaffen. Sektor-/Branchenteams von Investmentbanken und Beratungsgesellschaften pflegen üblicherweise selber eine eigene Datenbank über Transaktionen in ihrer Branche (gespeist aus eigenem Research und kostenpflichtigen Diensten), so dass Transaktions-Multiplikatoren mehr oder weniger auf Knopfdruck abrufbar sind.

Verfügt man nicht über diesen Luxus, sind in einem ersten Schritt die Daten aus den vergleichbaren Transaktionen aufzubereiten. Insbesondere dann, wenn das Zielunternehmen ein privat gehaltenes Unternehmen war, werden die verfügbaren Informationen in aller Regel unvollständig sein. Von den für eine Multiplikatorenanalysen erforderlichen Inputdaten wie Umsatz, EBITDA, EBIT, Jahresüberschuss und Buchwert werden nicht alle immer verfügbar sein, ebenso wenig wie Informationen über zu bereinigende Ergebniseinflüsse.

War das Zielunternehmen börsennotiert, dann sollte versucht werden, die LTM-Zahlen (letzte 12 Monate vor der Transaktion) der aufgeführten Größen zu ermitteln. Zu beachten ist weiterhin, welche Größe als Transaktionswert in der Datenbank angegeben wurde, Equity Value oder Enterprise Value. Zu ermitteln ist weiterhin der Wert der zinstragenden Verbindlichkeiten und der liquiden Mittel zum Zeitpunkt der Transaktion. Diese Größen sind erforderlich, um Multiplikatoren abzuleiten. Das Universum der Multiplikatoren ist in Abschnitt 3.3.1 dargestellt.

Durch Vergleich von Precedent Transactions Analysis und Comparable Companies Analysis lassen sich Anhaltspunkte dafür finden, wie hoch in der jeweiligen Branche die in der Vergangenheit gezahlten Kontrollprämien waren. Teilweise werden in Veröffentlichungen über große Transaktionen auch Angaben zu den erwarteten Synergien gemacht, so dass sich die Transaktionsmultiplikatoren weiter aufgliedern lassen in Multiplikatoren mit und ohne Synergieeffekte:

$$\text{EBITDA-Multiplikator(ohne Synergien)} = \frac{\text{Enterprise Value}}{\text{LTM EBITDA}}$$

$$\text{EBITDA-Multiplikator(mit Synergien)} = \frac{\text{Enterprise Value}}{\text{LTM EBITDA} + \text{Erwartete jährliche Synergien}}$$

Die möglichen Fehlerquellen bei der Datenaufbereitung sind hoch. Folgende Sachverhalte sollten geprüft werden:

- Handelt es sich um eine mehrheitliche Übernahme? Falls nein, sollte die Transaktion gegebenenfalls nicht berücksichtigt werden, da vermutlich keine Kontrollprämie im Transaktionspreis enthalten ist.
- Wurden 100 % der Anteile erworben? Falls nein, worauf beziehen sich die veröffentlichten Transaktionswerte oder Kaufpreise? Auf den erworbenen Anteil oder auf 100 % der Anteile? Hier ist sicherzustellen, dass eine Umrechnung auf 100 % erfolgt.
- Wurden Teile des Kaufpreises in Aktien des Erwerbers gezahlt, so sind Umtauschverhältnis und Kurs am Tag vor der Veröffentlichung zu beschaffen.

Bei der Auswahl der vergleichbaren Transaktionen beginnt man wie bei der Auswahl vergleichbarer Unternehmen in Abschnitt 3.3.2 mit Transaktionen in derselben Branche wie das zu bewertende Unternehmen. Auch hier gilt, dass ohne ein tiefes Verständnis des zu bewertenden Unternehmens und der Zielunternehmen bei den jeweiligen Transaktionen im Hinblick auf Produkte/Dienstleistungen, Marktposition und Geschäftssystem die abgeleiteten Multiplikatoren aussagelos sein werden. Eine Precedent Transactions Analysis ist mehr als das bloße Sammeln und Zusammenstellen von Transaktionen in einer Branche mit der anschließenden Ermittlung von Durchschnittswerten. Jedes einzelne Zielunternehmen ist unter die Lupe zu nehmen und mit dem zu bewertenden Unternehmen zu vergleichen. Anschließend ist zu überlegen, ob es sich wirklich um ein hinsichtlich der erwähnten Kriterien sowie Unternehmensgröße, Risiko und Wachstumspotenzial vergleichbares Unternehmen handelt, welche Faktoren des zu bewertenden Unternehmens im Vergleich zu der gewählten Peer Group werterhöhend und welche wertmindernd sind und wie sich dies im Multiplikator widerspiegeln sollte.

Zusätzlich ist bei der Analyse vergleichbarer Transaktionen zu beachten, dass es sich um historische Daten handelt und nicht um aktuelle Börsenpreise wie bei der Comparable Companies Analysis. Es macht wenig Sinn, Multiplikatoren von Transaktionen zu verwenden, die aus Notverkäufen in 2009 während der Krise resultieren oder von High-Tech-Unternehmen aus der Dotcom-Blase im Jahr 2000. Das Marktumfeld, in dem die vergleichbare Transaktion stattfand, sollte mit dem aktuellen Marktumfeld vergleichbar sein. Generell gilt, dass den Transaktionen, die in den letzten zwei bis drei Jahren vor dem Bewertungsstichtag stattfanden, eine höhere Gewichtung zukommen sollte als den Transaktionen, die länger zurückliegen. Gibt es jedoch keine vergleichbaren Transaktionen in den letzten zwei bis drei Jahren, so wird man gleichwohl die älteren betrachten, da sie durchaus Trends in der Branche aufzeigen können.

Darüber hinaus sind qualitative Faktoren der einzelnen Transaktionen in Betracht zu ziehen. Beauty is in the eye of the beholder oder auf Deutsch: Was dem einen sein Eul', ist dem anderen seine Nachtigall. War der Erwerber ein Finanzinvestor, so hat er ein anderes Auge auf das Target gehabt als wenn er ein Stratege gewesen wäre, der Synergien hätte realisieren können. Auf der anderen Seite hat es im Markt immer wieder Phasen gegeben, in denen Finanzinvestoren Strategen überboten haben, weil zum Beispiel Akquisitionsdarlehen leicht verfügbar waren. Oder weil die Akquisition als Add-on zu einem bestehenden Portfoliounternehmen passte (in dem Fall war der Finanzinvestor also in Wirklichkeit ein Stratege).

Auch die Art des Verkaufsprozesses führt in der Regel zu unterschiedlichen Kaufpreisen und damit Multiplikatoren. Bei einer feindlichen Übernahme sind in der Regel höhere Kaufpreise fällig als bei einem Merger of Equals. Dasselbe gilt für Unternehmen, die im Rahmen einer kompetitiven weltweiten Auktion vermarktet werden.

Lernfragen

[1] Führen Multiplikatorenbewertungen auf der Grundlage von abgeschlossenen Transaktionen tendenziell eher zu höheren oder zu niedrigeren Werten als Bewertungen auf der Grundlage von vergleichbaren börsennotierten Unternehmen? Begründen Sie bitte Ihre Antwort.

[2] Im Rahmen einer Recherche zu vergleichbaren Transaktionen stoßen Sie auf Daten über den Verkauf eines Anteils von 5 % an einem vergleichbaren Unternehmen. Wie verfahren Sie damit?

3.5 Weitere Bewertungsverfahren

Wissensziele

- Sie sollen einen Überblick über weitere in der Praxis anzutreffende Unternehmensbewertungsverfahren erhalten.
- Sie sollen den Cashflow an die Eigenkapitalgeber definieren und herleiten und vom allen Kapitalgebern zufließenden freien Cashflow abgrenzen können.

In den letzten drei Abschnitten haben wir mit der DCF-Methode, der Comparable Companies Analysis und der Precedent Transactions Analysis die gebräuchlichsten Verfahren der Unternehmensbewertung beschrieben. In der Bewertungspraxis finden sich indes zahlreiche weitere Methoden, die zur Ermittlung von Unternehmenswerten herangezogen werden. Teilweise handelt es sich um Varianten der bereits beschriebenen Modelle, teilweise sind es eigenständige Ansätze. In diesem Abschnitt stellen wir mit

- der LBO-Bewertung,
- optionspreisbasierten Bewertungsverfahren,
- Asset-based Bewertungsverfahren (Substanzbewertungen),
- der APV-Bewertung und
- dem Ertragswertverfahren

eine Auswahl aus diesen Bewertungsverfahren komprimiert dar.

3.5.1 LBO-Bewertung

LBO steht für Leveraged Buy-out, dem fremdfinanzierten Unternehmenskauf, wie er üblicherweise von Finanzinvestoren (*Private Equity*) praktiziert wird. *Apax*, *Apollo*, *Blackstone*, *Carlyle*, *CVC*, *KKR* und *TPG Capital* gehören zu den größten Playern auf diesem Markt. Der Internetauftritt dieser Unternehmen gibt Auskunft über Investitionsfokus, Portfoliounternehmen und Vorgehensweise. Es gibt zahlreiche weitere große, mittelgroße und kleine Private-Equity-Häuser. Auch wenn es zwischen den Unternehmen graduelle Unterschiede gibt, lässt sich ihr Geschäftsmodell wie folgt skizzieren:

- Es wird (überwiegend) fremdes Geld, das Geld anderer Leute, investiert. Kapitalgeber sind die großen Kapitalsammelstellen, also Versicherungen, Pensionsfonds, Dachfonds, große Privatvermögen, Stiftungen, amerikanische Privatuniversitäten.
- Dieses Geld wird in Fonds mit einer Laufzeit von 10 Jahren strukturiert. Die Fonds investieren die Mittel dann in (mehrheitliche) Unternehmensübernahmen. Neben den bei den Investoren eingesammelten Geldern wird für diese Übernahmen auch Fremdkapital (Bankdarlehen, Mezzanine, gegebenenfalls Hochzins-Anleihen) eingesetzt. Der Fremdkapitalanteil ist üblicherweise so bemessen (60 % bis 70 %), dass er beim erworbenen Portfoliounternehmen zu einer Erhöhung der Verschuldung führt. Die Verschuldungskapazität wird „ausgereizt“, daher der Name Leveraged Buy-out.

- 3 bis 7 Jahre nach Erwerb werden die Portfoliounternehmen wieder veräußert, sei es an einen anderen Finanzinvestor, an einen strategischen Käufer oder im Rahmen eines IPO (Börsengang). Durch während der Halteperiode erfolgte Rückführungen des Fremdkapitals, durch Wachstum und wertsteigernde operative Maßnahmen liegt dann, wenn die Transaktion erfolgreich war, der Eigenkapitalanteil beim Verkauf (deutlich) über dem beim Kauf eingesetzten Eigenkapital.
- Das Verhältnis von eingesetztem Eigenkapital und dem Eigenkapital„erlös" beim Verkauf (auch „Exit" genannt) und die sich daraus ergebende Eigenkapitalverzinsung sind zentrale Steuerungsgrößen bei Private-Equity-Häusern und deren Investoren. Ein großer Teil der Vergütung der Fondsmanager basiert auf dieser Größe. Die Fonds erhalten in der Regel eine fixe Managementvergütung in Höhe von 1 % bis 2 % des Fondsvolumens. Die variable Vergütung besteht in einem Anteil (20 %) an der über eine Mindestverzinsung (8 %) hinausgehenden Verzinsung des eingesetzten Eigenkapitals. Sie wird „Carried Interest" genannt und macht den Löwenanteil an der Gesamtvergütung aus (bei erfolgreichen Fondsmanagern). Die Investoren erhalten die Mindestverzinsung (8 %) zuzüglich ihrem Anteil (80 %) an der über die Mindestverzinsung hinausgehenden Verzinsung.
- Sind die Investoren mit der Performance des Fonds zufrieden, dann werden sie auch in den nächsten Fonds des Private-Equity-Hauses investieren. Aber auch nur dann. Basierend auf den Renditeerwartungen der Investoren in ihre Fonds, der Tatsache, dass einige wenige Investments zu Verlusten bis hin zum Totalverlust des eingesetzten Eigenkapitals führen werden, und eigenen Renditeerwartungen hat sich bei den Private-Equity-Häusern eine „hurdle rate", also eine Mindestverzinsung, die ein Investment bei realistischen Annahmen abwerfen sollte, von 25 % (je nach Investitionsfokus auch mehr oder weniger) herauskristallisiert. Das heißt dass jeder Unternehmenserwerb daraufhin analysiert wird, ob er unter realistischen Annahmen voraussichtlich (mindestens) diese Renditeerwartung des eingesetzten Eigenkapitals erfüllen wird.

Bei der → LBO-Bewertung wird in einem iterativem Prozess analysiert, welcher Kaufpreis

- bei gegebenen (realistischen) Prognosen über die Entwicklung des operativen Ergebnisses sowie
- den aktuellen Fremdfinanzierungsmöglichkeiten und sich daraus ergebenden Restriktionen maximal gezahlt werden kann,
- ohne die geforderte Mindestrendite von in der Regel 25 % auf das eingesetzte Eigenkapital zu verfehlen.

Um Missverständnissen vorzubeugen: Auch Finanzinvestoren nehmen DCF-Bewertungen, Comparable-Companies- und Precedent-Transactions-Analysen vor. Bei der Vorstellung eines Projektes bei ihren Investment Committees (Anlageausschüssen) sind die Manager jedoch auch gehalten, dezidiert nachzuweisen, wie sie bei der anstehenden Investition die Zielrendite von 25 % erreichen werden oder wollen. Daher gehört inzwischen bei M&A-Transaktionen, bei denen voraussichtlich auch mit Private-Equity-Häusern verhandelt wird, die LBO-Bewertung zum Pflichtenheft. Damit soll vorab untersucht werden, in welcher Größenordnung Kaufpreisangebote von Finanzinvestoren erwartet werden können.

Investmentbanken und Beratungsgesellschaften haben eigene Excel-Templates für die Durchführung einer LBO-Analyse und LBO-Bewertung. Derartige Templates sind inzwischen in guter Qualität auch im Netz frei verfügbar, beispielsweise hier: https://www.macabacus.com/excel/templates/lbo-model-long. *Rosenbaum/Pearl* liefern mit ihrem Lehrbuch ebenfalls ein sehr gutes Modell, und auch auf *Damodarans* Webseite findet sich ein entsprechendes Spreadsheet: http://people.stern.nyu.edu/adamodar/New_Home_Page/spreadsh.htm.

Ausgangspunkt der Modelle ist regelmäßig die Unternehmensplanung, wie sie auch für die DCF-Bewertung als Grundlage benötigt wird. Auf die Ausführungen in Abschnitt 3.2.2.2 wird verwiesen. Der Planungshorizont beträgt normalerweise zwischen 7 und 10 Jahren. Bei der Gewinn- und Verlustrechnung wird im ersten Schritt vom Umsatz bis zum EBIT geplant. Üblich ist die Erstellung verschiedener Szenarien, zum Beispiel

- ein Management Case basierend auf der normalen Unternehmensplanung,
- ein Base Case basierend auf den Analysen des Finanzinvestors,
- ein Downside Case als Stress-Test und
- ein Banking oder Sponsor Case, der als Grundlage für die Gespräche mit den finanzierenden Banken dient.

Abschreibungen, Investitionen und Working Capital werden wie unter 3.2.2.2 beschrieben geplant und mit den Ergebnissen aus der Planung der Gewinn- und Verlustrechnung in Planbilanzen überführt. Die Positionen ‚liquide Mittel', ‚zinstragende Verbindlichkeiten' und ‚Eigenkapital' bleiben dabei vorerst „offen" – sie können erst nach Abschluss des nächsten Schritts finalisiert werden. Dasselbe gilt für die Plan-Cashflowrechnung, bei der die Investitionsaktivitäten und die Veränderung des Working Capital im ersten Schritt geplant werden können, die Finanzierungsseite (Zinsen und Tilgung) aber vorerst „offen" bleibt.

Der nächste Schritt besteht dann darin, Annahmen über die Höhe des Kaufpreises und seiner Finanzierung in das Model einzuarbeiten. Begonnen wird dabei in aller Regel mit einem branchenüblichen Multiplikator auf das EBITDA – der Kaufpreis wird später variiert um zu analysieren, bis zu welcher Grenze man gehen kann, um gerade noch die erwartete Mindestrendite auf das eingesetzte Eigenkapital zu erzielen. Außerdem sind Mittelherkunft (Eigenkapital, Fremdkapital wie Bankdarlehen, Anleihen, Mezzaninen, liquide Mittel) und -verwendung (Kaufpreis, Ablösung existierender Darlehen, Gebühren) bei der Finanzierung zu planen. Dabei ist eine detaillierte Kenntnis des aktuellen Finanzierungsumfelds unerlässlich. Professionelle Datenbanken wie Capital IQ LCD von S&P helfen hier zwar, aber ohne Input von Finanzierungsexperten lassen sich nur schwer belastbare Annahmen treffen, wie viel mal EBITDA zum Beispiel als Fremdfinanzierung unterstellt werden kann und welche Covenants damit in der Regel verbunden sind, also welche Werte etwa bei Kennzahlen wie der Interest Coverage Ratio (EBIT/Zinsaufwand) eingehalten werden müssen.

Liegt die Finanzierungsstruktur vor, so können Cashflowrechnung, Gewinn- und Verlustrechnung und Bilanzen komplettiert und verprobt werden. Schließlich sind Annahmen zu treffen über den zu erzielenden Kaufpreis beim Exit. Damit liegen dann alle Größen vor, um in einem nächsten Schritt durch Variation von Kaufpreis und Finanzierungsstruktur zu einem realistischen Szenario zu gelangen, das vernünftige Annahmen zur operativen Planung enthält, das „bankable" ist, also hinsichtlich Finanzierungsstruktur und Finanzierungskennzahlen im grünen Bereich liegt, und das eine Mindestrendite auf das eingesetzte Eigenkapital von 25 % erwarten lässt.

Auch hier sind Sensitivitätsanalysen üblich, bei denen Kauf- und Verkaufs-Multiplikatoren und der Verkaufszeitpunkt (in 3, 4, 5 Jahren) variiert werden. Am Ende wird auch hier eine Bandbreite des maximal möglichen Kaufpreises stehen.

3.5.2 Optionspreisbasierte Bewertungsverfahren

Die optionspreisbasierten Bewertungsverfahren gehen letztlich zurück auf eine Kritik am Kapitalwertverfahren der Investitionsrechnung. Das Verfahren sei zu statisch, weil es Handlungsoptionen, die sich während der Laufzeit der Investition ergeben, vernachlässige. Es führe daher tendenziell zu einer Unterbewertung von Investitionsprojekten.

Beispiel: Ein junges Unternehmen verfüge über ein Patent für eine neue Technologie zur Herstellung von In-vitro-Fleisch. Der diskontierte Barwert aller künftigen Cashflows bei einem Produktionsstart in einem Jahr betrage 150 Mio. Euro. Der erforderliche Investitionsbetrag heute bei einem Produktionsstart in einem Jahr betrage 200 Mio. Euro. Der Kapitalwert des Projekts ist demzufolge negativ, die Investition sollte nicht durchgeführt werden. Gleichwohl hat dieses Patent einen Wert – der Start der Investition muss nicht heute, sondern er kann auch zu einem späteren Zeitpunkt erfolgen, wenn die Nachfrage nach dem Produkt signifikant gestiegen ist.

Neben dieser Warteoption bei Investitionen werden im Schrifttum die Abbruchoption (für den Fall, dass die tatsächlichen Cashflows unter den erwarteten Cashflows bleiben) und die Erweiterungsoption (zum Beispiel der stufenweise Aufbau von Fertigungskapazitäten je nach Erfolg des Produkts oder der Eintritt in weitere attraktive Geschäftsfelder, der ohne die erste Investition nicht möglich ist) als wesentliche weitere Optionen genannt, die den Wert einer Investition erhöhen.

Zur Bewertung dieser „realen" Handlungsoptionen (man spricht vom „Realoptions ansatz") wird auf Modelle zur Wertermittlung von Finanzoptionen zurückgegriffen, von klassischen Kauf- und Verkaufsoptionen auf Aktien. Eine Option auf Aktien beinhaltet das Recht (nicht die Pflicht!), innerhalb eines bestimmten Zeitraums zu einem bestimmten Preis eine bestimmte Menge dieser Aktien zu erwerben oder zu veräußern. Hierfür lässt sich aus

- aktuellem Marktpreis der Aktie,
- der Volatilität der Aktie,
- erwarteten Dividenden,
- dem Ausübungspreis,
- der Laufzeit der Option und
- dem risikofreien Zins

ein Wert ermitteln. Die Standardmodelle (Binomial- und *Black-Scholes*-Modell) ermitteln den Wert der Option, indem sie aus Aktie und Anlage oder Kredit zum risikolosen Zins ein Portfolio nachbilden, das dieselben Eigenschaften hat wie die Option. Der

Wert der Option entspricht dann dem Wert des Portfolios (aus der Aktie und der Anlage oder dem Kredit).

Die Frage ist, ob diese Methodik auch auf das obige Beispiel angewendet werden kann. Marktpreis 150 Mio. Euro, Ausübungspreis 200 Mio. Euro, Laufzeit entspricht der des Patents, risikoloser Zins ist verfügbar, Volatilität und Dividenden können geschätzt werden, und schon lässt sich ein Optionspreis ermitteln. Verlockend. Doch mit diesem Wert bewegt man sich auf sehr dünnem Eis. Aktien werden täglich gehandelt, Kunstfleisch nicht. Eine Replikation der Option durch Basiswert und Anlage oder Kredit zum risikofreien Zins unterstellt jedoch die Handelbarkeit des Basiswerts. Eine Option auf Aktien garantiert das Recht, die Aktien zu kaufen oder zu verkaufen. Was garantiert das Patent? Exklusivität auf Kunstfleisch? Vermutlich nur auf eine bestimmte Technologie zur Herstellung. Andere Technologien von Konkurrenten bieten wahrscheinlich ebenfalls Zugang zu diesem Markt. Eine Vergleichbarkeit zu Finanzoptionen und damit die Rechtfertigung, Finanz-Optionspreismodelle auf reale Optionen anzuwenden, ist unseres Erachtens in aller Regel nicht gegeben. Das Entscheidungsbaumverfahren ist hier eine alternative Möglichkeit, Handlungsoptionen bei Investitionen explizit zu berücksichtigen.

Der Kauf von Unternehmen lässt sich, wie schon ausgeführt, auch als Investition interpretieren. So gibt es im Schrifttum auch Ansätze zur Unternehmensbewertung mit dem Realoptionsansatz. In der Praxis hat sich dies (bislang) so gut wie gar nicht durchsetzen können. Zur Blütezeit der „New Economy“ gab es hier und da Versuche, die vermeintlich „strategischen“ Werte mit realen Optionen zu erklären und es kann auch nicht ausgeschlossen werden, dass sich dies in Zeiten hoher Bewertungen (aktuell, Mitte 2014: *Uber*, *Tesla*, *Alibaba*, um nur einige zu nennen) wiederholt.

Bevor hier über Optionspreismodelle nachgedacht wird, sollte geprüft werden,

- ob mit dem Unternehmenskauf (oder Unternehmensverkauf) überhaupt eine Option mit der für Optionen typischen asymmetrischen Auszahlungsstruktur vorliegt,
- worin sie genau besteht, was der Basiswert ist (Rohstoff, Medikament, Technologie),
- ob es eine Laufzeit gibt,
- ob exklusiver Zugang zum Basiswert garantiert ist (zahlreiche hohe Bewertungen während des Dotcom-Booms wurden mit dem Zugang zum E-Commerce begründet – wie sich herausstellte, war der indes nicht exklusiv und die Bewertungen nicht von langer Dauer),
- ob der Basiswert an einer Börse gehandelt wird.

Erst wenn diese Voraussetzungen alle gegeben sind (wir vermuten, dass die Voraussetzungen in 99 von 100 Fällen nicht erfüllt sind), macht der Einsatz von Optionspreismodellen Sinn. Praktische Relevanz dürfte hier allenfalls bei der Bewertung von Unternehmen mit exklusivem Zugang zu nicht genutzten Rohstoffvorkommen (Öl, Gas, Edelmetalle) bestehen. Auf der Webseite von *Damodaran* ist ein Excel-Spreadsheet zu finden, http://www.stern.nyu.edu/~adamodar/pc/natres.xls, das sich zur Bewertung in diesen Fällen nutzen lässt.

3.5.3 Asset-based Bewertungsverfahren (Substanzbewertungen)

Bei Substanzbewertungen wird der Unternehmenswert nicht als Gesamtwert auf der Grundlage künftiger Cashflows oder auf Basis der Bewertung vergleichbarer börsennotierter Unternehmen oder vergleichbarer Transaktionen ermittelt, sondern als Summe der Werte der Vermögensgegenstände abzüglich der Schulden des Unternehmens. Es findet eine Einzelbewertung, keine Gesamtbewertung statt. Sie kommt in verschiedenen Varianten vor, als

- Buchwert, gegebenenfalls mit Anpassungen,
- Liquidationswert,
- Wiederbeschaffungswert.

Buchwerte spielen im Rahmen der Substanzwertermittlung vor allem bei der externen Rechnungslegung (Goodwillermittlung, Fair Value) eine Rolle. Auch bei Abfindungen von ausscheidenden Gesellschaftern kommen sie vor.

Soll ein Unternehmen durch Verkauf der einzelnen Vermögensgegenstände liquidiert oder durch Verkauf einzelner Vermögensgegenständen restrukturiert werden, so ist zu berücksichtigen, dass nicht alle Vermögensgegenstände und Schulden in der normalen Jahresbilanz erfasst sein müssen (Marken, bei der Liquidation zu erstellende Sozialpläne), so dass diese unvollständig und dementsprechend zu ergänzen ist.

Gelegentlich trifft man in der Praxis im Rahmen von Kaufpreisverhandlungen auch auf Substanzwerte in Gestalt von Wiederbeschaffungswerten, insbesondere bei vermeintlich „schwierigen“ Bewertungsfällen, Unternehmen, die hohe Verluste erwirtschaften. Zu bedenken ist, dass in aller Regel kein vernünftiger Käufer genau all diese (in ihrer Summe) verlustbringenden Assets wiederbeschaffen würde, sondern allenfalls Teile davon.

3.5.4 APV-Bewertung

Das → Adjusted-Present-Value (APV)-Verfahren ist eine Variante der Enterprise-DCF-Methode. Der Enterprise Value wird dabei in mehreren Schritten ermittelt. Der erste Schritt ist dabei regelmäßig die Ermittlung des Enterprise Value unter der Annahme, dass das Unternehmen schuldenfrei sei. Die freien Cashflows werden wie in Abschnitt 3.2.2.2 beschrieben ermittelt und sind dann nicht mit den gewichteten Kapitalkosten (WACC) zu diskontieren, sondern mit den zu schätzenden hypothetischen Kapitalkosten, die sich ergeben würden, wenn das Unternehmen keine zinstragenden Verbindlichkeiten hätte.

Im Sonderfall von mit gleichbleibender Rate wachsender freier Cashflows gilt dann:

$$\text{Enterprise Value}_u = \frac{\text{Freier Cashflow}_1}{CC_u - g} \quad \text{mit}$$

$\text{Enterprise Value}_u$ = Enterprise Value bei unterstellter ausschließlicher Finanzierung mit Eigenkapital

CC_u = Kapitalkosten bei unterstellter ausschließlicher Finanzierung mit Eigenkapital

Die Kapitalkosten unverschuldeter Unternehmen (CC_u) bestehen ausschließlich aus deren Eigenkapitalkosten (die Gewichtung für das Fremdkapital ist 0). Bei den Eigenkapitalkosten sind der risikolose Zins sowie die Marktrisikoprämie „gesetzt", also unabhängig von der Finanzierungsstruktur des Unternehmens. Lediglich das Beta ändert sich, je höher die Verschuldung, desto höher das Beta und umgekehrt. Will man dieses Beta und damit die hypothetischen Eigenkapitalkosten schätzen, so kann man sich die in Abschnitt 3.2.2.3 dargestellten Beziehungen zwischen schuldenfreien und verschuldeten Betas zunutze machen:

$$b_u = \frac{b_{aktuell}}{(1 + ((1 - t) \cdot D/E)} \quad \text{mit}$$

b_u = dem gesuchten Beta für das unverschuldete Unternehmen
$b_{aktuell}$ = dem derzeitigen Beta für das Unternehmen bei gegebener Verschuldung
t = Steuersatz
D = Marktwert des Fremdkapitals
E = Marktwert des Eigenkapitals

Die Grundidee beim APV-Ansatz besteht darin, den Unternehmenswert zu „zerlegen" in einen Wert, der durch die operativen Tätigkeiten bestimmt wird, dies ist der gerade beschriebene erste Schritt, und einen sich durch „Financial Engineering" ergebenden Wert, der in einem zweiten Schritt ermittelt wird. Zu diesem zweiten Schritt gehören

- die Ermittlung des Barwerts künftiger, durch Fremdkapitalaufnahme verursachter Steuerersparnisse („Tax Shield"),
- die Ermittlung des Barwerts der durch die Fremdkapitalaufnahme induzierten höheren Insolvenzkosten,
- weitere Effekte, die durch die Wahl der Finanzierungsstruktur bedingt sind, zum Beispiel öffentliche Zuschüsse, Hedge-Konstruktionen oder Emissionskosten.

In den meisten Fällen wird im zweiten Schritt jedoch ausschließlich der Barwert künftiger Steuerersparnisse berechnet. Dieses Vorgehen ist fragwürdig, da insbesondere bei hohen Verschuldungsgraden nicht davon ausgegangen werden kann, dass die erwarteten Insolvenzkosten vernachlässigbar niedrig sind.

Die Steuerersparnisse resultieren daraus, dass Zinsen auf Fremdkapital im Gegensatz zu Dividenden steuerlich relevant sind, also von der Bemessungsgrundlage abgezogen werden können. Dies gilt in fast allen Steuerhoheiten. Und es gibt zahlreiche Sonderregelungen, denen Rechnung zu tragen ist. In Deutschland sind, wie in Abschnitt 3.2.2.3 erwähnt, bei der Gewerbesteuer nur 75 % der Zinsaufwendungen abzugsfähig.

Der Steuereffekt ergibt sich aus dem Steuersatz (in Deutschland bei Kapitalgesellschaften rund 26,5 %), den Kosten für das Fremdkapital (dem vereinbarten Zinssatz) und der Höhe der zinstragenden Verbindlichkeiten. Abgezinst werden diese jährlichen Steuerersparnisse üblicherweise mit den Fremdkapitalkosten (Risikoäquivalenz wird unterstellt; es gibt aber auch andere Ansätze). Im Sonderfall jährlich gleichbleibender und ewig erzielbarer Steuerersparnisse ergibt sich:

$$\begin{aligned}\text{Barwert der Steuerersparnisse} &= \frac{\text{Steuersatz} \cdot \text{Fremdkapitalkosten} \cdot \text{Fremdkapital}}{\text{Fremdkapitalkosten}} \\ &= \text{Steuersatz} \cdot \text{Fremdkapital} \\ &= t \cdot D\end{aligned}$$

Der Enterprise Value eines verschuldeten Unternehmens ergibt sich beim APV-Ansatz aus Summe des Enterprise Value unter der Annahme, das Unternehmen sei unverschuldet und dem Barwert der durch die Fremdfinanzierung induzierten Steuerersparnisse:

$$\text{Enterprise Value} = \text{Enterprise Value}_u + \text{Barwert der Steuerersparnisse}$$

Der APV-Ansatz hat seinen Reiz. Er weist die Quellen des Unternehmenswerts aus. Insbesondere bei planbaren absoluten Beträgen der zinstragenden Verbindlichkeiten (wie zum Beispiel bei LBO-Strukturen) zeigt er seine Stärke. Eine einfache Excel-Tabelle, aus der sich für jedes Jahr Kreditstand, Zinssatz, sich daraus ergebende Zinsbelastung, Steuersatz, sich daraus ergebender Steuervorteil und der Barwert desselben sowie die Summe der Barwerte ergeben, ist schnell erstellt. Beim Enterprise-DCF-Verfahren arbeiten wir, wie in Abschnitt 3.2.2.3 gezeigt, mit sich aus den Marktwerten von Eigen- und Fremdkapital ergebenden Relationen und nicht mit absoluten Beträgen. Dort lassen sich auch schwankende Kreditstände durch jährlich schwankende WACC abbilden, jedoch bei weitem weniger benutzerfreundlich.

Dem APV-Ansatz wurde einst eine große Zukunft vorhergesagt. Die Erwartung war an manchen Stellen, dass er die Enterprise-DCF-Methode ablösen würde. Dies ist so nicht eingetreten. Der pragmatische Ansatz der Ermittlung der gewichteten Kapitalkosten hat sich bislang durchgesetzt, auch wenn er, vor allem bei schwankendem Fremdkapital, mit Unschärfen verbunden ist.

3.5.5 Ertragswertverfahren

In Deutschland war lange Zeit das → Ertragswertverfahren der dominierende Ansatz. Danach bestimmt der künftige Ertrag den Wert des Unternehmens. Der Ertragsbegriff kann dabei weit gefasst werden und alle Zielbeiträge umfassen, die dem Bewertungssubjekt, also dem oder den Eigentümern oder einem potenziellem Erwerber, Nutzen versprechen. In der Bewertungspraxis hat man sich jedoch fast ausschließlich an den künftigen finanziellen Überschüssen orientiert und diese auf den Bewertungszeitpunkt abdiskontiert. Wie die DCF-Methode ist auch das Ertragswertverfahren ein Kapitalwertkalkül.

Als bewertungsrelevante finanzielle Überschüsse gelten die den Eigentümern, also den Eigenkapitalgebern zustehenden Mittel. Insofern besteht Identität zwischen Ertragswertverfahren und Equity-DCF-Methode. Dieser Überschuss wird in der englischsprachigen Literatur Cashflow to Equity (CFE) oder Free Cashflow to Equity (FCFE) genannt und lässt sich wie folgt ermitteln:

	Jahresüberschuss	
plus	Abschreibungen	
minus	Investitionen	Investitionen in das Anlagevermögen
minus (plus)	Erhöhung (Verminderung) Working Capital	Umlaufvermögen ohne liquide Mittel abzüglich kurzfristige Verbindlichkeiten und Rückstellungen ohne zinstragende Verbindlichkeiten
plus	Fremdkapitalaufnahme	Darlehen, Anleihen und sonstige zinstragende Verbindlichkeiten
minus	Fremdkapitalrückzahlung	Darlehen, Anleihen und sonstige zinstragende Verbindlichkeiten
	Freier Cashflow der Eigenkapitalgeber (FCFE oder CFE)	

Das Ertragswertverfahren (gleich Equity-DCF-Verfahren) setzt wie das Enterprise-DCF-Verfahren eine vollständige Unternehmensanalyse wie in Abschnitt 3.2.2.1 beschrieben und eine darauf aufbauende integrierte Planung von Gewinn- und Verlustrechnung, Bilanz und Cashflow voraus. Das in Abschnitt 3.2.2.2 beschriebene Vorgehen ist dabei zu ergänzen um eine Planung der zinstragenden Verbindlichkeiten sowie des Zinsergebnisses.

Wie beim Equity-DCF-Verfahren werden auch beim Ertragswertverfahren die den Eigentümern zustehenden freien Cashflows (FCFE oder CFE) mit einem risikoäquivalenten Zinssatz diskontiert. Und wie bei der Equity-DCF-Methode ist der Ausgangspunkt der risikolose Zins, der um einen Zuschlag für das Risiko erhöht wird. Lediglich bei der Ermittlung dieses Zuschlags gab es unterschiedliche Vorgehensweisen. Inzwischen bedient man sich jedoch auch in der deutschen Bewertungspraxis des CAPM und ermittelt so die Eigenkapitalkosten, die als Diskontierungssatz dienen. Der Zuschlag zum risikolosen Zins entspricht dann dem Beta mal der Marktrisikoprämie. Auf die Ausführungen in Abschnitt 3.2.2.3 in Unterpunkt 1 wird verwiesen.

Der Ertragswert ergibt sich dann als:

$$\text{Ertragswert} = \sum_{t=1}^{n} \frac{\text{FCFE}_t}{(1 + \text{Eigenkapitalkosten})^t} + \frac{\text{FCFE}_n \cdot (1+g)}{(\text{Eigenkapitalkosten}_{\text{ER}} - g)} \quad \text{mit}$$

$\text{Eigenkapitalkosten}_{\text{ER}}$ den gegebenenfalls von den Eigenkapitalkosten während des Detailplanungszeitraums abweichenden Eigenkapitalkosten für die ewige Rente.

Der Enterprise Value ergibt sich dann wie folgt:

$$\begin{aligned}\text{Enterprise Value} &= \text{Ertragswert} + \text{Nettoverschuldung}\\ &= \text{Ertragswert} + \text{zinstragende Verbindlichkeiten - liquide Mittel}\end{aligned}$$

Die Ertragswertmethode oder der Equity-DCF-Ansatz findet Anwendung bei der Bewertung von Banken, Versicherungen und anderen Finanzdienstleistern. Das Schema des Enterprise-DCF-Verfahrens stößt hier an seine Grenzen: Ergebnis vor Zinsen und Veränderungen Working Capital machen bei diesen Unternehmen wenig Sinn. Zinserträge und Zinsaufwendungen gehören dort zum operativen Geschäft, ebenso wie große Teile der zinstragenden Verbindlichkeiten und die liquiden Mittel.

Lernfragen

[1] Wie unterscheiden sich APV-Verfahren und Enterprise-DCF-Methode?

[2] Grenzen Sie Ertragswertverfahren und Equity-DCF-Verfahren voneinander ab.

3.6 Ausgewählte Einzelaspekte

Wissensziele

- Sie sollen verstehen, wie Positionen bei der Unternehmensbewertung behandelt werden, die sich nicht oder nicht eindeutig dem Eigenkapital, den zinstragenden Verbindlichkeiten, dem Working Capital oder dem betriebsnotwendigem Vermögen zuordnen lassen.
- Neben bilanziellen existieren auch außerbilanzielle Sachverhalte, deren Behandlung bei Unternehmensbewertungen sie verstehen sollen.

3.6.1 Liquide Mittel

Jedes Unternehmen benötigt zur Aufrechterhaltung seines Geschäftsbetriebs einen Grundbestand an Liquidität. *McDonalds* und *H&M* kommen nicht ohne Kassenbestände aus. Und auch Unternehmen, die ausschließlich im B2B-Bereich tätig sind und ihren Zahlungsverkehr bargeldlos abwickeln, verfügen in aller Regel über einen zumindest minimalen Kassenbestand.

Darüber hinaus wird auf den Bankkonten in aller Regel ein Mindestsaldo vorgehalten, da sich Ein- und Auszahlungen nie perfekt synchronisieren lassen. Wie hoch dieser Bestand ist, hängt vom Geschäftsfeld des Unternehmens ab und schwankt von Branche zu Branche.

Diesen Teil der Liquidität rechnen wir dem Working Capital zu. Hat der Bewerter Zugang zum Management, so lässt sich aus der Analyse der Kassenbestände und der laufenden Bankkonten über einen repräsentativen Zeitraum ermitteln, welcher „Bodensatz“ erforderlich ist. Ist der Bewerter auf ausschließlich extern verfügbare Informationsquellen angewiesen, muss er ihn schätzen. In (mindestens) 9 von 10 Fällen wird hierbei in der Praxis ein Wert von 0 angesetzt, also alle liquiden Mittel als nicht betriebsnotwendig klassifiziert.

Der Teil der Liquidität, der über diesen „Bodensatz" hinaus geht, stellt einen zusätzlichen Wert für die Eigen- und Fremdkapitalgeber des Unternehmens dar. Er sollte gesondert ausgewiesen und gesondert bewertet werden. Bei Anwendung der Enterprise-DCF-Methode geschieht dies „automatisch". Anknüpfungspunkt zur Ableitung des freien Cashflows ist der EBIT, also das Ergebnis vor Zinsen, vor Zinserträgen und Zinsaufwendungen. Künftige Zinserträge, die mit der Überschussliquidität erwirtschaftet werden, fließen also nicht in den freien Cashflow mit ein. Der Enterprise Value ist demzufolge ein Wert vor Überschussliquidität. Enterprise Value plus Liquide Mittel ergeben dann den Wert, der Eigen- und Fremdkapitalgebern zur Verfügung steht. Siehe dazu die Schaubilder in Abschnitt 3.2.1 (Hinweis: In einigen Lehrbüchern wird eine andere Definition verwendet. Dort versteht man unter Enterprise Value den Wert des operativen Geschäfts plus den Wert der liquiden Mittel, was aber in der Praxis gemeinhin als Firm Value bezeichnet wird.)

Die Equity-DCF-Methode jedoch setzt bei der Herleitung des FCFE (CFE, freier Cashflow der Eigenkapitalgeber) beim Jahresüberschuss auf mit der Konsequenz, dass auch die mit der Überschussliquidität in Zukunft erwirtschafteten Zinsen mit in den zu diskontierenden FCFE einfließen. Das Problem besteht darin, dass beim Abdiskontieren die Eigenkapitalkosten verwendet werden. Jetzt sind liquide Mittel normalerweise in Form von laufenden Bankguthaben, kurzfristigen Geldmarktpapieren und sonstigen kurzfristig liquidierbaren Finanzanlagen angelegt. Es handelt sich um vergleichsweise risikoarme Investitionen (auch hier sind leider Ausnahmen möglich), deren Erträge dann mit den Eigenkapitalkosten, die ja einen Risikozuschlag enthalten, abgezinst werden.

Dieses Vorgehen ist inkonsistent. Es ist aus Vereinfachungsgründen dann nicht zu beanstanden, wenn – wie in vielen Fällen – die Überschussliquidität nur einen verschwindend geringen Prozentsatz der Bilanzsumme und des Unternehmenswerts ausmacht. Bei einem Unternehmen wie *Apple* mit rund 160 Mrd. „Cash and Cash Equivalents" (beim Entstehen dieser Zeilen) geht das nicht mehr – hier sind

- entweder die Erträge aus den liquiden Mitteln mit einem risikoangepassten Zinssatz (bei einem Beta von 0 zum Beispiel mit dem risikofreien Zins) zu diskontieren
- oder der FCFE um Zinserträge zu bereinigen und die liquiden Mittel separat zu bewerten.

Der aktuelle Marktwert ist Ausgangspunkt für die Bewertung der Überschussliquidität. Anpassungen sind aber gegebenenfalls dann erforderlich, wenn die liquiden Mittel im Ausland gehalten werden und bei einer Rückführung ins Inland einer Besteuerung unterliegen. Dies ist bei US-Unternehmen regelmäßig ein Thema. Hier ist im Einzelfall zu prüfen, ob eine kurzfristige Rückführung der Mittel mit der einhergehenden Besteuerung tatsächlich beabsichtigt ist oder ob sich die liquiden Mittel im Ausland für Investitionen nutzen lassen.

3.6.2 Beteiligungen, Anteile anderer Gesellschafter und sonstige gesondert zu bewertende Vermögensgegenstände

Anteile an anderen Unternehmen sollten grundsätzlich separat bewertet werden. Dies gilt auch, wenn es sich um Mehrheitsanteile handelt, das Unternehmen also konsolidiert wird. Das konsolidierte Unternehmen kann eine völlig andere Risikostruktur aufweisen als das Mutterunternehmen, so dass eine konsolidierte Bewertung zu Fehleinschätzungen führen kann. Indes liegen in der Praxis nicht immer alle Informationen vor, die für eine getrennte Bewertung vonnöten sind. Oder es wird als zu aufwendig empfunden, weil die Anzahl der in den Konzernabschluss einbezogenen Unternehmen sehr groß ist. Daher ist es gang und gäbe, die Bewertung auf dem konsolidierten Ergebnis aufzubauen.

Hält das Mutterunternehmen die Mehrheit, aber weniger als 100 % der Anteile am Tochterunternehmen, so wird das Unternehmen zu 100 % konsolidiert und der Tatsache, dass nicht alle Anteile dem Mutterunternehmen gehören dadurch Rechnung getragen, dass auf der Passivseite der Konzernbilanz ein Ausgleichposten „Anteile anderer Gesellschafter" ausgewiesen wird. In der Konzernergebnisrechnung wird der Ergebnisanteil dieser Gesellschafter ebenfalls ausgewiesen. Es handelt sich wirtschaftlich um einen Anteil an einer Tochtergesellschaft und nicht um einen Anteil am Mutterunternehmen oder am Konzern.

Erfolgt die Bewertung, wie in der Praxis üblich, auf Basis des Konzernergebnisses und nicht auf Basis einer Einzelbewertung der Unternehmen, so ist dem Rechnung zu tragen. Aus

$$\text{Enterprise Value} = \text{Eigenkapital} + \text{Nettoverschuldung}$$

wird dann

$$\begin{aligned}\text{Enterprise Value} = {} & \text{Wert des Eigenkapitals} + \text{Nettoverschuldung} \\ & - \text{Anteil anderer Gesellschafter}\end{aligned}$$

und

$$\begin{aligned}\text{Wert des Eigenkapitals} = {} & \text{Enterprise Value} - \text{Nettoverschuldung} \\ & - \text{Anteil anderer Gesellschafter}\end{aligned}$$

Bei der Bewertung der Anteile anderer Gesellschafter ist zu beachten, dass die in der Konzernbilanz ausgewiesenen Werte Buchwerte sind. Sie sind zu ersetzen durch die Anteile am tatsächlichen Wert des oder der in den Konzernabschluss einbezogenen Tochterunternehmen. Dies ist dann relativ leicht, wenn diese Unternehmen börsennotiert sind. Der Börsenkurs kann als relativ gute Approximation für den Wert der Minderheitenanteile herangezogen werden. Gibt es keine Börsennotierung, so ist für das Tochterunternehmen eine eigene DCF-Bewertung vorzunehmen. Liegen die dafür benötigten Informationen nicht vor, dann sollte der Unternehmenswert mit Hilfe von Multiplikatoren (Comparable Companies Analysis oder Precedent Transactions Analysis) geschätzt werden. Als letzter Ausweg bleibt dann doch wieder der Buchwert. Und in den Fällen, in denen der Wert der Anteile anderer Gesellschafter verschwindend gering ist, mag man mit dieser Unschärfe auch leben wollen.

Auch Minderheitsbeteiligungen sollten gesondert bewertet werden. Falls sie notiert sind, kann aus dem Börsenwert der Wert der Anteile hergeleitet werden. Sind sie nicht notiert, so ist nach Möglichkeit eine DCF-Bewertung vorzunehmen, ergänzend oder gegebenenfalls ersatzweise eine Bewertung auf der Basis von Multiplikatoren. Um Doppelzählungen zu vermeiden, ist das Ergebnis aus diesen Beteiligungen (Erträge und Aufwendungen aus Beteiligungen und Ergebnis aus Unternehmen, die nach der Equity-Methode einbezogen werden) bei der Berechnung der freien Cashflows (oder des FCFE) außen vor zu lassen.

Es gibt Produktionsunternehmen, die zur Absatzfinanzierung ihrer Produkte eigene Finanzdienstleister als Tochtergesellschaften betreiben. Als Beispiel ist hier die Automobilindustrie zu nennen. Aufgrund der grundsätzlich anderen Struktur der beiden Geschäftsfelder (Automobilherstellung und Absatzfinanzierung) empfiehlt sich auch hier eine getrennte Bewertung. Üblicherweise weisen die Konzernabschlüsse der Unternehmen die Aktivitäten des Leistungs- und des Finanzbereichs getrennt aus und liefern somit die Grundlagen dafür.

Neben Beteiligungen gibt es weitere Vermögensgegenstände, die im Rahmen von Unternehmensbewertungen gesondert bewertet werden. Dazu gehören zum Verkauf bestimmte Vermögensgegenstände und das so genannte nicht betriebsnotwendige Vermögen (Vermögensgegenstände, die ohne Beeinträchtigung des operativen Cashflows veräußert werden könnten). Beispiel ist hier das nicht genutzte Grundstück (Innenstadtlage in einer attraktiven Großstadt). Hier erfolgt der Ansatz mit dem voraussichtlichen Veräußerungserlös. Ist die Veräußerung nicht sofort, sondern erst in einigen Jahren möglich, so ist er abzuzinsen. Steuereffekte, die aus einer Veräußerung resultieren, sind zu berücksichtigen. Ebenso Verbindlichkeiten, die mit dem nicht betriebsnotwendigen Vermögen zusammenhängen. Die Ergebnisse aus dem gesondert bewerteten Vermögen (und gegebenenfalls damit zusammenhängenden Verbindlichkeiten) sind bei der Herleitung der freien Cashflows zu eliminieren (Vermeidung von Doppelzählungen).

Aus

Enterprise Value	=	Wert des Eigenkapitals
+ liquide Mittel		+ zinstragende Verbindlichkeiten

oben in den Schaubildern in Abschnitt 3.2.1 wird jetzt

Enterprise Value (operatives Geschäft)		Wert des Eigenkapitals
+ liquide Mittel	=	+ zinstragende Verbindlichkeiten
+ Wert gesondert bewerteter Vermögensgegenstände		+ Anteile anderer Gesellschafter

oder

Wert des Eigenkapitals	=	Enterprise Value (operatives Geschäft) + liquide Mittel + Wert gesondert bewerteter Vermögensgegenstände - zinstragende Verbindlichkeiten - Anteile anderer Gesellschafter

3.6.3 Pensionszusagen und Rückstellungen

Künftige Verpflichtungen aus Pensionszusagen können einen erheblichen Anteil an der Bilanzsumme des zu bewertenden Unternehmens ausmachen. Für die Unternehmensbewertung relevant sind in erster Linie Leistungszusagen des Arbeitgebers gegenüber seinen Arbeitnehmern (so genannte Defined Benefits). Diese Zusagen können durch den Aufbau eines eigenen Planvermögens oder durch Versicherungen „gedeckt" sein. Dabei sind folgende Fallkonstellationen möglich:

- Das Planvermögen ist höher als der Wert der künftigen Verpflichtungen. Es liegt eine Überdeckung vor.
- Das Planvermögen entspricht dem Wert der künftigen Verpflichtungen. Die Pensionen sind voll gedeckt.
- Das Planvermögen ist geringer als der Wert der künftigen Verpflichtungen. Es liegt eine Unterdeckung vor
- Es gibt überhaupt gar kein Planvermögen. Die künftigen Verpflichtungen sind ungedeckt.

International ist es überwiegend gebräuchlich, für Pensionszusagen einen separaten Kapitalstock, ein eigenes Planvermögen aufzubauen. Es sind überdeckte, gedeckte und unterdeckte, nur selten vollkommen ungedeckte Pensionen anzutreffen. In Deutschland wurde lange Zeit kein Planvermögen in den Unternehmen für die Pensionsverpflichtungen aufgebaut. Es wurde unterstellt, dass der Rückfluss aus dieser Innenfinanzierung ausreichend sei, um im Leistungsfall für die notwendige Liquidität zu sorgen. Erst in den letzten Jahrzehnten wurde langsam mit dem Aufbau gesonderter, vom operativen Vermögen getrennter Planvermögen begonnen. Bei den DAX-Unternehmen sind inzwischen rund zwei Drittel der Pensionszusagen durch Planvermögen gedeckt (anders ausgedrückt: ein Drittel der Pensionszusagen sind ungedeckt). Bundesweit dürfte der Deckungsgrad deutlich unter denen der DAX-Konzerne liegen, so dass bei der Bewertung von Unternehmen mit Pensionszusagen in Deutschland in aller Regel von einer deutlichen Unterdeckung auszugehen ist.

Zur Ermittlung des Ausmaßes der Unterdeckung ist ein ausführliches versicherungsmathematisches Gutachten erforderlich. Bei den DAX-Unternehmen werden die Annahmen, die hinsichtlich Sterbetafeln, Diskontierungszinssatz, erwartete Steigerungsraten bei Gehalt und bei Renten sowie erwartete Rendite des Planvermögens (soweit vorhanden) in den Jahresabschlüssen veröffentlicht. Ebenso werden in begrenztem Umfang Auswirkungen bei Änderungen einzelner Input-Variablen angegeben. Bei nicht notierten Unternehmen ist in aller Regel Input vom Management erforderlich, um zu einer belastbaren Bewertung der Pensionen zu kommen. Der Bilanzausweis bietet aufgrund von bestehenden handelsrechtlichen Übergangsregelungen oft nur einen groben Anhaltswert.

Liegt insgesamt eine Überdeckung vor, so liegt es nahe, diese gesondert zum Enterprise Value hinzuzuaddieren. Jedoch ist zu prüfen, ob ein Zugriff auf diese Mittel rechtlich überhaupt möglich wäre. Außerdem sind steuerliche Auswirkungen zu berücksichtigen. In manchen Steuerhoheiten sind hohe Steuersätze vorgesehen, wenn auf das Planvermögen zugegriffen wird.

Eine Unterdeckung ist wirtschaftlich betrachtet der versicherungsmathematische Barwert künftiger Cash-Outflows aus den eingegangenen Pensionsverpflichtungen. Man kann die Unterdeckung behandeln wie zinstragende Verbindlichkeiten und sie als weitere Komponente neben den Eigenkapitalkosten und den Fremdkapitalkosten bei der Ermittlung der WACC berücksichtigen. Eine andere Möglichkeit, die wir bevorzugen, besteht darin, sie als fremdkapitalähnliche Position vom Enterprise Value abzuziehen, um zum Eigenkapitalwert zu gelangen. Es ergibt sich dann folgende Beziehung zwischen Enterprise Value und Eigenkapitalwert:

Enterprise Value (operatives Geschäft) + liquide Mittel + Wert gesondert bewerteter Vermögensgegenstände	=	Wert des Eigenkapitals + zinstragende Verbindlichkeiten + Anteile anderer Gesellschafter + Unterdeckung Pensionszusagen

Oder:

Wert des Eigenkapitals	=	Enterprise Value (operatives Geschäft) + liquide Mittel + Wert gesondert bewerteter Vermögensgegenstände - zinstragende Verbindlichkeiten - Anteile anderer Gesellschafter - Unterdeckung Pensionszusagen

Zu beachten ist, dass bei den Korrekturrechnungen keine Doppelerfassungen vorgenommen werden. Im freien Cashflow sollte, wenn der Eigenkapitalwert nach der obigen Gleichung abgeleitet wird, lediglich der Dienstzeitaufwand (Service Cost) berücksichtigt werden, nicht der Zinsaufwand (Interest Cost) und andere Positionen wie versicherungsmathematische Gewinne und Verluste.

Neben den Pensionsrückstellungen gibt es auf der Passivseite der Bilanz weitere Positionen, die sich weder den zinstragenden Verbindlichkeiten noch dem Working Capital zuordnen lassen. Als Beispiel seien hier einmalige Rückstellungen für Restrukturierungsaufwendungen genannt oder Rückstellungen für Prozessrisiken. Hierfür sollten, gegebenenfalls unter Berücksichtigung von Eintrittswahrscheinlichkeiten, Nach-Steuer-Barwerte ermittelt und diese als fremdkapitalähnliche Positionen vom Enterprise Value abgezogen werden, um zum Eigenkapitalwert zu gelangen.

Latente Steuern sind daraufhin zu analysieren, ob sie zum operativen oder zum nichtoperativen Bereich gehören, wann sie voraussichtlich fällig werden und dann gegebenenfalls vom Enterprise Value abzuziehen. Steuerliche Verlustvorträge stellen einen gesondert zu bewertenden Vermögensgegenstand dar und sind zum Enterprise Value hinzuzuaddieren. Die obige Gleichung wird um eine weitere Position reicher:

Enterprise Value (operatives Geschäft) + liquide Mittel + Wert gesondert bewerteter Vermögensgegenstände	=	Wert des Eigenkapitals + zinstragende Verbindlichkeiten + Anteile anderer Gesellschafter + Unterdeckung Pensionszusagen + sonstige fremdkapitalähnliche Positionen

Oder:

Wert des Eigenkapitals	=	Enterprise Value (operatives Geschäft) + liquide Mittel + Wert gesondert bewerteter Vermögensgegenstände - zinstragende Verbindlichkeiten - Anteile anderer Gesellschafter - Unterdeckung Pensionszusagen - sonstige fremdkapitalähnliche Positionen

3.6.4 Außerbilanzielle Finanzierungsformen

Wie oben in Punkt 3.2.2.1 ausgeführt, sollte bei Unternehmen mit hohen „Operating Leases" eine Umgliederung der damit einhergehenden außerbilanziellen Verbindlichkeiten und Rechte in die Bilanz erfolgen. Wirtschaftlich handelt es sich bei Leasingverbindlichkeiten eindeutig um zinstragende Verbindlichkeiten. IASB und FASB arbeiten seit Jahren an einem neuen Standard, der dies berücksichtigt und umsetzt. Er soll im Laufe des Jahres 2015 veröffentlicht werden.

Bis dahin wird man aus den im Anhang gegebenen Informationen versuchen, Bilanzansätze für das Nutzungsrecht an den geleasten Gegenständen und die zinstragenden Verbindlichkeiten zu schätzen. Ein einfaches Excel-Tool findet sich auf *Damodarans* Webseite (Datei oplease.xls): http://people.stern.nyu.edu/adamodar/New_Home_ Page /spreadsh.htm.

Unterbleibt diese Korrektur, so kann dies zu erheblichen Verwerfungen führen. Beispiele hierfür finden sich unter anderem in diesem Dokument des IASB (Seite 6 f.): http://www.ifrs.org/Current-Projects/IASB-Projects/Leases/Documents/Project-Up date-Leases-August-2014.pdf. Stimmen die Relationen zwischen Eigenkapital und zinstragenden Verbindlichkeiten nicht, dann ist zwangsläufig auch die Ermittlung der WACC fehlerhaft.

Wurde eine Korrektur vorgenommen, dann ist der geschätzte Barwert der künftigen Leasingverbindlichkeiten aus den nicht bilanzierten Operating Leases in den zinstragenden Verbindlichkeiten zu berücksichtigen.

Dasselbe gilt für vergleichbare außerbilanzielle Finanzierungsformen wie zum Beispiel das Factoring. Auch hier sollten die verkauften Forderungen aus Lieferungen und Leistungen wieder dem Working Capital zugerechnet werden und in gleicher Höhe die zinstragenden Verbindlichkeiten erhöht werden. Der Abschlag ist als Zinsaufwand zu interpretieren. Bei der Enterprise-DCF-Methode, die den freien Cashflow vor allen Zinsen ermittelt, spielt er keine Rolle. Bei der Enterprise-DCF-Methode ist er bei der Ermittlung des FCFE (CFE) zum Jahresüberschuss hinzuzuaddieren.

Aus den obigen Beziehungen wird:

Enterprise Value (operatives Geschäft) + liquide Mittel + Wert gesondert bewerteter Vermögensgegenstände	=	Wert des Eigenkapitals + zinstragende Verbindlichkeiten (bilanzielle und außerbilanzielle) + Anteile anderer Gesellschafter + Unterdeckung Pensionszusagen + sonstige fremdkapitalähnliche Positionen

und:

Wert des Eigenkapitals	=	Enterprise Value (operatives Geschäft) + liquide Mittel + Wert gesondert bewerteter Vermögensgegenstände - zinstragende Verbindlichkeiten (bilanzielle und außerbilanzielle) - Anteile anderer Gesellschafter - Unterdeckung Pensionszusagen - sonstige fremdkapitalähnliche Positionen

3.6.5 Aktienoptionen, Wandel- und Optionsanleihen

Viele börsennotierte Unternehmen gewähren ihrem Management Aktienoptionen als Bestandteil der Vergütung. Diese Optionen beinhalten das Recht, innerhalb eines bestimmten Zeitraums Aktien des Unternehmens zu einem festgelegten Preis zu erwerben. Diese Optionen beeinträchtigen den Enterprise Value nicht, wohl aber den Eigenkapitalwert.

Ausgeübt werden die Optionen nur, wenn der Aktienkurs über dem Bezugspreis liegt. In Höhe der Differenz erzielt der Ausübende einen Gewinn – er erwirbt beispielsweise zu einem Preis von 20 Euro eine Aktie, die für 25 Euro gehandelt wird. Gibt das Unternehmen dafür neue Aktien aus, dann kommt es zu einer Kapitalverwässerung. Der Anteil der Altaktionäre am Unternehmen sinkt, dem Marktpreis von 25 Euro steht nur ein Erlös von 20 Euro gegenüber. Das Unternehmen könnte die Aktien statt dessen auch am Markt kaufen, müsste indes 25 Euro aufwenden, erhält aber nur 20 Euro. Dies reduziert den Cashflow an die Eigenkapitalgeber. Und damit den Eigenkapitalwert.

Es gibt in der Praxis verschiedene Methoden zur Berücksichtigung dieses Effekts. Immer noch weit verbreitet, weil einfach, ist die Treasury-Stock-Methode. Bei diesem Verfahren werden nur Optionen berücksichtigt, die „im Geld" (in-the-money) sind, bei denen der Bezugs- oder Ausübungspreis unter dem aktuellen Kurs liegt. Im obigen Beispiel, Bezugspreis 20 Euro und aktueller Kurs 25 Euro, wäre dies der Fall. Optionen, die „aus dem Geld" sind (out-of-the-money), werden nicht berücksichtigt.

Im nächsten Schritt wird unterstellt, dass alle Optionen sofort ausgeübt werden. In Höhe des Bezugspreises je Aktie mal der Anzahl der ausgeübten Optionen fließen dem Unternehmen liquide Mittel zu. Angenommen, im obigen Beispiel liegen 100 Optionen vor. Werden diese ausgeübt, so fließen dem Unternehmen 100 mal 20 Euro, insgesamt also 2.000 Euro zu. Im Gegenzug erhöht sich das Aktienkapital um 100 ausstehende Aktien.

Der Mittelzufluss beim Unternehmen wird dazu verwendet, am Markt Aktien des eigenen Unternehmens zu erwerben. In unserem Beispiel würde dies bedeuten, dass wir für 2.000 Euro eigene Aktien kaufen. Bei einem aktuellen Kurs von 25 Euro je Aktie wären dies 80 Aktien. Als Ergebnis der gesamten Transaktion hätte das Unternehmen dann genau 20 Aktien mehr: 100 durch die Optionsausübung minus 80 aus der Verwendung der dabei zugeflossenen Mittel für den Rückkauf eigener Aktien. Addiert man diese 20 Aktien zu den ausstehenden Aktien von angenommen 10.000 Aktien hinzu, so erhält man mit 10.020 Aktien die Anzahl der ausstehenden Aktien auf voll verwässerter Basis (fully diluted outstanding shares).

Setzt man nun Anzahl der ausstehenden Aktien, Anzahl der ausstehenden Aktien auf voll verwässerter Basis und Eigenkapitalwert ins Verhältnis, so erhält man den Wert der Optionen. Angenommen, der Eigenkapitalwert betrage 250.000 Euro. (Dies entspricht hier dem Marktwert von 10.000 Aktien mal dem aktuellen Kurs von 25 Euro; maßgebend ist aber der ermittelte Eigenkapitalwert, der höher oder niedriger als der Marktwert sein kann.) Teilt man die 250.000 Euro durch 10.020 und nimmt diesen Wert mit 10.000 mal, so ergibt sich ein Betrag von 249.501 Euro. Zieht man diesen Betrag von den 250.000 Euro Eigenkapitalwert ab, so ergibt sich der Wert der Optionen, hier 499 Euro, also 4.99 Euro je Option. Die 250.000 Euro Eigenkapitalwert werden also aufgeteilt in einen Betrag von 249.501 Euro, der auf die derzeitigen Anteilseigner entfällt und einen Betrag von 499 Euro, der auf die Optionen entfällt.

Es gilt:

$$\text{Wert der Optionen nach der Treasury-Stock-Methode} = \text{Wert des Eigenkapitals} - \frac{\text{Wert des Eigenkapitals}}{\text{Anzahl Aktien}_{\text{verwässert}}} \cdot \text{Anzahl Aktien}$$

mit

$$\text{Anzahl Aktien}_{\text{verwässert}} = \text{Anzahl Optionen im Geld} - \frac{\text{Bezugspreis} \cdot \text{Anzahl Optionen im Geld}}{\text{aktueller Aktienkurs}} + \text{Anzahl Aktien}$$

Alternativ lassen sich Optionswerte auch mit den gängigen Optionspreismodellen (*Black Scholes* oder *Cox Ross Rubinstein*) ermitteln. Üblicherweise sind diese Berechnungen auch im Anhang der Jahresabschlüsse der Unternehmen zu finden. Im Internet gibt es zahlreiche Tools (einfach nach *Black Scholes* calulator oder *Cox Russ Rubinstein* calculator suchen), mit denen eigene Analysen vorgenommen werden können. Der Vorteil der Optionspreismodelle besteht darin, dass sie die Laufzeit der Optionen mit ins Kalkül einbeziehen und nicht eine sofortige Ausübung unterstellen.

Ist die Gewährung von Aktienoptionen an das Management beim zu bewertenden Unternehmen „ständige Übung“, so reicht es nicht aus, lediglich die bestehenden Optionen zu bewerten. Es sind darüber hinaus auch die Optionen ins Kalkül einzubeziehen, die in Zukunft voraussichtlich noch gewährt werden. Hat der Bewerter Zugang zum Management, so lassen sich hier in aller Regel belastbare Informationen zusammenstellen. Ist das nicht der Fall, so wird man sich mit groben Schätzungen (zum Beispiel auf der Grundlage historischer Relationen von Umsatz oder EBIT und gewährten Optionen) behelfen müssen.

Neben Aktienoptionen des Managements können auch Wandel- und Optionsanleihen den Eigenkapitalwert mindern, da auch sie zu einer Verwässerung der Anteile der Altaktionäre führen, wenn sie ausgeübt werden. Im Gegensatz zu den Managementoptionen werden Wandel- und Optionsanleihen jedoch an der Börse gehandelt. Der aktuelle Marktpreis ist, wenn der ermittelte Wert des Eigenkapitals nicht stark vom Marktwert des Eigenkapitals abweicht, eine hinreichend gute Approximation. Alternativ lassen sich auch hier mit Hilfe von Optionspreismodellen Werte ermitteln. Schließlich kann man hier ähnlich der Treasury-Stock-Methode bei der Bewertung von Aktienoptionen verfahren und die Wandel- und Optionsanleihen, die „im Geld“ sind, für die Bewertung als umgewandelt betrachten (sogenannte „If-Converted-Methode“).

Summa summarum haben wir jetzt folgende Beziehungen:

Enterprise Value (operatives Geschäft) + liquide Mittel + Wert gesondert bewerteter Vermögensgegenstände	=	Wert des Eigenkapitals + zinstragende Verbindlichkeiten (bilanzielle und außerbilanzielle) + Anteile anderer Gesellschafter + Unterdeckung Pensionszusagen + sonstige fremdkapitalähnliche Positionen + Optionswerte

und:

Wert des Eigenkapitals	=	Enterprise Value (operatives Geschäft) + liquide Mittel + Wert gesondert bewerteter Vermögensgegenstände - zinstragende Verbindlichkeiten (bilanzielle und außerbilanzielle) - Anteile anderer Gesellschafter - Unterdeckung Pensionszusagen - sonstige fremdkapitalähnliche Positionen - Optionswerte

Lernfragen

[1] Worin besteht der grundlegende Unterschied zwischen der Treasury-Stock-Methode und den Optionspreismodellen bei der Ermittlung des Wertes von Aktienoptionen?

[2] Diskutieren Sie die Behandlung überschüssiger liquider Mittel bei der Enterprise-DCF-Methode und der Equity-DCF-Methode.

3.7 Das Spannungsfeld zwischen Auftraggebern, Bewertern, Zielsetzungen von und Spielräumen bei Unternehmensbewertungen

„Lüge, Meineid, Statistik, Unternehmensbewertung"
(Unbekannt)

Wissensziele

- Unternehmensbewertungen werden nicht um ihrer selbst willen vorgenommen. Sie sollen versuchen, ein Gespür dafür zu entwickeln, was Auftraggeber von Unternehmensbewertungen und Bewerter mit Unternehmensbewertungen bezwecken.
- Sie sollen ein Gefühl dafür bekommen, welche Spielräume es bei Unternehmensbewertungen gibt und wie diese zielgerecht ausgenutzt werden könnten.

Folgende Charakteristika zeichnen die Unternehmensbewertung aus:

- Sie ist zukunftsgerichtet.
- Das Bewertungsobjekt ist in aller Regel auf unbestimmte Zeit angelegt. Insofern beträgt der Planungszeitraum hier nicht wie bei anderen Investitionen nur einige Jahre, sondern er ist unendlich.
- Die Unsicherheit über die künftige Entwicklung ist in aller Regel hoch.
- Es existiert zwar eine „common business practice", in einigen Berufsständen gibt es Standards (bei den deutschen Wirtschaftsprüfern etwa den IdW S1, die Best Practice Empfehlungen der DVFA, um nur einige Beispiele zu nennen), jedoch lassen sich zu vielen Einzelfragen unterschiedliche Vorgehensweisen, Auffassungen und Meinungen zwischen Theorie und Praxis, zwischen Praktikern untereinander und auch innerhalb der Unternehmensbewertungstheorie feststellen.
- Die Personen oder Organisationen, die Unternehmensbewertungen durchführen (in dem Sinne, dass sie den Wert ermitteln), sind selten identisch mit den Prinzipalen, die den Auftrag hierzu erteilen und die am Ende die Verantwortung für die Aktionen tragen, die auf der Grundlage der Bewertungen erfolgen oder unterbleiben. Ausnahmen sind hier die professionellen Investoren (*Private Equity*, *Warren Buffet*, *Carl Icahn* und vergleichbare – einige greifen aber neben den eigenen Analysen auch auf externe Bewertungen zurück).
- Für Unternehmensbewertungen existieren Angebot und Nachfrage. Es gibt einen Markt dafür. Und der ist von einer durchaus hohen Wettbewerbsintensität gekennzeichnet.

Aus diesen Faktoren resultiert ein interessantes Spannungsfeld. Und eine gedankliche Auseinandersetzung damit lohnt sich. Sie ist genau so wichtig wie das Studium der in den letzten Abschnitten beschriebenen Methoden der Unternehmensbewertung. Die Beantwortung der Fragen

- „Wer ist der Auftraggeber?",

- „Was ist seine Intention?"
- „Wer hat die Bewertung durchgeführt?"
- „Was hat er/sie/die Organisation dafür erhalten?"

lässt in aller Regel gute Rückschlüsse auf das Ergebnis der Bewertung zu. Ehrfurcht vor klangvollen Namen, Titeln, komplizierten Formeln, umfangreichen Excel-Dateien und perfekt aussehenden Schaubildern ist nicht angezeigt. Insbesondere dann nicht, wenn es sich um „Gutachten" handelt und/oder Vokabeln wie „objektiv", „objektiviert", „theoretisch fundiert", „praktische Übung" etc. Verwendung finden.

3.7.1 Auftraggeber und ihre Zielsetzungen

Auftrageber von Unternehmensbewertungen sind zum Beispiel CEOs, CFOs, Leiter von Geschäftsfeldeinheiten und andere Mitglieder des Top Managements. Erfolgt die Bewertung im Zusammenhang mit einer geplanten Übernahme eines anderen Unternehmens, können die Zielsetzungen einer Unternehmensbewertung recht vielfältig sein.

- Zunächst geht es darum, nicht zuletzt im Sinne der Anteilseigner zu überprüfen, ob mit der geplanten Akquisition Wert geschaffen, der eigene Unternehmenswert gesteigert wird, ob das Investitionsobjekt „Akquisition" einen positiven Kapitalwert hat, ob die Mittel dort optimal angelegt sind oder ob es bessere Investitionsalternativen gibt. Auf diese Fragestellungen konzentriert sich auch der überwiegende Teil der betriebswirtschaftlichen Fachliteratur.
- Darüber hinaus geht es aber auch um „Macht". Ein Zukauf (ebenso ein unterbliebener oder verhinderter) stärkt in aller Regel die Position einzelner Mitglieder des Top Managements und schwächt die anderer, da sie zu Veränderungen der Relationen in den Verantwortungsbereichen führt. Man spricht zwar vom „Management Team" – indes ist dies oft ein Widerspruch in sich. Macht kann sich auch beziehen auf eine stärkere Position am Markt, den Zugriff auf eine neue Technologie, einen neuen Vertriebskanal oder einen neuen geografischen Absatzmarkt. Die Entscheidung über den Zukauf (oder die Verhinderung desselben) ist im Kopf oft schon gefallen. Die Bewertung dient dann als Mittel zur Durchsetzung von Interessen. Liegen dann zum Akquisitionsobjekt Marktpreise oder vermeintliche Marktpreise vor, so kommt es oft zu einem von *Damodaran* als „Value first – valuation to follow" beschriebenen Vorgehen. Das Ergebnis der zu erstellenden Unternehmensbewertung wird gleich mitgeliefert („schauen Sie doch bitte einmal, ob sich ein Preis von X für uns rechnet").
- Absicherung ist eine weitere Zielsetzung. Es ist bekannt, dass mehr Unternehmensakquisitionen scheitern als gelingen (scheitern in dem Sinne, dass sie die Erwartungen nicht erfüllen). Für den Fall der Fälle macht sich eine Bewertung, idealerweise ein Gutachten, das den gezahlten Kaufpreis als „marktkonform", „angemessen", „fair" oder ähnlich beurteilt, ganz gut im Panzerschrank. Den Stuhl wird es vermutlich nicht retten, aber die Furcht vor Schadenersatzprozessen reduzieren.
- Last but not least mag es für Verhandlungszwecke erforderlich sein, Bewertungen zu erstellen. Das gilt insbesondere bei exklusiven Verhandlungen, bei denen der Verkäufer nur mit einem (oder ganz wenigen) Interessenten spricht. Aber auch bei

Auktionen wird in aller Regel erwartet, dass die bietenden Parteien ihre Angebote mit Bewertungen unterlegen, aus denen die Annahmen für die Gegenseite erkennbar sind.

Die obigen Überlegungen lassen sich mehr oder weniger analog auch auf Desinvestitionen von Unternehmen oder Unternehmensteilen übertragen. Zusätzlich kommt hier gegebenenfalls die Erstellung einer Fairness Opinion ins Spiel, mit der die eigenen Aktionäre davon überzeugt werden sollen, dass der ausgehandelte Verkaufspreis „fair" ist. Auch hier dient die Bewertung letztlich der Durchsetzung von Interessen. Dasselbe gilt für Bewertungen im Rahmen von Impairment Tests.

Im Verkaufsfall sind neben dem Top Management auch im Unternehmen tätige und nicht im Unternehmen tätige Eigentümer mögliche Auftraggeber von Unternehmensbewertungen. Auch hier mag es um die wirtschaftliche Vorteilhaftigkeit eines Verkaufs gehen oder die Ermittlung eines Preises, ab dem der Verkauf wirtschaftlich vorteilhaft ist. Jedoch gibt es auch viele Fälle, vor allem bei kleineren eigentümergeführten Unternehmen, bei denen die Entscheidung über den Verkauf im Kopf schon gefällt ist (Unternehmenssituation, Alter des Eigentümers oder andere Gründe), bevor überhaupt eine Bewertung vorgenommen wird. Also nicht „Value first – valuation to follow", sondern „Decision first, valuation to follow". In solchen Fällen werden die Auftraggeber den Bewertern, die ihrem Unternehmen einen hohen Wert bescheinigen, eine besonders hohe Sympathie entgegenbringen. Dasselbe gilt auch in den Fällen, bei denen ein Verkauf gar nicht ernsthaft beabsichtigt ist, sondern die Bewertung nur eigenen Informationsbedürfnissen (oder der Stärkung des eigenen Selbstbewusstseins) dient.

Investmentbanken lassen durch ihre Analysten Bewertungen von börsennotierten Unternehmen erstellen. Sie haben Interesse an einem guten Aktienresearch als Grundlage für weitere Geschäfte.

Gerichte und an gerichtlichen Auseinandersetzungen beteiligte Parteien geben Unternehmensbewertungen in Auftrag. Bei letzteren steht ebenfalls die Durchsetzung eigener Interessen im Vordergrund der Auftragserteilung.

Die vorangegangenen Ausführungen stellen gewiss nur einen Ausschnitt dar aus den vielfältigen Kombinationen von möglichen Auftraggebern und deren Hintergründen. Wir wollen damit unsere Studierenden dafür sensibilisieren, dass in der Praxis Unternehmensbewertungen oft nicht der Ermittlung wahrer, fairer, objektiver, objektivierter oder marktüblicher Werte dienen, sondern – auch wenn empirische Erhebungen zu anderen Ergebnissen kommen mögen, meist Instrumente zur Durchsetzung von Interessen sind.

3.7.2 Bewerter und ihre Zielsetzungen

Bewerter können Mitarbeiter des Top Managements sein, direkte oder solche in Fachabteilungen, oder externe Berater oder Experten. Wirtschaftsprüfer führen zahlreiche Unternehmensbewertungen durch, ebenso Investmentbanken, M&A-Berater und andere Unternehmensberater. Teilweise werden diese Bewertungen oder Teile daraus oder die Ergebnisse öffentlich (zum Beispiel beim Squeeze-out). Der überwiegende Teil wird indes der Öffentlichkeit nicht zugänglich gemacht. Die externen Berater können in manchen Fallkonstellationen von Gerichten bestellt werden. Beim Brot-und-Butter-Bewertungsgeschäft jedoch erfolgt die Auftragserteilung durch das Management oder den oder die Eigentümer.

Zwischen Auftraggeber und Bewerter besteht demzufolge ein mehr oder weniger stark ausgeprägtes Abhängigkeitsverhältnis. Einer bezahlt, der andere liefert. Belohnungs-Bestrafungsmechanismen sind anzutreffen. Lieferst du, was ich erwarte, belohne ich dich. Aber auch nur dann. Wenn dann von Seiten des Auftraggebers noch eine Zahl in den Raum gestellt wird, so kann dies zu einer Ankerheuristik beim Bewerter führen (zur Ankerheuristik siehe die Arbeiten von *Kahnemann/Tversky*; zur Anwendung auf die hier relevanten Themen siehe die Experimente von *Kaustia/Alho/Puttonen*, http://onlinelibrary.wiley.com/doi/10.1111/j.1755-053X.2008.00018.x/full). Auch existierende Marktpreise können als derartige Anker fungieren, als selbsterfüllende Prophezeiungen. Weicht die Bewertung vom gesetzten Anker ab, wird so lange nach vermeintlichen Ursachen gesucht und die Bewertung angepasst, bis man dem Anker hinreichend nahe gekommen ist. Obwohl derjenige, der den Anker gesetzt hat, möglicherweise keine besseren Informationen hat als der Bewerter. Marktgerüchte oder vermeintliche Angebote anderer am zu bewertenden Unternehmen interessierter Parteien können auch als Anker dienen.

Analysten bewerten Aktien, um über- oder unterbewertete Titel zu finden und Kauf- oder Verkaufsempfehlungen zu geben. Verkaufsempfehlungen werden aber möglicherweise bei den Kollegen in anderen Bereichen der Bank, die mit diesen Unternehmen in Geschäftsverbindung stehen, nicht gerne gesehen. Insgesamt übersteigt die Anzahl der Kaufempfehlungen die der Verkaufsempfehlungen. Dies kann ebenfalls als Indikator für ein Vorliegen eines Belohnungs-Bestrafungsmechanismus gewertet werden.

Auch ein Blick auf die Vergütungsstruktur des die Bewertung Vornehmenden hilft bei der Interpretation der Ergebnisse der Unternehmensbewertung. Bei Investmentbanken ist die Bewertung, von Fairness Opinions, die aber nur einen geringen Anteil am Gesamtvolumen haben einmal abgesehen, ein Nebenprodukt. Lädt ein Eigentümer, der sein Unternehmen zu verkaufen beabsichtigt, mehrere Investmentbanken und M&A-Berater zu einer so genannten Pitch-Präsentation (Wettbewerb um die Mandatsvergabe) ein, so wird jeder der Eingeladenen auf der Grundlage der verfügbaren Informationen eine umfangreiche Bewertung erstellen.

Wie oben ausgeführt, haben Verkäufer die menschlich durchaus nachzuvollziehende Tendenz, den Beratern, die ihnen einen hohen Wert vorrechnen, mehr Sympathie entgegenzubringen als denjenigen, die mögliche Schwierigkeiten beim Verkauf in den Vordergrund stellen. Das führt dann zu einem ähnlichen Vorgehensweise wie bei der Vergabe öffentlicher Aufträge: Derjenige, der sich am meisten verrechnet (hier nach oben, bei öffentlichen Aufträgen nach unten), erhält den Auftrag. Eigentlich kein Wunder, warum in Deutschland kein großer öffentlich ausgeschriebener Bauauftrag im Zeit- und Kostenrahmen bleibt – alle Gewerke wurden an die jeweils billigsten Anbieter vergeben. Und es ist auch kein Wunder, wenn so viele Verkaufsprozesse im ersten Anlauf scheitern – dieses Scheitern ist oft erforderlich, um die durch die Pitch-Bewertungen nach oben gepushten Verkaufspreiserwartungen wieder auf ein realistisches Maß zu bringen.

Bei Kaufmandaten wird der größte Teil, nicht selten das gesamte Honorar erst fällig, wenn es überhaupt zu einer Transaktion kommt. Auch hier darf man nicht davon ausgehen, dass der M&A-Berater oder Investmentbanker eine „zaghafte" Unternehmensbewertung vorlegen wird.

Bei den übrigen Beratern, die ihre Bewertungen auf Stunden- oder Festpreisbasis erstellen, wird am Ende des Tages keiner dafür „belohnt", „gute" Bewertungen anzufertigen (das wird einfach als gegeben unterstellt), sondern dafür, möglichst viele Bewertungen und/oder viele Stunden zu verkaufen. Wiederholgeschäft und Weiterempfehlungen sind hier die Erfolgstreiber.

Insgesamt halten wir folgende Annahmen wir realistisch:

[1] Auftraggeber von Unternehmensbewertungen nutzen diese in erster Linie zur Durchsetzung von eigenen Interessen.

[2] Die Personen oder Organisationen, die diese Bewertungen durchführen, profitieren in aller Regel davon, wenn die von ihnen ermittelten Unternehmenswerte den Auftraggebern konvenieren.

[3] Die Bewerter kennen ihren Vergütungsmechanismus und richten ihr Handeln daran aus.

3.7.3 Spielräume

Im Folgenden geben wir, ohne Anspruch auf Vollständigkeit, einen kleinen Auszug aus dem Instrumentenkasten zur Manipulation des Ergebnisses von Unternehmensbewertungen. Der Bewerter wird dabei den Einsatz der Instrumente davon abhängig machen, wer Empfänger und was die Zielsetzung der Bewertung sein wird. Bei Squeeze-out-Bewertungen ist der Einsatz limitierter als bei Kaufpreisverhandlungen zwischen zwei Parteien, die hinsichtlich ihrer Entscheidung frei sind, also bei denen keiner kaufen oder verkaufen muss. Dass es aber auch bei Squeeze-out-Bewertungen unterschiedliche Vorgehensweisen in der Praxis gibt, lässt sich hier nachlesen: http://www.i-advise.de/de/wp-content/uploads/2014/01/Studie-aktienrechtliche-Bewertung.pdf

3.7.3.1 Spielräume bei DCF-Verfahren

Rufen wir uns zunächst die Formel für die Ermittlung des Enterprise Value in Erinnerung:

$$\text{Enterprise Value} = \underbrace{\sum_{n=1}^{t} \frac{\text{Freier Cashflow}_n}{(1+\text{WACC})^n}}_{\text{Diskontierter Terminal Value}} + \underbrace{\frac{\frac{\text{Freier Cashflow}_t \cdot (1+g)}{\text{WACC}-g}}{(1+\text{WACC})^t}}_{\text{Diskontierte freie Cashflows in der Detailplanungsphase}}$$

Von oben nach unten und links nach rechts ergeben sich folgende Ansatzpunkte zur Ergebnisbeeinflussung:

[1] Freier Cashflow in der Detailplanungsphase

[2] WACC

[3] Terminal Value

[1] Freier Cashflow in der Detailplanungsphase

Auch hier beginnen wir wieder mit der Formel:

	EBIT	Earnings before interest and taxes (Betriebsergebnis)
minus	Steuern auf EBIT	(marginaler Steuersatz)
	EBIAT oder **NOPLAT**	Earnings before interest after taxes oder net operating profit less adjusted taxes (Betriebsergebnis nach Steuern)
plus	Abschreibungen	
minus	Investitionen	Investitionen in das Anlagevermögen
minus (plus)	Erhöhung (Verminderung) Working Capital	Umlaufvermögen ohne liquide Mittel abzüglich kurzfristige Verbindlichkeiten und Rückstellungen ohne zinstragende Verbindlichkeiten
	Freier Cashflow	

Aufsatzpunkt ist das prognostizierte Betriebsergebnis. Das wiederum ergibt sich aus Umsatz und Betriebsergebnismarge. Die Prognose künftiger Umsätze hat mit den größten Einfluss auf den zu ermittelnden Unternehmenswert. Annahmen über Wachstumsraten sollten daher immer kritisch hinterfragt werden, und zwar sowohl hinsichtlich der Höhe als auch der Nachhaltigkeit. Auch die Wahl der Länge des Detailplanungszeitraums kann Auswirkungen auf den Unternehmenswert haben. Hier lässt sich aus Bewertersicht vieles argumentativ vertreten. Und es geschieht auch in der Praxis. Die meisten Informationsmemoranden über zum Verkauf stehende Unternehmen enthalten einen mehr oder weniger ausgeprägten „Hockey-Stick-Effekt".

Die Herleitung der künftigen EBIT-Marge beginnt normalerweise mit der Herleitung der bereinigten EBIT-Marge der letzten drei Jahre. Zunächst ist bei den Bereinigungen in aller Regel „Spielraum" nach oben und nach unten. Und dann bei der Anpassung oder Nichtanpassung der bereinigten EBIT-Marge an den Branchendurchschnitt. Argumente lassen sich dabei meist für fast jede Position finden.

Bei den Steuern kann man trefflich darüber streiten, ob der aktuelle Durchschnittssteuersatz oder der marginale Steuersatz zur Anwendung kommen soll oder ob und wann es einen Übergang vom aktuellen zum marginalen Steuersatz geben soll.

Die Planung künftiger Investitionserfordernisse beim Anlagevermögen lässt sich argumentativ in aller Regel „dehnen". Auch beim Working Capital gibt es Freiheitsgrade: Definition, was Teil des Working Capital ist, Verwendung von Branchendaten oder unternehmensindividuellen Daten, Bodensatz für Liquidität oder Behandlung sämtlicher liquider Mittel als „Excess Cash", um nur einige Beispiel zu nennen. Schließlich ist auch beim Verhältnis von Ergebniswachstum, Reinvestitionsrate und ROC Spielraum; siehe dazu auch Punkt 5 in Abschnitt 3.2.2.2 sowie Abschnitt 3.2.2.4. Langfristig dürfte sich der implizite ROC dem Branchendurchschnitt und den WACC annähern. Die Verprobung zwischen Ergebniswachstum, Reinvestitionsrate und ROC findet aber auf der Empfängerseite der Unternehmensbewertung nicht immer statt, so dass Missverhältnisse nicht auffallen.

Best-Case- und Worst-Case-Szenarien bei der Prognose künftiger freier Cashflows lassen sich unter anderen Etiketten für die Zielsetzungen von Auftraggebern und/oder Bewertern instrumentalisieren.

[2] WACC

Die WACC ergeben sich als:

$$\text{WACC} = (\text{Risikoloser Zins} + \text{Beta} \cdot \text{Marktrisikoprämie}) \cdot \frac{E}{E + D} + \text{Fremdkapitalkosten nach Steuern} \cdot \frac{D}{D + E}$$

Beim risikolosen Zins finden sich aktuelle Zinssätze sowie Durchschnittssätze der letzten Jahre, 10-Jahres-Zinssätze, 30-Jahres-Zinssätze oder Zinssätze auf der Grundlage von Zinsstrukturkurven. Bei Unternehmen mit Aktivitäten in unterschiedlichen Ländern mit unterschiedlichen risikofreien Zinssätzen findet dies teilweise Berücksichtigung, teilweise nicht. Die Aufzählung zeigt, dass schon bei der Ermittlung des risikofreien Zinssatzes Spielräume bestehen, die zu deutlichen Unterschieden führen können.

Beim Beta können „Bottom-up"-Betas oder „Top-Down"-Betas Verwendung finden. Bei „Bottom-up"-Betas gibt es Spielräume hinsichtlich der als Vergleichsunternehmen herangezogenen Unternehmen und/oder Branchen, wenn das Unternehmen in mehreren Geschäftsfeldern aktiv ist. Auch der Erhebungszeitraum (1, 2, 5 Jahre), das Erhebungsintervall (monatlich, wöchentlich, täglich) und der Referenzindex haben Einfluss auf die Höhe des Betas. Unlevern und Relevern der Betas kann erfolgen oder unterbleiben. Beim „Top-Down"-Beta findet gelegentlich eine Anpassung statt, die übernommen werden kann oder auch nicht. Bei *Bloomberg* beispielsweise berechnet sich das sogenannte Adjusted Beta als 0.67 mal das historische Beta („Raw Beta") plus 0.33 mal 1. Bei der Bewertung kleinerer Unternehmen mit nicht vollständig diversifizierten Eigentümern kann das Total-Beta-Konzept Verwendung finden oder nicht. Daneben können Abschläge wegen mangelnder Fungibilität und/oder geringer Unternehmensgröße vorgenommen werden oder unterbleiben.

Bei der Marktrisikoprämie kann auf historische Daten zurückgegriffen werden oder es können implizite Marktrisikoprämien Verwendung finden. Bei historischen Daten führen unterschiedliche Zeiträume (die letzten 10, 20, 50 Jahre oder länger) und unterschiedliche Durchschnittsberechnungen (arithmetisches Mittel, geometrisches Mittel) zu unterschiedlichen Werten. Bei Unternehmen mit Aktivitäten in unterschiedlichen Ländern kann dies in Form von Zuschlägen für Länderrisiken Berücksichtigung finden oder nicht.

Bei der Schätzung der Fremdkapitalkosten und des Steuersatzes gibt es regelmäßig auch Spielräume. Zeitraum, Spread, Synchronisation von Spread und geplantem Verschuldungsgrad, marginaler oder aktueller durchschnittlicher Steuersatz, all dies lässt sich argumentieren.

Auch bei der Gewichtung kann zwischen Buchwerten und Marktwerten von Eigen- und Fremdkapital variiert werden, um zu dem für den jeweiligen Bewertungszweck gewünschten Größenordnung für den Diskontierungszinssatz zu gelangen. Häufig zu beobachten ist die Erhöhung des Fremdkapitalsanteils bei gleichzeitiger Beibehaltung der Höhe der Eigen- und Fremdkapitalkosten, also das „Vergessen", dass ein höherer Verschuldungsgrad zu höheren Fremdkapitalkosten und auch zu höheren Eigenkapitalkosten, ergo zu höheren WACC führt.

[3] Terminal Value

Wie schon ausgeführt, macht der Terminal Value den größten Teil am nach der DCF-Methode ermittelten Enterprise Value aus. Hier „lohnt" sich die Kreativität des Bewerters also am meisten. Bei der Berechnung des Terminal Value besteht zunächst einmal die Auswahl zwischen der in der obigen Formel dargestellten Perpetuity Growth Method und der Multiplikatorenmethode (siehe Abschnitt 3.2.2.4). Bei der Perpetuity Growth Method lässt sich der Terminal Value, wie in Abschnitt 3.2.2.4 beschrieben, auch wie folgt darstellen:

$$\text{Terminal Value} = \frac{\text{EBIAT}_{t+1} \cdot (1 - \text{Reinvestitionsrate}_{t+1})}{\text{WACC}_{t+1} - g}$$

Der EBIAT lässt sich aufteilen in den EBIT und die Steuern darauf. Auch hier sind Manipulationen in die eine oder andere Richtung denkbar, vor allem bei zyklischen Unternehmen (letztes Jahr als Boom-Jahr, Durchschnittsjahr oder Baisse-Jahr), marginaler Steuersatz oder aktueller durchschnittlicher Steuersatz. Reinvestitionsrate, Wachstumsrate, ROC und WACC geben weitere Spielräume. Bei erwünschtem hohen Unternehmenswert wird man versuchen eine Wachstumsrate oberhalb des risikofreien Zinses (und damit der langfristigen Wachstumsrate der Volkswirtschaft) anzusetzen, verbunden mit einer niedrigen Reinvestitionsrate (Abschreibungen entsprechen Investitionen, Working Capital wird „vergessen"), hohem ROC und niedrigen WACC (Argument: langfristig sind alle Unternehmen „reife" Unternehmen mit niedrigeren Kapitalkosten als Wachstumsunternehmen).

Bei Anwendung eines Multiplikators für die Ermittlung des Terminal Value ergeben sich die im nächsten Abschnitt (3.7.3.2) beschriebenen Spielräume (Auswahl des Multiplikators, Auswahl der Vergleichsunternehmen, Auswahl des Vergleichszeitraums).

[4] Weitere Spielräume

Weitere Bewertungsspielräume ergeben sich regelmäßig bei der Überleitung zwischen Enterprise Value und Wert des Eigenkapitals. Aus Abschnitt 3.6.5 kennen wir die Beziehung:

Wert des Eigenkapitals	=		Enterprise Value (operatives Geschäft)
		+	liquide Mittel
		+	Wert gesondert bewerteter Vermögensgegenstände
		-	zinstragende Verbindlichkeiten (bilanzielle und außerbilanzielle)
		-	Anteile anderer Gesellschafter
		-	Unterdeckung Pensionszusagen
		-	sonstige fremdkapitalähnliche Positionen
		-	Optionswerte

Bei jeder einzelnen der Überleitungspositionen gibt es Ermessensspielräume, die sich in die eine oder die andere Richtung nutzen lassen. Nachfolgend eine kleine Auswahl:

- Höhe und Bewertung der „Excess Cash“,
- voraussichtlicher Veräußerungszeitpunkt nicht betriebsnotwendiger Vermögensgegenstände,
- Schätzung des Barwerts künftiger Leasingverpflichtungen,
- Schätzung des Werts der Anteile anderer Gesellschafter,
- Schätzung der erwarteten Gehaltssteigerungen und erwarteten Rentensteigerungen bei der Ermittlung des versicherungsmathematischen Barwerts der Pensionsverpflichtungen,
- Schätzung der Höhe und der Eintrittswahrscheinlichkeit eines einmaligen Prozessrisikos,
- Berechnung von Optionswerten (Treasury-Stock-Methode, *Black Scholes*, *Cox Ross Rubinstein*).

Auch wenn der Effekt einer einzelnen Position nicht erheblich sein mag – die Summe macht es.

3.7.3.2 Spielräume bei Multiplikatorenmethoden

Die Auswahl des oder der Multiplikatoren, die für die Unternehmensbewertung herangezogen werden, ist die erste „Stellgröße“, die dem Bewerter zur Verfügung steht. Ist er an einem hohen Wert interessiert, so wird er Argumente für die Multiplikatoren finden, die zu vergleichsweise höheren Bewertungen führen. Es gibt keine DIN, die EBIT oder EBITDA oder beides vorschreibt. Umsatzmultiplikator, Enterprise Value je Nutzer, Buchwertmultiplikator, P/E – auch das ist alles im Grundsatz möglich. Als Empfänger einer Multiplikatorenbewertung empfiehlt es sich daher, stets selber eine umfangreiche Analyse vorzunehmen, um die Intention der Gegenseite zu verstehen und gegebenenfalls kontern zu können.

Die nächste Stellgröße ist die Auswahl der in die Multiplikatorenanalyse einbezogenen (oder nicht einbezogenen) Unternehmen. Klar, hier kann sich der Bewerter nicht alles erlauben (bei einer Multiplikatorenanalyse für *Daimler* dürfte es schwer fallen, Argumente dafür zu finden, dass *BMW* nicht in die Analyse einbezogen wurde), aber bei der Frage, ob die Auswahl der Vergleichsunternehmen international sein oder auf Unternehmen aus demselben Staat beschränkt sein soll, ob oder ob nicht Unternehmen aus ähnlichen Branchen einbezogen werden sollen, wie weit die Suche nach Unternehmen mit vergleichbaren Produktionsmethoden, vergleichbaren Vertriebssystemen, vergleichbaren Forschungsaktivitäten oder vergleichbaren Endkunden gehen darf – hier existieren zahlreiche und sehr große Ermessensspielräume.

Auch bei der Ableitung von Durchschnittswerten aus den dann in die Analyse einbezogenen Unternehmen gibt es Spielräume. Wie werden „Ausreißer“ behandelt, ab wann gilt ein Unternehmen als „Ausreißer“, wird ein arithmetisches, geometrisches oder harmonisches Mittel gebildet oder wird auf den Median zurückgegriffen? Eine wunderbare Spielwiese für kreative Geister!

Die Aufbereitung der Daten der einzelnen vergleichbaren Unternehmen sollte auch unter die Lupe genommen werden. Wie wurde der Marktwert des Eigenkapitals ermittelt? Anzahl ausstehender Aktien mal Kurs oder Anzahl ausstehender Aktien auf voll verwässerter Basis mal Kurs? Beides ist zu finden und hat seine Ursache in einer unterschiedlichen Behandlung des Wertes von ausstehenden Optionen. Wurden außerordentliche Ergebniseffekte bei den Vergleichsunternehmen eliminiert? Wie wurden die Spielräume bei der Überleitung vom Wert des Eigenkapitals zum Enterprise Value genutzt? Der Enterprise Value ergibt sich wie folgt:

<table>
<tr><td rowspan="8">Enterprise Value (operatives Geschäft)</td><td rowspan="8">=</td><td></td><td>Wert des Eigenkapitals (Kurs mal Anzahl Aktien)</td></tr>
<tr><td>+</td><td>zinstragende Verbindlichkeiten (bilanzielle und außerbilanzielle)</td></tr>
<tr><td>+</td><td>Anteile anderer Gesellschafter</td></tr>
<tr><td>+</td><td>Unterdeckung Pensionszusagen</td></tr>
<tr><td>+</td><td>sonstige fremdkapitalähnliche Positionen</td></tr>
<tr><td>+</td><td>Optionswerte (sofern nicht mit voll verwässerten Aktien gerechnet wurde)</td></tr>
<tr><td>-</td><td>liquide Mittel</td></tr>
<tr><td>-</td><td>Wert gesondert bewerteter Vermögensgegenstände</td></tr>
</table>

Bei jeder einzelnen Position gibt es Spielräume. Siehe dazu Punkt 4 in Abschnitt 3.7.3.1. Oft wird hier in der Praxis jedoch ausschließlich auf der Basis von Buchwerten der Marktwert des Eigenkapitals in den Enterprise Value übergeleitet.

Zuletzt kann auch der zeitliche Bezug der gewählten Multiplikatoren zu unterschiedlichen Unternehmenswerten führen. LTM oder TTM, letztes abgeschlossenes Geschäftsjahr, Prognose laufendes Geschäftsjahr oder nächsten Geschäftsjahr – für alle diese Zeiträume lassen sich Multiplikatoren ermitteln (sofern die Basisdaten bereitstehen). Und Argumente lassen sich für jede Größe finden.

Lernfragen

[1] Sie vermuten, dass Ihnen mittels einer Unternehmensbewertung ein möglichst hoher Unternehmenswert „vorgerechnet" werden soll. Was analysieren Sie zuerst?

[2] Sie haben anlässlich des geplanten Verkaufs eines Unternehmens fünf M&A-Berater/Investmentbanken zu einem „Pitch" (Wettbewerb um das Verkaufsmandat) eingeladen. Glauben Sie, dass die von den Beratern präsentierten Bewertungen „konservativ" oder eher „ehrgeizig" sind?

3.8 Wert und Preis – ein kurzer Exkurs in die Theorie der Unternehmensbewertung

Wissensziele

- Sie sollen den Unterschied zwischen Wert und Preis für ein Unternehmen verstehen.
- Sie sollen einen Eindruck von der Diskussion über „objektive", „objektivierte" oder „intrinsische" Unternehmenswerte bekommen.
- Sie sollen die Grundzüge der funktionalen Unternehmensbewertungstheorie und der Ermittlung von Entscheidungswerten begreifen.

3.8.1 Unternehmenswerte und Unternehmenspreise

"Price is what you pay. Value is what you get."
(Benjamin Graham, zitiert nach Warren Buffet in seinem Brief an die Aktionäre von Berkshire Hathaway 2008)

Es gibt einen Unterschied zwischen Wert und Preis. Das Zitat oben veranschaulicht dies. Der Preis für ein Unternehmen oder einen Anteil an einem Unternehmen ist das Resultat einer Transaktion zwischen Verkäufer und Käufer. Er ist objektiv ermittelbar. Börsenkurse sind Preise, ebenso der eine Euro, den *René Benko* für die Anteile (für das Eigenkapital) an *Karstadt* gezahlt hat.

Was aber sind Unternehmenswerte? Was haben wir in den ersten sieben Abschnitten dieses Kapitels wirklich behandelt? War es die Bewertung von Unternehmen? Oder war es die Ermittlung einer voraussichtlichen Kaufpreisbandbreite? Bei den Multiplikatorenmethoden in Abschnitt 3.3 und 3.4 und dem LBO-Ansatz liegt die Antwort auf der Hand: Wer eine „Bewertung" auf der Grundlage von Aktienkursen vergleichbarer Unternehmen, gezahlten Kaufpreisen bei vergleichbaren Transaktionen oder erwarteten Kaufpreisangeboten von Finanzinvestoren vornimmt, der ermittelt eine voraussichtliche Kaufpreisbandbreite. Es steht zwar überall Bewertung drauf und die Praxis sowie teilweise auch die Fachliteratur nennen es Unternehmensbewertung. Faktisch handelt es sich jedoch um eine „Bepreisung". Diese Erkenntnis stellt auch keine Abwertung dar, es handelt sich um eine Klarstellung.

Bei den DCF-Methoden (einschließlich APV-Ansatz und Ertragswertverfahren) liegt der Fall anders. Grundlage der Bewertung sind Größen, die sich (nicht ausschließlich, aber wesentlich) aus dem Unternehmen selbst ergeben – die künftigen freien Cashflows (oder FCFE, CFE). Sie determinieren den Wert des Unternehmens, der mit dem Preis übereinstimmen kann, aber nicht muss. DCF-Methoden eignen sich also im Grundsatz zur Ableitung des Unternehmenswerts.

Indes wäre es zu einfach, alle DCF-Verfahren als „Bewertung" und alle Multiplikatorenmethoden als „Bepreisung" zu charakterisieren. Es gibt zahlreiche DCF-Bewertungen, die auch der Ableitung einer voraussichtlichen Kaufpreisbandbreite dienen. Wer weiß, wie die Gegenseite rechnet, tut gut daran, dies bei der Vorbereitung von Verhandlungen zu berücksichtigen. Ist bekannt, dass die Gegenseite eine DCF-„Bewertung“ vornehmen wird, dann dient die eigene DCF-Analyse nicht der Herleitung eines Unternehmenswerts, sondern der Abschätzung des voraussichtlich zu erwartenden Preisangebots oder der Preisforderung des Verhandlungspartners.

Bei der Analyse der Unternehmensbewertungen in Analystenreports zu Kauf- oder Verkaufsempfehlungen von börsennotierte Unternehmen zeigt sich, dass in den meisten Fällen die Ergebnisse von DCF-Bewertung und Multiplikatorenbewertung kaum mehr als 5 % auseinander liegen. Hier dient die DCF-Methode letztlich als „Feigenblatt“ zur Untermauerung der aus den Multiplikatoren gewonnenen Preisrange. *Damodaran* spricht in diesem Zusammenhang treffend von „Quasi-DCF“.

Liegt der Unternehmenswert über dem Preis für das Unternehmen, so macht der Käufer ein gutes Geschäft, der Verkäufer ein schlechtes. Liegt der Preis für das Unternehmen oder für den Unternehmensanteil über seinem Wert, so macht der Verkäufer ein gutes Geschäft, der Käufer ein schlechtes. Aktien nur unter ihrem (so genannten „fundamentalem“) Wert zu kaufen ist die Grundlage des von *Benjamin Graham* begründeten Value Investing. *John Templeton* und *Warren Buffet* gehören zu seinen bekanntesten Schülern und erfolgreichsten Anwendern seiner Lehren in der Praxis.

Value Investing indes ist nicht die einzige Möglichkeit, mit dem Kauf und dem Verkauf von Unternehmen und Unternehmensanteilen Geld zu verdienen. Preise für Unternehmen und Unternehmensanteile bilden sich an Märkten. Wer versteht und voraussehen kann, wie sich Angebot und Nachfrage voraussichtlich entwickeln werden, was den Preis „treibt“, der kann als Händler oder Spekulant reich werden, ohne sich groß mit Unternehmenswerten auseinandersetzen zu müssen. Ob *Alibaba* heute überbewertet ist, schert den Spekulanten nicht. Entscheidend für ihn ist alleine, ob der Kurs steigt oder nicht. Das galt in Deutschland beispielsweise auch zu Zeiten des Neuen Marktes. Fast alle Unternehmen, die dort an die Börse gingen, waren (aus heutiger Sicht ohnehin und auch auf der Grundlage von Unternehmensbewertungen zum Zeitpunkt des Börsengangs) deutlich überbewertet (der Preis lag über ihrem Wert). Trotzdem waren die Emissionen mehrfach überzeichnet, da bei fast jedem Börsengang für die Anleger Zeichnungsgewinne (beim Verkauf der zugeteilten Aktien am Ausgabetag zu dem dann im Vergleich zum Ausgabepreis meist höherem Börsenkurs) anfielen. Diese zu realisieren und beizeiten aus dem dann zusammenbrechenden Markt (als sich die Preise dann den Werten wieder annäherten) auszusteigen haben jedoch nur wenige Investoren geschafft.

Wir halten fest:

- Unternehmenswert und Unternehmenspreis sind zwei unterschiedliche Dinge.
- Viele Unternehmensbewertungen sind in Wirklichkeit Abschätzungen von voraussichtlichen Kaufpreisbandbreiten.
- Von den hier vorgestellten Bewertungsverfahren eignet sich vor allem die DCF-Methode (und die mit ihr verwandten Methoden) zur Bewertung.
- Value Investing (der Kauf von Unternehmen/Aktien unter sowie der Verkauf von Unternehmen/Aktien über ihrem Wert) ist nur eine von mehreren Möglichkeiten, mit den Kauf und Verkauf von Unternehmen/Aktien Geld zu verdienen (und zu verlieren).

3.8.2 Intrinsische (objektive, objektivierte) und subjektive Unternehmenswerte

Zu der Frage, ob Werte in den Wirtschaftswissenschaften einen objektiven oder einen subjektiven Charakter haben, existieren zahlreiche Veröffentlichungen. Unter anderem hat sich *Karl Marx* damit auseinander gesetzt, die *Wiener Grenznutzenschule*, *Wolfram Engels*, um nur einige wenige zu nennen.

In der deutschen Fachliteratur zur Unternehmensbewertung hat ebenfalls eine intensive Auseinandersetzung darüber stattgefunden, ob der Unternehmenswert objektiv oder zumindest objektivierbar sein kann oder ob sich aus der Definition des Begriffs „Bewertung“, der Zuordnung einer Geldgröße zu einem Bewertungsobjekt (durch jemanden (ein Bewertungssubjekt)), nicht zwangsläufig eine Subjektivität des Unternehmenswerts ergibt. Teil dieser Auseinandersetzung war ein Streit zwischen Bewertungspraxis und Bewertungstheorie sowie innerhalb der Bewertungstheorie darüber, ob der Substanzwert (als vermeintlich objektiver Wert) oder der Ertragswert (als vermeintlich subjektiver Wert) maßgebend seien für die Ermittlung des Unternehmenswerts.

Im angloamerikanischen Raum hat es eine derartige Auseinandersetzung zwischen Verfechtern von Substanzwert und Ertragswert nicht gegeben. Möglicherweise ist als Folge dessen auch eine vertiefende Diskussion um objektive und subjektive Unternehmenswerte in der angloamerikanischen Unternehmensbewertungs-Fachliteratur unterblieben. Auch die unterschiedlichen Eigentümerstrukturen – Kapitalmarktorientierung in der angloamerikanischen Welt und Orientierung an den Interessen (meist weniger und oft im Unternehmen tätiger) privater Eigentümer auf der anderen Seite – mögen ihren Teil dazu beigetragen haben. Jedenfalls findet sich in den meisten angloamerikanischen Fachbüchern zur Unternehmensbewertung zum Thema subjektive und objektive Unternehmenswerte nur wenig. Subjektive Elemente, wie beispielsweise die Bewertung möglicher Synergien werden akzeptiert, gleichzeitig aber die Existenz eines „intrinsic value“, also eines dem Unternehmen anhaftenden, intrinsischen und damit objektiven oder objektivierbaren Unternehmenswerts, zumindest implizit, unterstellt.

In *Damodarans* Buch „Investment Valuation“ findet sich folgende Definition für den intrinsic value (Seite 12): „ ... consider it the value that would be attached to the firm by an unbiased analyst, who not only estimates the expected cash flows for the firm correctly ..., but also attaches the right discount rate to value these cash flows.“ Und zu der von Verfechtern der subjektiven Bewertungslehre gelegentlich zitierten Weisheit, dass die Schönheit im Auge des Betrachters liege, findet sich im selben Buch gleich auf Seite 1 das Folgende: „There are those who are disingenuous enough to argue that value is in the eye of the beholder, ... That is patently absurd. Perceptions may be all that matter when the asset is a painting or a sculpture, but investors do not (and should not) buy most assets for aesthetic or emotional reasons; financial assets are acquired for the cash flows expected on them.“

Zusammengefasst heißt das, dass es sich bei Unternehmen um „financial assets“ handelt, deren Wert sich nach ihrer Fähigkeit bestimmt, in Zukunft freie Cashflows zu erzielen. Dieser intrinsische und dem Unternehmen anhaftende Wert ergibt sich, wenn der Bewerter unvoreingenommen und vorurteilsfrei die künftigen freien Cashflows sowie die WACC „richtig“ ermittelt. Diese Auffassung kann als repräsentativ für die angloamerikanische Theorie zur Unternehmensbewertung angesehen werden. Und ebenso für große Teile der internationalen und auch der deutschen Unternehmensbewertungspraxis.

3.8.3 Funktionale Unternehmensbewertungstheorie

Der Stand der deutschen Unternehmensbewertungstheorie ist ein anderer. Der Streit zwischen Vertretern der subjektiven und der objektiven Unternehmensbewertung wurde Mitte der 70er Jahre mit der → funktionalen Unternehmensbewertungstheorie beigelegt. Danach wird der Wert des Unternehmens sowie die Methode seiner Ermittlung vom Zweck der Bewertung bestimmt. Es gibt nicht den einen Unternehmenswert und auch nicht die eine Methode seiner Ermittlung. Es werden drei Hauptfunktionen,

- die Entscheidungsfunktion (ursprünglich Beratungsfunktion genannt),
- die Vermittlungsfunktion und
- die Argumentationsfunktion

unterschieden sowie mehrere Nebenfunktionen (Steuerbemessungsfunktion, Informationsfunktion, Vertragsgestaltungsfunktion, Steuerungsfunktion, Motivationsfunktion und andere), die hier nicht weiter behandelt werden.

Entscheidungsfunktion

Bei der Entscheidungsfunktion ist der Bewertungszweck die Unterstützung bei oder die Fundierung von Entscheidungen bei Kauf oder Verkauf von Unternehmen. Der zu ermittelnde Wert wird „Entscheidungswert" genannt. Er spielt eine zentrale Rolle bei allen Hauptfunktionen der funktionalen Unternehmensbewertungstheorie. Der Grundtenor ist wie folgt: Ich kann dir nicht den „richtigen", „wahren", „objektiven" oder „intrinsischen" Unternehmenswert nennen, weil es den nicht gibt. Ich kann dir als potenzieller Käufer eines Unternehmens aber sagen, was du maximal für das Unternehmen ausgeben darfst, damit du dich nicht schlechter stellst als beim Unterlassen des Kaufs und der Verfolgung deiner Investitionsalternativen. Als potenzieller Verkäufer kann ich dir sagen, was du mindestens für dein Unternehmen beim Verkauf erlösen musst, damit du dich nicht schlechter stellst als bei einer Fortführung des Unternehmens.

Der Wert resultiert hier aus einer Subjekt-Objekt-Objekt-Beziehung. Subjekt ist der Käufer (Verkäufer) mit seinen Zielvorstellungen, wie auch immer sie geartet sein mögen. Beim Entscheidungswert liegt die Schönheit eben sehr wohl im Auge des Betrachters. Ist der Käufer (Verkäufer) ausschließlich an freien Cashflows interessiert, bestehen hinsichtlich der Zielvorstellungen keine Unterschiede zum intrinsischen Wert. Verbindet er jedoch beispielsweise Nutzen mit seiner Stellung als Unternehmer, dann ist dies bei der Ermittlung des Entscheidungswerts zu berücksichtigen.

Das erste „Objekt" in der oben genannten Subjekt-Objekt-Objekt-Beziehung ist das Unternehmen. Zu ermitteln sind die Zielbeiträge, die der jeweilige Käufer (Verkäufer) mit dem Unternehmen erzielen kann und nicht diejenigen, die ein unvoreingenommener Analyst prognostizieren würde oder die sich bei Fortführung des Unternehmens in der bisherigen Form ergeben würden. Das zweite „Objekt" sind die Investitionsalternativen des Käufers (Verkäufers), die er verfolgen würde, wenn er das Unternehmen nicht erwirbt (das Unternehmen verkauft).

Entscheidungswert

Die Wertermittlung erfolgt schließlich durch einen Investitionsvergleich. Ausgehend von einem so genannten Basisprogramm, worunter die optimale (nutzenmaximale) Anlage der Mittel verstanden wird, wenn das Unternehmen nicht gekauft (das Unternehmen verkauft) wird, wird untersucht, welche Projekte des Basisprogramms bei einem Kauf des Unternehmens (beim Unterlassen des Verkaufs) durch das Unternehmen „verdrängt" werden, ohne dass sich der Nutzen des Basisprogramms verringert. Der Preis der verdrängten Investitionsalternativen stellt den Grenzpreis dar, den → Entscheidungswert.

Ein kurzes Beispiel zur Verdeutlichung: Ein potenzieller Käufer verfüge über 1.000 Geldeinheiten (GE). Das Unternehmen (U) verspreche ihm 1.200 Nutzeneinheiten. Folgende alternative Investitionsobjekte (IO) stehen zur Auswahl:

IO	Preis in GE	N	N/GE
1	600	750	1,25
2	200	350	1,75
3	300	400	1,33
4	200	300	1,50

Alle Investitionsobjekte seien beliebig teilbar. Das Basisprogramm des Käufers sieht dann wie folgt aus:

IO	Kapitaleinsatz in GE	N
2	200	350
4	200	300
3	300	400
1 (300)	300	375
	1.000	**1.425**

Der Käufer würde also für den Fall, dass er auf den Erwerb verzichtet, die Investitionsobjekte 2, 4 und 3 tätigen und außerdem 300 GE in Objekt 1 investieren. Seine verfügbaren Mittel (1.000 GE) sind damit aufgebraucht. Er realisiert einen Gesamtnutzen 1.425 Nutzeneinheiten.

Im folgenden so genannten Bewertungsprogramm wird das Unternehmen mit den besten (im Sinne von N/GE) Investitionsalternativen des Basisprogramms derart kombiniert, dass wieder dasselbe Nutzenniveau wie im Basisprogramm entsteht. Es ergibt sich das folgende Bild:

IO	Kapitaleinsatz in GE	N
2 (128,57)	128,57	225
U	? (871,43)	1.200
	1.000	**1.425**

Durch die Aufnahme des Unternehmens werden die Investitionsobjekte 1, 3 und 4 völlig und von Objekt 2 71,43 GE „verdrängt“. Dieses Bewertungsprogramm hat dasselbe Nutzenniveau wie das Basisprogramm. Der Entscheidungswert (Grenzpreis) ergibt sich als Summe der Preise der verdrängten Objekte. Er beträgt 871,43 GE. Das ist der Betrag, den der Käufer maximal ausgeben darf, damit er sich nicht schlechter stellt als beim Unterlassen des Erwerbs. Zahlt er mehr, kann er weniger in Investitionsobjekt 2 investieren und würde folglich ein geringeres Nutzenniveau erreichen. Zahlt er weniger, und das ist das Ziel seiner Kaufpreisverhandlungen, dann stellt er sich besser als im Basisprogramm.

Das beschriebene Vorgehen dürfte aus den Vorlesungen zur Kostenrechnung bekannt sein (Ermittlung des optimalen Produktionsprogramms). Es lässt sich beliebig erweitern um Finanzierungsobjekte, nicht teilbare Objekte und andere Varianten (gleichzeitige Bewertung von zwei oder mehr potenziellen Unternehmensakquisitionen) und so der Realität annähern. Der interessierte Leser sei hier auf das zweite Kapitel des Buchs „Unternehmensbewertung“ von *Matschke* und *Brösel* verwiesen. Lösen lassen sich die Modelle, sofern sie nicht zu komplex werden, relativ komfortabel mit den gängigen Tabellenkalkulationsprogrammen (beispielsweise Excel mit Solver).

Der Entscheidungswert ist ein „privater“ Wert, ein Wert, der vor der Gegenseite geheim gehalten wird. Er bildet die Grundlage für die Erarbeitung einer Verhandlungsstrategie und stellt die letzte Rückzugslinie dar, den maximal zahlbaren Preis. (Einer der Erfolgsfaktoren erfolgreicher Verhandlungsführer im M&A-Geschäft ist, den Entscheidungswert der Gegenseite möglichst präzise abzuschätzen und darauf die eigene Verhandlungsführung aufzubauen, um am Ende den Kaufpreis möglichst nahe beim Entscheidungswert der Gegenseite platzieren zu können.)

Ist der Entscheidungsträger ausschließlich an künftigen Cashflows interessiert und lässt sich die Rendite seiner alternativen Investitionsobjekte hinreichend gut durch den Diskontierungszinssatz beschreiben, dann lassen sich die DCF-Verfahren und die mit ihnen verwandten Methoden als Spezialfall des hier vorgestellten Vorgehens interpretieren. Aus Gründen der Komplexitätsreduktion werden in der Bewertungspraxis diese Annahmen regelmäßig getroffen, so dass der hier beschriebene Investitionsvergleich faktisch nicht anzutreffen ist. Das mag man bedauern – es ist indes tragbar, wenn zwei wesentliche Elemente Berücksichtigung finden:

[1] Für den Entscheidungswert im Sinne des Grenzpreises als den Betrag, den ein Käufer maximal für ein Unternehmen ausgeben darf ohne sich schlechter zu stellen als beim Unterlassen des Kaufs (analog: den ein Verkäufer mindestens fordern muss, um sich nicht schlechter zu stellen als beim Unterlassen des Verkaufs) ist nicht entscheidend, was ein unvoreingenommener Dritter glaubt an künftigen Cashflows bei Fortführung des erzielen zu können. Entscheidend ist, was der Erwerber (oder der Verkäufer) mit dem Unternehmen macht und welche künftigen Cashflows sich daraus ergeben.

[2] Auch wenn der Terminus „alternativlos“ derzeit en vogue ist – es gibt immer eine Alternative zum Kauf (Verkauf). Statt den Diskontierungsfaktor im Rahmen von Sensitivitätsanalysen bis zum Exzess zu variieren lohnt es, sich zu vergegenwärten, was sich hinter ihm verbirgt – die Rendite der verdrängten Investitionsalternativen.

Ob in der Bewertungspraxis die Auftraggeber von Unternehmensbewertungen die Ermittlung von Entscheidungswerten im Sinne von Grenzpreisen überhaupt nachfragen, steht wiederum auf einem ganz anderen Blatt. Zu deren Zielsetzungen haben wir uns in Abschnitt 3.7.1 ausgelassen. Zu ergänzen wäre, dass Belohnungs-/Bestrafungsmechanismen („zu teuer gekauft" oder „zu billig verkauft") auch nicht unbedingt am Entscheidungswert anknüpfen, sondern oft an einem wie immer ermittelten „Marktpreis". Die Bewertungspraxis behilft sich, wenn sie Zielsetzungen, Investitionsalternativen und Pläne der Entscheidungsträger im Hinblick auf das zu bewertende Unternehmen nicht kennt, mit der Ermittlung von „intrinsischen" Werten. Die deutschen Wirtschaftsprüfer als ein Vertreter der Bewertungspraxis in Deutschland haben dann auch die funktionale Unternehmensbewertung nicht eins zu eins übernommen. Als weitere Funktion nennen sie die des neutralen Gutachters, der einen objektivierten Wert des Unternehmens ermittelt. Was darunter zu verstehen ist, unterscheidet sich nur marginal von der Definition des intrinsischen Unternehmenswerts von *Damodaran*.

In Anbetracht der Tatsache, dass deutlich mehr Unternehmensakquisitionen scheitern (scheitern in dem Sinne, dass sie die Erwartungen nicht erfüllen) als dass sie gelingen, darf die Frage gestellt werden, ob dem Entscheidungswert in der Praxis die Bedeutung zukommt, die ihm gebührt, also ob das Scheitern nicht (zumindest zum Teil) auch auf Unzulänglichkeiten bei der Bewertung (Marktwert, Marktpreis, intrinsischer oder objektivierter Wert anstelle von Entscheidungswert) zurückzuführen ist. Ob sich dies im Hinblick auf die in Abschnitt 3.7 beschriebenen Interessenlagen und Abhängigkeiten von Entscheidungsträgern und Bewertern ändert wird, ist aus unserer Sicht fraglich.

Vermittlungsfunktion

Bei der Vermittlungsfunktion ist der Bewertungszweck die Ermittlung eines von einem unparteiischen Gutachter ermittelten Einigungswerts (Arbitriumwert genannt), der beiden Parteien (potenzieller Käufer und potenzieller Verkäufer) zumutbar ist und deren Interessen wahrt. Das wiederum setzt voraus, dass der unparteiische Gutachter die Entscheidungswerte beider Parteien kennt (selber ermittelt). Liegt der Entscheidungswert des Verkäufers unter dem des Käufers, so liegt ein positiver „Einigungsbereich" vor. Damit sind alle Werte zwischen den beiden Entscheidungswerten gemeint. Bei jedem dieser Werte würde sich keine der beiden Parteien schlechter stellen als bei der Unterlassungsalternative. Wie dieser Einigungsbereich zwischen den Parteien „gerecht" aufgeteilt werden kann, ist Gegenstand umfangreicher Forschung gewesen. Der interessierte Studierende kann sich hier im dritten Kapitel des Buchs von *Matschke* und *Brösel* zahlreiche Anregungen holen.

In der Praxis werden indes derartige Fallgestaltungen (zwei Parteien, die sich über den Preis nicht einig sind) nur selten über unabhängige Gutachter gelöst. Gelegentlich sind Gutachter anzutreffen, dann aber auf beiden Seiten und allenfalls scheinbar „unabhängig". In der Regel baut aber eine Seite Verhandlungsmacht auf und löst auf diese Weise eine Einigung aus. Am einfachsten geschieht dies aus Verkäufersicht durch das Einholen eines belastbaren Angebots eines weiteren Bieters. Also durch Schaffung einer weiteren Alternative. Gleiches gilt im Grundsatz auch für die Käuferseite – das Spektrum weiterer Alternativen ist hier ein anderes. Es kann den Kauf eines ähnlichen Unternehmens (sofern es das geben sollte), den eigenständigen Aufbau (anstelle des Kaufs) oder das Verfolgen anderer Geschäftsmöglichkeiten beinhalten.

Liegt kein positiver Einigungsbereich vor (der Entscheidungswert des Verkäufers liegt über dem des Käufers), macht eine Transaktion keinen Sinn, da eine der beiden Seiten sich gegenüber der Unterlassungsalternative (es findet keine Transaktion statt) verschlechtern würde. Bei so genannten nicht dominierten Konfliktsituationen (keine Seite kann den Eigentumswechsel erzwingen) gehen die Parteien dann getrennte Wege – es gibt keinen Verkauf. Anders sieht es bei dominierten Konfliktsituationen aus, also bei Fallgestaltungen, bei der eine Seite den Eigentumsübergang erzwingen kann (beispielsweise beim Ausschluss von Minderheitsaktionären). Hier greifen in aller Regel bezüglich der Bewertung Vorgaben seitens des Gesetzgebers und/oder aus der Rechtsprechung, die von Rechtssystem zu Rechtssystem unterschiedlich sind und zudem auch einer (wenn auch meist „trägen“) Veränderung unterliegen.

Argumentationsfunktion

Bei der Argumentationsfunktion ist der Bewertungszweck die Stärkung der Verhandlungsposition einer Partei durch die Ermittlung von Argumentationswerten. Wir haben in Abschnitt 3.7 herausgearbeitet, dass ein Großteil aller durchgeführter Unternehmensbewertungen der Durchsetzung von Interessen dienen. Zugespitzt könnte man sagen, dass fast alle ermittelten Unternehmenswerte sich im Lichte der funktionalen Unternehmensbewertungstheorie als Argumentationswerte interpretieren lassen.

Mancher mag darüber die Nase rümpfen, sehen doch viele Menschen in der Ermittlung von Unternehmenswerten so etwas wie die Königsdisziplin der Betriebswirtschaftslehre, die strengsten wissenschaftlichen Kriterien standzuhalten hat. Ruft man sich indes in Erinnerung, zu welchem Zweck die Wertermittlung erfolgt, so schließt sich der Kreis: In den meisten Fällen geht es um einen Eigentumsübergang an Unternehmen oder Unternehmensteilen, der – abgesehen von wenigen rechtlich geregelten Ausnahmen – auf freiwilliger Basis erfolgt. Um darüber eine Einigung erzielen zu können, bedarf es der Kommunikation zwischen potenziellem Verkäufer und potenziellem Käufer, einer gemeinsamen Sprache. Unternehmensbewertungen stellen eine derartige Sprache dar.

Das Problem besteht in vielen Fällen allerdings darin, dass Argumentationswerte berechnet werden, ohne zuvor den eigenen Entscheidungswert im Sinne des Grenzpreises ermittelt zu haben. Dies erweist sich dann gerne als Schuss ins eigene Knie. Wer seine eigene Grenze der Konzessionsbereitschaft nicht kennt, weil er statt ihrer Ermittlung vermeintlichen Marktwerten mehr Beachtung geschenkt hat, dem fehlt ein wesentlicher „Anker“ für die Ermittlung von Argumentationswerten. Der zweite Anker ist die vermutete Grenze der Konzessionsbereitschaft der Gegenseite. Diese beiden Größen werden benötigt, um die Argumentationsbewertung in die gewünschte Richtung zu lenken (bei positivem Einigungsbereich nahe beim vermuteten Grenzpreis der Gegenseite).

Vorteile und Defizite

Die funktionale Unternehmensbewertungstheorie hat sich herausragende Verdienste erworben in der Überwindung des Streits zwischen subjektiver und objektiver Unternehmenswertlehre und der daraus folgenden Versachlichung der Diskussionen. Ihr Problem ist, dass sie außerhalb des deutschen Sprachraums nicht wirklich visibel ist.

Einzelaspekte ihrer Erkenntnisse finden sich weltweit. Kein Bewertungsexperte wird beispielsweise negieren, dass Wert, Bewertungsmethode und Bewertungszweck in einem Zusammenhang stehen. Die geschlossene Durchdringung des gesamten Spektrums an Bewertungen und die Erkenntnisse aus der Auseinandersetzung zwischen subjektiver und objektiver Wertlehre finden sich in der Form jedoch woanders nicht wieder.

Es bleibt spannend, die weitere Entwicklung in Theorie und Praxis zu verfolgen.

Lernfragen

[1] Was versteht man unter einem Entscheidungswert?

[2] Gibt es einen objektiven Unternehmenswert?

Glossar zum Kapitel 3

Ein kompaktes Glossar zu diesem Kapitel finden Sie unter www.uvk-lucius.de/finanzmanagement.

Die im Text mit → markierten Begriffe verweisen auf dieses Glossar.

Lernfragen zum Kapitel 3

In diesem Kapitel gibt es Lernfragen. Die Lösungen finden Sie unter www.uvk-lucius.de/finanzmanagement.

3.9 Literatur

Internationale Standardwerke (Auswahl)

Damodaran, Investment Valuation: Tools and Techniques for Determining the Value of Any Asset, 3. Aufl., 2012

Koller/Goedhart/Wessels, Valuation: Measuring and Managing the Value of Companies, 5. Aufl., 2010

Rosenbaum/Pearl, Investment Banking, Valuation, Leveraged Buyouts, and Mergers & Acquisitions, 2. Aufl., 2013

Deutsche Standardwerke (Auswahl)

Ballwieser/Hachmeister, Unternehmensbewertung: Prozess, Methoden und Probleme, 4. Aufl., 2013

Drukarczyk/Schüler, Unternehmensbewertung, 6. Aufl., 2009

Hering, Unternehmensbewertung, 3. Aufl., 2014

Hommel/Dehmel, Unternehmensbewertung case by case, 7. Aufl., 2013

Matschke/Brösel, Unternehmensbewertung: Funktionen – Methoden – Grundsätze, 4. Aufl., 2012

Peemöller, Praxishandbuch der Unternehmensbewertung, 5. Aufl., 2012

Web (Auswahl)

www.damodaran.com

www.finexpert.info

Über den Autor

Studium und Promotion (1988) an der Universität zu Köln. Von 1989 bis 2012 praktische Tätigkeit als M&A-Berater mit Führungspositionen bei verschiedenen Beratungsgesellschaften und Banken. Seit 2012 Hochschullehrer, seit 2013 Professor für International Business mit Schwerpunkt Finance & Accounting an der HTW Berlin.

4 Quantitative Bewertung von Synergiepotenzialen im Rahmen der Unternehmensbewertung auf Basis von Merger and Acquisition-Transaktionen

von Simon Ohlmeier und Wilhelm Schmeisser

Wissensziele

- Sie sollen lernen, dass bei Merger and Acquisition-Aktivitäten bei Industriebetrieben das Kriterium Synergieeffekt(e) für die Unternehmensbewertung und für das Portfoliomanagement entscheidend ist.
- Sie sollen lernen, dass die Selection Portfolio Theory nach Markowitz/Tobin für Industriebetriebe nicht angewendet werden kann, wenn Sie nicht insolvent gehen sollen.
- Sie sollen lernen, dass beim Kauf von Unternehmen für industrielle Konzerne, dass Strategische Management bzw. der Konzernvorstand dafür verantwortlich ist, dass Synergieeffekte erzielt werden, damit das internationale Unternehmen wettbewerbsfähiger wird.

4.1 Merger and Acquisition unter Synergieeffekten als Vorüberlegung eines industriellen Konzerns

Merger und Acquisitions gehören zum Standardrepertoire des Strategischen Managements. Als Auslöser gilt häufig das Ziel, eine Steigerung und Verbesserung der strategischen Wertschöpfung für Unternehmen durch diese Art von Investitionen zu erreichen, weil derzeit keine Forschungs- und Entwicklungsergebnisse erzielt werden konnten. Allerdings sind M&A-Aktivitäten häufig mit hohen Risiken verbunden und zudem nicht immer erfolgreich, wenn es um die Integration des neu erworbenen Unternehmensteils in den Konzernverbund geht. Das Kapital der Aktionäre, z.B. durch eine Kapitalerhöhung, wird oft mit hohem Risiko in die Erweiterung des Konzerns investiert, ohne dass daraus ein zusätzlicher Cashflow bzw. EBIT erwartet werden kann.[1]

Der Erfolg eines Unternehmenszusammenschlusses hängt regelmäßig von der jeweiligen Vorgehensweise in den einzelnen Phasen einer Merger und Acquisition-Transaktion ab (im weiteren M&A). In der Regel werden die Phasen unterteilt in Planung, Durchführung und Integration bzw. Vorbereitung (Pre-Merger-Phase), technische Abwicklung (Transaktionsphase) und Integration (Post-Merger-Integration)[2]. Schwer-

[1] Vgl. Müller-Stewens et al., (2010), S. 11

[2] Vgl. Schmeisser/Reiss/Rolf/Popp (2014), Kapitel 4

punkt dieses Kapitels liegt in der Vorbereitungsphase, dabei mit einem besonderen Augenmerk auf die strategische Zielsetzung von M&A sowie eine nähere Betrachtung der Bewertungsmethoden und Instrumente, die verwendet werden, um einen optimalen, möglichst objektiven Unternehmenswert zu ermitteln. Dabei ist auch die Wertsteigerungsbildung der Gesellschafter im Sinne der sog. „Capital Market School", zu berücksichtigen.[3] Synergieeffekte sind die entscheidenden Einflussfaktoren auf die Akquisitionsprämie und können, falls nicht realisierbar, zum Scheitern einer Fusion oder einer Akquisition führen. Deshalb werden hier Möglichkeiten aufgezeigt, wie Synergien quantitativ zu bewerten sind, denn diese werden durch ihre mangelnde Marktfähigkeit häufig überbewertet und als Folge kann die ökonomische Effizienz des Unternehmens dadurch deutlich reduziert werden.[4]

Es ist deshalb notwendig, die Voraussetzungen zu untersuchen, die es der Unternehmensführung ermöglicht, den Erfolg einer Übernahme bezüglich der Hebung von Synergien zu messen. Eine tiefer gehende Betrachtung der Durchführungs- und Integrationsphase erfolgt jedoch nicht und ist nicht Bestandteil dieses Kapitels. In der Praxis ist jedoch zu berücksichtigen, dass sämtliche M&A-Phasen einen ganzheitlichen Vorgang darstellen und Synergieeffekte nur im Gesamtprozess der organisatorischen und personalwirtschaftlichen Implementierung erfolgreich „gehoben" werden können.[5]

4.2 Terminologische Grundlagen zu Merger & Acquisition

4.2.1 Grundlegendes zu Fusionen und Akquisitionen

Im Grunde können unter dem Begriffspaar M&A für Merger und Acquisitions die vielfältigen Erscheinungsformen von Unternehmenszusammenschlüssen und -käufen verstanden werden. Zu den weit gefassten Begriff M&A zählen z.B. Joint Venture, Kooperationen, Private-Equity-Beteiligungen usw.[6] Im weiteren Verlauf wird vor allem von Fusionen und Akquisitionen ausgegangen, da hierbei Synergieeffekte am besten analysiert werden können, um die akquisitionsbedingte Wertsteigerung eines Industrieunternehmens, speziell für die Eigentümer (Aktionäre) des akquirierenden Unternehmens bewerten zu können.[7]

Fusionen und Akquisitionen führen zu einer Übertragung von Leitungs-, Kontroll- und Verfügungsrechten, wobei mindestens eines der beteiligten Unternehmen seine rechtliche Selbstständigkeit verliert.[8]

---

[3] Vgl. Müller-Stewens et al., (2010), S. 200

[4] Vgl. Schwenker et al., (2008), S. 5

[5] Vgl. Picot, G. (2008), S. 20

[6] Vgl. Picot, G. (2008), S. 26

[7] Vgl. Rappaport, A. (1999), S. 161

[8] Vgl. Keuper et al., (2006), S. 243

Mit dem Begriff *Akquisition* (synonym: Übernahme) wird der Erwerb der Kontrollrechte über ein bereits bestehendes, zuvor unabhängiges Unternehmen bezeichnet. Sie führt zum Verlust der wirtschaftlichen Selbstständigkeit des Zielunternehmens (Target), verbunden mit der Ausdehnung des Herrschaftsbereichs des akquirierenden Unternehmens. Die Übernahme rechtlich selbstständiger Unternehmen wird in der Regel über den Erwerb der Kapital- und Stimmrechtsmehrheit erreicht. Der Käufer erlangt somit, oft ergänzt durch vertragliche und personelle Vereinigungen, einen beherrschenden Einfluss auf das Zielunternehmen und dessen materielle und immaterielle Vermögenswerte. Wird der beherrschende Einfluss ausgeübt und das erworbene Unternehmen nun unter der einheitlichen Leitung des Käuferunternehmens geführt, entsteht ein Konzern im Sinne des deutschen und europöischen Aktienrechts, genauer: ein Unterordnungskonzern im Sinne von §18 Abs. 1 AktG.[9]

Von einer *Fusion* spricht man, wenn zwei oder mehr zuvor rechtlich selbstständige Unternehmen zu einer einzigen rechtlichen Einheit verschmelzen. Verschmelzungen sind in Deutschland im Umwandlungsgesetz (UmwG) geregelt. Demnach bestehen zwei Arten von Fusionen. Bei einer *Verschmelzung durch Aufnahme* (§ 2 Nr. 1 UmwG) verliert der übertragende Rechtsträger seine rechtliche Selbstständigkeit und sein Vermögen. Die Anteilseigner des übertragenden Rechtsträgers, der seine rechtliche Selbstständigkeit verliert, werden durch Anteile des aufnehmenden Rechtsträgers entschädigt. Bei der zweiten Form, der *Verschmelzung durch Neugründung* (§ 2 Nr. 2 UmwG), verlieren alle beteiligten Rechtsträger ihre rechtliche Selbstständigkeit und werden in einem neu gegründeten Rechtsträger zusammengefasst.[10]

4.2.2 Arten von Merger & Acquisition Aktivitäten

4.2.2.1 Asset Deal vs. Share Deal

Die rechtlichen Grundlagen für M&A befinden sich in den einschlägigen gesetzlichen Vorschriften (etwa im HGB, AktG, GmbHG, EStG, KStG, UmwStG, Börsengesetz) insbesondere für Übernahmen von Unternehmen (z. B. Übernahmegesetz), kommen das Wettbewerbsrecht (etwa Kartellgesetz) sowie die Richtlinien und Verordnungen auf Basis des EG-Vertrages (z. B. Fusionskontrollverordnung) sowie bindende vertragliche Regelwerke, in Betracht.[11]

Im Rahmen eines *Asset Deals* werden Wirtschaftsgüter, Rechte und Verbindlichkeiten eines Unternehmens erworben. Dies stellt nach § 433 Abs. 1 Satz 1 BGB als Kauf durch Singularsukzession einen Sachkauf dar. Übersteigt der Kaufpreis die Differenz der Zeitwerte von Aktiva und Verbindlichkeiten, kann dieser entstehende Mehrwert als Goodwill ausgewiesen und entsprechend abgeschrieben werden.[12]

---

[9] Vgl. Glaum et al., (2010), S. 17, und vgl. dazu auch Brem/Heyd/Schmeisser (2015), Kapitel 4

[10] Vgl. Glaum et al., (2010), S. 17 f.

[11] Vgl. Wöginger, H. (2004), S. 27

[12] Vgl. Jansen, S. A. (2008), S. 247

Beim *Share Deal* werden Anteile an einem Unternehmen übertragen. An der Rechtsperson des Unternehmensträgers ändert sich dadurch grundsätzlich nichts, nur im Stand der Gesellschafter, weswegen auch keine gesonderte Übertragung von Vermögensgegenständen zu erfolgen hat. Genauso bleiben die Verbindlichkeiten gegenüber dem Unternehmensträger bestehen. Beim Käufer wird die erworbene Beteiligung mit den Anschaffungskosten aktiviert. Abschreibungen können nur im Rahmen außerordentlicher Wertberichtigung bei Zutreffen bestimmter Voraussetzungen durchgeführt werden. Darüber hinaus sind auch die Finanzierungskosten einer Fremdfinanzierung, insofern es sich um Anteile an einer Kapitalgesellschaft handelt, steuerlich nicht absetzbar.[13] In diesem Sinne ist bei der Übernahme eines Unternehmens genau zu prüfen, welche Art der Transaktion aus rechtlicher Sicht durchzuführen ist und welche Konsequenzen dadurch entstehen.

4.2.2.2 Freundliche vs. feindliche Übernahme

Freundliche Akquisitionsverhandlungen (Friendly Takeover) finden im Einvernehmen und unter Einbindung des Managements des Zielunternehmens statt. Das Management der Zielgesellschaft unterstützt den Erwerbsprozess, indem es dem Käufer, Informationen zur Verfügung stellt und seine Handlungen aktiv oder passiv auf den laufenden Akquisitionsprozess abstimmt. Mit passiver Ausrichtung ist das Unterlassen von Maßnahmen gemeint, die die Akquisitionsverhandlungen behindern könnten. Das Ergreifen von aktiven Maßnahmen beinhaltet z. B. die Vereinbarung sog. Exclusivity Agreements, dabei ist es dem Zielunternehmen bzw. seinen Anteilseignern nicht gestattet, andere potenzielle Interessenten anzusprechen oder parallel mit solchen zu verhandeln.[14]

Feindliche Übernahmen sind Übernahmeangebote, die ohne Zustimmung des Managements des Zielunternehmens erfolgen, unabhängig davon, ob der Zusammenschluss ökonomisch sinnvoll ist oder nicht. Ein Beispiel stellt in Deutschland der Vodafone-Mannesmann-Deal dar. Im Gegensatz zur freundlichen Übernahme ist das Zielmanagement bei einer feindlichen Übernahme nicht dazu bereit, das Unternehmen zu veräußern und in Verhandlungen mit dem potenziellen Käufer zu treten. Somit unterbreitet das akquirierende Management vorwiegend den Aktionären ein Angebot zur Übernahme ihrer Anteile. Mannesmann-Aktionäre erhielten im Rahmen der Übernahme durch Vodafone eine Prämie in Höhe von ca. 80%. Unter dem Gesichtspunkt der Shareholder Value-Maximierung durfte dieses Angebot eigentlich nicht abgelehnt werden.[15]

---

[13] Vgl. Wöginger, H. (2004), S. 28 f.

[14] Vgl. Glaum et al., (2010), S. 23

[15] Vgl. Jansen, S. A., (2008), S. 118

4.2.2.3 Sonderformen von M&A

Bei einer weiteren Unterscheidung zur Beschreibung der Arten von Übernahmen handelt es sich im Grunde um Sonderformen eines Share Deals, die ebenfalls in freundlich und feindlich unterteilt werden können. Die gängigsten Formen sind:[16]

– Management-Buy-out (MBO)
Bei einem MBO erlangt das Management oder ein Teil des bisherigen Managements die Eigentümerstellung. Der Grund dafür kann die reale oder vermeintliche Auffassung des Managements sein, dessen Know-how über das Unternehmen möglichst uneingeschränkt umzusetzen.

– Management-Buy-in (MBI)
Hierbei handelt es sich, im Gegensatz zum MBO, um ein fremdes Management, z.B. das eines Konkurrenten, das ein Unternehmen akquiriert.

– Leveraged-Buy-out (LBO)
Eine starke Inanspruchnahme von Fremdkapital zur Finanzierung des Anteilserwerbs ist hier entscheidend. Dabei wird das Ziel verfolgt, mit einem zukünftig hohen Cashflow und/oder mithilfe des bestehenden hohen Cash-Bestands des erworbenen Unternehmens das aufgenommene Fremdkapital zurückzuführen. Das Fremdkapital wird dabei als „Hebel" eingesetzt.

– Unternehmensnachfolge
Besonders im Bereich familienorientierter Eigentümerschaft stellt die Unternehmensübergabe an Familienangehörige gegen Entgelt oder im Schenkungsweg einen Sonderfall dar. Hier spielt z. B. der Erhalt des Unternehmens oder ein familiärer Ausgleich eine große Rolle.

– Spin-off
Hierunter versteht man eine Abspaltung von Unternehmen oder Unternehmensteilen.

– Equity-carve-out
Eine Muttergesellschaft verkauft einen Teil der Tochtergesellschaft an das Publikum, wobei die Kontrolle über die Tochter bei der Mutter verbleibt.

– Squeeze-out
Ein Hauptaktionär hat die Möglichkeit, aufgrund eines Hauptversammlungsbeschlusses die restlichen Aktionäre gegen Abfindung aus der Gesellschaft auszuschließen.

---

[16] Vgl. Guserl et al., (2011), S. 567 ff.

4.2.3 Motive für M&A

Aus gesamtwirtschaftlicher Sicht sind Unternehmenszusammenschlüsse und -käufe nichts anderes als eine Reallokation von Ressourcen über einen Markt, auf dem Unternehmen gekauft und verkauft werden. Unterstellt man die These der Überlegenheit des Marktmechanismus, wenn es um die effiziente Allokation von Ressourcen geht, so sind M&A als ein Effizienz erhöhendes Instrument bei der Verteilung von Kapital einzustufen. Dabei kommen kartellrechtliche Vorschriften in Verbindung mit M&A einer hohen Bedeutung zu.[17]

Einzelwirtschaftlich kann zunächst angenommen werden, dass es zu M&A aus rein rationalen Erwägungen kommt. Dabei kann dies geschehen, um

[1] gegenüber dem Kunden einen **Machtgewinn** zu realisieren, um

[2] als Arbitrageur einen Vorteil aus der **Zerschlagung** eines Unternehmens und den anschließenden Verkauf der einzelnen Einheiten zu erzielen ***(Raider-Theorie)*** oder um

[3] einen Vorteil aufgrund eines **Informationsvorsprungs** gegenüber dem Verkäufer zu kapitalisieren (Bewertungstheorie). Ein viertes Motiv wirkt nicht zugunsten der Aktionäre des Käufers, sondern dient dem

[4] **Eigeninteresse des Managements** des Käufers: die ***Empire-Building-Theorie***. Der Manager baut sich gegen die Interessen der Eigentümer (Principal-Agent-Konflikt) ein diversifiziertes Imperium auf, das ihm einerseits Macht verleiht, aber andererseits auch mehr Manövrierspielraum bezüglich der Darstellung der Leistung des von ihm geführten Unternehmens bietet.[18]

Daneben gibt es noch zwei Erklärungsansätze, die das Zustandekommen von M&A nicht als Resultat rationaler Entscheidungen sehen: Nach der

[5] **Prozesstheorie** kommt es aufgrund undurchsichtiger Entscheidungsprozesse zu Transaktionen (z.B. wegen des fortgeschrittenen Stands des Verhandlungsprozesses und der damit empfundenen Irreversibilität ohne Gesichtsverlust). Die ***Wellentheorie*** unterstellt dagegen, dass M&A ein

[6] (**zyklisches Phänomen** ist und die Entscheidungsträger sich diesem Phänomen wie einer Mode mehr oder minder unterwerfen, da dies für die beteiligten Manager und Investoren ein Prestigegewinn bedeuten kann: Unternehmen kaufen in einer dieser M&A-Wellen Unternehmen bzw. Unternehmensteile, weil gerade alle anderen auch Unternehmen kaufen.[19]

Betrachtet man dagegen die Verfolgung der Strategie, extern zu wachsen, als konkrete ökonomische Notwendigkeit, da zurzeit eigene Innovationen fehlen, bedeutet dies für Branchen, die durch eine hohe Dynamik gekennzeichnet sind (z.B. Biotechnologie), dass M&A-Transaktionen relevant sind, um nicht den Anschluss an technologische Entwicklungen zu verlieren. Hier kommt es vor allem darauf an, strategische Ressour-

[17] Vgl. Lucks et al., (2002) S. 5 f.

[18] Vgl. Müller-Stewens et al., (2010), S. 6

[19] Vgl. Müller-Stewens et al., (2010), S. 7

cen, insbesondere Wissen, zu gewinnen. Branchen, die vor allem von Volumeneffekten profitieren können, werden M&A dazu nutzen, ihre Economies of Scale auszubauen und die Erfahrungskurveneffekte zu realisieren. Die größte Bedeutung haben Unternehmenskäufe aber da, wo beide Eigenschaften zusammenfallen.[20]

Als einer der wichtigsten Gründe für M&A wird daher häufig die

[7] **Ausschöpfung von Synergiepotenzialen** genannt. Dahinter verbirgt sich die Annahme, dass durch Unternehmenszusammenschlüsse neue Erfolgspotenziale geschaffen werden, weil eigene Ressourcen und Fähigkeiten mit den neu hinzukommenden Ressourcen und Fähigkeiten wertsteigernd kombiniert werden können.[21]

Nach einer Studie von *A.T. Kearny* ist der wesentliche Grund für das Scheitern von M&A-Aktivitäten (gekennzeichnet durch den Verlust von Marktanteilen) von Unternehmensverschmelzungen, dass die Unternehmen ihre Ressourcen intensiv für die vermeintliche Synergiehebung und die Integration eingesetzt haben, dabei aber ihre Kunden und ihr Kerngeschäft vernachlässigen.

Dagegen sei der entscheidende Erfolgsfaktor von M&A, Wachstum bei Unternehmenszusammenschlüssen zu erzielen, ausschlaggebend – erst in zweiter Linie Synergien. Nichtsdestotrotz allein die Beibehaltung von Wachstum ist unzureichend, denn Shareholder-Value-Maximierung ist nicht zuletzt auch von Profitabilitätssteigerung gekennzeichnet und somit durch die Erzielung von Synergien bei einem Unternehmenszusammenschluss zu erreichen.[22]

Im Rahmen dieser Studie wurden sieben Merger-Typen identifiziert und dessen Häufigkeit nach Industrien erfasst.

Industrie / M&A Typ	Gesamt	Transport/ Logistik	Prozess-industrien	Energie-wirtschaft	Maschinen/ Anlagenbau	Banken/ Ver-sicherungen	Konsum-güter/Handel	Pharma & Healthcare
Volumen-extension	3,6	4,3	3,2	3,3	4,2	3,0	4,0	3,0
Regionale Extension	3,9	3,8	3,0	4,3	3,7	5,0	4,0	3,0
Produkt-erweiterung	2,7	2,3	1,5	2,3	3,5	2,0	3,3	4,5
Kompetenz-erweiterung	2,0	2,0	1,0	1,8	2,2	1,0	2,8	4,5
Vorwärts-integration	2,2	1,7	4,0	2,8	2,0	1,0	1,5	2,0
Rückwärts-integration	1,7	1,7	2,4	2,0	1,3	1,0	1,8	1,0
Geschäfts-diversifikation	1,7	2,3	1,7	1,0	1,8	1,8	1,8	2,0

Tabelle 4.1: Sieben Merger-Typen und Häufigkeit nach Industrie. 5 = häufig, 1 = selten (Quelle: M&A Review 1/2012, 23. Jahrgang, A.T. Kearney, S. 8)

[20] Vgl. Lucks et al., (2002), S. 8

[21] Vgl. Lucks et al., (2002), S. 9

[22] Vgl. A.T. Kearney, (2012), S. 7 f.

4.3 Theoretische Grundlagen zu Synergien

Der Begriff Synergie geht auf das altgriechische Wort „synergia" zurück und bedeutet das Zusammenwirken im Sinne von sich gegenseitig fördern. Im ökonomischen Kontext des Strategischen Managements spielen Synergien eine entscheidende Rolle: Sie gelten als eines der zentralen Motive für Übernahmen und Fusionen. Es handelt sich dabei um jene positiven Werteffekte, die durch den Verbund von Unternehmen ermöglicht werden.[23]

Nach Ansoff (1966) entsprechen Synergien dem Bewertungskriterium für den strategischen Wert eines Unternehmensverbunds. Eine M&A-Transaktion soll jedem der beteiligten Unternehmen Vorteile bringen, die jeder für sich nicht hätte realisieren können und zwar im Sinne der Gleichung: 2 + 2 = 5.[24] Wobei dies kritisch aber auch auf Risiken oder Kosten bezogen 2 + 2 = 3 bedeuten kann, d.h. M&A-Aktivitäten verlieren ihren wirtschaftlichen Sinn.[25]

Sirower (1997) verwendet eine weitestgehend operationalisierte Definition für Synegiepotenziale, auf die im Weiteren zurückgegriffen wird, um die aus einem Unternehmenszusammenschluss resultierenden Synergieeffekte und den Wertsteigerungsbeitrag berechnen zu können.[26]

„Synergy is the increase in performance of the combined firm over what the two firms are already expected or required to accomplish as independent firms. Synergy as increases in competitiveness and resulting cash flows beyond what the two companies are expected to accomplish independently."[27]

Synergien sind also die aufgrund des Unternehmenszusammenschlusses gesteigerten Cashflows, die über die erwarteten Zahlungsüberschüsse, die aus dem Stand-alone-Unternehmen resultieren und die damit im Aktienkurs bereits berücksichtigten, erwarteten Cashflow-Verbesserungen, hinausgehen.

Während Synergien tatsächlich realisierte Synergien darstellen und die Begriffe Verbund- oder Synergieeffekte als Synonym verwendet werden, wird unter dem Begriff Synergiepotenziale im Folgenden, die möglichen, jedoch noch nicht realisierten Synergien verstanden.[28]

4.3.1 Systematisierung von Synergien

In der Literatur existieren bereits zahlreiche Ansätze zur Systematisierung von Synergiepotenzialen. Die nachfolgende Tabelle 4.2 verdeutlicht diese Vielfalt, indem die verschiedenen Systematisierungskriterien, die von betriebswirtschaftlichen Autoren

---

[23] Vgl. Müller-Stewens et al., (2010), S. 181

[24] Vgl. Ansoff, H. I. (1966), S. 97

[25] Vgl. Ballwieser, W. (2011), S. 222

[26] Vgl. Köppen, J. (2004), S. 8

[27] Sirower, M. L. (1997), S. 20

[28] Vgl. Köppen, J. (2004), S. 9

entwickelt wurden, aufgezeigt werden. Um die ebenso zahlreich existierenden Erscheinungsformen von Synergien und die unterschiedlichen Einflussfaktoren, auf die Synergien zurückzuführen sind, aufzuzeigen, sind diese in Tabelle 4.2 aufgeführt. Um die ebenso zahlreich existierenden Erscheinungsformen von Synergien und die unterschiedlichen Einflussfaktoren, auf die Synergien zurückzuführen sind, anhand von Gliederungskriterien zu ordnen und zu systematisieren.[29] Kritisch ist anzumerken, dass diese Synergien allerdings Interdependenzen untereinander aufweisen.

Systematisierung	Gliederungskriterien	Autoren
Entstehungsursache	Know-how-Transfer Aufgabenzentralisierung	Porter (1966) Good & Campbell (2000)
Funktionsbereich	Sales-Synergy Operating-Synergy Investment-Synergy Management-Synergy	Bisani (1990) Ansoff (1966) Trautwein (1990)
Aktivität zur Hebung der Synergiepotenziale	Zentralisation Integration/Restrukturierung Ergänzung/Zugang Transfer Ausgleich	Reissner (1992)
unternehmerische Leistungsbereiche	güterwirtschaftliche Synergiepotenziale finanzwirtschaftliche Synergiepotenziale	Coenenberg & Sautter (1988) Petri (1990)
Wirkungsweise	Kostensenkung Erlössteigerung Prozessverbesserung Steuervorteile	Eccles, Lanes & Wilson (2000)
verfolgte Ziele	Wachstumsorientierung Effizienzorientierung	Viscio et al. (1993)
Wertschöpfungsstufe	Input-Synergien Prozess-Synergien Output-Synergien	Ebert (1998)

Tabelle 4.2: Übersicht über die Klassifizierung von Synergiepotenzialen
(Quelle: Köppen, J. (2004), S. 93)

4.3.1.1 Dimensionen von Synergien

Die einzelnen Synergiepotenziale können auch anhand ihrer Dimensionen und Eigenschaften unterschieden werden. Die nachfolgende Tabelle 4.3 systematisiert diese Dimensionen.

[29] Vgl. Ossadnik, W. (1995), S. 7

Synergiedimensionen		
1. Richtung der Wirkung	positive	negative
2. Realisierbarkeit	echte	unechte
3. zeitliche Struktur Anfalldauer Häufigkeit zeitliche Wirkung	permanente regelmäßig sofort wirkende	zeitlich begrenzt unregelmäßige später wirkende
4. Strategie	strategische	nicht-strategische
5. Wirtschaftsstufe	vertikale	horizontale
6. Art der Wirkung	Kosten	Umsätze

Tabelle 4.3: Gliederung der Dimensionen von Synergien
(Quelle: Wöginger, H. (2004), S. 116)

[1] *Positive Synergien* (überadditive Effekte) sind Vorteile, die durch einen Unternehmensverbund Wertsteigerungspotenziale ermöglichen, bei *negativen Synergien* (unter additiven Effekten oder Dyssynergien) sind die Kosten der Integration höher als die tatsächlich erzielbaren Kosteneinsparungen, oder die Umsatzerhöhungen können die Integrationskosten nicht kompensieren.[30]

[2] *Echte Synergien* sind solche Verbesserungen, die das Wissen oder die Ressourcen einer konkreten Partei verlangen und daher über jene Synergien hinausgehen, die der Markt als Ganzes für möglich ansieht. Von *unechten Synergien* spricht man, wenn die Verbesserungsmöglichkeiten selbst aus der generellen Marktsicht erkannt werden.[31] Diese lassen sich ohne Durchführung der dem Bewertungsanlass zugrunde liegenden Maßnahme realisieren (IDW S1 i.d.F. 2008 PS 5.3. Tz. 33).

[3] Nach der zeitlichen Struktur und der Fristigkeit der Synergien kann zwischen *permanenten* (z. B. effizientere Produktionsprozesse, geringere Personalkosten) *und singulären Synergien* (z. B. fusionsbedingte Veräußerungserlöse), *regelmäßigen und unregelmäßigen* sowie *sofort* oder *später wirkenden* Synergien, die während einer endlichen Anzahl von Perioden entstehen (z.B. Kosten für Abfindungen, Know-how-Transfer), unterschieden werden.[32]

[4] Im Rahmen des „Ressourcenorientierten Ansatzes“ kann zwischen Strategischen und Nicht-strategischen Synergiepotenzialen unterschieden werden.

Strategische Synergiepotenziale resultieren insbesondere aus immateriellen Ressourcenkombinationen. Wettbewerbsvorteile aus den strategischen Synergiepotenzialen stehen dem Unternehmen in der Regel langfristig zur Verfügung. Diese Synergiepotenziale entziehen sich jedoch aufgrund ihrer Eigenschaften einer objektiven Quantifizierung.

---

30 Vgl. Schwenker et al., (2006), S. 55

31 Vgl. Spremann et al., (2011), S. 19, 20

32 Vgl. Lechner, H. et al., (2003), S. 367

Die zweite Art von Synergiepotenzialen sind die *nicht-strategischen Synergiepotenziale.* Diese entsprechen in der Regel den, aus den materiellen Ressourcenkombinationen resultierenden Synergiepotenzialen, sind aufgrund ihres nicht-strategischen Charakters jedoch nicht lange für das Unternehmen alleine nutzbar. Wettbewerbsvorteile aus diesen Synergiepotenzialen sind durch den Wettbewerb beobachtbar und imitierbar und stehen dem Unternehmen deshalb nur zeitlich begrenzt zur Verfügung. Ihre Quantifizierbarkeit bereitet in der Regel keine Probleme.[33]

[5] Bei den „*Horizontalen Synergien*" kann nach den betrieblichen Funktionsbereichen gegliedert, zwischen Beschaffung, Produktion und Logistik, Marketing und Vertrieb, Forschung und Entwicklung, Verwaltung und Personal sowie Synergien durch Informationstechnologien unterschieden werden. Wie auch bei einer horizontalen Akquisition, unter der die Übernahme eines Unternehmens der selben Branche verstanden wird, können horizontale Synergien auch unternehmensübergreifend realisiert werden, wie bei der Übernahme eines Pharmaunternehmens durch ein anderes Pharmaunternehmen.[34]

„*Vertikale Synergien*" beschreiben Synergien, die innerhalb von zwei oder mehreren Wertschöpfungsstufen entstehen können. Durch eine vertikale Akquisition, die Transaktionen zwischen Unternehmen beschreiben, die in einem potenziellen oder tatsächlichen Kunden-Lieferanten-Verhältnis stehen. Es kann bei einer sog. Vorwärtsintegration ein Händler einen Lieferanten kaufen, um beispielsweise gemeinsame Lagerkapazitäten zu nutzen.[35]

[6] *Kosten-Synergien* resultieren in Kosteneinsparungen durch z.B. Volumeneffekten im Überlappungsbereich (Produkte, Regionen, Wertschöpfungsstufen) oder aus Restrukturierungsgewinnen (z. B. „asset stripping" oder besseres Management).

Umsatz-Synergien ermöglichen Zusatzumsätze durch Komplementarität im Produktspektrum bzw. in Regionen.[36]

4.3.1.2 Klassifizierung von Synergieeffekten

Fundamental ist bei der Suche nach Synergiepotenzialen, dass eine eindeutige Synergiedefinition besteht und dass den beteiligten Mitarbeitern frühzeitig ein einheitliches Synergieverständnis vermittel wird. Denn die Suche nach Informationen richtet sich in erster Linie nach dem, was man unter Synergien versteht. Hierzu bedarf es einer Synergieklassifizierung und -definition, die vollständig überschneidungsfrei und ausreichend operationalisiert ist.[37]

In diesem Zusammenhang zeigt die folgende Abbildung 4.1 mögliche Synergietypen mit ihren Ausprägungsformen.

---

[33] Vgl. Köppen, J. (2004), S. 76 f.

[34] Vgl. Glaum et al., (2010), S. 19

[35] Vgl. Glaum et al., (2010), S. 20

[36] Vgl. Lucks et al., (2002), S. 114

[37] Vgl. Köppen, J. (2004), S. 98

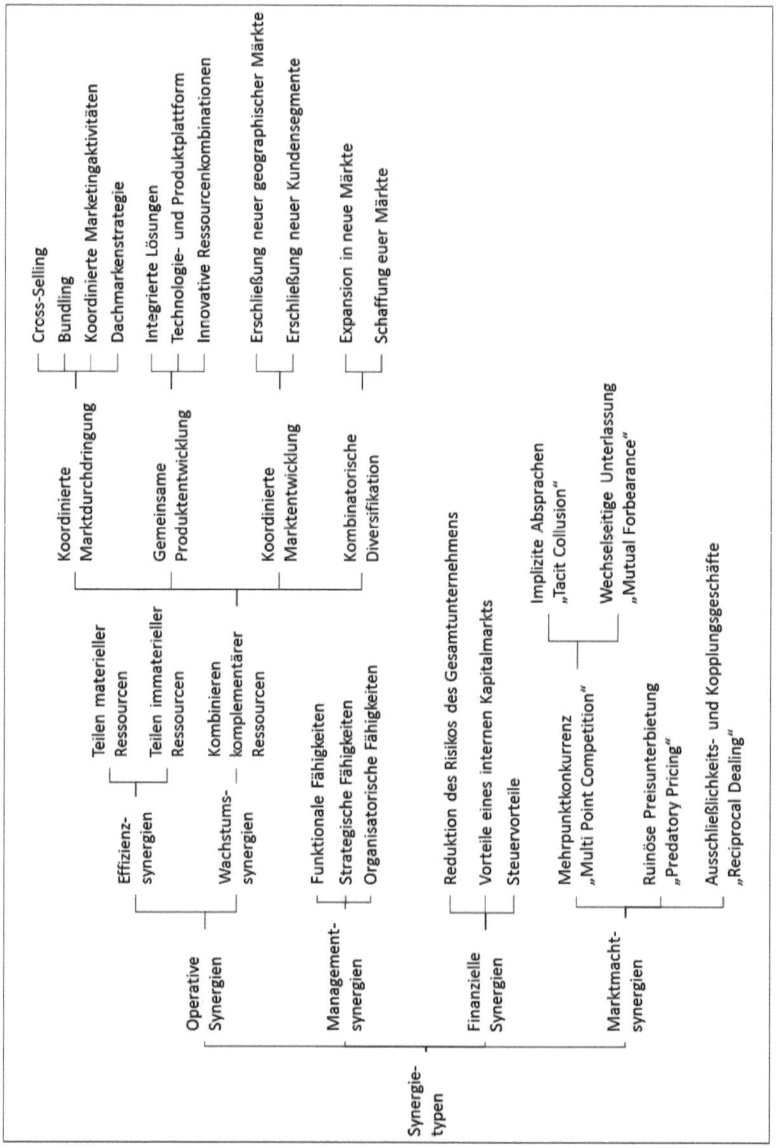

Abb. 4.1: Vier Synergietypen mit ihren Ausprägungen (Quelle: Müller-Stewens et al., Corporate Strategy & Governance (2009), S. 376)

4.3.1.2.1. Finanzwirtschaftliche Synergien

Finanzielle Synergien betreffen die Besteuerung und die Finanzierung von Unternehmen. So lassen sich z.B. bei einem Unternehmenszusammenschluss, durch die Möglichkeit der Verlustverrechnung steuerliche Vorteile erzielen und eine Bündelung der Kreditaufnahme kann die Finanzierungskosten senken.[38] Als gängige finanzwirtschaftliche Motive für Unternehmenszusammenschlüsse gelten Kapitalmarktsynergien, die Reduktion des Risikos des Gesamtunternehmens und Steuervorteile.

[1] Kapitalmarktsynergien

Von besonderer Relevanz ist, dass der Zugang zum Kapitalmarkt im Rahmen einer M&A-Transaktion erleichtert bzw. überhaupt erst ermöglicht werden kann, da der Zugang generell eine bestimmte Größe erfordert, die zu positiven externen Kapitalmarktsynergien führt. Dies ist speziell für Unternehmen aus Ländern interessant, die vor der Transaktion lediglich über einen eingeschränkten Zugang zu den internationalen Kapitalmärkten verfügten.[39]

Während Großunternehmen, zwar auch um einem externen Kapitalmarkt konkurrieren, gibt es darüber hinaus jedoch die Möglichkeit, die vorhandenen Finanzmittel auf die verschiedenen Geschäfte bzw. Geschäftsmodelle (Geschäftsfelder bzw. Segmente) zur Finanzierung des Wachstums, neuer Produkte und Geschäftsfelder zu verteilen. Diversifikation schafft also einen internen Kapitalmarkt, in dem die Geschäfte um das Kapital des Gesamtunternehmens konkurrieren. Ein interner Kapitalmarkt kann somit zu Vorteilen durch reduzierte Finanzierungskosten zu erhöhter finanzieller Flexibilität und zu höherer Qualität bei der Kapitalallokation führen.[40]

[2] Reduktion des Risikos des Gesamtunternehmens

Ein Unternehmen kann durch den Aufbau eines Portfolios an Geschäften mit negativ korrelierten Cashflows das Risiko des Gesamtunternehmens reduzieren. So lässt sich z. B. klar erkennen, das die Streuung des Börsenwerts bzw. des relativen Total Shareholder Returns (TSR) mit zunehmender Anzahl der Geschäfte geringer wird.[41] Dieses Argument der Risikoreduktion durch Diversifikation innerhalb einer Organisation wird oftmals angezweifelt, da der Industriebetrieb sich in einem „Technologiefeld" bewegt (beispielsweise *VW* in der Automobilbranche), das für Argumente einer Portfolio Selection Theory ungeeignet ist. Nach der Portfolio Selection Theory müsste ein Industriebetrieb wie *VW* in allen anderen Branchen neben der Automobilbranche investieren, da nur so der Risikoausgleich aufgrund negativer korrelierter Cashflows in einem vollkommenen und vollständigen Kapitalmarkt sehr viel effizienter sei. Dies kann aber nur durch die Anteilseigner als „Privatanleger" selbst erreicht werden kann, indem diese das Portfolio ihrer Anlagen an der Börse im Aktienmarkt diversifizieren.[42] Für einen Industriebetrieb in der „Realwirtschaft" sind derartige Argumentation nicht anwendbar, da sie zur Insolvenz des Konzerns führen.

---

[38] Vgl. Schwenker et al., (2008), S. 55

[39] Vgl. Wöginger, H. (2004), S. 135

[40] Vgl. Müller-Stevens et al., (2009), S. 366

[41] Vgl. Müller-Stevens et al., (2009), S. 364

[42] Vgl. Wala, T. (2008), S. 16

Unternehmensdiversifikation durch M&A liegt somit nicht im Interesse der Shareholder, sondern sind eher vorteilhaft für Stakeholder, da diese eine stabile Ergebnisentwicklung bevorzugen. Manager und Mitarbeiter z.B. sind eher bereit, unter den Voraussetzungen einer relativ sicheren Beschäftigungssituation Zeit und Know-how in ein Unternehmen zu investieren. Zulieferer passen ihre Produkte und Dienstleistungen der Eigenheit des Unternehmens an und investieren in enge Beziehungen. Kunden entwickeln ebenfalls oftmals enge Beziehungen zu dem Unternehmen und investieren unter Umständen in spezialisierte Produktionsanlagen. Nicht zuletzt messen auch Banken und Kapitalgeber der Reduktion des Risikos des Gesamtunternehmens einen hohen Wert zu, denn durch die Glättung volatiler Cashflows wird das Konkursrisiko gesenkt. Das geminderte Konkursrisiko führt dann zu einer besseren Kreditwürdigkeit (Rating nach Basel III), und damit niedrigere Fremdkapitalkosten.[43]

[3] Steuervorteile

Die Realisierung von steuerlichen Synergien konzentriert sich u.a. auf die Nutzung von steuerlichen Verlustvorträgen, dem Abschreibungspotenzial aus einer Fremdfinanzierung, der Nutzung von Veräußerungsverlusten, gesellschaftsrechtliche Konstruktionen (Holdingmodelle), der Übertragung stiller Reserven sowie in der Ausnutzung des nationalen Steuergefälles (Standort- und Strukturvorteilen).[44] Die Absicht zur Nutzung von steuerlichen Verlustvorträgen zielt im Kontext einer konkreten M&A-Transaktion vorwiegend auf die Übertragungsmöglichkeit von Verlustvorträgen auf den Käufer ab.[45] Steuerliche Synergien sind allerdings weitestgehend nicht als ausschlaggebendes Motiv für M&A anzusehen. Dies ist insbesondere auf die teilweise nur zeitlich begrenzte Wirkung der Steuereffekte sowie die lediglich temporäre Gültigkeit der steuerlichen Gesetzgebung in den jeweiligen Ländern zurückzuführen.[46]

4.3.1.2.2. Leistungswirtschaftliche, realwirtschaftliche bzw. operative Synergien

Durch eine Analyse der Wertschöpfungskette der bei M&A-Aktivitäten beteiligten Unternehmen können materielle oder immaterielle Ressourcen identifiziert werden, die durch Teilen oder Transferieren auch in anderen Geschäftsfeldern Verwendung finden, um so Wirtschaftlichkeitseffekte für das Verbundunternehmen zu erzielen. Hierbei können Economies of Scope, d. h. operative Synergieeffekte, sowohl zu Effizienz- als auch zu Wachstumsvorteilen führen. Das Potenzial dieser Synergien hängt von der operativen Ähnlichkeit der Geschäftsfelder ab. Die operative Ähnlichkeit beschreibt die Gleichartigkeit und/oder Komplementarität der Ressourcen und leistungswirtschaftlichen Wertschöpfungsaktivitäten der Geschäftsfelder.[47]

Die deutlichen Globalisierungstendenzen führen teilweise zu einer erheblichen Verschärfung der Wettbewerbsintensität. Über den Kauf eines Wettbewerbers und die

---

[43] Vgl. Müller-Stevens et al., (2009), S. 365

[44] Vgl. Gildemeister, A. (2008), S. 21, vgl. Weber, E. (1991), S. 105

[45] Die jährlichen Steuereinsparungen aus dem verrechenbaren Verlustvortrag stellen dann steuerliche Synergien dar, wenn die Verluste ohne eine Transaktion (noch) nicht genutzt werden können.

[46] Vgl. Gildemeister, A. (2008), S. 21

[47] Vgl. Müller-Stevens et al., (2009), S. 356

anschließende Zusammenlegung von betrieblichen Funktionen, wie Beschaffung, Produktion, F&E und Vertrieb, ist es z. B. möglich, Größeneffekte in Form einer günstigeren Kosten- oder auch Umsatzposition im Vergleich zu kleineren Unternehmen zu realisieren und damit die interne Ressourcenstruktur zu verbessern.[48] Eine hohe Skaleneffizienz ist vor diesem Hintergrund notwendig. Dabei unterscheidet man zwischen folgenden *Synergien*:

Economies of Scale

Economies of Scale liegen vor, wenn die Stückkosten eines Produkts bei steigender Menge pro Zeiteinheit sinken. Diese Wirkung ist auf drei Effekte, den (a) *Kapazitätsauslastungseffekt,* den (b) *Betriebsgrößeneffekt* und den (c) *Erfahrungskurveneffekt* zurückzuführen.[49]

a. Eine Erhöhung der Produktionsmenge in Folge eines Unternehmensverbunds, führt zu einer Erhöhung der variablen Kosten. Die Fixkosten verteilen sich dann aber auf eine größere Produktionsmenge, sodass die kurzfristigen durchschnittlichen Stückkosten sinken. Dieser Effekt wird auch als Fixkostendegression bezeichnet, da der Anteil der Fixkosten an den Gesamtkosten pro Produkt mit zunehmender Ausbringungsmenge abnimmt.[50]
b. Viele Ressourcen sind gar nicht in kleinen Mengen verfügbar. Folglich ist es sinnvoll, mit einer gewissen Betriebsgröße diese Skaleneffekte zu nutzen und die Kosten für einen unteilbaren Gegenstand über eine größere Ausbringungsmenge zu verteilen. Eine nationale Werbekampagne kostet z.B. das Gleiche sowohl für ein klein- und mittelständisches Unternehmen als auch für einen internationalen Großkonzern.[51] Durch globale Vertriebssynergien können außerdem die Marktdurchdringung in internationalen Märkten erhöht und z. B. ein Distributionskanal effizienter genutzt werden.[52]
c. Lerneffekte basieren auf dem Konzept der Erfahrungskurve. Demnach fallen die Durchschnittskosten für ein Produkt mit steigender kumulierter Produktionsmenge. Kosteneinsparungen in der Produktion beruhen zum größten Teil auf einer Verringerung von Fertigungszeiten. Durch zeitoptimierte Fertigungsabläufe können die Stückkosten pro Einheit gesenkt werden. Daneben tragen sie auch zur Vermeidung von Fehlern bei und die Minimierung des Ausschusses zur Verringerung der Stückkosten.[53]

Economies of Scope

Economies of Scope stellen Verbundvorteile dar, die dadurch realisiert werden können, indem eine Leistungsvielfalt angeboten wird, indem das Unternehmen sein Sortiment an Gütern und Dienstleistungen aus eigener Kraft oder zusammen mit anderen

---

[48] Vgl. Lucks et al., (2002), S. 7

[49] Vgl. Köppen, J. (2004), S. 78

[50] Vgl. Glaum et al., (2010), S. 65

[51] Vgl. Grant et al., (2006), S. 324

[52] Vgl. Rappaport, A. (1999), S. 181

[53] Vgl. Glaum et al., (2010), S. 66

Unternehmen erweitert, um auch in benachbarten Geschäftsfeldern tätig werden zu können.[54] Bei den Economies of Scope entstehen somit Synergieeffekte, die aus der Nutzung von kapazitätsunabhängigen Faktoren entstehen. Sie liegen vor, wenn die gemeinsame Produktion zweier Güter günstiger ist als die Summe beider voneinander getrennten Produktionen. Economies of Scope können also wie folgt dargestellt werden.[55]

$C(q_1,q_2) < C(0,q_2) + C(q_1,0)$, wobei $q_1 > 0$, $q_2 > 0$ und $C(q_1,q_2)$ die Kosten der gemeinsamen Produktion der Güter q_1 und q_2 beschreiben.

Synergiepotenziale aus Know-how-Effekten entstehen hauptsächlich in der gemeinsamen Nutzung und der Möglichkeit des Wissenstransfers. Die Mehrfachnutzung von Patenten und Lizenzen kann zu Einsparungen im Produktionsbereich führen. Das Wissen über unterschiedliche Anbieter, Preise und Verhandlungstaktiken kann Einsparungen im Beschaffungsbereich begründen. Im Bereich Marketing kann die Mehrfachnutzung eines Markennamens oder der Transfer von Marketingwissen zu Economies of Scope führen.[56]

Transaktionskosten

Die Transaktionskostentheorie, einem Zweig der neo-institutionalen Kapitalmarkttheorie, besagt, dass wirtschaftliche Transaktionsbeziehungen über Märkte oder innerhalb von Unternehmen abgewickelt werden. Rational handelnde Akteure werden für Austauschbeziehungen stets diejenige Institution wählen, die mit den geringsten Transaktionskosten verbunden ist.[57] Die Ersetzung der kaufvertraglichen Koordination von (Markt-)Transaktionen durch die arbeitsvertragliche Koordination in der Unternehmenshierarchie, wird dabei als „Internalisierung" von Transaktionen aus dem Markt in das Unternehmen hinein bezeichnet. Unternehmensübernahmen lassen sich im Kontext dieser Theorie also als eine Internalisierungstendenz auffassen, wobei der Nettosaldo der internalisierten Transaktionskosten gegenüber denen aus Akquisitionen und Kooperationen entstehenden Transaktionskosten, Einsparungspotenziale im Vergleich zu den Informations- und Kommunikationskosten bei marktlicher Koordination hervorrufen muss.[58] Aus dieser Perspektive ist ein Zusammenschluss zwischen zwei Unternehmen immer dann sinnvoll, wenn die Kosten der Abwicklung von Transaktionen über den Markt höher sind als die Kosten, die bei Durchführung der Transaktionen innerhalb eines Unternehmens entstehen. Transaktionskosten sind somit Kosten, die bei der Koordination der Ressourcenallokation anfallen. Kategorisieren lassen sich diese Kosten in:

- Anbahnungs-, Such- und Informationskosten
- Vereinbarungskosten (Verhandlungs- und Vertragskosten)

---

[54] Vgl. Ziegenbein et al., (2007), 231

[55] Vgl. Eschen, E. (2002), S. 101

[56] Vgl. Köppen, J. (2004), S. 81

[57] Vgl. Glaum, et al., (2010), S. 69

[58] Vgl. Jansen, S. A. (2008), S. 137 f.

- Kontrollkosten
- Anpassungskosten bei Änderungen der Umfeldbedingungen.

Das bedeutet, dass erst die Existenz von Transaktionskosten dazu führt, mögliche Synergiepotenziale nicht in Form von Verträgen oder Vereinbarungen zu realisieren, sondern dass diese aufgrund der bestehenden Koordinationskosten nur auf Basis eines Unternehmenszusammenschlusses zu Ergebnisverbesserungen führen.[59]

4.3.1.2.3 Marktmacht- bzw. Wachstumssynergien

Eine der zentralen strategischen Ziele von M&A liegt in der Verfolgung von profitablem Wachstum. Diesbezüglich können Wachstumssynergien aus einer determinierten Unternehmensstrategie resultieren, die in folgenden Bereichen entstehen können:[60]

Absatz und Cross-Selling

Komplettierung der Produktpalette durch neue Produkte oder Dienstleistungen, vor dem Hintergrund eines möglichen Absatzrückgangs, für den bestehenden Kundenkreis. Daneben können neue Absatzkanäle/-strategien für die Produkte oder Dienstleistungen fokussiert werden. Neue Produkte ermöglichen zudem Zeitgewinne bei der Vermarktung.

Geografische Vorteile

Trotz Globalisierung ist es nötig, auf die relativ großen Unterschiede hinsichtlich der wirtschaftlichen, rechtlichen, politischen und kulturellen Rahmenbedingungen zwischen Ländern zu reagieren. Deshalb ist eine hohe Marktpräsenz aufzubauen, um einen hohen Service für die Kunden zu ermöglichen und der regionalen Differenzierung Rechnung zu tragen. Im Wesentlichen können Vorteile aufgrund des Eintritts in neue Märkte bzw. Länder realisiert werden. Hierbei wird auf eine Vergrößerung der geografischen Marktabdeckung abgezielt.

Wissensbezogene Vorteile

Durch die im Unternehmensverbund hinzugewonnenen oder durch die gemeinsame Entwicklung neuer Kompetenzen für Produktinnovationen besteht die Möglichkeit, Preisaufschläge durchzusetzen. Ferner kann durch den Einsatz neuer Techniken und Technologien eine Qualitätsverbesserung bewirkt werden.

Effekte aus gestiegener Marktmacht

Mit einer größeren Marktmacht und starken Marken werden bessere Preissetzungsfähigkeiten ermöglicht. Durch den Aufkauf von Konkurrenten wird die Branche konsolidiert und der Markt bereinigt.[61]

---

[59] Vgl. Glaum et al., (2010), S. 70

[60] Vgl. Wöginger, H. (2004), S. 128

[61] Vgl. Wöginger, H., (2004), S. 128

4.3.1.2.4 Managementsynergien

Diese Synergieart bezieht sich auf die Ausschöpfung des Know-hows des Managements, indem man das allgemeine Know-how des Top-Managements der integrierten Unternehmensteile zur Wertsteigerung der einzelnen Geschäftsbereiche nutzt und so mit einem größeren „Hebel" implementiert.[62]

Vorteile ergeben sich hierbei aus bestimmten Fähigkeiten des Managements für die Tochtergesellschaften. Anreiz- und performancebedingte Managementsynergien führen z. B. zu effektiveren Unternehmensentscheidungen durch komplementäre Kompetenzprofile auf der Führungsebene.[63] Der Mechanismus zur Realisierung von Managementsynergien ist das „Infundieren", d. h. das Übertragen von Fähigkeiten vom oder über die Zentrale in die Geschäftseinheiten. Im Unterschied zu den operativen Synergien, bei denen die horizontale Verbindung zwischen den Wertketten der einzelnen Geschäftseinheiten im Mittelpunkt steht, fokussieren Managementsynergien also auf die vertikale Beziehung zwischen der Zentrale und den einzelnen Geschäftseinheiten. Während operative Synergien auf der Gleichartigkeit oder Komplementarität von Ressourcen basieren, ist das Fundament von Managementsynergien der Fit zwischen den Fähigkeiten des Top-Managements und den strategischen Bedürfnissen der individuellen Geschäfte.[64] Die Quantifizierung einer Verbesserung bzw. Verschlechterung durch einen Know-how-Transfer stellt den Betrachter vor Schwierigkeiten. Kaum vorhersehbar ist dabei auch, wie sich der Weggang von Know-how-Trägern und Führungskräften mit Schlüsselpositionen auf die bevorstehende Integration und die weitere Geschäftstätigkeit auswirkt.[65]

4.3.2 Synergien als Werttreiber von Akquisitionsstrategien

Beim Prozess zur Festlegung der Akquisitionsstrategie ist die Beziehung zum übergeordneten Unternehmensziel am unmittelbarsten. Ein zentrales Ziel dieses Prozesses besteht deshalb in der Klärung, ob das externe Wachstum im Sinne einer Akquisition, diejenige Alternative darstellt, die die höchste Wertsteigerung bringt.[66] Sind gewisse Voraussetzungen erfüllt, kann zusätzlicher Shareholder-Value durch M&A geschaffen werden. Das Management bezahlt dabei neben dem aktuellen Marktpreis zusätzlich im Voraus eine Prämie für einen unsicheren Zahlungsstrom in der Zukunft, obwohl die Eigentümer die Anteile selbst ohne die Prämie am Kapitalmarkt erwerben könnten. Das bedeutet, dass diese Akquisitionsauszahlungen etwas repräsentieren müssen, dass die Aktionäre selbst nicht erreichen können. Da, ausgehend von einem effizienten Kapitalmarkt, der aktuelle Börsenpreis bereits sämtliche erwarteten zukünftigen Wertsteigerungen und Wachstumsraten enthält, wird als Begründung für Transaktionen immer häufiger das Konzept der Synergien herangezogen. Eine Akquisition ist folglich nur erfolgreich, wenn die Formel: $NPV = Synergie - Prämie \geq 0$ gilt.[67]

---

[62] Vgl. Müller-Stevens et al., (2009), S. 232

[63] Vgl. Selter et al., (2006), S. 350

[64] Vgl. Müller-Stevens et al. (2009), S. 354 f.

[65] Vgl. Lechner, H. (2003), S. 369

[66] Vgl. Lucks et al. (2002), S. 74

[67] Vgl. Sirower, M. L., (1997), S. 19 f.

Die teilweise erheblichen Aufschläge auf den momentanen Wert der Unternehmung können darin begründet liegen, dass der Käufer davon ausgeht, selbst Fähigkeiten zu besitzen, die es ihm ermöglichen, den Wert der Unternehmung nach der Transaktion steigern zu können.[68]

Dabei befinden sich die einzelnen zu akquirierenden Unternehmen bereits in einem wettbewerbsintensiven Markt, und ggf. werden entsprechend erfolgreiche Strategien schon verfolgt. D. h. das Top-Management des kaufenden Unternehmens sollte nicht davon ausgehen, dass es fähiger als das bestehende Management ist, das Zielunternehmen nach der Akquisition erfolgreicher steuern, und dadurch Mehrwert für die Eigentümer schaffen kann. Vielmehr bedeutet es, Synergien zu heben, um somit Mehrwert zu schaffen, der bisher noch nicht existiert und auch noch nicht zu erwarten ist.[69]

Im Earnings per Share (EPS)-Kontext bedeutet das Vorhaben, Mehrwert über die erwartete Wertsteigerung hinaus und somit zusätzlichen Shareholder Value zu schaffen, folgendes:

$$EPS\,(tomorrow) = EPS\,(today) + EPS\,(today) * Expected\ Growth * Synergie$$

Aufgrund dieser Unsicherheit der zukünftigen Erhöhung des Wachstums und der Profitabilität des Unternehmensverbunds ist ein Unternehmenszusammenschluss grundsätzlich immer auch mit einer Unternehmensneugründung vergleichbar.[70]

Ein passendes Beispiel dazu stellt die Übernahme einer stillgelegten Raffinerie vom Ölkonzern *Conoco Phillips* durch die zweitgrößte Fluggesellschaft der Welt, *Delta Airl*ines, für ca. 180 Mio. Dollar dar. Der Konzern wird zusätzlich 100 Mio. Dollar in das Unternehmen investieren müssen, um die Produktion des Turbinentreibstoffs zu erhöhen und den Output an Benzin und Diesel-Treibstoff zurückzufahren. In Zukunft ist geplant, Synergien in Höhe von 300 Mio. Dollar speziell durch Senkung der Treibstoffkosten zu heben. Die mangelnde Erfahrung im Betrieb von Treibstoffproduktion jedoch ruft Skepsis hervor. Die Airline muss nämlich die Raffinerie profitabler als der vorherige Eigentümer betreiben, obwohl gerade die Weiterverarbeitung von Rohöl als schwieriges und relativ unprofitables Geschäft gilt.[71]

Die Managementfähigkeiten werden im hohen Maße beansprucht, wenn das akquirierende Unternehmen gleichzeitig die bestehenden Werte des zu integrierenden Unternehmens beibehalten und steuern muss, während die operativen Prozesse angeglichen werden.[72] Werden also wertvolle Kapazitäten für Integrationsaufgaben gebunden und werden hierdurch das operative Geschäft oder die Kunden vernachlässigt, sind Umsatzrückgänge die Folge.[73] Management-Synergien können dabei genutzt werden, um entsprechende Hindernisse zu überwinden.

---

[68] Vgl. Eschen, E. (2002), S. 42

[69] Vgl. Sirower, M. L. (1997), S. 20

[70] Vgl. Sirower, M. L. (1997), S. 21

[71] Vgl. Dörner, A. (2012), S. 5

[72] Vgl. Sirower, M. L. (1997), S. 20

[73] Vgl. Köppen, J. (2004), S. 128

Operative Synergien gelten dagegen als klassischer Anreiz von M&A-Transaktionen und verkörpern Umsatzsteigerungen oder Kostenreduktionen, die durch Veränderungen auf der operativen Ebene im Unternehmensverbund erzielt werden können. Zur Hebung dieser operativen Synergien sind die Rahmenbedingungen, wie ähnliche Führungsansätze zwischen den Transaktionspartnern ebenso zuträglich wie kompatible Kulturen und Werte sowie eine schnelle Integration des gekauften Unternehmens.[74]

Ausgehend von dem übergeordneten strategischen Ziel eines Unternehmens besteht nach der finanzwissenschaftlichen Theorie die Möglichkeit, bei M&A die Kapitalkosten und die Steuerbelastung zu senken, sowie die Möglichkeit zur Optimierung der Kapital- und Finanzstruktur oder aber lediglich zur Realisierung des Kaufs eines günstigen, d. h. unterbewerteten Unternehmens.[75]

Die Bedeutung dieser finanziellen Synergien für einzelne Transaktionen hängt von dem institutionellen Kontext der Transaktion ab und variiert folglich stark. Infolge der Abhängigkeit vom, sich ebenfalls dynamisch entwickelnden Unternehmenskontext, gelten finanzielle Synergien selten als primäre M&A-Motive oder als nachhaltige Quellen von Wettbewerbsvorteilen.[76]

Wachstumsstrategien mit dem Fokus auf Wachstumssynergien erfordern eine umfangreiche Wettbewerbsanalyse. Dabei werden folgende Bereiche näher untersucht: Markteintritt potenzieller neuer Konkurrenten, Bedrohung durch Ersatzprodukte, Verhandlungsstärke der Kunden sowie Rivalität unter bestehenden Unternehmen nach *Porters* Branchenanalyse.[77]

Um Wettbewerbsvorteile zu erzielen schlägt *Porter* drei Strategietypen vor: Differenzierung, Kostenführerschaft oder Konzentration auf Schwerpunkte.[78] Ein Gleichgewicht aus internen Stärken und externen Chancen im Rahmen einer SWOT-Analyse kann ebenfalls mit in die strategische Unternehmensführung und -planung einbezogen werden.[79]

---

[74] Vgl. Hopfmüller/Schimmer, (2010), S. 181 f.

[75] Vgl. Hopfmüller/Schimmer, (2010), S. 173

[76] Vgl. Hopfmüller/Schimmer, (2010), S. 182

[77] Vgl. Porter, M. E., (1999), S. 28–29

[78] Vgl. Porter, M. E., (1999), S. 37–56

[79] Vgl. Wöginger, H., (2004), S. 147

4.4 Identifikation und Quantifizierung von Synergiepotenzialen

4.4.1 Strategische Analyse und Identifikation von Potenziellen Übernahmekandidaten

4.4.1.1 Bestimmung der strategischen Zielsetzung

Liegen ein oder mehrere Gründe für eine Unternehmensübernahme vor, gilt es eine Strategie zu entwickeln, die es dem Käufer entsprechend seiner Ziele ermöglicht, das passende Unternehmen zu identifizieren.[80] In einem ersten Schritt, der Wettbewerbsanalyse, gilt es, auf einem stark kompetitiven M&A-Markt die synergetischen Verflechtungen zwischen bestehenden Geschäften des eigenen Unternehmens und anderen interessanten Geschäften zu identifizieren. Die Chancen solcher Verflechtungen bestehen in den zu schaffenden Wettbewerbsvorteilen. Außerdem ist es fundamental wichtig, bereits im Vorfeld der Transaktion, so genau wie möglich zu prüfen, ob und inwieweit die Unternehmen mit all ihren Rahmenbedingungen und Kulturen zueinander passen.[81]

Eine Aktiengesellschaft, einzelne Geschäftsbereiche von Unternehmen sowie aus- und inländische Firmen können letztlich als potenzielles Zielunternehmen (Target) dienen, abhängig davon, ob es zum Käufer passt und ob es selbst als Verkäufer überhaupt infrage kommt.[82]

Hinsichtlich der strategischen Zielsetzung für M&A lassen sich folgende Kriterien für geeignete Übernahmekandidaten ableiten. Als Basis bietet sich eine Unterscheidung in Strategie-, Finanz- und Integrationskriterien an:[83]

Strategiekriterien:

- Schließung von Lücken (white spots) in der strategischen Positionierung des Käufers in Bezug auf geografische Märkte, Marktanteile, Wachstum, Geschäftsmodell, Produktportfolio, Kundensegmente etc.
- Konsistenz mit strategischem Plan und Prioritäten des Käufers.

Finanzkriterien:

- Kritische Größe des Übernahmekandidaten (z. B. Umsatz oder betriebliche Aktiva).
- Mindestrenditen und maximale Risiken (z. B. IRR, ROI), die der Käufer erwartet.
- Konsequenzen für die Gewinn- und Kapitalbasis des Käufers (z. B. Gewinn pro Aktie).
- Maximaler Kaufpreis und Finanzierbarkeit.

---

[80] Vgl. Jansen, S. A. (2008), S. 258

[81] Vgl. Picot, G. (2008), S. 20

[82] Vgl. Jansen, S. A. (2008), S. 260; vgl. Copeland et al., (2002), S. 158

[83] Vgl. Müller-Stewens et al., (2010), S. 233

Integrationskriterien:

- Komplexität, Zeitaufwand und Kosten der Integration für den Käufer.
- Transaktions- und Integrationsrisiken.
- Verfügbarkeit von Ressourcen für die Übernahme.
- Integrationsszenario und Zielstruktur der Transaktion.

Für die Übernahmewahrscheinlichkeit gilt als das einzige signifikante Kriterium die Unternehmensgröße. Dies geht aus vielen Studien hervor. Kapitalstruktur, Management-Qualität usw. haben keine entsprechende Aussagekraft.[84]

4.4.1.2 Kandidatenbewertung und -auswahl

M&A war immer ein bedeutender Faktor in der Umsetzung von Unternehmensstrategien, bietet der Kauf eines Unternehmens doch eine Möglichkeit, Marktanteile schnell zu steigern, proprietäre Technologien, eingeführte Marken oder einen bestehenden Kundenstamm zu erwerben sowie den Eintritt in neue Märkte schneller als durch rein organisches Wachstum zu realisieren.[85]

Bevor jedoch ein formaler Übernahmeprozess eingeleitet werden kann, gilt es den idealen Übernahmekandidaten ausfindig zumachen. Unter diesen Voraussetzungen ist es vorteilhaft, im Rahmen der (Weiter-)Entwicklung der Geschäftsstrategie die Kandidaten anhand von Ausschlusskriterien einzugrenzen. Auf diese Weise können zu große, zu kleine oder zu stark in anderen Branchen involvierte Akquisitionskandidaten aussortiert werden.[86] Bei der Suche nach einem geeigneten Kandidaten dürfen M&A-Prozesse nicht zwangsläufig einem linearen Prozess folgen. Eher ist es sinnvoll, zwischen einem strategischen und einem opportunistischen Marktfokus bzw. Suchansatz zu unterscheiden. Als strategisch werden die aktiven, vom Unternehmen selbst direkt angestoßenen Suchprozesse bezeichnet, die auf die Identifikation einzelner Targets zur Schließung einer strategischen Lücke ausgerichtet sind. Als opportunistisch wird hingegen die Vorbereitung eines Unternehmens bezeichnet, auf sich kurzfristig bietende Akquisitionsmöglichkeiten schnell und effektiv reagieren zu können.[87]

Bei der konkreten Suche nach strategischen Übernahmekandidaten stellt der sogenannte Screening-Prozess ein typisches Instrument des klassischen M&A-Prozesses dar. Das Ergebnis dieser Aktivität des Kandidatenbewertungs- und Auswahlprozesses soll sein, dass eine Rangordnung von Unternehmen nach ihrer Eignung als Akquisitionsobjekt erstellt wird.[88] Die folgende Abbildung 4.2 zeigt den Screening Prozess nach dem Trichterprinzip.

---

[84] Vgl. Jansen, S. A. (2008), S. 262

[85] Vgl. Müller-Stewens et al., (2010), S. 232

[86] Vgl. Copeland et al., (2002), S. 158

[87] Vgl. Müller-Stewens et al., (2010), S. 234

[88] Vgl. Lucks et al., (2002), S. 79

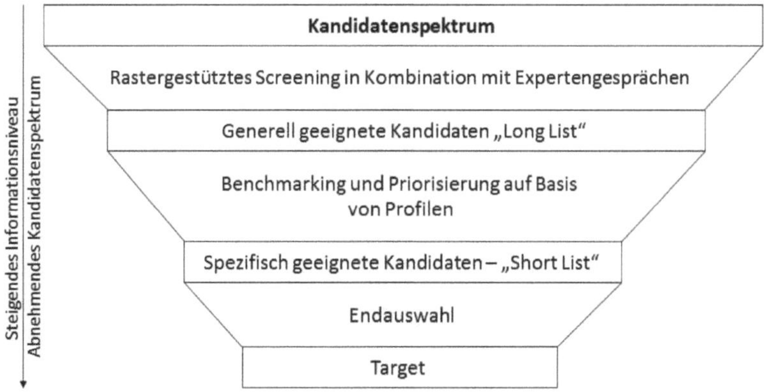

Abb. 4.2: Trichterprinzip des Screening-Prozesses (Quelle: Müller-Stewens et al., Mergers & Acquisitions (2010), S. 240)

4.4.2 Synergieorientierte Due Diligence-Konzeption

Ist der potenzielle Akquisitionskandidat ausgewählt, beginnt ein Akquisitionsprogramm in der Regel mit einer vorbereitenden Phase, in der z.B. mithilfe einer Self Due Diligence, primär eine solide Analyse des eigenen Unternehmens stattfindet, um umfangreiche Kenntnisse über das eigene Unternehmen zu festigen. Erst danach können anhand der Stärken und Schwächen Akqusitionsstrategien entwickelt werden. Es bestehen die Möglichkeiten, die Stärken im Kerngeschäft zu erweitern, funktionale Größenvorteile zu nutzen oder Technologie- und Know-how-Transfers zu nutzen, um erst im Anschluss daran mit der Analyse des zu akquirierenden Unternehmens zu beginnen.[89]

Die Ausgangssituation bei der Bewertung des Stand-alone-Unternehmens und bei der Ermittlung des Synergiewertes ist durch Informationsasymmetrien zwischen Käufer und Verkäufer gekennzeichnet. Der Verkäufer verfügt über einen Informationsvorsprung über das zu verkaufende Objekt. Die Auswahl und Beschaffung der Informationsquellen, die eine möglichst vollständige und zuverlässige Analyse und Bewertung des Kaufobjekts erlauben, sind von besonderer Bedeutung für das Gelingen der Synergiepotenzialermittlung. Chancen und Risiken einer Transaktion können dadurch näher beurteilt werden.[90]

Diese Informationsasymmetrien zwischen den Beteiligten sind die Kernelemente der Principal-Agent-Theorie, nach der auch das Management in den Interessenskonflikt des Alteigentümers und des potenziellen neuen Eigentümers mit einbezogen wird. Um einen angemessenen, möglichst intersubjektiven Kaufpreis zu ermitteln, müssen diese Informationsdefizite durch den Käufer beseitigt werden, was z.B. durch den Einsatz von externen Beratern oder mithilfe einer umfangreichen Due Diligence ermöglicht wird.[91]

---

[89] Vgl. Copeland et al., (2002), S. 156

[90] Vgl. Wöginger, H. (2004), S. 146

[91] Vgl. Wöginger, H. (2003), S. 50

Die Due Diligence beschreibt die detaillierte und systematische Prüfung eines Unternehmens.[92] Diese Due Diligence ist mithin prozessbegleitend und erstreckt sich zeitlich über den gesamten Akquisitionsprozess. Sie beginnt in diesem Fall mit der Formulierung der strategischen Ziele des Akquisiteurs und reicht bis in die Phase der Integration.[93] Dabei ist zu beachten, dass diese Analysen weitere Kosten verursachen und die Informationsversorgung der M&A-Beteiligten in der Regel, da die meisten Transaktionen unter einem hohen Wettbewerbsdruck durchgeführt werden, innerhalb kürzester Zeit erfolgen muss, um ein entsprechendes Kaufangebot zu unterbreiten.[94] Hier werden in der Regel neben den wesentlichen Informationen für die Stand-alone-Bewertung, auch Informationen für die Synergieermittlung gewonnen. Die Due Diligence umfasst dabei in der Regel mehrere Prüfungsfelder aus den Bereichen Strategie/Markt, Finanzen, Recht, Steuern, Personal/Organisation und Umwelt, die je nach Bedarf erweitert werden können.

Um Widerstände bei einer Unternehmensübernahme zu vermeiden erlangt gerade der Aspekt der unterschiedlichen Unternehmenskulturen einen hohen Stellenwert. In der Pre Merger Phase ist es daher sinnvoll auch eine Cultural Due Diligence durchzuführen, um die Unternehmenskultur des Zielunternehmens einschätzen zu können und um anschließend eine Zielkultur zu ermitteln. Dadurch können Kosten vermieden werden, die aufgrund der Konflikte durch Kulturdifferenzen, entstehen würden.[95]

4.4.3 Identifikation der Synergiepotenziale

In der folgenden Abbildung 4.3 ist eine mögliche Vorgehensweise für die Planungsphase von M&A-Transaktionen dargestellt. Nachdem eine erste Auseinandersetzung mit der strategischen Zielsetzung stattgefunden hat und ein potenziell zu akquirierendes Unternehmen ausgewählt wurde, besteht nun die Möglichkeit anhand der vorliegenden Informationen potenzielle Synergien zu identifizieren.

Strategische Analyse- und Konzeptionsphase („Pre Merger")

- M&A Strategie operationalisieren und umfassende Planung zu deren Umsetzung durchführen
- Team für die Abwicklung der Transaktion zusammenstellen
- Geeignete Unternehmen in Bezug auf strategische wie finanzielle Kriterien auswählen
- Erste Überlegung zur Synergiegenese anstellen
- Durchführung und Strukturierung der Transaktion überlegen

Abb. 4.3: Organisatorischer Verlauf der M&A Planungsphase (Käufersicht)
(Quelle: Wöginger, H. (2004), S. 36)

[92] Vgl. Lucks, et al., (2002), S. 163
[93] Vgl. Berens, et al., (2011), S. 83
[94] Vgl. Köppen, J. (2004), S. 98
[95] Vgl. Grosse-Hornke, S. et al., (2010), S. 363

Bevor mit der eigentlichen Berechnung der Synergiepotenziale begonnen werden kann, müssen die Synergiepotenziale zunächst identifiziert werden.[96] Die Synergieidentifizierung dient einer breit angelegten *Suche nach Synergien,* basierend auf den strategischen Unternehmenszielen und der gewählten Integrationsstrategie für die Transaktion.[97] Es ist dabei von Interesse, welche Aufgabenmerkmale die Identifikation von Synergiepotenzialen aufweist. Zu klären ist zudem welche Methoden und Techniken eingesetzt werden sollen und welcher Personenkreis mit der Aufgabe der Identifikation betraut wird.[98]

4.4.3.1 Methoden zur Synergieidentifizierung

In Literatur und Praxis werden verschiedene Identifizierungsmöglichkeiten erläutert. Aus Checklisten, die eine systematische Suchhilfe darstellen, können Synergielisten erstellt werden, die aber aufgrund der einfachen Auswahl einzelner Bereiche durch den Betrachter sehr großen subjektiven Einflüssen ausgesetzt sind.

Bei einem Suchraster kann grundsätzlich zwischen Objekt- und einem Tätigkeitsbezug differenziert werden. Mit dem objektbezogenen Raster kann vorwiegend die gegenwärtige Faktorausstattung analysiert werden. Beispielsweise kann hierbei zwischen immaterieller, materieller Aktiva sowie humaner Aktiva unterschieden werden. Synergie entsteht also durch die gemeinsame Nutzung von Vermögensgegenständen im Verbund der Unternehmen. Mit dem tätigkeitsbezogenen Suchraster werden gemeinsame Aktivitäten ermittelt, die durch eine noch zu eruierende Faktorausstattung effizienter durchzuführen sind.[99]

Bei diesem ersten Screening ist es zielführend, die jeweiligen Geschäftsfelder auf Synergiepotenziale entlang der Wertschöpfungskette zu untersuchen. Dann muss aber mit den Managern aus den Geschäftseinheiten diskutiert werden, um eine möglichst vollständige und realistische Synergielandkarte zu erhalten. Dabei sollten Ideen aus den Geschäften zu Synergiepotenzialen aufgegriffen werden.[100]

Ansoff (1966)[101] verwendet zur Identifizierung und ersten Bewertung eine Synergiematrix und damit ein erstes Identifizierungs- und Qualifizierungsinstrument (siehe Tabelle 4.4). Hierbei wird der Synergieeffekt vertikal, nach den betriebswirtschaftlichen Funktionsbereichen unterschieden. Innerhalb dieser Funktionsbereiche erfolgt eine Zuordnung auf die verschiedenen organisatorischen Einheiten. Für jede dieser Einheiten ist, getrennt nach Funktionen und nach dem zeitlichen Anfall, der Synergieeffekt zu ermitteln. Dabei versucht man eine separate Erfassung und Bewertung der wichtigsten Wirkungen zu dokumentieren.[102]

---

[96] Vgl. Köppen, J. (2004), S. 97

[97] Vgl. Wöginger, H. (2004), S. 182

[98] Vgl. Köppen, J. (2004), S. 97

[99] Vgl. Wöginger, H. (2004), S. 183

[100] Vgl. Müller-Stewens et al., (2009), S. 379

[101] Vgl. Ansoff (1966), S. 101 und Unterabschnitt 5.2.2

[102] Vgl. Köppen, J. (2004), S. 88

Funktionsbereich		Synergiepotenziale			
		Gründungs-synergien	Betriebs-synergien	Opportu-nitäten	Synergie-summe
Verwaltung und Unter-nehmens-leitung	Beitrag des Käufers				
	Beitrag des Verkäufers				
	Oportunitäten				
Forschung und Entwicklung	Beitrag des Käufers				
	Beitrag des Verkäufers				
	Oportunitäten				
Marketing	Beitrag des Käufers				
	Beitrag des Verkäufers				
	Oportunitäten				
Produktion	Beitrag des Käufers				
	Beitrag des Verkäufers				
	Oportunitäten				

Tabelle 4.4: Analyseschema zur Abschätzung von Synergiepotenzialen
(Quelle: Köppen, J. (2004), S. 88 aus Ansoff (1966))

4.4.3.2 Realisierungszeitplan und Maßnahmenplanung

Entscheidend ist bereits in der Pre-Merger-Phase die Auswahl der konkreten Synergiehebel zu eruieren und nach deren Bestimmung eine Bewertung dieser Hebel zu erzielen. Dafür eignen sich besonders die vier Kriterien:

- **Wirkung**, also welche finanzielle Höhe erreicht die Synergiemaßnahme?
- **Geschwindigkeit**, also in welchem Zeitraum entfaltet die Maßnahme ihre Wirkung?
- **Nachhaltigkeit**, also handelt es sich um einen Einmaleffekt oder dauerhafte Einsparungen und wie hoch ist die Synergielebensdauer?
- **Kultur**: reagieren die Mitarbeiter auf die Maßnahme mit Verständnis?

Ein idealer Zeitplan legt detailliert fest, was in welcher Reihenfolge von wem angegangen wird. Er ist realistisch und somit nicht zu knapp geplant, beinhaltet aber andererseits auch keine zu großen Puffer. Nachträgliche Planänderungen müssen auf ein Mindestmaß reduziert werden. Abhängigkeiten zwischen Initiativen müssen im Vorfeld klar aufgezeigt und in Betracht gezogen werden. Somit muss der kritische Pfad deutlich zu erkennen sein.[103]

Wurden die Synergiewirkungen mithilfe von kreativ-rationalen Methoden, bei denen auf Jahresabschlusspositionen, Checklisten, Interviews und Workshops zurückgegriffen werden kann, identifiziert, erfolgt die Normierung auf Full-Year-Effekte. Unter

[103] Vgl. Groh-Kontio et al., 2011

einem Full-Year-Effekt wird der Effekt aus den Synergiepotenzialen verstanden, der entstehen würde, wenn die Maßnahme bereits zu Beginn eines Jahres umgesetzt worden wäre. Es wird also die Einsparung einer Maßnahme für ein volles Geschäftsjahr berechnet. Ergeben sich Einsparungen durch entsprechende Maßnahmen erst im Laufe eines Geschäftsjahres dürfen auch nur die anteiligen Kostensynergien, also die, für die einzelnen Monate in die Berechnung des Full-Year-Effekts mit einbezogen werden.[104] So werden für jede Synergieart die netto Synergie Cashflows separat bestimmt. Bei Umsatzsynergien bilden dabei die zusätzlich generierten Umsatzerlöse die Berechnungsgrundlage, während bei Kostensynergien die eingesparten Kosten angesetzt werden. Die ermittelten Differenzen zwischen den entsprechenden Aufsatzpunkten und den Kosten- und Umsatzsynergien werden dabei ebenfalls als Zahlungsgröße systematisch erfasst.[105]

Von besonderer Bedeutung ist auch die Annahme über die Lebensdauer der Synergien. Aus dem einfachen Grund, da durch sie der Barwert der Synergiepotenziale und damit die maximal zahlbare Akquisitionsprämie wesentlich beeinflusst wird. Geht man bei Verwendung der DCF-Verfahren davon aus, dass nach einem detaillierten Planungszeitraum, konstant nachhaltige Zahlungsüberschüsse erwirtschaftet werden, kann mithilfe des Rentenbarwertmodells ein Terminal Value berechnet werden. Bei dieser Vorgehensweise würde, bei der Ermittlung des Barwerts der Synergiepotenziale, ein Großteil dieses Wertes aus dem Terminal Value der Synergien bestehen.[106] Tatsächlich ist anzunehmen, dass die Lebensdauer der Synergiepotenziale entscheidend von der Dynamik in der Branche abhängen. Daher ist genau zu prüfen, ob von einer unendlichen Lebensdauer der Synergien auszugehen ist. Grundsätzlich ist dies nämlich nicht der Fall. So ist z. B. nicht davon auszugehen, dass Wettbewerbsvorteile aus Synergien für einen unbegrenzten Zeitraum zur Verfügung stehen.[107]

Für die Berechnung der Synergiepotenziale empfiehlt es sich daher, die Quantifizierung nur für einen detaillierten Planungshorizont vorzunehmen. Selbst wenn es sich um Synergien aus Economies of Scale handelt, bei denen angenommen werden kann, dass beispielsweise der Erfahrungskurveneffekt dem Unternehmen aufgrund der gewonnenen Größe dauerhaft zur Verfügung steht, ist fraglich, welcher Wert diesen Synergien in späteren Jahren zuzurechnen ist.[108]

4.4.4 Einfluss der Synergien auf den Kaufpreis

Ein subjektiver Unternehmenswert in der Stand-alone-Variante kann als Referenzgröße für den Käufer in den Verhandlungen mit dem Verkäufer dienen. Entscheidend ist die Unterscheidung zwischen dem Wert des Unternehmens und dem Kaufpreis. Während der Wert mit den verschiedenen fundamentalen Bewertungsmethoden ermittelt wird, ist der letztendliche Kaufpreis das Ergebnis der Verhandlungen mit dem Verkäu-

---

[104] Vgl. Köppen, J. (2004), S.138

[105] Vgl. Meckl/Riedel (2011), S. 383

[106] Vgl. Köppen, J. (2004), S. 131

[107] Vgl. Lucks et al., (2002), S. 114

[108] Vgl. Köppen, J. (2004), S, 133

fer. Die nachfolgende Abbildung 4.4 verdeutlicht den Prozess zur Bestimmung des Kaufpreises.[109]

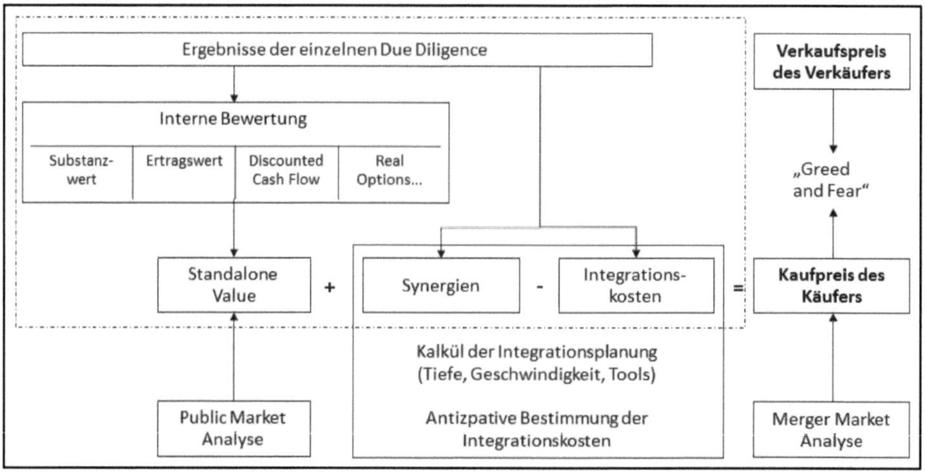

Abb. 4.4: Kalkül der Synergie und Integrationskosten (Quelle: Picot, (2008) aus Jansen 2001a, S. 190–223)

Wenn die Synergien eindeutig und klar sind, wird der Käufer dem Akquisitionskandidaten einen höheren Wert beimessen als die Anteilseigner des verkaufenden Unternehmens oder die anderen konkurrierenden Mitbieter, die solche Synergien nicht nutzen können.[110] Bei einer Synergiequantifizierung gilt also, dass ein Unternehmen für unterschiedliche Bieter auch einen unterschiedlich hohen subjektiven Wert haben kann. Die zu erwartenden Synergieeffekte bestimmen dabei maßgeblich die maximal zahlbare Höhe der Akquisitionsprämie und damit den Kaufpreis eines Unternehmens.[111]

Für den Käufer stellt der subjektive Unternehmenswert die absolute Obergrenze des Kaufpreises dar. Wird mehr bezahlt, so wird beim Käufer Wert vernichtet. Wenn genau der subjektive Unternehmenswert bezahlt wird, so werden alle Synergien an den Verkäufer abgegeben. Die absolute Preisuntergrenze des Verkäufers ergibt sich aus dessen subjektiv ermittelten Unternehmenswert, wobei aus dessen Sicht, neben dem Stand-alone-Wert, z.B. durch Restrukturierung auch Wertsteigerungspotenziale zu erkennen sein können. Liegt der subjektive Wert des Käufers über dem subjektiven Wert des Verkäufers, ergibt sich ein Verhandlungsspielraum, und eine Einigung ist grundsätzlich möglich.[112]

[109] Vgl. Lucks, et al., (2002), S. 190

[110] Vgl. Rappaport, A. (1999), S. 162

[111] Vgl. Köppen, J. (2004), S. 124

[112] Vgl. Lucks et al., (2002), S. 190

Bei der Realisierung von Synergien ist zu beachten, dass diese immer mit Kosten verbunden sind. Synergien sind also nur erzielbar, wenn die Synergiepotenziale die Kosten der Realisierung übersteigen.[113] Sämtliche Integrationskosten sollten, möglichst in der Pre-Merger-Phase bekannt sein, um nicht Gefahr zu laufen einen zu hohen Kaufpreis zu zahlen. Nachhaltige Gewinne aus einer Übernahme können also nur realisiert werden, wenn die Synergien die Integrationskosten wertmäßig übersteigen.[114]

Neben den Integrationskosten, bedarf es zudem einer gewissen Koordination der im Unternehmen betroffenen Einheiten, die wiederum Kosten verursacht. Diese entstehen u.a. durch organisatorische Widerstände z. B. gegen Verlust der Kontrolle, unterschiedliche Unternehmenskulturen und Führungsstile.[115] Diese Kosten fallen in der Regel in den ersten Jahren bei Unternehmenszusammenschlüssen an und können unter dem Begriff der negativen Synergien bzw. Dyssynergien subsumiert werden.

Die vollständige Analyse und Bewertung dieser Faktoren ist Grundlage für den Erfolg einer Verbindung von zwei oder mehr Unternehmen, bei der nach der Integration ein neues Unternehmensgebilde entsteht, in welchem die Synergien auftreten.

In der folgenden Abbildung 4.5 wird aufgezeigt, wie sich diese Synergien auf den Wert verteilen und damit die maximal zahlbare Höhe der Akquisitionsprämie und den Kaufpreis eines Unternehmens bestimmen.[116]

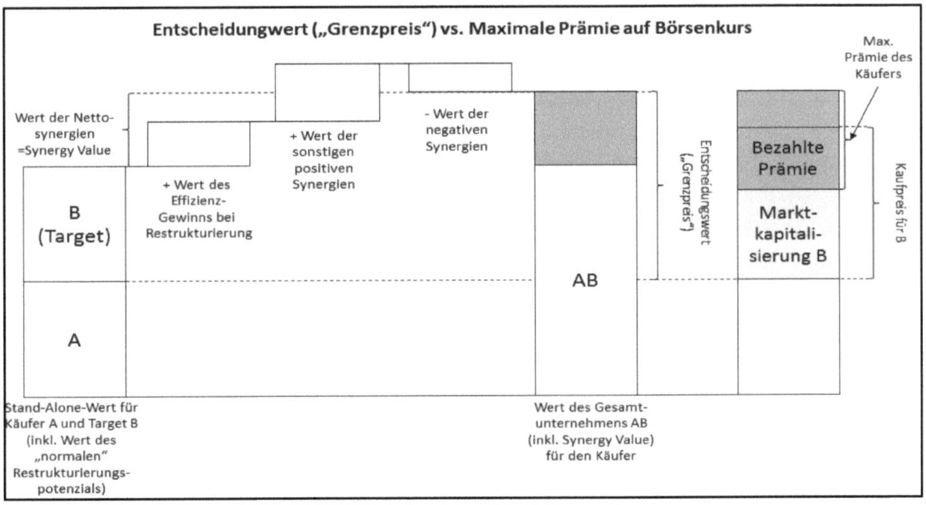

Abb. 4.5: Berücksichtigung des Synergie Value bei der Transaktion
(Quelle: Wöginger, H. (2004), S. 113)

---

113 Vgl. Müller-Stewens et al., (2009), S. 376

114 Vgl. Picot, G. (2008), S. 573

115 Vgl. Gildemeister, A. (2008), S. 30: vgl. Biberacher, J. (2003) S.56

116 Vgl. Wöginger, H. (2004), S. 113

Bei Fusionen bestehen zusätzlich gesetzliche Vorschriften darüber, dass die Vertretungsorgane der Rechtsträger (gem. §§ 4 Abs. 1 bzw. 36 Abs. 1 Satz 1 i.V.m 4 Abs. 1 UmwG) einen Verschmelzungsvertrag abschließen, indem u.a. der Kaufpreis festgeschrieben wird. Eine Verpflichtung besteht darüber hinaus, diesen Verschmelzungsvertrag (gem. § 9 Abs. 1 UmwG) durch einen oder mehrere externe Verschmelzungsprüfer prüfen zu lassen. Diese Aufgabe können grundsätzlich nur Wirtschaftsprüfer übernehmen (gem. § 11 Abs. 1 Satz 1 UmwG). Dadurch können die Anteilseigner vor Übervorteilung durch die Vertretungsorgane geschützt und Informationsasymmetrien überwunden werden.[117]

4.4.5 Auswirkungen von Akquisitionen auf den Börsenkurs

Empirische Studien haben die Ex-ante-Marktreaktion auf die Ankündigung einer Fusion untersucht, wobei die Erwartungen des Marktes hinsichtlich ihrer Realisierung berücksichtigt wurden. Dabei wurde unterstellt, dass die Anleger abschätzen können, nach Erwägung des bezahlten Kaufpreises, der potenziellen Synergien und der Integrationsfähigkeit der beteiligten Unternehmensführungen, wie wahrscheinlich es ist, dass die Transaktion den Unternehmenswert steigert.[118]

Die Untersuchungen ergaben, dass folgende Erwartungen die Aktienkurse beeinflussen:

- *Positive Erwartungen:* Ein überdurchschnittliches Ansteigen der Aktienkurse im Verlauf einer Akquisition würde Signal dafür sein, dass der Kapitalmarkt positive Effekte aus der Transaktion auf die zukünftigen Gewinne des Unternehmens erwartet. Kurse des gekauften Unternehmens steigen häufig um bis zu 20%, während es keinen signifikant nachweisbaren Einfluss auf den Kurs des Käufers hat.[119]
- *Niedrigere Aufschläge:* Käufer die eine niedrige Akquisitionsprämie auf den Marktwert zahlen (max. 10%), können mit dreifacher Wahrscheinlichkeit damit rechnen, dass sich die Ankündigung einer Transaktion günstig auf ihre Aktienkurse auswirkt.[120]
- *Erfolgreichere Käufer:* Bei übernehmenden Gesellschaften, deren Kapitalrendite sich über einen längeren Zeitraum über dem Branchendurchschnitt bewegte, ist die statistische Wahrscheinlichkeit stets höher, dass ihre Aktienkurse, nach Bekanntgabe der Transaktion steigen. Bei Unternehmen mit eher unterdurchschnittlichen Leistungen waren eher sinkende Aktienkurse die Folge.[121]

Es wird folglich angenommen, dass die Anleger eine erfolgreiche Akquisition erkennen und der Markt die Wertänderungen richtig antizipiert. Dabei steht nicht nur das kaufende Unternehmen vor dem Risiko, eine zu hohe Prämie zu zahlen, und somit vor einer Verringerung des eigenen Unternehmenswertes. Auch das verkaufende Unternehmen sollte berücksichtigen, wenn es eine hohe Prämie ausschlägt, dass es seine Anteilseigner an der Realisierung substanzieller Gewinne hindert.[122]

---

[117] Vgl. Ossadnik, W. (1995), S. 19 f.

[118] Vgl. Copeland et al., (2002), S. 148

[119] Vgl. Müller-Stewens et al., (2010), S. 11

[120] Vgl. Copeland et al., (2002), S. 150

[121] Vgl. Copeland et al., (2002), S. 151

[122] Vgl. Rappaport et al., (1999), S. 188

Besteht bei einem Akquisitionsziel die Versuchung, die Selbstständigkeit zu wahren, geht dies in hohem Maße auf Kosten der Anteilseigner. Wird eine Aktie zu € 125 pro Stück gehandelt und erhält das Unternehmen ein Angebot in Höhe von € 200 pro Stück, repräsentiert dieses Angebot eine Prämie in Höhe von 60%. Das Management des zu akquirierenden Unternehmens muss bei einer Zurückweisung des Angebots davon überzeugt sein, dass es in der Lage ist, den Aktienkurs auf ein noch weitaus höheres Niveau zu bringen. Denn die Aktionäre wären in der Lage, das Kapital, das sie durch die Akquisition erhalten würden, wieder in den Markt zu reinvestieren und möglicherweise weitere Kursgewinne realisieren.

Das Top-Management folgt also nicht dem Interesse der Eigentümer, ihr Vermögen zu steigern, wenn es hohe Übernahmeprämien ausschlägt.[123]

4.5 Instrumente und Verfahren zur Bewertung von Synergien

4.5.1 Fusionen und Akquisitionen als Bewertungsanlässe

Vor einer Fusion oder einer Akquisition ist es unumgänglich, die zu erwartenden Vor- und Nachteile der jeweiligen Transaktion gegeneinander abzuwägen. Insofern ist die Bewertung des geplanten Fusions- oder Akquisitionsvorhabens vor Vertragsabschluss eine betriebswirtschaftliche Notwendigkeit und die Unternehmensbewertung entscheidend in der Pre-M&A-Phase. Die Qualität des Bewertungsergebnisses hängt dabei empfindlich von der Qualität der Eingangsinformationen ab. Eine Abschätzung der Nettozahlungswirkungen von ganzen Wertschöpfungsstufen und ihren Synergien mit dem Umfeld, in das sie bei einer Verschmelzung integriert werden sollen, stellt indes ein eigenes Bewertungsproblem dar.[124]

Das Vorgehen bei der Quantifizierung von Synergiepotenzialen kann nach den folgenden Schritten beschrieben werden.

[1] Aufnahme der Effekte nach:
   a) dem Ort der Entstehung
   b) der Ursache
   c) und der Dauer

[2] Abschätzung und Prognose der quantitativen Auswirkungen

[3] Festlegung von Eintrittswahrscheinlichkeit und Periodenverteilung

[4] Bestimmung des Barwertes der Synergieeffekte durch Abzinsung der abgeleiteten Ertragsüberschüsse

[5] Bestimmung der erforderlichen Maßnahmen zur Realisierung von Synergiepotenzialen.[125]

---

[123] Vgl. Rappaport et al., (1999), S. 190

[124] Vgl. Keuper et al., (2006), S. 244

[125] Vgl. Lechner, H. et al., (2003), S. 369

Nach der Identifikation müssen die einzelnen Synergiepotenziale mit aussagekräftigen Kriterien bewertet werden, um die Akquisitionsprämie bestimmen zu können. Mögliche Kriterien werden ihrer Bedeutung nach gewichtet und man unterscheidet zwischen:[126]

(a) *finanzielle Kenngrößen* wie z. B. NPV (Net Present Value), ROI (Return on Investment), jährliche Kosteneinsparungen oder Wachstumsraten,

(b) *strategische Kenngrößen* wie der Beitrag zu Wettbewerbsvorteilen, die Sicherung von Marktanteilen oder das Alignment mit der Gesamtunternehmensstrategie,

(c) *organisatorische Kenngrößen* wie der erwartete Implementierungserfolg, der Fit zur Kultur oder die Verfügbarkeit von Projektmitarbeitern mit entsprechendem Fähigkeitsprofil.

Bei der Bewertung der qualitativen strategischen und organisatorischen Kriterien gilt, dass die Quantifizierung nur mit einer geringen Gewichtung in die Summe der Werte der Synergiepotenziale mit eingeht, um eine angemessene Höhe der Akquisitionsprämie festzulegen. Insbesondere bei Synergien aus immateriellen Ressourcenkombinationen wie die Übertragung von Wissen, scheint die Wertfindung, die monetäre Darstellung und damit eine objektive Quantifizierung problematisch. Daher ist es ratsam sich auf die „sicheren" Synergiepotenziale zu konzentrieren, um strategische Argumente nicht überzustrapazieren. Aber in jedem Fall mag gelten, dass die strategischen Synergien eine Art Sicherheitspuffer bilden: Wenn die operativen quantifizierbaren Synergiepotenziale überbewertet sind, können doch die strategischen Synergien dazu beitragen, dass am Ende der Kaufpreis etwas gerechtfertigter ist.[127]

Zudem kann keine Due Diligence so genau sein, vor allem bedingt durch ein sehr kurzes Zeitfenster, dass alle Risiken und negativen Überraschungen aus einem Unternehmenszusammenschluss ausgeschlossen werden können. Daher können die nicht in die Berechnung der Akquisitionsprämie einbezogenen qualitativen Synergien als Kompensation für nicht entdeckte Risiken in der Due Diligence-Phase verwendet werden.[128]

4.5.2 Bewertung der Synergiepotenziale mithilfe der Verfahren der Unternehmensbewertung

Die Bewertung der Synergiepotenziale erfordert eine strukturierte Vorgehensweise und die Erfassung der Synergiepotenziale in einer integrierten Businessplanung. Dadurch können die erwarteten Erfolgsgrößen die dem Unternehmen durch die Realisierung von Synergiepotenzialen zur Verfügung stehen ermittelt werden.[130] Im Folgenden werden dazu die in Abbildung 4.4 dargestellten Bewertungsverfahren vorgestellt, die im Einzelnen dazu verwendet werden können, um das Stand-alone-Unternehmen zu bewerten, und wenn möglich auch die aus dem Unternehmensverbund resultierenden

---

[126] Vgl. Müller-Stewens et al., (2009), S. 379

[127] Vgl. Köppen, (2004), S. 125

[128] Vgl. Köppen, J. (2004), S. 130 f.

[130] Vgl. Köppen, J. (2004), S. 135 f.

Synergieeffekte. Der Schwerpunkt liegt dabei auf den DCF-Verfahren, die im Sinne des Shareholder Value-Konzepts am besten die Vermögenssteigerung der Eigentümer reflektiert.[131]

Dennoch müssen die DCF-Verfahren durch weitere Bewertungsansätze (Substanzwert, Ertragswert, externe Vergleichswerte etc.), zudem auch durch die EVA-basierte Wertherleitung und die Berücksichtigung von Realoptionen ergänzt werden.[132]

4.5.2.1 Substanzwertverfahren

Seit den 1970er Jahren dominiert in Deutschland die funktionale Unternehmensbewertungslehre, in der Elemente der objektiven und subjektiven Lehre vereint sind. Das Substanzwertverfahren steht im Vordergrund der Einzelbewertungsverfahren. Dieser Wert ergibt sich aus der Summe der Vermögensgegenstände abzüglich der Schulden. Problematisch ist bei diesem Verfahren, dass Kombinationseffekte und Zukunftserwartungswerte außer Betracht bleiben und somit ist dieses Verfahren auch für die Synergiebewertung grundsätzlich nicht geeignet.[133] Eine Substanzwertbestimmung wäre nur aussagekräftig, wenn Geschäftswertfaktoren, Synergieeffekte, technische und sonstige Überholung irrelevant wären. Das dürfte für kaum ein Unternehmenszusammenschluss zutreffen.[134]

Mischverfahren kombinieren Bewertungselemente aus Substanz- und Ertragswertverfahren. Da diese die Elemente der Einzel- und Gesamtbewertungsverfahren vereinen, kommen diese ebenfalls für eine Synergiepotenzialbewertung nicht in Betracht.[135]

4.5.2.2 Synergiebewertung mit Vergleichsverfahren

Somit verbleiben noch die Vergleichs-, die Ertragswert- und die DCF-Verfahren, also die Gesamtbewertungsverfahren, als mögliche Methoden für eine systematische Bewertung von Synergiepotenzialen.[136]

Eine Möglichkeit, den Wert eines Unternehmens zumindest näherungsweise zu bestimmen, ist die Orientierung an den Marktpreisen anderer vergleichbarer Unternehmen. Den marktorientierten Verfahren in ihren verschiedenen Ausprägungen liegt die Überlegung zugrunde, dass vergleichbare Unternehmen auch vergleichbare Unternehmenswerte besitzen. Subjektive Zielvorstellungen, alternative Anlagemöglichkeiten oder das Vorhandensein zielobjektspezifischer Synergiepotenziale finden dabei zumindest nicht unmittelbar Eingang in das Kalkül der Vergleichsverfahren.[137]

Die Möglichkeit, den Barwert der Synergiepotenziale insofern zu ermitteln, indem die ermittelten und um Steuern verminderten Synergiepotenziale mit z.B. dem erwarteten

---

131 Vgl. Köppen, J. (2004), S. 109

132 Vgl. Volkart, R. (2011), S. 1122

133 Vgl. Wöginger, H. (2004), S. 142

134 Vgl. Ballwieser, W. (2011), S. 200

135 Vgl. Wöginger, H. (2004), S. 152

136 Vgl. Wöginger, H. (2004), S. 152

137 Vgl. Kuhner et al., (2006), S. 265

Kurs-Gewinn-Verhältnis (P/E-Ratio) des fusionierten Unternehmens multipliziert werden sollen, ist kritisch zu betrachten. Auch wenn dieses durch ein anderes Multiple ersetzt wird, können wesentliche Einflussfaktoren, die sich aus der Beantwortung der folgenden Fragen ergeben, nicht berücksichtigt werden: In welchen Bereichen fallen Synergiepotenziale in welcher Höhe an? Wie kann das unterschiedliche Realisationsrisiko berücksichtigt werden? Wie nachhaltig sind die Synergiepotenziale? Folglich können diese Verfahren nicht zur Synergiebewertung verwendet werden.[138]

4.5.2.3 Ertragswert- und Discounted Cashflow-Verfahren

Ertragswert- und DCF-Verfahren zählen zu den Gesamtbewertungsverfahren. Sie berechnen den Unternehmenswert nicht als Saldo aus den Werten der im Unternehmen vorhandenen einzelnen Aktiva und Passiva, sondern berücksichtigen die, aus der Nutzung aller Aktiva und Passiva resultierenden, gesamten finanziellen Vorteile für den Eigentümer. Soweit Verbundeffekte im Unternehmen vorhanden sind oder soweit sie durch Verbindung mit bereits vorhandenen Unternehmen entstehen, werden diese mitberücksichtigt.

Das Institut für Wirtschaftsprüfer in Deutschland e.V. (IDW) empfiehlt in diesem Zusammenhang diese Verfahren zur Ermittlung des objektivierten Unternehmenswertes.[139] Dabei werden die sog. Echten Synergieeffekte vernachlässigt. (IDW S1 i.d.F. 2008 PS 5.3. Tz. 33f). Im Prinzip ergeben beide, Ertrags- und DCF-Verfahren, bei gleichen Annahmen und exakter Vorgehensweise den gleichen Unternehmenswert.[140]

4.5.2.3.1 Synoptische vs. inkrementale Bestimmung der Synergiepotenziale

Zur Bestimmung des Synergiewertes bieten sich zwei fundamentale Vorgehensweisen an.

Beide lassen sich grundsätzlich mit den gängigsten Unternehmensbewertungsmethoden kombinieren.[141] Bei der **synoptischen Vorgehensweise** wird der Zukunftserwartungswert des fusionierten Unternehmens bestimmt, von dem anschließend die Standalone-Werte der beiden beteiligten Unternehmen abgezogen werden. Der Synergiewert würde sich dann mittelbar als rechnerische Restgröße aus dem Vergleich, Zukunftserfolgswert des Verschmelzungsunternehmens mit der Summe der Zukunftserfolgswerte der Altgesellschaften ergeben. Bei der synoptischen Vorgehensweise geht zwar der Synergiewert eindeutig als statistische Residualgröße hervor, dafür ist umso unklarer, welche Kriterien und Prämissen zur Erstellung der Planabschlüsse für das fusionierte Unternehmen geführt haben. Dieses Problem ergibt sich bei der inkrementalen Vorgehensweise nicht.[142]

---

[138] Vgl. Wöginger, H. (2004), S. 153

[139] Vgl. Ballwieser, W. (2001), S. 9

[140] Vgl. Wöginger, H. (2004), S. 154

[141] Vgl. Lechner, H. et al., (2003), S. 368

[142] Vgl. Köppen, J. (2004), S. 117

Bei Verwendung der DCF-Verfahren nach dem Entity Approach und nach der synoptischen Methode lässt sich der Barwert der Synergiepotenziale wie folgt berechnen.[143]

$$PV(SY)_{Synop} =$$

$$\sum_{t=1}^{T} \frac{FCF_{AB(inkl.SyCF),t}}{(1+WACC_{AB(inkl.Sy)})^t} - \left[\sum_{t=1}^{T} \frac{FCF_{A,t}}{(1+WACC_A)^t} + \sum_{t=1}^{T} \frac{FCF_{B,t}}{(1+WACC_B)^t}\right]$$

wobei:

$PV(SY)_{Synop}$ = Barwert der Synergien, errechnet mithilfe der synoptischen Methode mittels Entity Approach unter Verwendung der Cashflows,

$FCF_{AB(inkl.SyCF),t}$ = Free Cashflow inclusive des Werts der Synergien, errechnet mittels eines integrierten Gesamtplanungsmodells für das Verbundunternehmen AB in der Periode t

$FCF_{A,t}$ = Free Cashflow von A in der Periode t (Stand Alone Betrachtung)

$FCF_{B,t}$ = Free Cashflow von B in der Periode t (Stand Alone Betrachtung)

$WACC_{AB(inkl.Sy)}$ = gewogener Kapitalkostensatz von AB, inclusive Synergien

$WACC_A$ = gewogener Kapitalkostensatz von A, sowie

$WACC_B$ = gewogener Kapitalkostensatz von B.

Bei der **inkrementalen Synergieermittlungsmethode** werden die Synergieeffekte unmittelbar aus den Mehr- und Minderüberschüssen ermittelt, die sich anlässlich der gedachten Einzelschritte beim Umbau der von den Altgesellschaften einzubringenden Ressourcenkombinationen zu dem Rekombinationskonzept „Verschmelzung" ergeben.[144] Mit der inkrementalen Vorgehensweise ist ein höherer Arbeitsaufwand verbunden und man läuft Gefahr, in eine Pseudoquantifizierung zu gelangen. Der Barwert der Synergien errechnet sich dabei direkt durch eine Überschussrechnung unter Vorwegnahme der einzelnen Integrationsschritte auf Basis der ursprünglichen Stand-alone-Planungen. Die Formeldarstellung lautet dann wie folgt:[145]

$$PV(Sy)_{inkr.} = \sum_{t}^{T} \frac{SyCF_{AB,t}}{(1+k)^t}$$, wobei:

$PV(Sy)_{inkr.}$ = Barwert der Synergien errechnet mittels der inkrementalen Methode,

$SyCF_{AB,t}$ = Cashflow der Synergien von A unf B in der Periode t und k = Diskontsatz.

Fehlende Vergleichs- und Vergangenheitswerte für die Synergiepotenziale bzw. die Bestimung der Risikokosten, ausgedrückt durch den Diskontsatz k, stellt die wesentliche Hürde bei der Verwendung der inkrementalen Methode dar.[146] Für die reine Unternehmensbewertung erscheint die synoptische Methode sinnvoller, da eine explizite

143 Vgl. Wöginger, H. (2004), S, 154 f.

144 Vgl. Ossadnik, W. (1995), S. 13

145 Vgl. Wöginger, H. (2004), S. 155

146 Vgl. Wöginger, H. (2004), S. 156

Aufnahme und Betrachtung der Synergiepotenziale nicht erforderlich ist. Für den Fall eines Unternehmensverbunds mit nachfolgender Notwendigkeit zum Synergiemanagement (Planung, Realisierung und Controlling) hingegen dürfte die inkrementale Methode in der Regel hilfreicher sein, vor allem, wenn sie auf einer maßnahmenorientierten Planung der einzelnen Effekte beruht.[147]

Die Ermittlung der Betafaktoren für ganze Unternehmen für die synoptische Methode ist wesentlich unkomplizierter, und für die Bestimmung der im WACC enthaltenen Eigenkapitalkosten kann das CAPM verwendet werden, um eine objektive Risikoprämie zu erhalten.

Zwar ist auch die Bestimmung des Betafaktors zur Ermittlung des Kalkulationszinssatzes k bei der inkrementalen Methode bspw. durch eine Regressionsanalyse möglich, allerdings kann dabei nicht auf Vergangenheitsdaten zurückgegriffen werden, um die Varianz bzw. die Standardabweichung der Synergie-Cashflows zu bestimmen. In Bezug auf die Einzigartigkeit jeder einzelnen Fusion müssten die finanziellen Konsequenzen einer fiktiven Unternehmenssituation im Vergleich zu vorhergehenden Situationen unter c. p. Bedingungen analysiert und prognostiziert werden.[148] Die nachfolgende Abbildung 4.6 stellt die Synergieermittlungsmethoden gegenüber:

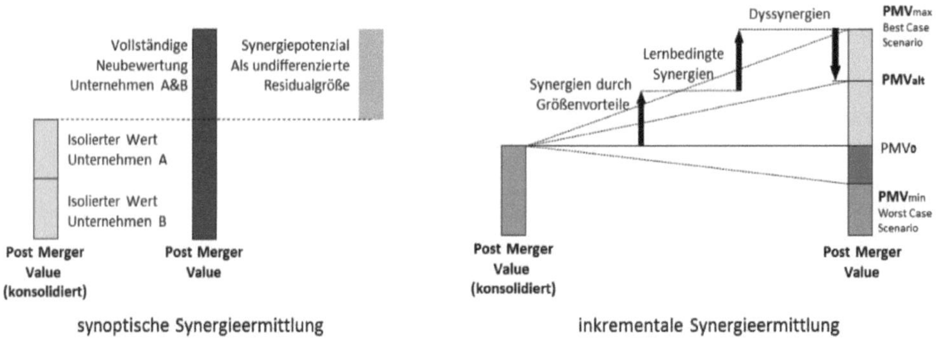

Abb. 4.6: Gegenüberstellung der synoptischen und inkrementalen Methode
(Quelle: Lechner, H. et al., (2003), S. 368)

4.5.2.3.2 Ermittlung der Free Cashflows und der Kapitalkosten

[1] Bestimmung und Validierung des Erwartungswerts

Um die einzelnen Synergie-Cashflows oder die Post Merger Cashflows des Unternehmensverbunds verlässlich zu prognostizieren, wird eine integrierte Planungsrechnung erstellt, die sich aus Erfolgs- und Finanzplänen sowie Planbilanzen zusammensetzt.[149]

---

147 Vgl. Lechner, H. (2003), S. 369

148 Vgl. Ossadnik, W. (1995), S. 14

149 Vgl. Wöginger, H. (2004), S. 146

Um den Erwartungswert der Cashflows zu bestimmen, ist der Planungszeitraum zu berücksichtigen. Nach der Phasenmethode wird der Planungshorizont in der Regel in eine Detailplanungsphase, die einen Zeitraum von drei bis fünf Jahren umfasst, und eine zweite Phase, die ausgehend von der Detailplanung der ersten Phase auf langfristige Fortschreibungen von Trendentwicklungen basiert. Dabei ist, vorausgesetzt, die Vermögens-, Finanz- und Ertragslage verbleibt nicht in einem stagnierenden Zustand, eine mit konstanter Rate wachsende Größe anzusetzen, z.B. nach dem Gordon Growth Model (IDW S1 i.d.F. 2008 PS 5.3. Tz. 75f).

In der Praxis werden häufig integrierte Planungsmodelle basierend auf verschiedenen Szenarien erstellt. Oft werden dabei drei Szenarien (Best, Base und Worst Case) verwendet.

Werttreibermodelle, die z.B. nach *Rappaport* Werttreiber wie die Wachstumsrate des Umsatzes, die Umsatzrentabilität oder die Kapitalkosten analysieren, sind ebenfalls zur Plausibilisierung der Planungen anzuwenden.[150]

Mit Sensitivitätsanalysen sind z.B. Absatzpreise und -mengen, Rohstoffpreise, Wechselkursentwicklungen, Konkurrenzreaktionen und Zinsentwicklungen quantitativ zu erfassen und zu prognostizieren. Risikoanalysen können schließlich verwendet werden, um mit Hilfe subjektiver Einschätzungen Wahrscheinlichkeitsverteilungen für verschiedene Parameter zu bestimmen und mit Korrekturverfahren individuelle Risiko-Zu- oder -Abschläge zu bestimmen. Zur Plausibilitätsprüfung können dann sequenzielle Investitionsentscheidungen mit den Konzepten der starren bzw. flexiblen Planung mittels Entscheidungsbaumverfahren modelliert werden.[151]

Auch wenn die DCF-Verfahren mathematisch korrekte Bewertungen liefern, ist die Genauigkeit der prognostizierten Cashflows aufgrund der Unsicherheit der Zukunft stets ungewiss und abhängig von den zugrunde liegenden Prämissen. Daher ist dieses Verfahren vor allem für die Bewertung von Unternehmen mit relativ stabilen und vorhersagbaren Finanzen und einer stetigen Profitabilität mit stabilen Wachstumsraten geeignet.[152]

[2] Verfahren zur quantitativen Beurteilung

Bei der Ermittlung der Synergie-Cashflows werden sowohl die Wirkungen positiver Synergiepotenziale und die mit ihrer Realisation verbundenen Integrationskosten sowie anfallende negative Synergiepotenziale und eventuelle Maßnahmen zu dessen Kompensation berücksichtigt.

Die erwarteten Auszahlungen aufgrund der erforderlichen Integration des Zielunternehmens leiten sich aus den zahlungswirksamen Bestandteilen der Koordinations-, Kompromiss- und Inflexibilitätskosten ab und können auch als realisationsbedingte Synergie-Cashflows bezeichnet werden. Werden die zu erwarteten Auszahlungen aus

150 Vgl. Wöginger, H. (2004), S. 148

151 Vgl. Wöginger, H. (2004), S. 149

152 Vgl. Frankel, M. (2005), S. 206

den realisierten Synergien von den prognostizierten Einzahlungen abgezogen, ergibt sich als Saldo ein Gesamt-Synergie-Netto-Cashflow.[153]

Die folgende Tabelle zeigt Beispielhaft die Berechnung anhand der geplanten Akquisition einer geschäftsfeldübergreifenden Vertriebsgesellschaft.

Beispiel für Periode 1	
Akquisition einer geschäftsfeldübergreifenden Vertriebsgesellschaft	
Identifizierte Synergiepotenziale in den Geschäftsfeldern GF1, GF 2, GF 3	
1. Synergiebedingter Cashflow aus Kostensenkungspotenzialen	**Prognose** t_1
a. Zusammenlegung nationaler Außendienste	1,5 Mio. GE
- Einsparung von 10 Mannjahren im Vertrieb (1,5 Mio. GE)	
b. Einrichtung eines regionalen Auftragszentrums	2,3 Mio. GE
- Einsparung von 10 Mannjahren in der Auftragsbearb. (0,8 Mio. GE)	
- Sachkostenreduktion (Mieten, EDV: 1,5 Mio. GE)	
c. Zusammenlegung von Auslieferungslägern	
- Reduktion des Lagerpersonals um 5 Mannjahre (0,3 Mio. GE)	2,8 Mio. GE
- Sachkostenreduktion (Mieten, Anlagen: 2,5 Mio. GE)	
d. Verbesserung der Frachtkonditionen um 5% (1,0 Mio. GE)	
	1,0 Mio. GE
= Gesamt-Cashflow aus synergiebedingten Kostensenkungspotenzialen:	**7,6 Mio. GE**
2. Cashflow aus synergiebedingten Umsatzpotenzialen	
a. Verstärkte Cross-Selling Möglichkeiten bei Gewinnung von Systemkunden	3,0 Mio. GE
c. Möglichkeit zur Penetration neuer Absatzkanäle	2,0 Mio. GE
	3,0 Mio. GE
= Gesamt-Cashflow aus synergiebedingten Umsatzpotenzialen:	**8,0 Mio. GE**
3. Cashflow aus negativen Synergiepotenzialen	
a. Abfindung freigesetzter Mitarbeiter (25 Mannjahre)	./. 0,2 Mio. GE
- 1,0 Mio. GE verteilt auf 5 Jahre	
b. Abwanderung unzufriedener Kunden (Abschmelzverluste)	./. 3,0 Mio. GE
- Ergebnisausfall (2 Mio. GE)	
- Negative Mundpropaganda (1 Mio. GE)	
= Gesamt-Cashflow aus negativen Synergiepotenzialen:	**./. 3,2 Mio. GE**
4. Realisationsbedingter Synergie-Cashflow	
a. Einrichtung einer zentralen Koordinationsstelle	./. 1,8 Mio. GE
- Einstellung 5 Mannjahre Verwaltung (0,8 Mio. GE)	
- Sachkosten (Miete, EDV, Sonstiges: 1,0 Mio. GE)	
b. Umzugs- und Aufbaukosten	
- 5 Mio. GE verteilt auf 5 Jahre	./. 1,0 Mio. GE
= Gesamter realisationsbedingter Synergie-Cashflow	**./. 2,8 Mio. GE**
5. Gesamt-Synergie-Netto-Cashflow	**= 9,6 Mio. GE**

Tabelle 4.5: Ermittlung von Synergie-Cashflows am Beispiel der geplanten Akquisition einer geschäftsfeldübergreifenden Vertriebsgesellschaft (Quelle: Behrens, et al., (2011), S. 191)

[153] Vgl. Behrens et al., (2011), S. 190

[3] Ermittlung des Kalkulationszinssatzes

Die Problematik der Ermittlung des Kalkulationszinssatzes stellt sich bei der synoptischen Methode nur begrenzt. Bei Verwendung des CAPM wird zwischen einem systematischen Risiko, das den Gesamtmarkt betrifft, und einem unsystematischen Risiko, das für das einzelne Unternehmen gilt, unterschieden. Da das unsystematische Risiko durch Portfoliobildung eliminiert werden kann, wird nur das systematische Risiko mit einer entsprechenden Risikoprämie entlohnt.[154]

Um nun das „mikroökonomische“, systematische Risiko eines Unternehmens bestimmen zu können, muss die Entwicklung der Rendite bei einer Investition in dieses Unternehmen im Vergleich zur Rendite des Gesamtmarkts gesehen werden. Dies wird durch das Risikomaß β repräsentiert. Damit kann die entsprechende Risikoprämie ermittelt werden, die zu der festverzinslichen Anlage addiert wird[155], sodass gilt:

$\gamma_{EK} = \gamma_f + \left(\gamma_m - \gamma_f\right) * \beta$, wobei:

γ_{EK} = Eigenkapitalkosten

γ_f = Rendite eines quasi risikolosen festverzinslichen Wertpapiers

γ_m = Rendite des Marktportfolios m

β = Risikomaß für das systematische Risiko

Eine in der Praxis häufig verwendete Formel zur Darstellung des WACC ist die folgende, zur Verrechnung der ermittelten Eigenkapitalkosten:[156]

$WACC_S = \gamma_{FK}(1 - s)\frac{FK}{GK} + \gamma_{EK}\frac{EK}{GK}$, wobei:

γ_{FK} = Fremdkapitalzinsen

$\frac{FK}{GK}$ = bzw. $\frac{EK}{GK}$ = Fremdkapital- bzw. Eigenkapitalquote gemäß Zielkapitalstruktur

s = Steuersatz

Im Kontext eines Unternehmenszusammenschlusses ergeben sich daraus abgeleitet die Kapitalkosten des gemeinsamen Unternehmens *($WACC_{A+B}$)*, als der mit den jeweiligen Marktwerten der Unternehmen *(MW_A, MW_B)* gewichteter Durchschnitt der Kapitalkosten der beiden Unternehmen *($WACC_A$, $WACC_B$)* vor dem Zusammenschluss, sodass bei der Annahme eines vollkommen und vollständigen Kapitalmarkts gilt:[157]

$$WACC_{A+B} = \frac{MW_A}{MW_{A+B}} * WACC_A + \frac{MW_B}{MW_{A+B}} * WACC_B$$

---

154 Vgl. Lucks et al., (2002), S. 182

155 Vgl. Lucks et al., (2002), S. 182

156 Vgl. Wöginger, H. (2004), S. 14

157 Vgl. Köppen, J. (2004), S. 146

Auf Basis der Stand-alone-Zielkapitalstruktur wird der WACC der jeweiligen Unternehmen ermittelt, sodass mit einer entsprechenden Gewichtung der Saldo zu den Kapitalkosten des Unternehmensverbunds führt.[158]

4.5.2.3.3 Diskontierung der Free Cashflows

Bei Merger&Acquisition-Transaktionen ist es bekanntlich nicht möglich, von dem theoretischen Konstrukt des Wertadditivitätsgesetzes (Value Additivity Principle) auszugehen. Nach diesem Prinzip wäre ein Zusammenschluss von zwei Unternehmen wertneutral, weil:[159]

$PV_{FCF\,A} + PV_{FCF\,B} = PV_{FCF(A+B)}$, wobei:

PV= Present Value (Barwert)

$FCF\,X$ = zukünftig erwartete Free Cashflows von Unternehmen X

gilt und angenommen wird, dass von Synergiewirkungen profitiert wird. Dieser synergiebedingte Mehrwert berechnet sich nach der synoptischen Methode wie folgt:[160]

$$PV_{FCF\,A+B} - PV_{FCF\,A} - PV_{FCF\,B} > 0.$$

Das folgende Beispiel veranschaulicht, wie hoch die Anforderungen an das Management sind, um die sehr hohen Übernahmeprämien durch realisierte Synergien zu kompensieren.

Berechnung nach VAP	Firma A	Firma B	(A+B)
ewiger Reingewinn pro Jahr (RG)	6,0	3,75	9,75
Aktien-Beta	0,6	0,9	0,7
Eigenkapitalkostensatz (k_{EK})	6%	7,5%	6,5%
Unternehmenswert (netto) (U)	6/0,06	3,75/0,075	9,75/0,065
	= 100	= 50	= 150

Tabelle 4.6: Wertermittlung für einen Unternehmensverbund nach dem Wertadditivitätsprinzip (Quelle: Volkert, R. (2011), S. 1114)

Das Aktien-Beta entspricht hier dem mit den Unternehmenswerten (U_A, U_B) gewichteten Einzel-Betas, d.h.:

$$\beta_{A+B} = \frac{\beta_A * U_A + \beta_B * U_B}{(U_A + U_B)}$$

[158] Vgl. Wöginger, H. (2004), S. 202

[159] Vgl. Volkart, R. (2011), S. 1114

[160] Vgl. Volkart, R. (2011), S. 1114

Werden Synergieeffekte realisiert, kann eine Wertsteigerung generiert werden. Angenommen, durch eine Risikoreduktion ($\beta_{(A+B)}$ = 0,65) mit entsprechend niedrigen Eigenkapitalkosten (k_{EK} = 6,25 %) sowie ein durch Synergien zukünftig erhöhter „ewiger“ Reingewinn (RG = 10,5) entsteht ein Gesamtunternehmenswert (netto) nach dem Zusammenschluss in Höhe von:

$$U_{A+B} = \frac{10{,}5}{0{,}0625} = 168$$

Es werden also Synergien wirksam, die zu einer Wertsteigerung in Höhe von 18 führen. Geht man weiterhin davon aus, dass das Unternehmen A das Unternehmen B akquiriert, ist abhängig vom Kaufpreis und ggf. von einem Minderwert aufgrund eines geminderten Marktwertes folgende Berechnung zu beachten:

Annahmen:
Übernahmeprämie 40%, derzeitiger Marktwert (börsenkapitalisierter Wert) 40.

D. h. dem Kaufpreis in Höhe von 40 * 1,4 = 56 steht der geschätzte Unternehmenswert (DCF-Wert, Stand-alone-Wert von U_B) in Höhe von 50 gegenüber. Von der Summe aus dem zuvor errechneten synergiebedingten Mehrwert und dem Stand-alone-Wert gelangt man dann per saldo zu einem aus der Übernahme resultierenden Mehrwert in Höhe von (50 + 18) – 56 = 12.[161] Aus empirischen Studien geht hervor, dass für Unternehmenstransaktionen zwischen 1980 und 2001 sogar eine durchschnittliche Übernahmeprämie von 68 % für große und 62 % für kleine Firmen gezahlt wurden. Übernahmeprämien in dieser Höhe müssen durch erhebliche realisierte Synergien ausgeglichen werden.[162]

4.5.2.4 Residualgewinn-Verfahren (EVA)

Das EVA-Konzept, das von *Stern Stewart & Co.* entwickelt wurde, bringt zum Ausdruck, dass Investitionen nur dann zusätzlichen Wert für die Eigentümer des Unternehmens schaffen, wenn sie eine höhere Rendite als die Kapitalkosten erwirtschaften.[163] Der Economic Value Added (EVA) stellt eine finanzielle Größe dar, die üblicherweise auf Jahresbasis ermittelt wird. Bei der „Capital Charge“-Formel (EVA_{CC}) wird der EVA als Differenz zwischen dem betrieblichen Gewinn (Net Operating Profit After Tax, NOPAT) und den Kapitalkosten als Produkt aus Kapitalkostensatz (k_{WACC}) und investiertem Kapital (Invested Capital, IC) bestimmt.[164]

$$EVA_{CC} = NOPAT - IC * k_{WACC}$$

Aufgrund vieler bilanzpolitischer Möglichkeiten ist davon auszugehen, dass die aus der GuV zu entnehmenden Periodenerfolge nicht dem tatsächlichen ökonomischen Ergebnissen entsprechen, daher wird empfohlen, Anpassungen, sog. „conversions“, der

161 Vgl. Volkart, R. (2011), S. 1114 f.

162 Vgl. Volkart, R. (2011), S. 1115

163 Vgl. Glaum et al., (2010), S. 155

164 Vgl. Siebrecht et al., (2001), S. 560

Jahresabschlussdaten, vorzunehmen.[165] Im Übrigen handelt es sich bei dem EVA-Verfahren um eine Weiterentwicklung der Zukunftserfolgswertverfahren, wie z.B. das Ertragswert- oder die DCF-Verfahren. Daher kann auch dieses Verfahren zur Unternehmensbewertung bei M&A verwendet werden. Analog zu diesen Verfahren werden die erwarteten zukünftigen Perioden-EVAs mit den gewogenen Kapitalkosten auf den Betrachtungszeitpunkt diskontiert.

Der Barwert aller zukünftigen EVAs wird als „Market Value Added" (MVA) bezeichnet. Addiert man zum MVA den Buchwert des betriebsnotwendigen sowie den Marktwert des nicht-betirebsnotwendigen Vermögens (N_0), so erhält man rechnerisch den Gesamtunternehmenswert. Der Marktwert des Eigenkapitals ergibt sich durch Subtraktion des Marktwerts des Fremdkapitals vom Gesamtunternehmenswert. Dies lässt sich anhand folgender Formel ausdrücken[166]:

$$UW_{t0} = IC + \sum_{t=1}^{\infty} \frac{EVA_t}{(1 + k_{W\,ACC})^t} + N_0 - FK$$

Die Anwendung des EVA-Konzepts ist aufgrund der Einfachheit sowie der Verständlichkeit und Kommunizierbarkeit der Ergebnisse bezüglich der Unternehmensbewertung sehr vorteilhaft. Dabei erfolgen häufig die o.g. Anpassungen des Ergebnisses (adjustments) zur Bereinigung einmaliger Sondereffekte, wie z.B. größere Forschungsprojekte, um so eine anreizverträgliche Kennzahl zur Beurteilung der Leistung des Managements zu erhalten.[167] Daher ist die Anwendung des EVA-Verfahrens vorwiegend durch das Management für unternehmerische Steuerungszwecke zu empfehlen.

Die Problematik besteht darin, die zukünftigen Synergie-EVAs aus den Plan-GuVs und den Planbilanzen abzuleiten. Zur Berechnung des Gesamtunternehmenswerts im Rahmen der synoptischen Methode kann dieses Verfahren grundsätzlich verwendet werden. Zur Berechnung der Synergieeffekte auf Basis der inkrementalen Methode ergeben sich dagegen Probleme, die die Komplexität ansteigen lassen, sodass es fraglich ist, ob der Nutzen die Aufwendungen bei Anwendung des Verfahrens übersteigen. Vor allem, weil die Ergebnisse des EVA-Verfahrens den Ergebnissen der DCF-Verfahren nicht überlegen sind.[168]

4.5.2.5 Realoptionsansatz

Versuche der Quantifizierung von strategischen Synergiepotenzialen sind in der Literatur auch z.B. mit Hilfe des Realoptionsansatzes unternommen worden.[169] Zwar wird die Bewertung von qualitativen Synergien bei Entscheidungen unter Unsicherheit nicht empfohlen, dennoch soll aus Gründen der Vollständigkeit an dieser Stelle ein kurzer Überblick über den Realoptionsansatz gegeben werden.

---

[165] Vgl. Glaum et al., (2010), S. 156

[166] Vgl. Glaum et al., (2010), S. 156

[167] Vgl. Coenenberg et al., (2012), S. 1162

[168] Vgl. Glaum et al., (2010), S. 156

[169] Vgl. Köppen, J. (2004), S. 125

Der Realoptionsansatz zielt darauf ab, Handlungsmöglichkeiten des Managements in Bezug auf mögliche zukünftige Umweltzustände zu identifizieren und in die Bewertung einfließen zu lassen. Realwirtschaftliche Optionsrechte („Realoptionen") können als Entscheidungsflexibilitäten interpretiert werden, die es dem Management eines Unternehmens ermöglichen, während der Durchführung eines Investitionsprojektes durch Strategieanpassung auf unvorhergesehene Chancen und Risiken zu reagieren.[170]

Die Bewertung der Realoptionen erfolgt anhand klassischer Optionspreismodelle (z.B. Binomialmodell, *Black-Scholes*-Modell etc.), die für die Wertermittlung von Finanzoptionen entwickelt wurden. Der Rückgriff hierauf wird damit gerechtfertigt, dass eine Realoption dieselben konstitutiven Merkmale – insbesondere Flexibilität und Unsicherheit – wie eine Finanzoption aufweist.[171]

Die Flexibilität bei zukünftigen Handlungsmöglichkeiten des Managements führt dazu, dass über Investition oder Desinvestition aufgrund neuer zusätzlicher Informationen entschieden werden kann. Ein etwaiges Verlustpotenzial wird nicht realisiert. Wird eine Optionsprämie bezahlt, ist damit das Risiko betragsmäßig begrenzt.[172]

Die Bewertung solcher latenten Handlungsalternativen, die auch auf Synergiepotenziale anwendbar ist, ist im Wirtschaftsleben sehr verbreitet, und auch in der Literatur häufen sich die theoretischen Untersuchungen zu diesem Ansatz, dennoch wird auf eine weiterführende Analyse an dieser Stelle verzichtet.[173]

4.6 Vorbereitung der Transaktions- und Integrationsphase

Zur Realisierung der ermittelten Synergiepotenziale ist es erforderlich, mithilfe eines Projektmanagements Maßnahmen und Einzelschritte, Verantwortlichkeiten und Termine weiter zu detaillieren. Außerdem müssen geeignete Strukturen zur Umsetzung der Synergiepotenziale geschaffen werden.

Direkt nach dem Unternehmenszusammenschluss sollte ein Controllingsystem aufgebaut werden, mit dem die Realisierung der Synergiepotenziale und der Fortschritt der Umsetzung weiter verfolgt werden können.[174] Dieses Controllingsystem könnte eine kontinuierliche Statusabfrage ermöglichen. Hierdurch können Abweichungen gegenüber den geplanten Synergiepotenzialen schnell identifiziert und geeignete Gegenmaßnahmen in Form von zusätzlichen Einsparungen ergriffen werden. Weiterhin sollte das Controllingsystem die fortlaufende Einbindung der Umsetzungsverantwortlichen gewährleisten.[175]

---

170 Vgl. Glaum et al., (2010), S. 157

171 Vgl. Wala, T. (2008), S. 55

172 Vgl. Wöginger, H. (2004), S. 15

173 Vgl. Kuhner et al., (2006), S. 275

174 Vgl. Jansen, S. A. (2001) S.264

175 Vgl. Köppen, J. (2004), S. 148

Als erfolgreiches Beispiel kann die *Bayer-Schering*-Übernahme angesehen werden. Innerhalb von zwei Wochen konnte *Bayer* den Bieterkampf um den Berliner Pharmakonzern *Schering* für sich entscheiden. Nicht nur die Geschwindigkeit der Transaktion ist beeindruckend, sondern auch der Erfolg der Übernahme. Bis Anfang 2010 konnte *Bayer Schering Pharma* mehr als 800 Mio. Euro an Synergien realisieren.[176]

Bestandteil der Synergien war die konsequente Streichung redundanter Positionen u.a. in der Verwaltung und den Unterstützungsfunktionen. Weitere Potenziale lagen kurzfristig im Einkauf sowie langfristig in der Anpassung der Infrastruktur und der Verschlankung des Produktionsnetzwerkes. Vor allem im über die Nachhaltigkeit entscheidenden F&E-Bereich profitierte *Bayer-Schering Pharma* spürbar von den Economies of Scale, da durch Integration der *Schering AG* heute ein gebündeltes Budget für die Forscher zur Verfügung steht. Umsatzseitig konnten durch die konsequente Zusammenführung der Vertriebsorganisationen in den Ländern rund um den Globus, insbesondere in den BRIC-Ländern, Umsatzsteigerungen mithilfe der Skaleneffekte realisiert werden.[177]

Der Schlüssel für diesen erfolgreichen Merger ist die Balance, die durch einen in vielfältigen Transaktionen erprobten, pragmatischen Prozess gewährleistet wird, der bereits vor der Transaktion und vor der Integration feststeht und dem M&A-Team bestens bekannt ist. Die wesentlichen Erfolgsfaktoren sind dabei:[178]

- Nutzung einer klaren Integrationsmethodik
- Schnelle Entscheidungsfindung bei Infrastruktur und HR-Themen
- Best-in-Class-Bewertungen des F&E-Portfolios sowie der Geschäftsprozesse
- Sicherstellung eines effizienten Planungs- und Überwachungsprozesses
- Aufsetzen eines langfristigen Projektes zur Angleichung der Unternehmenskulturen
- Überprüfung sowie mögliche Adaption der Prozesse und Strukturen nach etwa zwei Jahren.

4.7 Zusammenfassung

Das unternehmerische Ziel, schneller als der Markt zu wachsen, kann heutzutage nicht immer durch die operative Tätigkeit selbst erreicht werden, da Märkte nach kürzeren Zeiträumen gesättigt sind und auch die Produktlebenszyklen sich spürbar verkürzen. Diese strategischen Expansionspläne, wie sie schon von *Ansoff* 1966 beschrieben wurden, können vielmehr durch M&A-Aktivitäten erreicht werden. So können durch die Integration von Unternehmen neue Märkte bzw. neue Geschäftsmodelle erschlossen werden, um das strategische Ziel der Marktentwicklung zu erreichen. Die Marktdurchdringung kann durch gezielte M&A-Transaktionen dazu führen, dass die Branche konsolidiert wird und so Marktanteile auf bestehenden Märkten mit bestehenden Pro-

[176] Vgl. Marschmann et al., (2010), S. 418 f.

[177] Vgl. Marschmann et al., (2010), S. 419

[178] Vgl. Marschmann et al., (2010), S. 420

dukten zu erlangen. Des Weiteren kann die Produktentwicklung durch zusätzliches Know-how, durch einen Unternehmenszusammenschluss und die damit verbundenen Skaleneffekte angestrebt werden, und auch die Diversifikationsstrategie kann auf Basis der lateralen Integration eines Target-Unternehmens erreicht werden.[179]

Die dargelegten Motive für M&A-Transaktionen sind zahlreich und reichen von dem reinen Interesse nach Wachstum durch wesentliche Optimierungen der Geschäftsprozesse bis zu Kostenreduktion durch Economies of Scope und Economies of Scale.

Auf Grundlage von Kostensynergien (Kosten [SGE A, SGE B] < Kosten [SGE A] + Kosten [SGE B]) und Umsatzsynergien (Umsatz [SGE A, SGE B] > Umsatz [SGE A] + Umsatz [SGE A])[180] wurde eine weitere Untergliederung und damit eine operationalisierte Klassifizierung der verschiedenen Synergiepotenziale durchgeführt. In der vorangegangen Untersuchung wurde eine Differenzierung der vier wesentlichen Synergiepotenziale: finanzwirtschaftliche, realwirtschaftliche, Wachstums- und Managementsynergien vorgenommen. Die entscheidenden Faktoren, um durch M&A-Aktivitäten Mehrwert zu schaffen, wurden dementsprechend herauskristallisiert.

Eine Studie von *McKinsey & Company* bestätigt, dass auch weiterhin, nach der Finanzkrise, ein Trend von M&A-Aktivitäten zu erkennen ist. 2011 stiegen die M&A-Aktivitäten um rund +3 %. Zwar war das M&A-Volumen noch weit vom Rekordjahr 2007 entfernt (-40 %), doch ein Positivtrend wird in Amerika deutlich, und mit weltweit angekündigten Übernahmen und Fusionen in 2011 im Wert von 2,73 Billionen US-Dollar befindet sich die Wertschöpfung weiter auf einem Höchstniveau.[181]

In der Praxis hat sich anhand zahlreicher gescheiterter Transaktionen gezeigt, dass bei dem Management der Akquisitionen und den Akquisitionsstrategien grundsätzlich zwischen der erwarteten und der realisierten Performance-Verbesserung zu unterscheiden ist.[182] Teilweise werden zwar Synergiepotenziale in der Strategischen Planung berücksichtigt und prognostiziert, allerdings führen ungenaue Definitionen, pauschale Identifikation und dadurch eine zu Fehler führende Synergiepotenzialbewertung zu einer wertvernichtenden Transaktion.

Beschrieben wurden auch die entscheidenden Faktoren bei der Ermittlung der Synergiepotenziale, die Identifikation und die Quantifizierung. Dabei ist zu berücksichtigen, dass Synergien nur realisiert werden, wenn operative Strategien entwickelt werden, die diese Synergien systematisch organisatorisch nutzen.[183] Die Vorbereitung muss bereits frühzeitig im Rahmen der planerischen Konzeption der M&A-Transaktion geschehen, sodass die Maßnahmen in der Integrationsphase zeitnah umgesetzt werden können.

Zur Bewertung der Synergiepotenziale haben sich die Kapitalwertmethode der DCF-Verfahren und das EVA-Verfahren in Praxis und Literatur als am effektivsten heraus-

179 Vgl. Schwenker et al., (2006), S. 44

180 Vgl. Müller-Stewens et al., (2009), S. 400

181 Vgl. McKinsey & Company, (2012)

182 Vgl. Sirower, (1997), S. 138

183 Vgl. Rappaport, A. (1999), S. 162

gestellt. Dadurch ist es nicht nur möglich, die zeitliche Struktur der Synergiecashflows zu berücksichtigen, sondern auch die Unsicherheit der Zukunft und die entsprechenden Risiken können je nach Synergieeffekt in die Planungsrechnung mit einbezogen werden. Dies führt dazu, dass die Vermögenssteigerung zum Zeitpunkt der Transaktion durch Realisierung der Synergien ermittelt werden kann und somit eine gerechtfertigte Akquisitionsprämie gezahlt wird. Zur Plausibilisierung und zur Kontrolle sollten dennoch weitere Verfahren in Betracht gezogen werden.

Letztendlich erfordert ein erfolgreicher Unternehmenszusammenschluss eine genaue Analyse sämtlicher Faktoren, die auf das Unternehmen einwirken, zu einem möglichst frühen Zeitpunkt in der Pre-Merger-Phase. Durch den globalen Wettbewerbsdruck, der Erfordernis nach Innovationen und nach Steigerung der Effizienz sind M&A auch zukünftig ein probates Mittel, um in relativ kurzer Zeit die strategischen Unternehmensziele zu erreichen, und Synergien können dabei als entscheidender Erfolgsfaktor angesehen werden.

Aufgaben/Fragen

Zu diesem Kapitel gibt es Aufgaben mit Lösungen. Diese finden Sie unter www.uvk-lucius.de/finanzmanagement

4.8 Literatur

A.T. Kearney GmbH, Jürgen Rothenbücher, Sandra Niewiem und *Jan Bovermann*. Maßgefertigt – M&A-Synergien mit Augenmaß. M&A-Review, 23. Jahrgang, Nr. 1/2012 (2012): 6–12.

Ansoff, Harry Igor. Management Strategie. (engl. orig. Titel „Corporate Strategy"). Moderne Industrie, 1966.

Ballwieser, Wolfgang. Unternehmensbewertung – Prozeß, Methoden und Probleme. Stuttgart: Schäffer-Poeschel Verlag, 2011.

Berens, Wolfgang, Hans U. Brauner, Joachim Strauch (Hrsg.), und *Der Betrieb*. Due Dilligence bei Unternehmensakquisitionen. Stuttgart: Schäffer-Poeschel Verlag, 2011.

Berens, Wolfgang, Walter Schmittling und *Joachim Strauch*. „Funktionen, Terminierung und rechtliche Einordnung der Due Diligence." In: Due Diligence bei Unternehmensakquisitionen. 6. Auflage von *Wolfgang Berens, Hans U. Brauner, Joachim Strauch* (Hrsg.), & *Der Betrieb*. Stuttgart: Schäffer-Poeschel Verlag, 2011.

Biberacher, Johannes. Synergiemanagement und Synergiecontrolling. München: Vahlen Verlag, 2003.

Brem, Alexander, Reinhard Heyd und *Wilhelm Schmeisser*. Internationale Betriebswirtschaft, UVK-Verlag, München 2015

Coenenberg, Adolf G., Axel Haller und *Wolfgang Schultze*. Jahresabschluss und Jahresabschlussanalyse – Betriebswirtschaftliche, handelsrechtliche, steuerrechtliche und internationale Grundlagen – HGB, IAS/IFRS, US-GAAP, DRS. Stuttgart: Schäffer-Poeschel-Verlag, 2012.

Copeland, Tom, Tim Koller, Jack Murrin und *McKinsey & Company*. Unternehmenswert – Methoden und Strategien für eine wertorientierte Unternehmensführung. Frankfurt/New York: Campus Verlag, 2002.

Dörner, Astrid. Delta kauft Öl-Raffinerie – Die US-Airline will mit dem ungewöhlichen Schritt Treibstoffkosten senken. Handelsblatt – Deutschlands Wirtschafts- und Finanzzeitung, Mittwoch, 2. Mai 2012, Daily Ausg.

Eschen, Erik. Der Erfolg von Mergers & Acquisitions – Unternehmenszusammenschlüsse aus der Sicht des ressourcenbasierten Ansatzes. Wiesbaden: Deutscher Universitäts-Verlag Gabler Edition Wissenschaft, 2002.

Frankel, Michael E.S. Mergers and Acquisitions Basics – The Key Steps of Acquisitions Divestitures and Investments. Hoboken, New Jersey: John Wiley & Sons Inc, 2005.

Gildemeister, Andre. Synergiebewertung – Identifikation und Quantifizierung von Synergien im M&A-Kontext. Hamburg: Books on Demand GmbH, 2008.

Glaum, Martin und *Thomas Hutschenreuter*. Mergers & Acquisitions – Management des externen Unternehmenswachstums. Stuttgart: Verlag W. Kohlhammer, 2010.

Grant, Robert M. und *Michael Nippa*. Strategisches Management – Analyse, Entwicklung und Implementierung von Unternehmensstrategien. München: Pearson Studium, 2006.

Groh-Kontio, Carina und *Thomas Rinn (Roland Berger)*. „Handelsblatt Hochschulinitiative Karriere und Weiterbildung." Die Tücken eines Firmenzusammenschlusses. Handelsblatt GmbH. 29.11,2011. http://www.handelsblatt-hochschulinitiative.de/index.php/karriere-weiterbildung/1413-die-t%C3%BCcken-eines-firmenzusammenschlusses.html (Zugriff am 25.05.2012).

Grosse-Hornke, Silke und *Sabrina Gurk*. „Im Tandem zum Integrationserfolg – Aus Mitarbeiter- und Kundensicht die Kulturintegration gestalten." In Mergers & Acquisitions – Analysen, Trends und Best Practices, von *Günter Müller-Stewens, Sven Kunisch*, & *Andreas Binder* (Hrsg.). Stuttgart: Schäffer-Poeschel Verlag, 2010.

Guserl, Richard und *Helmut Pernsteiner*. Finanzmanagement – Grundlagen – Konzepte – Umsetzung. Wiesbaden: Gabler Verlag, 2011.

Hopfmüller, Lisa und *Markus Schimmer*. „M&A als Teil der Unternehmensstrategie – Perspektiven aus der M&A Forschung S. 171-196." In Mergers & Acquisitions – Analysen, Trends und Best Practices, von *Günter Müller-Stewens, Sven Kunisch, & Andreas Binder* (Hrsg.). Stuttgart: Schäffer-Poeschel Verlag Stuttgart, 2010.

IDW. IDW Standard: Grundsätze zur Durchführung von Unternehmensbewertungen (IDW S1 i.d.F. 2008). Düsseldorf: IDW Verlag GmbH, 2008.

Jansen, Stephan A. „Post Merger Management – Die Serie rund um das 7 K-Modell" (Mergers & Acquisitions), Nr. 11/2001 (2001b).

Jansen, Stephan A. Mergers & Acquisitions – Unternehmensakquisition und -kooperation – Eine strategische, organisatorische und kapitalmarkttheoretische Einführung. Wiesbaden: Gabler/GWV Fachverlage GmbH, 2008.

Keuper, Frank, Michael Häfner und *Carsten von Glahn* (Hrsg.). Der M&A-Prozess – Konzepte, Ansätze und Strategien für die Pre- und Post-Phase. Wiesbaden: Gabler/GWV Fachverlage GmbH, 2006.

Köppen, Jens. Synergieermittlung im Vorfeld von Unternehmenszusammenschlüssen – Beurteilung der Vorgehensweise anhand eines Referenzmodells. Wiesbaden: Hrsg: Roland Berger Strategy Consultants – Academic Network – Deutscher Universitäts-Verlag/GWV Fachverlage GmbH, 2004.

Kuhner, Christoph und *Helmut Maltry*. Unternehmensbewertung. Berlin Heidelberg: Springer Verlag, 2006.

Lechner, Hubert, Arnt Meyer, und *Haarmann Hemmelrath.* Management Consultants. „Quantifizierung von Synergiepotenzialen bei Unternehmenszusammenschlüssen." (M&A Review) 8, Nr. 9 (2003).

Lucks, Kai und *Reinhard Meckl.* Internationale Mergers & Acquisitions – der prozessorientierte Ansatz. Berlin Heidelberg New York: Springer Verlag, 2002.

Marschmann, Bernd und *Alexander Moscho.* „Bayer-Schering-Übernahme: Nachhaltige Wertschöpfung in allen Bereichen des Geschäftes basierend auf einer erprobten Vorgehensweise." In: Mergers & Acquisitions – Analysen, Trends und Best Practices, von *Günter Müller-Stewens, Sven Kunisch & Andreas Binder* (Hrsg.). Stuttgart: Schäffer-Poeschel Verlag, 2010.

McKinsey & Company. McKinsey-Analyse zu M&A 2011: Vorsichtige Zunahme der Fusionen und Übernahmen. http://www.mckinsey.de/html/presse/2012/2012 0201 _PM_M_A.asp Stand: 01.05.2012, 2012.

Meckl, Reinhard und *F. Riedel.* Shareholder-Value-Steigerung durch Mergers & Acquisitions. Controlling & Management 55 (2011).

Müller-Stewens, Günther, Sven Kunisch und *Andreas Binder* (Hrsg.). Mergers & Acquisitions Analysen, Trends und Best Practices. Stuttgart: Schäfer-Poeschel Verlag, 2010.

Müller-Stewens, Günther, und *Matthias Brauer.* Corporate Strategy & Corporate Governance – Wege zur nachhaltigen Wertsteigerung im diversifizierten Unternehmen. Stuttgart: Schäffer- Poeschel Verlag, 2009.

Ossadnik, Wolfgang. Die Aufteilung von Synergieeffekten bei Fusionen. Stuttgart: Schäffer-Poeschel Verlag, 1995.

Picot, Gerhard (Hrsg.). Handbuch Mergers & Acquisitions Planung – Durchführung – Integration. Stuttgart: Schäffer-Poeschel Verlag, 2008.

Porter, M. E. Wettbewerbsvorteile: Spitzenleistungen erreichen und behaupten. Frankfurt/Main: Campus Verlag, 1999.

Rappaport, Alfred. Sharholder Value – Ein Handbuch für Manager und Investoren. Stuttgart: Schäffer-Poeschel Verlag, 1999.

Rothenbücher, Jürgen, Sandra Niewiem, Jan Bovermann und *A.T. Kearney GmbH,.* Maßgefertigt – M&A-Synergien mit Augenmaß. (M&A REVIEW) 23. Jahrgang, Nr. 1/2012 (2012).

Schmeisser, Wilhelm, Dora Höhne u.a.: Wertorientierte Geschäftsmodelle. UTB, München 2015

Schmeisser, Wilhelm, Krimphove, Dieter u.a.: Handbuch Innovationsmanagement. UVK, München 2013

Schmeisser, Wilhelm, Michael Reiss, Arno Rolfes und *Rebecca Popp.* Organisation. UTB basics, München 2014

Schwenker, Burkhard und *Klaus Spremann*. Unternehmerisches Denken zwischen Strategie und Finanzen – Die vier Jahreszeiten der Unternehmung. Berlin Heidelberg: Springer-Verlag, 2008.

Schwenker, Burkhard, Stefan Bötzel und *Roland Berger Strategy Consultants*. Auf Wachstumskurs – Erfolg durch Expansion und Effizienzsteigerung. Berlin Heidelberg: Springer Verlag, 2006.

Selter, Daniel und *Alexander Roos*. Organisation strategiegetriebener M&As. In: Handbuch Mergers & Acquisitions Management, von *Bernd W. Wirtz* (Hrsg.). Wiesbaden: Gabler/ GWV Fachverlage GmbH, 2006.

Siebrecht, F., T. Heidorn und *H. Klein*. Economic Value Added zur Erklärung der Bewertung europäischer Aktien. Finanzbetrieb 10, Nr. S. 560–564 (2001).

Sirower, Mark L. The Synergy Trap – How Companies Lose the Acquisition Game. New York: The Free Press, 1997.

Spremann, Klaus und *Dietmar Ernst*. Unternehmensbewertung – Grundlagen und Praxis. München: Oldenburg Wissenschaftsverlag GmbH, 2011.

Volkart, Rudolf. Corporate Finance – Grundlagen von Finanzierung und Investition. Zürich: Versus Verlag AG, 2011.

Wala, Thomas. Synergiecontrolling – Bewertung und Controlling von Synergien im Rahmen von M&A-Transaktionen. Saarbrücken: VDM Verlag Dr. Müller, 2008.

Weber, Eberhard. „Berücksichtigung von Synergieeffekten bei der Unternehmensbewertung." In: Akquisition und Unternehmensbewertung, von *Joerg Baetge* (Hrsg.). Düsseldorf: IDW, 1991.

Wöginger, Helmut. Das Synergy-Value-Konzept – Synergien bei Mergers & Acquisitions. Wiesbaden: Deutscher Universitäts-Verlag/GWV Fachverlage GmbH, 2004.

Wöginger, Helmut. WiSt – Programm zur Realisierung von Synergien bei Mergers & Acquisitions. Vahlen Verlag, Nr. 23 (2003).

Ziegenbein, Klaus und *Klaus Olfert* (Hrsg.). Controlling – Kompendium der praktischen Betriebswirtschaft. Ludwigshafen: Friedrich Kiehl Verlag GmbH, 2007.

5 Zur Widersprüchlichkeit der Portfolio Selection Theory im Vergleich zum strategischen, wirtschaftsprüferorientierten Portfoliomanagement einer Konzernbilanz

von Vincent Petsch, Natalia Stefanenko, Jörg K. Stengel und Wilhelm Schmeisser

Wissensziele

- Sie sollen lernen und erkennen, dass die unterschiedlichen Portfoliomanagementansätze durch divergierende Theorieansätze zu verstehen und zu erklären sind.
- Sie sollen lernen und verstehen, dass der Anwendungsbezug der Portfoliomanagement-Ansätze deren Wissenschaftsverständnis und dessen Lösungsansatz steuert.
- Die Portfolio-Selection-Theorie will zum einen immer einen idealen, volkswirtschaftlichen Markt beschreiben, der nur durch Wertpapiere charakterisiert werden kann. Auf diesen idealen Markt handelt ein privater Investor, der sein effizientestes Gleichgewicht, seinen höchsten Nutzen, durch niedrigstes Risiko und höchsten Zinsgewinn mathematisch „beschreiben und optimieren" möchte.
- Das Strategische Portfoliomanagement und das Portfoliomanagement der Segmentanalyse (Segmente sind die Strategischen Geschäftsfelder des Industriebetriebes) auf Konzernebene möchte permanent nachhaltiges, shareholder-orientiertes Wachstum des Unternehmens generieren, in dem es sich die Erfahrungskurve und die Synergieeffekte des Unternehmens bei der Portfoliomanagementanalyse und -gestaltung zu eigen macht.

5.1 Portfoliomanagement auf dem Prüfstand

Gemäß dem ökonomischen Rationalprinzip der Betriebswirtschaftslehre gilt es, mit einem gegebenen Aufwand den maximalen Ertrag bzw. mit minimalem Aufwand einen gegebenen Ertrag zu erreichen. Dies ist sowohl an der Börse bzw. im Kapitalmarktsektor als auch in der Industriebetrieb (Realwirtschaft) gängige Praxis und Maßstab für ein wirtschaftliches Handeln.[184] Während in der kapitalmarktorientierten Finanzierungstheorie, sprich an der Börse, vor allem anhand von Rendite und Risiko der Erfolg im Aktienportefeuille gemessen wird[185], ist es für einen Industriebetrieb essentiell, eine langfristige Rendite in seinem (Technologie-)Portefeuille zu erzielen und Innovationen

---

[184] Vgl. Paul (2007), S. 35

[185] Vgl. Spremann (2008), S. 2

sind der Garant und das Risiko, die für den Fortbestand des Unternehmens sorgen bzw. den Fortbestand des Industriebetriebes gewährleisten.[186]

Das Portfoliomanagement ist für beide Erfolgsmodelle, Börse und Industriebetrieb, eine grundlegende Methode und Instrument auf dem Weg zur Zielerreichung sowohl der Gewinnerzielung als auch der internationalen Innovationswettbewerbsfähigkeit. Obwohl sich die Rahmenbedingungen im Finanzsektor „Börse" in vielerlei Hinsicht von denen der Realwirtschaft eines Industriebetriebes unterscheiden, wird der Begriff Portfoliomanagement, aus Unwissenheit oder Gedankenlosigkeit in verschiedenen Funktionen der Betriebswirtschaft, z.B. Marketing, Strategisches Management, Finanzwirtschaft, Bankbetriebswirtschaftslehre, Konzernjahresabschluss und Konzernrechnungsanalyse usw., synonym verwendet[187] und nicht klar voneinander abgegrenzt.[188]

Die von *Harry Markowitz* und *William Sharpe* begründete Portfolio Selection Theory (auch Modern Portfolio Theory genannt) stellt die Basis für das Portfoliomanagement im (internationalen) Währungs- und Finanzierungsmanagement dar und ist ein theoretisches Modell zur Zusammenstellung einer Mischung von Wertpapieren, evtl. mit Optionen und Futures zur Absicherung eines Aktienportfeuilles.[189]

Demgegenüber ist bei der Unternehmensplanung das Portfoliomanagement ein Teil des strategischen Managements und bezeichnet die Auswahl und Mischung der Geschäftsfelder und -einheiten (Segmente, im Segmentbericht des Konzernjahresabschlusses genannt), in denen ein Unternehmen international tätig ist.[190]

Das Ziel des vorliegenden Kapitels besteht darin, das kapitalmarktorientierte Portfoliomanagement, im Sinne der Portfolio Selection Theory, als auch das wirtschaftsprüferorientierte, strategische Portfoliomanagement detailliert zu analysieren und miteinander zu vergleichen.

Dazu muss das methodische Vorgehen beider Ansätze des Portfoliomanagements untersucht und deren Rahmenbedingungen klar voneinander abgegrenzt werden. Geprüft wird, inwieweit eine Übertragbarkeit der Handlungsempfehlungen des Portfoliomanagements im Privatkundengeschäft einer Bank (Asset Management) auf das strategische Portfoliomanagement eines Industriebetriebes möglich ist.

Um einen umfassenden Einblick und ein exaktes Verständnis beider Portfoliomanagementansätze zu gewährleisten, werden zunächst die theoretischen Grundlagen erläutert. Dabei wird auf den jeweiligen Portfoliomanagementbegriff und die Entste-

---

186 Vgl. Perridon/Steiner (2007), S. 6 f.

187 Unternehmerisches Portfoliomanagement: Vgl. Müller-Stewens/Lechner (2011), S. 278 ff.; Dunst (1982), S. 53 ff.; Grimm/Schuller/Wilhelmer (2014), S. 168 ff.; Wendt (2013), S. 73 ff. Finanzwirtschaftliches Portfoliomanagement: Vgl. Spremann (2008), S. 41 ff.; Garz/Günther/Moriabadi (2006), S. 19 ff.; Bruns/Meyer-Bullerdiek (2003), S. 69 ff.

188 Vgl. Gälweiler (2005), S.76 f.

189 Vgl. Spremann (2008), S. 8

190 Vgl. Gälweiler (2005), S. 76

hung eingegangen. Darüber hinaus werden grundsätzliche Voraussetzungen, Grundbegriffe und Zielgrößen abgegrenzt.

Dazu wird das methodische Vorgehen der Portfolio Selection Theory erläutert. Es wird die Systematik der einzelnen Prozesse dargelegt und darauf aufbauend ein beispielhaftes, optimales Portfolio zusammengestellt. Auch auf die Abweichungen zwischen Modell und Realität wird dabei an den wesentlichen Stellen eingegangen. Abschließend werden die Portfolio Selection Theory und die zugrundliegenden Annahmen kritisch gewürdigt und ihre begrenzte Anwendung in der Praxis erläutert.

Anschließend wird die Vorgehensweise des unternehmerischen, wirtschaftsprüferorientierte, strategische Portfoliomanagement beschrieben und analysiert. Dabei werden das strategische Konzept sowie die hauptsächlichen Erfolgsfaktoren der PIMS-Studie, der Erfahrungskurve und des Shareholder-Value-Ansatzes unter Einbeziehung der Unternehmensbewertung für ein unternehmerisches Portfolio erläutert. Weiterhin wird auf die Konfiguration des Portfolios anhand verschiedener Diversifikationsmechanismen und Richtungen der Diversifikation eingegangen, unter den Perspektiven der Zusammenstellungs-, Integrations- sowie Veräußerungsprozesse von Portfoliobestandteilen. Schließlich wird auch dieser Portfoliomanagementansatz kritisch hinterfragt und seine Anwendung in der Praxis erörtert.

5.2 Theoretische Grundlagen

5.2.1 Portfolio Selection Theory

5.2.1.1 Terminologische Grundlagen und Entstehung

Unter einem Portfolio wird ursprünglich eine „...Zusammenfassung der Kapitalanlagen und Vermögensteile einer Person, eines Haushaltes oder einer Institution“[191] verstanden. Im Sinne der Finanzwirtschaft ist das Hauptanwendungsgebiet die Geldanlage in Aktien eines Privatanlegers oder eines Unternehmens.[192] Dabei handelt es sich um Investitionsentscheidungen unter Unsicherheit, da sich die grundlegenden Ziele und Erfolgskriterien bei der Geldanlage aus der unsicheren zukünftigen Rendite und dem eingegangen Risiko des Investors zusammensetzen. Es gilt eine möglichst hohe Rendite bei möglichst geringem Risiko zu erzielen.[193] Auf die genaue Abgrenzung dieser Begriffe sowie deren Ermittlung wird noch genauer eingegangen.

Bis zum Anfang des 20. Jahrhundert erfolgte das Management von Portfolios weitgehend intuitiv, undiszipliniert und ohne eine systematische Bewertung der Kapitalanlagen. Ohne quantifizierbare Einschätzung der Rendite oder des Risikos wurden dabei nach subjektivem Ermessen Wertpapiere und andere Anlageprodukte gekauft und verkauft. Auch eine Diversifikation der Finanzanlagen ließ sich dabei schon beobach-

---

[191] Spremann (2008)

[192] Vgl. Garz/Günther/Moriabadi (2006), S. 24

[193] Vgl. Spremann (2008), S. 2

ten, konnte jedoch nicht objektiv begründet oder analysiert werden.[194] Eine solche Diversifikation wird als naiv bezeichnet, da deren Effekte nicht eingeschätzt werden können. Dennoch wurde schon vor über zwei Jahrtausenden empfohlen, dass ein Drittel des eigenen Vermögens in Land und ein Drittel in Geschäfte angelegt werden sollte, sowie das weitere Drittel liquide zur Verfügung stehen sollte. Heutzutage gilt gemeinhin die Regel, ein Drittel in Immobilien und ein Drittel in Aktien zu investieren sowie das letzte Drittel als liquide Geldmittel zu halten oder in jederzeit veräußerbare Staatsanleihen zu investieren.[195]

Erste systematische Ansätze zum Aufbau von Aktienportfolios entstanden durch die technische Analyse sowie die fundamentale Aktienanalyse. Bei der technischen Analyse, die ihre Anfänge durch eine Veröffentlichung von *Charles Dow* im Jahr 1910 nahm, wird anhand von Aktienkursinformationen versucht, das optimale Timing für den Kauf einer Aktie zu bestimmen. Die fundamentale Analyse empfiehlt dagegen das sogenannte Stock-Picking, bei dem unterbewertete Unternehmen anhand von Kennzahlen identifiziert werden und deren Aktien daraufhin gekauft werden sollen. Den Grundstein dafür legten *Benjamin Graham* und *David Dodd* im Jahr 1934 mit der Veröffentlichung des Buches „Security Analysis“.[196] Bei beiden Modellen wurde dem Risiko der Anlage keine Bedeutung beigemessen, sondern lediglich auf die mögliche Rendite abgestellt.

Im Jahr 1952 begründete *Harry Markowitz* schließlich die Portfolio Selection Theory,[197] die als Grundlage für die moderne Portfoliotheorie[198] der kapitalmarktorientierten Finanzierungstheorie gilt.[199] *Markowitz* vernachlässigte bei seiner Theorie jegliche traditionellen Ansätze, die zum Ziel hatten, die unterbewerteten Aktien zum richtigen Zeitpunkt zu erwerben und versuchten, die mögliche Rendite zu prognostizieren. Vielmehr rückte er die Unsicherheit im Sinne des Risikos in den Mittelpunkt seiner Analyse und versuchte das Risiko zu minimieren. [200]

Markowitz wollte mit seiner Theorie zwei Fragen beantworten:

[1] Wie lässt sich das in der Praxis beobachtete Verhalten der Risikostreuung durch Diversifikation der Wertpapiere wissenschaftlich erklären?

[2] Wie sollte ein optimales Portfolio rational gestaltet werden, d.h. welche und wie viele Wertpapiere sollte es enthalten?[201]

---

194 Vgl. Grimm/Schuller/Wilhelmer (2014), S. 276

195 Vgl. Spremann (2008), S. 9

196 Vgl. Spremann (2008), S. 55 ff.

197 Vgl. Markowitz (1952)

198 Die moderne Portfoliotheorie bezeichnet ein wissenschaftliches Denkgebäude in der Finanzierungslehre, welches ein optimales Portfoliomanagement zum Ziel hat. Markowitz' Theorie bildete dafür die Basis, die später von Sharpe und Tobin um weitere Erkenntnisse ergänzt wurde.

199 Vgl. Steiner (2006), S. 36

200 Vgl. Spremann (2008), S. 59

201 Vgl. Perridon/Steiner (2007), S. 240

Sein Ziel war es somit, die naive Diversifikation quantitativ zu beschreiben und darüber hinaus zu optimieren.

Markowitz gelang es, wissenschaftlich anhand der Wahrscheinlichkeitsrechnung nachzuweisen, dass eine Diversifikation von Wertpapieren das Risiko reduzieren kann und somit einen positiven Einfluss auf das Rendite-Risiko-Verhältnis eines Portfolios hat.[202]

Genauer gesagt erkannte er, dass die Portfoliorendite die Summe der gewichteten Renditen der einzelnen Aktien im Portfolio darstellt, dabei aber das Portfoliorisiko durch die Diversifikation geringer wird als die Summe der Einzelrisiken der enthaltenen Aktien.[203]

Dieser Ansatz war revolutionär für die damalige Zeit und veränderte die betriebswirtschaftliche Praxis, insbesondere das Asset Management bzw. Privatkundengeschäft der Banken durch das kapitalmarktorientierte Portfoliomanagement bis heute grundlegend.[204]

Die Portfolio Selection Theory von *Markowitz* wird daher als die Basis des Portfoliomanagements im Sinne der Finanzierung und Investition aus mikroökonomischer Perspektive verstanden werden.

Im Jahr 1990 erhielt *Markowitz* deshalb für seine Arbeit zu diesem Thema den Nobelpreis für Wirtschaftswissenschaften.[205]

Der Begriff Portfolio Selection Theory stammt davon, dass sie zum Ziel hat, ein effizientes Portfolio eines Anlegers aus einzelnen Wertpapieren in einem idealen, vollkommenen Markt (Bundesrepublik Deutschland) zusammenzustellen (Börse), das eine optimale Rendite-Risiko-Charakteristik aufweist (z.B. DAX). Ein effizientes Portfolio existiert, sobald es kein weiteres Portfolio im Sinne der Mikroökonomie des vollkommenen Gleichgewichts an der Börse gibt, das bei gleichem Risiko eine höhere Rendite erzielt.[206]

Für den weiteren Gang der Untersuchung ist es wichtig festzuhalten, dass sich diese Art des Portfoliomanagements auf Vermögensgegenstände beschränkt, die am Kapitalmarkt handelbar sind, wobei deshalb überwiegend von Aktien ausgegangen wird.

5.2.1.2 Prämissen

Da es sich bei *Markowitz'* Portfolio Selection Theory um ein mikroökonomisches, modelltheoretisches Konstrukt handelt, basiert sie auf einigen grundlegenden, volkswirtschaftlichen Annahmen.

---

202 Vgl. Grimm/Schuller/Wilhelmer (2014), S. 276

203 Vgl. Bruns/Meyer-Bullerdiek (2003), S. 69

204 Vgl. Spremann (2008), S. 59

205 Vgl. o.V. (a) (1990)

206 Vgl. Garz/Günther/Moriabadi (2006), S. 45

Die erste zentrale Annahme beruht darauf, dass es sich um ein Zweizeitpunktmodell handelt, wodurch auch der Planungszeitraum der Geldanlage determiniert ist. Es werden lediglich die zwei Zeitpunkte t = 0 und t = 1 betrachtet. Im Zeitpunkt t = 0 erfolgt der Kauf der Wertpapiere, im Zeitpunkt t = 1 der Verkauf. Währenddessen verändert der Anleger nichts an der Zusammensetzung seines Portfolios.[207] Die Portfolio Selection Theory bestimmt daher lediglich die anfängliche Auswahl der Aktien, die sogenannte Asset Allokation. Die darauf folgende Entwicklung der Aktien wird abgewartet und ausgesessen.[208]

Ein weiterer Grundpfeiler der Portfolio Selection Theory ist die Annahme normalverteilter, zufälliger Renditen der Wertpapiere. Durch die Betrachtung der Renditen als Zufallsgrößen ist es möglich, die Portfoliorendite anhand des Erwartungswertes und das Risiko anhand der Standardabweichung sowie der Korrelation zu bewerten.[209] Diese Annahme impliziert weiterhin, dass niemand einen Informationsvorsprung über zukünftige Ereignisse besitzt und alle Anleger in gleicher Weise vom Zufall betroffen sind.[210]

Ferner wird vorausgesetzt, dass für den Anleger nur finanzielle Aspekte bei der Zusammenstellung des Portfolios maßgeblich sind. Subjektive Präferenzen bezüglich der einzelnen Aktien, die sich im Portfolio befinden, sind nicht relevant.[211] Der Anleger konzentriert sich lediglich auf die Faktoren Rendite (Erwartungswert) und Risiko (Standardabweichung), wobei die Rendite das erwünschte und das Risiko das unerwünschte Merkmal darstellt.[212]

Es wird zudem ein risikoaverses Verhalten der Anleger angenommen. Dies bedeutet, dass sie sich risikoscheu verhalten und somit ein höheres Risiko nur bei steigender Rendite in Kauf nehmen und eine geringere Rendite nur, wenn auch das Risiko dadurch abnimmt.[213] Dieses Verhalten ist auch in der Realität zu beobachten.[214]

Das gesamte Konstrukt der Portfolio Selection Theory ist darüber hinaus eingebettet in die Prämisse, dass es sich um einen vollkommenen und vollständigen Kapitalmarkt handelt. Dieser zeichnet sich dadurch aus, dass keine Transaktionskosten oder Steuern existieren, Wertpapiere beliebig teilbar sind, also beispielsweise 1,5 Aktien gekauft werden können und alle Informationen jedem Marktteilnehmer gleichzeitig und unverzüglich zur Verfügung stehen. Weiterhin herrscht auf einem vollkommenen Kapitalmarkt ein vollständiger Wettbewerb. Dadurch kann kein Marktteilnehmer den Preis einer Aktie beeinflussen und alle Teilnehmer verhalten sich rational in dem Sinne, dass sie ihren erwarteten Nutzen, in diesem Fall die Rendite, zu maximieren versuchen.[215]

---

[207] Vgl. Perridon/Steiner (2007), S. 241

[208] Vgl. Spremann (2008), S. 173

[209] Vgl. Spremann (2008), S. 59

[210] Vgl. Spremann (2008), S. 66

[211] Vgl. Spremann (2008), S. 174

[212] Vgl. Spremann (2008), S. 59

[213] Vgl. Mondello (2013), S. 102

[214] Vgl. Perridon/Steiner (2007), S. 241

[215] Vgl. Steiner/Bruns (2007), S. 3

5.2.1.3 Rendite

Die Rendite stellt mit die wichtigste Zielgröße bei der Geldanlage dar. Sie ergibt sich als der Gewinn in Bezug auf das eingesetzte Kapital. Dabei lässt sich zwischen Brutto- und Nettorenditen unterscheiden. Während die Nettorenditen für den Anleger üblicherweise ausschlaggebend sind, lassen sie sich unter realen Bedingungen aufgrund des Einflusses von Steuern und weiteren individuellen Bedingungen kaum vergleichen. Es wird daher grundsätzlich mit Bruttorenditen gerechnet.[216] Im Rahmen der Portfolio Selection Theory lässt sich jedoch ohnehin nicht zwischen diesen beiden Renditen unterscheiden, da die Annahme eines vollkommenen Kapitalmarkts eine Existenz von Steuern und weiteren Faktoren nicht berücksichtigt.

Die Renditeberechnung findet auch durch die Annahme des Zweizeitpunktmodells Berücksichtigung. Durch die Beschränkung auf einen Startzeitpunkt t = 0 sowie einen Endzeitpunkt t = 1 wird mit einer diskreten Rendite gerechnet, die lediglich die Entwicklung zwischen beiden betrachteten Zeitpunkten misst.[217] Dabei ergibt sich die Gesamtrendite R aus dem eingesetzten Geldbetrag am Beginn des Betrachtungszeitraums W_0, dem Anlageergebnis am Ende des Zeitraums W_1 sowie Zahlungen während der Anlageperiode Z, dies können beispielsweise Dividenden sein.

$$R = \frac{W_1 + Z - W_0}{W_0} \tag{1}$$

Die Gesamtrendite wird in Formel 1 dargestellt. Sie ergibt sich aus der Kursänderung des Wertpapiers, in das investiert wurde sowie den zwischenzeitlichen Zuflüssen.[218]

Im Rahmen der Portfolio Selection Theory ist es grundlegend, die Rendite des Portfolios zu berechnen. Um eine optimale Zusammenstellung von Wertpapieren zu Beginn des Anlagezeitraums zu erzielen, sind die in der Zukunft erwarteten Renditen der einzelnen Aktien ausschlaggebend. Diese erwartete Rendite, auch als μ bezeichnet, kann anhand von zwei Methoden geschätzt werden.

Eine Möglichkeit besteht darin, den arithmetischen Durchschnitt historischer Renditen des Wertpapiers zu berechnen. Durch die angenommene Normalverteilung der Renditen lässt sich daraus der Erwartungswert der zukünftigen Renditen ableiten.[219]

Formel 2 stellt die Berechnung dar. Dabei ist $E(R)$ die erwartete Rendite und T die Perioden der historischen Renditen.

$$E(R) = \frac{1}{T} \times (R_1 + R_2 + \ldots + R_T) \tag{2}$$

Darüber hinaus besteht die Möglichkeit die erwartete Rendite anhand einer Szenarioanalyse zu schätzen. Dazu werden unterschiedliche zukünftige Szenarien identifiziert, denen jeweils eine angenommene Rendite bei Eintritt des Szenarios zugeordnet wird. Für jedes Szenario wird eine bestimmte Eintrittswahrscheinlichkeit bestimmt. Die erwartete Rendite besteht dann aus der Summe der wahrscheinlichkeitsgewichteten

---

[216] Vgl. Steiner/Bruns (2007), S. 49

[217] Vgl. Spremann (2008), S. 72

[218] Vgl. Spremann (2008), S. 72

[219] Vgl. Mondello (2013), S. 102 f.

Szenariorenditen.[220] Die Berechnung ist in Formel 3 dargestellt, wobei P die Wahrscheinlichkeit für das Eintreten eines Szenarios ist.

$$E(R) = R_1 \times P_1 + R_2 \times P_2 + \ldots + R_T \times P_T \tag{3}$$

Ist die erwartete Rendite der Wertpapiere, die im Portfolio enthalten sein sollen, berechnet und ist die Gewichtung der einzelnen Aktien festgelegt worden, lässt sich letztendlich problemlos die erwartete Portfoliorendite ermitteln. Wie die optimale Gewichtung der einzelnen Wertpapiere bestimmt werden kann, wird unten im Weiteren beschrieben.

Die erwartete Portfoliorendite ergibt sich dann aus dem gewichteten Mittel der Renditen der enthaltenen Aktien. Die Berechnung ist in Formel 4 dargestellt.

$$E(R_P) = x \times E(R_A) + x \times E(R_B) \tag{4}$$

$E(R_P)$ ist dabei die erwartete Portfoliorendite und x die Gewichtung der jeweiligen Aktie. Hier wird von einem Portfolio aus lediglich zwei Aktien A und B ausgegangen. Die Berechnung ist aber auch im Fall mehrerer Wertpapiere anwendbar.[221]

5.2.1.4 Risiko und Korrelation

Das Risiko im kapitalmarktorientierten Sinne bezeichnet die Abweichung der erzielten Rendite einer Kapitalanlage von der erwarteten Rendite zu Beginn des Anlagezeitraums. Es handelt sich dabei sowohl um positive als auch negative Abweichungen von der Prognose.[222] Dies führt häufig zu Verwirrungen, da im üblichen Sprachgebrauch das Risiko oft nur als die Gefahr negativer Abweichungen, das sogenannte Downside Risk, verstanden wird.[223]

Dennoch wird in der kapitalmarktorientierten Finanztheorie die Abweichung in beide Richtungen als Risiko bezeichnet, da es sich dabei um die Standardabweichung der Rendite handelt. Der Risikobegriff in dieser Form wurde ebenfalls von *Markowitz* im Rahmen der Portfolio Selection Theory begründet und beruht auch auf der Annahme normalverteilter Renditen.[224]

Anhand von Abbildung 5.1 lassen sich die Parameter Mittelwert und Standardabweichung einer Normalverteilung erkennen. Der Mittelwert stellt im Rahmen der Portfolio Selection Theory die erwartete Rendite dar, **während die Standardabweichung das Risiko, auch als Volatilität bezeichnet, ausdrückt.**

---

[220] Vgl. Mondello (2013), S. 103

[221] Vgl. Spremann (2008), S. 175

[222] Vgl. Spremann/Gantenbein (2005), S. 73

[223] Vgl. Steiner/Bruns (2007), S. 53

[224] Vgl. Spremann (2008), S. 101

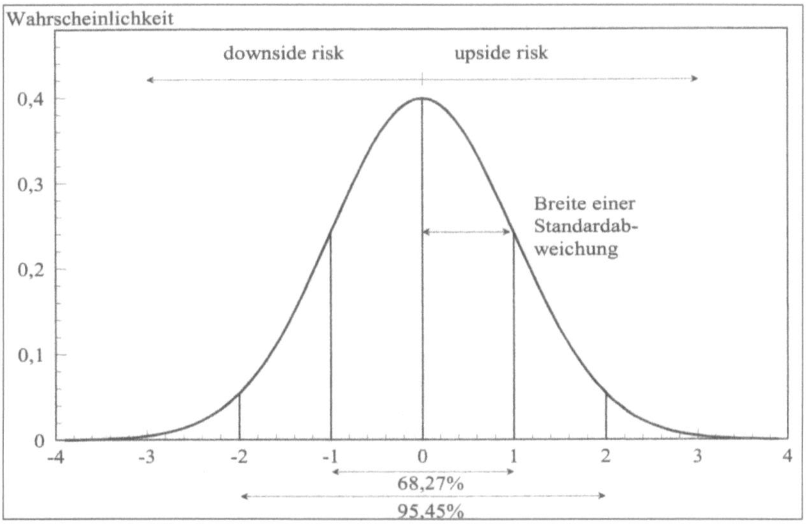

Abbildung 5.1: Dichtefunktion der Standardnormalverteilung
Quelle: Steiner/Bruns (2007), S. 56

Die Standardabweichung eines Wertpapiers wird als die Wurzel der Varianz berechnet und stellt damit eine standardisierte Version der Varianz dar. Die Varianz σ^2 misst „die durchschnittliche quadratische Abweichung der einzelnen Renditen von der erwarteten Rendite“[225] und wird wie in Formel 5 dargestellt berechnet. R_i stellt die in der Vergangenheit realisierte Rendite in der Periode i dar, und n ist die Anzahl der Beobachtungen. Der Nenner ist um 1 zu vermindern, wenn es sich bei den ermittelten Daten um eine Stichprobe handelt. Dies ist bei der Betrachtung historischer Renditen üblicherweise der Fall.[226] Dadurch lässt sich der Schätzfehler der Stichprobe im Vergleich zur Grundgesamtheit korrigieren.[227]

$$\sigma^2 = \frac{1}{n-1} \times \sum_{i=1}^{n} (R_i - E(R))^2 \quad (5)$$

Formel 6 zeigt, wie sich anschließend die Standardabweichung σ berechnen lässt.

$$\sigma = \sqrt{\frac{1}{n-1} \times \sum_{i=1}^{n} (R_i - E(R))^2} \quad (6)$$

Das Risiko des gesamten Portfolios ergibt sich, anders als bei der Ermittlung der Portfoliorendite, nicht aus dem gewichteten Mittel der Einzelrisiken der Wertpapiere. [228] Dies würde nur zutreffen, wenn zwei Kursentwicklungen absolut gleichgerichtet verlaufen würden. Da die Aktienkurse verschiedener Unternehmen jedoch unterschiedlich auf Konjunkturdaten, unternehmensspezifische Informationen und viele weitere Ein-

[225] Mondello (2013), S. 104

[226] Vgl. Steiner/Bruns (2007), S. 57

[227] Vgl. Mondello (2013), S. 107

[228] Vgl. Bruns/Meyer-Bullerdiek (2003), S. 69

flüsse reagieren, ist dies nur in den seltensten Fällen gegeben. Existiert kein Gleichlauf zwischen der Kursentwicklung, kommt es zum risikoreduzierenden Diversifikationseffekt. Die Stärke des Diversifikationseffekts kann durch den Korrelationskoeffizienten zwischen zwei Wertpapieren gemessen werden. Dieser bewegt sich in einem Intervall zwischen -1 bis +1 und stellt den Zusammenhang der Kursentwicklung dar. Bei einem Wert von -1 existiert ein streng negativ linearer Zusammenhang, bei einem Wert von +1 ein streng positiv linearer Zusammenhang zwischen den Renditen der Aktien.[229]

Eine negative Korrelation liegt in der Praxis beispielsweise vor, wenn es sich um zwei Unternehmen handelt, die in unterschiedlichen Jahreszeiten ihren Hauptumsatz machen: Unternehmen A in den warmen Monaten und Unternehmen B in den kalten Monaten. In einem Jahr mit einem sehr langen Winter muss Unternehmen A daher mit Umsatzeinbrüchen rechnen, Unternehmen B steigert dagegen den Umsatz, sodass sich die Entwicklungen beider Unternehmen und deren Aktien nahezu ausgleichen.

Abbildung 5.2 zeigt in einem Rendite-Risiko-Diagramm die Auswirkung des Korrelationskoeffizienten ϱ auf das Portfoliorisiko. Punkt A und B stellen zwei Aktien dar. Bei einer streng negativen linearen Korrelation von ϱ = -1 würde der maximale Diversifikationseffekt erreicht werden, und es könnte eine risikolose Rendite erwirtschaftet werden (Punkt C). Bei ϱ = 1 existiert ein Gleichlauf der beiden Kursentwicklungen von A und B, wodurch kein Diversifikationseffekt realisiert werden könnte. In der Praxis liegt der Korrelationseffizient üblicherweise zwischen diesen beiden Werten. Dadurch entsteht die Neigung der Funktion in Richtung der y-Achse, die darstellt, dass Portfolios existieren, deren Risiko geringer ist als das der beiden einzelnen Aktien.[230]

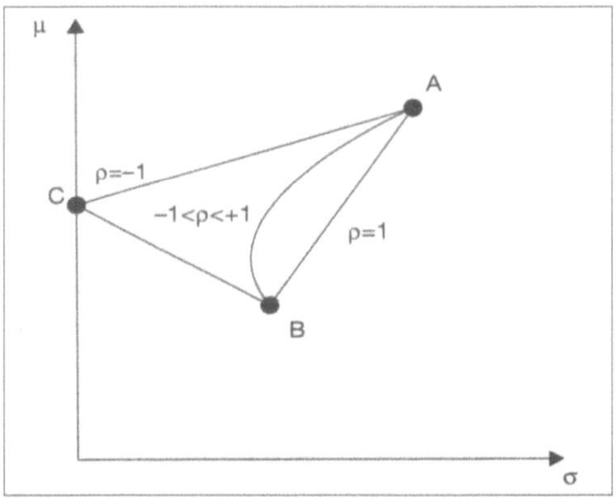

Abbildung 5.2: Effizienzkurven in Abhängigkeit vom Korrelationskoeffizienten
Quelle: Garz/Günther/Moriabadi (2006), S. 36

Zur Berechnung des Portfoliorisikos muss daher auch der Korrelationskoeffizient berücksichtigt werden. Formel 7 stellt die Berechnung für den Zwei-Wertpapier-Fall dar.

---

229 Vgl. Garz/Günther/Moriabadi (2006), S. 34

230 Vgl. Garz/Günther/Moriabadi (2006), S. 36

$$\sigma_P = \sqrt{X_A^2\sigma_A^2 + X_B^2\sigma_B^2 + 2\rho_{A,B}X_AX_B\sigma_A\sigma_B} \tag{7}$$

Um wiederum den Korrelationskoeffizienten zwischen zwei Aktien berechnen zu können, ist es – wie in Formel 8 zu sehen – zunächst notwendig, die Kovarianz *COV* zwischen den beiden Titeln zu berechnen. Der Korrelationskoeffizient ist die normierte Kovarianz. Sie wird in ihrer Dimension dadurch anschaulich und interpretierbar.[231] Bei der Betrachtung der Kovarianz wird lediglich die Richtung des Zusammenhangs deutlich, nicht aber die Stärke der Wechselwirkung.[232]

$$\rho_{A,B} = \frac{COV_{A,B}}{\sigma_A \times \sigma_B} \tag{8}$$

Die Kovarianz zwischen zwei Wertpapieren berechnet sich wiederum wie in Formel 9 dargestellt. Dabei wird von der Renditeermittlung anhand von historischen Renditen ausgegangen. $R_{i,A}$ und $R_{i,B}$ stellen die historischen Renditen der Aktie A bzw. B in der Periode i dar. Auch bei der Berechnung der Kovarianz wird durch n-1 statt durch n dividiert, um den Schätzfehler der Stichprobe der historischen Renditen zu korrigieren.[233]

$$COV_{A,B} = \frac{1}{n-1} \times \sum_{i=1}^{n}(R_{i,A} - E(R_A)) \times (R_{i,B} - E(R_B)) \tag{9}$$

Die Auswirkung der Korrelation bzw. der Kovarianz macht deutlich, dass schon bei einer Diversifizierung von zwei Wertpapieren eine Risikoreduktion ermöglicht wird.[234] Somit stellt sich nicht die Varianz eines einzelnen Wertpapiers als primärer Risikotreiber eines Portfolios heraus, sondern dessen Wechselwirkung zu weiteren Wertpapieren.[235] Wird die Diversifikation auf mehrere Aktien ausgeweitet, verstärkt sich der risikoreduzierende Effekt. Zur Berechnung müssen dabei alle Kovarianzen der im Portfolio enthaltenen Wertpapiere untereinander berücksichtigt werden. Damit nimmt der Einfluss der Kovarianzrisiken auf das Gesamtrisiko des Portfolios bei steigender Wertpapieranzahl überproportional zu.[236]

	A	B	C	...	...	N
A	VAR_A	$COV_{A,B}$	$COV_{A,C}$			$COV_{A,N}$
B	$COV_{B,A}$	VAR_B	$COV_{B,C}$			$COV_{B,N}$
C	$COV_{C,A}$	$COV_{C,B}$	VAR_C			$COV_{C,N}$
...						
...						
N	$COV_{N,A}$	$COV_{N,B}$	$COV_{N,C}$			VAR_N

Abbildung 5.3: Varianz-Kovarianz-Matrix
Quelle: In Anlehnung an Bruns/Meyer-Bullerdiek (2003), S. 70

231 Vgl. Schmidt/Terberger (1997), S. 321

232 Vgl. Garz/Günther/Moriabadi (2006), S. 38

233 Vgl. Mondello (2013), S. 107

234 Vgl. Garz/Günther/Moriabadi (2006), S. 39

235 Vgl. Mondello (2013), S. 122

236 Vgl. Garz/Günther/Moriabadi (2006), S. 42

Deutlich wird dies durch die in Abbildung 5.3 dargestellte Varianz-Kovarianz-Matrix. Auf der Hauptdiagonale befinden sich die Varianzen der einzelnen Wertpapiere. Unter- und oberhalb dieser Diagonalen befinden sich die Kovarianzen. Bei einem Portfolio aus drei Aktien sind daher nur drei Varianzen, aber schon sechs Kovarianzen zu berücksichtigen.

Bei einer größeren Menge an Wertpapieren „wird der Anteil der Varianzrisiken am Gesamtrisiko des Portfolios vernachlässigbar klein“[237]. Das Portfolio ist dann vollständig diversifiziert. Übrig bleibt dann nur noch das Kovarianzrisiko, das auch als systematisches Risiko bezeichnet wird. Das durch die vollständige Diversifikation des Portfolios eliminierte Risiko stellt das unsystematische Risiko dar.[238]

Da unsystematische Risiken „…einzelwirtschaftliche bzw. titelspezifische Risiken [sind], die nicht im Zusammenhang mit übergeordneten Ereignissen stehen“,[239] lassen sie sich durch die Entwicklungen anderer Unternehmen bzw. derer Wertpapiere neutralisieren. Typische unsystematische Risiken sind beispielsweise positive oder negative Presseberichte, Änderungen im Top-Management oder neue Konkurrenzprodukte.[240]

Das systematische Risiko ist dagegen nicht durch Diversifikation vermeidbar, da es sich auf Veränderungen des Gesamtmarktes bezieht. Diese Beeinträchtigung eines gesamten Marktes kann beispielsweise durch Ereignisse wie Kriege, Wahlen, Steuerreformen oder auch Naturkatastrophen zustande kommen.[241]

Abbildung 5.4 stellt grafisch dar, wie mit zunehmender Aktienanzahl N im Portfolio das unsystematische Risiko verringert wird, wohingegen das systematische Risiko, ausgedrückt als Kovarianzrisiko, konstant bleibt.

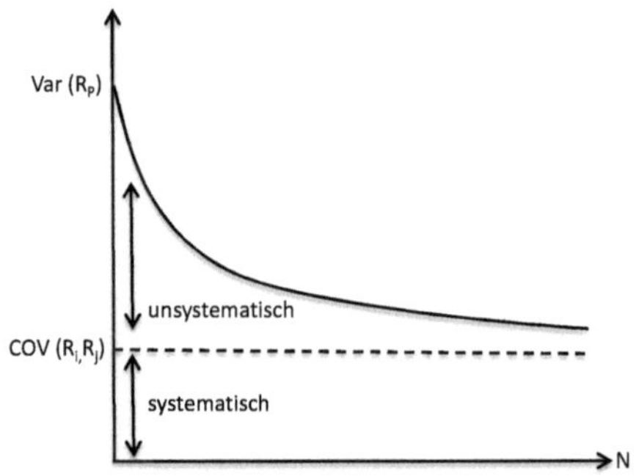

Abbildung 5.4: Diversifikationseffekt in Abhängigkeit von der Wertpapieranzahl
Quelle: In Anlehnung an Garz/Günther/Moriabadi (2006), S. 43

Somit ist die Grundlage geschaffen, sowohl die Rendite als auch das Risiko eines Wertpapierportfolios berechnen zu können.

---

237 Garz/Günther/Moriabadi (2006), S. 42

238 Vgl. Garz/Günther/Moriabadi (2006), S. 43

239 Steiner/Bruns (2007), S. 53

240 Vgl. Steiner/Bruns (2007), S. 54

241 Vgl. Steiner/Bruns (2007), S. 55

5.2.2 Strategisches, unternehmerisches bzw. wirtschaftsprüferorientiertes Portfoliomanagement

5.2.2.1 Begriff und Entstehung

Der Strategiebegriff stammt ursprünglich aus dem Griechischen und bedeutet dort Heeresführung. Im 19. Jahrhundert zog *Carl v. Clausewitz* bereits erste Rückschlüsse von der Militärstrategie auf das wirtschaftliche Handeln.[242] Eingang in die Wirtschaftswissenschaften fand der Strategiebegriff im Jahr 1947 im Rahmen der Spieltheorie. In dieser galt die Strategie als der zweckorientierte (Verhaltens-)Plan eines Spielers, der sämtliche eigene Handlungsalternativen und deren Konsequenzen sowie der Wettbewerber umfasst, und es ihm somit ermöglichte, in allen Situationen die richtige Entscheidung zu treffen.[243] D.h. „die Unternehmensstrategie betrifft das Unternehmen als Ganzes und bringt zum Ausdruck, wohin sich… (das Unternehmen, der Industriebetrieb, d. Verf.)… in den nächsten drei, fünf oder zehn Jahren entwickeln soll. Soll … (es/er, d. Verf.)… eigenständig bleiben oder wird eine Fusion angestrebt? Wie soll sich das Portfolio der Geschäftsfelder verändern? Welche Funktionen sollen im Unternehmen auf- oder ausgebaut, welche an andere Unternehmen ausgelagert werden.“[244]

Der Managementbegriff leitet sich aus dem Lateinischen ab und bedeutet „… an der Hand führen“ (manum agere). Er tauchte erstmalig im 19. Jahrhundert in England auf.[245] Bezogen auf die Wirtschaft wird heutzutage die Unternehmensführung als Management verstanden.[246] Es lässt sich zwischen operativem und strategischem Management unterscheiden, wobei die operativen Prozesse innerhalb des Rahmens der strategischen Entscheidungen stattfinden und mehr kurzfristiger Natur sind.[247]

Das strategische Management eines Unternehmens hat dagegen primär die Aufgabe, „…für anhaltende und weit in die Zukunft reichende Erfolgsmöglichkeiten, das heißt für Erfolgspotenziale zu sorgen“[248]. Um diese Erfolgspotenziale wie Forschungsergebnisse, Patente, Prozesstechnologien, neue Werkstoffe, Innovationen, Marktanteile, Marktwachstum usw. zu erreichen, fällt dem „Strategischen Management“ die Ausrichtung der langfristigen Politik im Unternehmen zu.[249]

Da es im Kontext der Unternehmensführung das oberste Ziel ist, durch eine strukturelle Investitionen das Wachstum durch Innovationen in die langfristige Unternehmensexistenz zu gewährleisten[250], und – sofern es sich um privatwirtschaftliche, wertorientierte Unternehmen handelt – nachhaltige Cashflows und EBITs zu erzielen[251],

242 Vgl. Müller-Stewens/Lechner (2011), S. 7 f.

243 Vgl. Wendt (2012), S. 75

244 Voigt (2008), S. 41

245 Vgl. Müller-Stewens/Lechner (2011), S. 7

246 Vgl. Alter (2013), S. 4

247 Vgl. Alter (2013), S. 10

248 Gälweiler (2005), S. 24

249 Vgl. Dunst (1982), S. 15

250 Vgl. Perridon/Steiner (2007), S. 6 f.

251 Vgl. Paul (2007), S. 439

muss die internationale Wettbewerbsfähigkeit des Unternehmens durch die Erzielung langfristiger Erfolgspotenziale gesichert werden und die (Differenzierungs-)Strategie auf diese Zielerreichung ausgerichtet werden.

Einer der Hauptaspekte, mit denen sich das strategische Management dazu auseinandersetzen muss, ist die Frage, „…welche Produkte in welchen Märkten mit welchem Mitteleinsatz und zu welchem Zeitpunkt vertrieben werden sollen“[252]. Diese Frage zu beantworten ist die Aufgabe des Portfoliomanagements eines Unternehmens, das nach neue Geschäftsmodellen, strategischen Geschäftsfelder, strategischen Geschäftseinheiten und deren Produktprogrammen fragt.

Ein Portfolio im unternehmerischen Sinne bezeichnet daher keine Zusammenstellung von Wertpapieren, sondern die Mischung der Produkte, Märkte und Geschäftsfelder eines Unternehmens.[253] Dieses Unternehmensportfolio lässt sich nicht nur durch eine interne Forschung und Entwicklung, einer konsequenten Innovationspolitik, sondern auch durch Kauf und Verkauf von Unternehmen steuern, wenn die eigene Forschung und Entwicklung in Verbindung mit einem nachhaltigen Innovationsmanagement scheitert.[254]

Der Begriff Portfoliomanagement fand Einzug in die strategische Unternehmensplanung, als in den 1960er Jahren eine zunehmende Diversifizierung großer Unternehmen wie bei *General Electric*, *General Motors*, *Dupont*, *Bayer*, *Sony*, *Siemens* etc. zu beobachten war.[255] Unter Aspekten der Ertrags- und Risikobetrachtung schienen die Investitionen in Geschäftsfelder und Innovationen in weitere Unternehmen Aktienkäufen zu ähneln, und es wurde versucht, sich der Ansätze des Portfoliomanagements von *Markowitz* zu bedienen, und übernahm auch deren Begrifflichkeit, was ein eklatanter Fehler war und ist.[256]

Anders als im kapitalmarktorientierten Sinne wird unter Diversifikation im strategischen Management nicht der Kauf verschiedener Wertpapiere verstanden, sondern der Eintritt in neue Geschäftsmodelle, Geschäftsfelder oder Geschäftseinheiten.[257]

Beim wertorientierten Finanzmanagement handelt es sich bei Innovationen um Investitionsentscheidungen unter Unsicherheit, da die Investitionen zur Ausweitung der Unternehmenstätigkeit mit unsicheren Rückflüssen und Risiken behaftet sind.

Die unmittelbaren Zielgrößen wie Cashflows/EBITs, Veränderung des investierten Kapitals, Umsätze, Spreads, Differenz der EVAs beim unternehmerischen, wertorientierten Portfoliomanagement sind jedoch nicht ausschließlich die erzielbaren kurzfristigen Rückflüsse oder die Minderung eingegangener Risiken, sondern die Erzielung langfristiger, tiefergreifender technologischer Interdependenzen zwischen den Ge-

[252] Vgl. Dunst (1982), S. 16

[253] Vgl. Gälweiler (2005), S. 76

[254] Vgl. Hungenberg (2012), S. 512

[255] Vgl. Wendt (2012), S. 91

[256] Vgl. Dunst (1982), S. 51

[257] Vgl. Müller-Stewens/Lechner (2011), S. 293

schäftsfeldern und Geschäftseinheiten, und wird als unterschiedliche Formen der Synergie charakterisiert. Diese Synergien sind vor allem die entscheidenden Größen, die ein effizientes Portfoliomanagement im Industriebetrieb durch ein Strategisches Management ansteuert, durch die Organisation implementiert und dadurch optimal genutzt werden müssen, soll ein Unternehmen wettbewerbsfähig bleiben und nachhaltig überleben.[258]

Die Zielstellung des strategischen Portfoliomanagements eines internationalen Konzernindustriebetriebes kann daher derart zusammengefasst werden, dass Schaffung langfristiger Erfolgspotenziale auf der Basis von Synergieeffekte zwischen den Geschäftsmodellen, Geschäftsfeldern, Geschäftseinheiten usw. sowie deren Sicherung durch wertorientierte Unternehmensbewertungen und deren Finanzierung die Unternehmung langfristig wettbewerbsfähig und überlebensfähig macht.[259] Explizit sollen dadurch letztendlich hohe Rendien in Form des Return on Investment (ROI), des Economic Value Added sowie ausgewogene Cashflows und Investitionen im Portefeuille des Unternehmens gewährleistet werden.[260] Durch effiziente, technologieorientierte Zusammensetzungen der Geschäftsfelder durch Produkt- und Marktaktivitäten und deren Strategien sowie der Erzielung von Synergien zwischen diesen Aktivitäten können langfristige Erfolgs- und Finanzierungspotenziale realisiert werden.

5.2.2.2 Strategische Geschäftsfelder, strategische Geschäftseinheiten bzw. Segmente nach dem Segmentbericht in Konzernjahresabschluss

Die Zusammenstellung des strategischen Unternehmensportfolios erfolgt über Geschäftsfelder (SGF), in denen ein Unternehmen tätig ist sowie über strategische Geschäftseinheiten (SGE), die innerhalb des Unternehmens untergliedert werden. Die SGF und SGE stellen somit die Investitionsobjekte dar aus denen sich das Portfolio zusammensetzt.[261]

Während die Begriffe SGF und SGE in der früheren Literatur häufig synonym gebraucht wurden[262], erfolgt die Unterscheidung heutzutage in erster Linie anhand der Abgrenzung zwischen der Umwelt eines Unternehmens (Außensegmentierung) und des Unternehmens selbst (Innensegmentierung).[263]

Die Definition einzelner SGF ist zweckmäßig, um die hohe Komplexität des gesamten Geschäftsumfelds zu reduzieren und zu strukturieren.[264] Dazu wird der Gesamtmarkt in verschiedene Segmente aufgebrochen, die dann gezielt vom Unternehmen bearbeitet werden.[265] Üblicherweise ist jedes SGF eigenen Rahmenbedingungen und Gesetzmäßigkeiten ausgesetzt und wird daher auch mit einer darauf ausgerichteten geschäfts-

---

[258] Vgl. Müller-Stewens/Brauer (2009), S. 350 ff.

[259] Vgl. Gälweiler (2005), S. 180; Schmeisser u.a. (2015): Geschäftsmodelle

[260] Vgl. Bea/Haas (2013), S. 129 f.

[261] Vgl. Bea/Haas (2013), S. 151; Baum/Coenenberg/Günther (2013), S. 218

[262] Vgl. Eick (1982), S. 79 ff.

[263] Vgl. Müller-Stewens/Lechner (2011), S. 143

[264] Vgl. Müller-Stewens/Lechner (2011), S. 143

[265] Vgl. Meffert/Burmann/Kirchgeorg (2012), S. 266

feldspezifischen Strategie gesteuert. Jedes Segment besitzt daher auch eigene Ertragsaussichten, Chancen und Risiken und kann mit einer Unternehmensbewertung beurteilt werden.[266]

Bevor die Segmentierung der Geschäftsfelder erfolgen kann, müssen vor allem zwei grundlegende Fragen mit Hilfe des strategischen Portfoliomanagements im Unternehmen beantwortet werden:

[1] In welchen Geschäftsfeldern soll das Unternehmen tätig sein?

[2] Wie attraktiv ist ein bestimmtes Geschäftsfeld und wie sieht seine zukünftige Entwicklung aus der Sicht einer wertorientierten Unternehmensbewertung (z.B. Ertragswertverfahren, EVA) aus?[267]

Die eigentliche Unterteilung der SGF kann anhand verschiedener Kriterien erfolgen. Entscheidend ist dabei, dass sich die Geschäftsfelder nicht überschneiden, da es sonst bei unterschiedlichen Strategien je Geschäftsfeld bei den einzelnen Geschäftsfeldern zu negativen Wechselwirkungen kommen kann.

Die hauptsächlichen Abgrenzungskriterien sind die Produkte sowie die Märkte.

Bei einer SGF-Abgrenzung nach Produkten ist festzulegen, welche Dienstleistungen und Produkte in einem Segment gebündelt werden können, und inwieweit sie miteinander verbunden sein müssen, um Synergien zu realisieren.[268] Beispielsweise lässt sich zwischen Hardware, Software und Serviceleistung eine produktbezogene Abgrenzung verschiedener SGF durchführen.[269] Eine Abgrenzung anhand von Marktsegmenten lässt sich durch die Segmentierung verschiedener Kundengruppen erreichen. Dabei ist zu definieren, welche Kundengruppen sich unterscheiden lassen, welche Kaufgewohnheiten diese haben und über welche Vertriebskanäle sie bedient werden können.[270] So lassen sich beispielsweise die Abnehmerklassen unterteilen in Industrie, Handel oder Konsumenten, aber auch nach verschiedenen Abnehmerbranchen oder Größenklassen können eigene marktbezogene SGF gebildet werden.[271]

Dunst und *Bamberger/Wrona* sehen vor allem in einer Kombination aus dem Produkt- und Markt-Kriterium eine effektive Abgrenzung einzelner SGF.[272]

Müller-Stewens/Lechner und auch *Meffert/Burmann/Kirchgeorg* nennen darüber hinaus weitere Kriterien, wie verschiedene Technologien, Kostenstrukturen, den Kundennutzen oder geografische Unterteilungen als Abgrenzungsfaktoren für SGF.[273] Im Rahmen

---

[266] Vgl. Müller-Stewens/Lechner (2011), S. 143

[267] Vgl. Müller-Stewens/Lechner (2011), S. 143

[268] Vgl. Müller-Stewens/Lechner (2011), S. 144

[269] Vgl. Dunst (1982), S. 57

[270] Vgl. Müller-Stewens/Lechner (2011), S. 144

[271] Vgl. Dunst (1982), S. 58

[272] Vgl. Dunst (1982), S. 59; Bamberger/Wrona (2012), S. 111

[273] Vgl. Müller-Stewens/Lechner (2011), S. 145; Meffert/Burmann/Kirchgeorg (2012), S. 267

des Portfoliomanagements im Unternehmen wird sich überwiegend darauf beschränkt, die SGF als eine Produkt-Markt-Kombination anzusehen.[274]

Bei der Definition und Aufteilung der strategischen Geschäftsfelder lassen sich weiterhin die zwei Vorgehensweisen Inside-Out- und Outside-In-Segmentierung unterscheiden. Die Inside-Out-Segmentierung hat die bisher schon im Unternehmen vorhandenen Produkte sowie die bedienten Märkte als Ausgangspunkt. Diese können mit Hilfe einer Produkt-Markt-Matrix zu Geschäftsfeldern zusammengefasst werden, die sich strategisch als sinnvoll differenzierbar erweisen. Ferner lassen sich dabei potenzielle Geschäftsfelder identifizieren, die bisher noch nicht bearbeitet wurden.[275]

Die Outside-In-Segmentierung richtet sich dagegen nicht nach den bereits vorhandenen Strukturen im Unternehmen, sondern an den Bedürfnissen des Umfelds aus. Dabei wird versucht anhand von potenziellen Kundenbedürfnissen oder Abnehmergruppen neue Geschäftsfelder zu identifizieren und aufzubauen.[276]

Die strategischen Geschäftsfelder eines Unternehmens stellen üblicherweise auch die Segmente dar, die im Rahmen der Segmentberichterstattung im Jahresabschluss ausgewiesen werden müssen. So sind die Identifikationskriterien für eigenständige Segmente im Sinne der externen Rechnungslegung nahezu identisch mit denen des strategischen Managements im Unternehmen.

Für die nationale Rechnungslegung nach HGB wurde der Deutsche Rechnungslegungsstandard 3 (DRS 3) veröffentlicht, der die Segmentberichterstattung regelt.[277] Laut DRS 3 erfolgt eine Segmentierung, sobald unterscheidbare Chancen- und Risikostrukturen der einzelnen Geschäftsfelder vorliegen. In DRS 3.8 ist genauer definiert, was unter Geschäftsfeldern mit gleichartigen Produkten und Dienstleistungen fällt.[278]

Auch bei der internationalen Rechnungslegung nach International Financial Reporting Standards (IFRS) können Segmente nach diesen Kriterien separiert werden. So ist in IFRS 8.12 geregelt, dass Segmente zusammengefasst werden können, wenn sie ähnliche ökonomische Merkmale aufweisen.[279] Dazu gehört beispielsweise die „Wesensart der Produkte und Dienstleistungen"[280].

Im Umkehrschluss ist es auch möglich, das Geschäftsfeld-Portfolio auf Grundlage der Segmentberichterstattung zu analysieren und zu optimieren.

Sobald die strategischen Geschäftsfelder, auf denen ein Unternehmen tätig ist, abgesteckt sind, können innerhalb des Unternehmens strategische Geschäftseinheiten (SGE) gebildet werden. Üblicherweise sind jedem SGF mehrere SGE zugeordnet. Die SGE stellen die interne Segmentierung dar und dienen dazu, die Komplexität im Unter-

[274] Vgl. Bea/Haas (2013), S. 153

[275] Vgl. Müller-Stewens/Lechner (2011), S. 145 f.

[276] Vgl. Müller-Stewens/Lechner (2011), S. 145 ff.

[277] Vgl. Baetge/Kirsch/Thiele (2013), S. 497

[278] Vgl. Baetge/Kirsch/Thiele (2013), S. 500

[279] Vgl. Baetge/Kirsch/Thiele (2013), S. 505

[280] Baetge/Kirsch/Thiele (2013), S. 505

nehmen zu zerlegen und ein Geschäftsfeld durch eine maßgeschneiderte Strategie zu bearbeiten und organisatorisch zu implementieren.[281]

Bei der Abgrenzung der Geschäftseinheiten ist es entscheidend, dass sich diese deutlich voneinander abgrenzen lassen und keine Überschneidungen bezüglich des Kundensegments, Marktcharakteristika oder ähnlichen Sachverhalten auftreten. Weiterhin soll jede einzelne SGE am Markt wie ein eigenständiger Wettbewerber auftreten; dazu entwickelt jede Geschäftseinheit eine eigene Strategie und trägt die Gewinn- und Verlustverantwortung für den jeweiligen Bereich.[282]

Die Strategie der SGE muss eingebettet sein in die Strategie der SGF sowie in die Gesamtunternehmensstrategie. Auf der Gesamtunternehmensebene wird dazu ein Konzept als Rahmen für alle untergeordneten Einheiten erarbeitet, in dem diese sich bewegen. Das Portfolio aus SGE und SGF kann dann von der Unternehmensleitung zielgerichtet gesteuert und neu ausgerichtet werden.[283]

Abbildung 5.5 zeigt die Aufteilung von strategischen Geschäftsfeldern und -einheiten am Beispiel des *BMW*-Konzerns. Wie auch im Automobilsektor von *BMW* zu beobachten ist, stellen die SGE in der Regel die einzelnen Marken bzw. Produkte eines Unternehmens dar.

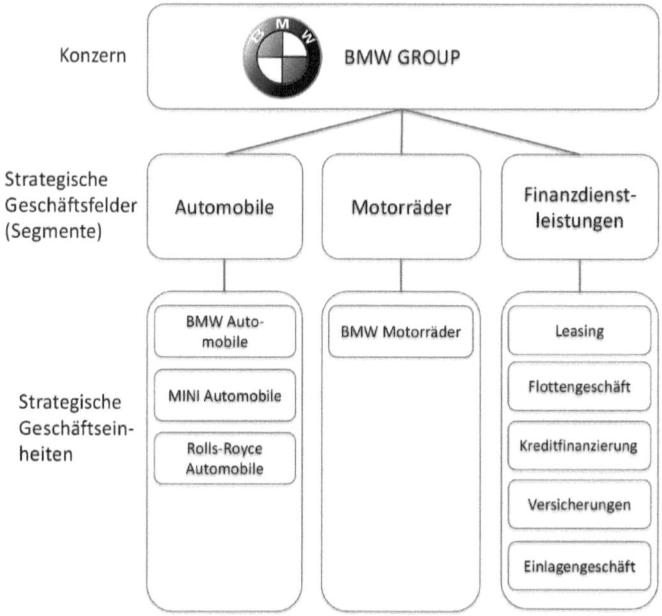

Abbildung 5.5: Bildung von SGF und SGE im BMW Konzern
Quelle: In Anlehnung an Walsh/Deseniss/Kilian (2009), S. 126

[281] Vgl. Müller-Stewens/Lechner (2011), S. 149

[282] Vgl. Meffert/Burmann/Kirchgeorg (2012), S. 266

[283] Vgl. Müller-Stewens/Lechner (2011), S. 152

Bei der Einteilung von strategischen Geschäftseinheiten ist zu beachten, dass diese miteinander kooperieren, auch wenn es sich um eigenständige Einheiten mit eigenen Gewinnzielen handelt. Arbeiten die SGE nicht miteinander, können Synergien, die gerade durch die Diversifizierung mehrerer Geschäftsfelder und -einheiten erreicht werden sollen, nicht effizient genutzt werden.[284]

5.2.2.3 Synergien

Zur Erzielung langfristiger Erfolgspotenziale bedarf es mehr als einer zufälligen Kombination attraktiver Geschäftsmodelle, SGE und SGF, die das Portfolio eines Unternehmens bilden. Um einen Mehrwert in Form einer Risikoreduktion, Effizienzsteigerungen und profitablem Wachstum durch eine Diversifikation zu erzielen, sind auch die Wechselwirkungen zwischen den Produktprogrammen, Geschäftseinheiten, Innovationen und Geschäftsfeldern sowie zwischen dem übergreifenden Management und den SGE und SGF zu beachten. Diese positiven Verbundwirkungen werden als Synergien bezeichnet. Die Synergien repräsentieren dabei den Mehrwert, der über die Summe der Werte der einzelnen Geschäfte hinausgeht.[285] In der Literatur wird dieser Mehrwert mathematisch häufig anschaulich durch die Formel 2+2=5 dargestellt, betrifft aber bei Industriebetrieben die Forschung und Entwicklung, die montagegerechte Konstruktion, die Bauteileproduktion, die Innovationen im Werkstoffanwendungsbereich, das Design und Marketing usw.[286]

Es lässt sich zwischen vier unterschiedlichen Synergietypen unterscheiden. Neben operativen und finanziellen Synergien bestehen Managementsynergien sowie Marktmachtsynergien.[287]

Operative Synergien können durch die gemeinsame Nutzung von Ressourcen verschiedener Geschäftseinheiten realisiert werden. Durch die Teilung, den Transfer sowie die Kombination von Ressourcen können dabei Effizienz- und Wachstumsvorteile erzielt werden. So können beispielsweise Bereiche wie der Vertrieb, die Produktion oder der Einkauf zusammengelegt werden und dadurch sowohl die Effizienz gesteigert als auch die Kosten gesenkt werden.[288]

Finanzielle Synergien können durch eine negative Korrelation der Cashflows unterschiedlicher Geschäftseinheiten erzielt werden. Dadurch lässt sich das Risiko des Gesamtunternehmens reduzieren, wodurch auch ein günstigerer Zugang zum Fremdkapital ermöglicht wird. Darüber hinaus lässt sich ein interner Kapitalmarkt implementieren, der eine effiziente Allokation von Finanzmitteln zwischen den Geschäftseinheiten erlaubt. Diese finanziellen Synergien können durch eine effektive Konfiguration des Portfolios an Geschäftseinheiten erzielt werden.[289]

---

[284] Vgl. Müller-Stewens/Lechner (2011), S. 148

[285] Vgl. Müller-Stewens/Lechner (2011), S. 281; Gälweiler (2005), S. 86

[286] Vgl. Weinmann (2004), S. 132; Müller-Stewens/Lechner (2011), S. 281; Ansoff (1988), S. 55

[287] Vgl. Müller-Stewens/Brauer (2009), S. 354

[288] Vgl. Müller-Stewens/Brauer (2009), S. 356 ff.

[289] Vgl. Müller-Stewens/Brauer (2009), S. 364 ff.

Managementsynergien können durch die Übertragung des Know-How der Unternehmensleitung auf die verschiedenen Geschäftseinheiten realisiert werden. Wichtig dabei ist, dass die strategischen Bedürfnisse der Geschäftseinheiten den Fähigkeiten des Managements entsprechen.[290]

Marktmachtsynergien entstehen durch einen hohen Marktanteil in einem Geschäftsfeld und die daraus resultierende Reduktion des Wettbewerbs. Durch Absprachen zwischen den, in diesem Geschäftsfeld operierenden, Geschäftseinheiten lassen sich zudem beispielsweise die Preise oder die Wettbewerbsstrategie abstimmen.[291]

Abbildung 5.6 a stellt die vier Synergietypen dar.

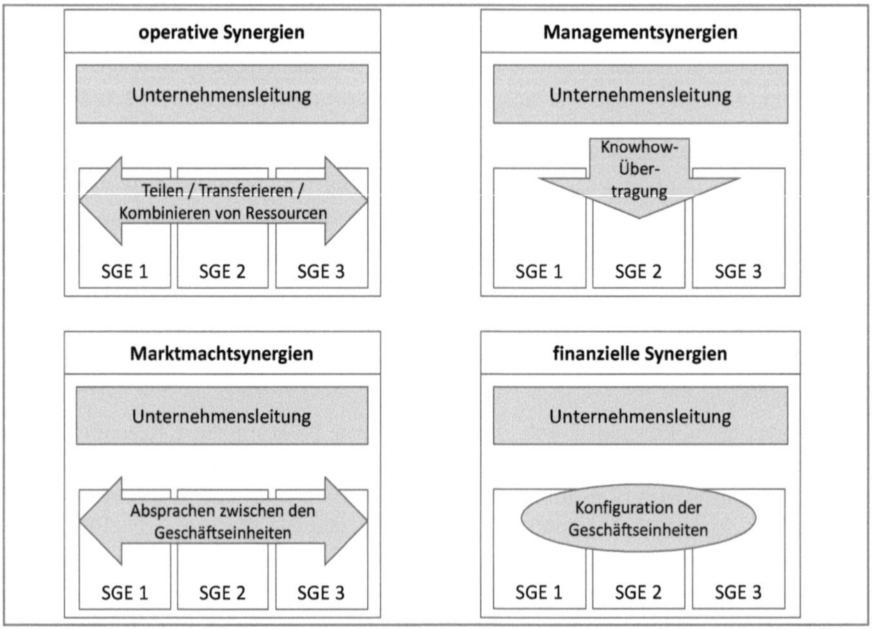

Abbildung 5.6 a: Synergietypen
Quelle: In Anlehnung an Müller-Stewens/Brauer (2009), S. 354

Exkurs: Synergietypen in der Automobilindustie[292]

Am Beispiel der Automobilindustrie lässt sich die kontinuierliche Ausweitung des Produktangebots besonders gut erkennen, wie Synergieeffekte realisiert werden. Alle großen Automobilhersteller haben ihr Produktprogramm während der letzten Jahrzehnte deutlich erweitert, um neue Segmente und Nischen abdecken zu können. Abb.

[290] Vgl. Müller-Stewens/Brauer (2009), S. 354 f.

[291] Vgl. Müller-Stewens/Brauer (2009), S. 367 f.

[292] Vgl. Auszug aus der Masterarbeit von Jan Rösler: Internationale Produktion: Optimierungspotentiale der Produktentwicklung im Rahmen der Baukastensystematik für Produktvarianten, Berlin 2015

5.6 b zeigt diese Entwicklung beispielhaft an der Modellpalette von *Mercedes-Benz* für die Jahre 1990 und 2014.

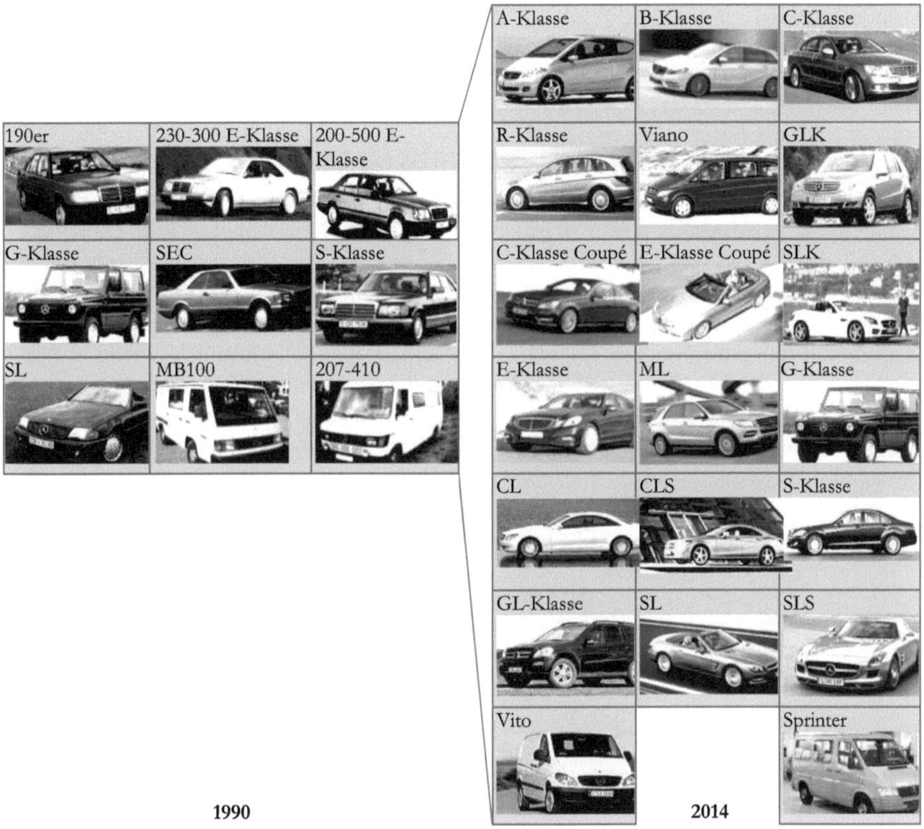

Abbildung 5.6 b: Modellportfolio von Mercedes-Benz 1990 und 2014[293]

Während der 20iger Jahre des 20. Jahrhunderts revolutionierte *Henry Ford* die Automobilentwicklung und -produktion. Bereits zu dieser Zeit war die Plattformtechnik ein zentrales Elemente, mit dem eine Vielzahl von Fahrzeugen produziert wurde. Der Rahmen (die Plattform) war die tragende Komponente, die zur Aufnahme von Antriebsstrang und Fahrwerk diente. Aus der bereits fahrfähigen Unterkonstruktion wurden mit verschiedenen Aufbauten sowohl Limousinen als auch Cabriolets oder Kleinlastwagen gefertigt.[294] Mittlerweile wurde die Plattformstrategie größtenteils abgelöst bzw. durch den vermehrten Einsatz von Gleichteilen erweitert. Dabei können die Automobilhersteller Gleich- und Wiederholteile häufig modell- und markenübergreifend einsetzen.[295] Bei *Volkswagen* (VW) führte dieser Trend zur Entwicklung des

[293] Vgl. Auto Motor & Sport

[294] Vgl. Wallentowitz/Freialdenhoven/Olschewski (2009) S. 14)2

[295] Vgl. Volkswagen AG (2012)

Modulbaukastens mit dem die bisherige Gleichteile- und Plattformstrategie umfassend ergänzt wird. Die starre Plattform entfällt und erlaubt nun eine nahezu freie Gestaltung der Abmessungen. Lediglich der Abstand zwischen Vorderachse und A-Säule ist nun noch einheitlich, alle anderen Abmessungen wie die Breite und Länge der Karosserie oder der Achsabstand lassen sich weitgehend frei verändern. Neben der umfangreichen Vereinheitlichung der Karosserieteile wurden mit dem Einzug des Modulbaukastens z.B. auch die Befestigungen der Armaturentafel über alle Modelle angeglichen. Die Herstellung in sehr hohen Stückzahlen wurde damit ermöglicht.[296] Dank solcher innovativen Bausätze gelingt es den Automobilherstellern, in immer kürzer werdenden Abständen neue Modelle und Varianten auf den Markt zu bringen. Die Fahrzeuge *Audi TT*, *VW Golf*, *Seat Leon* und *Skoda Rapid* der *VW*-Gruppe unterscheiden sich äußerlich mitunter stark und wirken, als hätten sie nicht viel gemein. Doch unter dem Blech verbirgt sich eine lange Liste an Gemeinsamkeiten, die in Zukunft noch weiter wachsen soll. Hierzu plant der *VW*-Konzern seine Gleichteile-Strategie weiter auszubauen und vermehrt unterschiedliche Autos aus dem gleichen Komponentensatz zu fertigen.[297] Abb. 5.6 c zeigt die Entwicklung der Baukastenstrategie, beginnend bei der Plattformstrategie über die Modulstrategie.

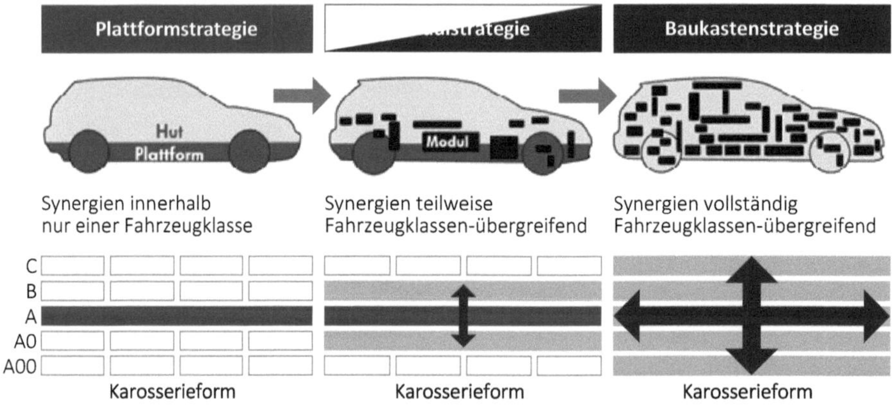

Abbildung 5.6 c: Entwicklung von der Plattform- zur Modul- und Baukastenstrategie[298]

Das Konzept der Baukastenstrategie findet bei *VW* nicht nur auf die Fahrzeuggestaltung Anwendung, sondern wird auch auf die Produktionslandschaft übertragen. Zu diesem Zweck hat *VW* den Modularen Produktionsbaukasten (MPB) entwickelt. Kernelemente des MPB sind die Vereinheitlichung der Fertigungsprozesse und die Modularisierung der Betriebsmittel. Das Ergebnis ist eine erhöhte Fertigungsflexibilität, bei gleichzeitiger Kostensenkung und Verkürzung der Time-to-market, also die Zeit von der Produktidee bis zu deren erster Marktpräsenz.[299]

[296] Vgl. Bartsch (2012)

[297] Vgl. dpa (2012)

[298] Lemke/Volkswagen-AG (2013) S. 6

[299] Vgl. Fasse (2014)

Nicht nur der *VW*-Konzern profitiert von der Modul- und Baukastenstrategie. *Ford* verfolgt ähnliche Ziele der Vereinfachung und plant, die Baugruppen im Konzern von derzeit 25 auf neun zu reduzieren. *Mercedes* setzt zur Kostensenkung auf identische Achsen und Antriebe der A- und B-Klasse und will weitere Modelle auf derselben Basis folgen lassen. Was für gesamte Fahrzeuge funktioniert, lässt sich ebenso auf einzelne Baugruppen und Komponenten anwenden. So nutzt *BMW* die gleiche Achtgangautomatik über alle Modelle vom kleinen 1er bis hinauf zum großen 7er. Dazu wird lediglich die Software an die Modelle angepasst. Ähnlich verhält es sich mit dem Hybrid-Antrieb für den 3er, 5er und 7er. Alle drei Modelle erhalten den gleichen 306 PS starken Sechszylindermotor und einen Elektromotor mit 55 PS.[300] Bei *BMW* fand die schrittweise Umstellung auf das Baukastenprinzip für alle Drei-, Vier- und Sechszylindermotoren bereits 2011 statt.[301] Mittlerweile fertigt *BMW* in den Werken München, Steyr (Österreich) und Hams Hall (Großbritannien) nicht nur alle Reihenmotoren nach einem einheitlichen Konstruktions- und Fertigungsprinzip, egal ob Otto- oder Dieselmotor. *BMW* hat das Baukastenprinzip auch für die Produktion übernommen. Alle Werke verfügen nun über identische Produktionslinien auf denen alle Drei-, Vier- und Sechszylindermotoren flexibel gefertigt werden können.[302] An einem Montageband lassen sich nun vier Grundmotoren herstellen, die bei Bedarf über entsprechende Länder- und Leistungsanpassungen verfügen. Möglich wurde diesen Erfolg durch die Verwendung von Gleichteilen, die für gleiche Motorentypen bei 60 Prozent liegt. Zwischen Otto- und Dieselmotoren liegen die baulichen Übereinstimmungen immerhin bei 40 Prozent. Die Ähnlichkeit wurde durch standardisierte Elemente realisiert. Hierzu zählt z.B. das Aluminiumkurbelgehäuse mit identischer Schraubanordnung, auf dem sowohl die spezifischen Zylinderköpfe der Dieselmotoren als auch die der Benzinmotoren montiert werden können. Darüber hinaus sind Schnittstellen, Kabel und Leitungen immer an der gleichen Position.[303] Wenngleich in der Automobilindustrie eine starke Entwicklung zur Baukastenlösung zu beobachten ist, sind auch anderen Industriezweige von den erfolgsversprechenden Potentialen dieser Strategie beeinflusst worden. (Ende des Exkurses)

Da vor allem bei Portfolioerweiterungen durch den Kauf von Unternehmen die prognostizierten Synergiepotenziale die Kaufentscheidung beeinflussen, ist zu prüfen, ob der monetäre Wert der möglichen Synergien dem Kaufpreis des Unternehmens gerecht wird. Weiterhin sind auch negative Synergieeffekte, beispielweise durch erhöhte Koordinationskosten, möglich, die geplante Synergiepotenziale schnell unwirtschaftlich werden lassen können. Nur wenn auf der Gesamtunternehmensebene ein positiver Effekt entsteht, sollte dieser durch die Kooperation und Koordination bestehender SGF und SGE oder die Akquisition eines weiteren Unternehmens realisiert werden. Teilweise ist dies in Anbetracht des Gesamtunternehmens auch zielführend, wenn

---

300 Vgl. dpa (2012)

301 Vgl. Viehmann (2011)

302 Vgl. Krix (2014)

303 Vgl. BMW (2014)

durch Synergieeffekte in einzelnen Bereichen negative Rückwirkungen auftreten, solange diese durch positive Effekte in anderen Bereichen überkompensiert werden.[304]

Eine exakte Bewertung von Synergien und Synergiepotenzialen bringt jedoch zahlreiche Schwierigkeiten mit sich, da der monetäre Mehrwert häufig nur schwer einschätzbar ist. Falls eine Quantifizierung von Synergien jedoch vollständig ausgeschlossen wird, könnten diese nicht im Kaufpreis von Unternehmen berücksichtigt werden und würden damit unrealistische Werte hervorrufen. Daher wurden verschiedene Verfahren zur Synergiebewertung entwickelt.[305]

Neben zahlreichen qualitativen Verfahren, die sich aus Scoringmodellen, Checklisten oder Szenario-Analysen zusammensetzen, existieren auch indirekte und direkte Verfahren zur quantitativen Bewertung von Synergien im Rahmen von Unternehmensbewertungsmodellen. Während die qualitativen Verfahren lediglich Anhaltspunkte für potenzielle Synergien und deren Stärke liefern, versuchen die quantitativen Verfahren einen exakten Synergiewert zu berechnen.[306]

Die indirekte Berechnung erfolgt auf der Grundlage der Unternehmensbewertung anhand der Discounted Cashflow-Methode. Der Wert der Synergien errechnet sich dabei wie in Formel 10 dargestellt. SW stellt den Synergiewert dar, UW_{A+B} ist der Unternehmenswert nach Zusammenschluss und UW_A sowie UW_B stellen die Unternehmenswerte der eigenständigen Unternehmen A und B dar. Somit kann der Mehrwert, der durch einen Zusammenschluss entsteht und über die Werte der beiden separaten Unternehmen hinausgeht, berechnet werden.[307]

$$SW = UW_{A+B} - (UW_A + UW_B) \tag{10}$$

Anhand der indirekten Methoden ist es jedoch nur möglich, die entstehenden Synergien gesamtmäßig zu bewerten, eine Identifikation und Bewertungen einzelner Synergien ist dagegen nicht möglich.[308]

Die direkte Methode der Synergiebewertung betrachtet einzelne Funktionsbereiche wie den Einkauf oder die Produktion separat und analysiert die Cashflow-Entwicklung dieser Bereiche nach einem Unternehmenszusammenschluss. Somit wird versucht, die Synergieeffekte den einzelnen Funktionsbereichen im Unternehmen zuzuordnen. Dennoch ist eine korrekte Berechnung auf diesem Wege nur in Ausnahmefällen möglich, da viele Wirkungszusammenhänge nicht eindeutig identifiziert und quantifiziert werden können. Darüber hinaus sind qualitative Synergien – wie beispielsweise der Transfer von Know-How – kaum quantitativ zu bewerten.[309]

Bei dem direkten wie auch dem indirekten Verfahren handelt es sich zudem um expost Verfahren. Ein adäquates Verfahren zur vollständigen ex-ante Synergiebewertung,

---

[304] Vgl. Gälweiler (2005), S. 86 f.

[305] Vgl. Weinmann (2004), S. 172

[306] Vgl. Weinmann (2004), S. 172 f.

[307] Vgl. Weinmann (2004), S. 173

[308] Vgl. Weinmann (2004), S. 176

[309] Vgl. Weinmann (2004), S. 176

die ebenso für das Portfoliomanagement von Bedeutung wäre, existiert bislang nicht. Sie hat daher vorwiegend auf Grundlage der Einschätzung des Managements zu erfolgen.[310]

Im Rahmen der Bilanzierung finden Synergieeffekte Berücksichtigung im derivativen Geschäfts- oder Firmenwert, dem sogenannten Goodwill. Der Goodwill berechnet sich als die Differenz zwischen dem Kaufpreis, den ein Unternehmen am Markt erzielen kann, und den Zeitwerten aller Vermögensgegenstände im Unternehmen. Er setzt sich daher aus den nicht bilanzierungsfähigen Werten des Unternehmens zusammen. Neben Synergieeffekten fließen in den derivativen Firmenwert unter anderem auch die Reputation des Unternehmens, der Kundenstamm und die Qualität des Managements mit ein.[311]

Im Umkehrschluss lässt sich daraus ableiten, dass die Schaffung von Synergien durch das strategische Portfoliomanagement im Unternehmen auch eine Wertsteigerung im bilanzierungstechnischen Sinne zur Folge hat.

5.3 Beschreibung und Analyse der Portfolio Selection Theory

5.3.1 Vorbereitungsprozess

5.3.1.1 Anlagebetrag

Im Modellrahmen der Portfolio Selection Theory spielt der monetäre Anlagebetrag keine Rolle, da von einem gegebenen Budget ausgegangen wird, das optimal in verschiedene Wertpapiere investiert werden soll. Dabei geht es nicht um den nominalen Betrag, sondern lediglich um das Gewichtungsverhältnis der Aktien. Diesem Vorgehen wird auch durch die Prämisse der unbegrenzt teilbaren Wertpapiere Rechnung getragen, die eine Beschränkung bei der Investition ausschließt.[312]

Unter realen Bedingungen ist es bei der Investition dagegen entscheidend, sich über den monetären Betrag bewusst zu werden, der für Anlagezwecke zur Verfügung steht. Dieser ist vor allem dann ausschlaggebend, wenn der Marktpreis für eine bestimmte Aktie, die in das Portfolio aufgenommen werden sollte, nicht aufgebracht und somit das berechnete optimale Portfolio nicht umgesetzt werden kann.

5.3.1.2 Risikopräferenz

Um das optimale Aktienportfolio für einen Investor berechnen zu können, ist es zunächst von Bedeutung, seine individuelle Risikoneigung zu bestimmen. Da sich die Zielkriterien für das Portfolio lediglich aus der Rendite (Erwartungswert) und dem Risiko (Standardabweichung) zusammensetzen, ist ein Portfolio optimal, wenn der Nutzen $U(R_P)$ des Investors anhand dieser beiden Parameter maximal ist. Die Rendite

---

[310] Vgl. Weinmann (2004), S. 176

[311] Vgl. Baetge/Kirsch/Thiele (2012), S. 249 f.

[312] Vgl. Schäfer (2005), S. 278 f.

stellt dabei das erwünschte und das Risiko das unerwünschte Merkmal dar. In die Nutzenfunktion fließt zusätzlich noch die Risikoaversion *a* des Investors ein.[313]

Daher ergibt sich der individuelle Nutzen des Portfolios wie in Formel 11 dargestellt wird.

$$U(R_P) = \mu_P - \frac{\alpha}{2} \times \sigma_P^2 \tag{11}$$

Je größer das *a* des Anlegers ist, desto stärker wirkt sich ein hohes Risiko negativ auf den Nutzen aus. Die Nutzenfunktion wird anhand der Varianz σ^2 anstatt der Standardabweichung σ berechnet, um zu gewährleisten, dass kleine Risiken einen nicht so starken negativen Einfluss haben, bei steigendem Risiko dagegen schnell ein starker negativer Effekt für den Anlegernutzen entsteht.[314] Dies spiegelt auch die Prämisse wider, dass jeder Anleger risikoavers ist.[315]

Die individuelle Risikoneigung kann durch eine Risikopräferenzfunktion dargestellt werden, die sowohl den Rendite- als auch den Risikoaspekt beinhaltet. Diese Risikopräferenzfunktionen werden üblicherweise durch Isonutzenkurven, wie in der Mikroökonomie, in einem Rendite-Risiko-Diagramm abgebildet und lassen sich aus der Nutzenfunktion in Formel 11 ableiten. Formel 12 stellt die Funktion der Isonutzenkurven, auch als Indifferenzkurven bezeichnet, dar.[316]

$$\mu_P = U(R_P) + \frac{\alpha}{2} \times \sigma_P^2 \tag{12}$$

Der Begriff Indifferenzkurve lässt sich dadurch erklären, dass alle Punkte, die auf dieser Kurve liegen, die gleiche Wertigkeit aufweisen. Der Anleger ist daher indifferent zwischen den einzelnen Punkten auf einer Isonutzenkurve, die seine Risikoneigung widerspiegelt. Somit existiert für jedes Nutzenniveau des Investors eine Indifferenzkurve, wodurch sich eine theoretisch unendliche Schar von Nutzenkurven ergeben.[317]

Abbildung 5.7 stellt exemplarisch jeweils drei Isonutzenkurven von drei unterschiedlichen Anlegern mit individuellen Risikoneigungen dar.

Je höher die Indifferenzkurve oben links im Rendite-Risiko-Diagramm liegt, desto größer ist der Nutzen. In Abbildung 5.7 gilt daher bei allen drei Anlegern a1, a2 und a3, dass U1 > U2 > U3 ist, da jeweils bei U1 eine höhere Rendite bei einem geringeren Risiko erzielt wird als bei U2 und U3. Darüber hinaus lässt sich die Risikoneigung der drei Investoren erkennen. Alle drei verhalten sich gemäß den Prämissen der Portfolio Selection Theory risikoavers, daher sind alle Indifferenzkurven konvex. Ein Anleger nimmt dementsprechend nur ein höheres Risiko in Kauf, wenn dem eine höhere Rendite gegenübersteht.[318]

---

313 Vgl. Spremann (2008), S. 176

314 Die Varianz ist durch die Potenzierung bei einer kleinen Standardabweichung sehr klein, bei einer großen Standardabweichung jedoch sehr groß.

315 Vgl. Spremann (2008), S. 176 f.

316 Vgl. Steiner/Bruns (2007), S. 12; Garz/Günther/Moriabadi (2006), S. 53

317 Vgl. Steiner/Bruns (2007), S. 12

318 Vgl. Garz/Günther/Moriabadi (2006), S. 53

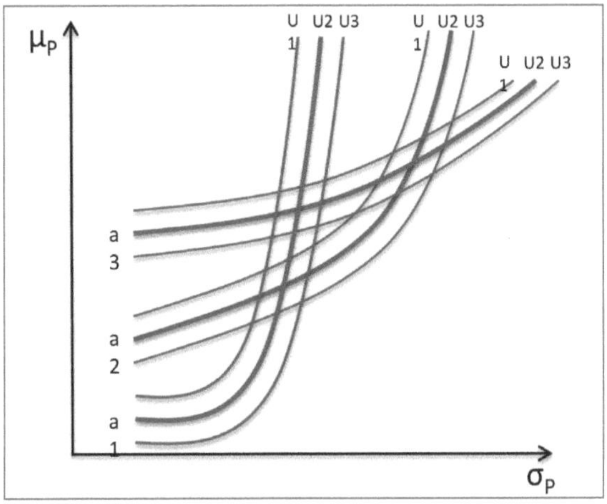

Abbildung 5.7: Indifferenzkurven

Die Steigung der Kurven drückt die Stärke der Risikoaversion aus. Anleger a3 fordert für jedes zusätzlich eingegangene Risiko nur eine geringe Erhöhung der Rendite, wohingegen Anleger a1 eine erhebliche Renditeerhöhung für jede Einheit zusätzliches Risiko erfordert. Somit ist Anleger a1 deutlich stärker risikoavers. Er weist daher in den Nutzenfunktionen einen höheren a-Wert auf als die Anleger a2 und a3.

Die Ermittlung der Indifferenzkurven eines Anlegers ist deshalb wichtig, um im späteren Verlauf der Portfolio Selection Theory das optimale, individuelle Portfolio zusammenstellen zu können.

Im Rahmen des Modells der modernen Portfoliotheorie ist eine Ermittlung der spezifischen Risikoaversion nicht notwendig, da diese Größe als gegeben erachtet und modelltheoretisch für jede beliebige Risikoaversion das optimale Portfolio berechnet werden kann.

Bei der Ermittlung des a-Wertes unter realen Bedingungen ist zwischen institutionellen Anlegern (Versicherungsunternehmen, Hedgefonds, Banken) und Privatanlegern zu unterscheiden. Bei Institutionen, wie Pensionskassen, sind mindestens die Zahlungsverpflichtungen an die Versicherten zu gewährleisten, dabei darf kein großes Risiko eingegangen werden, um eine Nichterfüllung der Zahlungsversprechen zu verhindern. Es lässt sich also von einem relativ hohen a-Wert ausgehen, eine exakte Ermittlung des a-Wert wird jedoch in der Literatur nicht eingelöst, sondern nur fiktiv angenommen.[319]

Um die Stärke der Risikoaversion von Privatanlegern zu bestimmen, wird die Risikotragfähigkeit und die Risikobereitschaft analysiert, um auf die Risikotoleranz des Anlegers schließen zu können. Viele individuelle Kriterien, wie die aktuellen Lebensumstände und psychologische Faktoren, müssen dabei berücksichtigt werden. Daher ist eine genaue Bestimmung nur schwer möglich. Üblicherweise wird eine Klassifizierung anhand von psychologischen Fragebögen vorgenommen, die anhand eines Punktesys-

319 Vgl. Mondello (2013), S. 53 f.

tems die Risikotragfähigkeit und Risikobereitschaft zu ermitteln versuchen. Aus der Kombination dieser beiden Faktoren wird dann die Risikotoleranz abgeleitet. Ein Beispielfragebogen sowie eine Tabelle zur Beurteilung der Risikotoleranz befinden sich im Anhang 1.[320]

Empirische Untersuchungen zur Stärke der Risikoaversion haben ergeben, dass der *a*-Wert der meisten Investoren zwischen 2 und 4 liegt. Ein durchschnittlicher Anleger weist somit ein *a* von 3 auf.[321]

5.3.2 Auswahlprozess

5.3.2.1 Aktienanalyse

Markowitz identifizierte drei Schritte auf dem Weg zur Ermittlung eines optimalen Portfolios anhand der Portfolio Selection Theory. Der erste Schritt ist die Analyse aller für den Investor in Frage kommenden Aktien. Dadurch können die grundlegenden Daten, wie die Mittelwerte der vergangenen Renditen, die Varianzen sowie die Kovarianzen der Wertpapiere, ermittelt werden, die in die Berechnung der effizienten Portfolios eingehen. Im zweiten Schritt erfolgt die Berechnung eben dieser effizienten Portfolios, die jede Wertpapierkombination darstellen, die nicht von einer anderen Kombination in ihrer Rendite- und Risikocharakteristik übertroffen wird. Der dritte Schritt umfasst die Ermittlung des einen optimalen Portfolios unter den effizienten Portfolios unter Berücksichtigung der individuellen Risikopräferenz.[322]

Um ein effizientes Portfolio zusammenzustellen, muss die Auswahl und Gewichtung der Wertpapiere, die in das Portfolio aufgenommen werden sollen, bestimmt werden. Dazu eignet es sich, ein anschauliches Beispiel anhand von zwei zur Verfügung stehenden Aktien durchzuführen. Eine Übertragung auf mehrere Wertpapiere lässt sich mathematisch verwirklichen, umfasst jedoch eine erheblich größere Datenmenge.[323]

Zunächst gilt es, die Aktien A und B auf ihre Rendite- und Risikoeigenschaft zu untersuchen. Zur Berechnung wird dabei auf die obigen Formeln (1) – (10) zurückgegriffen.

Szenario		Aktie	
		A	B
Zustand	Wahrscheinlichkeit	Rendite	Rendite
1	25%	3%	4%
2	25%	4%	9%
3	25%	1%	12%
4	25%	8%	3%
		$\mu_A = 4{,}0\%$	$\mu_B = 7{,}0\%$

Tabelle 5.1: Erwartete Aktienrenditen auf Basis einer Szenarioanalyse

[320] Vgl. Mondello (2013), S. 53 ff.

[321] Vgl. Spremann (2008), S. 176

[322] Vgl. Schmidt/Terberger (1997), S. 332

[323] Vgl. Garz/Günther/Moriabadi (2006), S. 39

Die Ermittlung der erwarteten Rendite einer Aktie kann, wie bereits erläutert, entweder anhand einer Szenarioanalyse oder auf der Basis von historischen Renditen erfolgen.

Für die Szenarioanalyse gilt es zunächst, unterschiedliche Umweltzustände zu definieren und deren Eintrittswahrscheinlichkeiten zu bestimmen. Beispielhaft werden an dieser Stelle vier Umweltszenarien jeweils mit einer Eintrittswahrscheinlichkeit von 25% angenommen.

Tabelle 5.1 zeigt die erwarteten Renditen der Aktien A und B in den vier möglichen Umweltzuständen sowie die berechnete erwartete Rendite nach der Gewichtung der Szenarien. Für Aktie A ergibt sich daher:

$$E(R) = R_1 \times P_1 + R_2 \times P_2 + ... + R_T \times P_T \qquad \text{(wie 3)}$$

$$E(R_A) = \mu_A = 0{,}25 \times 3 + 0{,}25 \times 4 + 0{,}25 \times 1 + 0{,}25 \times 8 = 4$$

Analog ist das Vorgehen zur Berechnung der erwarteten Rendite von Aktie B.

Die praktische Anwendung der Szenarioanalyse setzt eine umfangreiche Analyse der unsicheren Szenarien, sowie eine fundierte Ermittlung der Eintrittswahrscheinlichkeiten voraus. Dies mag im Zwei-Wertpapier-Fall unter Berücksichtigung zahlreicher Faktoren wie Konjunktur- und Bilanzdaten sowie Unternehmensprognosen möglich sein, erfordert jedoch in der Praxis einen erheblichen, kaum realisierbaren Analyseaufwand, sobald eine große Anzahl an Aktien in Betracht gezogen wird. Darüber hinaus sind Schätzfehler bei prognostizierten Szenarien und deren Renditen nicht auszuschließen.[324]

Üblicherweise wird daher die erwartete Rendite anhand historischer Renditen berechnet.[325]

Die Berechnungsmethodik anhand historischer Renditen stellt an dieser Stelle auch das Vorgehen für die beispielhafte Portfolioerstellung dar. Dazu werden beispielhaft die Renditen der Aktien A und B in den vergangenen sechs Jahren betrachtet und, anhand deren arithmetischen Durchschnitts, die erwartete Rendite abgeleitet. Tabelle 5.2 stellt die Beispielrenditen dar.

Historische Rendite	**Aktie**	
	A	B
Jahr	Rendite	Rendite
2013	3%	12%
2012	6%	7%
2011	2%	9%
2010	1%	7%
2009	6%	2%
2008	3%	8%
	μ_A = 3,5%	μ_B = 7,5%

Tabelle 5.2: Erwartete Aktienrenditen auf Basis historischer Renditen

324 Vgl. Reinschmidt (2006), S. 20

325 Vgl. Spremann (2008), S 202; Bruns/Meyer-Bullerdiek (2003), S. 72

Die erwartete Rendite von Aktie A berechnet sich dabei folgendermaßen:

$$E(R) = \frac{1}{T} \times (R_1 + R_2 + ... + R_T) \quad \text{(wie 2)}$$

$$E(R_A) = \mu_A = \frac{1}{6} \times (3 + 6 + 2 + 1 + 6 + 3) = 3{,}5$$

Die Berechnung der erwarteten Rendite von Aktie B erfolgt analog.

Damit ist der erste Schritt, die Analyse der einzelnen Aktien, abgeschlossen.

5.3.2.2 Ermittlung effizienter Portfolios

Im nächsten Schritt gilt es alle effizienten Portfolios zu ermitteln. Zunächst sollte dazu die Portfoliorendite berechnet werden. Diese lässt sich anhand der Renditen der Einzelaktien durch die Kombination von Aktie A und B berechnen. Dabei ist die Gewichtung entscheidend. Tabelle 5.3 zeigt die erwartete Portfoliorendite bei unterschiedlichen Gewichtungen von A und B.

Gewichtung		Portfoliorendite
Aktie A	Aktie B	
100%	0%	3,50%
90%	10%	3,90%
80%	20%	4,30%
70%	30%	4,70%
60%	40%	5,10%
50%	50%	5,50%
40%	60%	5,90%
30%	70%	6,30%
20%	80%	6,70%
10%	90%	7,10%
0%	100%	7,50%

Tabelle 5.3: Erwartete Portfoliorendite je nach Aktiengewichtung

Die Berechnung der erwarteten Portfoliorendite eines Portfolios, indem beispielsweise Aktie A und Aktie B zu je 50% gewichtet sind, ergibt sich wie folgt:

$$E(R_P) = x \times E(R_A) + x \times E(R_B) \quad \text{(wie 4)}$$

$$E(R_P) = \mu_P = 0{,}5 \times 3{,}5 + 0{,}5 \times 7{,}5 = 5{,}5$$

Deutlich wird, dass Aktie B mit 7,5% erwarteter Rendite eine höhere Rendite aufweist als Aktie A mit 3,5%. Würde der Anleger lediglich nach dem Rendite-Kriterium entscheiden, müsste sein Portfolio daher zu 100% aus Aktie B bestehen.

Im nächsten Schritt gilt es das Risiko beider Aktien zu berücksichtigen. Dazu muss zunächst die Varianz beider Aktien berechnet werden.

$$\sigma^2 = \frac{1}{n-1} \times \sum_{i=1}^{n} (R_i - E(R))^2 \quad \text{(wie 5)}$$

$$\sigma_A^2 = \frac{1}{5} \times ((3-3{,}5)^2 + (6-3{,}5)^2 + (2-3{,}5)^2 + (1-3{,}5)^2 + (6-3{,}5)^2 + (3-3{,}5)^2) = 4{,}3$$

Ferner ist die Volatilität der historischen Renditen durch die Standardabweichung zu berechnen.

$$\sigma = \sqrt{\frac{1}{n-1} \times \sum_{i=1}^{n} (R_i - E(R))^2} \qquad \text{(wie 6)}$$

$$\sigma_A = \sqrt{\frac{1}{5} \times ((3-3{,}5)^2 + (6-3{,}5)^2 + (2-3{,}5)^2 + (1-3{,}5)^2 + (6-3{,}5)^2 + (3-3{,}5)^2)} = 2{,}07$$

Tabelle 5.4 stellt die Ergebnisse der Berechnung der Varianz und Standardabweichung für die Aktien A und B dar. Die Standardabweichung repräsentiert die durchschnittliche Abweichung des tatsächlichen Wertes vom Erwartungswert.[326]

Daher schwankt die Rendite der Aktie A um durchschnittlich 2,07% in beide Richtungen vom Erwartungswert 3,5%; die Rendite der Aktie B um 3,27% vom Erwartungswert von 7,5%.

	Aktie	
	A	B
Varianz	4,3	10,7
Standardabweichung	2,07%	3,27%

Tabelle 5.4: Varianz und Standardabweichung der Aktien

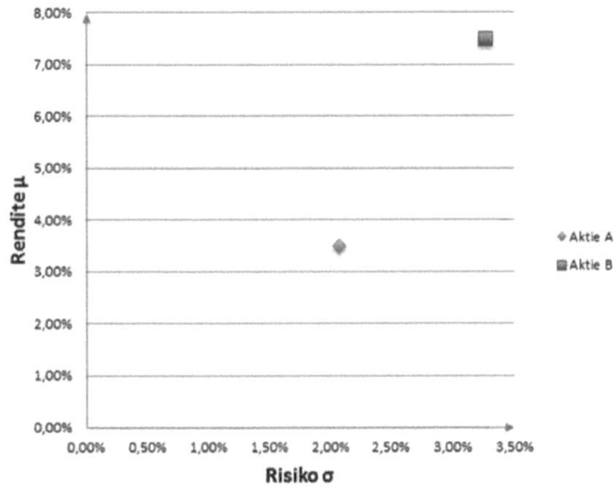

Abbildung 5.8: Aktie A und B im Rendite-Risiko-Diagramm
Quelle: Abbildung beruht auf eigenen Berechnungen

In einem Rendite-Risiko-Diagramm wären beide Aktien wie in Abbildung 5.8 zu positionieren.

Aktie A weist mit 3,5% zwar eine geringere erwartete Rendite auf, hat dafür aber auch ein geringeres Risiko. Aktie B hat mit 7,5% eine höhere erwartete Rendite, der jedoch eine höhere Volatilität innewohnt.

326 Vgl. Schmidt/Terberger (1997), S. 284

Um die Gewichtung beider Aktien zu bestimmen, die zu einem der möglichen effizienten Portfolios führen, ist das Portfoliorisiko ausschlaggebend. Dieses Risiko kann, wie bereits erläutert, durch die Diversifikation geringer ausfallen als die durchschnittliche Volatilität der einzelnen Aktien.

Dazu ist der Zusammenhang, in Form der Korrelation, zwischen beiden Aktien zu berechnen. Um den Korrelationskoeffizienten, der die Stärke des Zusammenhangs misst, ermitteln zu können, muss zunächst die Kovarianz zwischen Aktie A und Aktie B quantifiziert werden. Die Kovarianz berechnet sich wie folgt:

$$COV_{A,B} = \frac{1}{n-1} \times \sum_{t=1}^{n} (R_{t,A} - E(R_A)) \times (R_{t,B} - E(R_B)) \qquad \text{(wie 9)}$$

$$COV_{A,B} = \frac{1}{5} \times ((3-3{,}5)\times(12-7{,}5)+(6-3{,}5)\times(7-7{,}5)+(2-3{,}5)\times(9-7{,}5)+(1-3{,}5)\times(7-7{,}5)+(6-3{,}5)\times(2-7{,}5)+(3-3{,}5)\times(8-7{,}5)) = -3{,}7$$

Die Kovarianz von -3,7 zwischen Aktie A und Aktie B zeigt bereits an, dass zwischen beiden Wertpapieren ein negativer Zusammenhang besteht. Dies wird auch durch die Betrachtung der historischen Renditen in den einzelnen Jahren ersichtlich, da diese sich überwiegend in entgegengesetzte Richtungen entwickelt haben.

Mit Hilfe der Kovarianz lässt sich auch der Korrelationskoeffizient berechnen, der die Stärke des negativen Zusammenhangs misst.

$$\rho_{A,B} = \frac{COV_{A,B}}{\sigma_A \times \sigma_B} \qquad \text{(wie 8)}$$

$$\rho_{A,B} = \frac{-3{,}7}{2{,}07 \times 3{,}27} = -0{,}545$$

Der Korrelationskoeffizient von -0,545 zwischen beiden Aktien lässt auf einen negativen linearen Zusammenhang von mittlerer Stärke schließen.[327]

Die negative Korrelation ist ein Indikator dafür, dass eine relativ starke Risikoreduktion durch die Diversifikation auf beide Aktien zu erzielen ist, da dieser Effekt mit steigendem negativem Korrelationskoeffizienten größer wird.[328]

Tabelle 5.5 zeigt zusammenfassend die Kovarianz sowie den Korrelationskoeffizienten zwischen den Aktien A und B. Unter Berücksichtigung des Korrelationskoeffizienten ist es letztendlich möglich, das Portfoliorisiko zu berechnen.

	Aktie	
	A	B
Kovarianz	-3,700	
Korrelation	-0,545	

Tabelle 5.5: Kovarianz und Korrelation zwischen den Aktien

[327] Vgl. Eckstein (2012), S. 311

[328] Vgl. Dunst (1982), S. 49

Das Portfoliorisiko für eine beliebige Gewichtung beider Wertpapiere lässt sich wie folgt berechnen:

$$\sigma_P = \sqrt{x_A^2\sigma_A^2 + x_B^2\sigma_B^2 + 2\rho_{A,B}x_Ax_B\sigma_A\sigma_B} \qquad \text{(wie 7)}$$

Beispielhaft wird an dieser Stelle das Portfoliorisiko eines Portfolios berechnet, das zu 50% aus der Aktie A und zu 50% aus der Aktie B besteht.

$$\sigma_P = \sqrt{0{,}25 \times 4{,}3 + 0{,}25 \times 10{,}7 + 2 \times (-0{,}545) \times 0{,}5 \times 0{,}5 \times 2{,}07 \times 3{,}27} = 1{,}38$$

Das Portfolio weist somit eine Volatilität von 1,38% auf. Deutlich wird, dass dieses Risiko geringer ist als die Einzelrisiken der Aktien A und B. Damit existiert ein eindeutiger risikoreduzierender Diversifikationseffekt.

Tabelle 5.6 zeigt die Portfoliorisiken in Verbindung mit der jeweiligen Portfoliorendite bei unterschiedlichen Gewichtungen beider Aktien in 10%-Schritten. Schon dabei wird die Risikoreduktion deutlich. Durch die beliebige Teilbarkeit der Aktien sind darüber hinaus noch deutlich mehr Portfoliokombinationen möglich, die das Risiko gegebenenfalls noch stärker reduzieren könnten. Anhand von Tabelle 5.6 wird ersichtlich, dass sich das geringste Portfoliorisiko in etwa bei einer Gewichtung von 60% der Aktie A und 40% der Aktie B erzielen lässt.

Gewichtung		Portfoliorendite	Portfoliorisiko
Aktie A	Aktie B		
100%	0%	3,50%	2,07%
90%	10%	3,90%	1,71%
80%	20%	4,30%	1,41%
70%	30%	4,70%	1,23%
60%	40%	5,10%	1,22%
50%	50%	5,50%	1,38%
40%	60%	5,90%	1,66%
30%	70%	6,30%	2,02%
20%	80%	6,70%	2,42%
10%	90%	7,10%	2,84%
0%	100%	7,50%	3,27%

Tabelle 5.6: Portfoliorisiken bei unterschiedlichen Gewichtungen

Abbildung 5.9 stellt grafisch die möglichen Portfolios aus den Aktien A und B dar. Zwischen den Punkten A und B im Diagramm kann jede Rendite-Risiko-Kombination auf der linksgekrümmten Kurve erzielt werden. In Punkt A besteht das Portfolio zu 100% aus Aktie A, in Punkt B zu 100% aus Aktie B. Die Punkte dazwischen stellen die verschiedenen Gewichtungen beider Aktien dar. Die Stärke der Linkskrümmung wird, durch den Korrelationskoeffizienten beeinflusst. Daher ist es generell vorteilhaft, Aktien mit einer möglichst starken negativen Korrelation zu selektieren, da diese den risikominimierenden Effekt verstärkt.[329]

[329] Vgl. Mondello (2013), S. 63

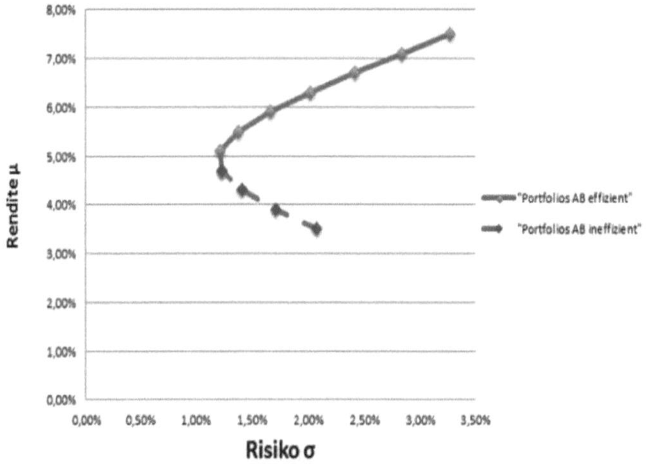

Abbildung 5.9: Mögliche Portfolios und die Effizienzkurve

Alle möglichen effizienten Portfolios befinden sich auf dem oberen Ast der Kurve, der daher die sogenannte Effizienzkurve darstellt.[330]

Auf dem unteren Ast der Kurve befinden sich diejenigen Portfolios, die von anderen Effekten dominiert werden und somit ineffizient sind. Deutlich wird dies dadurch, dass es zu jedem ineffizienten Portfolio ein Portfolio auf der Effizienzkurve gibt, das bei gleichem Risiko eine höhere Rendite aufweist.[331]

Wird beispielsweise ein Portfolio, das 80% in Aktie A und 20% in Aktie B, investiert mit einem Portfolio bestehend aus 50% Aktie A und 50% Aktie B verglichen, wird deutlich, dass das erste Portfolio lediglich eine Rendite von 4,3% bei einer Volatilität von 1,41% erwarten lässt. Das zweite Portfolio dagegen hat eine erwartete Rendite von 5,5% bei einer Standardabweichung von nur 1,38%. Es ist daher dem ersten Portfolio gegenüber dominant.

Für den rationalen Investor sind somit ausschließlich jene Portfolios interessant, die sich auf der Effizienzkurve befinden.[332]

Die Effizienzkurve und die nicht-effizienten Portfolios werden durch das Minimum-Varianz-Portfolio (MVP) voneinander getrennt. Dieses MVP ist von allen möglichen Portfolios das mit der geringsten Volatilität.[333]

---

[330] Vgl. Steiner/Bruns (2007), S. 12 f.; Perridon/Steiner (2007), S. 241 f.; Bruns/Meyer-Bullerdiek (2003), S. 73 f.

[331] Vgl. Spremann (2008), S. 178

[332] Vgl. Spremann (2008), S. 59

[333] Vgl. Spremann (2008), S. 179

Da alle Portfolios oberhalb des MVP – die also in diesem Fall eine höhere Gewichtung von Aktie B aufweisen – effizient sind, ist es maßgeblich, das MVP zu berechnen, um die Mindestgewichtung von Aktie B und somit die effizienten Portfolios exakt bestimmen zu können. [334] Anhand von Formel 13 lässt sich das MVP ermitteln.[335]

$$x_B = \frac{\sigma_A^2 - \sigma_B \times \sigma_A \times \rho_{A,B}}{\sigma_B^2 + \sigma_A^2 - 2 \times \sigma_B \times \sigma_A \times \rho_{A,B}} \tag{13}$$

$$x_B = \frac{4{,}3 - 3{,}27 \times 2{,}07 \times (-0{,}545)}{10{,}7 + 4{,}3 - 2 \times 3{,}27 \times 2{,}07 \times (-0{,}545)} = 0{,}3571 \approx 35{,}71\%$$

Das MVP besteht demzufolge zu 35,71% aus Aktie B. Daraus ergibt sich, dass 64,29% des verfügbaren Geldbetrags in Aktie A investiert werden sollten, um das effiziente Portfolio mit der geringsten Volatilität zusammenzustellen. Alle weiteren Portfolios mit einem Anteil von mehr als 35,71% der Aktie B sind demnach effizient, alle Portfolios mit einem Anteil, der darunter liegt, sind ineffizient.

Anhand der Effizienzkurve, im zweiten Schritt der Portfolioselektion, konnten somit alle effizienten Portfolios identifiziert werden. Da jedoch für jedes effiziente Portfolio kein weiteres existiert, das eine höhere Rendite bei gleichem Risiko erzielt, ist im dritten Schritt das eine optimale unter den effizienten Portfolios zu identifizieren, das unter Berücksichtigung der Risikopräferenz des Anlegers den größten Nutzen für ihn darstellt.[336]

5.3.2.3 Ermittlung des optimalen Portfolios

Zur Bestimmung des optimalen Portfolios müssen im dritten und letzten der von Markowitz definierten Schritte die Indifferenzkurven des individuellen Investors mit der Effizienzkurve in Einklang gebracht werden. Da der Anleger nach Möglichkeit die höchste seiner Isonutzenkurven zu erzielen versucht, gilt es im Rendite-Risiko-Diagramm den höchsten Punkt zu finden, an dem eine Nutzenkurve die Effizienzlinie tangiert.[337]

In der Literatur wird die Ermittlung dieses Punktes überwiegend grafisch ohne explizite Daten gelöst. Dies erfolgt anhand von willkürlichen Nutzenfunktionen, die im Diagramm mit aufsteigendem Nutzen dargestellt werden, bis sie die Effizienzkurve schneiden.[338]

Um dagegen das exakte optimale Portfolio für einen Anleger zu bestimmen, wird an dieser Stelle die Berechnung sowie eine detaillierte grafische Darstellung mit den berechneten Nutzenfunktionen durchgeführt.

---

[334] Vgl. Spremann (2008), S. 181 f.

[335] Siehe mathematischen Anhang, S. 290 ff.

[336] Vgl. Schäfer (2005), S. 298; Garz/Günther/Moriabadi (2006), S. 45

[337] Vgl. Schäfer (2005), S. 300; Garz/Günther/Moriabadi (2006), S. 57

[338] Vgl. Schäfer (2005), S. 300; Garz/Günther/Moriabadi (2006), S. 56; Steiner/Bruns (2007), S. 12 f.; Perridon/Steiner (2007), S. 246; Schmidt/Terberger (1997), S. 331; Mondello (2013), S.144

Zur Berechnung der Aktiengewichtung für das optimale Portfolio, die anhand von Formel 14 durchgeführt werden kann, wird der individuelle *a*-Wert des Anlegers benötigt. Da ein durchschnittlicher Anleger üblicherweise einen Wert von 3 aufweist, wird für die Berechnung von dieser Risikoaversion ausgegangen.[339]

$$x_A = \frac{\frac{\mu_A - \mu_B}{\alpha} + (\sigma_B^2 - \sigma_A \times \sigma_B \times \rho_{A,B})}{\sigma_A^2 + \sigma_B^2 - 2 \times \sigma_A \times \sigma_B \times \rho_{A,B}} \tag{14}$$

$$x_A = \frac{\frac{3,5-7,5}{3} + (10,7 - 2,07 \times 3,27 \times (-0,545))}{4,3 + 10,7 - 2 \times 2,07 \times 3,27 \times (-0,545)} = 0,5834 \approx 58,34\%$$

Das optimale Portfolio für einen Anleger mit einer Risikoaversion von 3 besteht demnach aus einer Gewichtung der Aktie A von 58,34% und folglich 41,66% der Aktie B. Für dieses Portfolio lässt sich eine erwartete Rendite von 5,17% bei einer Standardabweichung von 1,23% ermitteln. Der Investor sollte demnach seinen verfügbaren Geldbetrag in dieses Portfolio investieren.

Darüber hinaus lässt sich auch anhand der Berechnung des Nutzens nachvollziehen, dass dieser bei eben jenem optimalen Portfolio maximal ist. Durch die Berechnung, anhand der Nutzenfunktion wie in Formel 11, ergibt sich ein Nutzen von 2,89 für den Anleger. Ein höherer Wert wird von keinem anderen Portfolio aus den Aktien A und B erzielt. Eine ausführliche Tabelle mit dem Nutzen der einzelnen Portfolios sowie den Renditen und Volatilitäten befindet sich im Anhang 2.[340]

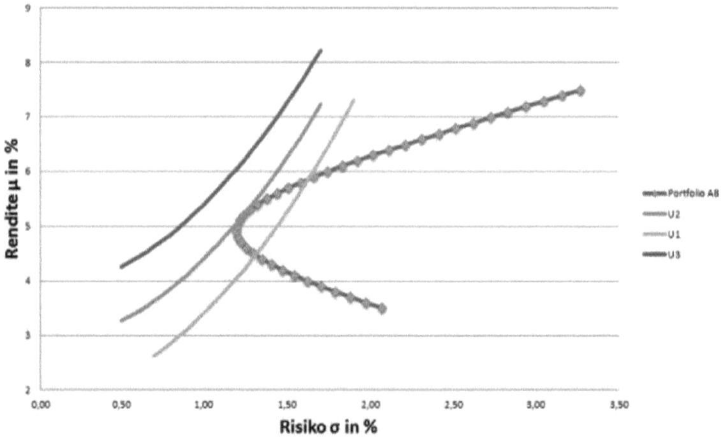

Abbildung 5.10: Nutzenfunktionen und die Effizienzkurve

Grafisch lässt sich der Schnittpunkt zwischen Nutzenfunktion und Effizienzkurve darstellen, indem Nutzenfunktionen mit verschiedenem Nutzen in das Rendite-Risiko-Diagramm der möglichen Portfolios hinzugefügt werden. Deutlich wird in Abbildung

---

[339] Siehe mathematischen Anhang, S. 290 ff.

[340] Der Nutzen wird dabei anhand von Formel 11 berechnet.

5.10 dadurch, dass auch grafisch das optimale Portfolio einen Nutzen von 2,89 aufweist. Die drei Nutzenfunktionen U1, U2 und U3 weisen jeweils einen unterschiedlichen Nutzen auf. Beispielhaft wird an dieser Stelle U1 mit einem Nutzen von 1,89, U2 mit einem Nutzen von 2,89 und U3 mit einem Nutzen von 3,89 eingezeichnet. U3 hat somit den größten Nutzen, kann aber durch kein Portfolio erreicht werden. U2 tangiert die Effizienzkurve und stellt damit den am größten zu erreichenden Nutzen für den Anleger dar. Dieser ist, wie vorher berechnet, exakt 2,89.

Die beispielhafte Berechnung des optimalen Portfolios, das aus zwei Wertpapieren besteht, kann somit anhand der Portfolio Selection Theory und, unter Annahme der bestehenden Prämissen, problemlos durchgeführt werden.

Die Ermittlung nutzenmaximaler Portfolios lässt sich auch für eine Vielzahl von Wertpapieren durchführen. Mit steigender Wertpapieranzahl lässt sich der Effekt der Risikominderung durch die Diversifikation verstärken. Die Effizienzkurve eines Portfolios aus mehreren Aktien umhüllt dann die jeweiligen möglichen Portfoliokurven zwischen jeweils zwei Aktien. Kommt zu den Aktien A und B daher noch eine Aktie C hinzu, lassen sich sowohl zwischen A und B, zwischen B und C als auch zwischen A und C eine Vielzahl von möglichen Portfolios bilden. Diese können dann wiederum mit einem der anderen Portfolios kombiniert werden. Dadurch werden zahlreiche neue Portfoliokombinationen erzeugt und die Effizienzkurve weiter nach oben links im Rendite-Risiko-Diagramm verschoben.[341]

Der risikominimierende Effekt lässt sich theoretisch soweit vorantreiben, bis das gesamte unsystematische Risiko der einzelnen Aktien eliminiert wurde. *Garz/Günther/Moriabadi* sprechen von einer Anzahl von 15 Wertpapieren, aus denen ein Portfolio bestehen sollte, damit der Anteil der Einzelrisiken am Portfoliorisiko relativ klein ist.[342] Um das unsystematische Risiko nahezu zu eliminieren, sollte die Diversifikation laut Schäfer dagegen auf 30 bis 40 Aktien ausgeweitet werden.[343]

Bei einer hohen Anzahl von Wertpapieren ist jedoch das enorme Datenvolumen durch die Renditen, Volatilitäten und vor allem Kovarianzen der einzelnen Aktien zu berücksichtigen. Die Verarbeitung dieser Daten zur Selektion des optimalen Portfolios bedarf professioneller Software sowie leistungsfähiger Computer.[344]

5.3.3 Erlangungs-, Verwaltungs- und Ausgliederungsprozess

Das Modell der Portfolio Selection Theory befasst sich lediglich mit der Bestimmung der Zusammensetzung des anfänglichen Portfolios. Da das optimale Portfolio für einen beispielhaften Anleger bestimmt wurde, enden die modelltheoretischen Erkenntnisse an dieser Stelle. Aufgrund der Zweizeitpunkt-Betrachtung würde der Investor demnach das Portfolio wie berechnet zum Zeitpunkt t=0 zusammenstellen und bis zum Zeitpunkt t=1 abwarten. Dieser Zeitpunkt wird dabei nicht näher definiert.[345]

---

341 Vgl. Spremann (2008), S. 185 f.

342 Vgl. Garz/Günther/Moriabadi (2006), S. 43

343 Vgl. Schäfer (2005), S. 287

344 Vgl. Steiner/Bruns (2007), S. 14 f.

345 Vgl. Spremann (2008), S. 173 f.

In der Praxis stehen nach der Bestimmung der Gewichtung der einzelnen Aktien jedoch noch weitere Schritte bevor, um letztendlich das Anlageergebnis zu realisieren.

Zunächst erfolgt die Erlangung der Wertpapiere auf dem einfachen Wege des Erwerbes am Kapitalmarkt. Ein Privatanleger hat dabei lediglich zu entscheiden, ob er selbst den Kauf tätigt oder einen professionellen Portfoliomanager dafür beauftragt. Ist der Auswahlprozess der Aktien bereits abgeschlossen, kann der Kauf problemlos selbstständig durchgeführt werden. Dazu benötigt der Anleger ein Aktiendepot bei einer Bank und kann darüber die gewünschten Wertpapiere erwerben. Anderenfalls kann sich der Privatanleger, auch schon für den vorangegangenen Schritt der Aktienselektion, an einen Portfoliomanager wenden, der dann ebenfalls den Kauf, die Verwaltung sowie den Verkauf der Aktien übernehmen kann. Zweckdienlich ist dies vor allem, wenn eine breite Diversifikation durchgeführt werden soll. Die große Datenmenge bei der Selektion kann in diesem Fall durch professionelle Software, auf die ein Portfoliomanager Zugriff hat, deutlich besser verarbeitet werden als von einem Privatanleger selbst.[346]

Eine größere Problematik als der Kaufprozess selbst, stellen die dabei anfallenden Transaktionskosten dar. Diese werden im Rahmen der Prämissen der Portfolio Selection Theory vernachlässigt, haben in der Praxis jedoch eine relativ große beeinträchtigende Wirkung auf den Investmentprozess. Die Transaktionskosten fallen in der Regel pro Erwerb an und hängen vom Ordervolumen sowie der Marktstellung des Anlegers ab.[347] Daher sind für stärker diversifizierte Portfolios mit einem hohen Anlagebetrag höhere Transaktionskosten zu zahlen. Darüber hinaus haben institutionelle Anleger meist geringere Transaktionskosten zu entrichten als Privatanleger.[348] Auch wenn sie infolgedessen schlecht vergleichbar sind, sollten die Transaktionskosten beim Erlangungsprozess berücksichtigt werden, da sie im Endeffekt die prognostizierte Rendite der Aktien vermindern und sich die Effizienzkurve nach Transaktionskosten ein Stück unterhalb derjenigen ohne Berücksichtigung der Kosten befindet.[349]

Befinden sich die Wertpapiere im Portfolio des Anlegers gilt es das Portfolio zu verwalten. Dies ist bei der Anwendung der Portfolio Selection Theory unproblematisch und erfordert keine weiteren Handlungen des Investors. Da von einem optimalen und gut diversifizierten Portfolio ausgegangen wird, erfolgt keine Anpassung der Bestandteile im Zeitablauf. Die Portfolio Selection Theory versteht sich daher als eine passive Buy-and-Hold Strategie nach deren Ansicht ein aktives Portfoliomanagement, bei dem regelmäßig Aktien umgeschichtet werden, zu keiner höheren Rendite führt.[350]

Lediglich eine geringe Depotführungsgebühr ist in der Praxis üblicherweise zu zahlen.

Am Ende des Anlagezeitraumes werden die Wertpapiere veräußert, um die tatsächlich erzielte Rendite zu realisieren. Der Verkauf erfolgt ebenso problemlos am Kapital-

[346] Vgl. Steiner/Bruns (2007), S. 15

[347] Vgl. Steiner/Bruns (2007), S. 128

[348] Vgl. Garz/Günther/Moriabadi (2006), S. 156

[349] Vgl. Garz/Günther/Moriabadi (2006), S. 156 f.

[350] Vgl. Spremann (2008), S. 61

markt. Zu beachten ist jedoch, dass dabei in der Realität Steuern anfallen, die in der Portfolio Selection Theory im Rahmen der Prämissen ebenfalls keine Berücksichtigung finden. Die Besteuerung der Gewinne unterscheidet sich von Land zu Land und ist darüber hinaus von den persönlichen Verhältnissen des Anlegers abhängig.[351]

5.3.4 Anwendung in der Praxis und Kritik

Wie schon im Ablaufprozess der Anwendung der Portfolio Selection Theory ersichtlich wurde, ist eine Anwendung der Portfolio Selection Theory in der Praxis nicht ohne Einschränkungen möglich. Einige Annahmen, die der Portfoliotheorie zugrunde liegen, müssen kritisch betrachtet werden.

Zum einen wird die Prämisse normalverteilter, zufälliger Renditen in Frage gestellt. Empirische Renditeverteilungen weisen auf nicht-normalverteilte Renditen hin, da sie zum einen in der Mitte und an den äußeren Enden der Verteilungskurve eine größere Ausprägung aufweisen und die Verteilung zudem rechtsschief und somit nicht symmetrisch ist. Die Rechtsschiefe ist vor allem dadurch zu erklären, dass Renditen zwar um maximal 100% fallen können, jedoch nach oben hin eine unbegrenzte Steigerung möglich ist.[352]

Auch die Annahme eines vollkommenen und vollständigen Kapitalmarkts spiegelt eine zu starke Idealisierung der Realität wieder. Alleine durch die Existenz von Steuern, Transaktionskosten und das Auftreten von Hedge-Fonds kann dieser Prämisse keine Rechnung getragen werden.[353] Ebenso ist die beliebige Teilbarkeit von Aktien auf dem Kapitalmarkt nicht gegeben.

Ferner vernachlässigt die Portfolio Selection Theory das Timing zu dem die Aktien, die für das optimale Portfolio selektiert wurden, gekauft werden sollen. Für den Anleger spielt in der Realität der Zeitpunkt und somit der Kaufpreis zu dem die Wertpapiere erworben werden eine große Rolle.[354]

Darüber hinaus kann das Modell keine gesetzlichen Auflagen bei der Kapitalanlage, die beispielsweise für institutionelle Anleger wie Versicherungen gelten, berücksichtigen.[355]

Auch wenn die Kritik an der Portfolio Selection Theory relativ umfangreich ist und die zugrundeliegenden Annahmen eine große Idealisierung der Realität darstellen, kommt ihr in der Praxis ein sehr hoher Stellenwert zu. *Markowitz'* Portfoliotheorie ist auch heute noch die Arbeitsgrundlage für viele Portfoliomanager. Überwiegend wird sie in Softwarepaketen zur Portfoliooptimierung von institutionellen Anlegern eingesetzt.[356] Lediglich unter Privatanlegern ist die Anwendung aufgrund des hohen Datenvolumens kaum umsetzbar, sofern eine große Anzahl von möglichen Aktien in Betracht gezogen wird.[357]

---

351 Vgl. Steiner/Bruns (2007), S. 128

352 Vgl. Garz/Günther/Moriabadi (2006), S. 29

353 Vgl. Steiner/Bruns (2007), S. 128

354 Vgl. Perridon/Steiner (2007), S. 246

355 Vgl. Steiner/Bruns (2007), S. 129

356 Vgl. Spremann (2008), S. 60; Reinschmidt (2006), S. 24

357 Vgl. Steiner/Bruns (2007), S. 14 f.

5.4 Beschreibung und Analyse des unternehmerischen, strategischen Portfoliomanagements

5.4.1 Vorbereitungsprozess

5.4.1.1 Strategisches Konzept

Die Konzeption eines Portfoliomanagements im (Konzern-)Unternehmen wird dann erforderlich, sobald sich das Management entschließt die ursprüngliche Geschäftstätigkeit eines Geschäftsmodells auf mehrere Geschäftsfelder auszuweiten, die miteinander zu kombinieren sind. Dies ist üblicherweise dann der Fall, wenn die Wachstumsmöglichkeiten im Kerngeschäft abnehmen und langfristige Erfolgspotenziale durch eine Erweiterung des Leistungsspektrums gesichert werden sollen/müssen.[358]

Mithilfe des Portfoliomanagements wird eine möglichst vorteilhafte Kombination von Geschäftsfeldern, d.h. von Produkten und Märkten zusammengestellt, um Diversifikationsvorteile und Synergieeffekte zu erzielen. Eine Diversifikation ermöglicht es dem Unternehmen durch Investments in wachstumsstarke Geschäftsfelder an diesen zu partizipieren, die Rentabilität des Unternehmens durch Synergien zu erhöhen sowie das Gesamtunternehmensrisiko durch eine Streuung auf mehrere Geschäftsfelder und -einheiten zu reduzieren. Auch eine größere Marktmacht wird dabei angestrebt.[359] Durch eine solche Diversifikationsstrategie, können Wettbewerbsvorteile erzielt und das übergreifende Ziel der langfristigen Existenzsicherung des Unternehmens erreicht werden. [360]

Das zu verringernde unternehmerische Risiko entspricht dabei jedoch ausschließlich dem Downside Risk der kapitalmarktorientierten Finanzierungstheorie, d.h. negativen Abweichungen von erwarteten Ergebnissen. Eine positive Abweichung, die durch die Varianz bzw. Standardabweichung in einem Aktienportfolio ebenfalls als Risiko interpretiert wird, soll durch eine Diversifikation im Unternehmen nicht vermieden werden.[361]

Das Management eines Unternehmensportfolios aus SGE und SGF kann nicht losgelöst von der Strategie des gesamten Unternehmens betrachtet werden. Die Unternehmensstrategie schafft den Rahmen der Wertschöpfungstätigkeit des Unternehmens. Sie definiert, welche internen Stärken zu fokussieren sind, welche Ziele verfolgt werden, wie diese erreicht werden und wie das Unternehmen am Markt wahrgenommen werden soll.[362] Ferner wird durch die Unternehmensstrategie definiert, inwieweit das Portfolio aus einzelnen Geschäftseinheiten durch die Unternehmensleitung gesteuert und beeinflusst wird. So können Geschäftseinheiten unter dem Dach eines Holding-Unternehmens gebündelt werden und dennoch relativ unabhängig voneinander operie-

---

358 Vgl. Müller-Stewens/Lechner (2011), S. 279

359 Vgl. Baum/Coenenberg/Günther (2013), S. 218; Schmeisser/Reiss/Rolf/Popp (2014), S. 103; Roediger (2010), S. 101 ff.

360 Vgl. Baum/Coenenberg/Günther (2013), S. 218 f.

361 Vgl. Hungenberg (2012), S. 501 f.

362 Vgl. Grimm/Schuller/Wilhelmer (2014), S. 51 f.

ren oder aber durch eine starke Einflussnahme der Konzern-Geschäftsleitung horizontal und vertikal verknüpft werden.[363]

Eingebettet in die Gesamtunternehmensstrategie der Konzernspitze wird die Konfiguration des Portfolios, die das aktive Portfoliomanagement des Gesamtkonzerns darstellt und sich somit mit der spezifischen Auswahl von Geschäftsmodellen, SGF und SGE auseinandersetzt.[364]

Die Portfoliokonfiguration ist eine kontinuierliche Aufgabe der Unternehmensleitung. Es gilt nicht nur einmalig, für einen konkreten Zeitpunkt, ein optimales Geschäftsportfolio zusammenzustellen, sondern regelmäßig zu überprüfen, ob die gegenwärtige Konfiguration des Portfoliomanagements noch immer den Zielen, Strategien und dem internationalen, technologischen Wettbewerbsstand des Unternehmens entspricht.[365]

Bei der Konfiguration des Portfolios ist die Koordination der einzelnen Bestandteile der Geschäftsmodelle und Geschäftsfelder zu berücksichtigen. Dabei wird das Portfolio derart geplant, dass die Geschäftseinheiten – untereinander sowie mit der Unternehmensleitung – eine Verknüpfung aufweisen, um Synergiepotenziale auf allen Ebenen des Konzerns realisieren zu können.[366]

5.4.1.2 Strategische Erfolgsfaktoren und deren Gesetzmäßigkeiten

Bevor das Portfolio eines Unternehmens analysiert und optimiert werden kann, ist auf die strategischen Erfolgsfaktoren für ein erfolgreiches Portfolio eines Industrieunternehmens einzugehen. Strategische Erfolgsfaktoren sind Faktoren, die einen erheblichen Einfluss auf das langfristige Erfolgspotenzial von Geschäftseinheiten haben, wie Umsatz, Marktanteil, RoI etc.[367] Welche strategischen Erfolgsfaktoren für das Portfoliomanagement herangezogen werden, muss letztendlich von der Unternehmensleitung entschieden werden. In der Literatur werden vor allem das Konzept des Lebenszyklus bei Produkten, Technologien und Innovationen, die Erfahrungskurve als „Gesetzmäßigkeit des Strategischen Managements“ identifiziert.[368] Darüber hinaus wurden im Rahmen des Profit Impact of Market Strategy Programms (PIMS) weitere Erfolgsfaktoren herauskristallisiert, die Strategien rechenbarer und effizienter machen können.[369]

5.4.1.3 Konzept des Produktlebenszyklus

Einen großen Einfluss auf die Produkt-Markt-Kombination bzw. eines Geschäftsfeldes, die im Unternehmen existiert muss, ist das „**Denken in Produktlebenszyklen**“. Es wird angenommen, dass jedes Produkt und somit auch jede SGE nur eine beschränkte Lebensdauer im Markt besitzt, um Umsatz zu generieren. Das bekannteste

---

363 Vgl. Müller-Stewens/Lechner (2011), S. 275 ff.; Müller-Stewens/Brauer (2009), S. 227 ff.

364 Vgl. Müller-Stewens/Lechner (2011), S. 273

365 Vgl. Müller-Stewens/Lechner (2011), S. 276

366 Vgl. Müller-Stewens/Brauer (2009), S. 350

367 Vgl. Dunst (1982), S. 65

368 Vgl. Dunst (1982), S. 65 ff.; Baum/Coenenberg/Günther (2013), S. 115 ff.; Hungenberg (2012), S. 461 f.; Bea/Haas (2013), S. 129 ff.; Bamberger/Wrona (2012), S. 336 ff.; Alter (2013), S. 186 ff.

369 Vgl. Dunst (1982), S. 79 ff.; Bea/Haas (2013), S. 129 ff.

Konzept des Markt-Produktlebenszyklus besteht aus vier (Marketing-)Phasen, die von jedem Produkt von der Einführung bis zur Degeneration im Absatzmarkt durchlaufen werden.[370]

Es lässt sich zwischen der Einführungsphase, der Wachstumsphase, der Reifephase und der Sättigungsphase je Produkt, GF oder GE unterscheiden.

In der Einführungsphase muss zunächst der Markt für ein neues Produkt geschaffen werden. Dabei stehen dem relativ geringen anfänglichen Umsatz hohe Investitionen in Form von Produktions- und Distributionskosten gegenüber, die zu einem negativen Cashflow für das Produkt führen. Die erforderlichen Finanzmittel für Investitionen können noch nicht aus dem Absatz des Produkts gedeckt werden.[371]

In der Wachstumsphase steigt der Absatz und somit der Umsatz und der Cashflow des Produktes stark an. Die Rentabilität erreicht dabei ihren ersten Höhepunkt, da bei Produkt-Innovationen höhere Preise verlangt werden können und wachsende, ungesättigte Märkte in der Regel einen geringeren Wettbewerb aufweisen als stagnierende Märkte, wodurch das Gewinnpotenzial höher ist. Der Cashflow sowie der Gewinn gelangen dabei in den positiven Bereich und helfen die laufenden Investitionen mit zu finanzieren.[372]

In der Reifephase wird der Zuwachs des Absatzes verlangsamt. Die Kosten für Ergänzungsinvestitionen sinken in dieser Phase, wodurch der Cashflow zwischenzeitlich seinen Höhepunkt erreicht. Durch einen steigenden Wettbewerb geraten die Preise zunehmend unter Druck, der die Rentabilität, den Umsatz sowie den Gewinn zum Ende hin sinken lässt.[373]

In der Sättigungsphase sinkt der Absatz des Produktes, da eine veränderte Nachfrage technische Neuentwicklungen oder andere Gründe die Konsumenten zum Kauf anderer Produkte bewegt. Die Rentabilität und der Cashflow sind dabei ebenso rückläufig. Letztendlich wird das Produkt vom Markt verdrängt, der Unternehmenswert des Geschäftsfeldes sinkt und muss aus dem Portfolio des Unternehmens genommen werden.[374]

Abbildung 5.11 stellt die Phasen des Lebenszyklus sowie den jeweiligen Umsatz, Gewinn und Cashflow dar.

Von hoher Relevanz für das Portfoliomanagement ist der Lebenszyklus dadurch, dass eine Ausgewogenheit des Unternehmensportfolios maßgeblich ist, um einen Mehrwert (Shareholder Value) für das Unternehmen zu schaffen.[375] Hält ein Unternehmen das Produktsortiment konstant, befinden sich nach einer gewissen Zeit alle Produkte in der Sättigungsphase. Das Unternehmen hat somit keine Wachstums- bzw. Entwicklungsperspektive für die Zukunft mehr.[376] Daher ist es erforderlich, die Produkt-Markt-

[370] Vgl. Bamberger/Wrona (2012), S. 336

[371] Vgl. Baum/Coenenberg/Günther (2013), S. 118

[372] Vgl. Baum/Coenenberg/Günther (2013), S. 119

[373] Vgl. Baum/Coenenberg/Günther (2013), S. 119

[374] Vgl. Baum/Coenenberg/Günther (2013), S. 119

[375] Vgl. Müller-Stewens/Brauer (2009), S. 284 f.

[376] Vgl. Baum/Coenenberg/Günther (2013), S. 116, 219

Aktivitäten auf die verschiedenen Zyklusstadien gleichmäßig zu verteilen und mit Innovationen die zukünftigen Erfolgspotenziale des Unternehmens zu sichern.[377] Die Firma 3M Corporation war beispielsweise eines der ersten Unternehmen, das in ihren Unternehmenszielen festlegte, dass eine bestimmte Quote des Umsatzes von Produkten erzielt werden muss, die neu in den Markt eingeführt werden, um die nachhaltige, internationale Wettbewerbsfähigkeit zu sichern.[378]

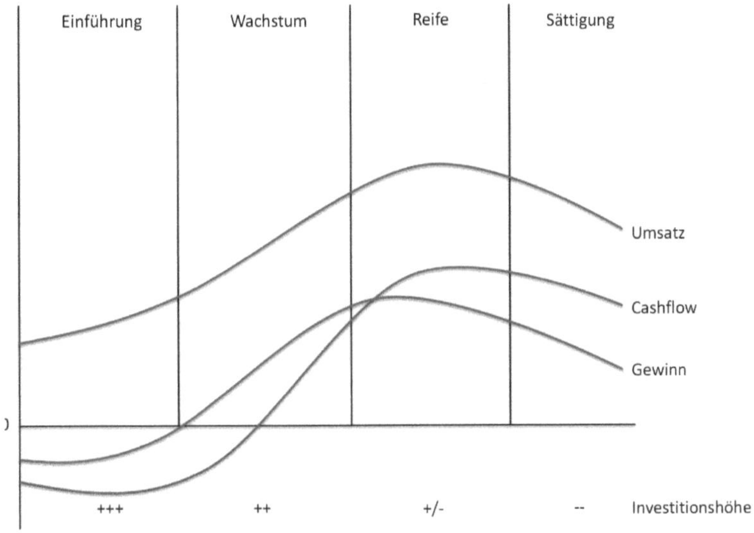

Abbildung 5.11: Umsatz, Cashflow und Gewinn im Produktlebenszyklus
Quelle: In Anlehnung an Camphausen (2013), S. 119.

Weiterhin ist der Ausgewogenheitsgedanke auch entscheidend für den Finanzstatus eines Unternehmens. Es gilt eine Balance zwischen Cashflow-verzehrenden Produkten und Cashflow-erzeugenden Produkten herzustellen.[379] Unternehmen die lediglich Produkte in der Reifephase aufweisen, können zwar aktuell einen hohen Cashflow verzeichnen, besitzen jedoch keine langfristig erfolgreiche finanzielle Perspektive. Unternehmen die dagegen ausschließlich in Wachstumsbranchen agieren, geraten schnell in Finanzierungsschwierigkeiten bzw. Sanierungsaktivitäten, da der kostenintensiven Neuentwicklung keine positiven Cashflows gegenüberstehen.[380] Gelingt es ein ausgewogenes Portfolio zu konfigurieren, kann ein dynamischer Finanzausgleich erfolgen. Dabei können die Cash-Überschüsse der Produkte in der Reifephase die anfänglichen Cash-Defizite der Produkte in der Produkteinführungs- und Wachstumsphase ausgleichen.[381]

---

[377] Vgl. Gälweiler (2005), S. 180

[378] Vgl. Camphausen (2013), S. 120

[379] Vgl. Müller-Stewens/Lechner (2011), S. 280

[380] Vgl. Gälweiler (2005), S. 177; Baum/Coenenberg/Günther (2013), S. 213

[381] Vgl. Baum/Coenenberg/Günther (2013), S. 219

Gälweiler versteht es daher als Aufgabe des unternehmerischen Portfoliomanagements der Geschäftsleitung „…nicht mehr Aktivitäten zu beginnen oder aufrechtzuerhalten, als man auf die Dauer Geld hat, um sie mit Erfolg in gute Marktpositionen führen und darin halten zu können“[382].

5.4.1.3.1 Konzept der Erfahrungskurve

Um strategische Erfolgsfaktoren wie Produktionssteigerungen, Kostensenkungen, Marktwachstum, Marktanteile zu steigern und Synergieeffekte organisatorisch zu realisieren, ist es aus der Sicht des Strategischen Managements unumgänglich, die „Gesetze“ der Erfahrungskurve zu realisieren und im Unternehmen zu implementieren. Der Begriff wurde in den 60er-Jahren von der Unternehmensberatung *Boston Consulting Group (BCG)* geprägt und basiert auf der Verringerung der Stückkosten mit steigender Produktionsmenge. So haben empirische Untersuchungen ergeben, dass sich mit jeder Verdopplung der Produktionsmenge die Stückkosten um 20 bis 30% senken lassen.[383]

Dieser Effekt basiert auf zwei Faktoren. Zum einen trägt die sogenannte Lernkurve zur Stückkostendegression bei. Die Lerneffekte, Qualitätssteigerungen und Produktivitätssteigerungen entstehen bei einer häufigen Wiederholung von gleichen Tätigkeiten von einzelnen Mitarbeitern. Dadurch können beispielsweise Montagezeiten durch ein steigendes Produktionsvolumen gesenkt werden.[384] Der Größendegressionseffekt verkörpert den zweiten Faktor der Erfahrungskurve, der besagt, dass bei einer höheren Produktionsmenge Vorteile der Massenproduktion genutzt werden können. Diese werden als Economies of Scale bezeichnet und entstehen vor allem durch die Verringerung des Fixkostenanteils je Produktionseinheit. Mit steigender Outputmenge entfällt somit nur ein geringer Anteil der Fixkosten auf eine Einheit. Ferner können bei einer großen Produktionsmenge auch kostengünstigere Verfahren angewendet werden. So kann beispielsweise von einer Werkstatt- auf eine Fließbandfertigung umgestellt werden.[385]

Abbildung 5.12 stellt idealtypische Erfahrungskurven mit einer Stückkostensenkung von 20% und 30% je Verdopplung der Produktionsmenge dar.

Aus der Erfahrungskurve lässt sich als eindeutiger, strategischer Erfolgsfaktor der Marktanteil ableiten. Gelingt es einem Unternehmen einen hohen Marktanteil aufzubauen und somit die eigene Produktionsmenge deutlich zu erhöhen, entstehen signifikante Kostenvorteile gegenüber der Konkurrenz.[386] Dabei ist besonders der relative Marktanteil, d.h. der eigene Marktanteil im Verhältnis zu dem des stärksten Konkurrenten, von großer Bedeutung. Durch die Betrachtung des relativen Marktanteils lässt sich der Wettbewerbsvorteil und somit die strategische Position des Unternehmens im Konkurrenzvergleich deutlich besser einschätzen als durch den absoluten Marktanteil.[387]

---

[382] Gälweiler (2005), S. 181

[383] Vgl. Müller-Stewens/Lechner (2011), S. 259; Bea/Haas (2013), S. 138; Bamberger/Wrona (2012), S. 341

[384] Vgl. Bea/Haas (2013), S. 138 f.; Müller-Stewens/Lechner (2011), S. 259 f.

[385] Vgl. Bamberger/Wrona (2012), S. 343; Müller-Stewens/Lechner (2011), S. 259 f.

[386] Vgl. Müller-Stewens/Lechner (2011), S. 260

[387] Vgl. Baum/Coenenberg/Günther (2013), S. 134

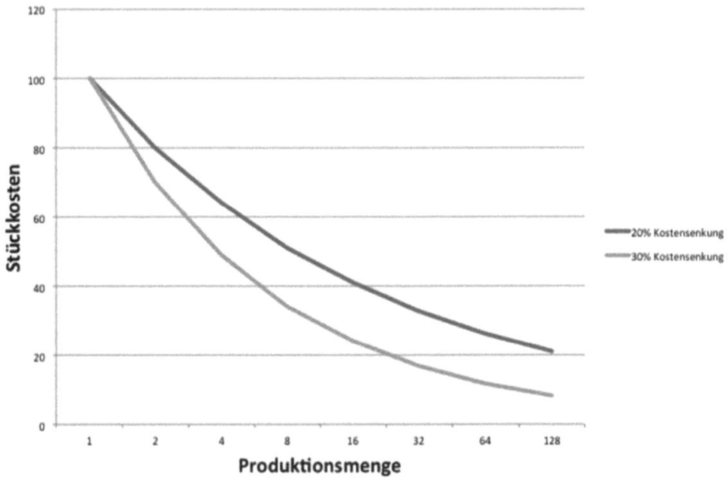

Abbildung 5.12: Idealtypische Erfahrungskurven

Besonders in Wachstumsmärkten ist eine Steigerung des Marktanteils zielführend, da dort mit einer längerfristigen hohen Absatzquote geplant und gerechnet werden kann. Mit dem schnell steigenden Absatzpotenzial ergibt sich ein großer Spielraum für die Nutzung von Erfahrungskurveneffekten, da selbst bei konstantem Marktanteil die Produktionsmengen sukzessive gesteigert werden können. Um in diesem Umfeld einen Wettbewerbsvorteil durch die Erhöhung des relativen Marktanteils zu erzielen, muss das Unternehmen dennoch schneller wachsen als der Markt. Um dies zu erreichen ist ein erhebliches Finanzierungspotenzial für weitere Folgeinvestitionen zu gewährleisten, da das Kapazitätswachstum hohe Erweiterungsinvestitionen erfordert.[388]

Übertragen auf die Aufgabenstellung des Portfoliomanagements im Unternehmen ist ein hoher Marktanteil oder sogar die Rolle des Marktführers, auf den strategischen Geschäftsfeldern auf denen das Unternehmen tätig ist, anzustreben, um langfristige Erfolgspotenziale im internationalen Wettbewerb zu sichern.[389]

5.4.1.3.2 Profit Impact of Marketing Strategies: PIMS-Untersuchungen

Das PIMS-Programm wurde in den 60er Jahren in Nordamerika von *GE* und später von *McKinsey* ins Leben gerufen, mit dem Ziel, Faktoren zu identifizieren, die einen Einfluss auf den Return on Investment sowie die Cashflows eines Unternehmens haben. Dazu werden regelmäßig Daten von ca. 3.000 SGE in etwa 500 Unternehmen erhoben, die es ermöglichen sollen, Wirkungszusammenhänge zwischen Schlüsselfaktoren und dem Unternehmenserfolg zu analysieren und zu quantifizieren. Zu den Schlüsselfaktoren zählen unter anderem die Marktattraktivität, die relative Wettbewerbsposition, Investitionen sowie Kosten. Die höchste positive Korrelation mit dem ROI und dem Cashflow weist laut PIMS die relative Wettbewerbsposition auf.

---

388 Vgl. Baum/Coenenberg/Günther (2013), S. 135; Gälweiler (2005), S. 177

389 Vgl. Gälweiler (2005), S. 180 f.

Dazu gehört vor allem der relative Marktanteil. Aber auch die Marktattraktivität weist einen positiven Einfluss auf die Erfolgsgrößen auf. Dieser wird unter anderem durch das Marktwachstum beeinflusst.[390]

Deutlich wird dabei, dass auch bei der quantitativen PIMS-Untersuchung der Marktanteil als Haupttreiber des unternehmerischen Erfolgs identifiziert wurde und auch das Marktwachstum und somit die Position im Produktlebenszyklus einen positiven Einfluss auf den ROI und Cashflow der SGE hat. Neben diesen bereits herausgestellten strategischen Erfolgsfaktoren existieren jedoch noch zahlreiche weitere Faktoren, wie beispielsweise die Produktqualität, die Produktivität oder auch der Marketingaufwand, die im Rahmen von PIMS als beeinflussende Größen erkannt wurden.[391] An der Methodik des Programms wurde vielfach Kritik geäußert und die Ergebnisse teilweise in Frage gestellt, da es fraglich ist, ob die vielfachen Wechselwirkungen zwischen einzelnen Faktoren und die komplexen Wirkungsstrukturen durch eine solche Analyse adäquat wiedergeben werden können, und die Korrelationen zu den Erfolgsgrößen darüber hinaus relativ stark schwanken. Dennoch finden die Ergebnisse eine große Beachtung, da es bisher keine vergleichbare, umfassende Analyse gibt, die die große Anzahl an Erfolgsfaktoren für ein Unternehmen zu quantifizieren versucht.[392]

Ersichtlich wird durch die PIMS-Untersuchung auch, dass die Erfolgsgrößen ROI und der Cashflow von zahlreichen Ursachen abhängen, die eine Konfiguration des Portfolios erschweren. Eine Berücksichtigung aller Faktoren bei der Zusammenstellung des Geschäftsportfolios ist daher kaum möglich.

5.4.2 Auswahlprozess

5.4.2.1 Analyse der Portfoliokonfiguration

5.4.2.1.1 Portfolioanalyse anhand der BCG-Matrix

Das aktive Portfoliomanagement im strategischen, unternehmerischen Sinne bedarf einer grundlegenden Analyse des aktuellen Portfolios auf der Basis der strategischen Erfolgsfaktoren. Anhand der Portfolioanalyse können Handlungsempfehlungen abgeleitet werden, welche Geschäftsfelder ausgebaut, welche neu aufgebaut werden sollen und aus welchen das Unternehmen austreten sollte.[393]

Seit das Portfoliomanagement Einzug in das strategische Management gefunden hat, wurden zahlreiche Konzepte zur Portfolioanalyse entwickelt. Da kaum alle Umwelteinflüsse und Erfolgsfaktoren dabei berücksichtigt werden können, ist es den meisten Konzepten gemeinsam, dass sie zwei Dimensionen betrachten und damit eine starke Vereinfachung der Realität darstellen. Es werden zum einen die externe Dimension, die die Attraktivität eines Geschäftsfeldes darstellt und zum anderen die interne Dimension, die die eigene Wettbewerbsposition des Unternehmens auf dem jeweiligen

---

[390] Vgl. Hungenberg (2012), S. 220 f.; Bea/Haas (2013), S. 129 ff.

[391] Vgl. Bea/Haas (2013), S. 130; Müller-Stewens/Lechner (2011), S. 321

[392] Vgl. Bea/Haas (2013), S. 132 f.

[393] Vgl. Müller-Stewens/Lechner (2011), S. 284

Geschäftsfeld darstellt, betrachtet. Häufig werden die beiden Dimensionen in einer Matrixdarstellung veranschaulicht.[394]

Das bekannteste Konzept ist die von der *Boston Consulting Group* entwickelte BCG-Matrix, die sich als eine Marktanteils- und Marktwachstums-Matrix darstellt. Dabei wird auf der Ordinate das Marktwachstum abgebildet und spiegelt die externe Dimension wider. Die interne Dimension wird durch den relativen Marktanteil auf der Abszisse dargestellt. Damit berücksichtigt die BCG-Matrix die zwei wichtigsten, marktorientierten, strategischen Erfolgsfaktoren, da durch den relativen Marktanteil dem Konzept der Erfahrungskurve und durch das Marktwachstum dem Konzept des Produktlebenszyklus Rechnung getragen wird.[395]

Die einzelnen SGE oder auch SGF des Unternehmens werden je nach Ausprägung der Erfolgsfaktoren in der Matrix positioniert und repräsentieren das „Markt-Unternehmensportfolio" wie es auch in der Segmentanalyse des Konzernjahresabschlusses zu finden ist.

Ob die strategischen Geschäftseinheiten oder -felder des Unternehmens analysiert werden, wird in der Literatur unterschiedlich aufgefasst.[396] Es ist jedoch beides möglich, da im Unternehmen sowohl das Portfolio der Geschäftseinheiten als auch das der jeweiligen Geschäftsfelder auf denen die Einheiten tätig sind, analysiert und geplant werden kann. Im Folgenden wird von der Portfolioanalyse der SGE ausgegangen.

In der BCG-Matrix spiegelt der Kreisdurchmesser der einzelnen SGE den jeweils erzielten Umsatz in Bezug auf den Gesamtumsatz des Geschäftsfeldes und somit die Bedeutung der SGE für das Unternehmen wider.[397]

Die Portfolio-Matrix lässt sich in vier Felder aufteilen, anhand derer sich Normstrategien für die Optimierung des Portfolios ableiten lassen. Diese Normstrategien stellen pauschalisierte Investitionsempfehlungen für die Geschäftsführung dar, die dem Ziel der langfristigen Existenzsicherung des Unternehmens dienen sollen.[398]

Abhängig von der Positionierung in der Matrix lassen sich die SGE den Kategorien Question Marks, Stars, Cash Cows oder Poor Dogs zuordnen. Die Kategorien bzw. Quadranten des BSC-Portfolios können auch mit den Phasen des Lebenszyklus eines Produktes bzw. einer Geschäftseinheit verglichen werden.[399]

Die Question Marks sind Geschäftseinheiten, die über einen niedrigen relativen Marktanteil verfügen, jedoch in Märkten mit einem hohen Wachstum agieren. Sie befinden sich daher in der Einführungsphase ihres Lebenszykluses. Allerdings ist noch unklar,

---

[394] Vgl. Hungenberg (2012), S. 460

[395] Vgl. Baum/Coenenberg/Günther (2013), S. 224

[396] Analyse der SGF: Vgl. Bea/Haas (2013), S. 144; Hungenberg (2012), S. 462; Alter (2013), S. 192
Analyse der SGE: Vgl. Müller-Stewens/Lechner (2011), S. 284; Baum/Coenenberg/Günther (2013), S. 218; Camphausen (2013), S. 122; Bamberger/Wrona (2012), S. 350

[397] Vgl. Baum/Coenenberg/Günther (2013), S. 224

[398] Vgl. Baum/Coenenberg/Günther (2013), S. 224

[399] Vgl. Hungenberg (2012), S. 462

ob sich die Geschäftseinheiten im Markt durchsetzen können und sollen, da an diesem Punkt ein erheblicher Investitionsbedarf notwendig wird. Als Normstrategie lässt sich aus dieser Position ableiten, dass selektiv vorgegangen werden muss. Wenn ausreichend Finanzmittel aus anderen Geschäftseinheiten zur Verfügung stehen, kann versucht werden, die Question Marks auszubauen; ist dies nicht der Fall, sollte sich das Unternehmen aus diesen Positionen des Portefeuilles zurückziehen.[400]

Das zweite Feld der Matrix besteht aus den sogenannten Stars. Diese Geschäftseinheiten agieren ebenfalls in einem Umfeld, das durch ein hohes Marktwachstum geprägt ist, haben dort aber auch schon einen hohen relativen Marktanteil erzielen können und sind somit ein grundsätzlicher Erfolgsbestandteil für das Unternehmen. Die Stars befinden sich in der Wachstumsphase des Lebenszykluses. Als Normstrategie für das Unternehmen empfiehlt es sich, weiter in diese Geschäftseinheiten zu investieren, da sie einen hohen Investitionsbedarf erfordern, um den relativen Marktanteil im schnell wachsenden Umfeld konstant zu halten oder sogar noch zu steigern. Die Investitionen lassen sich jedoch größtenteils schon aus den eigenen Umsätzen der Stars finanzieren.[401]

Befinden sich Geschäftseinheiten in einem Markt, der kein hohes Marktwachstum mehr aufweist, halten dort aber einen hohen relativen Marktanteil, werden sie als Cash Cows bezeichnet. Sie befinden sich in der Reifephase des Lebenszykluses. Die sinkende Wachstumsrate reduziert das erforderliche Investitionsvolumen, da weder Kosten für die Kapazitätserweiterung noch für den Ausbau der Marktposition dieser SGE anfallen. Die Cash Cows erzeugen positive Cashflows, die beispielsweise für den Aufbau neuer Question Marks verwendet werden können. Als Normstrategie empfiehlt es sich daher, die Überschüsse abzuschöpfen, solange dies möglich ist und die Position der Cash Cows aufrecht zu erhalten ist.[402]

Geschäftseinheiten, die nur einen geringen relativen Marktanteil in einem Markt ohne hohes Wachstum oder sogar negativem Wachstum aufweisen, werden als Poor Dogs bezeichnet. Die Poor Dogs befinden sich in der Sättigungsphase des Lebenszykluses. Es empfiehlt sich der Verkauf oder die Liquidation dieser Geschäfte, sofern sich der Cashflow in den negativen Bereich entwickelt. Bestehen jedoch wichtige Synergien zwischen den Poor Dogs und anderen Geschäftseinheiten, ist abzuwägen, ob sie trotz des negativen finanziellen Erfolgsbeitrags, gemessen an der Stufendeckungsbeitragsrechnung weiter geführt werden sollten.[403]

Abbildung 5.13 stellt die BCG-Matrix und den Bezug zu den zugrundeliegenden Erfolgsfaktoren des Lebenszyklus und der Erfahrungskurve dar.

400 Vgl. Müller-Stewens/Lechner (2011), S. 285 f.; Hungenberg (2012), S. 462; Baum/Coenenberg/Günther (2013), S. 226; Camphausen (2013), S. 122

401 Vgl. Baum/Coenenberg/Günther (2013), S. 227; Hungenberg (2012), S. 463; Alter (2013), S. 193

402 Vgl. Baum/Coenenberg/Günther (2013), S. 227; Hungenberg (2012), S. 463; Camphausen (2013), S. 122

403 Vgl. Camphausen (2013), S. 122; Hungenberg (2012), S. 463 f.

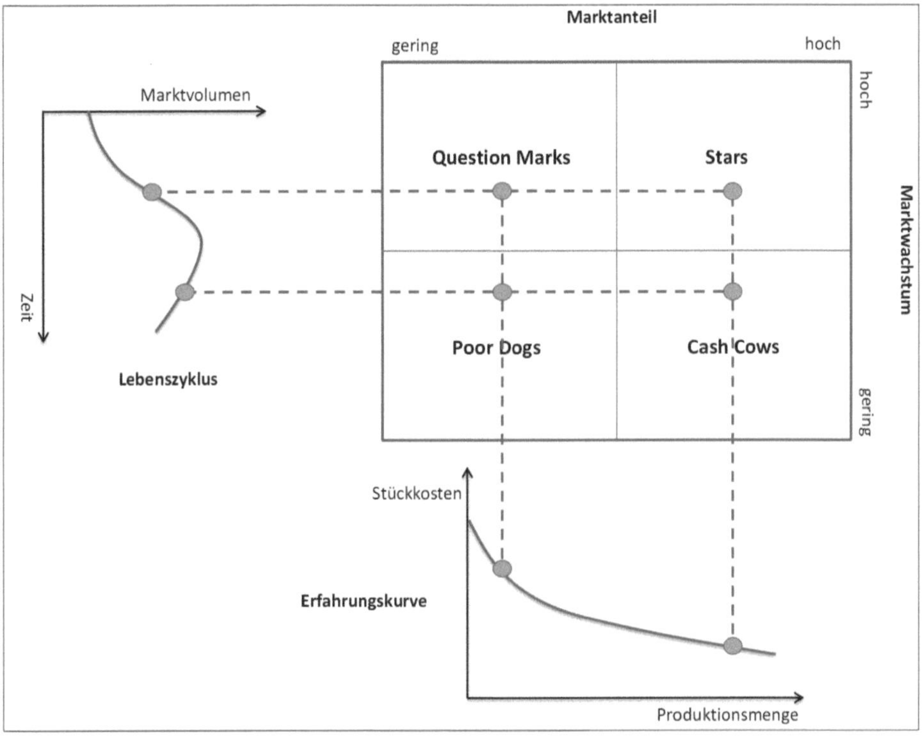

Abbildung 5.13: BCG-Matrix und die zugrundeliegenden Erfolgsfaktoren
Quelle: In Anlehnung an Müller-Stewens/Lechner (2011), S. 290

Anhand der Analyse des Portfolios lässt sich somit identifizieren, für welche existierenden Geschäftseinheiten welche Strategien empfohlen werden und welche neuen Geschäftseinheiten aufgebaut werden sollten, um das Portfolio zu optimieren. Auch für das Portfolio gilt der Ausgewogenheitsgedanke des Produktlebenszyklus. So sollte es derart aufgebaut werden, dass jederzeit ausreichend Question Marks und Stars im Unternehmen existieren, um das zukünftige Erfolgspotenzial zu sichern und diese durch die heutigen Cash Cows querfinanziert werden.[404] Auch dem Gedanken der Risikoreduktion durch eine Diversifizierung mehrerer SGE auf unterschiedlichen Märkten kann dabei, aufgrund ausgewogenerer Cashflows, Rechnung getragen werden.[405]

5.4.2.1.2 Portfolioanalyse anhand von Segmentkennzahlen im Rahmen der Konzernabschlussanalyse

Ein weiterer Ansätz zur Portfolioanalyse findet man bei Wirtschaftsprüfern wie *Baetge/Kirsch/Thiele* (vgl. dazu auch die Anhänge 3.1 – 3.9 aus wirtschaftsmathematischer Sicht). Sie unterscheiden sich dadurch, dass sie die Perspektive der erfolgswirt-

[404] Vgl. Bamberger/Wrona (2012), S. 349 ff.

[405] Vgl. Baum/Coenenberg/Günther (2013), S. 219

schaftlichen Jahresabschlussanalyse der Wirtschaftsprüfung fokussieren. Dabei werden die im Jahresabschluss ausgewiesenen Segmente, die üblicherweise den Strategischen Geschäftsfeldern (SGF) eines Strategischen Managements eines Unternehmens entsprechen, analysiert. Der Ansatz baut auf der BCG-Matrix auf, betrachtet jedoch nicht das Marktwachstum und den relativen Marktanteil als Dimensionen, sondern mit dem Segment-Investitionsgrad sowie der Segment-Wachstumsquote zwei Segmentkennzahlen aus der erfolgswirtschaftlichen Analyse eines Unternehmens. Daher werden ausschließlich interne Größen zur Analyse eines Industrieunternehmens herangezogen.[406]

Die beiden Kennzahlen berechnen sich wie folgt.

$$\textit{Segment-Investitionsgrad} = \frac{\textit{Segmentinvestitionen}}{\textit{Segment-Cashflow}} \tag{15}$$

$$\textit{Segment-Wachstumsquote} = \frac{\textit{Segmentinvestitionen}}{\textit{Segmentabschreibungen}} \tag{16}$$

Ist der Segment-Investitionsgrad größer 1, bedeutet dies, dass der Cashflow des Segments die benötigten Investitionen nicht selbstständig decken kann und somit Finanzmittel aus anderen Segmenten zur Finanzierung der SGE benötigt werden. Die Segment-Wachstumsquote signalisiert, inwiefern die Abschreibungen eines Segments durch Investitionen kompensiert werden. Ein Wert größer 1 deutet dabei auf ein wachsendes Segment hin, das hohe Investitionen erfordert, die nicht durch die Abschreibungen gedeckt werden können.[407]

Die Klassifizierung der einzelnen Segmente in Question Marks, Stars, Cash Cows und Poor Dogs wird beibehalten, und auch die empfohlenen Normstrategien entsprechen denen der BCG-Matrix Analyse.

Anhand der Kennzahlen lassen sich Segmente als Question Marks klassifizieren, die sowohl einen hohen Investitionsgrad als auch eine hohe Wachstumsquote aufweisen. Sie können die Investitionen nicht aus dem eigenen Cashflow finanzieren, benötigen jedoch höhere Investitionen, als sie Abschreibungen aufweisen. Nach demselben Prinzip können daher die Segmente mit einer hohen Wachstumsquote und einem geringen Investitionsgrad als Stars klassifiziert werden. Cash Cow Segmente zeichnen sich durch einen geringen Investitionsgrad wie auch eine geringe Wachstumsquote aus. Als Poor Dogs lassen sich die Segmente mit einem hohen Investitionsgrad und einer niedrigen Wachstumsquote klassifizieren.[408]

Der Ansatz diente ursprünglich dazu, eine externe Analyse wie beispielsweise durch Wirtschaftsprüfer oder Finanzanalysten zu ermöglichen, da die für die Analyse relevanten Größen Pflichtangaben innerhalb der Segmentberichterstattung darstellen.[409] Dieser Ansatz eignet sich auch als internes Analyseinstrument, um die bisherige Segmentstrategie zu eruieren und darauf aufbauend die zukünftige Segment- und somit Portfolioplanung eines Industrieunternehmens zu analysieren und zu interpretieren.

---

[406] Vgl. Baetge/Kirsch/Thiele (2004), S. 447 ff.

[407] Vgl. Baetge/Kirsch/Thiele (2004), S. 447 f.

[408] Vgl. Baetge/Kirsch/Thiele (2004), S. 450

[409] Vgl. Baetge/Kirsch/Thiele (2004), S. 447

Die Analyse anhand der BCG-Matrix oder der Segmentkennzahlen bietet jedoch lediglich qualitative Handlungsempfehlungen durch die Normstrategien, sodass eine exakte Selektion von potenziellen neuen Geschäftsfeldern und -einheiten auf der Grundlage quantitativer Daten nicht gewährleistet wird. Auch eine Berücksichtigung der Synergien zwischen den SGE bzw. SGF erfolgt bei der Portfolioanalyse nicht, wenn man sich nicht im Technologiefeld des Unternehmens bewegen kann.[410]

Neben der BCG-Matrix und der Analyse der Segmentkennzahlen existieren zahlreiche weitere Konzepte zur Portfolioanalyse, die jedoch auf ähnlichen Prinzipien basieren. [411] Überwiegend handelt es sich ebenfalls um Matrix-Darstellungen die sich lediglich in der Ausführlichkeit und den betrachteten Kriterien leicht voneinander unterscheiden.[412]So befasst sich die Portfolioanalyse, die von dem Beratungsunternehmen *McKinsey* entwickelt wurde, mit einer Matrix, die die Dimensionen Marktattraktivität und Wettbewerbsvorteil widerspiegelt. Sie umfasst neun Matrixfelder aus denen sich ebenfalls Normstrategien ableiten lassen.[413]

Im Zuge der Ausbreitung des Shareholder-Value-Gedankens in den 1980er Jahren sind zudem neuere Analyseansätze entstanden, die sich mit der Werterzeugung im Unternehmen mit einer Patent- und Technologieportfolio befassen sowie diese in eine Matrixdarstellung einbetten.[414] Auch die wertorientierten Analysekonzepte unterscheiden sich aber nicht signifikant von denen der BCG-Matrix oder der Analyse der Segmentkennzahlen.

5.4.2.2 Entwicklung der Portfoliokonfigurationsstrategie

5.4.2.2.1 Diversifikationsrichtungen

Während bei der Analyse des Unternehmensportfolios lediglich eine Einzelbetrachtung der SGE durchgeführt wurde, lässt sich bei der anschließenden Entwicklung der Konfigurationsstrategie die Verbundenheit der Geschäftseinheiten berücksichtigen.[415]

Bei der Portfoliokonfiguration sind auch die angestrebte Synergiestrategie und die damit einhergehende Koordination der Geschäftseinheiten zu berücksichtigen.

Wird auf der Grundlage der Portfolioanalyse – beispielsweise aufgrund des Ausgewogenheitsaspekts – entschieden, die Unternehmensaktivität auf ein neues Geschäftsmodell, eine neue Geschäftseinheit oder ein neues Geschäftsfeld auszuweiten, hat das strategische Management diesbezüglich zu entscheiden, in welche Richtung die Diversifikation erfolgen soll. Es lässt sich dabei zwischen vier Diversifikationsrichtungen unterscheiden. Das Unternehmen kann entweder eine konzentrische, eine relationale oder aber eine konglomerate Diversifikation anstreben, wobei die relationale Diversifi-

---

410 Vgl. Baum/Coenenberg/Günther (2013), S. 243

411 Vgl. Hungenberg (2012), S. 460; Baum/Coenenberg/Günther (2013), S. 223

412 Vgl. Hungenberg (2012), S. 460; Baum/Coenenberg/Günther (2013), S. 223

413 Vgl. Camphausen (2013), S. 123 f.; Müller-Stewens/Lechner (2011), S. 287

414 Vgl. Wendt (2013), S. 93; Hungenberg (2012), S. 478 ff.

415 Vgl. Müller-Stewens/Brauer (2009), S. 298

kation sowohl in vertikale als auch in horizontale Richtung erfolgen kann.[416] Anhand der Diversifikationsstrategie lässt sich bereits Einfluss auf die intendierten Synergiepotenziale nehmen.[417]

Bei der konzentrischen Diversifikation, auch als fokussierte Diversifikation bezeichnet, beschränkt sich das Unternehmen auf eine relativ geringe Anzahl an Geschäftsfeldern, in denen es tätig ist. Diese Geschäftsfelder sind sich darüber hinaus sehr ähnlich hinsichtlich der zu bearbeitenden Märkte sowie ihrer Produkte. Auch die internen Leistungsprozesse sind dabei nahezu identisch. Das Ziel der konzentrischen Diversifikation ist der Aufbau von Effizienz- und Know-How-Vorteilen in dem jeweiligen fokussierten Bereich und somit die Generierung von Managementsynergien. Ein Beispiel für diese Strategie ist der *VW*-Konzern, der nahezu ausschließlich in sehr ähnlichen Geschäftsfeldern der Kraftfahrzeugbranche tätig ist.[418]

Die relationale Diversifikation beinhaltet Geschäftsfelder, die zwar unterschiedliche Märkte bedienen und sich in ihren Produktanforderungen unterscheiden, aber dennoch einen gewissen Verwandtschaftsgrad bezüglich der Führungsanforderungen sowie der Branche aufweisen. Die Anzahl der Geschäftsfelder bewegt sich dabei oftmals im mittleren Bereich.[419] Bei der relationalen Diversifikation lässt sich zwischen einer horizontalen und vertikalen Diversifikation unterscheiden. Weitet das Unternehmen sein Tätigkeitsfeld horizontal aus, wird darunter eine Erweiterung der Geschäfte auf der eigenen Wertschöpfungsstufe verstanden. Üblicherweise wird dabei das Leistungsprogramm oder die geographische Ausdehnung vergrößert. Dadurch können operative Synergiepotenziale in Bereichen wie dem Vertrieb, der Produktion oder dem Einkauf geschaffen werden. Die Synergien können durch eine Bündelung der Bereiche erzielt werden. Dabei entstehen durch größere Mengen unter anderem Skaleneffekte. Auch Marktmachtsynergien lassen sich durch Absprachen zwischen den Geschäftseinheiten realisieren. Die Strategie der horizontalen Diversifikation wendet beispielsweise der Metro-Konzern an, der sich zwar auf Handelsaktivitäten beschränkt, in dieser Branche aber sowohl Elektronikmärkte, Märkte des Lebensmittel-Einzelhandels als auch des Großhandels betreibt.[420] Entscheidet sich ein Unternehmen für die Erweiterung des Portfolios in vertikale Richtung, wird darunter der Erwerb oder Aufbau einer anderen Wertschöpfungsstufe innerhalb der bisherigen Branche verstanden, die dem eigenen Geschäftsfeld vor- oder nachgelagert sein kann. Daher lässt sich zwischen der Vorwärts- und Rückwärtsintegration unterscheiden. So kann durch eine Vorwärtsintegration in das Geschäftsfeld des bisherigen Abnehmers eingestiegen werden oder durch eine Rückwärtsintegration in das des bisherigen Zulieferers. Bei einer Vorwärtsintegration spielen oftmals Absatzüberlegungen eine Rolle, da dem Unternehmen der direkte Konsumentenzugang ermöglicht wird. Die Motive für eine Rückwärtsintegration bestehen überwiegend aus der Sicherung der Qualität und der Versorgung. Dadurch

---

[416] Vgl. Hungenberg (2012), S. 497 f.; Müller-Stewens/Lechner (2011), S. 294 ff.

[417] Vgl. Müller-Stewens/Lechner (2011), S. 293

[418] Vgl. Hungenberg (2012), S. 497

[419] Vgl. Hungenberg (2012), S. 498; Müller-Stewens/Lechner (2011), S. 294

[420] Vgl. Wicharz (2013), S. 273; Müller-Stewens/Lechner (2011), S. 294; Hungenberg (2012), S. 498; Müller-Stewens/Brauer (2009), S. 356 f.

verringert sich, besonders bei strategisch relevanten vorgelagerten Wertschöpfungsstufen, die Abhängigkeit von Zulieferern und führt zu einer Risikominderung. Auch Managementsynergien lassen sich durch das Know-How des Managements und dessen Übertragung auf die vertikal oder horizontal diversifizierten Geschäftsfelder realisieren.[421]

Eine konglomerate Diversifikation existiert, wenn das Unternehmen in Geschäftsfelder eintritt, die sich von dem ursprünglichen stark oder vollkommen unterscheiden. Häufig agieren Unternehmen, die eine solche Strategie der Diversifikation anwenden, bereits in zahlreichen Geschäftsfeldern. Durch die konglomerate Diversifikation soll das gesamtunternehmerische Risiko reduziert werden, da die Abhängigkeit von der Entwicklung eines Geschäftsfeldes abnimmt. Aufgrund der geringen Ähnlichkeit der Geschäftseinheiten lassen sich jedoch weder operative Synergien noch Managementsynergien realisieren.[422] Denkbar ist jedoch die Schaffung des Potenzials finanzieller Synergien durch negativ korrelierte Cashflows der unterschiedlichen Geschäftsfelder sowie die Schaffung eines internen Kapitalmarkts. Eine konglomerate Diversifikation lässt sich beispielsweise bei Mischkonzernen wie *Dr. Oetker* oder *General Electric* beobachten.[423]

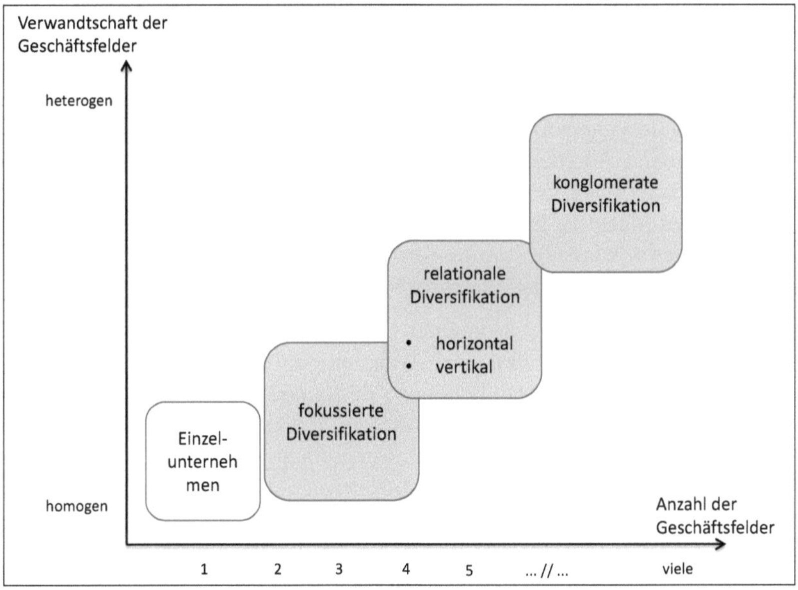

Abbildung 5.14: Arten von Diversifikationsstrategien
Quelle: In Anlehnung an Hungenberg (2012), S. 497.

421 Vgl. Müller-Stewens/Lechner (2011), S. 294 ff.; Hungenberg (2012), S. 498; Müller-Stewens/Brauer (2010), S. 31 f.

422 Vgl. Müller-Stewens/Lechner (2011), S. 298; Hungenberg (2012), S. 498

423 Vgl. Hungenberg (2012), S. 498

Neben den hautsächlich angestrebten Synergiepotenzialen durch die Wahl der Diversifikationsrichtung wird angenommen, dass finanzielle Synergien sowie Marktmachtsynergien mit zunehmender Stärke der Diversifikation eines Unternehmens ansteigen.[424]

Abbildung 5.14 stellt die unterschiedlichen Diversifikationsstrategien dar.

5.4.2.2.2 Diversifikationsmechanismen

Wurde im Rahmen des Portfoliomanagements eines Unternehmens beschlossen, in welche Richtung und in welche Geschäftsfelder die Diversifikation erfolgen soll, ist die Vorgehensweise der Diversifikation zu bestimmen. Das Unternehmen kann entweder ein organisches Wachstum durch eigene Forschung und Entwicklung und Innovationen, die Akquisition eines Unternehmens oder eine Kooperation mit einem anderen Unternehmen zur Erschließung eines neuen Geschäftsfelds forcieren.[425]

Beim organischen Wachstum findet die Diversifikation innerhalb des Unternehmens statt. Dabei werden aus eigener Kraft neue Geschäftseinheiten aufgebaut, die wahlweise in neuen Geschäftsfeldern agieren. Das organische Wachstum empfiehlt sich besonders dann, wenn das Unternehmen keine breite Diversifikation anstrebt und das Wachstum auf die Kernfähigkeiten der Innovationsmanagementerfahrungen des Unternehmens gestützt werden soll. Dadurch können die vorhandenen Kompetenzen auf einfachem Wege in die neue Geschäftseinheit eingebracht werden. Bei der schrittweisen internen Entwicklung besteht darüber hinaus vor allem ein Flexibilitätsvorteil, da Entscheidungen laufend getroffen werden, um sich an verändernde Marktbedingungen anpassen zu können. Allerdings ist eine interne Entwicklung sehr zeitaufwändig, wodurch besonders in Wachstumsmärkten die Gefahr besteht, mit dem eigenen Angebot zu spät auf den Markt zu kommen und folglich eine nachteilige Wettbewerbsposition daraus resultieren kann. In Märkten mit hohen Eintrittsbarrieren sind zudem erhebliche Investitionen notwendig, um diese zu überwinden.[426]

Die Diversifikation durch Akquisition eines Unternehmens ist eine Methode, die in der Praxis sehr häufig angewandt wird, um Anpassungen des Portfolios durchzuführen. Dabei wird ein Unternehmen, das bereits in den angestrebten Geschäftsfeldern tätig ist, erworben, um direkt einen Zugang zu diesem Markt und den Ressourcen des Unternehmens zu erlangen. Die Kaufs- und Verkaufstätigkeit von Unternehmen wird auch als Mergers & Acquisitions (M&A) bezeichnet. Einer der größten Vorteile ist dabei die hohe Geschwindigkeit, mit der das Unternehmen auf neuen Geschäftsfeldern tätig sein kann. Ferner wird durch den Kauf auch das im erworbenen Unternehmen vorhandene Know-How mit übernommen. Teilweise ist der Aufbau spezifischen Wissens aus eigenen Ressourcen kaum möglich und somit nur über den Erwerbsweg zu erreichen. Sowohl durch die Akquisition des Wissens als auch der Ressourcen lassen sich Synergiepotenziale erzielen.[427] Die Realisierung von Synergieeffekten wird oftmals

---

[424] Vgl. Hungenberg (2012), S. 500 f.

[425] Vgl. Müller-Stewens/Lechner (2011), S. 298

[426] Vgl. Müller-Stewens/Lechner (2011), S. 298 f.; Hungenberg (2012), S. 515 ff.

[427] Vgl. Müller-Stewens/Lechner (2011), S. 299 f.; Hungenberg (2012), S. 517 ff.

als hauptsächliches Motiv für die Durchführung von M&A-Transaktionen angeführt.[428] Ein weiterer Vorteil liegt darin, dass durch den Erwerb eines Unternehmens umgehend der eigene Marktanteil gesteigert werden kann und auf dem betroffenen Markt dabei kein neuer Wettbewerber entsteht.[429] Problematisch ist bei M&A-Aktivitäten allerdings der erhebliche finanzielle Aufwand. Oftmals werden Kaufpreise für Unternehmen erhoben, die deutlich über deren Marktwert liegen. Diese Preisaufschläge sind für das erwerbende Unternehmen nur rentabel, wenn die realisierbaren Synergievorteile größer sind. Dies zu quantifizieren ist jedoch kaum möglich. Überdies sind die akquirierten Unternehmen in die bestehende Unternehmensstruktur einzugliedern. Diese Integration ist mit zahlreichen organisatorischen und finanziellen Herausforderungen verbunden und muss ebenso die unterschiedliche Mitarbeiterkultur berücksichtigen. Die Integration ist auch ausschlaggebend dafür, ob prognostizierte Synergiepotenziale tatsächlich realisiert werden können und ist somit entscheidend für den Akquisitionserfolg.[430]

Eine Mischform des organischen Wachstums und des externen Erwerbs von Unternehmen ist das Eingehen einer Kooperation mit einem weiteren Unternehmen, um ein Geschäftsfeld gemeinsam zu bearbeiten. Den Vorteilen der Zusammenführung der Kompetenzen beider Unternehmen, bei gleichzeitiger Reduktion des unternehmerischen Risikos, stehen erhebliche Probleme gegenüber. Dazu gehört das hohe Konfliktpotenzial, da die Zielvorstellungen beider Unternehmen in Einklang gebracht werden müssen. Auch kulturelle, politische oder strukturelle Unterschiede können zu Spannungen innerhalb der Kooperation führen. Oft resultiert daraus eine instabile Organisationsform. Dennoch sind Kooperationen in zahlreichen Branchen vorzufinden. Oftmals sind ein hoher Wettbewerbsdruck und zu knappe eigene Ressourcen maßgeblich für die Notwendigkeit Kooperationen zu bilden, um dem technologischen Wettbewerb standhalten zu können.[431]

Für welchen Diversifikationsmechanismus sich das Portfoliomanagement im Unternehmen entscheidet, hängt vor allem von den Geschäftsfeldern ab, in die die Diversifikation erfolgen soll. Je unbekannter der Markt, in den das Unternehmen eintreten möchte, für die Unternehmensleitung ist, desto eher empfiehlt sich ein externes Wachstum bzw. eine Kooperation. [432] Strebt das Unternehmen daher eine breite, beispielsweise konglomerate, Diversifikation an, empfiehlt es sich, durch Kooperationen oder die Akquisition neuer Unternehmen die bisher unbearbeiteten Geschäftsfelder zu erschließen. Wird eher eine fokussierte oder horizontale Diversifikation in Bereiche, mit denen die Unternehmensleitung bereits vertraut ist, angestrebt, wäre auch ein organisches Wachstum denkbar.

In der Praxis wird das Management des Unternehmensportfolios überwiegend durch ein externes Wachstum und den damit verbundenen M&A-Transaktionen durchge-

---

[428] Vgl. Horzella (2010), S. 43; Jansen (2008), S. 167

[429] Vgl. Hungenberg (2012), S. 521

[430] Vgl. Müller-Stewens/Lechner (2011), S. 301 f.; Hungenberg (2012), S. 521 f.

[431] Vgl. Müller-Stewens/Lechner (2011), S. 302 f.; Hungenberg (2012), S. 512

[432] Vgl. Müller-Stewens/Lechner (2011), S. 307 f.

führt, da dies der effektivste Weg ist Synergiepotenziale aufzubauen.[433] Viele spezielle Ressourcen, Fähigkeiten und Wissen können nur auf dem Erwerbsweg erlangt werden, daher ist diese Möglichkeit für viele Unternehmen der wirkungsvollste Diversifikationsmechanismus.[434] Auf dieser Grundlage wird im Folgenden auf das weitere Vorgehen im Falle des Portfoliomanagements durch Akquisitionen eingegangen.

5.4.2.3 Wahl des Akquisitionsobjekts

Hat sich das Management dazu entschieden in welche Richtung es diversifizieren möchte, in welche Geschäftsfelder der Vorstoß erfolgen soll und dass die Diversifikation durch den Kauf eines anderen Unternehmens durchgeführt wird, sind die wichtigsten Schritte des M&A-Prozesses zu überdenken. Abbildung 5.15 stellt die typischen Phasen einer Akquisition dar. Aufgrund der hohen Komplexität und weitreichenden externen Einflüsse bei der Durchführung von M&A-Transaktionen, kann im Rahmen dieses Kapitels nur auf einige Vorgänge eingegangen werden, die von besonderer Relevanz für das Portfoliomanagement sind. Auf die Phasen, die nach der Auswahl des Kaufobjekts folgen, wird noch eingegangen.

Die Suche und Auswahl des zu akquirierenden Unternehmens erfolgt anhand eines sogenannten Screenings. Dabei werden systematisch potenzielle Kaufobjekte, in Abhängigkeit von den Anforderungen des Portfoliomanagements, gesucht und bewertet. Wirtz unterteilt den Screening Prozess in drei Phasen, in denen es gilt, die interessanten Übernahmekandidaten sukzessive zu filtern, um den bestmöglichen zu identifizieren.[435]

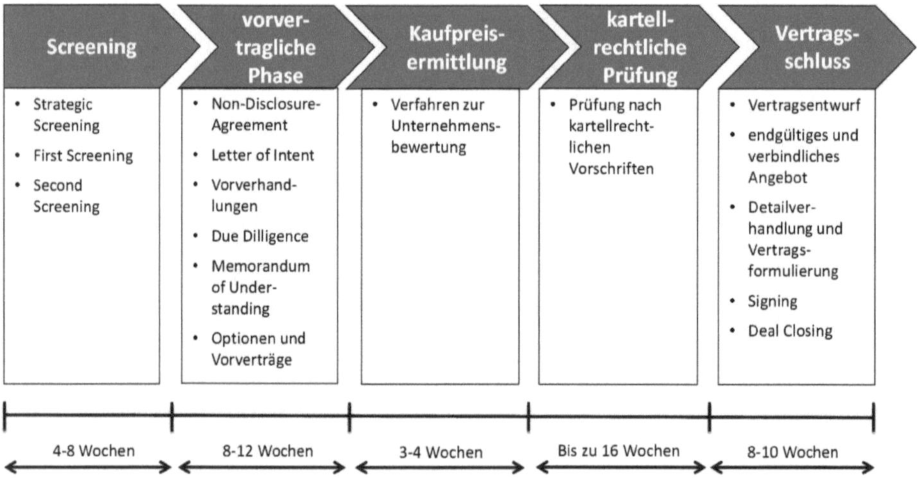

Abbildung 5.15: Phasen einer Unternehmensakquisition
Quelle: In Anlehnung an Wirtz (2012), S. 188

---

433 Vgl. Horzella (2010), S. 43

434 Vgl. Wirtz (2012), S. 58

435 Vgl. Wirtz (2012), S. 187 ff.

In der ersten Phase, dem Strategic Screening, wird eine sogenannte Long List, d.h. eine vollständige Liste aller in Frage kommenden Unternehmen zusammengestellt. Diese werden anhand von zahlreichen Kriterien ermittelt, die das erwerbende Unternehmen vorgibt und die durch umfangreiche Unternehmensanalysen erhoben werden. Dazu zählen die potenziell erzielbaren Synergieeffekte, das Produkt-Portfolio des Zielunternehmens, die Marktanteile, die Mitarbeiteranzahl und vieles mehr.[436] Auch die Größenordnung, in der sich der Kaufpreis bewegen könnte, ist dabei ausschlaggebend.[437] Dazu muss der zur Verfügung stehende Anlagebetrag zunächst bestimmt werden. Durch die Zusammenstellung des Portfolios soll gewährleistet werden, dass der längerfristige notwendige Finanzierungsbedarf einzelner Geschäftseinheiten durch die überschüssigen Cashflows anderer Einheiten gesichert wird.[438] Daher lässt sich im Umkehrschluss folgern, dass der verfügbare Anlagebetrag zum Ausbau und der Optimierung des Portfolios durch die Differenz des Finanzierungspotenzials zu dem Mittelbedarf determiniert werden kann.

Die weiteren Zielkriterien haben durch eine Einschätzung des Managements zu erfolgen. Die Fokussierung potenzieller Synergieeffekte wird beispielsweise, wie bereits erläutert, auch schon bei der Wahl der Diversifikationsrichtung bestimmt.[439]

Ist die Long List zusammengestellt worden, folgt mit dem First Screening eine erste grobe Filterung der Unternehmen. Dabei werden die potenziellen Akquisitionsobjekte individuell analysiert. Dazu wird für jedes Unternehmen ein Anforderungsprofil erstellt, bei dem alle relevanten Funktionen der Wertschöpfungskette analysiert werden. Durch eine Stärken-Schwächen-Betrachtung der einzelnen Wertschöpfungsaktivitäten des in Frage kommenden Übernahmekandidaten und einem Vergleich mit den Stärken und Schwächen im eigenen Unternehmen, kann eine Abschätzung über den strategischen und organisatorischen Fit der Unternehmen in der Long List erfolgen.[440] Der strategische Fit ist ein Indikator dafür, inwiefern die strategische Ausrichtung des zu akquirierenden Unternehmens zu der des eigenen Unternehmens passt, also beispielsweise welche bestehenden Schwächen durch den Kauf ausgeglichen werden können oder welche speziellen Synergien erzielt werden können. Ein Ansatz dafür liefert zuerst einmal ein Lagebericht eines potentiellen Target-Unternehmens (vgl. den nachstehenden Exkurs).

---

[436] Vgl. Wirtz (2012), S. 190 ff.

[437] Vgl. Jansen (2008), S. 260

[438] Vgl. Gälweiler (2005), S. 181

[439] Vgl. Hungenberg (2012), S. 528

[440] Vgl. Wirtz (2012), S. 194; Jansen (2008), S. 251

Exkurs

Lagebericht

Universal Music GmbH – Lagebericht für das Geschäftsjahr 2013

(1.) Grundlagen der Gesellschaft

Die Universal Music GmbH ist eine Tochtergesellschaft der Universal Music Entertainment GmbH, Berlin, und somit Teil der Universal Music Group, der weltweit führenden Musikfirma, die Teil der Vivendi S.A. in Paris, Frankreich, ist. Sie befasst sich mit ihren Divisionen (Vertigo Capitol, Polydor Island, Universal Music International Division, Universal Strategic Marketing/Catalogue, Family Entertainment, Electrola, Universal Vertrieb) im Tonträger- und Musikmarkt mit dem Aufbau neuer Künstler, dem Schaffen neuer Trends sowie der Vermarktung und des Vertriebs des nationalen und internationalen Repertoires.

(2.) Wirtschaftsbericht

Gesamtwirtschaftliche und branchenbezogene Rahmenbedingungen

In 2013 ist der deutsche Musikmarkt nach der Statistik des Bundesverbandes der Musikindustrie zum ersten Mal seit 15 Jahren wieder gewachsen. Die Umsätze aus physischen und digitalen Musikverkäufen stiegen insgesamt um 1,2% von 1,435 Mrd. Euro im Jahr 2012 auf 1,452 Mrd. Euro im Jahr 2013 (Vorjahr: -3,2%).

Der Markt der physischen Ton- und Bildträger ging anders als in vielen anderen Ländern nur leicht zurück, lediglich mit Umsatzeinbußen zu Endverbraucherpreisen von 1,5% von 1,141 Mrd. Euro[1] im Jahr 2012 auf 1,124 Mrd. Euro im Jahr 2013 (2012: -7,7%).

Dieser relativ stabile physische Markt mit einem Marktanteil von 77,4% (Vorjahr: 79,5%) wurde durch ein zweistelliges Wachstum in den digitalen Geschäftsfeldern von 11,7% auf 328 Millionen Euro begleitet (Vorjahr: 294 Millionen Euro). Die digitalen Geschäftsfelder erreichten einen Umsatzanteil am Musikmarkt von 22,6% (Vorjahr: 20,5%). Dadurch konnten die physischen Rückgänge mehr als kompensiert werden und führten insgesamt zu einem leichten Marktwachstum.

Universal dominierte 2013 weiterhin den Musikmarkt. Die Chart-Marktanteile bei den Singles betrugen 51,48%, bei den Longplays 48,70% und bei den Compilations 56,75%[2].

Geschäftsverlauf und Lage der Gesellschaft

A Ertragsentwicklung: Die Ertragsentwicklung des laufenden Geschäftsjahres liegt unter der Prognose des Vorjahres für das Geschäftsjahr 2013. [...]

B Vermögens- und Finanzlage: Die Vermögens- und Finanzlage des laufenden Geschäftsjahres liegt leicht über der Prognose des Vorjahres für das Geschäftsjahr 2013. Die Verringerung des Anlagevermögens resultiert im Wesentlichen aus dem Verkauf von Grundstücken und Gebäuden, welcher im Berichtsjahr zu Erträgen aus dem Abgang von Anlagevermögen in Höhe von 1,3 Millionen Euro führte. [...]

Gesamtaussage zur Ertrags-, Vermögens- und Finanzlage

Die Ertrags-, Vermögens- und Finanzlage hat sich trotz der weiterhin schwierigen Lage des Musikmarktes im Geschäftsjahr 2013 insgesamt erwartungsgemäß entwickelt.

Finanzielle und nicht finanzielle Leistungsindikatoren

Der Anstieg der Umsatzerlöse resultiert aus dem erstmaligen Ausweis von Vertriebserlösen des EMI Repertoire in Höhe von 34,2 Millionen Euro.

Das Betriebsergebnis ist im Vergleich zum Vorjahr rückläufig und um 2,1 Millionen auf 14,5 Millionen Euro (Vorjahr 16,6 Millionen Euro) gesunken.

Die Eigenkapitalquote der Gesellschaft beträgt zum Stichtag 8,0% und ist damit im Wesentlichen unverändert zum Vorjahr (Vorjahr: 8,5%).

Die Anzahl der Mitarbeiter beträgt durchschnittlich 234 Mitarbeiter (Vorjahr 249), die überwiegend im Marketing, im Bereich der Künstlerbetreuung und im Vertrieb beschäftigt sind.

Im Berichtsjahr bekam die Gesellschaft 24 Echo-Preise sowie 108 Gold- und Platin-Auszeichnungen für erfolgreiche Verkäufe ihrer Künstler verliehen.

(3.) Nachtragsbericht

Es gab keinerlei Ereignisse mit Auswirkungen auf das Geschäftsjahr 2013 nach dem Stichtag.

(4.) Prognose-, Chancen und Risikobericht

Risikomanagement

Nach gegenwärtiger Einschätzung besteht im Tonträgergeschäft das Risiko, durch das Raubkopieren und illegale Herunterladen weiterhin Umsatzeinbrüche zu erleiden und damit Ertragskraft zu verlieren. Darüber hinaus existiert das allgemeine Geschäftsrisiko hinsichtlich der Einspielbarkeit von Vorauszahlungen an Künstler. [...] Die Gesellschaft setzt keine Finanzinstrumente ein.

Chancen und Risikobericht

Die Entwicklung der Gesellschaft wird auch künftig in starkem Maße von der Entwicklung der Einzelergebnisse ihrer Tochterunternehmen und damit von der Entwicklung auf dem Musikmarkt abhängen. Bestandsgefährdende Risiken aus vergangenen oder zukünftigen Entwicklungen sind nach gegenwärtigem Erkenntnisstand jedoch nicht erkennbar.

Trotz der weiterhin hohen Marktanteile sowie der Entwicklung neuer Vertriebskanäle und Plattformen ist aufgrund der aktuellen ökonomischen Entwicklung ein erneuter signifikanter Rückgang des Tonträgerumsatzes in Deutschland durch gedämpftes Konsumentenverhalten nicht auszuschließen. Es bleibt abzuwarten, inwieweit die Durchsetzungsgeschwindigkeit neuer Geschäftsmodelle im Download-Bereich, bei Streaming-Angeboten sowie in der Mobiltelefonie-Technologie zur erfolgreichen Etablierung neuer Marktpartner führen. Daher ist nicht auszuschließen, dass die Zuwächse dieser neuen Geschäftsbereiche mögliche Verluste in dem Bereich der physischen Tonträger nicht hinreichend kompensieren. Infolgedessen prüfen die Gesellschaft und ihre Tochtergesellschaften fortwährend Kosteneinsparungspotenziale, um den oben geschilderten Risiken angemessen Rechnung zu tragen. Zusätzlich ist die Firma bestrebt, neue Umsatzquellen in musiknahen Bereichen zu erschließen. Aufgrund der absehbaren weiteren Markt- und Umsatzrückgänge im Bereich der physischen Tonträger ist es unternehmenskritisch, durch die Entwicklung neuer Erlösmodelle das Geschäftsmodell der Vermarktung von Musik und musiknahen Produkten und Inhalten fortzuentwickeln.

> Prognosebericht
>
> Für die oben beschriebenen Herausforderungen ist das Unternehmen aufgrund seines erfolgreichen Artist Rosters, seiner qualifizierten und motivierten Mitarbeiter und seiner sehr guten Reputation bei Künstlern und Marktpartnern gut gerüstet. Vor diesem Hintergrund ist es das Ziel, die Vermögens-, Finanz- und Ertragslage durch den Ausbau neuer Erlösquellen sowie durch eine angemessene Kostenentwicklung im nächsten Jahr auf dem positiven Niveau des letzten Jahres zu halten.
>
> Für 2014 erwarten wir die Umsatzerlöse und das Betriebsergebnis auf dem Niveau des abgelaufenen Geschäftsjahres sowie eine unveränderte Eigenkapitalquote.
>
> Berlin, den 16. Mai 2014 *gez. Frank Briegmann*

Der organisatorische „Fit" symbolisiert qualitativ, inwiefern die Organisationsstrukturen und -kulturen beider Unternehmen miteinander kompatibel sind. Je höher die Übereinstimmung ist, desto wahrscheinlicher ist eine erfolgreiche Integration nach einer Akquisition. Durch den Abgleich der Übereinstimmung der strategischen und organisatorischen Kriterien lassen sich unpassende Unternehmen herausfiltern und die Long List zu einer Short List verkürzen.[441]

Laut *Becker* umfasst diese Short List bereits die Unternehmen, die gezielt bezüglich eines möglichen Kaufangebots angesprochen werden.[442] *Wirtz* beschreibt dagegen als dritte Phase des Screenings noch das sogenannte Second Screening, bei dem weitere detaillierte Informationen der potenziellen Akquisitionsobjekte eingeholt werden, um die Auswahl weiter einzugrenzen und die präferierten Unternehmen zu identifizieren. Zu diesen Informationen gehören unter anderem die Führungsstruktur sowie das Qualifikationsniveau der Mitarbeiter.[443]

Die gesamte Informationsrecherche während des Screening Prozesses stützt sich allerdings nur auf öffentliche sowie dem Erwerber bekannte Informationen bzw. auf Daten, die mit Hilfe von externen Dienstleistern ermittelt werden können.[444]

Wenn eine finale Auswahl der möglichen Übernahmekandidaten getroffen wurde, folgt eine Kontaktaufnahme, um ein Kaufangebot zu unterbreiten. Meist geschieht dies durch die Unterstützung von Investmentbanken oder Beratungsfirmen.[445]

5.4.3 Erlangungsprozess

5.4.3.1 Non-Disclosure-Agreement und Letter of Intent

Wurde der Kontakt zum potenziellen Akquisitionsobjekt aufgenommen, befinden sich die Verhandlungspartner, wie Abbildung 5.15 zu entnehmen war, in der vorvertrag-

---

441 Vgl. Wirtz (2012), S. 194 f.

442 Vgl. Becker (2010), S. 235

443 Vgl. Wirtz (2012), S. 195 f.

444 Vgl. Wirtz (2012), S. 192

445 Vgl. Becker (2010), S. 235; Hungenberg (2012), S. 530

lichen Phase des M&A-Prozesses. Zunächst wird in dieser Phase üblicherweise ein Non-Disclosure-Agreement zwischen beiden Parteien abgeschlossen, das eine Geheimhaltungsvereinbarung über den Verhandlungsprozess darstellt. Darüber hinaus wird in einem sogenannten Letter of Intent das Interesse beider Unternehmen an detaillierten Vorverhandlungen festgehalten, unter der Bedingung der Geheimhaltung. Dabei werden bereits erste wesentliche Einzelheiten der möglichen Transaktion vereinbart. Dazu gehören unter anderem die genaue Definition des Kaufobjekts, die beteiligten Vertragspartner und die Voraussetzungen, unter denen die Verhandlungs- und Transaktionsphase ablaufen soll.[446]

5.4.3.2 Due Diligence

Die Due Diligence stellt die zentrale Aufgabenstellung im Rahmen der vorvertraglichen Phase dar. Darunter ist „...die sorgfältige Inspektion des zu übernehmenden Unternehmens durch den Interessenten zu verstehen“[447]. Oft besteht ein signifikanter Unterschied zwischen den Informationen, die dem Käufer im Screening Prozess vorliegen und denen, die der Realität entsprechen. Diese Informationen besitzt nur das potenziell zu erwerbende Unternehmen. Mit der Vereinbarung einer Due Diligence stellt der Verkäufer dem Käufer sein Wissen zur Verfügung, um die Informations-Asymmetrie auszugleichen. Für den Erwerber stellt die Due Diligence die Grundvoraussetzung dar, das Zielunternehmen angemessen zu analysieren und zu bewerten, um damit eine angemessene Gegenleistung, in Form des Kaufpreises, ermitteln zu können.[448]

Während der Due Diligence werden sämtliche Bereiche des Zielunternehmens vollumfänglich analysiert. Dazu wird vom akquirierenden Unternehmen in der Praxis oftmals ein Team von Fachleuten zusammengestellt, die die Analyse durchführen, oder die Geschäftsführung übernimmt diese Aufgabe selbst.[449]

Neben einer Financial Due Diligence, die häufig den Fokus der gesamten Due Diligence darstellt, wird üblicherweise eine Marketing, HR, Legal & Tax, Environmental sowie eine Organizational & IT Due Diligence durchgeführt.[450] Wirtz nennt darüber hinaus die Cultural Due Diligence als eine mögliche Ergänzung.[451] Die in den einzelnen Teilbereichen erlangten Erkenntnisse lassen sich dann zu einer Strategic Due Diligence verdichten, die Aufschluss über die Gesamtstrategie des analysierten Unternehmens gibt, eine Beurteilung der Synergiepotenziale ermöglicht und die Überprüfung der Akquisitionsstrategie zulässt.[452]

Abbildung 5.16 stellt die während der Due Diligence untersuchten Bereiche und Analyseschwerpunkte innerhalb dieser dar.

---

[446] Vgl. Jansen (2008), S. 272 ff.; Wirtz (2012), S. 203

[447] Wirtz (2012), S. 205

[448] Vgl. Picot (2012), S. 257

[449] Vgl. Picot (2012), S. 259

[450] Vgl. Picot (2012), S. 264

[451] Vgl. Wirtz (2012), S. 208, 213

[452] Vgl. Picot (2012), S. 264

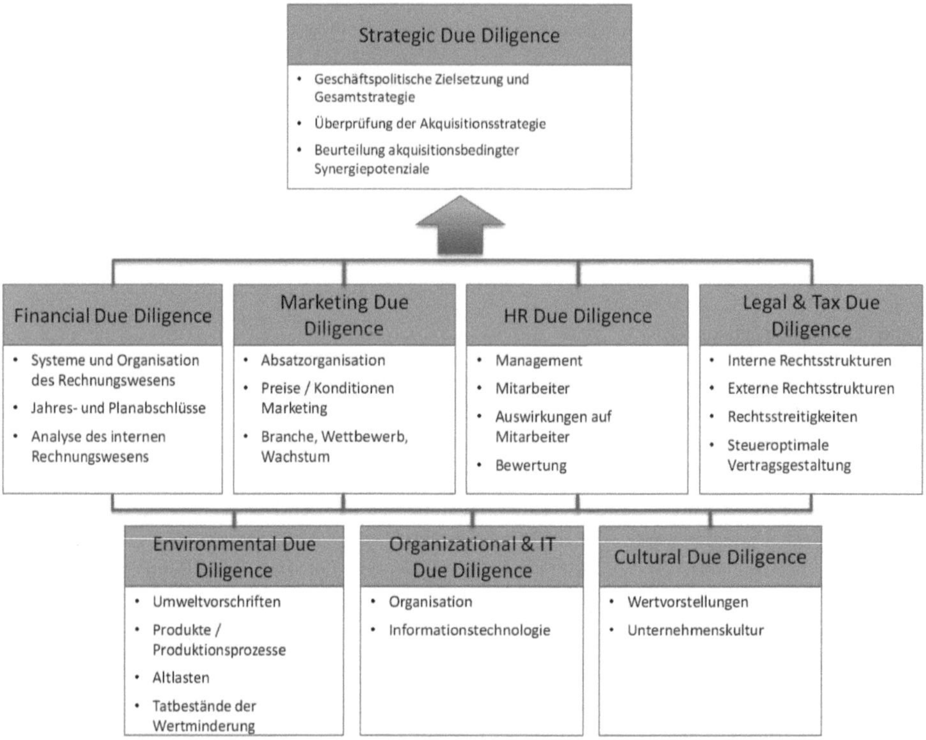

Abbildung 5.16: Teilbereiche und Struktur einer Due Diligence
Quelle: In Anlehnung an Picot (2012), S. 264

Abschließend werden die erzielten Ergebnisse in komprimierter Form in einem sogenannten Memorandum of Understanding zusammengefasst. Dabei wird auch der Ablauf der nächsten Schritte der Verhandlung festgelegt.[453]

5.4.3.3 Kaufpreisermittlung

Eine zentrale Problemstellung im M&A-Prozess ist die Ermittlung des Kaufpreises des Zielunternehmens. Diese Ermittlung erfolgt auf der Grundlage der Unternehmensbewertung.[454]

Zur Ermittlung eines fairen Kaufpreises ist zunächst der Unternehmenswert des eigenständigen Akquisitionsobjekts, der sogenannte Stand-Alone-Wert, zu ermitteln. Dazu werden in der Praxis zahlreiche Unternehmensbewertungsverfahren angewendet. Es existieren Methoden, die lediglich den Wert des Unternehmens, wie es derzeit besteht, als Summe der einzelnen Bestandteile ermitteln. Zu diesen Methoden gehört das Substanz- bzw. Liquidationswert-Verfahren. Daneben existieren modernere Bewertungsverfahren, die die Fähigkeit des Unternehmens, zukünftige Erträge zu erzielen, berück-

---

453 Vgl. Wirtz (2012), S. 220 f.

454 Vgl. Picot (2012), S. 305

sichtigen. Dazu gehören neben dem Ertragswertverfahren auch Discounted-Cashflow-Verfahren und das Economic Value Added-Verfahren.[455]

Da besonders im Rahmen der Akquisition zur Portfoliooptimierung die zukünftige Entwicklung des Unternehmens für die Kaufpreisfindung ausschlaggebend ist, finden die Discounted-Cashflow-Methoden, das Ertragswertverfahren und das EVA-Verfahren regelmäßig in der Praxis Anwendung.[456]

Zur Berechnung werden die zukünftigen Erträge bzw. Cashflows prognostiziert und mit einem risikoadjustierten Kalkulationszinssatz abgezinst. Die Prognose der zukünftigen Erfolgsgrößen sowie des Kalkulationszinssatzes erfolgt auf Basis der während der Due Diligence erlangten Informationen. Dennoch ist dies nicht unproblematisch, da vielerlei Annahmen getroffen werden müssen, deren Eintreten ungewiss ist.[457]

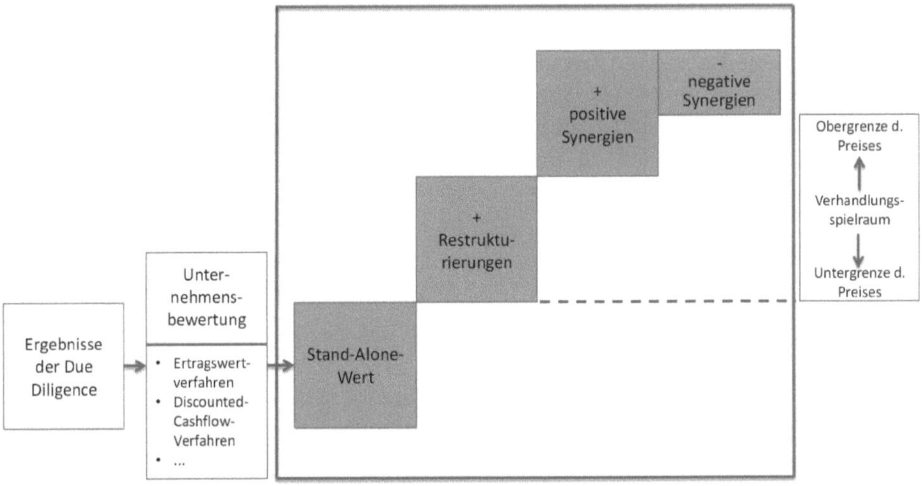

Abbildung 5.17: Prozess der Kaufpreisermittlung
Quelle: In Anlehnung an Jansen (2008), S. 283; Wirtz (2012), S. 224

Der auf diesem Wege ermittelte Stand-Alone-Wert spiegelt jedoch nicht den Wert wider, den das Unternehmen für den Käufer darstellt. Da der Kauf auch aus Gründen der Realisierung von Synergien stattfinden soll, liegt dieser subjektive Wert für den Käufer über dem Stand-Alone-Wert. [458] Auch Umstrukturierungen der Organisation des Kaufobjekts nach der Akquisition können den Wert erhöhen.[459] Dadurch ergibt sich bei der Findung des Kaufpreises ein Interessenkonflikt beider Vertragspartner. Während das akquirierende Unternehmen einen möglichst niedrigen Preis anstrebt, möchte das Zielunternehmen einen möglichst hohen Kaufpreis realisieren. Zwischen

455 Vgl. Jansen (2008), S. 279

456 Vgl. Jansen (2008), S. 283

457 Vgl. Jansen (2008), S. 283, 286 ff.

458 Vgl. Jansen (2008), S. 282

459 Vgl. Wirtz (2012), S. 223

dem Stand-Alone-Wert und dem maximalen Wert für den Käufer inklusive aller Synergien und möglichen Verbesserungspotenzialen durch Restrukturierungen der Organisation ergibt sich daher eine Spanne des möglichen Kaufpreises, die einen Verhandlungsspielraum darstellt. Der Stand-Alone-Wert stellt damit die Untergrenze des potenziellen Kaufpreises dar, die Obergrenze ist durch den maximalen Wert für das erwerbende Unternehmen gekennzeichnet.[460]

Abbildung 5.17 veranschaulicht den Prozess der Kaufpreisermittlung.

Wenn der Kaufpreis verhandelt wurde und die Parteien sich über die wesentlichen Faktoren der Vertragsgestaltung einig sind, folgt eine gesetzlich vorgeschriebene kartellrechtliche Prüfung der Akquisition. Wird die Übernahme nicht aufgrund wettbewerbsbeschränkender bzw. wettbewerbsverzerrender Gründe untersagt, kann letztendlich der Vertragsabschluss erfolgen.[461]

Die gesamte Transaktionsphase vom Screening bis zum Vertragsabschluss erstreckt sich üblicherweise über einen langen Zeitraum, der zwischen 38 und 50 Wochen in Anspruch nehmen kann.[462] Die Dauer der einzelnen Transaktionsprozesse ist auch abhängig von der Größe und Komplexität des Zielunternehmens. Neben dem Kaufpreis fallen dabei für die Bindung der personellen Ressourcen und Datenanalysen während der Transaktionsphase erhebliche Kosten an.

5.4.4 Integrationsprozess

Wenn die eigentliche Transaktionsphase mit der Unterschrift des Kaufvertrages abgeschlossen ist, beginnt die Herausforderung der Eingliederung des akquirierten Unternehmens.[463] Nur durch eine erfolgreiche Integration lassen sich die erwarteten Synergiepotenziale und die Erfahrungskurve mit den angestrebten Wertsteigerungen realisieren. Die Integration hat sowohl auf der Wertschöpfungsebene als auch auf organisatorischer und strategischer Ebene zu erfolgen. Ferner müssen auch die Mitarbeiter des neuen Unternehmens integriert werden.[464]

Besonders die Integration der Wertschöpfungsaktivitäten ist von hoher Bedeutung, um Synergien realisieren zu können.[465] Dazu müssen anhand von Restrukturierungsmaßnahmen alle Prozesse der Wertschöpfungskette überprüft und im Falle möglicher Synergien zusammengeführt werden.[466] Je größer die Interdependenzen zwischen den Aktivitäten der Unternehmen sind, desto stärker ist das erworbene Unternehmen zu integrieren. Bei horizontalen Akquisitionen sind zahlreiche operative Bereiche, wie die Beschaffung, der Vertrieb und weitere, zu integrieren. Bei vertikalen bzw. konglomera-

---

460 Vgl. Wirtz (2012), S. 223 f.

461 Vgl. Wirtz (2012), S. 188, 267

462 Vgl. Jansen (2008), S. 271; Wirtz (2012), S. 188

463 Vgl. Wirtz (2012), S. 120

464 Vgl. Hungenberg (2012), S. 53

465 Vgl. Hungenberg (2012), S. 531

466 Vgl. Wirtz (2012), S. 304

ten Diversifikationen besteht der Integrationsbedarf dagegen vor allem in finanziellen und administrativen Bereichen.[467]

Für die Integration auf strategischer Ebene wird zunächst die Unternehmensstrategie des erworbenen Unternehmens analysiert und diese an das Unternehmensleitbild des akquirierenden Unternehmens angepasst. Auch die organisatorische Struktur und Unternehmenskultur muss dabei angepasst werden, um eine einheitliche Führung und die Sicherstellung eines effizienten Informationsflusses zu gewährleisten.[468]

Zudem ist zu berücksichtigen, welche Konsequenzen die Akquisition für die Mitarbeiter beider Unternehmen hat. Durch neue Organisations- und Führungsstrukturen sind auch die Mitarbeiter gezwungen, ihr Verhalten aufgrund der neuen Unternehmenskultur neu auszurichten. Daher ist auch eine Integration auf Seiten der Mitarbeiter durchzuführen. Dazu sind die Mitarbeiter für die Akquisition und die Vorteile, die sie mit sich bringt, zu gewinnen und auf Veränderungen gut vorzubereiten. Umfangreiche Informationen über die Akquisition und bevorstehende Veränderungen sind dafür grundlegend. Oftmals werden darüber hinaus Teams gebildet, die Mitarbeiter beider Unternehmen vereinen und somit die Integration mittels eines Change Managements vorantreiben.[469]

Die Integrationsplanung stellt eine wichtige Aufgabe im Rahmen des Portfoliomanagements dar. Gelingt es nicht, das erworbene Unternehmen auf allen Ebenen erfolgreich in das bestehende zu integrieren, können prognostizierte Erfolgspotenziale nicht oder nicht vollständig realisiert werden und der Erfolg der Akquisition droht zu scheitern.[470] Darüber hinaus können die Umstrukturierungen im Rahmen der Integration sehr teuer sein. Daher sollten bereits die Ergebnisse der Due Diligence auch auf potenzielle Integrationsaufgaben überprüft werden, um diese frühzeitig abschätzen zu können.[471]

5.4.5 Ausgliederungsprozess

Entscheidet sich das strategische Management auf Grundlage einer Portfolioanalyse nicht zu einer Diversifikation in neue SGF oder SGE, sondern für den Austritt aus diesen, ist eine Rückzugsstrategie zu erarbeiten. Der Austritt aus bestimmten Geschäftsfeldern oder -einheiten kann zahlreiche Gründe haben. Befindet sich eine SGE oder das gesamte SGF in der Sättigungsphase des Lebenszyklus mit sinkenden Absatzzahlen, ist der Rückzug nicht lange hinauszuzögern. Ferner ist ein Rückzug in Erwägung zu ziehen, wenn einzelne SGE ihre kritische Größe, in Form des Marktanteils, nicht erreichen und somit nicht die erwartete Rentabilität aufweisen. Auch Änderungen der Strategie, wie beispielweise eine Fokussierung des Kerngeschäfts, legen den Austritt aus stark diversifizierten SGF und SGE nahe.[472] Darüber hinaus ist zu berücksichtigen, dass für eine geplante Diversifikation in neue SGE oder SGF ausreichend

---

[467] Vgl. Wirtz (2012), S. 311

[468] Vgl. Hungenberg (2012), S. 531; Wirtz (2012), S. 304

[469] Vgl. Hungenberg (2012), S. 531 f.

[470] Vgl. Müller-Stewens/Lechner (2011), S. 302

[471] Vgl. Bühler/Bindl (2012), S. 199

[472] Vgl. Müller-Stewens/Lechner (2011), S. 310

finanzielle Mittel zur Verfügung stehen müssen. Diese lassen sich, wenn nicht aus dem operativen Geschäft, über den Rückzug aus einzelnen Segmenten des Portfolios generieren. Dabei wird von einem Rückzug zum Wachstum, auch Divest to Grow genannt, gesprochen.[473]

Das Management hat zu entscheiden, auf welchem Wege der Rückzug erfolgen soll. Die in der Praxis am häufigsten angewandten Rückzugsmechanismen sind der direkte Verkauf, der Spin-Off, der Equity-Carveout, das Dual-Track-Verfahren und die Liquidation.[474]

Der direkte Verkauf stellt die häufigste Rückzugsvariante dar. Dabei werden einem Käufer die vollständigen Eigentumsrechte der Geschäftseinheit gegen liquide Mittel oder Aktien übertragen.[475]

Bei einem Spin-Off wird eine Geschäftseinheit aus dem Unternehmen herausgelöst und als rechtlich und wirtschaftlich selbstständiges Unternehmen weitergeführt. Dabei werden die Anteile im selben Verhältnis auf die Eigentümer der Muttergesellschaft verteilt. Daher kommt es nicht zu einem Mittelzufluss. Der Spin-Off dient daher eher der Entflechtung eines Konzerns.[476]

Bei einem Equity-Carveout kommt es, wie beim Spin-Off, ebenfalls zur Ausgliederung einer Geschäftseinheit. Dabei geht das Eigentum jedoch nicht auf die bisherigen Besitzer über, sondern wird durch einen eigenständigen Börsengang der Öffentlichkeit zum Kauf angeboten. Die durch den Börsengang erlangten finanziellen Mittel fließen der Muttergesellschaft zu.[477]

Eine neuere beliebte Rückzugsvariante ist das Dual-Track-Verfahren, bei dem sich das Unternehmen zu Beginn nicht auf eine bestimmte Ausstiegsmethode festlegt. In der Regel wird parallel ein direkter Verkauf und ein Equity-Carveout vorbereitet und sich dann für die gewinnbringendere Alternative entschieden. Dadurch lässt sich eine größere Verhandlungsmacht gegenüber den Kaufinteressenten erzielen und somit der Erlös maximieren.[478]

Gelingt es dagegen nicht, einen Käufer für die veräußerbare Geschäftseinheit zu finden, besteht lediglich die Möglichkeit der Liquidation. Dabei wird die Geschäftseinheit vollständig aufgelöst und die Vermögensgegenstände werden einzeln verkauft.[479]

Während der Rückzug aus einzelnen Geschäftsfeldern und -einheiten lange Zeit eher als notwendiges Übel bei einer anhaltenden Erfolglosigkeit erachtet wurde, haben sich Rückzugsstrategien inzwischen als eine Voraussetzung für ein erfolgreiches, aktives Portfoliomanagement im Unternehmen durchgesetzt.[480]

---

[473] Vgl. Müller-Stewens/Brauer (2009), S. 318

[474] Vgl. Müller-Stewens/Lechner (2011), S. 310

[475] Vgl. Müller-Stewens/Lechner (2011), S. 310 f.

[476] Vgl. Wirtz (2012), S. 458

[477] Vgl. Müller-Stewens/Brauer (2009), S. 322

[478] Vgl. Müller-Stewens/Brauer (2009), S. 324

[479] Vgl. Wirtz (2012), S. 476

[480] Vgl. Müller-Stewens/Lechner (2011), S. 310

5.4.6 Anwendung in der Praxis und Kritik

Welchen Stellenwert das Portfoliomanagement im Rahmen des strategischen Managements einnimmt, stellt Wendt ausführlich dar. Dabei wird auf mehrere empirische Untersuchungen eingegangen, die eine Anwendung des strategischen Portfoliomanagements in der Praxis untersuchten. Als Ergebnis lässt sich festhalten, dass der Großteil der Unternehmen ihr Portfolio aus SGE und SGF anhand der Methoden des Portfoliomanagements aktiv steuert. Vor allem die Portfolioanalyse auf der Grundlage der BCG-Matrix findet dabei oftmals Anwendung.[481]

Dennoch ist Kritik an den Methoden zur Portfolioanalyse zu äußern. Die BCG-Matrix und viele weitere Analysemodelle befassen sich mit dem strategischen Erfolgsfaktor der Produktlebenskurve. Wird die Ausgewogenheit des Portfolios auf dieser Grundlage untersucht, werden dabei implizit identische Produktlebenszyklen für sämtliche Geschäftseinheiten unterstellt. In der Realität existieren dagegen regelmäßig unterschiedliche zeitliche Ausprägungen des Lebenszykluses.[482] So weisen beispielsweise Konsumgüter in der Regel deutlich kürzere Lebenszyklen auf als Investitionsgüter. Teilweise gelingt es auch ein Produkt immer wieder zu revitalisieren, ohne dass dieses die Sättigungsphase erreicht. Dies ist unter anderem bei *Coca-Cola* der Fall.[483] Somit muss ein Portfolio, das in einigen Quadranten der BCG-Matrix über- bzw. unterbesetzt ist, nicht zwingend als unausgewogen interpretiert werden.[484]

Auch die starke Vereinfachung durch die Beschränkung auf lediglich zwei Dimensionen und damit zwei strategische Erfolgsfaktoren trägt der komplexen Unternehmensumwelt nicht vollständig Rechnung. Der unternehmerische Erfolg hängt von einer Vielzahl wirtschaftlicher Sachverhalte und Faktoren ab, die durch eine solche Matrixanalyse nicht berücksichtigt werden können. Als komprimierte Darstellung des aktuellen strategischen Portfolios ist die BCG-Matrix dennoch als Grundlage für weitere Überlegungen zur Diversifikation zweckdienlich.[485]

Zu betrachten ist auch die präferierte Diversifikationsrichtung und -stärke der Unternehmen. Die durch eine Diversifikation potenziell erzielbaren Vorteile haben in der Vergangenheit zu einer starken Ausweitung der Diversifikationsaktivitäten von Unternehmen geführt. Insbesondere der Versuch der Übertragung der Portfolio Selection Theory auf die Portfoliozusammenstellung im Unternehmen führte in den 1960er Jahren zu einem starken Anstieg der M&A-Transaktionen. Dabei sollte die von *Markowitz* für Aktienportfolios herausgestellte Risikoreduktion durch ein stark diversifiziertes, konglomerates Unternehmensportfolio mit ausgewogenen Cashflows nachempfunden werden.[486] Auch die weiteren Diversifikationsvorteile, wie beispielsweise die Synergieerzielung, führten dazu, eine möglichst breite Diversifikation in unterschiedliche Geschäftsfelder anzustreben. Nachdem der erhoffte Erfolg vieler dieser stark

---

[481] Vgl. Wendt (2012), S. 95 f.

[482] Vgl. Baum/Coenenberg/Günther (2013), S. 239

[483] Vgl. Müller-Stewens/Lechner (2011), S. 253

[484] Vgl. Baum/Coenenberg/Günther (2013), S. 243

[485] Vgl. Baum/Coenenberg/Günther (2013), S. 248

[486] Vgl. Jansen (2008), S. 63

diversifizierten Konglomerate jedoch ausblieb, stellte sich die Frage, ob eine Fokussierung auf das Kerngeschäft oder eine relationale Diversifikation erfolgsversprechender ist.[487] In einer Vielzahl von empirischen Studien wurde eine Erfolgsmessung von Diversifikationen in den unterschiedlichen Diversifikationsrichtungen durchgeführt. Die Erfolgsmessung basierte zunächst auf Kennzahlen des Rechnungswesens.[488] Die verschiedenen Untersuchungen führten zu vollkommen widersprüchlichen Ergebnissen. So gab es Studien, die die Vorteilhaftigkeit einer konglomeraten Diversifikation belegten, andere die der relationalen Diversifikation und weitere ergaben, dass fokussierte Diversifikationen überlegen seien.[489]

Spätere Studien, die auf kapitalmarktorientierte Erfolgsmaßstäbe im Sinne des Shareholder-Value abstellten, kamen dagegen zu eindeutigeren Ergebnissen. Sie belegten, dass Unternehmen, die eine fokussierte oder in Grenzen relationale Diversifizierungsstrategie verfolgen, am Kapitalmarkt besser bewertet werden als Konglomerate.[490] Es gibt auch Ausnahmen, in denen konglomerat diversifizierte Unternehmen erfolgreicher sind als fokussierte. Diese Unternehmen werden als Premium Conglomerates bezeichnet. Die Erzielung eines Mehrwerts der Premium Conglomerates gelingt jedoch nur durch eine explizit auf die starke Diversifikation abgestimmte Unternehmensführung.[491] Der Großteil der Unternehmen erzielt durch die Bündelung vieler verschiedener Geschäftsfelder dagegen keinen Mehrwert. Am Kapitalmarkt werden daher viele Konglomerate mit einem Wertabschlag, dem sogenannten conglomerate discount abgestraft.[492] Die Ursache wird darin gesehen, dass eine starke Diversifizierung nur dann ökonomisch sinnvoll ist, wenn auf der Gesamtunternehmensebene ein Mehrwert geschaffen wird, der den Wert übersteigt, den die einzelnen Unternehmen erzielen würden, wenn sie autonom am Markt operieren würden.[493] Da bei konglomeraten Diversifikationen häufig weder Managementsynergien noch operative Synergien erzielt werden können, ist die Schaffung dieses Mehrwerts schwer zu erreichen.

Inzwischen wird daher überwiegend die Ansicht vertreten, dass mit der Ähnlichkeit der, in die Diversifikation einbezogenen, Geschäftseinheiten und Geschäftsfelder der langfristige Erfolg des Gesamtunternehmens steigt.[494] Somit kann eine fokussierte oder relationale Diversifizierung am erfolgversprechendsten angesehen werden.

Auch *Dunst* konstatierte schon früh, dass „der wirtschaftliche Erfolg [...] besonders bei den Diversifikationen ein[tritt], die auf den zentralen Fähigkeiten und Stärken eines Unternehmens aufbauen. Niedrigere Renditen sind bezeichnend für Diversifikationen in vollkommen unbekannten Marktsegmenten.“[495]

---

487 Vgl. Wirtz (2012), S. 56

488 Vgl. Hungenberg (2012), S. 503 f.

489 Vgl. Hungenberg (2012), S. 504; Müller-Stewens/Lechner (2011), S. 297 f.

490 Vgl. Hungenberg (2012), S. 504 f.

491 Vgl. Hungenberg (2012), S. 507 f.

492 Vgl. Müller-Stewens/Lechner (2011), S. 273

493 Vgl. Müller-Stewens (2011), S. 273

494 Vgl. Müller-Stewens/Lechner (2011), S. 297; Baum/Coenenberg/Günther (2013), S. 220; Wirtz (2012), S. 56 f.

495 Dunst (1983), S. 51

5.5 Vergleich der Portfolio Selection Theory mit dem strategischen, unternehmerischen Portfoliomanagement

Die in der kapitalmarktorientierten Finanzierungstheorie durch die Portfolio Selection Theory implementierten Erkenntnisse der Risikoreduktion durch Diversifikation wurden sukzessive vom Portfoliomanagement im strategischen, unternehmerischen Sinne adaptiert. Während bei einer zunehmenden Diversifikation eines Aktienportfolios die unsystematischen Risiken nahezu vollständig eliminiert werden können, führt eine starke Diversifikation im Unternehmen jedoch nicht zwingend zu einer Minderung des gesamtunternehmerischen Risikos oder langfristigem Erfolg. Die Gründe, weshalb eine Übertragung der Erkenntnisse und Vorgehensweisen nicht analog möglich ist, sind vielfältig. Beide Theorien finden ihre Anwendung in sehr divergenten Bereichen mit unterschiedlichen Einflussfaktoren. Ein Vergleich beider Theorien ist daher problematisch, und die daraus resultierenden Handlungsempfehlungen sind widersprüchlich.

Die Portfolio Selection Theory befasst sich ausschließlich mit der Betrachtung des Kapitalmarkts und der an ihm handelbaren Wertpapiere. Sie ist ein mathematisches Modellkonstrukt, das unter der Annahme zahlreicher Prämissen berechtigte Anwendung findet. Aufgrund der Voraussetzung eines vollkommenen und vollständigen Kapitalmarkts sowie nutzenmaximierender Wirtschaftssubjekte lässt sich die Portfolio Selection Theory der kapitalmarktorientierten Finanzierungstheorie zuordnen.[496]

Das strategische, unternehmerische Portfoliomanagement findet dagegen seine Anwendung in realwirtschaftlich tätigen Unternehmen und befasst sich mit der zentralen Problematik der Deckung des Kapitalbedarfs sowie der Wahrung eines finanziellen Gleichgewichts. Somit kann diese Art des Portfoliomanagements der traditionellen Finanzierungstheorie zugeordnet werden oder heute der wertorientierten Finanzwrtschaft.[497]

Die Portfolio Selection Theory zielt darauf ab, ein optimales Aktienportfolio, d.h. ein Portfolio mit einer nicht zu übertreffenden Rendite-Risiko-Charakteristik unter Berücksichtigung der individuellen Risikoaversion des Investors zusammenzustellen. Die Investitionsobjekte sind daher Aktien, und die Zielgrößen sind rein finanzieller Natur. Die Auswahlkriterien sind eindeutig abgegrenzt, es werden lediglich die Rendite und die Volatilität der einzelnen Aktien betrachtet sowie die Korrelation zwischen den Renditen der Aktien. Aufgrund der Beschränkung auf diese Kriterien, die sich aus historischen Daten der Aktien ableiten lassen, wird eine vollständige quantitative Berechnung eines optimalen Aktienportfolios ermöglicht. Anhand der Korrelation zwischen den Renditen der Aktien lässt sich ein risikoreduzierender Effekt beobachten, der durch eine starke Diversifikation maximiert werden soll. Der Betrachtungshorizont ist dabei kurzfristig. Es wird lediglich zu Beginn eines Betrachtungszeitraums das Portfolio zusammengestellt, die weitere Entwicklung hingegen nicht weiter beachtet.

---

496 Vgl. Schmeisser/Hannemann/Krimphove/Toebe/Zündorf (2012), S. 2

497 Vgl. Schmeisser/Hannemann/Krimphove/Toebe/Zündorf (2012), S. 27

Beim Portfoliomanagement im strategischen, unternehmerischen Sinne weichen die Rahmenbedingungen stark davon ab. Die Zielstellung ist es, anhand eines ausgewogenen Portfolios die langfristige Existenz des Unternehmens zu gewährleisten. Dies soll durch die Sicherung langfristiger Erfolgspotenziale und der zur Finanzierung notwendigen Cashflows erfolgen. Als Investitionsobjekte werden keine Aktien, sondern strategische Geschäftseinheiten und Geschäftsfelder betrachtet. Dabei handelt es sich um Industrieunternehmen, die in Ihrer Gesamtheit das Portfolio der Muttergesellschaft darstellen. Auf die Portfoliobestandteile wirken zahlreiche Umwelteinflüsse, die nicht durch wenige abgrenzbare Kriterien erklärt werden können. Das unternehmerische Portfoliomanagement unterliegt daher vielen qualitativen Faktoren. Eine exakte Berechnung eines optimalen Portfolios kann aufgrund dessen nicht durchgeführt werden. Es lassen sich ausschließlich Normstrategien anhand der Portfolioanalysekonzepte ableiten.

Auch eine kurzfristige Betrachtung ist nicht ausreichend. Ein unternehmerisches Portfolio bedarf einer regelmäßigen Analyse und Anpassung, um in der sich ständig fortentwickelnden Umwelt langfristige Erfolge gewährleisten zu können. Darüber hinaus kann nicht ausschließlich auf finanzielle Größen abgestellt werden. Heutzutage ist der sogenannte Triple-Bottom-Line Ansatz, bei dem neben ökonomischen auch technologische, soziale und ökologische Ziele im Unternehmen verfolgt werden, ein essentieller Bestandteil des strategischen Managements.[498] Daraus lässt sich schließen, dass dieser auch bei der Portfolioplanung nicht vernachlässigt werden darf. Weiterhin ist der Kerngedanke der Portfolio Selection Theory, die Risikominderung durch Korrelationen der Renditen, nur bedingt auf ein unternehmerisches Portfolio zu übertragen. Grundsätzlich wird die Volatilität der Cashflows einzelner SGE und SGF beim strategischen Portfoliomanagement nicht in Betracht gezogen. Das Risiko wird lediglich in der Form berücksichtigt, dass es durch ein ausgewogenes Portfolio im Sinne des Lebenszyklus verringert werden kann.[499] Dabei wird zudem nur das negative Risiko beachtet und nicht, wie bei der Volatilität von Aktien sowohl positive als auch negative Abweichungen.

Bei der Diversifikation in verschiedene Geschäftsfelder und -einheiten wird der Fokus auf Wechselwirkungen durch Synergien anstatt auf die Korrelation der Cashflows[500] gelegt. Ferner sollen strategische Erfolgsfaktoren wie die Steigerung des Marktanteils, des Wachstums etc. erzielt werden.

Die Handlungsempfehlung der Portfolio Selection Theory, eine möglichst starke Diversifikation anzustreben, führt jedoch für ein Geschäftsportfolio nur in Einzelfällen zu einem langfristigen Erfolg. Der Grund mag mitunter an der sehr unterschiedlichen Komplexität des Diversifikationsprozesses zwischen einem Aktienportfolio und einem Portfolio aus SGE und SGF liegen. Im Rahmen der Portfolio Selection Theory müssen ausschließlich Wertpapiere zu eindeutigen, vom Markt bestimmten Preisen am Kapitalmarkt erworben und in einem Depot gehalten werden. Die Diversifikation im

---

498 Vgl. Müller-Stewens/Lechner (2011), S. 17

499 Vgl. Baum/Coenenberg/Günther (2013), S. 248

500 Dennoch kann eine negative Korrelation der Cashflows auch finanzielle Synergien ermöglichen.

Sinne des strategischen, unternehmerischen Portfoliomanagements erfolgt überwiegend durch die Akquisition von Unternehmen und die damit verbundenen, sehr kostenintensiven und komplexen M&A-Aktivitäten sowie eine aufwändige Integration der erworbenen Unternehmen. Die Auswahl der Unternehmen kann dabei nicht anhand historischer Kennzahlen getroffen werden, sondern wird durch eine detaillierte Analyse der Branchenanalyse und der Wertschöpfungskette durchgeführt. Auch der Preis ist nicht am Markt abzurufen, stattdessen muss er im Rahmen von Unternehmensbewertungen und Verhandlungen mit dem Verkäufer festgesetzt werden. Die Wahrscheinlichkeit, bei Unternehmenszukäufen nicht den im Voraus prognostizierten Erfolg zu erzielen, ist relativ hoch. *Wirtz* nennt eine Misserfolgsquote von bis zu 70% der Akquisitionen, bei denen die gesteckten Ziele nicht erreicht werden.[501] Häufig wird der Kaufpreis im Rahmen der Unternehmensbewertungsverfahren zu hoch angesetzt[502] oder die Synergiepotenziale werden überschätzt.[503] Auch die Flexibilität ist stark eingeschränkt. Während die Anpassung eines Aktienportfolios kurzfristig und schnell erfolgen kann, nimmt der M&A-Prozess für eine Umschichtung des Unternehmensportfolios bis zu einem Jahr in Anspruch.

Würde also im Unternehmen lediglich die Risikominderung im Sinne der Portfolio Selection Theory angestrebt werden, ist es fraglich, ob eine Diversifikation des Unternehmens durch den Kauf anderer Unternehmen effizienter ist, als wenn das Unternehmen die Diversifikation direkt am Kapitalmarkt über Aktien der jeweiligen Unternehmen durchführt[504] und somit lediglich in einem Aktienportfolio hält. Dadurch würden die hohen Kosten der M&A-Aktivitäten sowie die aufwändige Steuerung der zahlreichen Geschäftseinheiten entfallen. Weiterhin ermöglicht ein Aktienportfolio einen wesentlich schnelleren Risikoausgleich durch Umschichtungen, als dies durch den Verkauf und Kauf neuer Unternehmen möglich wäre.[505] Daher sollte ein Unternehmen eher fokussiert als breit diversifiziert sein, da es zur Risikominderung eine Diversifikation effizienter über direkte Kapitalbeteiligungen am Kapitalmarkt durchführen kann.[506]

Dies gilt auch aus der Sicht anderer Investoren am Kapitalmarkt. Die Investoren können ihr eigenes Aktiendepot durch den Kauf von Aktien vieler verschiedener Unternehmen effizient diversifizieren. Die Investition in eine stark konglomerat diversifizierte Aktiengesellschaft ist daher nicht notwendig.[507] Dadurch würde sich auch der conglomerate discount erklären lassen, der wiederum aus der Shareholder-Value Betrachtung vermieden werden sollte.

Ein aktives Management des Portfolios aus SGE und SGF kann durch bloße Beteiligungen am Kapitalmarkt dennoch nicht ersetzt werden. Alleine zur Erzielung von

---

501 Vgl. Wirtz (2012), S. 204

502 Vgl. Wirtz (2012), S. 205

503 Vgl. Müller-Stewens/Lechner (2011), S. 282

504 Vorausgesetzt, die Zielunternehmen sind am Kapitalmarkt gelistet.

505 Vgl. Müller-Stewens/Lechner (2011), S. 275; Baum/Coenenberg/Günther (2013), S. 220

506 Vgl. Baum/Coenenberg/Günther (2013), S. 220

507 Vgl. Jansen (2008), S. 143 f.

Synergien und langfristigen Erfolgspotenzialen werden eine Analyse des bestehenden Geschäftsportfolios und eine darauf aufbauende Diversifikation benötigt. Diese hat sich jedoch am erfolgreichsten erwiesen, wenn sie auf fokussierte oder relationale Art und Weise durchgeführt wird.

Es lässt sich daher schließen, dass das strategische, unternehmerische Portfoliomanagement zwar einen wichtigen Stellenwert einnimmt, dies aber nicht unter Anwendung einer breiten Diversifikation, wie im Rahmen der Portfolio Selection Theory, durchgeführt werden sollte.

Während im Rahmen der Portfolio Selection Theory mit zunehmender Diversifikation auch das Erfolgspotenzial steigt, gilt für das Portfoliomanagement im strategischen, unternehmerischen Sinne die Devise „...so konzentriert wie möglich, so diversifiziert wie nötig.“[508]

Die signifikantesten Unterschiede der beiden Portfoliomanagementansätze werden in Tabelle 5.7 gegenübergestellt.

	Portfolio Selection Theory	Unternehmerisches Portfoliomanagement
Betrachtungsrahmen	Kapitalmarkt	Unternehmen in realwirtschaftlichem Umfeld
Investitionsobjekte	Wertpapiere insbesondere Aktien	Strategische Geschäftseinheiten und Geschäftsfelder
Prägung	Stark quantitativ geprägt; modelltheoretisches, mathematisches Konstrukt	Stark qualitativ geprägt durch reale Umwelteinflüsse und -faktoren
Theorie	Kapitalmarktorientierte Finanztheorie	Traditionelle Finanzierungslehre
Prämissen	Vollkommener, vollständiger Kapitalmarkt und weitere modelltheoretische Annahmen	Keine Prämissen, lediglich vereinfachte Darstellung von Erfolgsfaktoren zur Reduzierung der Komplexität der Portfolioanalyse
Betrachtungszeitraum	Kurzfristge Betrachtung, nur einmalige Zusammenstellung des Portfolios	Langfristige Betrachtung, regelmäßige Anpassungen des Portfolios
Diversifikationsprozess	Einfach und günstig über Aktienerwerb	Komplex und teuer über M&A-Aktivitäten
Parameter / Erfolgsfaktoren	Rendite, Volatilität, Korrelation	Überwiegend Konzepte des Lebenszyklus und Erfahrungskurve und andere Erfolgsfaktoren; Diversifikationsrichtungen und -mechanismen
Ansatz	Risikominimierung durch negative Korrelationen	Erzielung von Synergien und Ausgewogenheit durch Diversifizierung
Portfolioselektion	Auswahl anhand der eindeutigen Kriterien Rendite und Volatilität	Auswahl anhand von Normstrategien, Einschätzungen des Managements und des strategischen Unternehmenskonzepts
Ziel	Portfolio mit optimaler Rendite-Risiko-Charakteristik	Portfolio zur Sicherung langfristiger Erfolgspotenziale und ausgewogener Cashflows zur Existenzsicherung des Unternehmens

Tabelle 5.7: Unterschiede zwischen der Portfolio Selection Theory und dem strategischen, unternehmerischen Portfoliomanagement.

[508] Grimm/Schuller/Wilhelmer (2014), S. 55

5.6 Exkurs: Portfolio Selection Theory mathematisch dargestellt

5.6.1 Entscheidungen zu Einzelinvestitionen[509]

Eine Einzelinvestition ist die Investition in ein einzelnes Gut (Aktie). Die Entscheidung selbst ist stets eine Auswahlentscheidung. Für eine Entscheidung werden die verschiedenen zur Disposition stehenden Alternativen bewertet. Abhängig vom Bewertungsverfahren wird eine Rangfolge der Alternativen ermittelt.

Bei Entscheidung unter Unsicherheit ist eine eindeutige Bestimmung der Rangfolge nicht immer oder nicht uneingeschränkt möglich. Werden beispielsweise für die Bewertung der Alternativen mehrere Parameter berechnet und herangezogen, also z.B. Erwartungswert und Standardabweichung, deren Werte kontroverse Bonitätsunterschiede aufweisen, ist eine eindeutige objektive Reihenfolgebildung nicht mehr möglich.

Erst unter Hinzunahme subjektiver Risikopräferenzen bzw. Nutzungsfunktionen kann dann eine Rangfolge herausgearbeitet und eine eindeutige Entscheidung ermöglicht werden.

5.6.2 Entscheidungen zu Portfolioinvestitionen[510]

Eine Portfolioinvestition ist die Investition in ein Gut oder in mehrere Güter innerhalb eines Portfolios.

Die Entscheidung selbst ist hier eine Selektionsentscheidung. Unter der Annahme, dass die Güter verschiedene Rendite-/Risiko-Konstellationen bzw. Chancen-Risiko-Profile aufweisen, sind Entscheidungen zu treffen hinsichtlich:

Zur Auswahl und zur Anzahl der Aktien

Ein neuer Aspekt bei Portfolios ist die Risikostreuung, die über eine Verteilung des Portfolioinhalts auf mehrere inhomogene Produkte erzielt wird. Man bezeichnet dies auch als Risikoausgleich im Kollektiv.

Portfoliotheorie

Die Portfoliotheorie oder Portfolio Selection Theory basiert auf dem neo-klassischen Ein-Perioden-Modell von *Markowitz* (1952) und dem erweiterten Modell nach *Tobin*.

Die Portfoliotheorie ist zugleich Basis für das Kapitalmarktgleichgewichtsmodell, das auch unter dem Namen Capital-Asset-Pricing Modell (CAPM) bekannt ist.

Die moderne Portfoliotheorie setzt den Fokus nicht auf einzelne Wertpapiere, sondern auf das gesamte Portfolio. Erwartungswert und Standardabweichung der Renditen des gesamten Portfolios – in der Terminologie der Portfoliotheorie als Rendite und Risiko

---

509 Vgl. Grob, Heiz Lothar/ Hermans, Jan, Risiko-Chancen-Analyse, 2007, S. 3 ff

510 Vgl. Grob, Heiz Lothar/Hermans, Jan, Risiko-Chancen-Analyse, 2007, S. 3 ff.

bezeichnet. Von tragender Bedeutung sind in diesem Kontext die paarweisen linearen Korrelationen der einzelnen Objekte (Aktien).

Die Optimierung des Portfolios kann in eine der beiden Richtungen erfolgen:

Maximierung der Rendite bei gegebem Risiko (Standardabweichung)

$[\mu_P \mid \sigma_P] \rightarrow \text{Max}$

Minimierung des Risikos (Standardabweichung) bei gegeber Rendite

$[\sigma_P \mid \mu_P] \rightarrow \text{Min}$

Prämissen der Portfoliotheorie[511]

Für die Anwendung der Portfoliotheorie werden grundsätzliche Modellannahmen bzw. Prämissen vorausgesetzt, dabei sind die einzelnen Annahmen nicht überschneidungsfrei:

(1) vollkommener Markt
(2) vollkommene Markttransparenz
(3) Informationseffizienz des Marktes
(4) Gültigkeit der schwachen Effizienz
(5) Stets ausreichende Liquidität des Investors

Die schwache Effizienzhypothese[512] bedeutet, dass alle Informationen der Vergangenheit, z.B. Kursentwicklung, bereits im aktuellen Marktpreis enthalten, d.h. eingepreist, sind. Der Markt hat kein Gedächtnis und eine jede technische Analyse ist wertlos. Dies hat zur Folge, dass der aktuelle Preis gleichermaßen der beste Schätzer für die Zukunft ist.

Vollkommene Markttransparenz hingegen bedeutet, dass alle anderen öffentlichen (mittlere Effizienzhypothese) und nicht-öffentlichen Informationen bzw. Insiderinformationen (starke Effizienzhypothese) eingepreist sind und beinhalten gewissermaßen als Teilmenge auch alle Informationen der schwachen Effizienz.

Markteffizienz: Die Effizienz der Märkte bedingt die Arbitragefreiheit der Märkte. Darunter versteht man, dass jede Möglichkeit der Arbitrage ausgeschlossen ist. Unter Arbitrage versteht man die Möglichkeit der Realisierung von risikolosen Gewinnen, d.h. Überrenditen jenseits des risikolosen Zinssatzes ohne Einsatz, d.h. ohne Inkaufnahme jeglichen Risikos.

$V_0 \leq 0$	Wert des Portfolios zum Zeitpunkt 0
$V_1 \geq 0$	Wert des Portfolios zum Zeitpunkt 1
$P[V_1 > 0] > 0$	Wahrscheinlichkeit, dass der Wert des Portfolios zum Zeitpunkt 1 größer Null ist

Unsicherheit: Alle Investitionsobjekte stehen grundsätzlich unter Risiko.

---

511 Vgl. Schäfer, Unternehmensinvestitionen, 2005, S. 278 ff.

512 Vgl. Fama, Efficient Capital Market, 1970, p. 383 ff.

Ausnahme davon sind mit dem risikolosen Zinssatz versehene Objekte.

Risikoloser Zins als Entscheidungsalternative: Risikolose Investments z.B. in Form sicherer Anleihen erwirtschaften den risikolosen Zins

Homogenität der Marktteilnehmer: Alle Marktteilnehmer verfolgen das gleiche ökonomische Ziel der Optimierung ihres Portfolios

Risikoaversion der Marktteilnehmer: Alle Marktteilnehmer verinnerlichen die gleiche Risikopräferenz

Modell in stetiger Zeit: Alle Parameter, stetige wie auch diskrete, obliegen einer beliebigen (infinitesimalen) Teilbarkeit

Einperiodenmodell: Es wird nur eine Periode, z.B. ein Kalenderjahr, betrachtet

Folgende Restriktionen stellen weitere Modellannahmen dar:

Existenz von Budgetgrenzen: Das arbeitende Kapital ist begrenzt, es existieren keine unlimitierten Aufträge. Die Möglichkeit der Kapitalerweiterung durch Kreditaufnahme ist ausgeschlossen.

Keine Zulässigkeit von Leerverkäufen: Die Möglichkeit, zu verkaufen, ohne die zu verkaufenden Objekte zum Verkaufszeitpunkt zu besitzen, ist ausgeschlossen.

Hinsichtlich der Preisgestaltung gilt folgende Annahme:

Random Walk: Die Preise sind Zufallsvariable, die einem Random Walk folgen d.h.

Preise sind nicht durch das Marktgeschehen beeinflussbar

Preise besitzen kein Gedächtnis, d.h. technische Analysen sind wertlos

Ziele der Marktteilnehmer: Optimales Portfolio: Optimales Portfolio bedeutet die Maximierung des Nettonutzens gemäß der individuellen Präferenzfunktion des Investors zum Ende der Periode. Optimales Portfolio ist nicht gleichzusetzen mit Renditemaximiuerung, da der Grenznutzen abnimmt.

Kennzahlen des Portfolios

Zu den Kennzahlen eines Portfolios zählen:

- Rendite
- erwartete Rendite
- Varianz
- Standardabweichung
- Kovarianz
- Risiko
- Durchschnittsrisiko
- Value-at-Risk

Für die formale Betrachtung der Parameter seien:

$I \in IN$	Anzahl der Objekte bzw. Handlungsalternativen
$J \in IN$	Anzahl der Umweltsituationen, Anzahl der Ausprägungen der Zufallsvariable,
$T \in IR^{+}_{0}$	Ende des zu betrachtenden Zeitintervalls [0, T]
$T \in IN$	Anzahl der Zeitpunkte
$t \in \{0, \ldots, T\}$	
$s \in \{0, \ldots, T\}$ mit $s \leq t$	
K_t	Asset Kurs
$\{K_t \mid t \geq 0\}$	Stochastischer Prozess der Zufallsvariable K_t

Rendite: Rendite des Objektes i in einer bestimmten Situation j:

$r_{ij} \in IR, i \in \{1, , I\}, j \in \{1, , J\}$

Anteil des Objektes i am Portfolio p ohne Berücksichtigung von Leerverkäufen:

$h_i \in [0; 1], i \in \{1, , I\}$ mit $\sum_{i=1}^{I} h_i = 1$

Rendite des Portfolios p in einer bestimmten Situation j:

$r_{pj} \in IR, j \in \{1, , J\}$

$$r_{pj} = \sum_{i=1}^{I} h_i\, r_{ij}$$

Quadratische Rendite des Portfolios p in einer bestimmten Situation j:

$$r_{pj}^2 = (\sum_{i=1}^{I} h_i\, r_{ij})^2 = \sum_{i1=1}^{I} \sum_{i2=1}^{I} h_{i1}\, h_{i2}\, r_{i1j}\, r_{i2j}$$

Erwartete Rendite: Wahrscheinlichkeit des Eintritts einer bestimmten Situation j:

$w_j \in [0; 1], j \in \{1, , J\}$ mit $\sum_{j=1}^{J} w_j = 1$

Erwartete Rendite des Objekts: Erwartete Rendite des Objektes i in einer bestimmten Situation j:

$$\mathrm{IE}[r_{ij}] = r_{ij} = \mu_{ij}, i \in \{1,,I\}, j \in \{1,,J\}$$

Erwartete Rendite des Objektes i:

$$\begin{aligned}\mathrm{IE}[r_i] &= \sum_{j=1}^{J} w_j\, r_{ij} \\ &= \sum_{j=1}^{J} w_j\, \mu_{ij} \\ &=: \mu_i\end{aligned}$$

Erwartete Rendite des Portfolios:

$$\begin{aligned}\mathrm{IE}[r_p] &= \mathrm{IE}[\sum_{i=1}^{I} h_i\, r_i] \\ &= \sum_{i=1}^{I} h_i\, \mathrm{IE}[r_i] \\ &= \sum_{i=1}^{I} h_i \sum_{j=1}^{J} w_j\, \mu_{ij} \\ &= \sum_{j=1}^{J} w_j \sum_{i=1}^{I} h_i\, \mu_{ij} \\ &= \sum_{j=1}^{J} w_j\, r_{pj} \\ &=: \mu_p\end{aligned}$$

Erwartete quadratische Rendite des Portfolios:

$$\begin{aligned}\mathrm{IE}[r_p^2] &= \mathrm{IE}\left[(\sum_{i=1}^{I} h_i\, r_i)^2\right] \\ &= \mathrm{IE}\left[\sum_{i1=1}^{I} \sum_{i2=1}^{I} h_{i1}\, h_{i2}\, r_{i1}\, r_{i2}\right] \\ &= \sum_{i1=1}^{I} \sum_{i2=1}^{I} h_{i1}\, h_{i2}\, \mathrm{IE}\left[r_{i1}\, r_{i2}\right] \\ &= \sum_{i1=1}^{I} \sum_{i2=1}^{I} h_{i1}\, h_{i2} \sum_{j=1}^{J} w_j\, r_{i1j}\, r_{i2j}\end{aligned}$$

$$= \sum_{i1=1}^{I} \sum_{i2=1}^{I} h_{i1}\, h_{i2} \sum_{j=1}^{J} w_j\, \mu_{i1j}\, \mu_{i2j}$$

$$= \sum_{j=1}^{J} w_j \sum_{i1=1}^{I} \sum_{i2=1}^{I} h_{i1}\, h_{i2}\, r_{i1j}\, r_{i2j}$$

Varianz, Standardabweichung und Kovarianz der Rendite eines Objektes

Varianz der Rendite des Objektes i:

$$\begin{aligned}
Var[r_i] &= IE\left[(r_i - IE[r_i])^2\right] \\
&= IE\left[r_i^2 - 2\, r_i\, IE[r_i] + IE[r_i]^2\right] \\
&= IE[r_i^2] - 2\, IE[r_i]\, IE[r_i] + IE[r_i]^2 \\
&= IE[r_i^2] - IE[r_i]^2 \\
&= \sum_{j=1}^{J} w_j\, r_{ij}^2 - \Big[\sum_{j=1}^{J} w_j\, r_{ij}\Big]^2 \\
&= \sum_{j=1}^{J} w_j\, r_{ij}^2 - \sum_{j1=1}^{J} \sum_{j2=1}^{J} w_{j1}\, w_{j2}\, \mu_{ij1}\, \mu_{ij2} \\
&= \sum_{j=1}^{J} w_j\, r_{ij}^2 - \mu_i^2 \\
&= \sigma_i^2
\end{aligned}$$

Standardabweichung der Rendite des Objektes i:

$$\sigma_i = \sqrt{IE\left[(r_i - IE[r_i])^2\right]}$$

Kovarianz der Rendite zweier Objekte i_1 und i_2:

$$\begin{aligned}
Cov[r_{i1}, r_{i2}) &= IE\left[(r_{i1} - IE[r_{i1}])\,(r_{i2} - IE[r_{i2}])\right] \\
&= \sum_{j=1}^{J} w_j\, (r_{i1j} - \mu_{i1})\, (r_{i2j} - \mu_{i2}) \\
&=: \sigma_{i1i2}
\end{aligned}$$

Varianz der Rendite des Portfolios p:

$$Var[r_p] = IE\left[(r_p - IE[r_p])^2\right]$$

$$= \mathrm{IE}\Big[\big(\sum_{i=1}^{I} h_i\, r_i - \mathrm{IE}[\sum_{i=1}^{I} h_i\, r_i]\big)^2\Big]$$

$$= \mathrm{IE}\Big[\big(\sum_{i=1}^{I} h_i\, r_i - \sum_{i=1}^{I} h_i\, \mathrm{IE}[r_i]\big)^2\Big]$$

$$= \mathrm{IE}\Big[\Big(\sum_{i=1}^{I} h_i\, (r_i - \mathrm{IE}[r_i])\Big)^2\Big]$$

$$= \mathrm{IE}\Big[\Big(\sum_{i=1}^{I} h_i\, (r_i - \mu_i)\Big)^2\Big]$$

$$= \mathrm{IE}\Big[\sum_{i1=1}^{I} \sum_{i2=1}^{I} h_{i1}\, h_{i2}\, (r_{i1j} - \mu_{i1})\, (r_{i2j} - \mu_{i2})\Big]$$

$$= \sum_{i1=1}^{I} \sum_{i2=1}^{I} h_{i1}\, h_{i2}\, \mathrm{IE}\Big[(r_{i1j} - \mu_{i1})\, (r_{i2j} - \mu_{i2})\Big]$$

$$= \sum_{i1=1}^{I} \sum_{i2=1}^{I} h_{i1}\, h_{i2}\, \mathrm{Cov}[r_{i1}, r_{i2})$$

$$= \sum_{i=1}^{I} h_i^2\, \sigma_I^2 + \sum_{i1=1}^{I} \sum_{i2=1, i2 <> i1}^{I} h_{i1}\, h_{i2}\, \mathrm{Cov}[r_{i1}, r_{i2})$$

$$= \sum_{i=1}^{I} h_i^2\, \sigma_I^2 + 2 \sum_{i1=1}^{I} \sum_{i2=1, i2 > i1}^{I} h_{i1}\, h_{i2}\, \mathrm{Cov}[r_{i1}, r_{i2})$$

$$= \sum_{i=1}^{I} h_i^2\, \sigma_I^2 + 2 \sum_{i1=1}^{I} \sum_{i2=1, i2 > i1}^{I} h_{i1}\, h_{i2}\, \sigma_{i1i2}$$

$$= \sum_{i=1}^{I} h_i^2\, \sigma_I^2 + 2 \sum_{i1=1}^{I} \sum_{i2=1, i2 > i1}^{I} h_{i1}\, h_{i2}\, \sigma_{i1}\, \sigma_{i2}\, \varrho_{i1i2}$$

$$=: \sigma_p^2$$

Standardabweichung der Rendite des Portfolios:

$$\sigma_p \quad = \sqrt{\mathrm{IE}\Big[(r_p - \mathrm{IE}[r_p])^2\Big]}$$

Aspekte der Portfoliotheorie

Diversifikation

Die Portfoliotheorie basiert auf einem partialanalytischen Entscheidungsmodell[513], das eine eingehenden Analyse des Portfolioinhalts erfordert.

Wichtigster Aspekt der Bildung eines Portfolios ist Risikoreduktion durch Diversifikation

Optimierung[514]

Die Portfoliotheorie wird auch als Portfolio-Selektionstheorie bezeichnet. Ziel des Selektionsprozesses ist Optimierung des Portfolios.

Die Optimierung eines Portfolios erfolgt in zwei Schritten:

- Auswahl effizienter Portfolios entlang der Transformationskurve
- Optimierung des Portfolios durch Nutzenpräferenzfunktion

Effiziente Portfolios entlang der Transformationskurve[515]

Ein effizientes Portfolio ist dadurch gekennzeichnet, dass es gegenüber allen anderen Portfolios

- mit gleicher erwarteten Rendite ein geringeres Risiko (Varianz)

  oder

- mit gleichem Risiko (Varianz) eine höhere erwarteten Rendite

aufweist.

Portfolios, d.h. Kombinationen von Investitionsalternativen, die durch die Eigenschaft der Effizienz charakterisiert sind, liegen alle auf der Transformationskurve.

Für ein Portfolio mit genau zwei möglichen Investitionsobjekten A und B ($A \neq B$) lässt sich die Portfoliotheorie graphisch veranschaulichen (vgl. Abb. 5.2 auf S. 220).

Die Transformationskurve im Koordinatensystem mit der Standardabweichung als Risiko auf der Abszisse und der erwarteten Rendite auf der Ordinate ist eine konkav zum Ursprung (nach rechts) gekrümmte Funktion.

Alle Punkte der Transformationskurve – mit Ausnahme der Extrempunkte A und B – repräsentieren jeweils nichttriviale Linearkombinationen dieser beiden Investitionsobjekte:

$T : \sigma_P \in [\sigma_{min}, \sigma_{max}] \rightarrow [\mu_{min}, \mu_{max}]$ mit

$$T(\sigma_P) \quad = \mu_P = [\sum_{i=1}^{I=2} h_i \, \mu_i]$$

---

513 Vgl. Schäfer, Unternehmensinvestitionen, 2005, S. 298 ff.

514 Vgl. Schäfer, Unternehmensinvestitionen, 2005, S. 277 ff.

515 Vgl. Schäfer, Unternehmensinvestitionen, 2005, S. 298 f.

Die Standardabweichung beeinflusst die erwartete Rendite positiv in degressiver Weise:

$dT / d\sigma_P \quad > 0$

$d^2T / (d\sigma_P)^2 \quad < 0$

Die Transformationskurve wird grundsätzlich durch die drei Extrempunkte

A (σ_A, μ_A), B (σ_B, μ_B) und C (σ_C, μ_C) determiniert.

A und B repräsentieren die trivialen Portfolios, die jeweils aus nur einem der beiden Investitionsobjekte A oder B bestehen:

$T(\sigma_P) \quad = T(\sigma_A) = \mu_A$ bzw.

$T(\sigma_P) \quad = T(\sigma_B) = \mu_B$

Dabei gilt:

$\sigma_B < \sigma_A$ und

$\mu_B < \mu_A$

Der Extrempunkt C wird auch bezeichnet als varianz- bzw. risikominimales Portfolio oder Minimum Variance Portfolio (MVP), bestehend aus einer varianzminimalen Mischung der beiden Objekte A und B mit der Eigenschaft:

$\sigma_C = \text{Min}\{\sigma_P\}$

Dabei wiederum gilt:

$\sigma_C \leq \sigma_B < \sigma_A$ und

$\mu_B \leq \mu_C \leq \mu_A$

Formal gilt für die Parameter der Porfoliorendite im Fall zweier Investionsobjekte:

$$
\begin{aligned}
\mathrm{IE}[r_p] &= \mathrm{IE}[\sum_{i=1}^{2} h_i\, r_i] \\
&= \sum_{i=1}^{2} h_i\, \mathrm{IE}[r_i] \\
&= \sum_{i=1}^{2} h_i\, \mu_i \\
&= h_1\, \mu_1 + h_2\, \mu_2
\end{aligned}
$$

$$
\begin{aligned}
\mathrm{Var}[r_p] &= \mathrm{IE}\left[(r_p - \mathrm{IE}[r_p])^2\right] \\
&= \mathrm{IE}\left[\left(\sum_{i=1}^{2} h_i\, (r_i - \mu_i)\right)^2\right]
\end{aligned}
$$

$$= \mathrm{IE}\Big[\sum_{i1=1}^{2} \sum_{i2=1}^{2} h_{i1}\, h_{i2}\, (r_{i1} - \mu_{i1})\, (r_{i2} - \mu_{i2})\Big]$$

$$= \sum_{i1=1}^{2} \sum_{i2=1}^{2} h_{i1}\, h_{i2}\, \mathrm{Cov}[r_{i1}, r_{i2})$$

$$= \sum_{i=1}^{2} h_i^2\, \sigma_I^2 + 2 \sum_{i1=1}^{2} \sum_{i2=1, i2>i1}^{2} h_{i1}\, h_{i2}\, \sigma_{i1i2}$$

$$= \sum_{i=1}^{2} h_i^2\, \sigma_i^2 + 2 \sum_{i1=1}^{2} \sum_{i2=1, i2>i1}^{2} h_{i1}\, h_{i2}\, \sigma_{i1}\, \sigma_{i2}\, \varrho_{i1i2}$$

$$= h_1^2\, \sigma_1^2 + h_2^2\, \sigma_2^2 + 2\, h_1\, h_2\, \sigma_1\, \sigma_2\, \varrho_{12}$$

Mit $h_i \in [0; 1]$, i = 2 und $\sum_{i=1}^{2} h_i = 1$ gilt $h_1 = 1 - h_2$ et vice versa $h_2 = 1 - h_1$

und weiter:

$$\mu_p = h_1\, \mu_1 + (1 - h_1)\, \mu_2 = \mu_2 + h_1\, (\mu_1 - \mu_2) \quad \text{und}$$

$$\mu_p = h_2\, \mu_2 + (1 - h_2)\, \mu_1 = \mu_1 + h_2\, (\mu_2 - \mu_1)$$

$$h_1 = (\mu_p - \mu_2) / (\mu_1 - \mu_2) \quad \text{und}$$

$$h_2 = (\mu_p - \mu_1) / (\mu_2 - \mu_1)$$

Die Portfoliovarianz ohne direkte Abhängigkeit irgendeines Anteils ergibt somit:

$$\sigma_p^2 = h_1^2\, \sigma_1^2 + h_2^2\, \sigma_2^2 + 2\, h_1\, h_2\, \sigma_1\, \sigma_2\, \varrho_{12}$$

$$= ((\mu_p - \mu_2) / (\mu_1 - \mu_2))^2\, \sigma_1^2 + ((\mu_p - \mu_1) / (\mu_2 - \mu_1))^2\, \sigma_2^2$$

$$+ \; 2\, ((\mu_p - \mu_2) / (\mu_1 - \mu_2))\, ((\mu_p - \mu_1) / (\mu_2 - \mu_1))\, 2\, h_1\, h_2\, \sigma_1\, \sigma_2\, \varrho_{12}$$

Die Portfoliovarianz in Abhängigkeit eines Anteils (Herleitung zu Formel 13) ist:

$$\sigma_p^2 = h_1^2\, \sigma_1^2 + h_2^2\, \sigma_2^2 + 2\, h_1\, h_2\, \sigma_1\, \sigma_2\, \varrho_{12}$$

$$= h_1^2\, \sigma_1^2 + (1 - h_1)^2\, \sigma_2^2 + 2\, h_1\, (1 - h_1)\, \sigma_1\, \sigma_2\, \varrho_{12}$$

$$= (\sigma_1^2 + \sigma_2^2 - 2\, \sigma_1\, \sigma_2\, \varrho_{12})\, h_1^2 + (-\, 2\, \sigma_2^2 + 2\, \sigma_1\, \sigma_2\, \varrho_{12})\, h_1 + \sigma_2^2$$

Das Mischungsverhältnis mit der geringsten Varianz bzw. Standardabweichung (MVP) erhält man durch Differentation nach h_1:

$$d\sigma_p^2 / dh_1 = 2(\sigma_1^2 + \sigma_2^2 - 2\,\sigma_1\,\sigma_2\,\varrho_{12})\,h_1 + (-2\,\sigma_2^2 + 2\,\sigma_1\,\sigma_2\,\varrho_{12}) = 0$$

$$\Leftrightarrow\; h_1 = (\sigma_2^2 - \sigma_1\,\sigma_2\,\varrho_{12}) / (\sigma_1^2 + \sigma_2^2 - 2\,\sigma_1\,\sigma_2\,\varrho_{12})$$

$$d^2\sigma_p^2 / (dh_1)^2 = 2(\sigma_1^2 + \sigma_2^2 - 2\,\sigma_1\,\sigma_2\,\varrho_{12})$$

$$= 2[(\sigma_1 - \sigma_2)^2 + 2\,\sigma_1\,\sigma_2\,(1 - \varrho_{12})] \quad > 0$$

Bei Betrachung der Nutzenfunktion erhält man für die Portfoliovarianz in Abhängigkeit eines Anteils (Herleitung zu Formel 14):

$$u_p(\mu_p, \sigma_p) = \mu_p - (a / 2)\,\sigma_p^2$$

$$\Leftrightarrow\; \sigma_p^2 = (2 / a)\,[\mu_p - u_p(\mu_p, \sigma_p)]$$

$$= (2 / a)\,[(h_1\,\mu_1 + h_2\,\mu_2) - u_p(\mu_p, \sigma_p)]$$

$$= (2 / a)\,[\big(h_1\,\mu_1 + (1 - h_1)\,\mu_2\big) - u_p(\mu_p, \sigma_p)]$$

$$= (2 / a)\,[\big(\mu_2 + h_1\,(\mu_1 - \mu_2)\big) - u_p(\mu_p, \sigma_p)]$$

Das optimale nutzen- bzw. risikospezifische Mischungsverhältnis, d.h. Optimalität bezüglich der individuellen Nutzenfunktion bzw. Risikopräferenz, gewinnt man im Tangentialpunkt von Transformationskurve und einer der Isonutzenkurven:

Die Differentation nach h_1 ergibt:

$$d\sigma_p^2 / dh_1 = (2 / a)\,(\mu_1 - \mu_2)$$

Im Tangentialpunkt gilt:

$$[d\sigma_p^2 / dh_1]_{\text{Transformationskurve}} = [d\sigma_p^2 / dh_1]_{\text{Iso-Nutzenfunktionen}}$$

$$\Leftrightarrow\; 2(\sigma_1^2 + \sigma_2^2 - 2\,\sigma_1\,\sigma_2\,\varrho_{12})\,h_1 + (-2\,\sigma_2^2 + 2\,\sigma_1\,\sigma_2\,\varrho_{12}) = (2 / a)\,(\mu_1 - \mu_2)$$

$$\Leftrightarrow\; h_1 = [(1 / a)\,(\mu_1 - \mu_2) + \sigma_2^2 - \sigma_1\,\sigma_2\,\varrho_{12}] / (\sigma_1^2 + \sigma_2^2 - 2\,\sigma_1\,\sigma_2\,\varrho_{12})$$

Die Portfolios lassen sich nun noch je nach ihrer Position im Koordinatensysten in drei Kategorien einteilen:

[1] Effiziente Portfolios

Der monoton steigende Teil der Transformationskurve, d.h. alle Punkte auf der Transformationskurve zwischen den Punkten A und B (beide eingeschlossen), beinhaltet alle effizienten Portfoliopunkte. Man verwendet dafür auch die Bezeichnungen Effizienzkurve oder Efficient Set.

[2] Zulässige, aber nicht effiziente Portfolios

Der monoton sinkende Teil der Transformationskurve repräsentiert ausschließlich zulässige, aber nicht effiziente Portfoliopunkte. Nicht effizient sind diese deshalb, weil es zu jedem Koordinatenpunkt, bestehend aus σ_p und μ_p, auch eine Kombination auf dem effizienten Teil der Transformationskurve gibt, bestehend aus σ_p und $\mu_{p,eff}$ mit $\mu_{p,eff} > \mu_p$.

Darüber hinaus sind auch alle Punkte der konvexen Fläche innerhalb der Transformationskurve (ohne den effizienten Teil) zulässig, aber nicht effizient.

[3] Nicht zulässige Portfolios
Nicht zulässige Portfoliopunkte sind alle Punkte außerhalb der konvexen Fläche innerhalb der Transformationskurve (diese eingeschlossen).

Der Graph der Effizienzkurve bzw. der Transformationskurve[516] selbst ist nun abhängig von der linearen Korrelation der beiden Objekte A und B (vgl. Abb. 5.2).

Grundsätzlich kann man dabei wieder drei Fälle unterscheiden:

[1] Korrelationskoeffizient $\varrho_{1,2} = 1$
Die Effizienzkurve ist eine Gerade zwischen den beiden Punkten B und A

[2] Korrelationskoeffizient $\varrho_{1,2} = -1$
Die Effizienzkurve ist eine Gerade zwischen den beiden Punkten C und A, wobei C gleich das Minimum Variance Portfolio (MVP) darstellt und auf der Ordinate liegt.

$\sigma_C = 0$ für $h_1 \sigma_1 = h_2 \sigma_2$

Hierdurch findet eine vollständige Eliminierung des Risikos statt[517].

[3] Korrelationskoeffizient $-1 < \varrho_{1,2} < 1$

Die Effizienzkurve beschreibt eine Kurve mit degressiver Steigung zwischen den beiden Punkten MVP und A. Mit abnehmender Korrelation nimmt die Effizienzkurve einen flacheren Verlauf. Die Rendite ist aufgrund der Antipersistenz weniger risikoelastisch, d.h. das Portfolio ist besser diversifiziert.

[516] Vgl. Schäfer, Unternehmensinvestitionen, 2005, S. 290 f.

[517] Vgl. Schäfer, Unternehmensinvestitionen, 2005, S. 294

Anhang 1: Risikotoleranzermittlung von Privatanlegern

Aussagen	Antworten
1. Das Anlegen von Geld ist eine komplexe Tätigkeit, von der ich keine Ahnung habe.	a) Stimme vollumfänglich zu. b) Stimme im Wesentlichen zu. c) Stimme im Wesentlichen nicht zu. d) Stimme überhaupt nicht zu.
2. Ich fühle mich besser, wenn mein Geld auf dem Bankkonto liegt und nicht im Aktienmarkt angelegt ist.	a) Stimme vollumfänglich zu. b) Stimme im Wesentlichen zu. c) Stimme im Wesentlichen nicht zu. d) Stimme überhaupt nicht zu.
3. Denke ich über das Wort „Risiko" nach, fällt mir das Wort „Verlust" ein.	a) Stimme vollumfänglich zu. b) Stimme im Wesentlichen zu. c) Stimme im Wesentlichen nicht zu. d) Stimme überhaupt nicht zu.
4. Um Geld mit Aktien und Anleihen zu verdienen, benötigt man Glück.	a) Stimme vollumfänglich zu. b) Stimme im Wesentlichen zu. c) Stimme im Wesentlichen nicht zu. d) Stimme überhaupt nicht zu.
5. Bei der Geldanlage ist die Sicherheit wichtiger als der Gewinn (Rendite).	a) Stimme vollumfänglich zu. b) Stimme im Wesentlichen zu. c) Stimme im Wesentlichen nicht zu. d) Stimme überhaupt nicht zu.

Quelle: Mondello (2013), S. 54

Risikotragfähigkeit	Risikobereitschaft	Risikotoleranz
überdurchschnittlich	überdurchschnittlich	überdurchschnittlich
unterdurchschnittlich	unterdurchschnittlich	unterdurchschnittlich
unterdurchschnittlich	überdurchschnittlich	unterdurchschnittlich
überdurchschnittlich	unterdurchschnittlich	überdurchschnittlich

Quelle: Mondello (2013), S. 55.

Anhang 2: Nutzenberechnung der Portfolios aus Aktie A und Aktie B

Anteil A	Anteil B	Portfolio-rendite	Portfoliorisiko	Risiko-neigung	Anleger-nutzen
100,0%	0,0%	3,5	2,07	3	-2,93
99,5%	0,5%	3,52	2,05	3	-2,79
99,0%	1,0%	3,54	2,03	3	-2,65
98,5%	1,5%	3,56	2,01	3	-2,52
98,0%	2,0%	3,58	1,99	3	-2,38
97,5%	2,5%	3,6	1,97	3	-2,25
97,0%	3,0%	3,62	1,96	3	-2,12
96,5%	3,5%	3,64	1,94	3	-1,99
96,0%	4,0%	3,66	1,92	3	-1,86
95,5%	4,5%	3,68	1,90	3	-1,74
95,0%	5,0%	3,7	1,88	3	-1,61
94,5%	5,5%	3,72	1,86	3	-1,49
94,0%	6,0%	3,74	1,85	3	-1,37
93,5%	6,5%	3,76	1,83	3	-1,25
93,0%	7,0%	3,78	1,81	3	-1,14
92,5%	7,5%	3,8	1,79	3	-1,02
92,0%	8,0%	3,82	1,78	3	-0,91
91,5%	8,5%	3,84	1,76	3	-0,80
91,0%	9,0%	3,86	1,74	3	-0,69
90,5%	9,5%	3,88	1,72	3	-0,58
90,0%	10,0%	3,9	1,71	3	-0,47
89,5%	10,5%	3,92	1,69	3	-0,36
89,0%	11,0%	3,94	1,67	3	-0,26
88,5%	11,5%	3,96	1,66	3	-0,16
88,0%	12,0%	3,98	1,64	3	-0,06
87,5%	12,5%	4	1,62	3	0,04
87,0%	13,0%	4,02	1,61	3	0,14
86,5%	13,5%	4,04	1,59	3	0,23
86,0%	14,0%	4,06	1,58	3	0,33
85,5%	14,5%	4,08	1,56	3	0,42
85,0%	15,0%	4,1	1,55	3	0,51
84,5%	15,5%	4,12	1,53	3	0,60
84,0%	16,0%	4,14	1,52	3	0,68

Anteil A	Anteil B	Portfolio-rendite	Portfoliorisiko	Risikoneigung	Anleger-nutzen
83,0%	17,0%	4,18	1,49	3	0,85
82,5%	17,5%	4,2	1,48	3	0,93
82,0%	18,0%	4,22	1,46	3	1,01
81,5%	18,5%	4,24	1,45	3	1,09
81,0%	19,0%	4,26	1,44	3	1,17
80,5%	19,5%	4,28	1,42	3	1,24
80,0%	20,0%	4,3	1,41	3	1,32
79,5%	20,5%	4,32	1,40	3	1,39
79,0%	21,0%	4,34	1,39	3	1,46
78,5%	21,5%	4,36	1,37	3	1,53
78,0%	22,0%	4,38	1,36	3	1,59
77,5%	22,5%	4,4	1,35	3	1,66
77,0%	23,0%	4,42	1,34	3	1,72
76,5%	23,5%	4,44	1,33	3	1,78
76,0%	24,0%	4,46	1,32	3	1,84
75,5%	24,5%	4,48	1,31	3	1,90
75,0%	25,0%	4,5	1,30	3	1,96
74,5%	25,5%	4,52	1,29	3	2,01
74,0%	26,0%	4,54	1,28	3	2,07
73,5%	26,5%	4,56	1,28	3	2,12
73,0%	27,0%	4,58	1,27	3	2,17
72,5%	27,5%	4,6	1,26	3	2,22
72,0%	28,0%	4,62	1,25	3	2,26
71,5%	28,5%	4,64	1,25	3	2,31
71,0%	29,0%	4,66	1,24	3	2,35
70,5%	29,5%	4,68	1,23	3	2,39
70,0%	30,0%	4,7	1,23	3	2,43
69,5%	30,5%	4,72	1,22	3	2,47
69,0%	31,0%	4,74	1,22	3	2,51
68,5%	31,5%	4,76	1,22	3	2,54
68,0%	32,0%	4,78	1,21	3	2,58
67,5%	32,5%	4,8	1,21	3	2,61
67,0%	33,0%	4,82	1,21	3	2,64
66,5%	33,5%	4,84	1,20	3	2,67

Anteil A	Anteil B	Portfolio-rendite	Portfoliorisiko	Risikoneigung	Anleger-nutzen
65,0%	35,0%	4,9	1,20	3	2,74
64,5%	35,5%	4,92	1,20	3	2,76
64,0%	36,0%	4,94	1,20	3	2,78
63,5%	36,5%	4,96	1,20	3	2,80
63,0%	37,0%	4,98	1,20	3	2,82
62,5%	37,5%	5	1,20	3	2,83
62,0%	38,0%	5,02	1,20	3	2,84
61,5%	38,5%	5,04	1,21	3	2,85
61,0%	39,0%	5,06	1,21	3	2,86
60,5%	39,5%	5,08	1,21	3	2,87
60,0%	40,0%	5,1	1,22	3	2,88
59,5%	40,5%	5,12	1,22	3	2,88
59,0%	41,0%	5,14	1,23	3	2,89
58,5%	41,5%	5,16	1,23	3	2,89
58,3%	41,7%	5,17	1,23	3	2,89
58,0%	42,0%	5,18	1,24	3	2,89
57,5%	42,5%	5,2	1,24	3	2,88
57,0%	43,0%	5,22	1,25	3	2,88
56,5%	43,5%	5,24	1,26	3	2,88
56,0%	44,0%	5,26	1,26	3	2,87
55,5%	44,5%	5,28	1,27	3	2,86
55,0%	45,0%	5,3	1,28	3	2,85
54,5%	45,5%	5,32	1,29	3	2,84
54,0%	46,0%	5,34	1,30	3	2,82
53,5%	46,5%	5,36	1,30	3	2,81
53,0%	47,0%	5,38	1,31	3	2,79
52,5%	47,5%	5,4	1,32	3	2,77
52,0%	48,0%	5,42	1,33	3	2,75
51,5%	48,5%	5,44	1,34	3	2,73
51,0%	49,0%	5,46	1,36	3	2,71
50,5%	49,5%	5,48	1,37	3	2,68
50,0%	50,0%	5,5	1,38	3	2,65
49,5%	50,5%	5,52	1,39	3	2,62
49,0%	51,0%	5,54	1,40	3	2,59

Anteil A	Anteil B	Portfolio-rendite	Portfoliorisiko	Risikoneigung	Anleger-nutzen
47,5%	52,5%	5,6	1,44	3	2,49
47,0%	53,0%	5,62	1,45	3	2,45
46,5%	53,5%	5,64	1,47	3	2,42
46,0%	54,0%	5,66	1,48	3	2,37
45,5%	54,5%	5,68	1,49	3	2,33
45,0%	55,0%	5,7	1,51	3	2,29
44,5%	55,5%	5,72	1,52	3	2,24
44,0%	56,0%	5,74	1,54	3	2,20
43,5%	56,5%	5,76	1,55	3	2,15
43,0%	57,0%	5,78	1,57	3	2,10
42,5%	57,5%	5,8	1,58	3	2,04
42,0%	58,0%	5,82	1,60	3	1,99
41,5%	58,5%	5,84	1,61	3	1,93
41,0%	59,0%	5,86	1,63	3	1,88
40,5%	59,5%	5,88	1,65	3	1,82
40,0%	60,0%	5,9	1,66	3	1,76
39,5%	60,5%	5,92	1,68	3	1,69
39,0%	61,0%	5,94	1,70	3	1,63
38,5%	61,5%	5,96	1,71	3	1,56
38,0%	62,0%	5,98	1,73	3	1,50
37,5%	62,5%	6	1,75	3	1,43
37,0%	63,0%	6,02	1,76	3	1,36
36,5%	63,5%	6,04	1,78	3	1,28
36,0%	64,0%	6,06	1,80	3	1,21
35,5%	64,5%	6,08	1,82	3	1,13
35,0%	65,0%	6,1	1,83	3	1,06
34,5%	65,5%	6,12	1,85	3	0,98
34,0%	66,0%	6,14	1,87	3	0,90
33,5%	66,5%	6,16	1,89	3	0,81
33,0%	67,0%	6,18	1,91	3	0,73
32,5%	67,5%	6,2	1,92	3	0,64
32,0%	68,0%	6,22	1,94	3	0,56
31,5%	68,5%	6,24	1,96	3	0,47
31,0%	69,0%	6,26	1,98	3	0,38

Anteil A	Anteil B	Portfolio-rendite	Portfoliorisiko	Risikoneigung	Anleger-nutzen
29,5%	70,5%	6,32	2,04	3	0,09
29,0%	71,0%	6,34	2,06	3	-0,01
28,5%	71,5%	6,36	2,08	3	-0,10
28,0%	72,0%	6,38	2,10	3	-0,21
27,5%	72,5%	6,4	2,11	3	-0,31
27,0%	73,0%	6,42	2,13	3	-0,41
26,5%	73,5%	6,44	2,15	3	-0,52
26,0%	74,0%	6,46	2,17	3	-0,63
25,5%	74,5%	6,48	2,19	3	-0,74
25,0%	75,0%	6,5	2,21	3	-0,85
24,5%	75,5%	6,52	2,23	3	-0,96
24,0%	76,0%	6,54	2,25	3	-1,07
23,5%	76,5%	6,56	2,27	3	-1,19
23,0%	77,0%	6,58	2,29	3	-1,31
22,5%	77,5%	6,6	2,31	3	-1,43
22,0%	78,0%	6,62	2,33	3	-1,55
21,5%	78,5%	6,64	2,35	3	-1,67
21,0%	79,0%	6,66	2,37	3	-1,80
20,5%	79,5%	6,68	2,39	3	-1,92
20,0%	80,0%	6,7	2,42	3	-2,05
19,5%	80,5%	6,72	2,44	3	-2,18
19,0%	81,0%	6,74	2,46	3	-2,31
18,5%	81,5%	6,76	2,48	3	-2,44
18,0%	82,0%	6,78	2,50	3	-2,58
17,5%	82,5%	6,8	2,52	3	-2,71
17,0%	83,0%	6,82	2,54	3	-2,85
16,5%	83,5%	6,84	2,56	3	-2,99
16,0%	84,0%	6,86	2,58	3	-3,13
15,5%	84,5%	6,88	2,60	3	-3,28
15,0%	85,0%	6,9	2,62	3	-3,42
14,5%	85,5%	6,92	2,64	3	-3,57
14,0%	86,0%	6,94	2,67	3	-3,72
13,5%	86,5%	6,96	2,69	3	-3,86
13,0%	87,0%	6,98	2,71	3	-4,02

Anteil A	Anteil B	Portfolio-rendite	Portfoliorisiko	Risikoneigung	Anleger-nutzen
11,5%	88,5%	7,04	2,77	3	-4,48
11,0%	89,0%	7,06	2,79	3	-4,64
10,5%	89,5%	7,08	2,81	3	-4,80
10,0%	90,0%	7,1	2,84	3	-4,96
9,5%	90,5%	7,12	2,86	3	-5,12
9,0%	91,0%	7,14	2,88	3	-5,29
8,5%	91,5%	7,16	2,90	3	-5,45
8,0%	92,0%	7,18	2,92	3	-5,62
7,5%	92,5%	7,2	2,94	3	-5,79
7,0%	93,0%	7,22	2,96	3	-5,96
6,5%	93,5%	7,24	2,99	3	-6,14
6,0%	94,0%	7,26	3,01	3	-6,31
5,5%	94,5%	7,28	3,03	3	-6,49
5,0%	95,0%	7,3	3,05	3	-6,67
4,5%	95,5%	7,32	3,07	3	-6,85
4,0%	96,0%	7,34	3,09	3	-7,03
3,5%	96,5%	7,36	3,12	3	-7,21
3,0%	97,0%	7,38	3,14	3	-7,39
2,5%	97,5%	7,4	3,16	3	-7,58
2,0%	98,0%	7,42	3,18	3	-7,77
1,5%	98,5%	7,44	3,20	3	-7,96
1,0%	99,0%	7,46	3,23	3	-8,15
0,5%	99,5%	7,48	3,25	3	-8,34
0,0%	100,0%	7,5	3,27	3	-8,54
optimales Portfolio					

Quelle: Eigene Berechnungen

Anhang 3: Auswertung von Geschäftsberichten zur Erstellung von Portfolios

Anhang 3.1: SWOT-Analyse von BMW-Group

SWOT Analysis

Strengths	Weaknesses
Brand image	Poor performance in Asian markets
Quality products	High cost structure
High employee productivity	Less strategic alliances
Motorcycle as a niche product	Male dominated
Innovation	High maintenance cost

SWOT Analysis

Opportunities	Threats
Growth in Asian markets	High competition
Rising Green awareness	Currency risk
Increasing fuel prices	Green awareness
Expand brand portfolio	Environmental protection regulations
	Change in oil prices
	Recession in EU countries

TOWS Matrix

	O	T
S	•Focus on BRIC Countries using its strong brand image •Considering green awareness to invest in hybrid and electric cars	•New innovations to match EU vehicle regulations •Strong brand image helps BMW to overcome recession
W	•Build new production facilities in Asia to lower wages •Expand brand portfolio to attract young people and women	•High competition in Asian countries •Recession can decrease sales of BMW expensive cars

Anhang 3.2: Wichtige Kennzahlen zur EVA-Berechnung von Daimler-Konzern

2013	Net Assets (Durchschnittlich)	Δ Net Assets	Spread	WACC	EBIT	RONA	Value Added	ΔEVA	Umsatz-rentabilität	Umsatz	Kapital-umschlag	Veränderung des Net Assets %	Veränderung des EBIT %
Mercedes-Benz Car	16658	2551	16,05%	8%	4006	24,05%	2007	-691	24%	64307	3,86	18	-9
Daimler Trucks	10571	-511	7,49%	8%	1637	15,49%	369	4	15%	31473	2,98	-5	-3
Mercedes-Benz Vans	1547	245	32,79%	8%	631	40,79%	445	58	41%	9369	6,06	19	16
Daimler Buses	1068	-89	3,61%	8%	124	11,61%	-4	356	12%	4105	3,84	-8	
Daimler Financial Services	6607	736	11,19%	8%	1268	19,19%	409	-121	19%	14522	2,20	13	-2

2012	Net Assets (Durchschnittlich)	Δ Net Assets	Spread	WACC	EBIT	RONA	Value Added	ΔEVA	Umsatz-rentabilität	Umsatz	Kapital-umschlag
Mercedes-Benz Car	14107	2293	22,33%	8,8%	4391	31,13%	2698	-1077	31%	61660	4,37
Daimler Trucks	11082	2082	6,50%	8,8%	1695	15,30%	365	-431	15%	31389	2,83
Mercedes-Benz Vans	1302	90	32,91%	8,8%	543	41,71%	387	-303	42%	9070	6,97
Daimler Buses	1157	-4	-27,90%	8,8%	-221	-19,10%	-360	-383	-19%	3929	3,40
Daimler Financial Services	5871	724	13,22%	8,8%	1293	22,02%	530	-113	22%	13550	2,31

2011	*Net Assets (Durchschnittlich)*	*Δ Net Assets*	*Spread*	*WACC*	*EBIT*	*ROCE*	*Value Added*	*ΔEVA*
Mercedes-Benz Car	11814	1668	36,35%	7,6%	5192	43,95%	3775	337
Daimler Trucks	9000	1467	13,24%	7,6%	1876	20,84%	796	297
Mercedes-Benz Vans	1212	-16	61,29%	7,6%	835	68,89%	690	387
Daimler Buses	1161	-39	6,35%	7,6%	162	13,95%	23	-48
Daimler Financial Services	5147	-9	17,89%	7,6%	1312	25,49%	643	483

Anhang 3.3: Profitabilitäts-/Wachstumsportfoliomatrix am Beispiel des Daimler-Konzerns

Jahr 2013

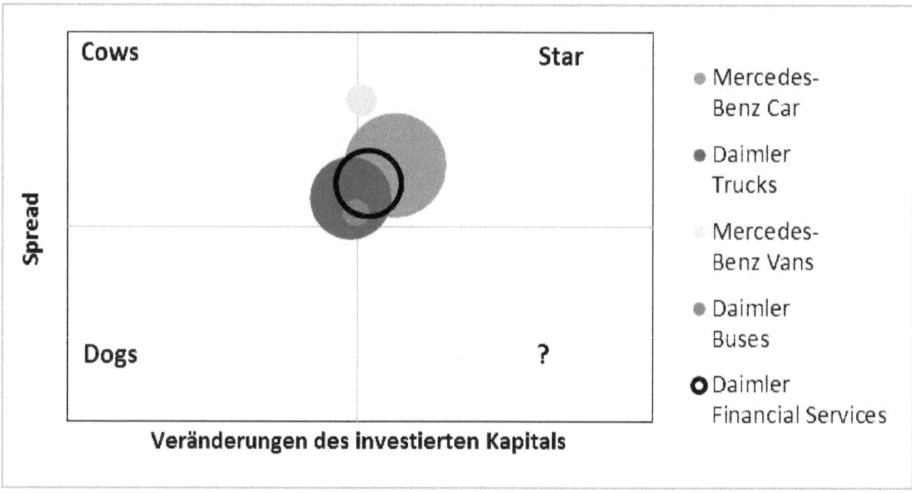

Jahr 2012

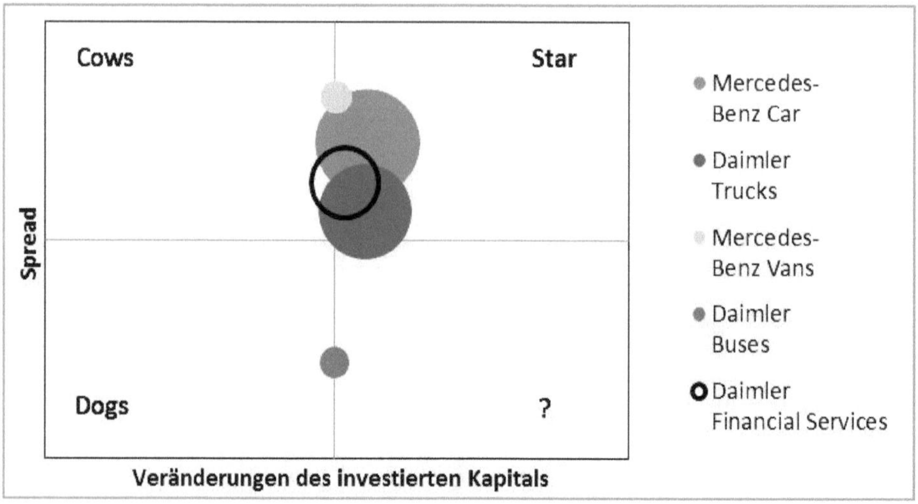

Jahr 2011

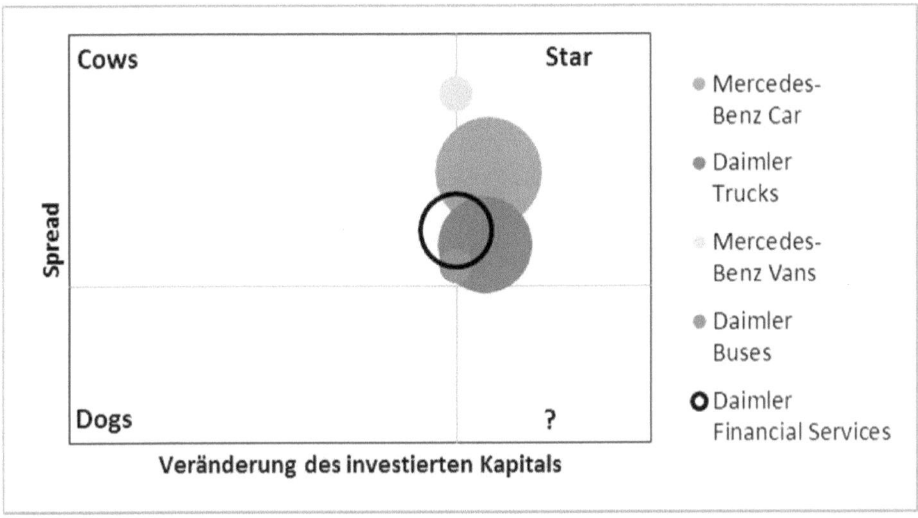

Anhang 3.4: Spread/Delta EVA-Portfoliomatrix am Beispiel des Daimler-Konzerns

Jahr 2013

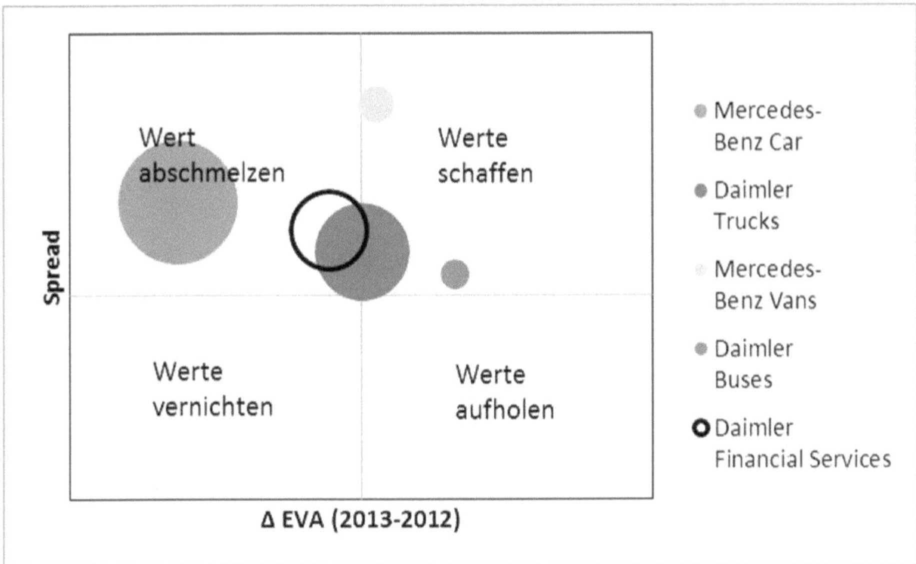

Jahr 2012

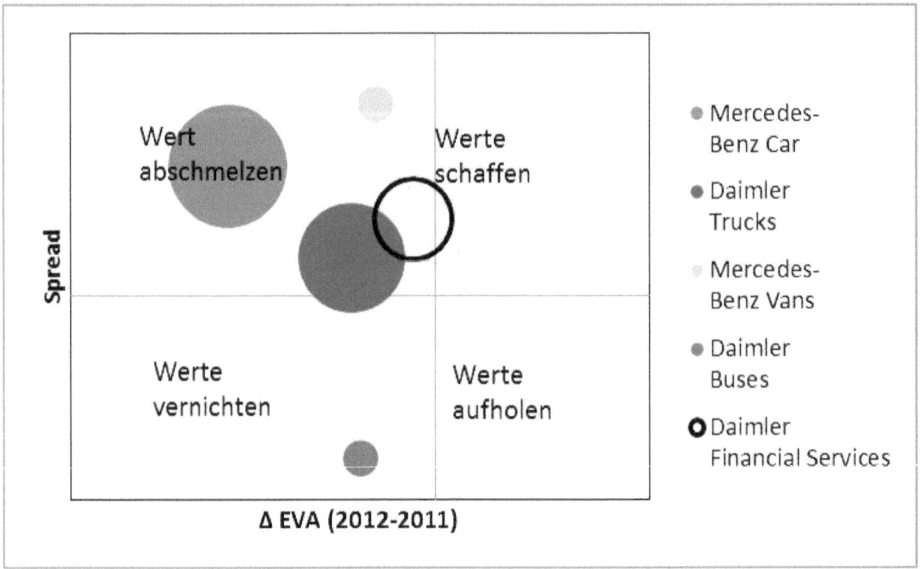

Jahr 2011

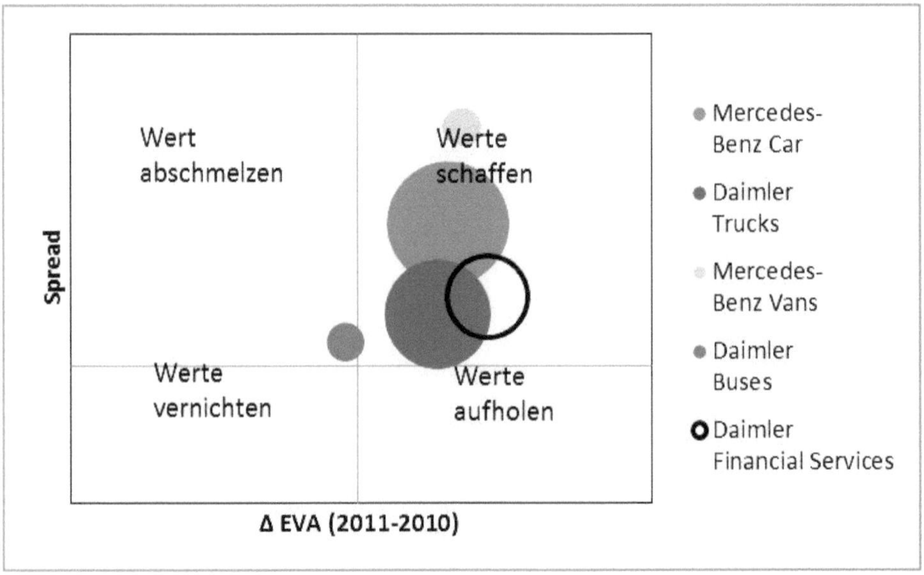

Anhang 3.5: Profitabilitäts-/Wachstumsportfoliomatrix der Geschäftsfelder von drei deutschen Automobilkonzernen

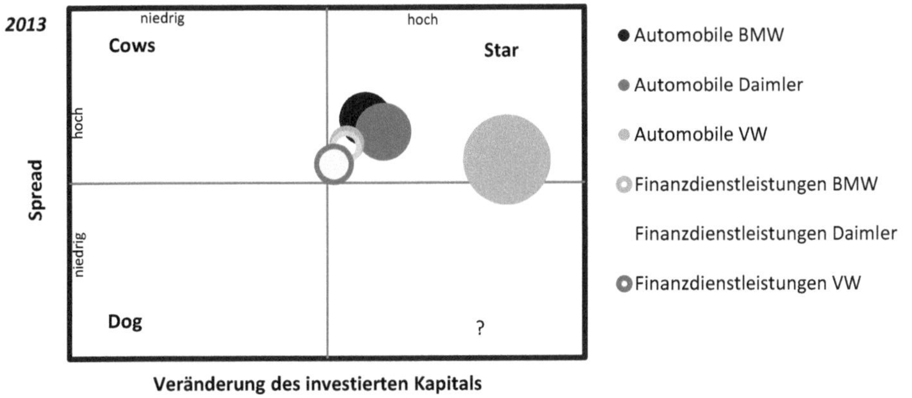

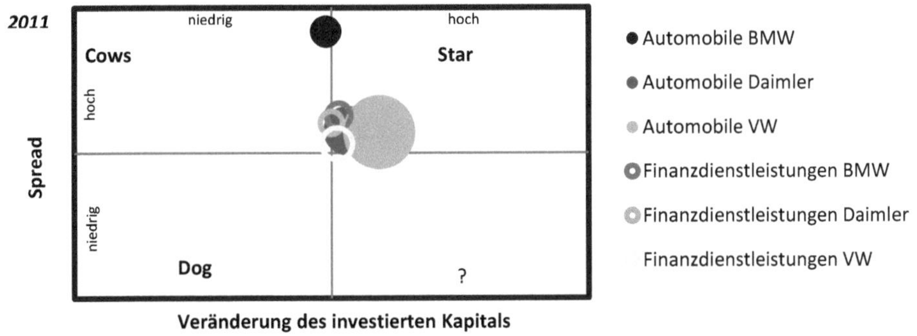

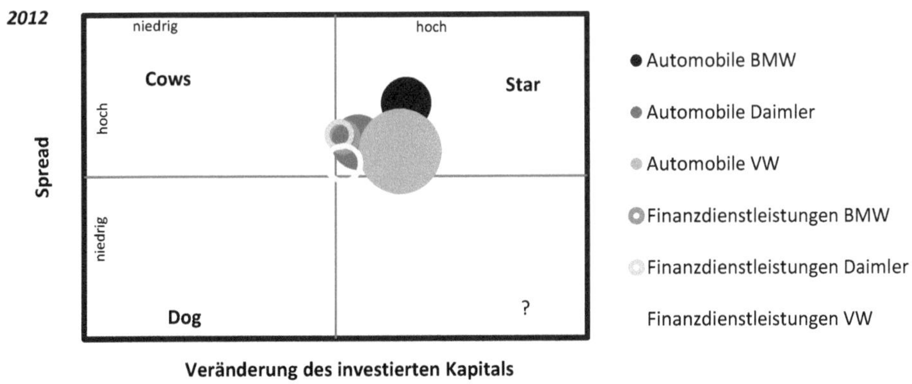

Anhang 3.6: ROCE/Delta EVA-Portfoliomatrix der Geschäftsfelder von drei deutschen Automobilkonzernen

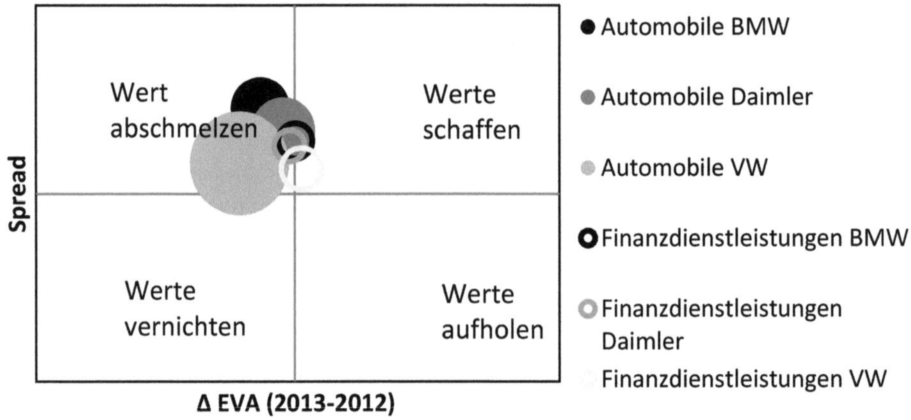

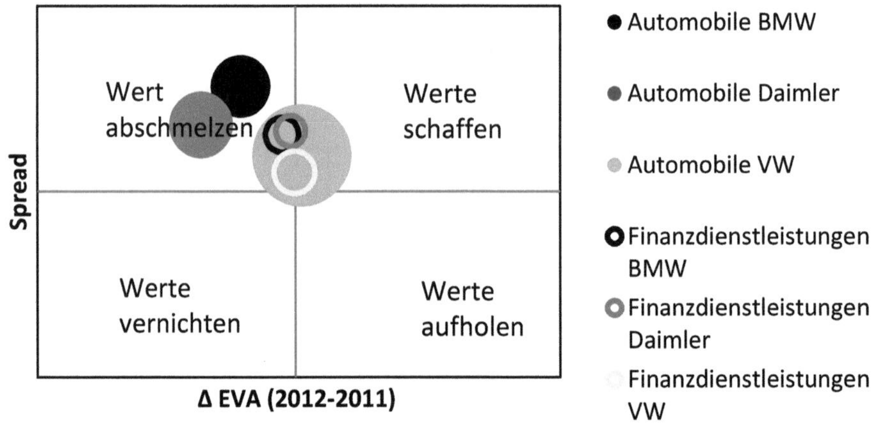

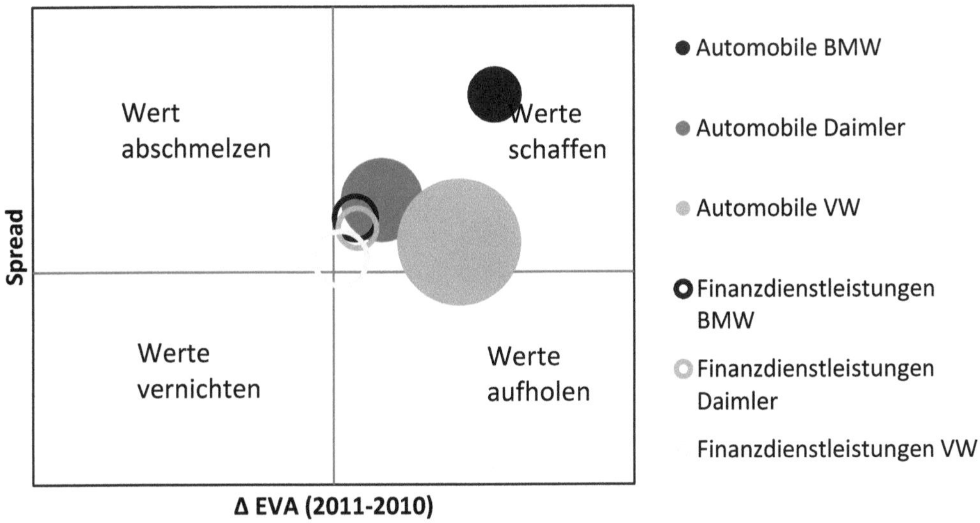
Wert
abschmelzen
Werte
schaffen
Werte
vernichten
Werte
aufholen
Spread
Δ EVA (2011-2010)
Automobile BMW
Automobile Daimler
Automobile VW
Finanzdienstleistungen BMW
Finanzdienstleistungen Daimler
Finanzdienstleistungen VW

Wert
abschmelzen
Werte
schaffen
Werte
vernichten
Werte
aufholen
31835
37521
120041
Spread
Δ EVA (2012-2011)
BMW
Daimler
VW

Anhang 3.7: ROCE/Delta-EVA Portfoliomatrix der drei Automobilkonzerne

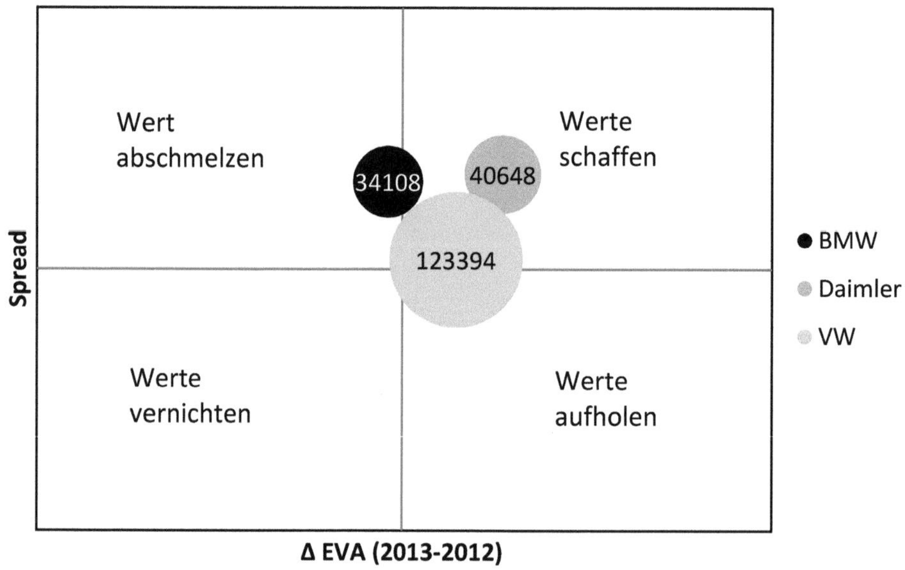

Anhang 3.8: Wichtige Kennzahlen der drei Automobilkonzerne zur Erstellung der wertorientierten Portfoliomatrizen

	WACC				EBIT/NOPAT				Renditekennzahl (ROCE, RONE, ROI oder ROE)				Spread			
	2013	2012	2011	2010	2013	2012	2011	2010	2013	2012	2011	2010	2013	2012	2011	2010
BMW																
Automobile	8,0%	8,8%	7,6%	8,1%	6657	7599	7477	4355	63,3%	73,3%	77,3%	40,2%	55,3%	64,5%	69,7%	32,1%
Motorräder	8,0%	8,8%	7,6%	8,1%	79	9	45	71	16,4%	1,8%	10,2%	18,0%	8,4%	-7,0%	2,6%	9,9%
∑ Auto+Mot	8,0%	8,8%	7,6%	8,1%	6736	7608	7522	4426	26,2%	31,4%	74,4%	39,4%	18,2%	22,6%	66,8%	31,3%
Finazdienst-leistungen	9,0%	9,0%	9,0%	9,0%	1643	1558	1790	1214	20,2%	21,2%	29,4%	26,1%	11,2%	12,2%	20,4%	17,1%
∑	8,0%	8,8%	7,6%	8,1%	7986	8275	7637	5220	21,4%	23,0%	25,6%	19,1%	13,4%	14,2%	18,0%	11,0%
Daimler																
Automobile	8,0%	8,8%	7,6%	8,1%	6398	6408	8065	6654	21,4%	23,2%	34,8%	33,1%	13,4%	14,4%	27,2%	25,0%
Finazdienst-leistungen	9,0%	9,0%	9,0%	9,0%	1268	1293	1312	831	19,2%	22,0%	25,5%	16,1%	10,2%	13,0%	16,5%	7,1%
∑	8,0%	8,8%	7,6%	8,1%	9173	7302	6240	5120	22,6%	19,5%	19,9%	17,5%	14,6%	10,7%	12,3%	9,4%
VW																
Automobile	8,0%	8,8%	7,6%	8,1%	10536	10904	9973	6189	14,5%	16,6%	18,9%	14,2%	6,5%	7,8%	11,3%	6,1%
Finazdienst-leistungen	9,0%	9,0%	9,0%	9,0%	1863	1585	1298	952	14,3%	13,1%	14,0%	12,9%	5,3%	4,1%	5,0%	3,9%
∑	8,0%	8,8%	7,6%	8,1%	11671	11498	11271	7141	9,5%	9,6%	14,9%	14,0%	1,5%	0,8%	7,3%	5,9%

	investiertes Kapital in Mio.Euro/ Investiertes Vermögen (Durchschnitt)in Mio.Euro				Veränderung des investierten Kapital in Mio. Euro			Wertbeitrag (EVA)in Mio.Euro				Δ EVA		
	2013	2012	2011	2010	13-2012	12-2011	11-2010	2013,00	2012,00	2011,00	2010,00	2013-2012	2012-2011	2011-2010
BMW														
Automobile	25133	23703	9672	10839	1430	14031	-1167							
Motorräde	568	499	442	394	69	57	48							
∑ Auto+Mot	25701	24202	10114	11233	1499	14088	-1119	4679,92	5478,22	6753,34	3516,13	-798,30	-1275,11	3237,21
Finanzdienst-leistungen	8407	7633	6084	4654	774	1549	1430	941,58	931,23	1241,14	795,83	10,36	-309,91	445,30
Konzern	34108	31835	29788	27381	2273	2047	2407	3654,00	3885,00	4062,00	1934,00	-231,00	-177,00	2128,00
Daimler														
Industrie-geschäft	29844	27648	23187	20107	2196	4461	3080	2817,00	3090,00	5284,00	4311,00	-273,00	-2194,00	973,00
Finanzdienst-leistungen	6607	5871	5147	5156	736	724	-9	409,00	530,00	643,00	160,00	-121,00	-113,00	483,00
Konzern	40648	37521	31426	29338	3127	6095	2088	5921,00	4300,00	3726,00	2773,00	1621,00	574,00	953,00
VW														
Automobile	72749	65749	52863	43525	7000	12886	9338	4497,00	5775,00	5641,00	3117,00	-1278,00	134,00	2524,00
Finanzdienst-leistungen	11585	11314	9785	8700	271	1529	1085	614,01	463,87	489,25	339,30	150,13	-25,38	149,95
Konzern	123394	120041	75613	50921	3353	44428	24692	1799,48	934,39	5524,41	3016,40	865,09	-4590,02	2508,01

5.7 Literatur und Quellen

Alter, R. (2013): Strategisches Controlling – Unterstützung des strategischen Managements, München: Oldenbourg Wissenschaftsverlag, 2. Aufl.

Ansoff, H.I. (1988): The New Corporate Strategy, New York: John Wiley & Sons.

Baetge, J./Kirsch, H.-J./Thiele, S. (2004): Bilanzanalyse, Düsseldorf: IDW Verlag, 2. Aufl.

Baetge, J./Kirsch, H.-J./Thiele, S. (2012): Bilanzen, Düsseldorf: IDW Verlag, 12. Aufl.

Baetge, J./Kirsch, H.-J./Thiele, S. (2013): Konzernbilanzen, Düsseldorf: IDW Verlag, 10. Aufl.

Bamberger, I./Wrona, T. (2012): Strategische Unternehmensführung – Strategien, Systeme, Methoden, Prozesse, München: Vahlen Verlag, 2. Aufl.

Baum, H.-G./Coenenberg, A.-G./Günther, T. (2013): Strategisches Controlling, Stuttgart: Schäffer-Poeschel Verlag, 5. Aufl.

Bea, F.-X./Haas, J. (2013): Strategisches Management, Konstanz: UVK Verlag, 6. Aufl.

Becker, U. (2010): Planung und Vorbereitung als Erfolgsfaktoren für M & A, in: Müller-Stewens, G./Kunisch, S./Binder, A.: Mergers & Acquisitions – Analyse, Trends und Best Practices, Stuttgart: Schäffer-Poeschel Verlag.

Brem, A./Heyd, R./Schmeisser, W. (2015): Internationale Betriebswirtschaft. UTB München

Bruns, C./Meyer-Bullerdiek, F. (2003): Professionelles Portfoliomanagement, Stuttgart: Schäffer-Poeschel Verlag, 3. Aufl.

Bühler, S./Bindl, C. (2012): Praktische Hinweise zur Organisation von Transaktionen in Konzernunternehmen, in: *Picot, G.*: Handbuch Mergers & Acquisitions – Planung, Durchführung, Integration, Stuttgart: Schäffer-Poeschel Verlag, 5. Aufl.

Camphausen, B. (2013): Strategisches Management – Planung, Entscheidung, Controlling, München: Oldenbourg Wissenschaftsverlag, 3. Aufl.

Dunst, K.-H. (1982): Portfoliomanagement – Konzeption für die strategische Unternehmensplanung, Berlin: Walter de Gruyter & Co. Verlag, 2. Aufl.

Eckstein, P. (2012): Statistik für Wirtschaftswissenschaftler – Eine realdatenbasierte Einführung mit SPSS, Wiesbaden: Springer Gabler Verlag, 3. Aufl.

Eick, K.-G. (1982): Segmentierung von Geschäftsfeldern und Geschäftseinheiten, Augsburg: Dr. E. Heuser.

Garz, H./Günther, S./Moriabadi, C. (2006): Portfoliomanagement – Theorie und Anwendung, Frankfurt am Main: Frankfurt School Verlag, 4. Aufl.

Gälweiler, A. (2005): Strategische Unternehmensführung, Frankfurt am Main: Campus Verlag, 3. Aufl.

Grimm, R./Schuller, M./Wilhelmer, R. (2014): Portfoliomanagement in Unternehmen – Leitfaden für Manager und Investoren, Wiesbaden: Springer Gabler Verlag.

Horzella, A. (2010): Wertsteigerung im M&A-Prozess – Erfolgsfaktoren, Instrumente, Kennzahlen, Wiesbaden: Springer Gabler Verlag.

Hungenberg, H. (2012): Strategisches Management in Unternehmen, Wiesbaden: Springer Gabler Verlag, 7. Aufl.

Jansen, S. (2008): Mergers & Acquisitions – Unternehmensakquisitionen und –kooperationen, Wiesbaden: Springer Gabler Verlag, 5. Aufl.

Markowitz, H. (1952): Portfolio Selection, in: The Journal of Finance, H. 1, 1952, S. 77–91.

Meffert, H./Burmann, C./Kirchgeorg, M. (2012): Marketing – Grundlagen marktorientierter Unternehmensführung, Wiesbaden: Gabler Verlag, 11. Aufl.

Mondello, E. (2013): Portfoliomanagement – Theorie und Anwendungsbeispiele, Wiesbaden: Springer Gabler Verlag.

Müller-Stewens, G./Brauer, M. (2009): Corporate Strategy & Governance – Wege zur nachhaltigen Wertsteigerung im diversifizierten Unternehmen, Stuttgart: Schäffer-Poeschel Verlag.

Müller-Stewens, G./Brauer, M. (2010): Wie Synergiepotenzial optimal genutzt wird, in: io new management, H. 9, 2010, S. 30–33.

Müller-Stewens, G./Lechner, C. (2011): Strategisches Management – Wie strategische Initiativen zum Wandel führen, Stuttgart: Schäffer-Poeschel Verlag, 4. Aufl.

o.V. (a) (1990): The Sveriges Riksbank Prize in Economic Sciences in Memory of Alfred Nobel 1990. Online verfügbar unter: http://www.nobelprize.org/nobel _prizes /economic-sciences/laureates/1990/ [Abruf am: 02.06.2014].

Paul, J. (2007): Einführung in die allgemeine Betriebswirtschaftslehre, Wiesbaden: Gabler Verlag.

Perridon, L./Steiner, M. (2007): Finanzwirtschaft der Unternehmung, München: Vahlen Verlag, 14. Aufl.

Picot, G. (2012): Das vorvertragliche Verhandlungsstadium bei der Durchführung von Mergers & Acquisitions, in: *Picot, G.*: Handbuch Mergers & Acquisitions – Planung, Durchführung, Integration, Stuttgart: Schäffer-Poeschel Verlag, 5. Aufl.

Reinschmidt, T. (2006): Dynamische Steuerung von Portfoliorisiken, Wiesbaden: Deutscher Universitäts-Verlag.

Roediger, T. (2010): Werte schaffen durch M&A-Transaktionen – Erfolgsfaktoren im Post-Akquisitionsmanagement, Wiesbaden: Springer Gabler Verlag.

Schäfer, H. (2005): Unternehmensinvestitionen – Grundzüge in Theorie und Management, Heidelberg: Physica Verlag, 2. Aufl.

Schmeisser, W./Krimphove, D./Hentschel, C./Hartmann, M. (2013): Handbuch Innovationsmanagement, UVK Verlagsgesellschaft, München.

Schmeisser, W./Hannemann, G./Krimphove, D./Toebe, M./Zündorf, H. (2012): Finanzierung und Investition, Konstanz: UVK Verlagsgesellschaft.

Schmeisser, W./Höhne, D. Hutzler, J./Hank Nguyen Tran (2015): Wertorientierte Geschäftsmodelle, UTB Verlag, München.

Schmeisser, W./Reiss, M./Rolf, A./Popp, R. (2014): Organisation, Konstanz: UVK Verlagsgesellschaft.

Schmidt, R./Terberger, E. (1997): Grundzüge der Investitions- und Finanzierungstheorie, Wiesbaden: Gabler Verlag, 4. Aufl.

Spremann, K. (2008): Portfoliomanagement, München: Oldenbourg Wissenschaftsverlag, 4. Aufl.

Spremann, K./ Gantenbein, P. (2005): Kapitalmärkte, Stuttgart: Lucius & Lucius Verlagsgesellschaft.

Steiner, M. (2006): Effiziente Portefeuillestrukturen – von Harry Markowitz zur Kapitalmarktlinie, in: *Kürsten, W./Nietert, B.*: Kapitalmarkt, Unternehmensfinanzierung und rationale Entscheidungen, Berlin: Springer-Verlag.

Steiner, M./Bruns, C. (2007): Wertpapiermanagement – Professionelle Wertpapieranalyse und Portfoliostrukturierung, Stuttgart: Schäffer-Poeschel Verlag, 9. Aufl.

Walsh, G./Deseniss, A./Kilian, T. (2009): Marketing – Eine Einführung auf der Grundlage von Case Studies, Wiesbaden: Springer Gabler Verlag.

Weinmann, M. (2004): Wertorientiertes Management von Unternehmenszusammenschlüssen, Frankfurt am Main: Europäischer Verlag der Wissenschaften.

Wendt, S. (2012): Strategisches Portfoliomanagement in dynamischen Technologiemärkten, Wiesbaden: Springer Gabler Verlag.

Wicharz, R. (2013): Strategie: Ausrichtung von Unternehmen auf die Erfolgslogik ihrer Industrie – Unternehmensstrategie, Geschäftsfeldstrategie, Konzernstrategie, Wiesbaden: Springer Gabler Verlag.

Wirtz, B. (2012): Mergers & Acquisitions Management – Strategie und Organisation von Unternehmenszusammenschlüssen, Wiesbaden: Springer Gabler Verlag, 2. Aufl.

6 Wert-/Erlössicherung im Exportgeschäft mit Devisen-forwards

von Gerfried Hannemann

Wissensziele

- Sie sollen die Kategorien Devisen, Wechselkursrisiko und Wechselkurs verstehen sowie das Vorgehen bei der Kursbestimmung bei Käufen/Verkäufen von Devisen grundsätzlich kennenlernen.
- Darauf aufbauend sollen Sie sich mit der Wirkungsweise bzw. den Regeln des „klassischen" Termingeschäfts am Beispiel von Devisen-Forwards vertraut machen.
- Schließlich sollen Sie auch wichtige Weiterentwicklungen des ursprünglichen Modells kennenlernen einschließlich der Non Deliverable Forwards, und das Wesentliche zur Handhabung von Devisen-Swaps bei der Wechselkurssicherung erfahren.
- Beispiele für die Nutzung von Forwards für den Hedge der Exporterträge oder Importaufwendungen (in heimischer Währung) bzw. sowie beim Schutz von Devisenguthaben auf Währungskonten demonstrieren Ihnen Handhabung und Wirkung des Instruments.

6.1 Wechselkurs und Wechselkursriko

Wie brisant Wechselkurse Umsatz und Gewinn von Firmen beeinflussen können, zeigte sich wieder einmal zu Beginn des Jahres 2015 an zwei Beispielen:

Der US-Dollar wertete in einem nur wenige Monate andauernden Prozess von ca. 1,40 auf weniger als 1,10 USD je Euro auf, und die Parität Dollar–Euro scheint wieder möglich zu werden. Der Schweizer Franken verbesserte sich in der selben Zeit durch die Entscheidung der Schweizerischen Nationalbank, die Bindung an den Euro aufzugeben, über Nacht um ca. 20%.

Kenntnisse über die kommerziell erfolgreiche Handhabung fremder Währungen besitzen für Unternehmen, die international aktiv sind, eine herausragende bis überlebenswichtige Bedeutung. Deutsche Unternehmen verkaufen und kaufen im Außenhandel keinesfalls nur gegen Euro. Dessen „Weltanteil beim Zahlungsverkehr" lag im Januar 2015 bei 27,4 %, beim Englischen Pfund waren es 8,0 %, beim Japanischen Yen 2,7 %, beim US-Dollar aber 45,1 % und der Chinesische Yuan erreichte mit 2,1 % den Rang 5. (Frankfurter Allgemeine Zeitung, 20. Juni 2015, Seite 34, „Der Renminbi auf dem Weg zur Weltwährung" – ohne Verfasser)

Die Wechselkurse beeinflussen ggf. entscheidend den Erfolg oder Misserfolg von Geschäftsvorfällen. Während sich in sehr großen (Nichtfinanz-)Kapitalgesellschaften dazu viel Wissen und Erfahrung angesammelt hat und mit Chancen und Risiken professionell umgegangen wird, sieht es bei kleinen und mittleren Unternehmen (KMU) in Deutschland weniger zufriedenstellend aus. Dabei wird der Außenhandel für die KMU immer bedeutsamer. Eine 2013 erschienene Untersuchung nennt für die KMU z.B. folgende Zahlen (bezogen auf das Jahr 2010): – 345.000 KMU als Exporteure und 512.000 als Importeure – im verarbeitenden Gewerbe sind fast 30 Prozent der KMU im Export engagiert – die Anteile nach Größe: Kleinstfirmen 9%, Kleinfirmen 47%, mittlere Firmen 68% – ca. 50 % der KMU Exporteure verkaufen auf Märkten außerhalb der EU[519].

In der Fachliteratur wird die Situation in dem „Segment" der KMU beispielsweise beim Umgang mit dem **Wechselkursrisiko** nach wie vor sehr kritisch gesehen. Die Quintessenz der Meinungen:

Es gibt zu wenig Kenntnisse über Ursache und Erscheinungsform des Risikos sowie zur Handhabung von Absicherungsinstrumenten. In vielen Geschäftsführungen herrscht die Auffassung, auf ein Währungsmanagement könne man verzichten (...es betrifft uns nicht, weil wir so klein sind...) oder davon müsse man absehen (...die Kosten können wir uns nicht leisten...).

Internationale Handelsgeschäfte von Firmen beinhalten Risiken, die es im Binnenhandel nicht gibt oder die wesentlich schwerwiegender als im Inlandsgeschäft in Erscheinung treten können. Es gibt unterschiedliche Meinungen darüber, was alles zu solchen Risiken zählt. Die nachfolgend gezeigte Aufzählung beansprucht nicht, vollständig zu sein:

- Risiken im Exportgeschäft
  - Abnahmerisiko: Käufer nimmt die Ware nicht ab Zahlungsrisiko: Käufer zahlt den vereinbarten Verkaufspreis nicht
  - Wechselkursrisiko zu unterschiedlichen Zeitpunkten des Vertragsabschlusses und der Ausgangskalkulation oder zum Zeitpunkt der Zahlung
  - Kreditrisiko: Käufer nimmt durch verspätete Zahlung einen unvereinbarten Kredit vom Verkäufer
  - Konvertierungsrisiko: ausländischer Staat sanktioniert den Umtausch von Landeswährung in Fremdwährung
  - politisches Risiko: Ausland beschlagnahmt die importierte Ware
- Risiken im Importgeschäft
  - Lieferrisiko: Lieferung von nicht vereinbarter Ware in Art/Menge zu einem falschen Zeitpunkt
  - Transportrisiko: z.B. Verderb der Ware während des Transportes

---

519 (Vgl Hoffmann, M., Holz,M., Kranzusch, P.: Außenwirtschaftsaktivitäten von kleinen und mittleren Unternehmen im Lichte der amtlichen Statistik, Institut für Mittelstandsforschung Bonn 2013, Zusammenfassung, http://www.ifm-bonn.org/publikationen/daten-und-fakten/publikationendetail/?tx_ifmstudies_publicationdetail[publication]=456&cHash=cd88cc190d46bdfd1e6b7bf665211201, abgerufen 29.04.2015.)

- Qualitätsrisiko: vereinbarte Qualität wird vom Verkäufer nicht eingehalten
- Wechselkursrisiko: Kurs zu unterschiedlichen Zeitpunkte (des Vertragsabschlusses und der Ausgangskalkulation einerseits und zum Zeitpunkt der Zahlung andererseits)
- Zollrisiko: Einfuhrgut wird anders tarifiert als vorgesehen[520]

Die Kategorie **Währungsrisiko** subsumiert die im nächsten Absatz genannten und erklärten „Teilrisiken". (das o.g. Wechselkursrisiko bedeutet eine andere, aber sehr geläufige Bezeichnung, die dasselbe besagt wie der Begriff Währungs-Umwechslungsrisiko.) Das Währungsrisiko ist untrennbar mit Außenwirtschaft und internationalen Geldbeziehungen verknüpft. Es müssen zwei Währungen aufeinander treffen; so etwas findet in der „Binnenwirtschaft" normalerweise nicht statt.

Das Währungsrisiko wird gewöhnlich in drei Ausprägungen gegliedert: **Währungs-Umwechslungsrisiko** (Transaction Risk), **Währungs-Umrechnungsrisiko** (Translation Risk) und als **Ökonomisches Risiko** (Economic Risk). Wie zeigen sich prinzipiell die Auswirkungen?

Umwechslungsrisiko → wirkt sich bei Importkosten (steigender Wert der Fremdwährung) oder Exportleistungen (fallender Wert der Fremdwährung) in heimischer Währung sofort auf Zahlungsströme/Liquidität aus und beeinflusst den Ertrag des jeweiligen Geschäftsvorfalls

Umrechnungsrisiko → beeinflusst vor allem Bilanzpositionen in Fremdwährung, damit den Bilanzgewinn am Stichtag, also in Abständen von einem Jahr

Ökonomisches Risiko → beinhaltet die möglichen längerfristigen Auswirkungen der im Leistungsprozess benutzten Währungen auf Umsätze, Marktanteile und Gewinne.

Die Grenzen zwischen dem Umwechslungsrisiko und dem Ökonomischen Risiko sind fließend. Wenn eine weitere Risikokategorie benutzt wird, nämlich vom **Contractual Risk** gesprochen wird, dann bedeutet das im Transaction Risk die Separierung jener Risiken, die sich (einseitig) vor allem aus verbindlichen Angeboten oder aus verbindlichen Preiszusagen ergeben, sofern (zweiseitig) Verträge erst noch abgeschlossen werden müssen.

Neben dem Begriffs „Risiko" findet sich in der Literatur auch der Begriff der **Währungsrisikoposition (Currency Risk Exposure).** In Gestalt der Position, des Exposure wird nach betriebswirtschaftlichen Kategorien (Einnahmen, Ausgaben, Erlöse, Kosten, Cashflow, Gewinn) das „Im-Risiko-Stehende" erfasst.

„Währungsrisikopositionen, die nicht in gebuchten Transaktionen begründet liegen und deren Volumen oder Fälligkeit damit nicht fixiert sind, gehören dem **Contractual Exposure** an. Zu dieser Exposureklasse zählen implizite und explizite vertragliche

---

[520] Quelle: Wikipedia: Außenhandelsbetriebslehre, http://de.wikipedia.org/wiki/Außenhandelsbetriebslehre, abgerufen 29.04.2015

Vereinbarungen, wie ein verbindliches Angebot im Rahmen einer internationalen Ausschreibung. Solange das eigene Angebot nicht angenommen wurde, bleibt nicht nur die Zusage, sondern auch ihre Höhe ungewiss. Die Verbindlichkeit des eigenen Angebots zwingt das Unternehmen, sich auch bei einer verschlechterten währungspolitischen Situationen daran halten zu müssen und resultierende Währungsverluste in Kauf zu nehmen. Ein weiteres Beispiel sind zeitlich befristete Preiszusagen in fremder Währung. Da der Absatz innerhalb dieser Zeitspanne nur prognostiziert werden kann, ist die Höhe der Währungsrisikoposition ungewiss."[521]

Anmerkung: Diese Art von Zusagen könnte man auch als „vorvertragliche" Vereinbarungen bezeichnen, weil sie einem Liefer-/Abnahmevertrag vorangehen.

Wir wollen der Einfachheit halber im weiteren das Contractual Rrisk aber weiter als Teil des Transaction Risk von Exporteuren und Importeuren betrachten.

Statt **Wechselkursrisiko** wird synonym auch **Währungskurs-**, **Devisenkurs-** oder **Valutakursrisiko** gesagt bzw. Valutarisiko oder Kursrisiko.

Über das Ausmaß des Risikos vermitteln die Kursschwankungen ein Bild. Die nachfolgende Tabelle zeigt das exemplarisch für die EUR/USD-Relation über die Zeitspanne von 2008 bis 2015 anhand ausgewählter Tageskurse. (Das Jahr 2015 ist hier aber nur bis zum 14. Mai erfasst.)

EUR/USD (Euro / US-Dollar) Jahres-Schlusskurse				
Jahr	**Erster**	**Hoch**	**Tief**	**Schluss**
2015	1,2098	1,2102	1,0496	1,1407
2014	1,3743	1,3931	1,2098	1,2098
2013	1,3187	1,3803	1,2779	1,3743
2012	1,2945	1,3466	1,2062	1,3187
2011	1,3391	1,4829	1,2910	1,2945
2010	1,4325	1,4514	1,1917	1,3391
2009	1,3978	1,5137	1,2543	1,4325
2008	1,4599	1,6000	1,2448	1,3978

Tabelle 6.1: Historische Kurse / Kursentwicklung EUR/USD – Ausschnitt mit den Jahren 2008 bis 2015. Quelle: boerse.de Finanzportal GmbH Rosenheim: Historische Kurse, http://www.boerse.de/historische-kurse/Euro-Dollar/EU0009652759, abgerufen 15.05.2015

Analysiert man kürzere Zeiträume, so wird die Gefahr, die von der Volatilität wichtiger Währungskurse ausgeht, noch deutlicher. In Unternehmen mit Außenhandel interessiert vorrangig mit Blick auf Lieferverträge das Problem der Kosten- und Leistungssicherheit auf kurze und mittlere Sicht.

Ein Unternehmen, das heute einen Liefervertrag in Fremdwährung abschließt, dessen Zahlung erst in Wochen, Monaten oder bei teuren Maschinen und Produktionsanlagen in Jahren eingeht, sieht sich dem Risiko einer bis dahin ungünstigen Kursentwicklung gegenüber, aber auch der Chance, an einer günstigen Entwicklung zu partizipieren. Die

[521] Quelle: De Filippis, F.: Währungsrisikomanagement in kleinen und mittleren Unternehmen, Wiesbaden 2014, eBook, S. 126

einfachste Lösung für das Dilemma bietet ein Devisentermingeschäft, international Forward genannt.

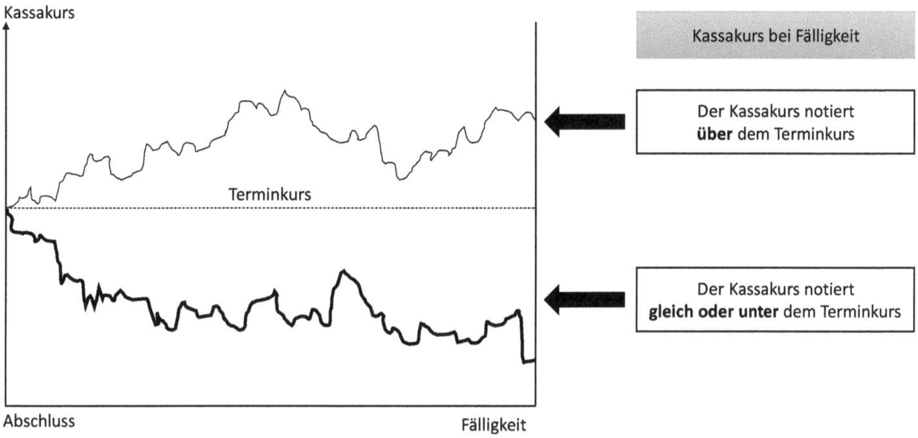

Abb. 6.1: Risiko-/Chancen-Szenario bei Kassakursentwicklung und Terminkurs
Quelle: UniCredit Bank AG München: DTG_Imp_Produktblatt.Corporate & Investment Banking, Werbemitteilung vom 31.01.2014, S. 2, Ausschnitt
www.hypovereinsbank.de/content/dam/.../DTG_Imp_Produktblatt.pdf, abgerufen 20.04.2015

Diese beiden Szenarien der obigen Abbildung stellen idealtypische konträre Ausschnitte aus einer längerfristigen Wechselkurs -Graphik dar, nämlich kurzfristige Aufwertung oder Abwertung. Eine Langfristbetrachtung aber kann wiederum zumindest einer von zwei prinzipiellen Entwicklungslinien eines Wechselkurses entsprechen:

- ein kontinuierlicher Anstieg über mehrere/viele Jahre (langfristig stattfindende Aufwertung der einen und Abwertung der anderen Währung) oder
- unregelmäßige Schwankungen, also kurzfristige, kleine Auf- und Abwertungen auf grundsätzlich gleichbleibendem Niveau.

Die nachfolgende Abbildung zeigt diese Varianten als Graphik:

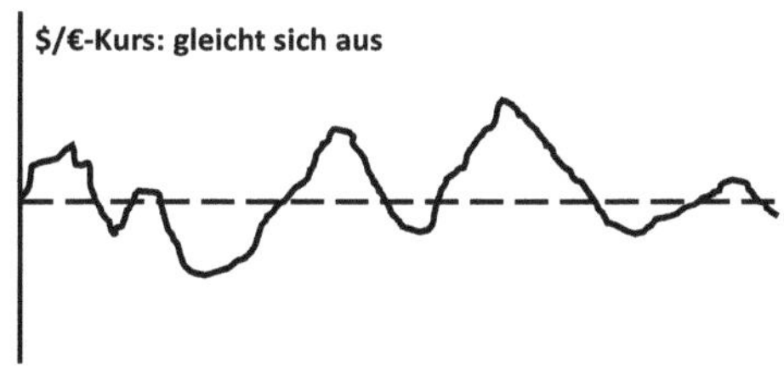

Abb. 6.2: Langfristige Entwicklungstendenzen von Wechselkursen
Quelle: Stocker, K.: Management internationaler Finanz- und Währungsrisiken, 2013 S. 340 (e-Book)

Die Kurssprünge in der Art dieser Graphik kann ein Unternehmen u.a. mit derivativen Absicherungsinstrumenten wie Forwards, Futures usw. erfolgreich neutralisieren.

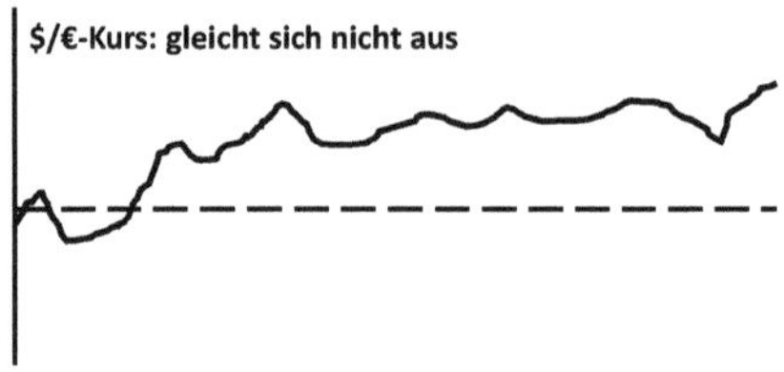

Abb. 6.3: Langfristige Entwicklungstendenzen von Wechselkursen. Quelle: Stocker, K.: a.a.O.

Wenn eine Währung aber, wie hier abgebildet, tendenziell immer weiter gegenüber anderen Währungen aufwertet, sind (ebenfalls langfristig) primär andere Maßnahmen gefragt, wie Verlagerung der Produktion in das Fremdwährungsland sofern es sich um einen großen Absatzmarkt handelt usw. Bis zur Euro-Krise zeigte sich das Problem sehr deutlich am EUR/USD-Kurs, denn der Euro wertete jahrelang immer weiter auf:

Abb. 6.4: Kursschwankungen EUR / USD von Jan. 2012 bis Sept. 2013
Quelle: Commerzbank AG Frankfurt a.M. Währungen aktiv managen, Febr. 2014, Seite 4
https://www.firmenkunden.commerzbank.de/files/brochures/_de/br_waehrungsmanagement.pdf, abgerufen 03.07.2014

„Um rund 10 Prozent hat die europäische Gemeinschaftswährung gegenüber dem amerikanischen Dollar … in den vergangenen zwei Jahren an Wert gewonnen.[522]“ Vertreter der deutschen Wirtschaft betonten in dieser Ausgabe der FAZ, dass ihrer Meinung nach die Bedeutung der Wechselkurse als Faktor im Preiswettbewerb auf den Märkten angestiegen ist. Ein Beispiel verdeutlichte das: Fußballschuhe, die der US-Hersteller Nike in Deutschland für 100 Euro verkauft, brachten 2012 120 Dollar Erlöse, jetzt liegt der Gegenwert bei 136 Dollar. (Siehe FAZ, a.a.O.) Das eröffnete für andere Anbieter (aus den USA) Raum für den Preiswettbewerb. Aber: Wie einleitend schon erwähnt, ab Mitte 2014 wurde dieser mehrjährige Trend schrittweise umgekehrt, und

522 Frankfurter Allgemeine Zeitung/FAZ vom 11. Juli 2014 Nr. 158, S. 24

damit wurde der Dollar-Euro-Kurs schrittweise günstiger für Exporteure mit Sitz im Euroraum, die gegen Dollar verkaufen. Es entstand eine kaum erwartete neue währungsstrategische Lage, als deren Ursachen vor allem die Eurokrise und die wirtschaftliche Stagnation in Europa gelten.

Vom Umwechslungsrisiko sind also alle in **Fremdwährung** lautenden Zahlungsströme betroffen, die an einem bestimmten Fälligkeitstermin zukünftig zu einem Umwechslungsvorgang führen, sowie vorhandene fremde Zahlungsmittel. Der (Bar-)Wert solcher Positionen verändert sich gewöhnlich im Zeitverlauf aufgrund von Wechselkursbewegungen. Diese Beträge, auch **Effektivpositionen** genannt, sind in Höhe und Fälligkeit feststehend. Daneben sprechen wir von **Eventualpositionen**: sie basieren nur auf der Unternehmens-Budgetplanung, sind noch nicht als sicher zu bezeichnen, weil noch keine Verträge vorliegen (siehe oben). Hier muss man auch auf ausgesprochene Garantien oder Bürgschaften, die auf Fremdwährung lauten, hinweisen. Dazu werden auch sogenannte harte Patronatserklärungen gezählt, mit denen sich z.B. Konzern-Muttergesellschaften vorgangsbezogen zur Sicherung der Zahlungsfähigkeit (ausländischer) Tochtergesellschaften verpflichten.

Kategorie	*Direkte Exposures*			*Indir. Exp.*
	Translation	*Transaction*	*Contractual*	*Economic*
Bezugsgröße	bilanzielles Auslandsverm.	Fremdwähr.-verträge	Fremdwähr.-verträge	Unternehmens-wert
Bezugszeitraum	Bilanzstichtag	Kontrahierung bis Konvert.	Zukunft	Zukunft
Erfassung	Jahres-abschluss	Buchführungs-system	Verträge und Finanzrechn.	Finanz-rechnung
Wirkung	buchhalterisch, mittelbar liquiditätswirks.	erfolgs- und liquiditäts-wirksam	erfolgs- und liquiditäts-wirksam	erfolgs- und liquiditäts-wirksam

Tabelle 6.2: Arten von Risikopositionen. Quelle: De Filippis, F.: Währungsrisikomanagement in kleinen und mittleren Unternehmen, Wiesbaden 2014 S. 128

Für das Entstehen des Umwechslungsrisikos und damit von Beträgen/Exposures, die im Risiko stehen, bedarf es also im Außenhandel des zeitlichen Auseinanderfallens von Vertragsabschluss und Vertragserfüllung im Rahmen eines internationalen Geschäftsvorgangs. Die innerhalb dieser Zeiträume auftretenden Wechselkursschwankungen werden auf unterschiedliche Ursachen zurückgeführt:

> Es werden vor allem Devisenspekulation, Ungleichgewichte im Außenhandel, Zinsniveau, Devisenmarktinterventionen, Inflationshöhe und Kaufkraftparität als direkte Einflüsse betrachtet.[523]

523 Vergleiche z.B. Beike, R.: Devisenmanagement. Grundlagen, Prognose und Absicherung, Hamburg 1995, S. 43

Info: In 2013/2014 lieferte der Kurs USD/CAD dafür ein Beispiel. Der kanadische Dollar hat wegen wirtschaftlicher Probleme zwischen April 2013 und April 2014 ca. 10% gegenüber dem US-Dollar abgewertet, auf USD/CAD ca. 1,10. Die Analysten verwiesen auf:

[1] Transportengpässe für kanadisches Rohöl durch die USA, und

[2] steigende kanadische Lohnstückkosten.[524]

Die folgende Abbildung stimmt prinzipiell inhaltlich mit den bisherigen Darlegungen zum Transaction Risk überein, arbeitet aber mit anderen Begriffen.

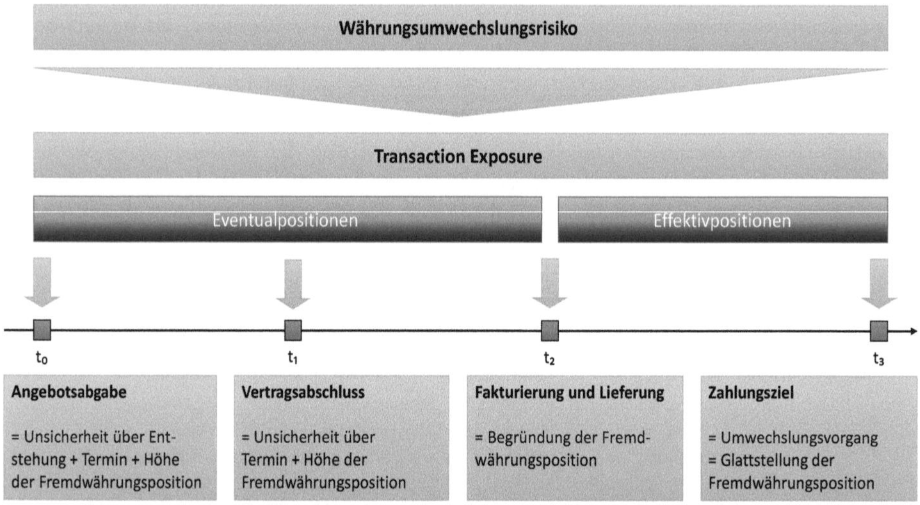

Abb. 6.5: Transaction Exposure und „Lebensphasen" der Fremdwährungsposition
Quelle: Arnsfeld,T., Le, T. D., Wille, H.: Strategien zur Absicherung von Währungsrisiken am Beispiel eines international tätigen Unternehmens, Diskussionspapier 2 / 2008 Seite 21, Fakultät Wirtschafts- und Sozialwissenschaften Fachhochschule Osnabrück/Osnabrück, https://www.wiso.hs-osnabrueck.de/fileadmin/groups/561/Publikation_Waehrungsmanagemtn_250808. pdf, abgerufen 29.04.2015

Anmerkung: Dem, was hier zum Stichwort „Vertragsabschluss" (in t_1) gesagt wird, kann widersprochen werden: mit Vertragsabschluss ist die Höhe der Fremdwährungsposition gewöhnlich eindeutig fixiert. Außerdem wird i.d.R. im Vertrag festgelegt, wann geliefert werden muss und wann gezahlt wird, damit ist etwas zum Termin des Entstehens der Forderung und der Fälligkeit gesagt.

Im Gegensatz zum Umrechnungsrisiko sind Umwechslungsrisiken kurzfristig liquiditätswirksam und können daher die Zahlungsströme (Cashflow/Innenfinanzierung) des Unternehmens in Abhängigkeit von den im Risiko stehenden Beträgen ggf. stark beeinflussen. Sie schlagen sich auch in der Gewinn- und Verlustrechnung nieder.

---

524 Quelle: Frankfurter Allgemeine Zeitung Nr.100, S. 23 vom 30.04.2014

„Die Währungsgewinne und -verluste der Transaction Exposures werden unmittelbar mit der Konvertierung liquiditäts- und mit dem Jahresabschluss erfolgswirksam.[525]"

Wenn die Vertrags-Währung eine **Fremdwährung** ist, muss sie für die Kostenrechnung, Gewinn- und Verlustrechnung sowie die Cashflow-Bestimmung in die Landeswährung des Exporteurs (oder Importeurs) umgerechnet werden. Dem Kurs-Risiko bei Verwendung von Fremdwährung (quantifiziert in der einheimischen Währung) steht immer eine Kurs-Chance gegenüber, also eine Gewinnchance durch Kursgewinne. Was zukünftig sein wird, ist nicht mit Sicherheit zu prognostizieren.

Aus Kursveränderungen sich ergebende Ertragsminderungen im Export oder Mehraufwendungen im Import (in der eigenen Währung) sollten tunlichst vermieden werden. Zur Absicherung des Wechselkursrisikos stehen diverse Instrumente zur Verfügung, unternehmensexterne z.B. Forwards, Futures, Options, Swaps, und unternehmensintern z.B. „natural hedging": darunter versteht man die Anpassung der Währungsstrukturen bei Kosten und Leistungen (Erlösen) durch Standort- und Beschaffungspolitik sowie Wahl der Vertragswährung. Bei Verwendung der eigenen Währung im Vertrag verlagern dagegen Ex- oder Importeure das Transaktionsrisiko auf den Geschäftspartner im Ausland.

Wenn man das Transaction Exposure anhand typischer Phasen der Entstehung und Präzisierung eines im Risiko stehenden Devisenbetrages (aus Export) charakterisieren will, kann man (im Unterschied zu der oben gezeigten Abbildung) auch wie folgt gliedern:

- Phase 0 beginnt mit Angebotsabgabe: es ist unsicher, ob ein Geschäft zustande kommt bzw. mit welchem Wertumfang, in welcher Währung und mit welchem zeitlichen Ablauf (wie schon gezeigt, kann es zweckmäßig sein, diese Phase als Contractual Exposure zu separieren).
- Phase 1 beginnt mit Vertragsabschluss: zu erbringende Leistungen der Vertragsseiten sind fixiert, es bestehen bei komplizierten Leistungen (z.B. Anlagenexport) ggf. Unsicherheiten über die endgültige Höhe der Devisenforderung.
- Phase 2 beginnt mit der Fakturierung/Einreichung der Dokumente/Lieferung: die Devisenforderung ist begründet, unsicher sind aber Zeitpunkt und Höhe der Zahlung.
- Phase 3 ist normalerweise kurz und beginnt mit dem Termin der Fälligkeit (Maturität) der Forderung: Zahlungseingang und Konvertierung der Devisen/Gutschrift (Valutierung), ggf. aber Überfälligkeit, Mahnung, Klage vor Gericht usw.

Wenn ständig Einnahmen und Ausgaben in einer Fremdwährung generiert werden, steht prinzipiell immer nur der Saldo der Zahlungsströme im Risiko. Dieses Exposure, d.h. die **Nettoposition** (und nicht der einzelne Geschäftsvorfall) beschäftigt in Unternehmen primär das Devisen-Management.

International aktive deutsche Unternehmen, deren Geschäftsbeziehungen sich nicht auf die Eurozone beschränken, werden nach wie vor mit der Problematik von Wäh-

[525] De Filippis, a.a.O., S. 185

rungsrisiken konfrontiert. Infolge der Internationalisierung der Weltwirtschaft kommen immer mehr (nationale) Währungen miteinander in Berührung, außerdem kann offensichtlich auch in absehbarer Zukunft nicht von weniger Turbulenzen an den Devisenmärkten ausgegangen werden. Ungleichgewichte im Handel, aber noch mehr an den Finanzmärkten verursachen weiterhin Wechselkursschwankungen. Eine stringente Steuerung des Wechselkursrisikos (als Umwechslungsrisiko) ist in der Unternehmenspraxis zwecks Sicherung des langfristigen Unternehmenserfolges zweifellos sinnvoll geworden.

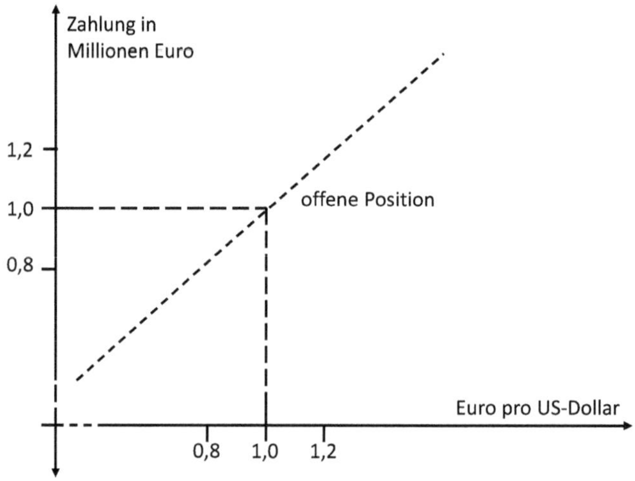

Abb. 6.6: Transaktionsrisiko des Unternehmens. Quelle: Rudolph, B./Schäfer, K.: Derivative Finanzmarktinstrumente, Heidelberg usw. 2010, S. 156

Jedes in internationalen Geschäften engagierte Unternehmen muss sich des (internationalen) Devisenmarktes bedienen, sofern es auch Fremdwährungen (Devisen) benutzt.

Der **Devisenmarkt** (**Foreign Exchange Market**, **FX Market**, auch **Forex** oder **Währungsmarkt** genannt) ist ein überwiegend fiktiver Ort, an dem Devisenangebot und Devisennachfrage aufeinander treffen und die Währungen zu einer Relation (Devisenkurs) getauscht werden. Der Devisenhandel ist ganz überwiegend ein Onlinehandel, der zwischen den Marktteilnehmern direkt stattfindet. Devisenbörsen sind fast bedeutungslos geworden. Die international gebräuchlichen Reservewährungen US-Dollar, Euro, japanischer Yen und britisches Pfund sowie die Regionalwährung Australischer Dollar sind die am meisten gehandelten Währungen am Devisenmarkt.

Täglich werden im Devisenhandel einige Billionen (umgerechnet in US-Dollar) umgesetzt. Neben Kreditinstituten führen auch die Zentralbanken sowie größere Industrieunternehmen, private Devisenhändler, Devisenmakler und Handelshäuser Geschäfte am Devisenmarkt durch.

Bekanntlich unterscheiden wir den Kassa- und den Terminmarkt. Der **Devisen-Kassamarkt** ist durch Kassa-Geschäfte (Spot-Geschäft/Foreign Exchange Spot/FX Spot) gekennzeichnet.

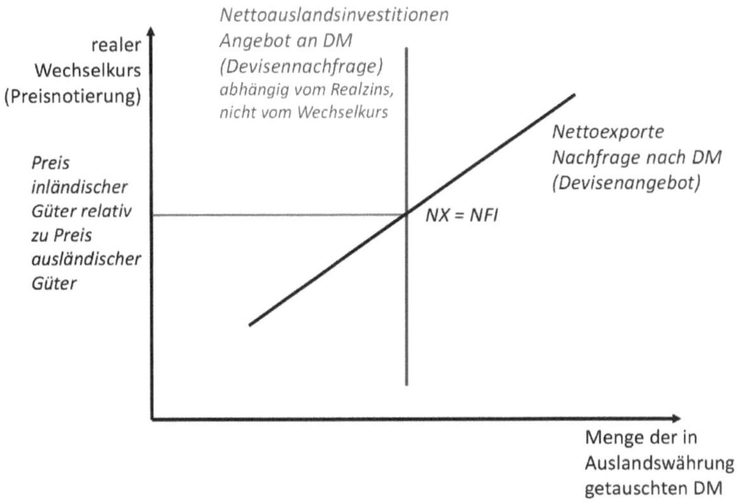

Abb. 6.7: Modell des Devisenmarktes. Quelle: Wikipedia, Devisenmarkt, http://de.wikipedia.org/wiki/Devisenmarkt abgerufen 02.07 2014

„Der Devisenkurs gibt an, wie viele inländische Geldeinheiten zum Erwerb einer Fremdwährungseinheit zu zahlen sind bzw. wie viele Geldeinheiten man beim Verkauf einer Fremdwährungseinheit erhält.“[526]

Eine **Devisenkassa-Transaktion** bedeutet Kauf oder Verkauf einer Währung gegen eine andere am Handelstag zum tagesaktuellen Kassakurs (**spot exchange rate**).

Dabei findet die Lieferung zwei Banktage nach Abschluss des Geschäftes statt, am Liefertag (Fachbegriff dafür ist Valuta oder Valutatag). Wenn bei der 2-Tages-Frist Wochenenden und/oder Feiertage (Bankfeiertage) in den am Geschäft beteiligten Ländern zu beachten sind, verlängert sich die Lieferfrist.

Das bedeutet für einen Exporteur, der Erlöse in Fremdwährung in heimische Währung tauscht, dass er über diesen Betrag erst später als normal verfügen kann.

Es gibt Ausnahmen von der 2-Tage-Regel, z.B.:

> Im Mittleren Osten sind die Banken freitags geschlossen, jedoch samstags geöffnet. Im Fall von Transaktionen gegen USD ist eine sogenannte Split-Valutierung möglich. Die USD werden bereits am Freitag angeliefert, die Gegentransaktion findet jedoch erst am Samstag statt.[527]

---

[526] Rudolph, B., Schäfer, K.: Derivative Finanzmarktinstrumente. Eine anwendungsbezogene Einführung in Märkte, Strategien und Bewertung, Heidelberg 2010, S. 152

[527] Finance Trainer International GesmbH Wien: Der Devisenkassamarkt, Skriptum für ACI Dealing und Operations Certificate und ACI Diploma, 2010 S. 4, http://www.financetrainer.com/fileadmin/inhalte/TOOLS_SKRIPTEN/0101_spote.pdf, abgerufen 05.05.2015)

Beim Wechselkurs wird die eine Währung, nämlich die **Basiswährung/quotierte Währung (base currency)** in ein zahlenmäßiges Verhältnis zur **Gegenwährung/variablen Währung(variable currency)** gebracht.

> 1 Einheit quotierte Währung = X Einheiten Gegenwährung

Der Ausdruck „EUR/USD 1,300“ besagt, dass 1 EUR gegen 1,3000 USD getauscht werden kann. Die quotierte Währung wird zuerst genannt. Ein Exporteur oder Importeur sollte auch wissen, dass sich am Devisenmarkt der aktuelle Kurs in **Geld-** bzw. **Briefkurs** (**Bid Rate** und **Offer Rate** bzw. auch Bid und Ask genannt) differenziert: zum Beispiel: EUR/USD 1,2995/1,3005.

Zum Geldkurs (1,2995) kauft der quotierende Devisenhändler (Marketmaker) die quotierte Währung an, erwerben also beispielsweise im Euroraum ansässige Banken Euro (gegen Fremdwährung, die sie herausgeben). Ein Importeur (als Marketuser), der eine Zahlung in USD an das Ausland (jenseits der Eurozone) zu leisten hat, kauft diese Devisen (Gegenwährung) also zum Geldkurs (gegen Euro).

Zum Briefkurs (1,3005) muss ein Exporteur im Euroraum beispielsweise hereinkommende USD gegen EUR handeln. Die Differenz zwischen Brief und Geld wird **Spread** genannt.

Anders ausgedrückt:

> Eine **Bank** in der Eurozone als Marketmaker → **kauft Euro**/verkauft dabei Fremdwährung/Devisen im Gegenzug zum **Geldkurs** (Marketuser sind z.B. Importeure) → **verkauft Euro**/kauft Fremdwährung/Devisen zum **Briefkurs** (Marketuser sind z.B. Exporteure).
>
> Ein **Marketuser** kauft also die quotierte Währung (z.B. EUR) zum Briefkurs und verkauft sie zum Geldkurs.

Beispiel 1

Bid / Ask

Der Verkaufskurs (Bid) ist der Devisenkurs, zu dem eine Währung zum Verkauf angeboten wird. Der Kaufkurs (Ask/auch Offer genannt) ist der Devisenkurs, zu dem eine Währung erworben werden kann.

In einem Beispiel „…wird das **EUR/USD**-Paar (Euro vs. US-Dollar) mit 1,5034/1,5037 quotiert. In anderen Worten: Das Angebot für das EUR/USD-Paar beträgt 1,5034/1,5037, wobei 1,5034 der Verkaufskurs und 1,5037 der Kaufkurs ist. Würden Sie* also die quotierte Währung verkaufen – in diesem Fall den Euro –, dann würden Sie 1,5034 US-Dollar pro 1 Euro erhalten. Würden Sie andererseits die quotierte Währung kaufen, dann würden Sie laut diesem Angebot Euro für US-Dollar kaufen. In diesem Fall müssten Sie 1,5037 Dollar pro 1 Euro zahlen.“

* *beispw. als Geschäftsführer einer „Nichtbank“* (Anm. d. Verf.)

Zum besseren Verständnis der benutzten Termini können Sie z.B. an folgenden Stellen nachlesen: http://www.markets.com/de/education/trading-basics/trading-terms.html/HANDELSBEDINGUNGEN und: *Stocker, K.*: Wechselkursmanagement auf Euro-Basis, Wiesbaden 2001, S. 7–8

Beachte: Die Erklärung erfolgt aus der Sicht einer Nichtbank. Eine Bank kauft zu Geld und verkauft zu Brief.

Über aktuelle Kursnotierungen können Sie sich im Internet bei diversen Anbietern informieren. Wie eine solche Information aussehen kann, soll das folgende Beispiel zeigen.

Beispiel 2

Reuters-Seite, die die Kassakurse für einige Währungen gegen den USD anzeigt:

Big figure — Pips

1037	CCY	PAGE	NAME*REUTER	SPOT	RATES	*	CCY	HI*EURO*LO	FXFX
1037	EUR	CICZ	CITIBANK	PRG	1.1507/10	*	EUR	1.1566	1.1463
1037	GBP	RBSH	RBS_HK	HKG	1.6054/59	*	GBP	1.6115	1.6043
1037	CHF	NBP1	NBP	PAR	1.3156/61	*	CHF	1.3188	1.3095
1037	JPY	RBSH	RBS_HK	HKG	116.97/98	*	JPY	117.51	116.32
1037	AUD	HSC1	HSBC BANKPLC	LON	0.6452/57	*	AUD	0.6498	0.6437
1037	CAD	HSC1	HSBC BANKPLC	LON	1.3879/89	*	CAD	1.3937	1.3871
1037	DKK	SEBA	S E B	STO	6.4507/27	*	DKK	6.4709	6.4272
1037	NOK	DNBO	DEN NORSKE	OSL	6.8320/70	*	NOK	6.8555	6.8140

XAU	AIGB	351.10 / 351.60	* ED3	1.20/ 1.30	* FED		* WGVS 30Y	
XAG	SGCT	4.84/ 4.86	* US30Y	YTM 4.65	* 1.12	1.18	* 111.08/10	

Swift Code — Quotierende Bank — Geldkurs — Briefkurs

Tabelle 6.3: Kursnotierungen der Agentur Reuters (Kassakurse) und Erklärungen Quelle: Finance Trainer International GesmbH Wien: Der Devisenkassamarkt, Skriptum für ACI Dealing und Operations Certificate und ACI Diploma 2010. S. 3 www.financetrainer.com/fileadmin/inhalte/TOOLS_SKRIPTEN/0101_spote.pdf abgerufen 05.05.2015

Unter den „Pips“ (auch Punkte genannt) verstehen die Devisenhändler die letzten beiden Ziffern einer Kursquotierung, die davor stehenden Ziffern nennen sie „big figure“.

Am internationalen Devisenmarkt wird zwischen **direkter** und **indirekter** (Kurs-) **Quotierung** (Notierung) unterschieden. Wir finden dafür auch die Begriffe **Preis-Kurs** bzw. **Mengen-Kurs**. Die Definition nimmt immer Bezug auf das Emissionsland einer Währung. Am Beispiel des Eurokurses zum Dollar kann man den Geld- bzw. Briefkurs wie folgt veranschaulichen:

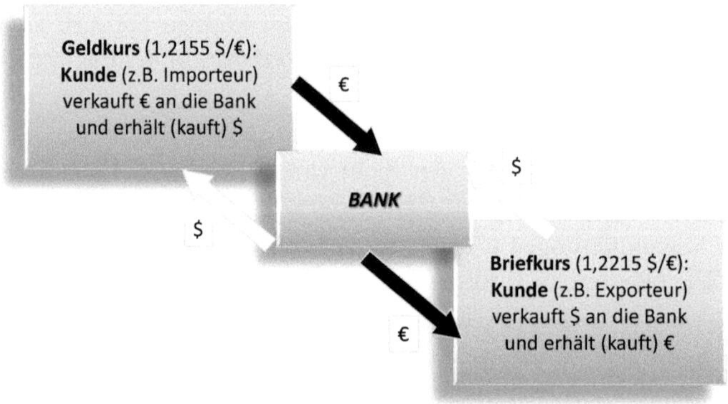

Abb. 6.8: Geld- und Briefkurs bei Mengennotierung. Quelle: Stocker, K.: Management internationaler Finanz- und Währungsrisiken 2013 S.158 (e-Book)

Ein **Beispiel** soll den Zusammenhang von Mengen- bzw. Preiskurs verständlich machen:

Indirekte Notierung = Mengen-Kurs: EUR/USD 1,2500 (d.h. 1 EUR = 1,2500 USD)
Direkte Notierung = Preis-Kurs: USD/EUR 0,8000 (d.h. 1 USD = 0,8000 EUR)

Aus US-amerikanischer Sicht stellen sich die Dinge umgekehrt dar, die Begriffe vor den Zahlen müssen getauscht werden.

Die indirekte Quotierung entspricht also dem reziproken Wert (1 dividiert durch den Ausgangswert) der direkten Quotierung. Um die indirekte Quotierung zu ermitteln, sind Geld und Brief zu beachten, wenn man ganz exakt rechnen will.

Geldseite (indirekte Quotierung) = Reziprokwert der Briefseite (direkte Quotierung)

Briefseite (indirekte Quotierung) = Reziprokwert der Geldseite (direkte Quotierung)

Das lässt sich auch so ausdrücken:

Kurse indirekte Quotierung	
Geldseite	**Briefseite**
$\frac{1}{Brief_{direkt}}$	$\frac{1}{Geld_{direkt}}$

Abb. 6.9: Formeln für indirekt bestimmte Devisenkurse. Quelle: Finance Trainer International GesmbH Wien, Der Devisenkassamarkt, Skriptum für ACI Dealing und Operations Certificate und ACI Diploma 2010 S. 12,
http://www.financetrainer.com/fileadmin/inhalte/TOOLS_SKRIPTEN/0101_spote.pdf,/ abgerufen 05.05.2015

Bei einem bestimmten (vereinfacht dargestelltem) Kurs der tschechischen Krone (CZK) zur schwedischen Krone (SEK) ergibt das folgende Werte:

Beispiel 3

In Prag lautet die direkte Quotierung: SEK/CZK 3,0000 – 10

Die entsprechende indirekte Quotierung (= CZK/SEK) ist folgendermaßen zu berechnen: CZK/SEK, Geld: /3,0010 = 0,3322 CZK/SEK, Brief 1/3,0000 = 0,3333

Ausgedrückt pro CZK 100 betragen Geld und Brief SEK 33,22 – 33.

Exporteure oder Importeure fragen in Vorbereitung von Devisenoperationen ab und an bei ihren Banken auch nach Kursen von Währungen, die im Devisenhandel nicht zu den Hauptwährungen gehören. Die Banken greifen dann ggf. auf Cross Rates zurück. Unter einer **Cross Rate** (Kreuzkurs) versteht man einen **Wechselkurs** zwischen zwei **Währungen**, der mit Hilfe von zwei anderen Wechselkursen berechnet wurde. Zumindest rechnerisch ist eine dritte Währung, gewöhnlich der US-Dollar, „zwischengeschaltet" (Vehikel- oder Transaktionsdevise). Die Bank kauft (theoretisch) im ersten Schritt gegen die (i.d.R. eigene) Währung *A* die entsprechende Menge USD ein, im zweiten Schritt beschafft sie gegen die Dollar die gewünschte Währung *B*. Praktisch muss sie so nur dann vorgehen, wenn sie über die gesuchte Währung nicht selbst verfügt. Oder die Bank will die (fremde) Währung *B* gegen die Währung *A* verkaufen und sucht den richtigen Kurs unter Zwischenschaltung des US-Dollars. Warum wird so verfahren?

„Der Kurs zweier Nicht-Dollar-Währungen kann aus den jeweiligen Quotierungen zum US-Dollar exakt ermittelt werden und heißt Cross Rate. Auf diese Weise können fortlaufende Notierungen gewährleistet und auch illiquide Währungspaare problemlos gehandelt werden. Der Grad an Illiquidität spielt dabei keine Rolle, da gegenüber dem US-Dollar ständig ein Kurs gestellt wird."[528]

Außerdem wird als Argument angeführt, dass der Handel über den Umweg der Cross Rates häufig hilft, einen hohen Spread zu vermeiden.

Die Berechnung soll an zwei Beispielen demonstriert werden:

Beispiel 4

Wir suchen den Kurs zwischen EUR und CHF als Cross Rate in der **Mengennotierung** und rechnen mit **Mittelkursen:**

- 1 CHF notiert im Markt gegenüber dem USD bei 0,7882,
- 1 EUR steht bei 1,1957 USD, damit ergibt sich der Kurs EUR/CHF als Quotient aus den beiden USD-Werten, nämlich 1,957/0,7882 = 1,5170 CHF.

In der **Preisnotierung** würde die Rechnung für den Kurs CHF/EUR lauten:

- USD/CHF 1,2687 und USD/EUR 0,8363 ergeben den Quotienten 0,8363/

[528] BörseGo AG München: GodmodeTrader/Grundbegriffe des Forex- und Devisenhandels, http://www.godmode-trader.de/know-how/grundbegriffe-des-forex-und-devisenhandels, 3775472, abgerufen 22.05.2015

1,2687 = 0,6592 EUR. Wir hätten auch direkt mit dem bereits ermittelten Mengenkurs weiterrechnen können: 1 EUR / 1,5170 CHF = 0,6592 EUR.

Beispiel 5

Wir wollen (als Ex- und Importunternehmen) wissen, wie **Geldkurs** bzw. **Briefkurs** zwischen der norwegischen Krone/NOK und dem schweizer Franken/CHF aktuell sich darstellen: Die Kurse der beiden Währungen zum USD lauten im Markt:

USD/CHF: 1,5000-20

USD/NOK: 7,0000-20.

Geldseite:

Zu welchem Kurs können NOK gegen CHF verkauft werden? Es sind folgende Transaktionen durchzuführen:

1. Verkauf 1 NOK gegen Kauf USD (1/7,0020) = 0,1428 USD.

Interpretation: Bank gibt 1 USD heraus und nimmt dafür 7,0020 NOK [Brief] herein, für NOK 1 verkauft sie USD 0,1428.

2. Verkauf USD 0,1428 gegen Kauf CHF (1,5000 × 0,1428) = 0,2142 CHF.

Interpretation: Bank nimmt 1 USD herein gegen Herausgabe von CHF 1,5000 [Geld]), USD 0,1428 kauft sie demzufolge gegen CHF 0,2142 an.

Beachte: Die beiden Operationen werden aus der Sicht der USD dem jeweiligen Geld- oder Briefkurs zugeordnet (Verkauf von USD zu Brief, Kauf zu Geld). Das Ergebnis ist der Geldkurs NOK/CHF, d.h. der Kurs, zu dem NOK (gegen CHF) angekauft werden. Vereinfachend kann im Beispiel so gerechnet werden:

USD/CHF(Geld) : USD/NOK(Brief) = 1,5000 : 7,0020 = NOK/CHF (Geld) 0,21422.

Cross Rate (Geld) = Geldkurs (z. USD) der Gegenwährung (i.d. Cross Rate)

Briefkurs (z. USD) der quotierten Währung (i.d. Cross Rate)

Briefseite:

Zu welchem Kurs können CHF gegen NOK verkauft werden? Um die Briefseite zu ermitteln, zu der auf den quotierten Kursen NOK gegen CHF gekauft werden können, sind folgende Transaktionen durchzuführen:

1. Kauf NOK 1 gegen Verkauf USD (1/7,0000 [Geld}]) = 0,14285

2. Kauf USD 0,1428 gegen Verkauf CHF (1,5020 [Brief] × 0,14285) = 0,21456. Der Briefkurs NOK/CHF lautet also 0,2146 CHF für 1 NOK.

Wir können aber auch so rechnen:

Cross Rate (Brief) = Briefkurs (zum USD) der Gegenwährung (i.d. Cross Rate)

Geldkurs (z. USD) der quotierten Währung (i.d. Cross Rate)

1,5020 : 7,0000 = 0,21457 Briefkurs[529]

Die nachfolgende Tabelle veranschaulicht die Kategorie Cross Rates anhand einer „Momentaufnahme“ im Jahr 2013.

Devisenkurse Cross Rates

	EUR	USD	JPY	GBP	CHF	CAD
EUR	–	1,2860	131,6200	0,8459	1,2446	1,3092
USD	0,7775	–	102,3400	0,6578	0,9677	1,0178
JPY	0,0075	0,0097	–	0,0064	0,0094	0,0099
GBP	1,1817	1,5202	155,5880	–	1,4712	1,5474
CHF	0,8029	1,0328	105,7450	0,6791	–	1,0509
CAD	0,7638	0,9817	100,5220	0,6462	0,9503	–

Tabelle 6.4: Cross Rates wichtiger Währungen am 16.05.2013. Quelle: OnVista GmbH Frankfurt a.M.: Cross Rates, Auswahl, http://www.onvista.de/devisen/cross-rates, abgerufen 16.05. 2013

Literaturhinweis: Grundsätzliches zum Funktionieren von Wechselkursen können Sie auch bei Breuer, W., „Unternehmerisches Währungsmanagement“, Wiesbaden 2000, S. 5–9 nachlesen bzw. bei Stocker, K. „Wechselkursmanagement auf Euro-Basis“, Wiesbaden 2001, S. 1–20.

Um für wichtige Währungen einen repräsentativen, verbindlichen „Tageskurs“ für die Abrechnung von Geschäften zur Verfügung zu haben, werden **Devisen-Referenzkurse** herausgegeben.

Sie werden z.B. gemeinschaftlich von mehr als einem Dutzend Banken aus dem öffentlich-rechtlichen und genossenschaftlichen Sektor in Deutschland täglich (nachmittags) fixiert und als „**EURO-FX**“ bezeichnet und liegen u. a. dem Verkauf/Ankauf von Devisen und Wertpapieren an/von „Nichtbanken“ zu Grunde.

Noch wichtiger als Referenzkurs ist der sogenannte „**4pm London Fix**“: Die Kursfestlegung (-erfassung) findet täglich 16.00 Uhr in London für ca. 160 Währungen statt. Dabei agieren Großbanken wie die *Deutsche Bank*, *Barclays*, *UBS*, *Citigroup*, *JP Morgan*, *HSBC* u.a. Die Agentur *Reuters* (London) veröffentlicht diese Kurse. Sie werden die Abrechnung des direkten Währungstauschs am internationalen Devisenmarkt von allen Arten von internationalen Unternehmen und Finanzfonds/Hedgefonds/Pensionsfonds usw. genutzt.

Die *Europäische Zentralbank* veröffentlicht ebenfalls an jedem Banktag **EZB-Referenzkurse** (für 17 Währungen), die auch **Referenzpreise** genannt werden, nach Abstimmung mit zahlreichen nationalen Zentralbanken. Sie finden u. a. für Statistiken, Bilanzen von internationalen Konzernen, Steuererklärungen und volkswirtschaftliche

529 Siehe dazu auch Breuer, W.: Unternehmerisches Währungsmanagement, Wiesbaden 2000, S. 6–7

Analysen usw. Verwendung (aber nicht für die Abrechnung von Geschäften) und dienen der allgemeinen Orientierung.

An den internationalen Devisenmärkten haben sich einige (nicht kodifizierte) Regeln herausgebildet, sogenannte **FX-Usancen**. Sie lauten:[530]

[1] „Der Euro wird immer als eine Leitwährung quotiert
(z.B. EUR 1 = GBP X).

[2] Das Britische Pfund wird allen anderen Währungen (nicht EUR) vorangesetzt
(z.B. GBP 1 = AUD X).

[3] Der Australische Dollar und der Neuseeland Dollar stehen voran, außer es handelt sich um EUR oder GBP
(z.B. AUD 1 = USD X).

[4] Der USD ist Leitwährung zu allen übrigen Währungen, außer im US-Domestic Market
(z.B. USD 1 = CAD X).

[5] „Cross Rates", also nicht handelsübliche Währungspaare, werden beliebig zueinander gestellt."

Auf Stabilität oder günstige Entwicklung eines Wechselkurses vertrauen, heißt spekulieren, bedeutet also „Glücksspiel". Das ist wahrscheinlich vielen Beteiligten nicht bis zur letzten Konsequenz klar, denn man wird doch erkennbar gar nicht aktiv. Genau darin besteht aber bei Geschäften mit Devisen das Problem.

Ein leichtfertiger Umgang mit dem Wechselkursrisiko kann den für einen Geschäftsvorfall kalkulierten Gewinn kosten und ggf. in einen Verlust verwandeln. Bei Geschäften, die eine für die Firma kritische Größe übersteigen, kann es den Ruin der Firma bedeuten.

Das nachfolgende Beispiel soll die Gefahr quantifiziert veranschaulichen:

Beispiel 6

In einem Groß- und Außenhandelsunternehmen wird der Import von 10.000 Stück eines Konsumgutes aus einem asiatischen Land in die Wege geleitet. Die Währung dieses Landes ist frei konvertierbar mit flexiblem Wechselkurs. Unter normalen Bedingungen waren in der jüngeren Vergangenheit Schwankungen in einer Bandbreite von 5% (nach oben bzw. unten) um einen ermittelten Durchschnittskurs zu beobachten. Dieser Durchschnittskurs (einer definierten Periode) wurde als Basis zur Preiskalkulation genutzt. Zu zahlen ist in der Fremdwährung.

Die Marge beim Weiterverkauf dieser Produkte lag bisher bei 8% nach Einfuhrkosten, Zöllen und Steuern. Der anfallende Kostenanteil für Lagerung, Abwicklung usw. beträgt erfahrungsgemäß 4%, diese stets entstehenden Kosten müssen aus der

[530] Österreichische Volksbanken AG Wien: Instrumente des Zins-, Währungs- und Rohstoffmanagements, Wien 2011, S.81, https://www.volksbank.at/m101/volksbank/zib/downloads/unternehmer/vbag_folder_zuw_d_web.pdf, abgerufen 26.06.2015

Marge finanziert werden. Es verbleiben also planmäßig lediglich 4% möglicher Überschuss.

Dieser mögliche Überschuss von 4% aus diesem Geschäft könnten im Idealfall bis auf 9% steigen, wenn der Kurs der fremden Währung gegenüber dem Euro maximal innerhalb der erwarteten Bandbreite sinkt (abwertet). Steigt die Währung jedoch auf den maximal zu erwartenden Wert entsprechend der Beobachtung (also wertet sie auf), so wäre 1% Verlust in dieser Transaktion die Folge.

Der Zeitraum zwischen Vertragsabschluss und Zahlung beträgt fünf Wochen (Zahlung umgehend nach Erhalt der Ware). Im Rückblick kennt man nun die Kursentwicklung: die Fremdwährung veränderte im Verlaufe der letzten Wochen ihren Wert zum Euro wie folgt:

Woche 1: 2% über Durchschnittskurs (= D + 2%)

Woche 2: 1% über Durchschnittskurs (= D + 1%)

Woche 3: 2% unter Durchschnittskurs (= D - 2%)

Woche 4: 1% unter Durchschnittskurs (= D - 1%)

Woche 5: 1 % über Durchschnittskurs (= D + 1%)

Ein frühzeitiger Umtausch (d. h. Fixierung des Kurses) in Woche 1 hätte somit zu lediglich 2% Überschuss geführt. Ein idealer Zeitpunkt für den Eintausch der Zahlungswährung wäre in Woche 3 gewesen, es hätte einen Überschuss von 6% bedeutet. In Woche 5, also zum Lieferzeitpunkt wären 3% übrig geblieben.

Wann hätte man die Währung also absichern oder umtauschen müssen? Auf den ersten Blick erscheint Woche 3 als die perfekte Wahl. Andererseits konnte der Trend jedoch in Woche 3 auch so interpretiert werden, dass in Woche 4 die für den Importeur günstige Entwicklung auf 2,5% oder 3% unter Durchschnittskurs fortsetzen würde. Welche Tendenz der Importeur erwartet haben könnte ist individuell unterschiedlich. Ein vorsichtiger Beobachter der Währungsentwicklung hätte gegen Ende der Woche 3 oder Beginn der Woche 4 sich mit der erreichten Kursverbesserung zufrieden gegeben und den Umtausch durchgeführt und somit 5% oder gar die hier maximal möglichen 6% Überschuss erreicht.

Bitte beachten Sie, dass die hier unterstellte Schwankungsbreite keinesfalls extrem ist und nicht erklärt wurde, dass bei einem vorzeitigen Erwerb der fremden Währung ein Fremdwährungskonto zum „Zwischenparken“ des Betrages notwendig wird.[531]

Das Szenario ist durchaus wirklichkeitsnah und verdeutlicht, dass auch kleine und mittlere Unternehmen – KMU – prüfen müssen, ob sie (spätestens ab einer kritischen Größe von Export- und/oder Importgeschäften in Fremdwährungen) Devisenkursabsicherung betreiben sollten, damit die geplanten Erlöse und Gewinne in heimischer Währung sicher sind.

Die nachfolgende Darstellung einer konkreten Absicherungsproblematik aus einem Großunternehmen bestätigt die Aussage des o.g. fiktiven Beispiels.

---

531 Vgl. Markus Volk, Währungen – Teil 4: Währungskurse Chance und Risiko im Außenhandel, in: DER BETRIEBSWIRTSCHAFTSBLOG, http://www.wi-block.de/wahrungskurse-chance-und-risiko-im-ausenhandel/ abgerufen 03.07.2015)

Beispiel 7

Für das europäische Luft -und Raumfahrtunternehmen **EADS** besitzen Wechselkursschwankungen großen Einfluss auf das Geschäftsergebnis. Die Produktion erfolgt überwiegend im Euro-Raum, der Verkaufserlös fällt in den kommerziellen Bereichen aber weitgehend in US-Dollar an.

„Das Währungskursrisiko bezieht sich für EADS vorrangig auf den USD. Der kommerzielle Luftfahrtmarkt – d.h. der Markt für Verkehrsflugzeuge und kommerzielle Hubschrauber – arbeitet weltweit in USD. Damit fällt der überwiegende Teil unseres Umsatzes in USD an, während die Kosten weitgehend in Euro anfallen, da EADS ein vorrangig in Europa angesiedeltes Unternehmen ist: Mehr als 90 Prozent der Mitarbeiter arbeiten in Europa und mehr als 70 Prozent der Lieferanten sind in Europa beheimatet…

Bei einem Net Exposure in der Größenordnung von 10 Mrd. Euro führt eine nachhaltige Wechselkursveränderung um 1 Eurocent zu einer Ergebnisbelastung von 100 Mio. Euro…

Die Absicherung gegen Wechselkursschwankungen ist ein wichtiges Instrument zur Risikovermeidung. Als **Financial Hedging** werden Währungstermingeschäfte bezeichnet, bei denen ein definierter Betrag von USD zu einem bestimmten Zeitpunkt in der Zukunft zu einem vorher festgelegten Kurs verkauft wird. Damit lässt sich der Wechselkurs quasi einfrieren, vorausgesetzt es findet sich ein Partner für das geplante Währungsgeschäft, d. h. den gewünschten Betrag und Zeitraum. Üblicherweise übernehmen Banken diese Aufgabe – im Kontext der Finanzkrise gibt es allerdings auch bei diesen Transaktionen erhebliche Engpässe…

Der Einkauf in USD reduziert das USD-Exposure, da Einnahmen teilweise durch Ausgaben in der gleichen Währung ausgeglichen werden. Mit Einkaufskosten, die über drei Viertel der Produktkosten ausmachen, ist **Natural Hedging** für EADS der mit Abstand größte Hebel zur Reduzierung des USD Exposure. Risikominimierung ist damit der Hauptantrieb für den Einkauf in USD…

Wenn Angebote von europäischen und von amerikanischen Lieferanten verglichen oder bestehende Verträge von Euro auf USD umgestellt werden, stellt sich die Frage nach dem richtigen“ Wechselkurs. Für den Einkauf in USD ist Risikomanagement hierbei das oberste Ziel. Daraus folgt, dass alle Verträge ungeachtet ihrer Vertragswährung, zum jeweils aktuellen Wechselkurs wettbewerbsfähig sein müssen. Im Einkauf werden grundsätzlich keine Währungskursspekulation betrieben und keine Zuschläge für eine Währung akzeptiert. Immer häufiger wird diese Strategie durch die Wahl des USD als definierte Vertragswährung umgesetzt, d. h. alle Lieferanten müssen in der festgelegten Währung anbieten und gegebenenfalls selbst einen Teil des Währungsrisikos übernehmen…

Dr. Klaus Richter, Airbus Executive Vice President Procurement und EADS Executive Vice President Corporate Sourcing Matthias Gramolla, EADS Vice President Sourcing Strategy and Management“ [532]

[532] Richter, K./Gramolla, M.: Herausforderungen und Potenziale in der Luft- und Raumfahrtindustrie. Absicherung von Währungsrisiken, in: Beschaffung aktuell [Magazin für den Strategischen Einkauf], Konradin-Verlag Robert Kohlhammer GmbH, Leinfelden-Echterdingen,

Wie schon erwähnt, benötigt ein auch außerhalb der Eurozone handelndes Unternehmen i.d.R. ein **Währungskonto** (Fremdwährungskonto, Devisenkonto, foreign currency account), es sei denn, es ist nur als Exporteur aktiv.

Ein Währungskonto liegt vor, wenn ein Konto für eine fremde Währung bei einer Bank im heimischen Währungsgebiet eingerichtet wird, zugunsten eines Gebietsansässigen oder eines Gebietsfremden. Es vereinfacht speziell den Überweisungsverkehr bei Devisen. In vielen Ländern (mit Spielarten der Devisenbewirtschaftungen) sind solche Konten aber nicht erlaubt. In Deutschland sind sie gestattet, allerdings bieten nicht alle Banken diese Dienste an und das Spektrum der Währungen ist begrenzt. Die **comdirect Bank** z.B. hat für 13 Währungen Konten im Angebot (siehe das nachfolgende **Beispiel 9**:

Devisenkonto Anbieter	USD	weitere Währungen	Kosten/Provision Konvertierung	Voraussetzung	verwendeter Devisenkurs
.comdirect	✓	AUD, CAD, CHF, CZK, GBP, JPY, HUF, MXN, NOK, PLN, TRY, ZAR	1,0 % jeweils Ankauf/Verkauf	Depot oder Girokonto (kostenlos)	Commerzbank Fixing

Tabelle 6.5: Beispiel für Angebot von Frendwährungskonten
Quelle: Fielitz, U.: Finanzprojekt „Tagesgeldvergleich.com“, Tabelle „Fremdwährungskonto Vergleich – Top-Anbieter 2015“ (Auschnitt), Hambühren, http://www.tagesgeldvergleich.com/tagesgeldkonto/waehrungskonto, abgerufen 12.02.2015

Chancen eines Währungskontos

- **Spekulationsgewinne:** Fällt der Euro, kann der Wert der Währungsanlage steigen, keine sofortige Konvertierung in Euro, kurzfristige Turbulenzen am Devisenmarkt können abgewartet werden.
- **Zinserträge:** Eine Verzinsung auf der Währungsanlage kann deutlich über dem Zinsangebot anderer Anlagekonten liegen. Die Höhe des Zinssatzes variiert je nach Währung.
- **Kostenreduzierungen:** Gebühren für Konvertierungen entfallen, wenn Erträge (Einzahlungen) in Fremdwährung für zu erbringende Leistungen (Auszahlungen) verwendet werden.

Risiken

- **Wechselkursänderungen:** Bei Einlagen oder Transaktionen auf einem Währungsanlagekonto können Kursverluste durch Wechselkursveränderungen entstehen.
- **Zinsänderungen:** Die Guthabenzinsen sind variabel und können angepasst werden.

---

http://www.beschaffungaktuell.de/home//article/16537505/27470523/Absicherung+von+Währungsrisiken/ art_co_INSTANCE_0000, abgerufen 12.05.13)

- **Liquiditätsbindung:** Wenn die o.g. Chancen genutzt werden, kommt es u.U. zu Liquiditätsverknappung in Euro.
- **Kontoführungsgebühren:** Sie sind in Abhängigkeit von der Währung häufig höher als bei einem Konto für Inlandswährung.

Die Absicherung gegen das Preis- oder Bonitätsänderungsrisikos einer Position am Kassamarkt durch eine weitere (gegenläufige) Position am Terminmarkt wird gewöhnlich in der Finanzwirtschaft als Hedging bezeichnet. Es geht dabei um die Folgen unerwünschter Marktentwicklungen. Zwischen der Kassaposition und der Terminposition muss eine negative Korrelation bei der Wertentwicklung vorliegen. Die Absicherung einzelner Geschäfte im Export usw. wird auch Micro-Hedge genannt. Die vollständige Kompensation des Risikos durch den Aufbau einer (deckungsgleichen) Hedge-Position bedeutet einen Perfect Hedge.

Grundsätzlich steht für ein Unternehmen nur die jeweilige **Währungsnettoposition** im Risiko (Net Exposure to Currency Risk). Sicherungsoperationen in der Höhe dieses Saldos aus Forderungen und Verbindlichkeiten in einer bestimmten Fremdwährung schützen aber unzureichend, weil sie die sogenannte Fälligkeitsinkongruenz der Einzelpositionen aus den einzelnen Geschäftsvorfällen vernachlässigen würden. Währungsnettopositionen müssten also theoretisch immer bei Berücksichtigung der Fälligkeitstermine als Tagespositionen gebildet und gesichert werden. Das ist praktisch aber häufig nicht nötig, es reicht die Bestimmung der Salden für kurze Zeiträume bei operativer Steuerung der Ein- und Auszahlungen (Valutadisposition).

Für die **Absicherung gegen das Wechselkursrisiko** stehen einem Unternehmen diverse (und schon einmal genannte) Möglichkeiten offen:

[1] Man kann sich der **derivativen Finanzinstrumente** bedienen; am weitesten verbreitet sind: Devisen-Futures und -Forwards, Devisen-Optionen sowie Devisen-Swaps.

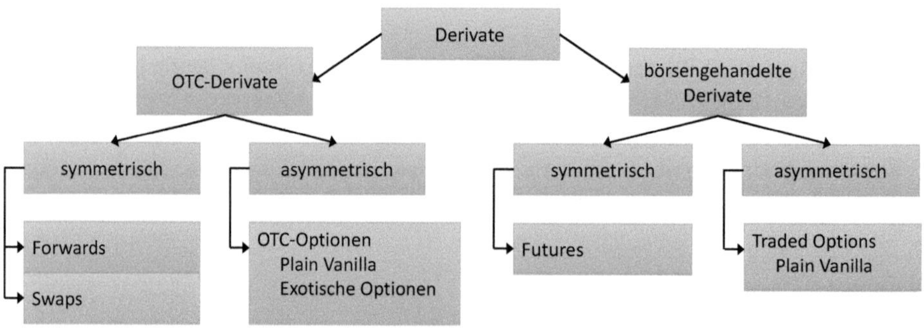

Abb. 6.10: Derivative Absicherungsinstrumente. Quelle: Kruse, S.: Aktien-, Zins- und Währungsderivate, Wiesbaden 2014, S. 69

Kurze Erklärung einiger Begriffe:

OTC bedeutet „over the counter", d.h. jeder Vertrag wird individuell ausgehandelt.

Plain Vanilla werden Optionen genannt, die die Basis-/Standardvariante von Optionen darstellen.

Exotisch sind solche Optionen, die die Standardvariante abwandeln, beispielsweise mit komplizierten Auszahlungsbestimmungen.

Die in der obigen Abbildung genannten Instrumente sind durch weitere Parameter primär gekennzeichnet:

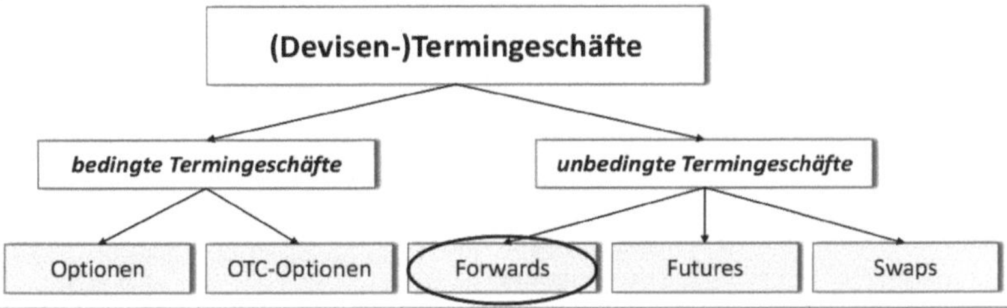

	Optionen	OTC-Optionen	Forwards	Futures	Swaps
Form des Vertrages	standardisiert	nicht standardisiert	nicht standardisiert	standardisiert	nicht standardisiert
Markt-organisation	börsenmäßig	individuell	individuell	börsenmäßig	individuell
Lieferung	Wahl des Käufers	Wahl des Käufers	regelmäßig	möglich (i.d.R. Gegengeschäft)	regelmäßig
Zahlungs-struktur	Prämienzahlung zu Beginn, mögliche Zahlung bei Fälligkeit	Prämienzahlung zu Beginn, mögliche Zahlung bei Fälligkeit	keine Zahlung	Nachschuss möglich	keine Zahlung

Abb. 6.11: Wesentliche Merkmale der verschiedenen Arten von Termingeschäften (Quelle: Möhlmann, J.: Außenhandel-Zahlungsbedingungen und Risikominderung 2009, Power Point Präsentation/Zahlungsbedingungen_DOZ.Fol.-1002.pdf. www.diplom-finanzwirte.de, abgerufen 30.11.2014)

(Auf die Forwards wird nachfolgend tiefergehend zurückgekommen.)

[2] Außerdem gibt es unternehmensinterne Instrumente, wie Währungsgleitklauseln, Cash Pooling und (das schon angesprochene) Natural Hedging.

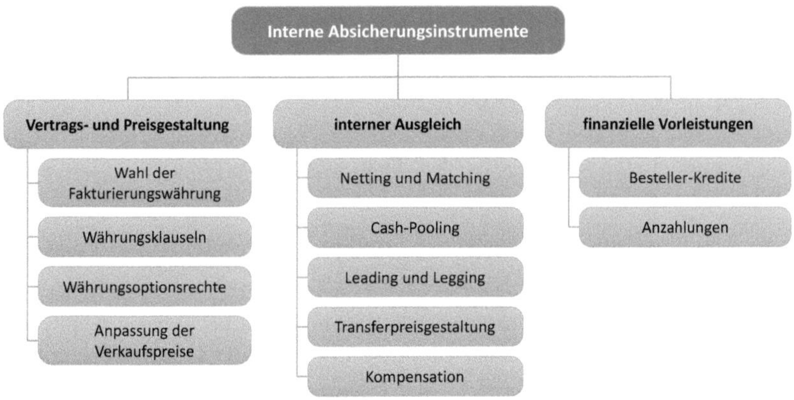

Abb. 6.12: Unternehmensinterne Absicherungsinstrumente. Quelle: Arnsfeld, T./ Le, T.D./ Willen, H., Strategien zur Absicherung von Währungsrisiken am Beispiel eines international

tätigen Unternehmens, Diskussionspapier 2 /2008, Fakultät Wirtschafts- und Sozialwissenschaften, Fachhochschule Osnabrück. https://www.wiso.hs-osnabrueck.de/fileadmin/groups/561/Publikation_Waehrungsmanagemtn_250808. pdf, abgerufen 29.04.2015

Zum besseren Verständnis der Problematik der Möglichkeiten zur Risikoreduzierung soll die nachfolgende Abbildung dienen.[533]

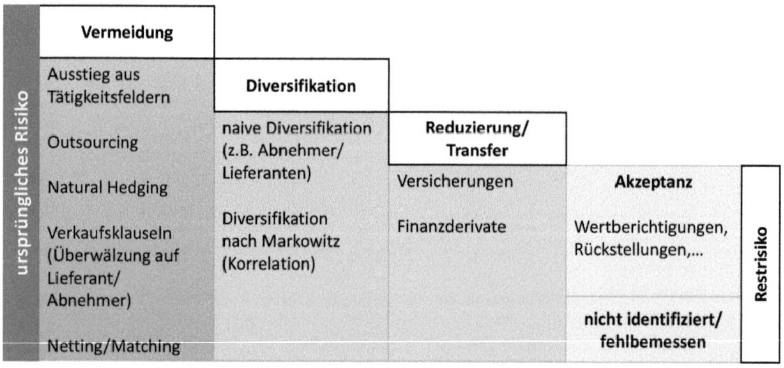

Abb. 6.13: Klassifizierung der Maßnahmen zur Risikoreduzierung Quelle: De Filippis, F.: a.a.O., S. 131

Bevor irgendwelche Absicherungsmaßnahmen ergriffen werden, sollte das Risiko abgeschätzt werden.

In einfacher Form lässt sich das Wechselkursrisiko wie folgt quantifizieren:

Wechselkursrisiko = Währungsexposure × Veränderung des Wechselkurses (in %)

Theoretisch ist die wahrscheinliche Kursveränderung mathematisch-rechnerisch exakt bestimmbar, so z.B. als Extrapolierung der durchschnittlichen Kursschwankungen eines definierten Zeitraumes. Die tatsächliche Entwicklung weicht aber bekanntlich nicht selten von der auf Basis der Daten der Vergangenheit berechneten Volatilität ab.

Es bietet sich an, an dieser Stelle das weiter oben zu Exposures schon Gesagte noch etwas zu vertiefen: Von den schon erwähnten verschiedenen Exposures eines international engagierten Unternehmens ist das **Transaction Exposure** speziell für KMU i.d.R. am wichtigsten.

Mit jedem Abschluss eines Vertrages, der Fremdwährungszahlung zur Folge hat, entsteht ein soches Exposure.

Das vertragskonkrete Exposure beginnt, wie schon gesagt, mit der Kontrahierung und endet mit dem Eingang der Zahlung beim Verkäufer und der Konvertierung der Devi-

[533] Näheres dazu finden Sie bei De Filippis, Währungsrisikomanagement in kleinen und mittleren Unternehmen, Wiesbaden 2014, eBook.

sen in die einheimische Währung. Kalkulationsbasis für den geforderten Preis und damit für den zu tauschenden Betrag, ist i.d.R. der bei Vertragsabschluss gültige Kassakurs. Der sich real ergebende Cashflow in Heimatwährung entsteht aber als Produkt aus dem Fremdwährungspreis und dem zum Konvertierungszeitpunkt vorzufindenden und angewandten Kassakurs. Der Währungsverlust/-gewinn in der ex post-Betrachtung wird durch die Differenz der beiden genannten Kassakurse verursacht und quantifiziert.

Wir kommen an dieser Stelle noch einmal auf die schon erwähnten Auswirkungen der Wechselkursfluktuation auf Zahlungsfähigkeit und Gewinn zurück: Das Resultat der Konvertierung bezeichnen wir auch als das Cashflow-Exposure, ausgedrückt in Ein- oder Auszahlung in der eigenen Währung und bewertet im Plan-Ist-Vergleich. Daneben wirkt sich die Differenz der o.g. Kassakurse immer auch auf das operative Ergebnis aus. Das operative Exposure bringt also den Gewinn oder Verlust aus der Kassakursschwankung zum Ausdruck.

Im Weiteren soll das Wechselkursrisiko mit Blick auf Sicherung des geplanten Cashflow (und damit auch des geplanten Gewinns durch die einzelne Transaktion), also der geplanten Wertigkeit von Fremdwährungs-Forderungen oder -Verbindlichkeiten in der eigenen Währung, näher betrachtet werden.

Beispiel 8

Hat ein im Euro-Raum ansässiges Unternehmen Produkte im Wert von 2.200.000 USD, die nach 12 Monaten zu zahlen sind, in den USA eingekauft, besteht die gesamte Zeit bis zur Zahlung für diese Verbindlichkeit ein Währungsrisiko. Betrug der Dollar-Kurs bei Vertragsabschluss 1.3650 und steht er bei Fälligkeit bei 1.3100, hat das Unternehmen zwar nach wie vor 2.200.000 USD zu bezahlen, in Euro allerdings sind es statt 1.611.722 jetzt 1.679.389 EUR. D.h. die Kosten sind durch den neuen Kurs um mehr als 68 Tausend Euro gestiegen.

Eine wohlüberlegte Absicherung gegen das Wechselkurs-Risiko entspricht der sogenannten **Strategie des Kaufmanns**. Sie beinhaltet, „... dass einzig...der bei Auftragserhalt kalkulierte Preis eine Rolle bei der Erfolgsbewertung spielt. Lässt dieser Preis eine angemessene Gewinnspanne zu, wird das Geschäft wie ein Inlandsgeschäft behandelt...“[534].

Der „seriöse“ Kaufmann sichert also voll ab, wobei er Währung und Absicherungsinstrument primär unter Kostenaspekt auswählt und diese Kosten im Preis für den ausländischen Käufer einkalkuliert.

Studien zum Währungsmanagement in KMU zeigen, dass vielfach nicht professionell an die Problematik herangegangen wird. Das Risiko aus der Benutzung von Fremdwährungen wird unterschätzt.[535]

Während das Interesse an der Prosperität und dem Fortbestand eines Unternehmens auch Eigentümer und Geschäftsführung von KMU dazu bewegt, bei gegebenem An-

---

[534] Stocker, K., Wechselkursmanagement auf Euro-Basis, Wiesbaden, 2001, S. 276

[535] Siehe dazu auch das Ergebnis von Untersuchungen von De Filippis, F. in seinem bereits erwähnten Buch, Seite 146 ff.

lass (wie Außenhandelsgeschäften in Fremdwährung) über Devisenkurs-Hedging nachzudenken, gibt es kaum juristische Zwänge dazu. Das zeigt sich z.B. bei zwei Regulierungsaktivitäten der letzten Jahre, dem **KonTraG** und dem **EMIR-Ausführungsgesetz**:

- Das am 5.3.1998 vom Bundestag beschlossene „Gesetz zur Kontrolle und Transparenz im Unternehmensbereich" (KonTraG) verlangt permanente Risiko-Überwachung (einschließlich Aktivitäten der Früherkennung) im Interesse eines langfristiges Überleben des Unternehmens. Im Fokus stehen aber de facto große Gesellschaften. Explizit sind nur Aktiengesellschaften zur Umsetzung des Gesetzes verpflichtet, was die meisten KMU aus der staatlich regulierten Verantwortung entlässt. Die Überlegungen zum Risikomanagement sind vom Gesetzgeber allerdings als Impulse für eigenverantwortliches Handeln in Unternehmen jeglicher Gesellschaftsformen gedacht. Weil das Gesetz aber alle möglichen Risiken zur Grundlage hat, wirkt die Vorschrift in vielen KMU kaum impulsgebend für das relativ geringfügige Feld der Währungsrisiken.
- Die EU hat 2004 die Richtlinie „**Markets in Financial Instruments Directive**" **(MiFID)** für Wertpapierdienstleistungen erlassen. Auf dieser Basis fußt die neue EU-Verordnung 648/2012 für den Handel mit Derivat-Produkten außerhalb von Börsen (over the counter/OTC). Sie trägt die Bezeichnung „**European Market Infrastructure Regulation**" **(EMIR)**. Unter anderem sind Währungsderivate geregelt. Als Betroffene gelten primär Handelsteilnehmer aus dem Finanzbereich, wie Banken, Versicherungen, Wertpapierhändler usw. Teilnehmer aus dem Nicht-Finanzbereich (non-financial counterparties) fallen auch unter diese Bestimmungen, wenn sie in großem Stil Derivate zur Spekulation einsetzen. Hedging gilt nicht als Risikofeld. OTC-Spekulanten müssen ab einer definierten Größe der Risikoposition in „standardisierten" OTC-Derivaten eine Clearingstelle (Central Counterparty) einschalten. An ein Transaktionsregister (Trade Repository) im jeweiligen Land müssen alle Unternehmen melden, die Verträge über Derivate (egal, ob börslich oder außerbörslich gehandelt) abschließen, also auch KMU.

Die Meldepflicht an das Transaktionsregister gemäß EMIR kann z.B. an eine Bank übertragen werden. Diese liefert dann pro Quartal ein Kundenreporting über die ausgeführten Meldungen.

Die Landesbank Baden-Württemberg gibt zu diesem Kundenreporting u.a. folgende Informationen:

„Aus welchen Gründen wird eine Meldung an das Transaktionsregister übermittelt und im Kundenreporting ausgewiesen?

- *Es hat eine EMIR-relevante Transaktion (z. B. Neugeschäft) bzw. eine EMIR-relevante Änderung eines bestehenden Geschäfts (Lebenszyklus-Ereignis) stattgefunden…*
- *Seit dem 11.08.2014 besteht im Rahmen der EMIR-Transaktionsregister-Meldung die Meldepflicht von Bewertungs- und Besicherungsinformationen für finanzielle Gegenparteien (FC) und nicht-finanzielle Gegenparteien oberhalb der Clearingschwelle (NFC+)…*

Was enthält der Bereich Transaktionen?

- *Offizielle Meldenummer [Trade ID (UTI)]*
- *Produkt [Product]*
- *Interne Geschäftsnummer der LBBW [Transaction reference number]*
- *Nominalbetrag / Quantität [Notional amount / quantity]*
- *Abschlusszeitpunkt [Execution timestamp]*
- *Fälligkeits-/ Ausübungsdatum [Maturity / expiration date]*
- *Vorgang [Action]*
- *Ereignis [Lifecycle event]*
- *Meldezeitpunkt [Reporting timestamp]*
- *Besicherungsnummer [Collateral portfolio code]…….*"[536]

In Deutschland wurde dazu 2013 das „EMIR-Ausführungsgesetz" (am 13.02.2013) verabschiedet.

Was ist unter den wichtigsten Kategorien der Regelung zu verstehen?

- Ein „**standardisiertes**" **Derivat** liegt in der Regel vor, wenn ein Clearinghaus in der EU (oder ein in der EU anerkanntes Clearinghaus aus einem Drittstaat) eine zentrale Abwicklung für das Produkt anbietet/durchführt,
- eine „**zentrale Gegenpartei**" (ein „Clearinghaus") wird analog einer Börse zwischen Käufer und Verkäufer eines Derivats tätig, als Mittelpunkt eines Abwicklungssystems, es gewährleistet die Vertragserfüllung, auch wenn eine der Vertragsparteien ausfällt.

Clearinghäuser sind Dienstleister, die sich auf Abwicklung von Wertpapiertransaktionen spezialisiert haben. In Deutschland ist z.B. „Eurex Clearing" ein solches Unternehmen, eine Tochter der Deutschen Börse, die unter anderem an der Frankfurter Wertpapierbörse aktiv ist.[537]

Zur neuen Regulierung soll noch folgendes generalisierend gesagt werden:

- Sie ist das Ergebnis der jüngsten Finanzkrise und der Größe des globalen OTC-Derivatehandels (Volumen von mehr als 700 Billionen US-Dollar/Stand Mitte 2011, lt. Bank für internationalen Zahlungsausgleich /BIZ – siehe in Fußnote 532 die Quelle 2.

---

536 Landesbank Baden-Württemberg Stuttgart: LBBW Markets-Portal, Transaktionsregister-Meldung/ Kontrahentendaten und Meldeservice https://www.lbbw-markets.de/cmp-portalWAR/appmanager/LBBW/Markets?_nfpb=true&_pageLabel=P25400155651372838554400&lang=de, abgerufen 29.05.2015, s.a. zu Derivateregulierung/EMIR https://www.lbbw-markets.de/cmp-portalWAR/appmanager/LBBW/Markets?_nfpb=true&_pageLabel=P25000187331371215013772&lang=de, abgerufen 22.06.2015

537 BMWi-Online-Publikationen: 1. http://www.bafin.de/DE/Aufsicht/BoersenMaerkte/EMIR/emir_node.html abgerufen 03.01.2015 und 2. http://www.bmwi.de/DE/Service/suche,did= 492686.html?view=renderXmlKapitel abgerufen 03.01.2015 " kapitel titel=2. „EMIR und die Direktive" - neue Regeln für den Derivatehandel „previewImg="/BMWi/Redaktion/OnlineMagazin/Schlaglichter/2012/ Schlaglichter-07-12/ „ , abgerufen 03.01.2015

- Durch die schrittweise Standardisierung der Produkte und die neuen EU-Bestimmungen wird das OTC-Geschäft zunehmend den Börsenmechanismen angenähert. Hedge-Geschäfte bleiben davon nicht unberührt.
- Es kann vermutet werden, dass zumindest die Meldepflicht die Aufgeschlossenheit für eine Anwendung von Derivaten zur Absicherung gegen das Wechselkursrisiko nicht erhöht, wenn Unternehmen neu im Außenhandel agieren.

6.2 Prinzipielle Funktionsweise des Forward

Wie bereits gezeigt, stehen immer für Devisenkurshedges verschiedene Finanzderivate zur Verfügung (s.a. Abbildung 6.11). Vergleicht man diese aber anhand wichtiger Merkmale, so zeigt sich, dass für KMU die **Devisen-** oder **Währungsforwards** i.d.R. das geeignetste Instrument darstellen.

Devisenforwards, auch als **Devisentermingeschäfte** bezeichnet, machen einen Teil des **Devisen-Terminmarktes** aus.

Vorzüge/Probleme bei Hedging mit **Forwards**:

- Das Instrument ist gut verständlich in Inhalt und Wirkungsweise.
- Es gestattet eine exakt betrags- und laufzeitkongruente Absicherung von Fremdwährungsforderungen bzw. -verbindlichkeiten (Perfect Hedge) gewöhnlich bis zu einem Jahr, bei USD und anderen Haupthandelswährungen auch über mehrere Jahre.
- Diese Absicherungsverträge werden mit einer Bank (gewöhnlich der Hausbank) abgeschlossen.
- Die Kosten sind im Swapsatz, der Differenz zwischen Kassa- und Terminkurs, integriert.

Vorzüge/Probleme bei Hedging mit **Devisenfutures** und **Devisenoptionen**:

- Sie werden an Börsen gehandelt, was aber von deutschen Firmen u. U. den Gang an eine ausländische Börse verlangt. Die Börse EUREX bietet beide Produkte nur für 6 Währungspaare an: EUR/USD, EUR/GBP, EUR/CHF, USD/GBP, USD/CHF und GBP/CHF an.
- Eine laufzeit- und betragsidentische Gegenposition zum Grundgeschäft lässt sich i.d.R. nicht bilden, weil Kontrakte und Laufzeiten standardisiert sind. -Außerdem sind hier nicht nur die Basiswerte (die Währungen) Gegenstand von Spekulation sondern auch die börsengehandelten Derivate, was ebenfalls Unter- oder Überversicherung auslösen kann.
- Schließlich treten im Vergleich zum Forward größere finanzielle Belastungen auf:
  - bei Optionen kostet die Optionsprämie einige Prozente des Wertvolumens,
  - bei Futures kann es während der Laufzeit bei entsprechender Kursentwicklung durch die täglichen Ausgleichszahlungen (im Rahmen des Marginsystems) zum zeitlich begrenzten Abfluss von Liquidität kommen.
- Diese Instrumente sind wesentlich schwerer in der Wirkungsweise zu verstehen.

Fazit

[1] Wenn konsequent gegen das Wechselkursrisiko abgesichert werden soll, zeigen Futures keine Vorteile gegenüber Forwards, weil dabei z.B. eine solche Eigenschaft wie die jederzeitige problemlose vorzeitige Glattstellung (Offsetting) keine Rolle spielt.

[2] 2.Zur Anwendung von Optionen sei auf *Breuer* verwiesen, der schreibt, dass „.... bei Vorliegen sicherer Fremdwährungszahlungen und der Möglichkeit zum Einsatz von Devisenforwardgeschäften ... der Einsatz .... von Optionen nicht gerechtfertigt werden kann. Hier kämen Optionen nur noch als Spekulationsinstrument in Betracht."[538]

Allen für ein Hedging von Wechselkursen angebotenen Instrumenten ist gemeinsam, dass sie den bei Abschluss eines Geschäftes gültigen Kurs ein Stück weit in die Zukunft festschreiben.

An dieser Stelle sei aber auf ein generelles Problem beim Hedging zumindest kurz verwiesen:

Diese Instrumente schützen nicht gegen das tendenzielle Durchschlagen von langfristig stattfindender Aufwertung (oder Abwertung) auf den Gewinn des Unternehmens, weil die nächste Absicherungsoperation nur auf Basis eines weiter gestiegenen (oder gefallenen) Kurses erfolgen kann, also beispielsweise ein Exportgeschäft im Juni nicht mehr anhand der Kurse im März abzusichern ist.

Was sind wichtige Charakteristika von **Forwards/Forward Exchange Contracts** (FECs)?

„Forwards gehören zu den symmetrischen, unbedingten Derivaten und bilden den historischen Ursprung derivativer Finanzinstrumente. Es handelt sich bei einem Forward um ein klassisches Termingeschäft, bei dem der Kauf bzw. Verkauf des Basiswertes zu einem zukünftigen Zeitpunkt bereits bei Abschluss des Derivates fixiert wird."[539]

Eine **Devisentermin-Transaktion** stellt eine feste) Vereinbarung zwischen zwei Parteien dar, mit dem Ziel, Devisen zu einem bei Vertragsabschluss fixierten Kurs mit einem späteren Datum als dem Kassavalutatag zu tauschen / also wechselseitig zu kaufen bzw. zu verkaufen.

In einem Informationsmaterial der HypoVereinsbank (München) heißt es dazu: „Ein Devisentermingeschäft ist eine vertragliche Vereinbarung zwischen Kunde und Bank, zwei Nominalbeträge in unterschiedlichen Währungen

- zu einem bei Abschluss vereinbarten zukünftigen Termin oder

---

538 Quelle: Breuer, W., Unternehmerisches Währungsmanagement, Wiesbaden 2000, S. 242

539 Kruse, S.: Aktien-, Zins- und Währungsderivate, Märkte, Einsatzmöglichkeiten, Bewertung und Risikoanalyse, Wiesbaden 2014 (eBook), S. 102

- innerhalb eines bei Abschluss vereinbarten zukünftigen Zeitraums auszutauschen. Wird ein Zeitraum vereinbart, so entscheidet der Kunde, an welchem Tag innerhalb des Zeitraumes der Austausch stattfinden soll. Spätester Termin ist jedoch der letzte Tag des vereinbarten Zeitraums. Beide Vertragspartner sind zum Austausch der vereinbarten Nominalbeträge verpflichtet. Der Austausch der Nominalbeträge findet zu einem vereinbarten Terminkurs statt. Dieser wird zum Abschluss des Devisentermingeschäftes festgelegt. Der Kunde erhält zum Zeitpunkt des Austausches von der Bank eine Gutschrift in Höhe des benötigten Nominalbetrages in Fremdwährung. Im Gegenzug wird der Kunde mit dem entsprechenden Nominalbetrag in EUR belastet.“[540]

Die oben beschriebene Ausgestaltung eines Forward ist die ursprüngliche, man spricht hier vom **Fixed Forward** (Contract).

Devisenforwards werden nicht nur speziell von Ex- und Importeuren für den Schutz gegen Ab- oder Aufwertung ihrer Forderungen und Verbindlichkeiten genutzt, sondern können auch der Absicherung von Devisenguthaben auf Konten im Ausland, von Währungswechseln und v on auf eine Fremdwährung lautenden Wertpapieren dienen.

Die ICICI Bank Limited (Singapore Branch) wirbt z.B. mit folgendem Text um Einlagen in Fremdwährung: „Forward Plus is a forward contract taken against an underlying foreign currency fixed deposit placed with the Bank. With Forward Plus, you get to enjoy the higher returns from a foreign currency fixed deposit without worrying about the exchange rate risk.“ [541]

Devisengeschäfte, die den Zeitraum von zwei Tagen Valutierungsfrist (wie beim Forex Spot) überschreiten, tragen auf Englisch üblicherweise die Bezeichnung **Forex Forward**.

Die einfachste Form, also nur Verkauf auf Temin oder nur Kauf, wird als Solo- oder **Outright**-Geschäft (FX Outright) bezeichnet. Devisenterminkurse werden standardmäßig, für Laufzeiten von 1, 2, 3, 6 und 12 Monaten quotiert. Kurse für „Broken Dates“, d.h. von diesen Standardlaufzeiten abweichende Termine, werden auf Anfrage vereinbart. Die Verträge haben gewöhnlich Laufzeiten bis zu 360 Tagen. Diese wird ab dem Valutatag des Spotgeschäfts gemessen. Fällt der Valutatag eines Devisentermingeschäftes auf einen Samstag, Sonntag oder einen Bankfeiertag, so ist am nächstgültigen Handelstag zu erfüllen.

---

540 Hypovereinsbank [Corporate & Investment Banking UniCredit Bank AG, München]: OTC-Derivate, Werbemitteilung, S.1, https://www.google.de/search?q=Devisentermingesch%C3%A4ft++Glattstellung&ie=utf-8&oe=utf-8&aq=t&rls=org.mozilla:de:official&client=firefox-a&channel=fflb&gfe_rd=cr&ei=uxurU-_XFoyf_waJxoGYAw abgefragt 01.06.2015

541 ICICI Bank Limited, Singapore Branch: Forward Plus, http://icicibank.com.sg/personal-banking/faq-branch-forward.html, abgefragt 01.06.2015

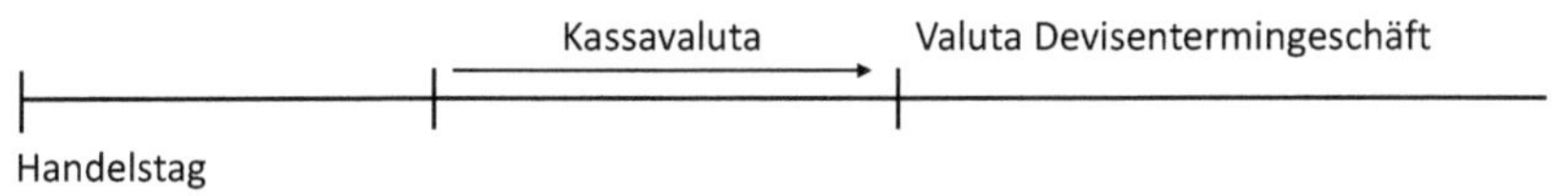

Abb. 6.14: Valutafristen (Kassa und Termin). Quelle: Finance Trainer International GesmbH Wien: Devisentermingeschäfte und Devisenswaps, a.a.O. S. 3 http://www.financetrainer.com/fileadmin/inhalte/TOOLS_SKRIPTEN/0102_outright. pdf, abgerufen 05.05.2015

Das Funktionsschema eines Forward kann wie folgt dargestellt werden:

Abb. 6.15: Allgemeine Darstellung der Funktionsweise eines Devisentermingeschäfts (Forward) Quelle: Hypovereinsbank München [Corporate&Investment Banking UniCredit Bank AG, München]: OTC-Derivate, DTG_Imp_Produktblatt. Werbemitteilung, S. 1, https://www.google.de/search?q=Devisentermingesch%C3%A4ft++Glattstellung&ie=utf-8&oe=utf-8&aq=t&rls=org.mozilla:de:official&client=firefox-a&channel=fflb&gfe_rd=cr&ei =uxurU-_XFoyf_waJxoGYAw, abgerufen 01.06.2015

Der Käufer von Devisen per Termin, also z.B. ein Importeur, bildet eine **Long Position in Forwards**, ein Verkäufer, so ein Exporteur, nimmt eine **Short Position** ein.

In der Short Position zeigt Abb. 6.16 auf der Horizontalen, wie viele Euro pro US-Dollar man zum Ende der Laufzeit erhält. Auf der Vertikalen erscheint (gemäß Wechselkurs) der zukünftige Zahlungsstrom in Euro. Sichert das exportierende Unternehmen seine US-Dollar-Position durch einen Terminverkauf ab, so verhindert es nachteilige Auswirkungen einer Abwertung des Dollar, aber auch eine (vorteilhafte) Aufwertung des Dollar bleibt wirkungslos.

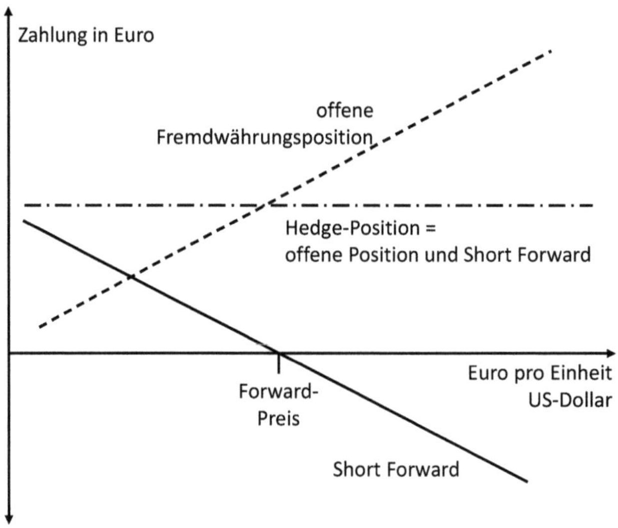

Abb. 6.16: Short Position in Forwards. Quelle: Rudolph, B./Schäfer, K.: Derivative Finanzmarktinstrumente, Springer, Heidelberg usw. 2010, S. 165

In der Long Position stellt sich die Lage spiegelbildlich dar: Abb. 6.17 zeigt einen Terminkurs von 1,2250 US-Dollar an, die am Ende unbedingt gezahlt werden, auch wenn beispielsweise dann der Kassakurs bei 1,4000 steht. Dieses Risiko des (aus Tagessicht) zu teuren Ankaufs der Dollar trägt der Vertragspartner, i.d.R. eine Bank. Die muss sich ihrerseits mit Eingehen einer offenen Position durch den Terminkauf der Fremdwährung rechtzeitig absichern. Gewinn oder Verlust in Euro stellen sich als Opportunitätsresultate, also nicht real dar.

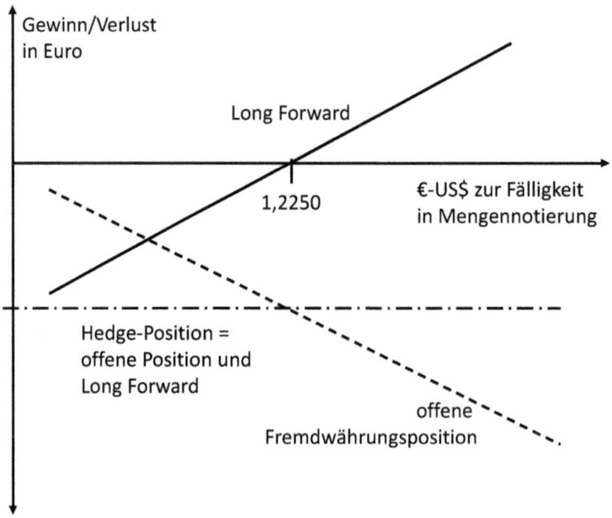

Abb. 6.17: Long Position in Forwards. Quelle: Rudolph, B./Schäfer, K.: Derivative Finanzmarktinstrumente, Springer, Heidelberg usw. 2010, S. 20

Wie wird der Preis des Forward/d.h. der **Devisenterminkurs** bestimmt? Den Preisunterschieden beim Kassa- und Terminkurs liegen die Differenzen bei der Verzinsung der berührten Währungen zu Grunde.

„Die heute für die Zukunft festgelegten Wechselkurse ... berechnen sich … unter Berücksichtigung der beiden Zinsstrukturen in den beiden Währungen.“[542]

Terminkurs = **Kassakurs** / + **Agio** /oder - **Disagio** (Swapsatz)

Man kann es auch so formulieren:

Forward exchange rate = **Spot rate** + **Net cost of carry** (Interest differential)[543]

Diese Verfahrensweise fußt also auf der **Zinsparitätentheorie** (Covered Interest Rate Parity). Jeder Anleger kann einen Geldbetrag entweder im Inland oder im Ausland investieren. Dazu benötigt er Gewissheit über die Zinssätze und die Wechselkurse (Kassa und Termin). Die Bestimmung des Terminkurses muss dem Grundsatz der Arbitragefreiheit der internationalen Kapital- und Devisenmärkte gerecht werden. Ein Investor hat zwei unterschiedliche Anlagestrategien zur Auswahl: Um im Zeitpunkt t über einen bestimmten Geldbetrag in der Inlandswährung zu verfügen, kann er bei Variante1 heute direkt einen Zero Bond in der Inlandswährung zu seinem Barwert kaufen. Bei Variante 2 legt er alternativ heute den selben Betrag in einem Zero Bond in der Auslandswährung an. Dabei benutzt er den aktuellen Kassakurs und vereinbart einen Terminkurs, der angewandt wird, um zum Zeitpunkt t den Rückzahlungsbetrag wieder in die Inlandswährung zurück zu tauschen. Da Arbitrage nicht stattfindet, müssen beide Strategien zum numerisch selben Vermögen führen.[544]

Prinzipiell gilt demzufolge: die Zinssatz-Differenz entspricht (in etwa) dem Swapsatz. „Diese Relation wird in der Literatur als gedeckte Zinsparität bezeichnet. Sie besagt, dass die Verzinsung einer inländischen Investition der Verzinsung einer währungsgesicherten ausländischen Investition entspricht.“[545]

„Niedrigzinsländer sind … i.d.R. durch negative Swapsätze gekennzeichnet, Hochzinsländer entsprechend durch positive Swapsätze.“[546]

Wenn der **Terminkurs höher als** der **Kassakurs** ist, spricht man von einem Termin**aufschlag** (Report, Premium) und wenn **niedriger** – Termin**abschlag** (Deport, Discount). Die Zinsunterschiede der beiden Währungen werden demzufolge „eingepreist“, die Seite mit der niedriger verzinsten Währung wird durch die Forward-Rate entschädigt.

Zur Veranschaulichung sollen folgende (fiktive) Werte dienen:

[1] Kassakurs EUR/USD spot 1,2500

---

542 Kruse, S.: a.a.O.,132

543 Standard Bank South Africa http://ws9.standardbank.co.za/forexWebsite/docs/forwardforeign _exchange.pdf, abgerufen 30.06.2014

544 Vgl. Kruse, S.: a.a.O., Seite 132

545 Kruse, S., a.a.O

546 Breuer, W., a.a.O. S. 42

[2] Zinssätze EUR 3,00 und USD 2,00 % p.a.

[3] Schlussfolgerung für die Höhe des Terminkurses: der Euro als Basiswährung, also Mengennotierung, hätte einen Abschlag/Euro als Gegenwährung, also Preisnotierung, würde daraus ein Aufschlag.

Es gelten also folgende Regeln für Report und Deport:

Zinssatz **Gegenwährung** > Zinssatz **quotierte** oder **Basis-Währung → Report**
Zinssatz **Gegenwährung** < Zinssatz **quotierte** oder **Basis-Währung → Deport**

Um leichter zu verstehen, was der Terminkurs ausdrückt, kann man die Transaktionen betrachten, die alternativ zum Forwardgeschäft jederzeit vorgenommen werden können:

Beispiel 9

Die Firma MaschCO schließt einen Vertrag über die Lieferung von Blechbearbeitungsmaschinen nach Ostasien ab, in 6 Monaten werden USD 1 Mio. aus diesem Geschäft eingehen, der Betrag wird am selben Tag währungsgesichert, es gelten folgende Werte:

Kassakurs: 1,0917 / 1,0922

6M Zi. EUR: 2,66% / 2,69% 6M Zi. USD: 1,29% / 1,34%

Die Firma könnte anstelle einer Forwardtransaktion jetzt aber auch einem **Fremdwährungskredit** (oder eine Fremdwährungsanlage) nutzen.[547] Dabei sind immer folgende Schritte am Finanzmarkt zu gehen:

1. Verkauf eines adäquaten USD-Betrages gegen EUR in der Kasse zu 1,0922. Das schreibt den Kassakurs fest.

2. USD-Refinanzierung durch Bankkredit (in USD) auf 6 Monate zu 1,34% (Die Exportfirma hat USD verkauft, die sie noch nicht hat, aber zum o.g. Kassakurs anschaffen muss, damit sie liefern kann).

3. Veranlagung der EUR aus dem USD-Verkauf auf 6 Monate zu 2,66%.

Auf das hier schon mal mit den drei Schritten skizzierte alternative Hedgeinstrument kommen wir am Ende des Kapitels noch einmal zurück.

Diese Vorgehensweise ist aber gewöhnlich nicht zu empfehlen, weil die Konditionen des Interbankenmarktes prinzipiell für Nichtbanken modifiziert angewendet werden. Die Regel lautet:

1. bei **Refinanzierung: Aufschlag auf Marktzinssatz**;

2. bei **Geldanlage: Abschlag vom Marktzinssatz**

Damit fährt eine Firma schlechter (teurer) als beim Devisentermingeschäft. Warum ist das so? Bei der **Berechnung** des **Devisenterminkurses** werden die **Zinssätze** des Interbankenmarktes auch für Nichtbanken ohne Auf- oder Abschläge benutzt.

[547] siehe dazu z.B. Breuer, W., a.a.O. S. 171–172

Rechnet man also mit den o.g. Marktsätzen, so kommt man in folgenden Schritten zum Terminkurs:

Zinsertrag: 2,66% Habenzins p.a.(EUR-Veranlagung bei Bank)

Zinsaufwand: 1,34% Sollzins p.a.(USD-Refinanzierung durch Kreditaufnahme)

Differenz (12 Monate) 1,32% p.a.

Differenz (6 Monate) 1,32% / 2 = 0,66% für 6 Monate

Zinsdifferenz als Swapsatz = 1,0922 × 0,66% = 0,0072 oder 72 Basispunkte

Weil in unserem Beispiel die Zinsen des EUR höher sind als die Zinsen des USD, gibt es einen Abschlag zugunsten des Dollar:

Terminkurs EUR/USD (für 6 Monate): 1,0922 - 0,0072 = 1,0850[548]

Für die Berechnung des Terminkurses wurde die folgende Formel entwickelt:

$$TK = KASSA \times \frac{1 + (r_G \times \frac{T}{B_G})}{1 + (r_Q \times \frac{T}{B_Q})}$$

T	= Anzahl der Tage
TK	= Terminkurs
$KASSA$	= Spotkurs
r_Q	= Zinssatz p.a. in Dezimalen, quotierte Währung
r_G	= Zinssatz p.a. in Dezimalen, Gegenwährung
B_Q	= Berechnungsbasis für die quotierte Währung (360 oder 365)
B_G	= Berechnungsbasis für die Gegenwährung (360 oder 365)

Abbildung 6.18: Formel zur Terminkurs-Berechnung. Quelle: Finance Trainer International GesmbH Wien: Devisentermingeschäfte und Devisenswaps, Skriptum für ACI Dealing und Operations Certificate und ACI Diploma, 2010, S. 7 http://www.financetrainer.com/fileadmin/inhalte/TOOLS_SKRIPTEN/0102_outright.pdf, abgerufen 05.05.2015

So gerechnet, kommt man zum **fairen Terminwechselkurs**, wobei ein arbitragefreier Markt unterstellt wird.[549]

In den Swapsatz gehen diverse **Kosten der Bank** in pauschaler Höhe ein. Die Kosten des Termingeschäfts von Banken sind insbesondere folgende:

- Kosten der Absicherung von Marktpreisrisiken (speziell Zinsrisiko, Währungsrisiko)
- Kosten für das gebundene Eigenkapital der Bank
- Kosten für Planung/Konzeption und Abwicklung

548 Vgl. Raiffeisenlandesbank Oberösterreich AG Linz: Treasury Financial Markets, FX&MM Basics Workshop, S.9–10, http://www.rlbooe.at/eBusiness/services/resources/media/15752112992436962-480375555797804693_480378953922266904_480378997140375431-189468491345031300-1-25-NA.pdf, abgerufen 10.07.2014

549 vgl. Kruse, a.a.O., S., S.132

- Kosten der Deckung des Kundenausfallrisikos

„Aufgrund dieser Marge hat dieses Finanzinstrument unmittelbar nach Abschluss einen sogenannten ‚anfänglichen negativen Marktwert‘. Eine Glattstellung durch den Kunden (Abschluss eines weiteren Finanzinstrumentes mit gegenläufigen Zahlungsströmen) unmittelbar nach Abschluss hätte somit aufgrund der Marge eine Zahlung zu Lasten des Kunden zur Folge.“[550]

Beispiel 10

Für die Berechnung eines Terminkurses USD/CHF 6 Monate sind für die Rechnung mit der o.g. Formel also folgende Daten erforderlich: (heutiger) Kassakurs USD/CHF 1,5000/Terminperiode 184 Tage/Zinssatz USD (quotierte Währung) 6%/Zinssatz CHF (Gegenwährung) 2%. Diese Größen in die Formel eingesetzt erbringen für den Terminkurs (184 Tage) folgendes Resultat: 1,4703 CHF für 1 USD. Der Abschlag (Deport) zum Kassakurs beträgt 0,0297.[551] Die Differenz zwischen beiden Kursen wird auch ganz allgemein als **Swapsatz** (Swapstellen, Forward-Points) bezeichnet. Wenn man exakt berechnet, trennt man nach Geld- (Bid) und Briefseite (Ask oder Offer). Das betrifft die Rechengrößen Kassakurs und die zwei verwendeten Zinssätze und den zu ermittelnden Terminkurs. Die Ausgangsdaten können in Fortsetzung des o.g. Beispiels dann lauten:

USD/CHF 1,5000 - 10, Zinsen (per annum) USD 5 7/8 - 6%, CHF 2 - 2 1/8%.

Um die **Geldseite des Terminkurses** zu erhalten, wird beim Kassakurs und dem Gegenwährungs-Zins mit der Geldgröße gerechnet, beim Zins der quotierten Währung muss die Briefgröße benutzt werden.

$$\text{Terminkurs}_{\text{Geld}} = 1{,}5000 \times \frac{1+\left(0{,}02 \times \frac{184}{360}\right)}{1+\left(0{,}06 \times \frac{184}{360}\right)} = 1{,}4703$$

Der Rechenansatz und das Resultat sind die selben wie oben, als auf Unterteilung in Geld und Brief verzichtet wurde. Der **Terminkurs-Brief** ergibt sich bei Verwendung der Daten 1,5010, 2 1/8% und 5 7/8%. Er lautet: 1,4731 CHF je 1 USD.

Exporteure und Importeure, die generell oder fallweise das Wechselkursrisiko ausschalten wollen, finden für diese Zwecke in Gestalt von **Devisen-Forwards** ein einfach zu handhabendes Instrument vor. Das gilt besonders für die Absicherung über

---

[550] Hypovereinsbank München [Corporate&Investment Banking UniCredit Bank AG, München]: OTC-Derivate, DTG_Imp_Produktblatt. Werbemitteilung vom 31.01.2014, S. 2, https://www.google.de/search?q=Devisentermingesch%C3%A4ft++Glattstellung&ie=utf-8&oe=utf-8&aq=t&rls=org.mozilla:de:official&client=firefox-a&channel=fflb&gfe_rd=cr&ei=uxurU_Xfoyf_waJxoGYAw, abgerufen 01.06.2015

[551] Finance Trainer International GesmbH Wien: Devisentermingeschäfte und Devisenswaps/, Skriptum für ACI Dealing und Operations Certificate und ACI Diploma, 2010, S.7, http://www.financetrainer.com/fileadmin/inhalte/TOOLS_SKRIPTEN/0102_outright.pdf, abgerufen 05.05.2015)

Outright-Geschäfte, also Devisen-Terminverkäufe oder -käufe vor dem Hintergrund eines Ex- oder Importgeschäftsvorfalles.

Beispiel 11

Ex-ante-Aktivitäten: Die Verpackungsmaschinen GmbH verkauft am 01.04. … für EUR 100.000 eine Maschine nach Deutschland. Der Eurokurs liegt bei 1.4030 (= 1.4030 Franken je Euro).

Dies ergäbe CHF 140.300. Die Firma möchte diesen Kurs bis zur Fälligkeit der Zahlung absichern, das wäre der 31.10 … .

Die Firma wendet sich an ihre Bank, die Raiffeisenbank. Diese eröffnet ein Devisentermingeschäft (Verkauf) über EUR 100.000 zum Kurs von 1.3990 mit Valuta (Fälligkeit/Wertstellung) 31.10. Die GmbH hinterlegt die die Marge (Sicherheit) laut Vertrag (20 % der EUR 100.000 umgerechnet in CHF). Am 31.10. gehen die EUR 100.000 auf dem Konto der Firma bei der Bank ein und ihr werden dafür zum Kurs von 1.3990 der Gegenwert von CHF 139.900 gutgeschrieben. Der Sicherheitsbetrag geht auf das Firmenkonto zurück.

Mit dem Abschluss des Devisentermingeschäfts konnte die GmbH ein Währungsrisiko vermeiden, Budget- und Bilanzsicherheit waren bei diesem Geschäftsvorfall gegeben.

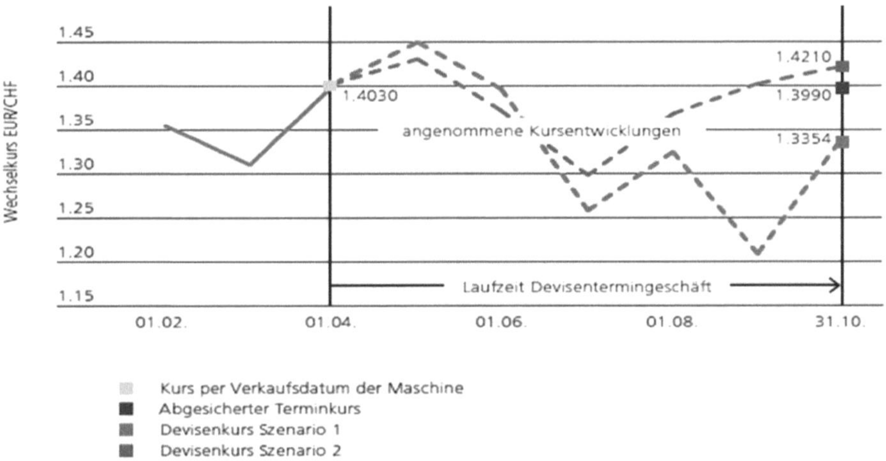

Abb. 6.19: Devisentermingeschäft / Forward und alternative Szenarien. Quelle: Raiffeisen Schweiz Genossenschaft St. Gallen: Produktblatt Devisentermingeschäft, S. 2, http://www.raiffeisen.ch/raiffeisen/internet/docs.nsf/$UNID/24B6652BA37C7464C12579CE0034E243/$FILE/Prod-bl_Devisentermingeschaeft_D.pdf?Open, abgerufen 10.06.2015

Ex-post-Beurteilung:

Szenario 1:

Wäre der Devisenkurs am 31.10. auf 1.3354 gesunken, hätte die GmbH einen Kursverlust in Höhe von CHF 6.360 (CHF 139.900 minus CHF 133.540) gegenüber der geplanten Größe zu verzeichnen gehabt. Beachte: Man kann auch 140.300 minus 133.540 rechnen.

Szenario 2: Wenn sich der Devisenkurs per Termin 31.10. auf 1.4210 verändert, entgeht der Exportfirma durch die Absicherung ein Ertrag von 142.100 Franken. Darin eingeschlossen wäre ein Kursgewinn von 142.100 minus 140.300, also von 1.800 Franken gewesen.[552]

Beispiel 12

Ein Maschinenbauunternehmen verkauft eine Maschine für 600.000 USD in die USA, Lieferung 3 Monate nach Vertragsabschluss, Zahlungsziel 9 Monate nach Verschiffungsdatum. Der Preis wurde mit einem Kurs EUR/USD 1,3100 kalkuliert, der Kalkulationserlös beträgt 458.015 EUR, bei Vertragsabschluss notierte der Kassakurs bei 1,2700.

Der Exporteur kann beim Hedge eine vorsichtige Spekulation integrieren und wie folgt vorgehen:

1. Der Exporteur vertraut auf Prognosen, die ein weiteres Erstarken des USD prophezeien, und sichert sich nicht ab, auch angesichts der Tatsache, dass ein sehr guter Preis erzielt wurde (siehe die Differenz zwischen Kalkulationskurs und aktuellem Kurs) und die Chance besteht, mit Hilfe einer günstigen Kursentwicklung den Gewinn weiter zu erhöhen. Er beobachtet aber immer die aktuelle Kursentwicklung, um ggf. im Verlaufe der Zeitspanne bis Zahlungseingang mit einem Terminverkauf sich nachträglich zu versichern. Als kritische Größe wurde der Wert von 1,3000 fixiert. Als nach 3 Monaten der Dollar bei ca. 1,3000 steht, wird ein Outrightgeschäft abgeschlossen: Verkauf an die Bank per 6 Monate bei einem Kurs Kassa 1,2995 und Termin 1,3015. Der gesicherte Erlös beträgt jetzt 600.000 / 1,3015 = 461.006 EUR.

2. Der Exporteur ist nicht risikofreudig und will den erzielten guten Preis nicht im Wechselkursrisiko lassen. Bei Vertragsabschluss und Kassa 1,2800 verkauft er die 600.000 USD per 9 Monate zu 1,2830, was den Exporterlös mit 600.000/1,2830 = 467.653 EUR festschreibt.

Der **Abschluss** eines Forward mit einem **„fairen“ Preis** bedeutet, dass der Kontrakt für beide Seiten (theoretisch) einen Wert von Null aufweist, weil es der zu diesem Zeitpunkt marktgerechte Preis ist. Keine Seite kann hier z. B. sofort durch ein Arbitragegeschäft einen einseitigen Vorteil erlangen. Wenn auf Verlangen eines Partners der Terminkurs abweichend vom fairen Preis vereinbart wird, muss der Begünstigte eine Ausgleichszahlung (Upfront Payment) tätigen.

Zur Erklärung:

- Ein Importeur benötigt per Termin (in sechs Monaten) 1,4 Mio. USD, der faire Terminkurs beträgt 1,3500 USD für den EUR, damit müsste der Importeur am Erfüllungstag EUR in Höhe von 1,037 Mio. für das vereinbarte Volumen in Dollar bereit stellen.
- Wenn aber der Terminkurs gemäß Wunsch bei 1,4000 USD fixiert würde, bedeutete dieses eine Einsparung von 37.000 Euro.

[552] Vgl. Raiffeisen Schweiz Genossenschaft St. Gallen: Produktblatt Devisentermingeschäft, S. 2, www.raiffeisen.ch/raiffeisen/.../Prod-bl_Devisentermingeschaeft_D.pdf?, abgerufen 10.06.2015

- Dieser Vorteil muss sofort ausgeglichen werden, andernfalls stimmt die Bank dem Vertrag nicht zu, weil der Betrag zu ihren Lasten geht.

Der Wert des Forwards bei **Fälligkeit** bestimmt sich aus Sicht des Käufers in Höhe des Vorteils/Nachteils, den er gegenüber einem direkten Tausch der Währung am Kassadevisenmarkt verzeichnen kann. Dem liegt die Differenz zwischen Terminkurs lt. Forward und Tageskurs (Kassakurs) bei Fälligkeit des Forward zu Grunde. Ein Hedger kann sich also je nach Situation als Gewinner oder Verlierer fühlen, es handelt sich aber um Opportunitätsgewinne oder -verluste.

Geschäfte mit Forwards werden in der Regel zwischen einer Bank und einem (Nichtbank-)Kunden oder einer anderen Bank abgeschlossen. Beide Seiten handeln sich dabei das Kreditrisiko des jeweils anderen ein. Es kann vor allem als Wiedereindeckungsrisiko auftreten, d.h., dass ein Forward zu ungünstigeren Konditionen erneut abgeschlossen werden muss.

Bei Fälligkeit eines Forward muss die Ware geliefert werden (Settlement). Es erfolgt Erfüllung durch physische Lieferung oder Abnahme eines bei Abschluss des Vertrages festgelegten Wertes (**Physical Settlement**). Auszahlung eines Betrages oder Saldenausgleich (Cash Settlement) sind nicht üblich.

Für Devisenforwards gilt: die mit dem Basiswert verbundenen Risiken wechseln mit einer physischen Lieferung auf den Käufer des Basiswertes, sie bleiben bei ihm „virulent" über den Ausübungszeitpunkt hinaus.

Ein Forward-Engagement ist, wie schon gesagt, grundsätzlich auf endfällige Erfüllung angelegt. Es kann aber durchaus Gründe für eine **vorfristige Beendigung des Forward** geben, so

- Insolvenz des ausländischen Käufers
- grundlegend andere Kurserwartung infolge markant geänderter Marktsituation.

Bei Insolvenz wird mit dem Ausfall der Devisenzahlung gerechnet und mittels **Glattstellung** (**Offsetting, Closing**) soll ein größerer finanzieller Schaden vermieden werden. Demgegenüber impliziert die andere Motivation die Absicht, in der verbleibenden Zeit zu spekulieren.

Davor warnen die Banken: „Die vorzeitige Glattstellung des Finanzinstruments kann bei ungünstiger Marktentwicklung theoretisch zu einem Verlust in unbegrenzter Höhe führen." [553]

Die Banken handeln bei Glattstellung / vorzeitiger Erfüllung von Forwards nach folgenden Regeln:

---

553 Hypovereinsbank München [Corporate&Investment Banking, UniCredit Bank AG, München]: OTC-Derivate, DTG_Imp_Produktblatt, Werbemitteilung vom 31.01.2014, S. 1, https://www.google.de/search?q=Devisentermingesch%C3%A4ft++Glattstellung&ie=utf-8&oe=utf-8&aq=t&rls=org.mozilla:de:official&client=firefox-a&channel=fflb&gfe_rd=cr&ei=uxurU_XFoyf_waJxoGYAw, abgerufen 01.06.2015

- Solche Verträge können während der Laufzeit prinzipiell nicht vorzeitig aufgelöst werden.
- Mittels gegenläufigem Termingeschäft kann aber, im Einvernehmen mit der Bank, die Position glatt gestellt werden.
- Eine andere Möglichkeit für die vorgezogene Beendigung des Vertragsverhältnisses besteht darin, dass das Ursprungsdevisentermingeschäft vorgezogen wird, mit (nachträglicher) Kurskorrektur um entsprechende Swapstellen, und dann mit einem gegenläufigen Kassageschäft ausgeglichen wird.

  „Zum Zeitpunkt der [vorgezogenen] Fälligkeit wird das Devisentermingeschäft gegen einen zu diesem Zeitpunkt aktuellen Kassakurs glattgestellt. Das bedeutet, daß eine zu einem früheren Zeitpunkt gekaufte Fremdwährung in der Kassa verkauft wird oder eine zu einem früheren Zeitpunkt verkaufte Fremdwährung in der Kassa gekauft wird. Die sich daraus ergebende Kursdifferenz führt zu einer Gutschrift oder einer Belastung auf dem jeweiligen Kundenkonto.“[554]
- Der Bankkunde ist immer verpflichtet, die vertraglich gebundenen Devisenvolumina auszutauschen.

  Das Resultat der Transaktionen ist je nach Marktentwicklung positiv oder negativ: „Da der Terminkurs des Ursprungsgeschäfts in der Regel von dem des Gegengeschäfts abweichen wird, ist mit der **Differenz beider Kurse zugleich der Gewinn bzw. Verlust** dieser beiden Transaktionen festgeschrieben.“ [555]

  Ein Devisenforward korreliert in seiner Marktwertentwicklung/Preisentwicklung in erster Linie mit der Kassakursnotierung. Diese „... richtet sich nach Angebot und Nachfrage unter Berücksichtigung fundamentaler Wirtschaftsdaten (z. B. Bruttoinlandsprodukt, Staatsverschuldung, Zinsen, Handelsbilanz, Inflation, Beschäftigung), politischer Ereignisse (z.B. Wahlen, Krisen, Krieg) und der technischen Marktverfassung (z. B. Chartentwicklung, Trends, Spekulation).“ [556]

Aus der Sicht eines Verkäufers von Fremdwährung (also z.B. eines Exporteurs, der eine Abwertung der Devise befürchtet und sich dagegen abgesichert hat), lassen sich bei ansonsten unveränderten Daten die folgenden drei Szenarios unterscheiden:

---

[554] Raiffeisenlandesbank Oberösterreich AG Linz: Treasury Financial Markets, FX&MM Basics Workshop, S. 8, http://www.rlbooe.at/eBusiness/services/resources/media/15752112992436962-480375555797804693_480378953922266904_480378997140375431-1894684913450313OO-1-25-NA.pdf, abgerufen 10.07.2014

[555] Oldenburgische Landesbank AG Oldenburg: Produktinformationsblatt über Finanzinstrumente nach Wertpapierhandelsgesetz, Devisentermingeschäft, vom 01.07.2011, S. 2, https://www.olb.de/pib/derivate/PIB_Devisentermingeschaeft.pdf, abgerufen 27.06.2014

[556] Oldenburgische Landesbank AG Oldenburg, a.a.O., S. 1

Veränderung des Wechselkurses	Auswirkung der Änderung des Wechselkurses auf den Marktwert	Erläuterungen
⬆	⬇	Steigt der Wechselkurs, fällt der Marktwert des Devisentermin-geschäftes
➡	➡	Bleibt der Wechselkurs unverändert, ändert sich der Marktwert grundsätzlich nicht
⬇	⬆	Fällt der Wechselkurs, steigt der Marktwert des Devisentermingeschäftes

Abb. 6.20: Zusammenhang zwischen Kurs der Devise und Wert des Forward
Quelle: Kreissparkasse Göppingen: Produktinformationsblatt über Finanzinstrumente nach dem Wertpapierhandelsgesetz, Devisentermingeschäft (Fremdwährungsverkäufer) Stand vom 30.06. 2014, S. 2, https://www.ksk-gp.de/firmenkunden/internationales_geschaeft/waehrungs_ manage/produktinformationblaetter/PIB_Devisentermin_Verkauf.pdf, abgerufen 11.06.2015

Bitte beachten Sie: Für den Käufer (z.B. Importeur) von Devisen mittels Forward stellen sich die Auswirkungen in Zeile 1 und Zeile 3 genau umgekehrt dar.

Glattstellung/Closing führt also i.d.R. zu Ausgleichszahlung angesichts eines gegenüber dem laufenden Forward im Gegengeschäft veränderten Terminkurses.

Wie schon o.g., führt eine Neubewertung irgendwann in der Laufzeit eines Forward durch tagesaktuelle Neuberechnung des Terminkurses für eine Glattstellungstransaktion dazu, dass man für den abgesicherten Fremdwährungsbetrag wie folgt rechnen muss:

Exporteur

Unterstellen wir folgende Werte und Schritte:

- Transaktion 1: Forward über 2,6 Mio. USD/1. Terminkurs 1, 3000 → erwartete Einnahme 2 Mio. EUR
- Transaktion 2: Closing über 2,6 Mio. USD/2. Terminkurs 1, 2000 → reale Ausgabe 2,167 Mio. EUR
- finanzieller Verlust = 167.000 EUR

Die ursprünglich abgesicherten Devisen stehen jetzt wieder im Risiko.

Der Saldobetrag bedarf aber noch einer **barwertige Betrachtung** (Präzisierung). Weil der Erfüllungs-/Leistungszeitpunkt beider Kontrakte in der Zukunft liegt (bspw. in 6 Monaten = 0,5 Jahre) muss der Saldo (hier 167.000 EUR) mit dem EUR-Zinssatz (1,5% p.a. unterstellt) diskontiert werden, wenn sofort gezahlt wird.

Es gilt also:

> Saldo geteilt durch (1 + [Zinsatz p.a. multipliziert mit 365 geteilt durch Tage]).

Mit den obigen Werten bedeutet das: 167.000 / (1 + 0,015 × 0,5) = 165.758 EUR.

Im Vergleich der beiden zu unterschiedliche Zeitpunkten abgeschlossenen Forwards erscheint die Differenz als Gewinn der einen Seite und Verlust der anderen. Wenn die Bank aber ihre Verpflichtungen aus den Verträgen jeweils am Abschlusstag durch ein gegenläufiges Geschäft glattgestellt hat – was sie gewöhnlich tut – bleibt es für sie bei Opportunitätsergebnissen. Eine Nichtbank, die es sich plötzlich anders überlegt und den Hedge abbricht, spekuliert (wie schon erwähnt) real und hat reale Zu- oder Abflüsse.[557]

Was wir bisher bei dem Instrument Forward betrachtet haben, war die „klassische" Variante, gekennzeichnet durch

- erstens Erfüllung grundsätzlich am Ende der Laufzeit und
- zweitens Closing nur in Ausnahmefällen. International nennt man, wie schon weiter oben angesprochen, diesen Kontrakttyp **Fixed Contract** – siehe hier die Erklärung der Standard Bank of South Africa:

  „In a fixed contract, the delivery date of the foreign currency takes place on the maturity date and at the exchange rate specified in the contract." [558]

Bei einem Fixed Contract gibt es aber nicht nur das Problem der vorzeitigen Beendigung. Daneben existiert nicht selten die Notwendigkeit einer Verlängerung des Vertrages, weil der Exporteur später als vereinbart bezahlt wird.

Die zu diesem Zweck gewöhnlich praktizierte Vorgehensweise wird von einer Bank wie folgt beschrieben:

„Die Abwicklung geschieht folgendermaßen:

[1] Das ursprüngliche Termingeschäft wird über ein Fremdwährungs- und ein EUR-Konto (oder zweites Fremdwährungskonto) erfüllt und die Kursspanne der Geschäftsstelle gutgeschrieben.

[2] Die Fremdwährungsseite wird mit dem aktuellen Kassakurs ausgeglichen.

[3] Der neue Terminkurs wird auf Basis des unter Punkt 2 angeführten Kassakurs errechnet.

[4] Es entstehen dadurch keine Valutaverschiebungen. Devisenprovisionen und Kursspannen werden nicht verrechnet, wohl aber Verlängerungskosten." [559]

Diese Kombination aus Kassa-/Spot- und Termin-/Forwardaktivität zwecks Verlängerung eines Hedge wird **Devisenswap** genannt. Wir kommen am Ende des Kapitels noch einmal darauf zurück.

---

[557] Vgl. dazu z.B. Kruse a.a.O. S. 135/136

[558] The Standard Bank of South Africa Limited Johannesburg / Forex Relationship Centre : Global Markets, The Forward Foreign Exchange Market, S. 1, http://ws9.standardbank.co.za/forexWebsite/docs/forward_foreign_exchange.pdf, abgerufen 30.04.2015

[559] Oberbank AG, Niederlassung Deutschland, München: Devisentermingeschäft, S. 4, http://www.oberbank.de/OBK_webp/OBK/Informationsobjekte/Downloads/DE/fkde_devter.pdf, abgerufen 13.05.2015

6.3 Forward-Modifikationen und ergänzende/alternative Instrumente

Ein (klassischer) Fixed Forward Contract lässt aber trotz inzwischen längst praktizierter nachträglicher Verlängerung noch Wünsche der international tätigen Unternehmen offen und die Finanzwirtschaft modifizierte den Fixed Forward inzwischen grundsätzlicher in verschiedene Richtungen:

[1] Forward Plus/Forward Participation (Contracts)

[2] Forward Time Option (Contracts)

[3] Non Deliverable Forward

Außerdem wollen wir in diesem Zusammenhang auch noch kurz auf **Devisenswaps** und **Hedging mit Fremdwährungskredit** eingehen – dieses im letzten Punkt:

[4] Ergänzende/alternative Instrumente

Wenden wir uns zuerst den modifizierten Forwards zu: **zu [1]**:

Mit einem normalen Forward-Geschäft begibt sich das Unternehmen der Möglichkeit, an einer günstigen Wechselkursentwicklung zu partizipieren. (Die wäre für einen Exporteur mit Aufwertung der Fremdwährung gegeben, für einen Importeur mit Abwertung.) Ein sicherer Hedge allein bietet für bestimmte Nutzer zu wenig Anreiz. Weiterentwicklungen zur Lösung dieses Problems werden z.B. unter dem Begriff **Forward Plus** (FPC) und **Forward Participation** angeboten.

Zu [2]: Bei Außenhandelsgeschäften gibt es, wie schon erwähnt, nicht selten Probleme mit der Einhaltung des exakten Fälligkeitstermins, also speziell dem Zeitpunkt der Andienung der Fremdwährung gemäß Forwardvertrag durch den Exporteur. Statt „fixer" Verlängerung bot sich auch eine Lösung mit sogenannter Laufzeitoption an: Es entstand das Instrument **Forward Time Option** (Forward mit Laufzeitoption).

Zu [3]: Der Kreis der angebotenen Währungen ist recht beschränkt, es fehlen z.B. Währungen wichtiger Schwellenländer. Hier erfolgte die Modifikation des klassischen Instrumentes in Gestalt von **Non Deliverable Forward/NDF** (nicht lieferbarer Forward).

Die genannten Modifikationen bedürfen einer näheren Betrachtung:

Zu [1]: Ein **Forward Plus** Contract (FPC) bzw. **Forward Participation** Contract (FPC), letzterer auch Participating Forward genannt, eröffnet einem Kunden (einer Bank) eine (limitierte) Chance auf Gewinne bei günstiger Wechselkursentwicklung, parallel zu einer Absicherung auf Basis eines vereinbarten Terminkurses. Dieser ist ungünstiger als der Kurs im Markt. Dafür fallen keine gesonderten Gebühren an.

In der üblichen Ausgestaltung unterscheiden sich beide Formen aber geringfügig. Mit beiden Varianten kann man nicht nur das Wechselkursrisiko bei Ex- und Importen handhaben sondern auch bei Investments und Kreditaufnahmen im Ausland oder der Konvertierung von Dividenden, die in Fremdwährung anfallen.

Ein **Forward Participation Contract** funktioniert wie folgt:

Es wird ein Wechselkurs festgelegt, zu dem ein Unternehmen ein Devisentauschgeschäft im schlechtesten Fall noch durchführen will (mit Blick auf Liquidität und Gewinn). Zusätzlich wird eine Kursschwelle vereinbart, bis zu der der Exporteur an einem für ihn sich günstig entwickelnden Kurs (z.B. des Dollar) teilhaben kann. Die Bank bestimmt den prozentualen Anteil an dem Währungsbetrag, der gegebenenfalls am Tag der Fälligkeit zu dem günstigeren Spotkurs getauscht werden darf. Wird aber die Schwelle in der Laufzeit des Forward erreicht (oder alternativ bei Fälligkeit), findet der Währungstausch zum vorab festgelegten Wechselkurs (Worst Case) statt. Das Geschäft mutiert dann wieder zum klassischen Forward, es gibt keine Erlösverbesserung durch den Wechselkurs.

Der Kunde setzt auf die Chance, geht aber auch ein definiertes Risiko der Kursverschlechterung ein. Der Worst-Case-Terminkurs (auch Contract Rate oder Cap genannt) ist immer ungünstiger als der Terminkurs eines alternativen, klassischen Outright-Geschäftes, das als Fixed Forward abgeschlossen werden kann.

Die nachfolgende Abbildung veranschaulicht die grundsätzlichen Zusammenhänge:

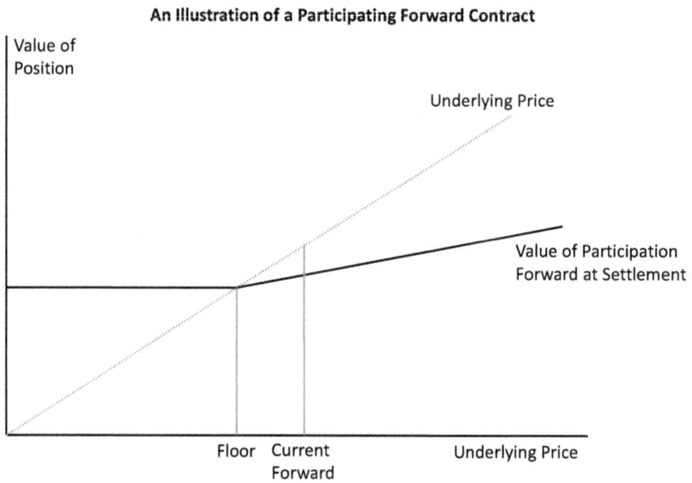

Abb. 6.21: Grundsätzliches Gewinnprofil eines Participating Forward Contract Quelle: American Stock Exchange (Amex) New York, http://www.amex.com/servlet/AmexFnDictionary?pageid=display&titleid=4538, und https://www.google.de/search?q=Participating+Interest+Rate+Agreement+%28PIRA%29+%28diagram%29.+&ie=utf-8&oe=utf-8&gws_rd=cr&ei=7jiBVYDfDYHMsgHxwYCICQ, abgerufen 01.07.14 (vgl. auch Gastineau, G.L., Kritzman, M.P.: Dictionary of Financial Risk Management, USA 1999)

Beispiel 13

Im Beispiel erzielt ein Exporteur US-Dollars, es wird also mit Kursen EUR/USD gearbeitet, es soll gegen eine Euro-Aufwertung abgesichert werden, dazu erfolgt die Fixierung auf EUR/USD 1,30, und wenn diese Größe bei Fälligkeit am Spotmarkt überschritten wird, gilt für den Erlös nur der 1,30 cap, andernfalls wird aus 1,30 und dem Spotwert ein gewichteter Durchschnitt gebildet, weil die Hälfte des Exporterlöses am Kursgewinn teilhat.

"Examples of how a participating forward contract works:

Your company protects against a strengthening euro by executing a participating forward contract with a 1.30 cap and a 50% participation level expiring June 29. If at expiry the EUR spot is:

- Above 1.30, you purchase 100% of your EUR at 1.30.
- Below 1.30 (for example, 1.20), you purchase 50% of your EUR at 1.30 and the balance at 1.20, creating a blended rate of 1.25." [560]

Aus der Position eines Importeurs, der US-Dollars gegen englische Pfunde eintauschen muss, stellt sich die Situation dagegen wie folgt dar:

"The forward rate for six months is 1.7520. You would like to benefit from favourable exchange rate moves but are reluctant to pay a premium for this. You inform us that you are prepared to accept a worst rate of 1.7200. We then calculate the participation level to be 50 per cent.

Possible scenarios:

Scenario 1: GBP/USD weakens, and at maturity the exchange rate is 1.6900. You are **entitled** to buy your full USD 500,000 at 1.7200.

Scenario 2: GBP/USD strengthens, and the exchange rate at maturity is 1.8200. You are **obliged** to buy USD 250,000 at 1.7200. However, the remaining USD 250,000 can be purchased in the spot market at 1.8200. This will give an average rate of 1.7700."

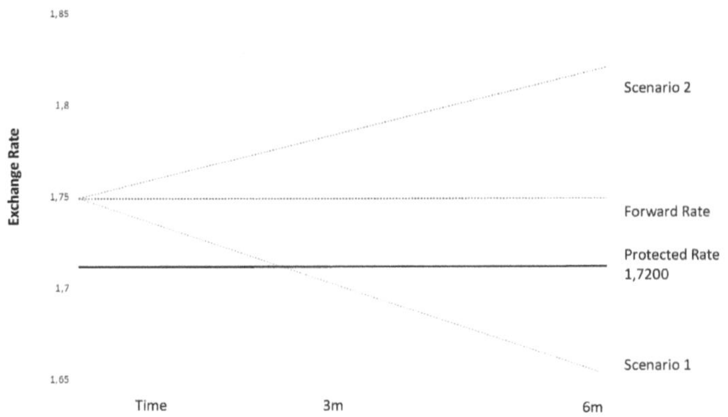

Abb. 6.22: Szenarios der Resultate eines Participating Forward. Quelle: HSBC Bank London: Global Banking and Markets FX derivatives, Participating Forward, http://www.hsbcnet.com/gbm/products-services/trading-sales/foreign-exchange/fx-derivatives, abgerufen 18.06.2015

Das Produkt **Forward Plus Contract** soll am Beispiel eines Materials der Westpac Banking Corporation/Westpac Institutional Bank Sydney vorgestellt werden:

---

[560] PNC Financial Services Group, Inc. (PNC Bank) Pittsburgh, USA: International Products & Services, Participating Forward Contract, page 2, http://content.pncmc.com/live/pnc/corporate/capital-markets/program-sheets/FX-Participating-Forward-Contract.pdf, abgerufen 18.06.2015

Beispiel 14

Grundsätzliche Beschreibung (aus Exporteursicht): Ein Exporteur legt

- die zwei Währungen, die getauscht werden sollen, und das Volumen fest,
- benennt einen Vertragskurs (Contract Rate),
- wählt einen „Verfallskurs“ (Trigger Level/Trigger Rate),
- definiert die Vertragslaufzeit mit der „Verfallsperiode“ (Trigger Period) am Ende. Die Westpac Bank bestimmt dann ihrerseits einen weiteren Kurs, den sogenannten Bonuskurs (Bonus Rate).

Zur Begriffserklärung: *Contract Rate*: Kurs, zu dem für den Exporteur der Umtausch im ungünstigstem Fall erfolgt. *Trigger Rate*: Kurs, der, sofern während der Trigger Period erreicht, dazu führt, dass am Erfüllungstag (Maturity Date) mit der Contract Rate getauscht werden muss. Wenn eine solche Entwicklung nicht eintritt, kann der Exporteur von einer günstigen Kursentwicklung profitieren und tauscht mit mehr oder weniger Gewinn am letzten Tag zum Kassakurs. *Bonus Rate*: Wenn am letzten Tag der Kassakurs gleich der Bonus Rate oder weniger günstig ist, konvertiert die Bank auf dieser Basis.[561]

Anhand eines Zahlenbeispiels können Sie den Wirkungsmechanismus noch besser verstehen:

Beispiel 15

Ein (australischer) Exporteur und seine Bank vereinbaren angesichts aktueller AUD/USD-Kurse (Spot = 0,7600 USD je 1 AUD und 3-Month Forward 0,7580 USD je 1 AUD) folgendes:

- Tausch von 100.000 USD in 3 Monaten in AUD
- zu mindestens 0,7700 USD je 1 AUD (Contract Rate)
- ein Limit für Kursgewinne durch den Exporteur durch Aufwertung des USD bis unter 0,7200 (Trigger Level)
- die Tageskurse des letzten Monats (Trigger Period) entscheiden über das Erreichen der „Barriere“
- die Bank legt den sogenannten Bonuskurs (Bonus Rate) fest: 0,7650.

Es sind drei Szenarios möglich:

- erstens kann in den definierten 30 Tagen die gesetzte Grenze zumindest berührt werden, dann gibt es nur einen gesicherten Mindesterlös;
- zweitens kann die Marke von 0,7650 am letzten Tag erreicht oder überschritten werden, dann ist das der Konvertierungswert, und
- drittens kann der Kassakurs am letzten Tag im Toleranzbereich von < 0,7200 und > 0,7650 für eine Erlös-Verbesserung sorgen.
- Ergebnis 1: der begrenzende Kurs wurde berührt oder unterschritten, der Tausch erfolgt mit der Contract Rate zum Kurs von 0,7700, das ergibt 100.000 : 0,7700 = 129.870 AUD.

---

[561] vgl. Westpac Banking Corporation: Participating Forward Contract – Product Disclosure Statement 2. https://www.westpac.com.au/docs/pdf/pb/FSR_ParticipatingFwdContrac1.pdf, abgerufen 17.06.2015

Ergebnis 2: an ultimo steht der Kurs bei 0,7650 oder darüber, und damit wird die Bonus Rate verwendet, das ergibt 100.000 : 0,7650 = 130.719 AUD.

Ergebnis 3: am letzten Tag lautet der Tageskurs z.B. 0,7300, damit erhält der Exporteur den Gegenwert mittels Spot Rate (Market Foreign Exchange Rate) berechnet, also 100.000 : 0,7300 = 136.986 AUD.[562]

Ein Forward Plus Contract kann wie folgt als Schema abgebildet werden:

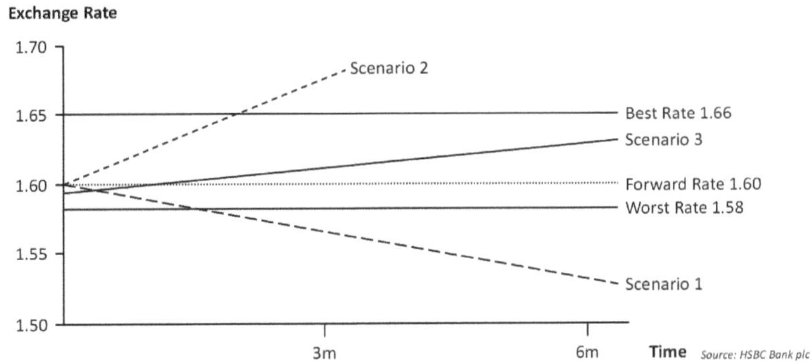

Abb. 6.23: Varianten der Nutzung eines Forward Extra Plus Contract Quelle: HSBC Bank London: Forward Extra Plus Contract, page 2, http://vols.com.ne.kr/db/ForwardExtraPlus2.pdf http://www.hsbcnet.com/gbm/products-services/trading-sales/foreign-exchange/fx-derivatives, abgerufen 30.06.14

zu [2]

Bei einem **Forward mit Laufzeitoption (Forward FX Time Option/Time Option**) erfolgt im Unterschied zu klassischen Termingeschäften/Fixed Contract (mit einem „fixed maturity date") die Erfüllung eines Geschäftes nicht an einem bestimmten Tag, sondern innerhalb einer definierten Zeitspanne nach Wahl des Kunden. Optional ist aber nur der Zeitraum der Ausübung des Termingeschäfts. Es bleibt ein unbedingtes Geschäft, was die Erfüllung angeht.

Time Options werden ausschließlich von Kunden (im Sinne von Nichtbanken und Personen) verwendet, nicht aber im Interbank-Handel. Kunden benötigen Time Options im Hedging, wenn z.B. trotz definierter Fälligkeit der tatsächliche Zahlungszeitpunkt nicht sicher feststeht. Liquiditätsprobleme des Schuldners oder staatliche Devisenregulierungen sind dafür die wichtigsten Ursachen.

Exporteure akzeptieren ggf. für diese zusätzliche Flexibilität einen im Vergleich zu konventionellen Termingeschäften eindeutig schlechteren Kurs.

Professionelle Marktteilnehmer wie Banken und große, stark international engagierte Nichtbanken arbeiten (auf der Basis konventioneller Termingeschäfte) bei Problemen mit dem effektiven Zahlungszeitpunkt mit **FX Swaps.** (Siehe dazu im Weiteren mehr.)

---

[562] vgl. Westpac Banking Corporation Sydney: Supplementary Product Disclosure Statement ('SPDS') 2009, page 9, http://www.westpac.com.au/docs/pdf/pb/FSR_FwdPlusContractPDS.pdf, abgerufen 29.05.2013

Bei der Festlegung des Terminkurses gilt folgendes Prinzip: Es wird jeweils der Kurs von Seiten der Bank gefordert, der für den Kunden der ungünstigste ist, entweder der des ersten oder des letzten Tages der Erfüllungsfrist, also ein Worst Case Kurs:

> **Geldkurs**: wenn an die Bank die quotierte Währung verkauft wird, zahlt diese Fremdwährung mit dem *niedrigsten* Kurs aus = geringstmöglicher Betrag
>
> **Briefkurs**: wenn von der Bank die quotierte Währung gekauft wird, verlangt sie für die Fremdwährung den *höchsten* Kurs = größtmöglicher Betrag

Die Standard Bank South Africa bietet die nachfolgend beschriebenen zwei Varianten an:

Variante 1: **Partially Optional Contract**

"In a partially optional contract, the terms of the contract are fixed during the first period from establishment to option start date, and then fully optionally from option date to maturity date. The delivery of the foreign currency at the exchange rate specified in the contract, can take place at any time during the optional period. These contracts are a combination of both fixed and fully optional contracts. They have two dates. The 'option start date' indicates the period prior to this date is a fixed contract. A customer would use this contract if they are certain that they will not require it prior to the 'option start date', however, they need flexibility thereafter."[563]

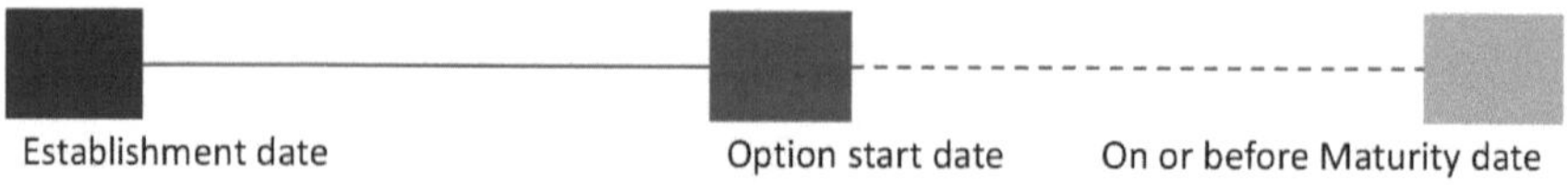

Abb. 6.24: Phasen/Termine bei der Handhabung eines Partially Optional Contract
Quelle: Standard Bank of South Africa: a.a.O., http://ws9.standardbank.co.za/forexWebsite/docs/forward_foreign_exchange.pdf, abgerufen 30.04.2015

Für die optionale Phase (i.d.R. 15 oder 30 Tage) gilt die (fixierte) Kontraktrate/der Forward-Kurs. Wird vom Bankkunden früher verkauft/gekauft, so muss der Kurs an die für einen Fixed Contract adäquate Rate angepasst werden.

"Delivery within the optional period would be effected at the contract rate, while earlier deliveries would necessitate an adjustment to the rate as is the case for pre-deliveries under fixed term contracts."[564]

Variante 2: **Fully Optional Contract**

"In a fully optional contract, the delivery of the foreign currency can take place at the contract rate at any time during the existence of the contract. These contracts have an

---

[563] Standard Bank of South Africa Ltd Johannesburg: a.a.O., http://ws9.standardbank.co.za/forexWebsite/docs/forward_foreign_exchange.pdf, abgerufen 30.06.2014

[564] e-Eighteen.com Ltd. India: Moneycontrol, Trading Terms, Glossary, Forward contract - optional term, http://www.moneycontrol.com/glossary/trading-terms/forward-contract-optional-term_2471.html, abgerufen 08.07.2014

'on or before maturity' date and may be utilised either in whole or in part, at any time between the establishment date and the maturity date of the contract. These contracts are used when a customer does not know the exact date of his commitment or if he takes out one contract for multiple transactions."[565]

Abb. 6.25: Phasen/Termine im Fully Optional Contract. Quelle: Standard Bank of Soüth Africa, a.a.O.

Diese letztere Variante wird in der Werbung der Development Bank of Singapore sehr anschaulich. Es heißt dort:

"An FX time option forward fixes the exchange rate between two currencies for an agreed period of time, whether it's days, months or years. You can utilise the rate at any given time before the option ends, regardless of the prevailing market rate on that day.

For example, if you receive payments in USD that need to be converted to SGD *(Singapore Dollars – d. Verf.)*, you stand to lose money if the USD depreciates. However, with an FX time option forward, you are able to lock in an agreed rate, and have the flexibility to sell your USD at the agreed rate whenever you want during an agreed period of time, thereby reducing the risk or FX impact to your bottom line."[566]

Die nachfolgende Abbildung veranschaulicht die Fuktionsweise dieses Typs von Time Option Forward noch einmal gut verständlich:

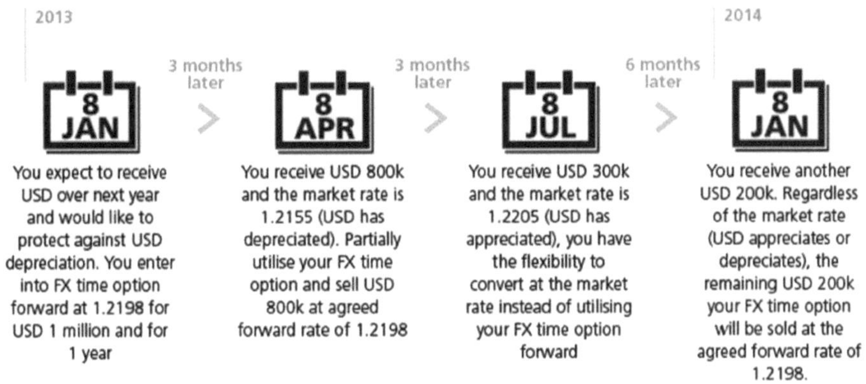

Abb. 6.26: Mögliche Ablauf-Struktur eines FX Time Option Forward. Quelle: Development Bank of Singapore, DBS, Singapore: Foreign Exchange, FX Time Option Forward http://www.dbs.com.sg/sme/treasury/foreign-exchange/fx-time-option-forward.page, abgerufen 23.06.2015

565 Standard Bank of South Africa, a.a.O.

566 Development Bank of Singapore Limited, DBS, Singapore: Foreign Exchange, FX Time Option Forward http://www.dbs.com.sg/sme/treasury/foreign-exchange/fx-time-option-forward.page, abgerufen 23.06.2015

Beispiel 16

Forward FX Rates with Time Options/Terminkurs mit **Deport** "**Situation**: Below are a market maker's quotations for straight 2 and 3 month forward FX … (GBP/USD):

Spot	…	2 months	3 months
1.6853/63		51/47	73/68

A client calls the dealer and asks for an outright forward FX rate with a 2–3 month time option.

Analysis:

The market maker quotes the client:

Bid	1.6780	=	1.6853 - 0.0073
Offer	1.6816	=	1.6863 - 0.0047

This quotation is designed to benefit the market maker: If the client is a seller of GBP, it pays the full 3 months forward points (**receives less USD**) even if it choses to settle earlier. If the client is a buyer of GBP, it earns only 2 months' worth of forward points (**pays more USD**) even it it choses to settle later." [567]

Wie im letzten Beispiel schon erkennbar, muss beim „Pricing“ von Time Options zwischen solchen mit **Abschlägen** (gegenüber dem Kassakurs) und solchen mit **Aufschlägen** unterschieden werden. In Beispiel 16 wurde der Terminkurs mit Abschlägen gebildet. Wie sich bei Aufschlägen im Time Option Forward Contract der Forwardpreis bildet, soll im nächsten Beispiel demonstriert werden, bei dem die grundsätzliche Konstruktion des Beispiels 15 beibehalten wird: GBP/USD, 2–3 Monate, Kassakurs (Spot).

Beispiel 17

Forward FX Rates with Time Options/Terminkurs mit Report

Spot	…	2 months	3 months
1.6853/63		47/51	68/73

Preis für Forward Time Option

Bid (Geld): Kassa + Aufschlag 2 Monate = 1.6853 + 47 = 1.6900 (Selling GBP)
Offer (Brief): Kassa + Aufschlag 3 Monate = 1.6863 + 73 = 1.6936 (Buying GBP)

Die anderen beiden Kurse, die hier nicht zur Preisfestlegung verwendet werden, lauten:

Bid 3 Monate	1.6853 + 68 = 1.6921
Offer 2 Monate	1.6863 + 51 = 1.6914

An den Zahlen der Beispiele 16 und 17 läßt sich auch gut folgende Regel für die **Berechnung der Geld- und Briefkurse** für Time Option Forwards demonstrieren:

---

[567] Chisholm Roth & Company Ltd Ashford: Magellan On-Line Learning Test-drive, Forward Time Options, http://94.101.144.194/MagellanDemoStatic/tp/c10014/cc_0_82_0_0_5_10014_u10087_125_2.htm, abgerufen 23.06.15

[1] bei **Abschlägen**: Geld-Swapsatz vom Ende der Optionsfrist bzw. Brief-Swapsatz vom Beginn dieser Frist wird abgezogen

[2] bei **Aufschlägen**: Geld-Swapsatz vom Beginn der Optionsfrist bzw. Brief-Swapsatz vom Ende der Frist wird dazugezählt

Die Absicherung gegen das Wechselkursrisiko durch Forwards, die gleichzeitig gegen Probleme bei der Einhaltung der vereinbarten Liefer- oder Abnahmeverpflichtungen bei Devisen schützen, stellt sich relativ teuer dar. „Diese Produktvariante wird heutzutage nur noch selten gehandelt, da die zeitliche Flexibilität stark zu Lasten des Pricings geht. Sinnvoller ist es meist, ein klassisches Termingeschäft abzuschließen und die Zeitvariable durch **Devisenswaps** zu steuern.“ [568]

Man muss allerdings ergänzen, dass für kleine Unternehmen, die keine Fremdwährungs-Importe machen, wohl aber Exporte, dieses Instrument immer noch sehr nützlich sein kann.

zu [3]

Non Deliverable Forward/NDF/nicht lieferbarer Forward „... ist ein Kontrakt zwischen zwei Parteien, in dem ein Devisenterminkurs für ein fiktives Devisentermingeschäft fixiert wird.“ [569]

Die Landesbank Baden-Württemberg (LBBW) beschreibt dieses Finanzprodukt (ausführlicher) beispielsweise wie folgt: „Ein Devisentermingeschäft ist eine eigenständige, von einem etwaigen Grundgeschäft losgelöste vertragliche Vereinbarung (Derivat) zwischen zwei Parteien. Ein Non-Deliverable Forward (NDF) ist ein Devisentermingeschäft mit Barausgleich und dient der Absicherung nicht konvertierbarer Währungen. Dabei wird eine nicht frei konvertierbare Währung gegen eine frei konvertierbare Währung spezifiziert. Bei Letzterer handelt es sich meist um den USD und EUR. Bei Geschäftsabschluss wird ein Nominalbetrag in der nicht konvertierbaren Währung, ein Fälligkeitsdatum sowie ein Terminkurs vereinbart. Bei Fälligkeit wird der Tageskurs (Referenzkurs) des abgesicherten Währungspaars mit dem Terminkurs verglichen. Die Differenz bezogen auf den Nominalbetrag muss in der konvertierbaren Währung am Valutatag bezahlt werden. Ist der Referenzkurs besser als der Terminkurs, leistet der Kunde eine Ausgleichszahlung an die LBBW. Ist der Referenzkurs schlechter als der Terminkurs, empfängt der Kunde eine Ausgleichszahlung von der LBBW. Es kommt zu keinem Austausch von Nominalbeträgen.“ [570]

---

568 BHF-Bank AG Frankfurt a.M.: Laufzeitoption, https://www.bhf-bank.com/w3/financialmarkets_corporates/waehrungen/instrumente/index.de.jsp, abgerufen 23.06.2015

569 Finance Trainer International GesmbH Wien: Der Devisentermingeschäfte und Devisenswaps, Skriptum für ACI Dealing und Operations Certificate und ACI Diploma, 2010, S. 25, http://www.financetrainer.com/fileadmin/inhalte/TOOLS_SKRIPTEN/0102_outright. pdf, abgerufen 05.05.2015

570 Landesbank Baden-Württemberg/LBBW Stuttgart: Produktinformationsblatt über Finanzinstrumente nach Wertpapierhandelsgesetz/ Stand: 19.04.2012 https://www.lbbw-markets.de/cmp-portal

Was bedeutet das im Einzelnen?

Die Kontrahenten sichern sich durch Vereinbarung wechselseitiger Kompensation gegen unvorteilhafte Kursentwicklung am Markt ab.

Beim NDF wird kein Kapital getauscht, dieses dient nur als Rechenbasis. Bei Fälligkeit findet Cash Settlement statt, d.h. die Differenz zwischen NDF-Kurs und aktuellem Referenzkurs wird gezahlt.

Der NDF wurde im letzten Jahrzehnt des 20. Jahrhunderts entwickelt, um für Geschäfte mit Schwellen und Entwicklungsländern die Absicherung von Währungspositionen zu ermöglichen. Objekte von NDF sind also **Währungen**, die **nicht konvertibel** sind oder die in einigen Terminmärkten restriktiv gehandhabt werden. Der **Kurs lt. Vertrag** ist ein Terminkurs analog dem Outright-Kurs. Weil die bei NDF verwendeten Währungen häufig unter Abwertungsdruck infolge der Inflationsraten stehen, gehen hohe Zinsen in die Berechnung des Terminkurses ein. Das führt zu größeren Swapsätzen, die das Hedging teuer machen.

Der **Kurs zur Abrechnung** des NDF wird als **Referenzkurs** bezeichnet und am im Kontrakt vereinbarten Tag (Fixing Date) bestimmt. Gewöhnlich werden (offizielle) Kassakurse benutzt, die von der Zentralbank oder einem Bankengremium des jeweiligen Landes herausgegeben und bei Reuters publiziert werden.

Die **Ausgleichszahlung** (Cash Settlement) wird wie folgt berechnet:

Cash Settlement = (Kontraktwert : NDF-Kurs) - (Kontraktwert : Referenzkurs)

Zur Regulierung dienen primär USD. Als Settlement Date bezeichnet man den Tag, an dem die Ausgleichszahlung geleistet wird. Es gilt: Spotvaluta am Fixing Date, also Erfüllung zwei Banktage nach dem Fixing-Tag.

Die Benutzung eines NDF wird über den Terminkurs abgegolten.

Der Käufer eines NDF will fiktiv die quotierte (freikonvertierbare) Währung (wie USD) gegen eine Währung (wie indische Rupee/INR) erwerben, die im Emissionsland z.B. nur für Ausländer unbegrenzt frei umtauschbar ist oder für die dort keine Terminabsicherung erfolgen kann. Wenn er Exporteur ist und auf Basis einer Forderung Zahlung in Landeswährung erhalten soll, besteht sein Risiko in einer eventuellen **Abwertung dieser Währung** (oder anders gesehen: in einer Aufwertung des USD). Der Exporteur baut deshalb mittels NDF eine Long Position in USD auf und fixiert mit dem Terminkurs den von ihm gewünschten Umtauschkurs. Am Fälligkeitstag der Zahlung durch den Importeur verwirklicht er zwei Aktivitäten:

1. Verkauf der Landeswährung Kassa / = Dollar-Kauf,

2. Erhalt einer Ausgleichszahlung a conto NDF (wenn die Umrechnung des Exporterlöses mit dem Terminkurs höher ist als das Ergebnis des Kassageschäftes) oder Ab-

---

WAR/ShowFileContentServlet?path=/cmp/de/Derivate/Upload-Dokumente/PIB_OTC_Deri_SPK/&name=NDF_imp.pdf, abgerufen 03.08.2014 führung eines Überschusses aus dem Kassatausch an die Bank, wenn der Dollar Kassa schlechter steht.

Der Verkäufer eines NDF will die quotierte Währung per Termin verkaufen, weil er z. B. Importeur ist und eine Verbindlichkeit in der entsprechenden Landeswährung bedienen muss. Sein Problem besteht in einer möglichen Aufwertung der Landeswährung, deshalb wird eine Short-Position in USD aufgebaut. Sollte die Verschlechterung eintreten, würde zu seinen Gunsten eine Ausgleichszahlung fließen. Die Interessenlage bzw. die Verpflichtung stellt sich als Spiegelbild zum Exporteur dar.

Primär wird als quotierte Währung der USD verwendet, aber EUR und CHF sind z.B. auch handelbar.

Die folgende Tabelle vermittelt einen Eindruck davon, welche Währungen international für Absicherungen mittels NDF infrage kommen.

Asia Pacific		Europe, Middle East and Africa		Latin America	
CNY	Chinese Renminbi	EGP	Egyptian Pound	ARS	Argentine Peso
IDR	Indonesian Rupiah	ILS	Israeli Shekel	BRL	Brazilian Real
INR	Indian Rupee	KZT	Kazakhstani Tenge	CLP	Chilean Peso
KRW	South Korean Won			COP	Colombian Peso
MYR	Malaysian Ringgit			GTQ	Guatemalan Guetzal
PHP	Philippine Peso			PEN	Peruvian Nuevo Sol
TWD	Taiwan Dollar			YUY	Uruguayan Peso
VND	Vietnamese Đồng			VEB	Venezuelan Bolívar

Stand: 06. March 2014

Tabelle 6.6: Länder, für deren Währungen NDF gehandelt werden.
Qelle: Wikipedia: http://en.wikipedia.org/wiki/Non-deliverable_forward, abgerufen 03.07.2014

Ein fiktives Beispiel für die Absicherung von Exporterlösen in US-Dollar bei Verwendung des Taiwan-Dollars als Vertrags- und Zahlungswährung demonstriert das Vorgehen:

Beispiel 18

Firma MaschEx AG kauft bei Vertragsabschluss über Lieferung von Maschinen nach Taiwan einen NDF-Kontrakt:

- USD/TWD (Taiwan-Dollar)
- Betrag: TWD 66.200 000
- Terminkurs: USD/TWD 33.10
- erwartete Erlöse in USD: 66.200 000 : 33,10 = 2.000 000
- Laufzeit: 6 Monate

Am Tag der Fälligkeit steht der Kassakurs: USD/TWD 35.00

Berechnung der Differenz:

(66.200 000 : 33,10) - (66.200 000 : 35,00) = 2.00 000 - 1.891 428 = <u>108 572</u>

Die Firma erhält für den Verkauf seines TWD-Betrages „per Kasse“ weniger USD als ursprünglich geplant, aber die Zahlung der Bank, die den NDF-Kontrakt verkauft hat, entschädigt ihn.

Liegt der Kurs USD/TWD bei Fälligkeit unter dem Terminkurs der Vereinbarung, zahlt der Kunde die Differenz an die Bank. Das Resultat ist in beiden Fällen einer Risikoabsicherung mit einem klassischen Termingeschäft adäquat.[571]

Mit Blick auf den chinesischen Markt und seine Währung Renminbi Yuan (CNY) als Vertragswährung (bei Absicherung durch NDF-Kontrakte) heben deutsche Banken folgende Vorteile eines solchen Handelns hervor:

- Stärkung der Marktposition, weil zusätzliche Geschäftsmöglichkeiten in China erschlossen werden können, speziell bei Käufern ohne Erfahrungen im Auslandsgeschäft,
- Weiterer Spielraum bei Preisverhandlungen, weil z.B. Wechselkosten für den chinesischen Partner entfallen,
- Vereinfachung und höhere Effizienz des Währungsmanagements durch zentralisierte Steuerung der Kurssicherung bei der Muttergesellschaft.[572]

Man kann davon ausgehen, diese Vorteile sich auch in anderen Märkten mit anderen Währungen erzielen lassen.

NDF's benötigen einen speziellen Vertrag. Eine Bank kann sich dabei auf sogenannte Rahmenverträge der international anerkannten International Swap and Derivatives Association (ISDA) stützen (ISDA Master Agreements), die zur Vereinheitlichung des Handels mit spezifischen OTC-Produkten erarbeitet wurden.

	USD								EUR	JPY	Other	Total
Global	BRL	CNY	INR	KRW	RUB	TWD	Other	Total				
Net-net[1]	15,894	17,083	17,204	19,565	4,118	8,856	36,790	119,510	1,642	973	4,438	126,563
Net-gross[2]	19,928	23,696	22,678	29,086	4,975	12,131	45,309	157,803	1,916	1,156	5,478	166,353
London[2]	12,315	5,970	10,471	8,735	4,225	...	16,530	58,246	1,260	...	5083	60,019
Memo: Oct 2013	*8,141*	*4,453*	*6,014*	*6,807*	*2,291*	...	*13,794*	*41,500*	*1,044*	...	*414*[3]	*42,959*

BRL = Brazilian real; CNY = Chinese renminbi; EUR = euro; INR = Indian rupee; JPY = Japanese yen; KRW = Korean won; RUB = Russian rouble; TWD = New Taiwan dollar; USD = US dollar.

[1] Adjusted for local and cross-border inter-dealer double-counting. [2] Adjusted for local inter-dealer double-counting. [3] Includes sterling.

Tabelle 6.7: Tägliche Umsätze in Non Deliverable Forwards (April 2013). Quelle: Bank for International Settlement (BIS) Basel: Global and London NDF turnover, http://www.bis.org/publ/qtrpdf/r_qt1403h.htm, abgerufen 02.07.2015

---

[571] Vgl. Credit Suisse Group AG Zürich: Non Deliverable Forwards (NDF), https://www.credit-suisse.com/media/production/pb/docs/unternehmen/kmugrossunternehmen/nondeliverable-forwards.pdf, abgerufen 02.07.2015

[572] Vgl. National-Bank AG Essen: interNATIONAL Newsletter, Non Deliverable Forwards in Renminbi Yuan, Februar 2012 S. 4, http://www.national-bank.de/uploads/tx_nbdirectmailconnector/Nr._12-Non_Deliverable_Forward_in_RMB.pdf, abgerufen 01.07.2015

zu [4]

Abschließend wollen wir noch einen Blick auf die ausgewählten ergänzenden bzw. alternativen Instrumente werfen. Wir beginnen mit den Devisen-Swapgeschäften. Sie werden sehr oft mit Fixed Forwards kombiniert. Ihre Kurzbezeichnung lautet **FX Swaps**, weil Devisen heute i.d.R. zwischen den Partnern direkt über den Devisenmarkt (Währungsmarkt, FX-Markt, auch Forex, engl. Foreign Exchange Market genannt) gehandelt werden (und nur noch relativ wenig an Börsen). Sie stellen eine Weiterentwicklung des Forward-(Outright-)Geschäfts dar und können grundsätzlich als „… Kombination zweier entgegengesetzter Devisengeschäfte mit unterschiedlichen Fälligkeiten …“ charakterisiert werden.[573]

Anders ausgedrückt:

„Ein Devisen-Swap ist eine Kombination eines Kassageschäfts mit einem Termingeschäft. Dabei wird gleichzeitig der Tausch in eine andere Währung und der Rücktausch zu einem späteren Zeitpunkt vereinbart. Swap-Geschäfte dienen der Verlängerung oder Verkürzung eines Kassa-, Termin- oder anderen Swap-Geschäfts. Swaps dieser Spezifik werden benutzt, um Devisen-Forderungen und -Verbindlichkeiten aus internationalen Waren- und Leistungsgeschäften, aber auch Fremdwährungsanlagen bzw. -kreditaufnahmen kurszusichern.“[574]

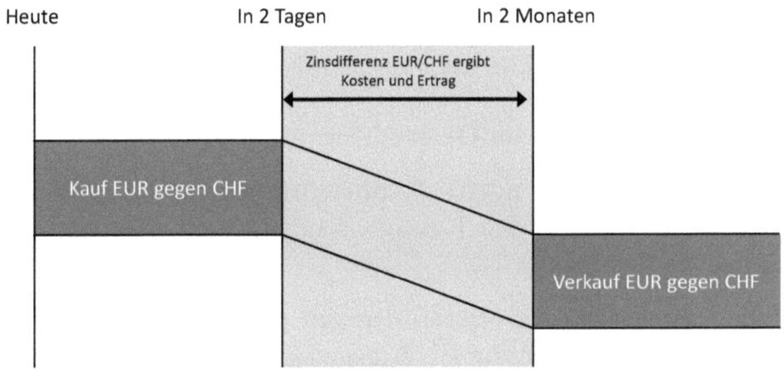

Abb. 6.27: Schematische Darstellung eines Swap-Geschäftes. Quelle: St. Galler Kantonalbank AG St. Gallen: Devisen-Swap, https://www.sgkb.ch/de/boerse-maerkte/devisen-swap, abgefragt 02.07.2015

Es gibt demzufolge bei Swap-Konstruktionen grundsätzlich zwei Varianten:

[1] Kombination aus einem **Kassakauf** und einem **Terminverkauf** bzw.

[2] Kombination aus einem **Kassaverkauf** und einem **Terminkauf** einer Währung gegen eine andere

573 Eilenberger, G.: Währungsrisiken, Währungsmanagement und Devisenkurssicherung von Unternehmungen, Frankfurt a.M. 1990, S. 160

574 St. Galler Kantonalbank AG St. Gallen: Devisen-Swap, https://www.sgkb.ch/de/geschaeftskunden/GK_zahlen/GK_zahlen_devisen/GK_zahlen_devisen_instrumente/GK_zahlen_devisen_instrumente_swap.htm, abgerufen 12.6.13

Man kann anhand der Daten einen Swap auch wie folgt abbilden:

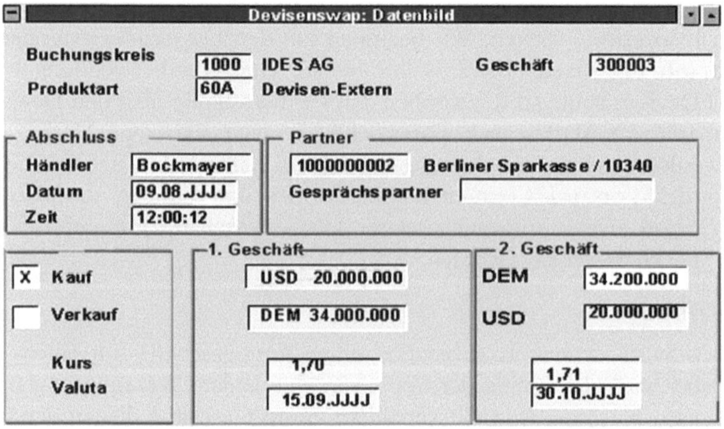

Abb. 6.28: Datenbild eines Devisenswap/Kassa- und Termintransaktion
Quelle: SAP SE Walldorf: Devisen-Swap, http://help.sap.com/saphelp_46c/helpdata/de/fb/b09a53a12d11d186b3080009b423f4/content.htm, abgefragt 01.07.2015

Beide Aktivitäten betreffen immer dasselbe Währungspaar (wie EUR/USD) und denselben Betrag in der quotierten Währung und sie werden am Devisenmarkt als „Paket" vereinbart. Der jeweilige Terminkurs fußt auf dem Kassakurs des FX Spot.

Grundsätzliches Handhaben von Devisen-Swaps:

Bei einer Notierung EUR/USD nutzen **Exporteure** (mit Sitz in der Euro-Zone) ggf. einen Swap gemäß Variante (2): Per Kassa verkaufen sie EUR (gegen USD) und per Termin kaufen sie EUR (gegen USD).

Importeure in einem Euro-Land kaufen dagegen per Kassa EUR (und geben USD weg), per Termin erfolgt Verkauf von EUR (gegen USD).

Devisentermingeschäft (Forward) und **Devisenswap** unterscheiden sich wie folgt:

Devisentermingeschäft	Devisenswap
Kauf auf Termin	sell-and-buy (S/B) (= Verkauf Spot und Kauf auf Termin)
oder	oder
Verkauf auf Termin	buy-and-sell (B/S) (= Kauf Spot und Verkauf auf Termin)

Beispiel 19

Ein Devisenhändler verwirklicht einen „gewöhnlichen“ FX Swap mit folgenden Konditionen: „buy-and-sell EUR 20 Mio. Spot gegen 12 Monate mit -115 (Swap-Punkte), weil z.Z. EUR mit 7% und USD mit 6% p.a. verzinst werden, das bedeutet:

- er kauft Spot EUR 20 Mio. mit 1,2550 USD und
- verkauft auf Termin 12 Monate EUR 20 Mio. mit 1,2435 (1,2550 - 0,0115 Deport),

das bedeutet:

- Spot: 25,1 Mio. USD werden für den Kauf von 20 Mio. EUR gezahlt,
- Termin: 20 Mio.EUR werden für 24,87 Mio. USD verkauft.

Die Parteien können mit Kassamittelkurs oder mit Geld-/Briefkurs arbeiten, benutzen aber immer den aktuellen Marktkurs (auch als Basis des Terminkurses). Swaps werden wie Terminkurse quotiert, d.h. in **Swap-** oder Forward-Punkten. Die Usancen bei Devisen-Swaps weichen etwas vom Kassa- oder Forward-Handel ab. Weil jede Seite zugleich kauft und verkauft, wird die **Termintransaktion** herangezogen, um zu definieren, wer beim Swap Käufer und wer Verkäufer ist.

Außerdem sagen die Devisenhändler „kaufen und **verkaufen**“ (buy-and-sell) statt der sonst üblichen Ansage „verkaufen“, und analog dazu „verkaufen und **kaufen**“ (sell-and-buy) und nicht nur „kaufen“. Es wird also immer zuerst die Kassa-Aktivität angesagt, das Termingeschäft folgt. D.h. **als erstes wird die Kassatransaktion genannt, als zweites die Transaktion auf Termin**.

Auch im deutschsprachigen Markt wird oft die englische Terminologie verwendet, d.h. für „kaufen und verkaufen“ „**buy-and-sell**“ und für „verkaufen und kaufen“ „**sell-and-buy**“. Die Kauf-/Verkauf-Ansage gilt immer für die quotierte Währung, also beispielsweise bei EUR/USD für den Euro.[575]

Ursprünglich fanden Devisen-Swapgeschäfte nur zwischen Banken statt, vor allem zwecks Ausgleich von offenen Währungspositionen aus dem Kundengeschäft (Firmen- und Privatkunden). Heute nutzen insbesondere auch im Außenhandel aktive Unternehmen (in Zusammenarbeit mit Banken oder Devisenbrokern) FX Swaps, um das Wechselkursrisiko speziell in Verbindung mit zeitlichen Anpassungen bei Zahlungseingang aus Export oder -ausgang für Import kostengünstig zu managen.

Devisenswap-Geschäft als Finanzinstrument für **Exporteure**

- Ein Swap ist immer dann in Erwägung zu ziehen, wenn aufgrund eines Zahlungszieles ein Outright-Verkauf vereinbart ist, aber eine Verzögerung beim Zahlungseingang der Devisen eintritt (wegen finanzieller Schwierigkeiten oder wegen Mängelrüge zur gelieferten Ware usw.) und ein neuer Termin mit dem ausländischen Käufer abgesprochen wird. Durch Kassakauf der Fremdwährung kann dann der

[575] Vgl. Finance Trainer International GesmbH Wien: Devisentermingeschäfte und Devisenswaps, Skriptum für ACI Dealing und Operations Certificate und ACI Diploma, 2010 S. 9, http://www.financetrainer.com/fileadmin/inhalte/TOOLS_SKRIPTEN/0102_outright.pdf, abgerufen 05.05.2015

Outrightkontrakt mittels der erworbenen Fremdwährung erfüllt werden. Der gleichzeitige Abschluss eines neuen Terminkontraktes (auf Basis des selben Kassakurses, modifiziert um die entsprechenden Swap-Punkte) sichert den geplanten Kurs für die Verlängerung.

- Eine vorfristige Bezahlung durch den ausländischen Importeur macht dagegen ein Swap-Geschäft nicht zwingend sinnvoll. Der Währungsbetrag kann bis zur Erfüllung eines Outright-Kontraktes im einfachsten Falle auf einem Währungskonto untergebracht werden. Sollte dagegen die Liquidität ein Problem sein, bietet sich ein Swap auch hier an: Verkauf der Devisen per Kassa und Kauf per Termin, um den Verpflichtungen aus dem Forward zu genügen.

Devisenswap-Geschäft als Finanzinstrument für **Importeure**

- Wenn eine Firma im Ausland Ware kauft, z.B. Investitionsgüter, deren Fertigung und Lieferung eine im Vertrag definierte Zeit braucht, sichert sie ggf. den Wechselkurs mit einem Forward (Kaufvertrag) ab. Tritt Lieferverzug ein, müssen die kontrahierten Devisen gekauft werden, obwohl man sie noch nicht benötigt. Um für die Zwischenzeit wieder über mehr Liquidität zu verfügen, kann jetzt ein Devisen-Swap genutzt werden: Verkauf per Kassa und Kauf per Termin (also per neuem Zahlungstermin).
- Eine frühere Lieferung als vereinbart hat dagegen nicht zwingend zur Folge, dass auch früher gezahlt wird, insbesondere, wenn der Betrag kursgesichert ist. Muss oder will man vorfristig zahlen und liegt ein Devisentermingeschäft (Kauf) vor, lässt sich das mit einem Kauf per Kassa erledigen, kombiniert mit einem Verkauf am Tage der Fälligkeit des Outright-Kontraktes: Die aus dieser Verpflichtung dann abgenommenen Devisen sind der Betrag in Fremdwährung, der lt. Swap per Termin geliefert werden muss.

Rechnerisch führen Swap-Operationen aus o.g. Ursache so gut wie immer zu gewissen Abweichungen vom (geplanten) Ergebnis gemäß Terminkurs des Forward. Das ist klar erkennbar, wenn zwischenzeitlich durch eine Zinsänderung die Zinsdifferenz zwischen den beiden Währungen des Kurses größer oder kleiner geworden ist. Aber mehr oder weniger wirkt sich außerdem die Tatsache aus, dass im Swap wegen des z.B. verzögerten Zahlungseingangs mit einem (zumindest etwas) anderem Kassakurs und (daraus folgend) auch anderen Terminkurs gerechnet wird.

Beispiel 20

Ein deutscher Exporteur hat Maschinen für USD 5 Mio. in die USA verkauft, zahlbar nach 6 Monaten (10. Juli ...). Der Käufer bittet kurz vor Fälligkeit um Aufschub bis zum 10. Oktober. Weil mittels Forward eine Sicherung gegen das Wechselkursrisiko (Terminkurs EUR/USD 1,2500) vorliegt, reagiert der Exporteur wie folgt:

10. Juli:

- Kauf von USD 5 Mio. per Kassa bei einem Kurs von 1,2300, was zur Ausgabe von EUR 4.065.040 führt,
- Tausch der USD zum Terminkurs, was eine Einnahme von EUR 4 Mio. erbringt,
- damit Verlust von EUR 65.040,

- Abschluss eines neuen Devisentermingeschäftes (für 3 Monate), weil die aktuelle Zinsdifferenz zwischen EUR und USD kleiner als 1% p.a. ist (für 3Monate damit weniger als 0,25%), wird der Einfachheit halber hier prinzipielle Übereinstimmung des neuen Terminkursesmit dem Kassakurs (1,23) unterstellt.

10.Oktober:
Tausch der eingehenden USD 5 Mio. zum Terminkurs (1,23), das erbringt EUR ca.4.065.000, damit ist der Verlust aus dem Kassageschäft (vor 3 Monaten) wieder ausgeglichen.

Beachte: Ein Swap als Kombination aus Kassa- und Termingeschäft führt bei einer Verlängerung einer (ursprünglichen Forward-)Kurssicherung ggfs. zwar zu einer befristeten Liquiditätsminderung, nicht aber zu einem (nennenswerten) dauerhaften Verlust.

Eng verwandt mit dem Hedging mit Forwards ist das Kurssichern mittels **Fremdwährungskredit oder -anlage** (siehe auch S. 352), englisch Money Market Hedge genannt.[576] Ein solches Vorgehen wird aber in der Literatur auch als **Devisen-Zinsarbitrage** (Interest Arbitrage) bezeichnet.[577]

„Ein Geldmarktgeschäft in Verbindung mit einem Export oder Import stellt ein klassisches Beispiel für das ‚Schließen einer offenen Position‘ dar: Die Fremdwährungsforderung des Exporteurs wird durch die Fremdwährungsverbindlichkeit an die Bank risikomäßig neutralisiert, die Fremdwährungsverbindlichkeit des Importeurs durch das Fremdwährungsguthaben auf der Bank.“[578]

Ein **Exporteur**, der gemäß gewährtem Zahlungsziel (z. B. in sechs Monaten) einen Zahlungseingang in USD erwartet, arbeitet mit

Eurokredit/Fremdwährungsanlage:

Zeitpunkt t

- Aufnahme eines mit der Forderung korrespondierenden Kredits in USD,
- Konvertierung in EUR, damit ist der Kassakurs „festgeschrieben“ und der Preiskalkulation droht kein Wechselkursrisiko mehr,
- Anlage für 180 Tage

Zeitpunkt t+180

- Tilgung des Kredites durch die eingehenden USD aus dem Export,
- Zinszahlung kann bei entsprechender Kreditbemessung (Kredit + Zinsen = Exportforderung) oder sofortiger Anschaffung des Zinsbetrages zum Tageskurs auch kursgesichert werden.

---

[576] Breuer, W., a.a.O. S. 171 ff.

[577] siehe auch Stocker, K., a.a.O. S. 137–142

[578] Stocker, K., a.a.O. S. 141

Beispiel 21

Export

- Verkauf von Waren im Wert von USD 1,5 Mio. mit 90 Tagen Zahlungsziel,
- Aufnahme eines USD-Kredits über 1,5 Mio. für 3 Monate zu 2 % p.a.,
- Konvertierung am selben Tag in EUR beim Kurs von EUR/USD 1,3, das ergibt 1.153.846 EUR
- Anlage für 90 Tage bei 1% p.a., das ergibt Zinsen (Haben) in Höhe von 1.153.846 × 0,0025 = 2.884 EUR
- Zinsen (Soll):
  1.500.000 × 0,005 = 7.500 USD,
  bei m o.g. Tageskurs entstehen Zinskosten in EUR von 5.769
- Kosten der Absicherung: 5.769 – 2.884 = -2.885 EUR

Dazu kommen in der Praxis noch kleinere Beträge für Konvertierung, ggf. auch Unterstützung bei der Kreditbeschaffung durch die Bank usw. Wahrscheinlich liegen auch die Soll-Zinsen etwas über den Interbankensätzen.

Wenn der Exporteur aktuell sowieso einen Kredit zur Refinanzierung seines Lieferantenkredits benötigt, die Anlage der aufgenommenen Mittel also nicht das Ziel ist, kann er die Kosten der Vorgehensweise prinzipiell wie folgt berechnen:

Kosten des USD-Kredits minus Opportunitätskosten des alternativen EUR-Kredits zu 4% p.a.:

5.769 - (1.153.846 × 0,01 = 11.538) = -5.769

Außerdem vermeidet er ein Outright-Geschäft zur Wechselkurs-Absicherung der USD-Forderung, was ggf. einen Report beim Terminkurs bedeuten würde, nämlich, wenn z. B. die Dollar-Zinsen über den Euro-Zinsen liegen.

Eurokredit/Fremdwährungsanlage

Ein **Importeur**, der gegen Fremdwährung auf Zahlungsziel im Ausland einkauft, kann sich im **Zeitpunkt t** einen Euro-Kredit (gemäß seiner beispielsweise USD-Verbindlichkeit) geben lassen,

- diesen in US-Dollar einwechseln, was den Tageskurs für das Geschäft bis zur Zahlung fixiert und
- bei einer ausländischen Bank für die Laufzeit der Import-Verbindlichkeit anlegen,

im **Zeitpunkt t+x**

- wird in USD an den Lieferanten (aus der Anlage) gezahlt,
- abzüglich der erwirtschafteten Zinsen,
- der Euro-Kredit einschließlich Zinsen wurde normalerweise zwischenzeitlich durch den Weiterverkauf der Importware wiedererwirtschaftet.

Die Kosten dieses Hedge ergeben sich hauptsächlich aus der Differenz von Soll- und Haben-Zinssatz (bei Euro bzw. Fremdwährung).

Wenn ein Importeur über zeitweilig freie EUR-Mittel verfügt, kann er auf die Kreditaufnahme verzichten. Die Kosten der Operation stellen sich dann als Differenz aus Haben-Zinssatz (EUR) und Haben-Zinssatz (Devisen) dar, sieht man von Konvertierungsgebühren ab.

Dieses Instrument kann mit mehrjähriger Laufzeit genutzt werden, im Investitionsgüter- und Anlagenexport ein wichtiges Kriterium. Devisentermingeschäfte können i.d.R. für höchstens 12 Monate vereinbart werden.

Abschließend noch folgender Hinweis:

Wenn Sie sich mit der buchhalterischen Darstellung eines Devisenswaps bzw. eines Devisentermingeschäfts (zwecks Absicherung bzw. Spekulation) ergänzend beschäftigen wollen, so können Sie dazu Material unter folgender Adresse im Internet aufrufen:

Zahweh Winterthur (Switzerland): Educational Service ZF_ACC4_Controlling.doc Derivative Finanzinstrumente, www.zahweh.ch/download.php?id=302, abgerufen 05.07.2015

Aufgaben

Zu diesem Kapitel gibt es Aufgaben mit Lösungen. Diese finden Sie unter www.uvk-lucius.de/finanzmanagement

Literatur und Quellen

Lehr- und Fachbücher / Zeitungen usw.

Beike, R.: Devisenmanagement. Grundlagen, Prognose und Absicherung, Hamburg 1995

Breuer, W.: Unternehmerisches Währungsmanagement, Wiesbaden 2000

De Filippis, F.: Währungsrisikomanagement in kleinen und mittleren Unternehmen, Wiesbaden 2014 (eBook)

Eilenberger, G.: Währungsrisiken, Währungsmanagement und Devisenkurssicherung von Unternehmungen, Frankfurt a.M. 1990

Frankfurter Allgemeine Zeitung vom 20. Juni 2015, Seite 34 Nr. 140, „Der Renminbi auf dem Weg zur Weltwährung" – ohne Verfasser

Köhn, R.: „Deutsche Industrie jammert nur leise über starken Euro", Frankfurter Allgemeine Zeitung vom 11. Juli 2014 Nr. 158, Seite 24

Kruse, S.: Aktien-, Zins- und Währungsderivate, Märkte, Einsatzmöglichkeiten, Bewertung und Risikoanalyse, Wiesbaden 2014 (eBook)

Rudolph, B., Schäfer, K.: Derivative Finanzmarktinstrumente Eine anwendungsbezogene Einführung in Märkte, Strategien und Bewertung, Heidelberg 2010 (eBook)

Schmeisser, W., Hannemann, G.,Krimphove, D.,Toebe, M., Zündorf, H.: Finanzierung und Investitionen, Konstanz 2012

Stocker, K.: Wechselkursmanagement auf Euro-Basis, Wiesbaden 2001

Internetquellen

Eine ausführliche Liste aller Internetquellen zu diesem Kapitel finden Sie unter www.uvk-lucius.de/finanzmanagement

Glossar

Ein kompaktes Glossar zu diesem Kapitel finden Sie unter www.uvk-lucius.de/finanzmanagement

Index

D

E

F

L

M

N

R

S

T

U

V

W

Z